国家出版基金项目
NATIONAL PUBLICATION FOUNDATION

现代农业高新技术成果丛书

高效施药技术与机具

Efficient Pesticide Application Technology and Equipment

何雄奎 主编

中国农业大学出版社
·北京·

内 容 简 介

本书系统总结了国家攻关计划"高效施药技术与机具开发研究"与科技支撑计划"高效施药技术研发与示范"、"863"高新技术计划"农作物靶标光谱探测技术"与"新型施药技术与农用药械"、国家自然科学基金委"农药雾滴在典型作物冠层中的沉积行为及高效利用"以及相关研究工作与技术内容；针对我国农业生产现状，介绍了适合于不同专业作物的自动对靶喷雾技术与机具、自走式水田风送喷杆喷雾技术与机具、循环喷雾技术与机具、防飘喷雾技术与机具、静电喷雾技术与机具、航空喷雾技术与机具等内容，尤其是该领域的研究方法。

本书可供植保机械科研人员使用，也可供农药生产使用者及各级农业技术推广人员参考。

图书在版编目(CIP)数据

高效施药技术与机具/何雄奎主编．—北京：中国农业大学出版社，2012.2
ISBN 978-7-5655-0459-4

Ⅰ.①高…　Ⅱ.①何…　Ⅲ.①农药施用 ②植保机具　Ⅳ.①S48 ②S49

中国版本图书馆 CIP 数据核字(2011)第 251883 号

书　名	高效施药技术与机具			
作　者	何雄奎　主编			
策划编辑	孙　勇		**责任编辑**	孙　勇
封面设计	郑　川		**责任校对**	王晓凤　陈　莹
出版发行	中国农业大学出版社			
社　址	北京市海淀区圆明园西路 2 号		**邮政编码**	100193
电　话	发行部 010-62731190,2620		**读者服务部**	010-62732336
	编辑部 010-62732617,2618		**出 版 部**	010-62733440
网　址	http://www.cau.edu.cn/caup		**E-mail**	cbsszs@cau.edu.cn
经　销	新华书店			
印　刷	涿州市星河印刷有限公司			
版　次	2012 年 2 月第 1 版　2012 年 2 月第 1 次印刷			
规　格	787×1092　16 开　31.25 印张　770 千字			
定　价	110.00 元			

图书如有质量问题本社发行部负责调换

编写人员

主　编　何雄奎

副主编　曾爱军　刘亚佳　宋坚利　张　京

编　者　（按姓氏拼音排序）

陈　吉	陈舒舒	迟明梅	储金宇	代美灵
邓　丽	邓　巍	宫　帅	何雄奎	胡　成
李红军	李　丽	李　烜	李　扬	刘亚佳
刘　巧	马　晟	宋坚利	汪　健	王　凯
严苛荣	于　辉	张录达	张　京	赵　辉
曾爱军	仲崇山	周继中		

出版说明

瞄准世界农业科技前沿，围绕我国农业发展需求，努力突破关键核心技术，提升我国农业科研实力，加快现代农业发展，是胡锦涛总书记在2009年五四青年节视察中国农业大学时向广大农业科技工作者提出的要求。党和国家一贯高度重视农业领域科技创新和基础理论研究，特别是863计划和973计划实施以来，农业科技投入大幅增长。国家科技支撑计划、863计划和973计划等主体科技计划向农业领域倾斜，极大地促进了农业科技创新发展和现代农业科技进步。

中国农业大学出版社以973计划、863计划和科技支撑计划中农业领域重大研究项目成果为主体，以服务我国农业产业提升的重大需求为目标，在"国家重大出版工程"项目基础上，筛选确定了农业生物技术、良种培育、丰产栽培、疫病防治、防灾减灾、农业资源利用和农业信息化等领域50个重大科技创新成果，作为"现代农业高新技术成果丛书"项目申报了2009年度国家出版基金项目，经国家出版基金管理委员会审批立项。

国家出版基金是我国继自然科学基金、哲学社会科学基金之后设立的第三大基金项目。国家出版基金由国家设立、国家主导，资助体现国家意志、传承中华文明、促进文化繁荣、提高文化软实力的国家级重大项目；受助项目应能够发挥示范引导作用，为国家、为当代、为子孙后代创造先进文化；受助项目应能够成为站在时代前沿、弘扬民族文化、体现国家水准、传之久远的国家级精品力作。

为确保"现代农业高新技术成果丛书"编写出版质量，在教育部、农业部和中国农业大学的指导和支持下，成立了以石元春院士为主任的编审指导委员会；出版社成立了以社长为组长的项目协调组并专门设立了项目运行管理办公室。

"现代农业高新技术成果丛书"始于"十一五"，跨入"十二五"，是中国农业大学出版社"十二五"开局的献礼之作，她的立项和出版标志着我社学术出版进入了一个新的高度，各项工作迈上了新的台阶。出版社将以此为新的起点，为我国现代农业的发展，为出版文化事业的繁荣做出新的更大贡献。

中国农业大学出版社

2010年12月

序

　　自 2007 年始,我国农药产量与使用量居全球第一。随着农药在农业生产中的广泛应用,农药用量大、施药次数多、操作人员中毒、农产品农药残留超标、环境污染等负面问题已严重威胁到我国从业人员、食品及环境的安全,造成了不应有的损失以及其他不良后果,其原因是我国施药机械与技术相对落后,农药有效利用率不足 30%。

　　目前国产植保机械有 20 多个品种、80 多个型号,其中 80%处于发达国家 20 世纪 50—60年代的水平,尤其是年产量高达 800 万~1 000 万台(社会保有量 1 亿台以上)的各种手动喷雾器。用一种机型"防治各种作物的病虫害、打遍百药"是造成农药用量过大、农药浪费、农产品农药残留超标、环境污染、作物药害、操作者中毒等的重要原因之一。发达国家从五六十年代开始,已走上植保机械专业化的道路,并开发出各种专用扇形雾喷头,而迄今为止,我国 90%以上的喷雾器仍在使用圆锥雾喷头,人力驱动。同时,我国现有的植保机械品种不能适应病虫害适时和应急防治,用水量大、作业效率低。发达国家采用的高效专业植保机具用水量为$200 \ L/hm^2$,而我国现有的植保机具用水量高达 $600\sim1 \ 200 \ L/hm^2$,功效极低的同时还消耗了大量的水资源。

　　20 世纪 50 年代以来,国际上农药施用技术不断改进、完善,大量应用低容量(LV)、超低容量(ULV)、控滴喷雾(CDA)、循环喷雾(RS)、防飘喷雾(AS)等一系列新技术、新机具,施药量大大降低,农药的利用率和功效大幅度提高。但我国至今仍沿用 50 年代的手动喷雾器大容量淋雨式喷雾法,使农药大量流失于农田土壤中,既浪费了农药,又污染了环境。据统计,目前我国平均每公顷的用药量是以色列、日本的 $1/8\sim1/4$,美国和德国的 $1/2$,但农产品上农药残留却是它们的数倍,甚至数十倍,农药有效利用率最高不足 30%,流失量却高达 $60\%\sim70\%$。

　　针对上述问题,为适应农业生产发展的需要,增强防御控制农业有害生物的能力,20 世纪90 年代末,我国先后编制了《植保工程建设规划》(2000—2005 年)和《植保工程建设规划》(2006—2010 年),2000 年以来,建设了蝗虫地面应急防治站、小麦条锈病菌源地综合治理试验站、农业有害生物预警与控制、农药残留与质量监测中心、苹果和柑橘非疫区、植物检疫隔离场、农用航空服务等 6 大类 850 余个项目。2008 年中央 1 号文件提出了"继续实施植保工程,探索建立专业化防治队伍,推进重大植物病虫害统防统治"的具体指示,把提高农药利用率、减少农药使用量与推进农作物病虫害专业化防治作为服务"三农"、农业转型升级、促进农民增收、满足农民群众需要的大事列入重要的议事日程。农业部与科技部"十五"、"十一五"期间一直将高效植保机械与新型施药技术的研发作为国家科技攻关计划、科技支撑计划与"863"高新技术计划的重点内容加以支持。2008年8月6日农业部发布的《农业部关于加快推进植保机械化的通知》指出,坚持"预防为主,综合防治"的方针,按照"公共植保、绿色植保"的理念,充分发挥植保机械在病、虫、草害防治方面的作用,加快推进研发高效施药技术与新型植保机械,突破我国植保工作中的瓶颈技术,提高植物病、虫、草害防治能力,促进农业稳定发展和农民持续增收。

面对这一现实,我们组织了有关人员,总结了近年来我们在农业部、科技部、国家自然科学基金委员会等的支持下与全国有关单位合作开展的主要植保机械与施药技术研究,特别是农业部"高效施药技术与机具开发研究(2001BA504B05)"与"高效施药技术研发与示范(2006BAD28B05)"、科技部"863"高新技术计划"农作物靶标光谱探测技术(2007AA10Z208)"与"新型施药技术与农用药械(2008AA100904)"、国家自然科学基金委员会"农药雾滴在典型作物冠层中的沉积行为及高效利用(30671388,30971940)"等研究结果,结合对国内外有关进展的综述,编写了本书,重点对近年来研发的新型药械与高效施药技术及研究方法进行了讨论。编者认为,高效施药技术与机具是实现我国农业生产全程机械化的重要环节,是"公共植保、绿色植保"的主要组成部分。

随着我国社会经济的快速发展,高效施药机械与新型施药技术必将成为农业高产高效、农产品安全、环境保护目标的重要技术手段与方法。我们编写本书的主要意图是希望借此为我国安全、高效、减量施药技术工作与正在实施的植保工程、统防统治、专业防治队伍建设等工作起到一定的指导作用。

参加本书写作的主要人员有数十人,其名字均在各章节中列出。中国农业大学药械与施药技术研究中心的许多老师和研究生参加了有关资料的收集和部分章节的编写与讨论,李秉礼先生与吴罗罗先生不辞辛苦审阅了有关章节,并提出了许多合理而又有重要意义的建议,曾爱军、刘亚佳、宋坚利、张京为本书的组织做了大量的工作,在此一并表示衷心的感谢。

何雄奎

2011年6月

前　言

　　21 世纪前 10 年是我国高效施药技术与机具高速发展的 10 年。仅 2008 年我国植保机械社会保有量突破 1.25 亿台架,其中手动背负式喷雾器(3WS-16 型)保有量达到 1.1 亿台、背负式机动弥雾喷粉机(3W-18 型)500 万台、大型喷杆喷雾机(药箱 250 L 以上)40 万台、电动手持(与背负)喷雾器 20 万台。各地植保机械生产厂商 200 余家,生产各种植保机械 100 余种;植保机械总销量达 40 亿元,其中出口达 18 亿元,出口创汇超 3 亿元以上的生产厂家 4 家。同年,全国各种农作物病、虫、草鼠害防治面积突破 90 亿亩(1 亩＝1/15hm²)次,其中机械化防治面积达 30%,挽回粮食作物损失 9 000 万 t,挽回棉花损失 200 万 t,挽回油料作物损失 286 万 t。果树病、虫、草害防治面积突破 40 亿亩次,应用风送喷雾技术、对靶喷雾技术与循环喷雾技术,防治面积达到 47.13 亿亩次,挽回果业损失 1 520 万 t。2008 年我国各地蔬菜病、虫、草害防治面积达到 5 亿亩次,应用低量与超低量喷雾技术、电动喷雾技术与静电喷雾技术,防治面积达到 6.5 亿亩次,挽回蔬菜损失 5 000 万 t。

　　尽管我们取得了惊人的成绩,但目前我国农药施药机械与施药技术水平还落后发达国家 20～30 年,农药利用率不足 30%,农药残留超标等报道经常见诸报端,这与我国高速发展的经济不相适应。在我国目前农业以小农户分散经营为主的国情下实现大面积、全面积地应用高效植保机械与施药技术施药,继而达到农作物高产高效、环境友好、农产品与施药人员人身安全,的确是前所未有的挑战。

　　近年来,我国针对植保机械与施药技术现状,开展了大量的技术研究与示范项目,应用于农业生产实践,取得了一定的成果。本书系统总结了国家攻关计划"高效施药技术与机具开发研究"与科技支撑计划"高效施药技术研发与示范"、"863"高新技术计划"农作物靶标光谱探测技术"与"新型施药技术与农用药械"、国家自然科学基金委员会"农药雾滴在典型作物冠层中的沉积行为及高效利用"以及相关研究工作与技术内容,针对我国农业生产现状,重点介绍了适合于不同专业作物的喷雾技术与机具及该领域的研究方法,分析、探讨了高效施药技术与机具的一些问题及解决问题的途径和方法。

　　鉴于我们有限的能力与水平,同时由于时间紧迫,错误与不足之处在所难免,敬请各位专家、同行批评指正,望广大读者阅后,提出宝贵意见。

编　　者

2011 年 6 月

目　　录

第1章

自动对靶喷雾技术与机具

何雄奎　宋坚利　曾爱军　刘亚佳　严苛荣　储金宇　汪　健

我国是个发展中的农业大国,人口众多,耕地资源少,人均耕地面积不足世界平均数的 1/7,且农作物病、虫、草害发生频繁,直接和间接损失非常巨大。因此,加强植物保护工作,提高农产品产量和质量,是保证农业丰产、增收和发展农村经济的关键之一。

使用农药(各种杀虫剂、杀菌剂、除草剂等)进行化学防治在世界各国一直占主导地位,它投资较少、防治迅速,特别是当大面积、暴发性病虫害发生时,只有化学防治才能取得较好的效果。

果树是病虫害发生次数和防治次数最多的作物之一,如苹果、桃等果树,每年需要喷洒各类农药 10 余次。由于缺乏适用于果园的喷雾机械,目前采用的人工、大容量连续喷洒方式,不仅劳动强度大,作业效率低,更严重的是农药有效利用率低,污染了环境。国内外专家对果树施药技术的研究表明,目前这种"雨淋式"的喷洒方式,由于喷雾量太大,雾滴粗,难以沉积在作物表面,真正附着在果树上的药液量不到喷洒总量的 20%,绝大部分药液流淌到地面,造成了大量的农药浪费,加剧了对农业生态环境的污染。

目前在我国植保机械中占主导地位的手动喷雾器作业效率极低、喷洒效果差,喷施过程中农药分布不均,已经越来越不适应果业病、虫、草害规模化防治的要求。

环境保护和可持续发展是 21 世纪农业发展的主要任务。因此,开展果树高效施药技术和机具研究开发,采用果树自动对靶、静电喷雾等先进技术,研制作业效率高、适合果树病、虫、草害规模化防治的施药机械,对于增强我国农业抗御病、虫、草害的能力,提高农药有效利用率,减少农药用量,改善农业生态环境,提高农产品安全性,缩小与国外先进水平之间的差距,促进农业的持续、稳定发展和农村劳动力的进一步解放,都具有重要的意义。

1.1 自动对靶喷雾国内外技术研究进展

20 世纪 70 年代美国和前苏联等国就已开始自动对靶喷药的试验研究。美国于 1981 年试制了间歇喷雾机,其目标探测技术采用光电传感探测技术,可以根据目标物的有无实现喷雾控制,达到对靶喷雾的目的。与连续喷雾相比,间歇喷雾可以节省药液 24%～51%,省药率与作物种植形态有关。1983 年前苏联研制成功间歇式风送喷雾机,其目标探测技术采用超声传感探测技术,而且利用的是双向超声传感器。该间歇喷雾机对树冠不连的果树可实现对靶喷雾,节省用药量可达 50%。1990 年美国对原有的光电探测式间歇喷雾机加以改进,用于自动喷洒除草剂亦取得了较好的省药效果,这一研究工作一直延续到 20 世纪 90 年代后期,并有了新的发展。1997 年美国把图像处理与喷雾技术相结合,根据作物的形态的图像特征来优化喷洒控制,可进一步提高喷洒效率。日本也于 1994 年研制了自走式间歇风送喷雾机,用于果园喷雾,采用的目标探测技术是光电传感探测技术。国内中国农业大学、江苏大学等从 20 世纪 90 年代中期就开始了对靶喷雾的相关研究,1997 年研制成功采用超声波与红外线探测技术的对靶喷雾试验台,还涉及图像处理等技术,吉林工业大学 1999 年也开展了棉田病虫害的图像识别处理研究工作。

概括而言,自动对靶喷雾技术就是目标物探测与喷雾技术和自动控制技术的结合。可用于植株目标探测的探测器有光电传感器、超声传感器、微波传感器和图像处理器等多种。其中图像处理所能获取的信息量最大,可以达到识别作物形态、种类和作物部位的要求,能为精确定位和精确控制提供控制信息。但目前图像处理技术的实际应用仅仅限于固定空间场合的作物病虫害监测,而没有实际用于田间移动式自动施药机械,这也是目前发达的欧美国家正在研究的技术课题。主要原因在于把图像处理技术实用于自动施药机械尚存在 3 大难题:一是图像器件价格昂贵,使用经济性较差;二是图像器件的镜面容易沾上灰尘、水珠和药滴等,这会严重影响处理与使用效果;三是目前的图像信息处理速度还不能满足实时控制的要求,尽管采用图像处理芯片在技术上可以提高处理速度,但经济性较差,没有市场前景。所以图像处理技术和识别技术用于对靶喷雾,目前还处在研究阶段。微波探测技术由于受到通讯等限制,加上控制技术复杂、使用经济性较差,尚不宜用于农业生产。超声、光电探测在技术,特别是红外探测技术的复杂性上要低于其他探测技术,且受云雾、雨水与飞尘等的影响小,而且可以简化控制电路,有商品化应用前景。

1.2　自动对靶喷雾机系统体系结构和组成

果园自动对靶静电喷雾机的系统体系结构和组成如图 1.1 所示,应用红外对靶喷雾控制技术。

为适合我国果业的种植模式,提高果园自动对靶喷雾机的通过性和作业的方便性,确定果园自动对靶喷雾机采用拖拉机悬挂的作业方式。

果园自动对靶喷雾机主要由机架、药箱、液泵、风机、增速箱、喷头、靶标自动探测系统、静电系统、喷头及喷雾控制系统、管路系统等组成。

液泵采用隔膜泵,这种泵工作时药液不与精密运动件接触,使用可靠性好,且具备可以短时间脱水运转的优点。

为使果树叶片充分翻动,提高雾滴在果树树膛内的穿透性,需要风机提供足够的风量和风速,为此选用风量大、重量较轻的轴流风机。风机出风口的上下导流板角度可调,以适应不同的果树高度。为保证操作者安全,风机的进风口和出风口均安装安全防护网。

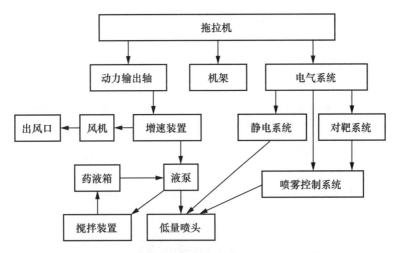

图 1.1　果园自动对靶喷雾机系统体系结构框图

轴流风机的设计转速为 2 000 r/min,而拖拉机动力输出轴的转速是 540 r/min,因此需要用增速箱增速,增速箱主动轴上安装一个皮带轮,取出一部分动力驱动隔膜泵。增速箱从动轴与轴流风机之间采用胶带传动。

药箱选用容积为 250 L 的塑料箱,具有良好的耐腐蚀性能。

靶标自动探测系统采用反应灵敏、价格较便宜的红外线探测器,根据果树行距的不同,其探测有效距离可调。考虑到果树形状为中部较宽,上、下较窄,为提高对靶喷雾的精确性,靶标探测器共分为 6 组,在喷雾机两侧各 3 组,分别控制每侧果树的上、中、下 3 个位置。靶标探测器的角度可调,以适应不同果树高度的要求。探测器发出的信号经放大电路放大后控制喷雾管路中的电磁阀,实现喷雾或停喷的实时控制。

静电系统由静电电源(高压发生器)、屏蔽电缆和高压电极等组成。高压电极采用针状电极与圆环形导线相组合的结构型式,圆环形导线嵌入绝缘体内,针状电极安装在喷头外侧,将喷头雾化形成的雾流极化,使雾流带电,提高雾滴在靶标上的沉积率。

靶标自动探测系统、静电系统及喷雾控制系统所需的电力由拖拉机本身的发电机提供,25 马力拖拉机的发电机功率为 200 W,为此确定电气元件总的电力消耗不超过 150 W,以保证拖拉机电瓶充电不受影响。

喷洒部件采用组合式防滴喷头,安装在风机出风口两侧,每侧各 3 组,每组各 2 个,分别受靶标探测器及电磁阀控制。喷头安装角度可调,以适应不同果树高度的需求,根据果树形状及施药量的要求,每组喷头可安装不同喷雾量的喷嘴。

喷雾管路系统共设置 3 级过滤,以保证液泵、阀门及喷头不被脏物堵塞。液泵排出的液流,一部分经调压阀调压后供喷头喷雾,另一部分流回药箱,起搅拌药液的作用。

25 马力拖拉机额定提升能力为 4 000 N(400 kg,下悬挂点后 610 mm 处),确定果园自动对靶喷雾机满载重量为 400 kg,其中药液箱最大装药量 250 L(250 kg),喷雾机的设计结构重量为 150 kg。

1.3 自动对靶喷雾机整机及关键工作部件设计

1.3.1 喷雾机的整体结构型式

考虑到在果园中作业的灵活性与经济性,确定果园自动对靶喷雾机整机结构型式为悬挂式,与具有后置动力输出轴的中、小马力拖拉机悬挂连接,标准转速动力输出驱动增速器,增速器增速后驱动风机并通过皮带与液泵连接。果园自动对靶喷雾机主要由机架、药箱、液泵、风机、低量喷头和静电系统、对靶系统和喷雾控制系统等部分组成,其整体结构如图1.2所示,药箱容积300 L,整机外形尺寸为1 500 mm×1 000 mm×1 200 mm。

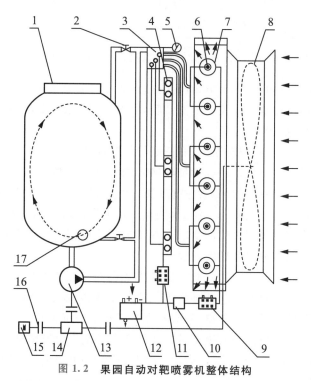

图 1.2　果园自动对靶喷雾机整体结构

1. 药箱　2. 调压阀　3. 电磁阀　4. 探测器　5. 压力表　6. 喷头　7. 电晕环　8. 风机　9. 静电喷雾控制装置　10. 静电高压电源　11. 探测器控制装置　12. 蓄电池　13. 液泵　14. 变速箱　15. 驱动动力　16. 动力输出轴　17. 搅拌装置

果园自动对靶喷雾机整机性能参数见表1.1所示。

表 1.1　果园自动对靶喷雾机整机性能参数

序号	项目		单位	测定数据
1	外形尺寸 (长×宽×高)	工作状态	m	1.5×1.0×1.2
		运输状态		1.5×1.0×1.6
2	整机重量		kg	176
3	靶标识别间距		m	≤0.3

续表 1.1

序号	项目		单位	测定数据
4	靶标识别距离		m	≥2.0
5	作业最小通过间距		m	≤3.0
6	喷头	型式		圆锥雾
		数量	个	12
7	药箱容积		L	250
8	配套动力		kW	18.4
9	液泵（额定状态）	流量	L/min	40
		压力	MPa	0.2～0.5
10	动力输出轴转速		r/min	540
11	风机出口（喷头处）速度		m/s	20
12	风机风量		m³/h	24 000
13	防滴性能	常用工作压力下，关闭截留阀 20 s 后 1 min 内喷头没有滴漏		

1.3.2　喷雾装置

果园自动对靶喷雾机共有 12 个喷头，每个喷头的喷雾量为 0.5～2 L/min(0.5 MPa 压力下)，总喷雾量为 6～24 L/min。为减少加药、加水次数，提高作业工效，喷雾装置采用可调式低量喷头。喷头沿出风口上、中、下各安装 6 个不同喷雾量的低量喷头，左右对称，低量喷头的流量为 1.27 L/min，每个喷头均与一个电晕荷电装置配合安装在喷头体上。

考虑到药箱内药液搅拌的需要，一般搅拌流量为药箱容量的 5%～10%。由于所选的药箱底部形状为圆形，有利于搅拌，因此确定搅拌流量为药箱容积的 5%。药箱容积为 250 L，所需的搅拌流量为 12.5 L/min。

按照上述两部分流量的要求，所需隔膜泵排量是 18.5～36.5 L/min，因此选用额定排量为 40 L/min 的双缸活塞式隔膜泵。

1.3.3　风机及风送系统

根据果树树冠茂密的特点，选用轴流风机为喷雾系统送风。轴流风机风量大，有利于吹动树叶，提高气流的穿透性，改善雾滴附着效果。采用轴向进风、径向出风的方式，出风口左右对称布置，出风口角度可调，以适应不同高度的果树；喷头位于出风口内，有利于将喷头喷出的雾滴及时向作物吹送。风机叶轮直径 630 mm，转速 2 000 r/min。

1.3.3.1　风机选择

按照喷雾机总风量要求，确定风机采用风量大、体积小、重量轻的轴流风机。根据拖拉机配套动力、喷杆外形尺寸及重量指标等因素综合考虑，选定风机的叶轮直径为 630 mm，叶片安装角 35°，转速 1 450 r/min，风量为 17 426 m³/h，风压(全压)为 260.7 Pa，轴功率为 1.777 kW。为适当增加风量和风压，提高雾滴的穿透性，在叶轮强度满足要求的情况下，适当提高叶轮转速至

2 000 r/min,此时风量为 24 036 m³/h,风压(全压)为 496 Pa,轴功率 4.663 kW。

1.3.3.2 增速箱设计

由于拖拉机动力输出轴的转速为 540 r/min,风机转速为 2 000 r/min,因此需要增速。增速箱设计计算如下:

设计参数:传递功率 $P=5$ kW,小齿轮转速 $n_1=2\,000$ r/min,大齿轮转速 540 r/min,传动比 $i=3.7$。齿轮为闭式传动,满载工作时间 2 000 h,负载稳定。

1. 齿轮材料选择

大、小齿轮均选用 45 号钢表面淬火,表面硬度 HRC45~53,齿轮加工精度为 8 级。

查《机械设计手册》,得 $\sigma_1=1\,100$ MPa,$\sigma_2=300$ MPa。

2. 按接触疲劳强度计算齿轮参数

小齿轮传递扭矩:$T_1=9\,549\times\dfrac{P}{n_1}=9\,549\times\dfrac{5}{2\,000}=23.87(\text{N}\cdot\text{m})$

选取齿宽系数:$\varphi_d=0.5$,查《机械设计手册》,得综合系数 $K=3$。

小齿轮分度圆直径 D_{fe1}:

$$D_{fe1}=768\times\sqrt{\frac{KT_1\times(i+1)}{\varphi_d\times\sigma_{Hlim}^2\times i}}=768\times\sqrt{\frac{3\times23.87\times(3.7+1)}{0.5\times1\,100^2\times3.7}}=40.8(\text{mm})(\text{取}\ D_{fe1}=40\ \text{mm})$$

齿轮中心距:$A=\dfrac{D_{fe1}}{2}\times(1+i)=\dfrac{40}{2}\times(1+3.7)=94(\text{mm})$

齿轮模数:$m\approx0.02A=0.02\times94=1.88(\text{mm})(\text{取}\ m=2\ \text{mm})$

小齿轮齿数:$Z_1=\dfrac{D_{fe1}}{m_1}=\dfrac{40}{2}=20$

大齿轮齿数 $Z_2=iZ_1=3.7\times20=74$。

3. 按弯曲疲劳强度校核

查《机械设计手册》,得 $K=2.7$

按 $Z_1=20,Z_2=74$ 确定 Y_F/σ_{Flim} 的大值:

查《机械设计手册》,得 $Y_{F1}=2.8,Y_{F2}=2.25$。

$$\frac{Y_{F1}}{\sigma_{Flim}}=\frac{2.8}{300}=0.009\,3>\frac{Y_{F2}}{\sigma_{Flim}}=\frac{2.25}{300}=0.007\,5$$

得到齿轮模数 $m=12.1\times\sqrt{\dfrac{KT_1\times Y_{F1}}{\varphi_d\times Z_1^2\times\sigma_{Flim}}}=12.1\times\sqrt{\dfrac{2.7\times23.87\times0.009\,3}{0.5\times20^2}}=1.74(\text{mm})$

所用齿轮模数 $m=2$ mm>1.74 mm,所以强度满足要求。

1.3.4 喷雾控制系统

喷雾控制系统由放大电路和电磁阀组成,每个靶标自动探测器产生的靶标信号,经放大电路放大后分别控制一组喷雾管路中的电磁阀开闭,实现该组管路中喷头的喷雾或停喷的实时控制。电磁阀共有 6 个,选用耐腐蚀材料制造的先导式电磁阀,以减小功率消耗。电磁阀使用的电源是 12 V 直流电,每个功率消耗 10 W,共 60 W。

靶标自动探测系统、静电系统和喷雾控制系统总的功率消耗是 120 W,小于 150 W 的设计指标,表明电气系统的功率消耗不超过拖拉机发电机的功率,不会对电瓶的充电产生影响。

喷雾控制系统采用中央控制电磁阀装置,喷雾控制系统接收到对靶系统的信号后,控制系统迅速作出判断,决定上、中、下三段的喷头同时喷雾,还是分别喷雾,以达到节省农药的目的。

1.3.5 静电系统

静电喷雾技术应用高压静电(电晕荷电方式)使雾滴带电,带电的细雾滴作定向运动趋向植株靶标,最后吸附在靶标上,其沉积率显著提高,在靶标上附着量增大,覆盖均匀,沉降速度增快,尤其是提高了在靶标叶片的背面的沉积量,减少了漂移和流失。为保证雾滴有足够的穿透和有效附着,利用风机产生的辅助气流使雾滴有效地穿透果树冠层,使果树枝叶振动,荷电的雾滴则可在靶标枝叶的正反两面有效、均匀地沉积。工作时,由于电磁阀动作快,静电喷头和探测器存在一种最佳相位配合,静电系统如图 1.3 所示。

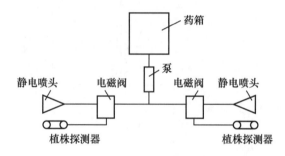

图 1.3　静电对靶喷雾系统

静电系统由静电电源(高压发生器)、屏蔽电缆和高压电极等组成,其中静电电源是该系统的核心,静电电源的设计如下。

传统的静电高压电源根据输出功率大小,常采用变压器直接升压整流方式或电容倍压方式来实现。功率输出大者则选用前者,输出较小者选用后者来实现。随着电力电子技术的发展,新一代功率电子器件,如 MOSFET、IGBT 等应用,高频逆变技术越来越成熟,各种不同类型和特点的电路,广泛地应用于直流—直流变换、直流—交流逆变等场合,并使用户系统总体的体积减小,重量减轻,系统的效率也将得到一定程度的提高。静电高压电源的结构如图 1.4 所示。

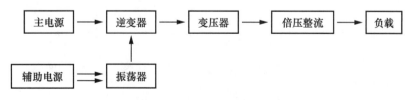

图 1.4　静电高压电源结构图

主要工作部分是变换器。这是他激式的变换器,由振荡器电路提供一定功率的振荡脉冲,保证交换器工作于开关状态,从而将由主电源而来的直流能量,转换成较高频率的脉冲能量,再通过高压整流输送给负载。

1. 主电源

主电源采用可控硅整流,用一块555芯片产生多谐振荡来控制可控硅的导通角,从而控制主电源输出直流电压的大小。555芯片作多谐振荡器的原理将在后面说明。这里元件参数的选择使得振荡频率可在几百赫兹至数千赫兹范围内变化。

2. 振荡器

振荡器的任务是为变换器提供一定功率的激励脉冲,使变换器可靠地工作于开关状态。同时,脉冲频率与宽度可调,使变换器输出的功率效率性能较优。这里采用定时器555芯片集成块作多谐振荡器,产生频率约20 kHz的振荡,振荡频率与占空比(或脉宽)可调,以产生一定的功率去推动开关管。

3. 逆变器

逆变器主要部分如图1.5所示,B3为脉冲变压器。从前级振荡器输出的频率约为20 kHz、脉冲宽度可调的矩形脉冲,加于晶体管T4的基极,使T4工作于开、关状态。

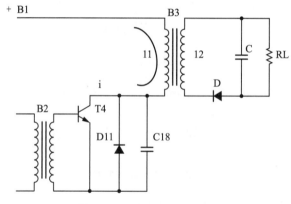

图 1.5 逆变器工作原理图

4. 倍压电路

倍压电路如图1.6所示。串级直流电路为获得几十千伏的直流高压,又希望体积较小、重量较轻、便于携带,可采用串级直流的电路,它采用多个电压较低的电容器(C1～C8)和整流硅堆(D1～D8)组成多级的串联电路获得直流高压,变压器T的电压也较低,其高压绕组还可一点接地。采用这种电路可大大减小试验电源的体积、重量。

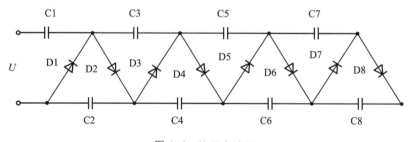

图 1.6 倍压电路图

5. 高频变压器

高频变压器和普通变压器的工作状态不同,普通变压器出现偏磁饱和现象的可能性很小,而在高频变压器容易出现偏磁饱和的现象,并且当变压器饱和时,变压器的原边将出现过电流,由于变压器原边的电流也流过开关管,对逆变器的工作不利。

设计的高压电源的频率在 20 kHz 左右,选择 MXO-2000 型铁氧体。其磁导率 $\mu = 2\,000$ H/m,磁芯具有漏感小、耦合性能好、绕制方便等优点。对 $20 \sim 80$ W 的小功率电源,采用 E-12 型磁芯,磁芯的有效截面积 $S_j = 1.44$ cm^2,饱和磁通密度 $B_s = 400$ mT,使用时为防止出现磁饱和,实取磁通密度 $B = 250$ mT。

静电电源的输入电压为 12 V 直流电,输出电压为 30 kV 的高压静电,功率消耗为 45 W。

高压电极采用针状电极与圆环形导线相组合的结构型式,圆环形导线嵌入绝缘体内,多根针状电极安装在喷头外侧,以提高雾滴的电晕效果。

1.3.6 自动对靶系统

靶标自动探测系统的核心是红外光电探测器,它是由发射和接收系统共同工作的,其系统构成如图 1.7 所示。

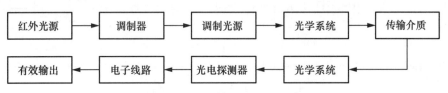

图 1.7 自动对靶探测系统构成

红外系统的特点是:尺寸小,重量轻;能在白天和黑夜工作;对辅助装置要求少。对红外系统性能的限制主要来自大气条件的影响,其中潮湿大气、雾和云是主要的限制因素。为减少这些因素对系统的影响,采用近红外主值波长 940 nm 光源,通过调制光源,把信息载到光波上,通过发射系统发射调制光,利用目标的反射,然后由接受系统进行检测,来驱动执行机构工作。由于 940 nm 这一近红外波段是对于近距离探测,所受以上影响可以忽略不计。

选用 940 nm 为峰值的发射波长,处于近红外波段。首先,这一波段处于大气窗口中,大气对此能量的衰减较小,这样的系统作用距离远;其二,这一波段的探测器的量子效率高,系统设计调试较方便。

目标探测对靶部分选用红外探测器,光波段为近红外线段,分为上、中、下三段探测控制,通过对不同果树形态进行准确的探测和判断,把信号提供给喷雾控制系统。

本探测器为反射型,在设计上采用了红外线调制和解调技术,它主要由红外线发射电路、红外线接收电路和输出电路三部分组成。发射电路为红外线调制和发射电路,它发射经过调制的红外线信号;接收电路为红外线接收和解调电路,它只接收来自发射电路的经过调制的红外线信号而排除其他红外线的干扰;输出电路由继电器构成。

本探测器原理如图 1.8 所示,当开关 K1 闭合,由 BA5104 的 12、13 脚所接 455 kHz 晶振器和电容 C2、C3 组成的振荡电路起振工作,经电路内部整形分频产生 38 kHz 载频。IC1 将 3 脚(K1)及 IC1 的用户编码输入端 1 脚(C1)、2 脚(C2)输入的数据进行编码,由 IC1 的 15 脚

(DO)串行输出,经三极管 Q1 和 Q2 复合放大后驱动红外发射管 IR1 和 IR2,发送出红外线脉冲信号。当红外发射管 IR1 和 IR2 发射出的红外线脉冲编码信号经过靶标反射,被红外接收头接收,从 IC3 的 1 脚输出低电频,信号经 BA5204 内部进行比较、解码后由 IC2 的 3 脚(HP1)输出相应的控制信号。当 HP1 输出导通,使 K3 吸合,喷头开始喷雾,当 K3 断开,电磁阀关闭,喷头停止喷雾。当开关 S1 断开,红外发射电路停止发射红外脉冲信号。将开关 S2 接在 2 脚上,则 Q4 的基极直接与稳压电源连接,继电器线圈得电,K3 吸合,电磁阀打开,所以在自动控制的基础上还能实现手动控制。

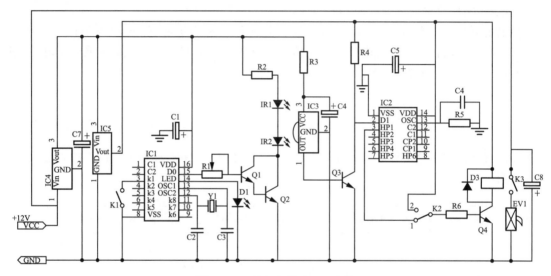

图 1.8　红外探测器的原理电路

1.4　果园自动对靶喷雾机试验研究

1.4.1　红外光电探测器

可用于植株目标探测的探测器有光电传感器、超声传感器、微波传感器和图像传感器等多种。其中图像传感器所能获取的信息量最大,可以达到识别作物形态和作物部位的要求,能为精确定位和精确控制提供控制信息。但目前图像处理技术的实际应用尚仅仅限于固定空间场合的作物病虫害监测,而没有实际用于移动式自动施药机械,图像处理技术和识别技术用于对靶喷雾,目前还处在理论研究阶段。微波探测技术由于受到通讯等限制,加上控制技术复杂、使用经济性较差,尚不宜用于农业生产。超声、光电探测在技术的复杂性上要低于其他探测技术,而且可以简化控制电路,有商品化应用前景,已有的间歇式喷雾机大多使用这两种技术。

本研究在果园对靶喷雾机中使用的是红外光电探测器,研制出基于红外探测技术的对靶喷雾装置。红外线属于一种电磁射线,其特性等同于无线电或 X 射线。人眼可见的光波是 380～780 nm,发射波长为 780 nm 至 1 mm 的长射线称为红外线。我们选用 940 nm 为峰值的发射波长,处于近红外波段。其一,这一波段处于大气窗口中,大气对此能量的衰减较小,这样的系统作用距离远;其二,这一波段的探测器的量子效率高,系统设计调试较为方便。

红外线具有可见光相似的特性,如反射、折射、干涉、衍射和偏振等。红外光学系统就是用来重新改善光束的分布,更有效地利用光能,如图 1.9 所示。光学系统用于辐射源,可用来聚集辐射能,形成有确定方向的辐射光束,光学系统用于辐射探测器则用来聚集辐射,会聚到探测器的灵敏面上,红外系统中光学系统的使用大大提高了灵敏面上的照度,它可比入射到光学系统表面上的照度高若干倍,从而提高仪器的信号比,增大系统的探测能力。对于实际应用的光学系统,光放大系数为 10~1 000 的数量级。

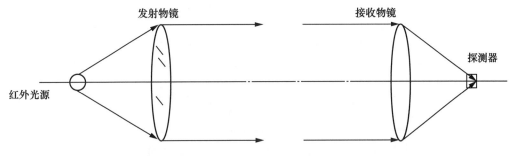

图 1.9　红外线的光学特性

所选择的透镜:①具有小的尺度;②具有尽可能大的相对孔径,所谓相对孔径是指物镜直径与其焦距之比;③有确定的视场角;④在所选的波段内有最小的辐射能损失;⑤在各种气象条件下或在抖动和振动的条件下具有稳定的光学性能。

1.4.2　实际试验及应用效果

对果树分上、中、下三段探测控制,通过对不同果树形态进行探测,得出准确的判断,提供给喷雾控制系统。喷雾控制系统接收到对靶系统的信号后,迅速做出判断,决定上、中、下三段的喷头同时喷射,还是下或下、中各自喷射,通过调整喷头和探测器的工作参数和位姿,使之喷雾有效面积更大,非有效喷雾面积尽可能地小,红外光电探测器的使用原理如图 1.10 所示,探测器、喷

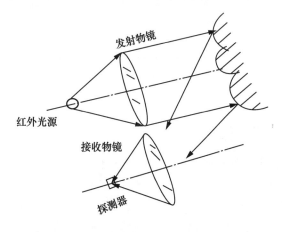

图 1.10　红外光电探测器发光、受光示意图

头安装位置与覆盖面如图 1.11 所示。

试验时,以人工靶标和实物靶标进行不同的靶标识别间距和识别距离的试验,靶标识别间距≤0.3 m,探测距离 2～10 m 可调,工作稳定,效果良好。性能试验指标如表 1.2 所示。

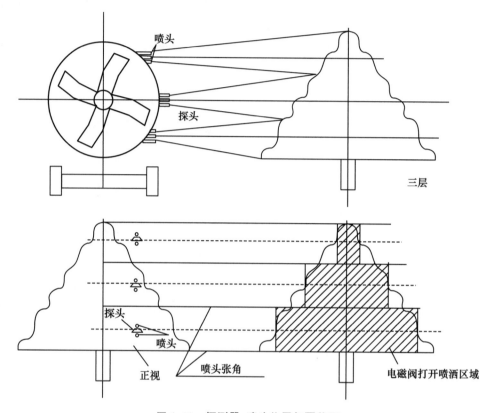

图 1.11　探测器、喷头位置与覆盖面

表 1.2　果园自动对靶喷雾机对靶性能指标

性能	设计预定指标	实际达到指标
靶标识别间距	≤0.5 m	≤0.3 m
靶标识别距离	≥2.0 m	2～10 m 可调
作业最小通过间距	≤3.0 m	≤3.0 m

1.4.3　静电喷雾装置试验研究

1.4.3.1　荷质比的测定

荷质比是衡量雾滴荷电性能的重要指标:荷质比越大,雾滴的荷电性能及充电效果越好,通过实验手段可对雾滴荷电情况进行测量。荷质比的测量方法有网状目标法、模拟目标法以及法拉第筒法。本研究选择网状目标法,这一方法采用一系列金属筛网,使荷电雾滴在其上积聚,并释放电荷,利用微电流表直接测出群体荷电雾滴的电荷量,同时测出测量时间和雾滴质量(图 1.12),进而可求出荷质比。

荷质比(A_q,C/kg)的计算公式为:

$$A_q = \frac{q}{m} = \frac{It}{m}$$

式中,q 为电荷量(C);I 为释放电流(A);t 为测量时间(s);m 为雾滴质量(kg)。

对不同电压下的雾滴荷质比进行了测试,得到表 1.3 的结果。据实验结果可以看出,充电效果随电压增大而增加。

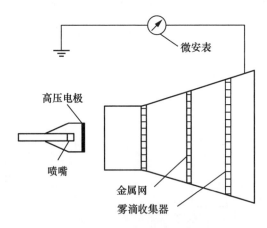

图 1.12　充电方式和荷质比测量装置

表 1.3　荷质比测试数据

电压/kV	1	1.2	1.4	1.6	1.8	2	2.2	2.4	2.6
荷质比/(10^{-4}C/kg)	5.224	6.865	7.643	8.102	8.682	9.100	9.619	10.069	10.423

可见,随着电压的升高其荷质比也增大。与普通静电喷雾相比,能在较小的放电电压下得到较高的荷质比。

1.4.3.2　雾化性能测试

雾滴的粒径是反映雾化性能的一个重要参数,同时也是荷电与非荷电两种情况性能比较的重要数据。雾滴采样的方法有很多种,例如纸卡采样、玻璃皿采样等。本文采用玻璃皿采样后在显微镜下直接读取一组雾滴直径,然后取平均值,得到反映雾化性能的平均粒径。对荷电与非荷电情况下的雾滴平均粒径分别进行了测量,测量位置为离喷口 30 cm 处的断面,见表 1.4。

试验结果表明,荷电可以大大地提高喷雾的雾化性能。

表 1.4　雾滴粒径测试数据

电压/kV	1	1.2	1.4	1.6	1.8	2	2.2	2.4	2.6
雾滴粒径/μm	53.1	51.4	47.3	47.5	45.1	44.2	42.7	39.5	41.4

1.4.3.3　喷雾距离的测试

让喷头与地面平行放置,使其喷在干燥的水泥地面上,这样我们就可轻松地测得其在不荷电和荷电状态下的喷雾的最远距离。

不荷电时,其最远距离为 3.11 m;荷电时,其最远距离为 2.78 m。

可见,荷电后,由于雾滴受到地面(零电位)吸引而更快地落向地面,使得喷雾距离缩短。

1.4.3.4 雾量分布测试

雾量分布的试验按图 1.13 所示进行,让喷头在与实验用的桌子平行的方向喷雾,桌子上面铺着一层较紧密的铜丝网,并让铜丝网接地。在铜丝网上面沿着喷雾的中心线对称地放置方格槽子,然后让喷头在不同荷电量和非荷电状态下自由地喷一段固定时间,然后分别量出各个方格中的喷雾量,进行对比验证。

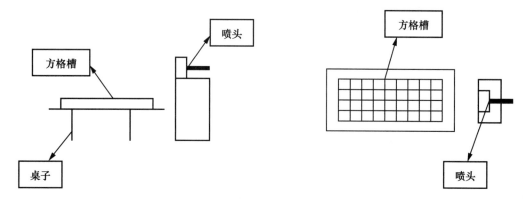

图 1.13　雾量分布测量实验装置

由于在离喷头较近的地方的喷雾量很少,我们从距离喷头 55 cm 处开始摆放方格槽,共计 5 个,每个方格槽有方格 4×9 个。

由于流速基本不变,对结果影响很小,我们分别就喷雾在不荷电和荷电电流分别为 −2.0 μA、−3.0 μA、−4.0 μA、−5.0 μA 时喷雾时间为 3 min 40 s 的雾量分布进行了测量,实验结果如图 1.14 至图 1.18 所示。

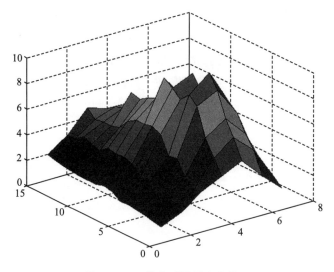

图 1.14　不荷电时雾量分布情况

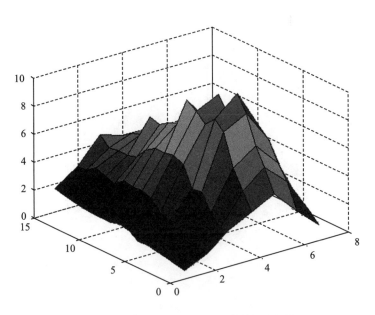

图 1.15 荷电电流为一2.0 μA 时雾量分布情况

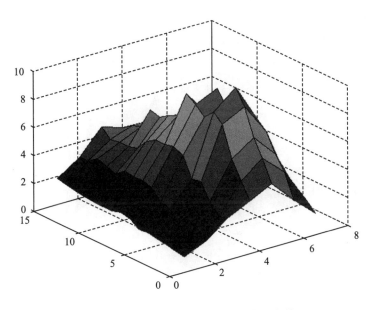

图 1.16 荷电电流为一3.0 μA 时雾量分布情况

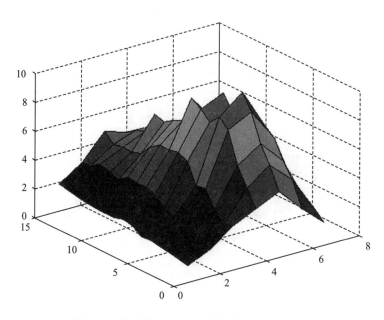

图 1.17 荷电电流为－4.0 μA 时雾量分布情况

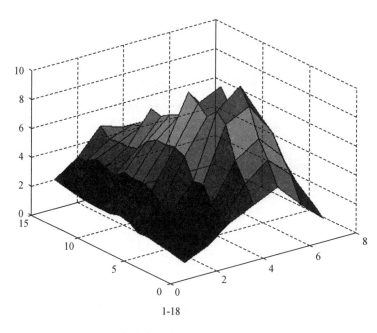

1-18

图 1.18 荷电电流为－5.0 μA 时雾量分布情况

然后,计算出各荷电情况下相对非荷电的平均增量百分比(表1.5)。

表 1.5 不同荷电情况下相对非荷电的沉积雾滴平均增量

荷电电流/μA	−2.0	−3.0	−4.0	−5.0
增量百分比/%	61.417	69.635	82.547	89.715

由表1.5可看出,随着荷电量的增加其喷雾量也随着增加,这样可以使喷药时药液更多地喷向靶标,从而降低了农药的使用量,也减轻了对环境的污染。

1.4.4 植株模拟测试

该实验如图1.19所示,把几根较粗的铜条用铜丝缠绕在一起,使其直径约与实物相等,下端折成相同高度的四条支撑腿,并使上端与地面垂直。然后将一中心有圆孔的挡板放在与支撑腿水平的地方,并使其与地面平行,再将一方格槽的中心槽的底部去掉,套在模拟植株上,用挡板支撑并与地面平行,与喷雾的中心线垂直。这样喷在模拟植株上的雾滴就顺着它通过方格槽的孔和挡板的中心孔流下来,喷在模拟植株周围的就仍然落在方格槽中。在模拟植株的正下方放一接水槽,来盛接从其上流下的雾量。

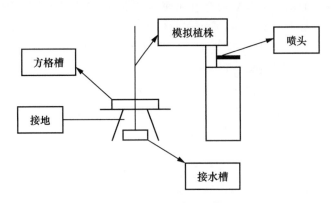

图 1.19 模拟植株实验示意图

测量在不同荷电情况、不同位置下的接水槽中的雾量,再除以喷雾时间就可以得出单位时间内喷在模拟植株上的雾量。

将模拟植株分别放在距喷头20 cm、40 cm、60 cm、80 cm处进行测量,放电电流选用较稳定的−4 μA,流速为5.259 mL/s,测量时间为6 min,其实验结果如表1.6所示。

表 1.6 不同喷雾间距下荷电与不荷电沉积雾滴增量

喷头距离/cm	不荷电	荷电	沉积量增加/%
20	67.5	141.5	109.63
40	41.0	77.5	89.02
60	44.5	80.5	80.90
80	52.5	91.5	74.29

由表1.6可看出,由于使用了静电喷雾技术,农药落在植株上的药量有了明显的增加,达

到了设计要求。

应用果园自动对靶喷雾机对苹果树进行喷雾作业,在试验条件相同的情况下,采用静电喷雾与非静电喷雾,比较雾滴在果树冠层中的沉积,其研究结果如表1.7所示。

表1.7 静电与非静电喷雾下雾滴在靶标上的沉积率

	带静电			非静电		
	苹果树	地面	飘失	苹果树	地面	飘失
雾滴沉积率/%	55.36	42.28	2.36	27.45	55.90	16.65

1.5 结 论

(1)果园自动对靶喷雾机的配套动力为25马力拖拉机,且采用悬挂连接方式,以减小喷雾机长度,有利于地头转向,作业最小通过间距≤3.0 m。

(2)研制出采用红外线靶标自动探测器及喷雾控制系统:靶标识别间距≤0.5 m;为适应果树不同的行距大小,靶标探测的有效距离0~10 m可调。

(3)研制出的高压静电喷雾装置能有效地使雾滴带电,提高了雾滴在靶标上的沉积率,试验表明,静电喷雾和非静电喷雾比较,雾滴在靶标上的沉积量增加2倍以上。

(4)为提高雾滴在树冠中的穿透性,采用大风量的轴流风机输送雾滴,风量达到24 500 m³/h,风机出口风速(喷头处)20 m/s。

(5)利用风机产生的辅助气流使雾滴有效地穿透果树冠层,荷电的雾滴则可有效、均匀地附着在靶标枝叶的正反两面。试验表明,喷雾过程中雾滴在苹果树上的有效附着率可达45.38%~53.46%,节省农药50%~75%以上。

1.6 致 谢

感谢国家"十五"科技攻关重点项目"高效施药技术与机具开发研究"(项目编号:2001BA504B05)、科技部科技成果转化资金重大项目"高效施药机具果园自动对靶喷雾机中试"(项目编号04EFN217100387)、国家星火计划项目"高效施药机具果园自动对靶喷雾机"(项目编号:2005EA105019)对本研究的资助! 在此,特向对上述项目做出贡献的所有参加人员表示由衷的感谢!

参 考 文 献

白鹏,冀捐灶,张发启,等.基于SVM的混合气体分布模式红外光谱在线识别方法.光谱学与光谱分析,2008,28(10):2278-2281.

北京农业大学施药技术组.两种果园喷洒方法比较.植保机械动态,1988(3).

邓巍,何雄奎,张录达,等.自动对靶喷雾靶标红外探测研究.光谱学与光谱分析,2008.10:2285-2289.

傅泽田,祁力钧,王秀.农药喷施技术的优化.北京:中国农业科技出版社,2002.

何雄奎,S. Kleisinger,等.动力学因素和药箱充满程度对喷雾机液力搅拌器搅拌效果的影响.农业工程学报,1999,15(4):131-134.

何雄奎,严苛荣,储金宇,等.果园自动对靶静电喷雾机设计与试验研究.农业工程学报,2003,19(6):78-80.

何雄奎,曾爱军,何娟.果园喷雾机风速对雾滴的沉积分布影响研究。农业工程学报,2002,18(4):775-778.

李秉礼,吴罗罗,何雄奎,等.果园风送式喷雾机在北方乔砧果园使用的研究.植保机械动态,1991(1).

刘文彬,李绍栋,翟继强,等.大豆田刺菜苣荬菜应用苗后除草剂点喷择治技术.现代化农业,2007(8):7.

邱白晶,李会芳,吴春笃,等.变量喷雾装置及关键技术的探讨.江苏大学学报(自然科学版),2004,25(2):97-100.

王贵恩,洪添盛,李捷等.果树施药仿形喷雾的位置控制系统.农业工程学报,2004,20(3):81-84.

肖健.果树对靶喷雾系统中图像识别技术.北京:中国农业大学硕士学位论文,2005.

杨淑莹.模式识别与智能计算——Matlab技术实现.北京:电子工业出版社,2008.

赵茂程,郑加强.树形识别与精确对靶施药的模拟研究.农业工程学报,2003,19(6):150-153.

赵为武.农产品农药残留问题及治理对策.植物医生,2001(3):10-13.

郑加强.农药精确使用原理与实施原则研究.科学技术与工程,2004,4(7):56-57.

邹建军.果园自动对靶喷雾机红外探测系统的研制.北京:中国农业大学硕士论文.2006.

Chris Gliever,David C. Slaughter,Crop verses Weed Recognition With Artificial Neural Networks,Paper Number:01-3104,2001 ASAE Annual International Meeting Sponsored by ASAE Sacramento,California,USA.

Critten D. L. Fractal dimension relationships and values associated with certain plant canopies. Journal of Agricultural Engineering Research,1997,67,61-72.

E. Moltó,B. Martin,A. Gutiérrez. Design and testing of an automatic machine for spraying at a constant distance from the tree canopy. Journal of Agricultural Engineering Research,2000,77(4):379-384.

E. Moltó,B. Martin,A. Gutiérrez. Pesticide Loss Reduction by Automatic Adaptation of Spraying on Globular Trees. Journal of Agricultural Engineering Research,2001,78(1):35-41.

Geol P K,Prasher S O,Patel R M,et al. Use of airborne multi-spectral imagery for weed detection in field crops. Transactions of the ASAE,2002,45(2):443-449.

Giles D K,P G Andersen,M Nilars. Flow control and spray cloud dynamics from hydraulic atomizers. Transactions of the ASAE,2002,45(3):539-546.

Lei Tian, D. C. Slaughter. Environmentally adaptive segmentation algorithm for outdoor image segmentation. Computers and Electronics in Agriculture, 1998(21): 153-168.

Lei Tian. Development of a sensor-based precision herbicide application system. Computer and Electronics in Agriculture, 2002, 36: 133-149.

Molto E, Martin B, Gutierez A. Design and testing of an automatic machine for spraying at a constant distance from the tree canopy. Journal of Agricultural Engineering Research, 2000. 77(4): 379-384.

R Gerhards, S Christensen. Real-time weed detection decision making and patch spraying in maize sugarbeet winter and winter barley. European Weed Research Society Weed Research, 2003, 43: 385-392.

Scotford I M, Miller P C H. Applications of spectral reflectance techniques in Northern European Cereal production: A Review. Biosystems Engineering, 2005, 90(3): 235-250.

Shearer, S. A., Holmes, R. G. Plant identification using color co-occurrence matrices. Transactiona of the ASAE, 1990, 33(6): 2037-2044.

Thompson, J. F, Stafford, J. V, Miller, P. C. H. Potential for automatic weed detection and selective herbicide application. Crop Protection, 1991, 10: 254-259.

Tian, L., Reid, J., Hummel, J, Development of a precision sprayer for site-specific weed management. Transactiona of the ASAE, 1999, 42(4): 893-900.

Tian, L., Slaughter, D. C., Norris, R. F. Outdoor field machine vision identification of tomato seedlings for automated weed control. Transactions of the ASAE, 1997, 40(6): 1761-1768.

Woebbecke, D. M., Meyer, G. E., Bargen, K. V. Mortensen, D. A., Plant species identification, size, and enumeration using machine vision techniques on near-binary images. SPIE Optics in Agriculture and Forestry, 1992, 1836: 208-217.

Zhang, N., Chaisattapagon, C. Effective criteria for weed identification in wheat fields using machine vision. Transactions of the ASAE, 1995, 38(3): 965-975.

第2章

自走式水田风送低量喷杆喷雾技术与机具

何雄奎　曾爱军　刘亚佳　宋坚利　严苛荣　汪　健

　　水稻是我国种植面积最大、单产最高、总产量最大的粮食作物,面积达 4.7 亿亩,占粮食种植面积的 30%,占粮食总产量的 40%。水稻是病、虫、草害发生频繁,防治次数较多,用工量最大的作物,在长江流域的水稻产区,一般一季水稻需喷洒化学除草剂 2 次,杀虫剂、杀菌剂 5～8 次。随着种植业结构的调整、农业生态环境的变化以及异常气候等因素的影响,水稻病、虫、草害的发生将更加频繁,特别是稻瘟病、螟虫、稻飞虱等重大病虫害在不少地区有加重的趋势,成为水稻优质、高产的主要制约因素之一。随着农村经济的不断发展和农机社会化服务体系的建立和完善,在我国水稻主产区,种植面积从几十亩到几百亩的规模化经营有较大的发展,为水稻生产机械化的发展创造了良好的条件,广大农户迫切需要高效的作业机具。目前在我国植保机械中占主导地位的手动喷雾器作业效率极低、喷洒效果差,喷施过程中农药分布不均匀度高达 46.56%(1996 年,中国农业大学药械与施药技术研究中心),已经越来越不适应水稻病、虫、草害规模化防治的要求。

　　环境保护和可持续发展是 21 世纪农业发展的主要任务。因此,开展高效施药技术和机具研究开发,采用喷杆式低量喷雾、气流辅助输送雾滴、喷幅标识和喷杆电动折叠等先进技术,研制作业效率高、适合水稻病、虫、草害规模化防治的施药机械,对于增强我国农业抵御病、虫、草害的能力,提高农药有效利用率,减少农药用量,改善农业生态环境,提高农产品安全性,缩小与国外先进水平之间的差距,促进农业的持续、稳定发展和农村劳动力的进一步解放,都具有重要的意义。

2.1　国内外技术现状

　　在工业化发达国家,水稻的病、虫、草害防治已基本实现了机械化。在美国,由于农户的经营面积较大,主要依靠飞机和大型远射程喷雾机、自走势宽幅喷杆喷雾机完成,而在以水稻为主要粮食作物的日本、韩国,农户的经营面积较小,以小型无人遥控直升机、背负式喷雾喷粉机、小型动力喷雾机为主。近年来与水田通用底盘配套的自走式水田喷杆喷雾机开始在日本、韩国出现并得到较快发展。与其他型式的喷雾机具相比,这种喷雾机机动性好、作业效率高、雾滴分布均匀、农药利用率较高,可以满足杀虫剂、除草剂、杀菌剂、生长调节剂的喷洒要求。但目前这种水田喷杆喷雾机上还没有采用风送式喷雾系统和喷雾标识等系统。

与日本、韩国等先进国家相比,我国水稻病、虫、草害防治机具差距较大,仍然以手动喷雾器为主要机型,承担着总防治面积70%的防治任务,尽管近几年来开发了一些新型手动喷雾器和背负式喷雾喷粉机,但从总体而言,施药机械和技术只相当于国际20世纪60—70年代水平,技术水平落后,喷头品种单一,喷洒性能差,农药浪费现象严重,而且作业效率低,不能满足水稻规模化经营的需要。

近年来,我国水稻种植机械发展势头迅猛。水田自走式底盘的出现,为发展水田施药机械提供了良机,研制与水田通用底盘配套的风送低量喷杆喷雾机,不仅可实现水稻病、虫、草害的机械化防治,提高作业效率和防治效果好,而且扩大了底盘的使用功能,实现了通用底盘的一机多用,具有广阔的应用前景。

2.2 研究系统体系结构和组成

自走式水田风送低量喷杆喷雾机的系统体系结构和组成如图 2.1 所示,图 2.2 为正在进行田间作业的水田低量风送式喷杆喷雾机。表 2.1 是水稻风送低量喷杆喷雾机整机技术参数。

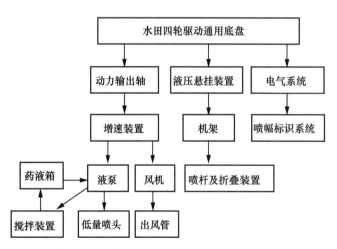

图 2.1 自走式水田风送低量宽幅喷杆喷雾机系统体系结构和组成

图 2.2 作业中的自走式水田风送低量喷杆喷雾机

表 2.1　水稻风送低量喷杆喷雾机整机技术参数

序号	项目		单位	测定数据	备注
1	外形尺寸 （长×宽×高）	运输状态	m	3×2.2×2.2	
		工作状态		3×5.5×1.7	
2	整机重量		kg	72	
3	喷幅		m	5.4	
4	喷杆离地高度	最高	m	1.2	
		最低	m	0.4	
5	喷头	型式		扇形雾	
		数量	个	3×12	
6	药箱容积		L	2×100	
7	配套动力		kW	5.25	
8	液泵 （额定状态）	流量	L/min	40	
		压力	MPa	0.3	
9	动力输出轴转速		r/min	400	
10	作业速度		m/s	0.6～1.2	
11	单位面积施药量		L/hm²	150～225	
12	防滴性能		常用工作压力下,关闭截留阀 20 s 后 1 min 内喷头没有滴漏		

2.3　自走式水田风送低量喷杆喷雾机整机及主要部件设计

2.3.1　喷雾机的整体结构型式

水田风送低量喷杆喷雾机主要由机架、药箱、液泵、风机及出风管、喷杆及折叠机构、低量喷头及管路系统、喷幅标识系统等组成,喷雾机整机与水田四轮驱动通用底盘配套悬挂连接。

为减轻喷雾机重量,在保证零部件强度、刚度的前提下,尽量减小零件尺寸,选用轻质材料。具体结构设计主要采用了以下办法:

药箱采用优质不锈钢薄钢板制造,液泵采用体积小、重量轻的小型高速自吸旋涡泵,风机采用工程塑料制造的小型高速离心风机,机架采用优质薄钢管、板制造。

由于通用底盘的自身结构重量较轻,液压提升装置的提升能力有限,加上水田土壤松软易陷,因此尽可能地降低喷雾机的重量,并且使机组重心布置合理,是喷雾机总体设计时必须考虑的主要问题。为此,根据通用底盘的结构特点,将喷雾机药箱设计采用分体式药箱,两个药箱分置于通用底盘驾驶座两侧,这样,药箱及所加药液的重心位于通用底盘的前后轮之间,可以改善前后轮重量分配,提高机组作业时的纵向稳定性。

按动力要求,通用底盘的发动机功率为 6～7 kW,通用底盘与喷雾机机组在 1 m/s 的作业速度下,在较恶劣的土壤环境中行走所消耗的功率约为 3 kW,由此确定喷雾机上液泵及风机的总功率为 2.2 kW,预留发动机的一部分动力作为功率储备。

由于目前施药机械上常用的隔膜泵、活塞泵、柱塞泵等液泵重量较重,不符合喷雾机轻型化的设计要求,为此,需要设计体积小、重量轻的喷雾机专用液泵。经过比较,确定采用小型高速自吸旋涡泵。

按照作业与设计要求,水田风送低量喷杆喷雾机的喷幅为 5.4 m,喷杆设计采用 3 节组成,两侧喷杆可以折叠,中间喷杆上设置升降机构,以适应不同水稻高度的喷雾作业需要。为提高作业效率,避免操作者下田折叠喷杆,喷杆折叠设计采用自动折叠机构完成。由于通用底盘没有液压输出,自动折叠机构必须采用电动控制。

为了给喷雾机作业时准确对行提供指示,喷雾机设置了喷幅标识系统,利用该系统在喷杆的末端喷出团状泡沫,为操作者提供明确的指示。

通用底盘自带的发电机功率为 120 W,因此设计电控折叠机构和喷幅标识系统各自的电力消耗不超过 100 W(两者不同时工作),以保证通用底盘的电瓶充电不受影响。

由于通用底盘的动力输出轴转速和作业前进速度及插秧机的栽插密度相对应,没有独立的输出转速,因此选定与喷雾机配套时的动力输出轴转速为 528 r/min(此时作业速度为 1.01 m/s),按此转速确定增速箱速比。

通用底盘动力输出轴转速较低,而液泵、风机所需转速较高,因此需要采用增速箱增速。增速箱的从动轴采用双轴伸结构,一端与液泵直联,另一端经皮带轮再次增速后驱动风机。风机与出风管之间采用柔性管连接。

水田风送低量喷杆喷雾机的喷头采用"三位一体"组合式防滴喷头,配用扇形雾喷嘴,这种喷嘴在 0.15 MPa 压力下即雾化良好,配置在喷杆上可以得到良好的喷雾量分布均匀性。

喷雾管路系统共设置三级过滤,以保证液泵、阀门及喷头不被脏物堵塞。液泵排出的液流,一部分经调压阀调压后供喷头喷雾,另一部分经流回药箱,起搅拌药液的作用。其结构如图 2.3 所示。

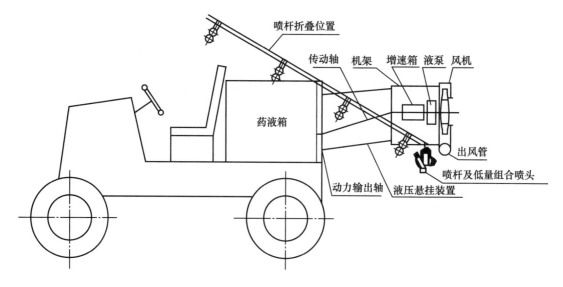

图 2.3　自走式水田风送低量喷杆喷雾机整体结构

2.3.2　药液箱

药液箱的总容积确定为 200 L,由两个分置于通用底盘驾驶座两侧且相互连通的小药液箱组成,每个小药液箱的容积为 100 L。为保证药箱具有良好的耐腐蚀性能,且重量较轻,药箱采用不锈钢薄钢板制造。加药口设有滤网,以防止杂质进入;药箱上设置液位指示管,方便操作者观察。药液箱底部设有搅拌装置,以达到药剂均匀混合的目的。

2.3.3　轻型液泵

水田风送低量喷杆喷雾机要求重量轻,为此选择结构简单、体积小、重量轻且具有自吸能力的小型高速旋涡泵。

液泵排出的药液除了供喷头喷雾外,还需提供给药液箱搅拌用。水田风送低量喷杆喷雾机的喷幅 5.4 m,安装 12 个喷头,每个喷头的喷雾量为 0.5~1.5 L/min(0.3 MPa 压力下),总喷雾量为 6~18 L/min。搅拌流量一般为药箱容量的 5%~10%,考虑到药箱底部为平面,不利于搅拌,为此确定搅拌流量为药箱容量的 15%,即 30 L/min。

按照上述两部分流量的要求,所需旋涡泵的排量是 36~48 L/min,因此确定旋涡泵的设计参数为 0.5 MPa 压力下的排量 50 L/min。

为提高使用可靠性,旋涡泵采用双轴承支撑的结构型式,泵轴为不锈钢件,聚四氟乙烯及陶瓷组成的机械密封,叶轮为铜件,两侧设置抗磨片。为减轻旋涡泵的重量,旋涡泵的泵体、泵盖、吸水盒、接头等均采用铝合金铸造,内外表面通过塑料涂敷工艺提高耐腐蚀性能。旋涡泵具体设计如下:

1. 转速和比转数的确定

旋涡泵的转速一般为 1 450~2 900 r/min,小流量泵一般可取 2 900 r/min。为减小泵的体积,减轻重量,适当提高转速。现取转速 n＝3 500 r/min。

按 n_s＝$3.65n\sqrt{Q}/H^{3/4}$ 计算比转数:

泵的设计流量 Q＝50 L/min＝$50 \times 10^{-3}/60$＝8.3×10^{-4}(m³/s);泵的工作扬程 H＝50 m;泵的转速 n＝3 500 r/min。

则:n_s＝$3.65n\sqrt{30}/50^{3/4}$＝$3.65 \times 3\,500 \times 2.886\,75 \times 10^{-2}/18.8$＝19.6。

2. 主要几何尺寸计算

(1)叶轮直径 D:

叶轮直径 D＝$\dfrac{60}{\pi n}\sqrt{\dfrac{2gH}{\psi}}$(m)

由《机械工程手册》第 77 篇泵、真空泵查得,扬程系数 ψ＝5.4。代入上式得:

$$D＝\frac{60}{\pi n}\sqrt{\frac{2gH}{\psi}}＝\frac{60}{3.141\,6 \times 3\,500}\sqrt{\frac{2 \times 9.81 \times 50}{5.4}}＝0.636\,6 \times 10^{-2} \times 13.478＝0.073\,5\,(m)$$

取叶轮直径 D＝75 mm。

(2)流道轴截面面积 A_k:

$$A_k = \frac{Q}{\varphi u} (\text{m}^2)$$

式中:Q 为设计流量(m^3/s);u 为闭式泵的叶轮外圆圆周速度 u_2(m/s);φ 为流量系数,φ 值按《机械工程手册》确定,选定闭式泵的 $\varphi = 0.45 \sim 0.56$,取 $\varphi = 0.45$。

设计工况下液体在流道中的平均速度 $C_K = Q/A_k$,一般为 $5 \sim 6$ m/s。

取 $C_K = Q/A_k = 5$ m/s

因此,$u = u_2 = 2\pi r n/60 = 2 \times 3.141\,6 \times 0.037\,5 \times 3\,500/60 \approx 13.7$ m/s

则 $$A_k = \frac{Q}{\varphi \mu} = \frac{8.3 \times 10^{-4}}{0.45 \times 13.82} = 1.335 \times 10^{-4} (\text{m}^2) = 1.335 (\text{cm}^2)$$

根据流道轴截面的实际面积应大于计算面积,取 $A_k = 1.8$ cm^2。

(3)流道轴截面积最优尺寸:旋涡泵的流道轴截面形状主要有半圆形、梯形、矩形。半圆形的效率最高,但特性曲线陡降;矩形的特性曲线较半圆形的平坦,吸入性能也较梯形的好,目前较多采用。梯形的一般用于比转数稍高的闭式泵。因此,本设计采用矩形轴截面流道。

根据《机械工程手册》计算确定泵的流道轴截面各几何尺寸。

取 $c = 0.5b$,则 $B = 2b$ $a/h = 0.4$,则 $a = 0.4h$,$a + h = 1.4h$

取 $h = 1.25b$,则 $A_k = (a+h) \times B = 1.4h \times B = 1.4 \times 1.25b \times 2b = 3.5b^2$
$$= 1.8 (\text{cm}^2)$$

则叶轮宽度 $b = \sqrt{\dfrac{A_k}{3.5}} = 0.72$ $\text{cm} = 7.2$ mm 取 $b = 8$ mm

则 $a = 0.4h = 0.4 \times 1.25b = 0.4 \times 1.25 \times 8 = 4 (\text{mm})$

$h = a/0.4 = 10 (\text{mm})$ $c = 0.5b = 8 \times 0.5 = 4 (\text{mm})$ 取 $y = 10$ mm

(4)叶片数:旋涡泵叶轮一般采用径向直叶片,闭式叶轮叶片数(Z)为 $24 \sim 60$,根据 D_2 和 h(叶片高度)确定

$$Z = (5 \sim 8)D_2/h$$

取 $Z = 5D_2/h = 5 \times 75/10 = 37.5$,取每侧的叶片数为 38。

设叶轮外圆上叶片间距为 1 mm,则叶片在叶轮外圆上的宽度为 $5^{+0.28}_{0}$;叶片根圆上的宽度为 $4^{0}_{-0.15}$。

(5)隔板包角:闭式泵吸入口和排出口之间的隔板包角 θ 应不小于 2 倍叶片之间的夹角,即 $\theta = 360 \div (50 \div 2) = 14.5°$,取 $\theta = 15°$。

3. 径向力计算

旋涡泵流道内液体的压力自吸入口至排出口按直线规律逐渐增大。对叶轮作用的径向力

$$F = (0.56 \sim 0.67)bD_2\gamma H \ (\text{kg})$$

式中,γ 为液体重度,kgf/m^3。

比转数高,系数取大值。

现取 $F = 0.6bD_2\gamma H = 0.6 \times 0.008 \times 0.075 \times 1 \times 50 = 0.018 (\text{kg}) = 0.18 (\text{N})$。

4. 有效功率及轴功率计算

有效功率 $N' = QH/4\,500/1.36 (\text{kW})$

即,$N' = QH/4\,500/1.36 = 50 \times 50/4\,500/1.36 = 0.4 (\text{kW})$

轴功率 $N_B = N'/\eta$　　取 $\eta = 0.4$

则 $N_B = N'/\eta = 0.4/0.4 = 1 (\text{kW})$

根据上述计算与设计得出旋涡泵性能参数(表2.2)。

表 2.2　旋涡泵性能参数

序号	压力/MPa	流量(/L/min)	轴功率/kW	总效率/%
1	0.10	56.0	0.630	14.54
2	0.20	49.0	0.774	20.69
3	0.30	42.6	0.895	23.32
4	0.40	35.1	0.980	23.40
5	0.50	27.0	1.080	20.42
6	0.60	20.3	1.175	16.92
7	0.70	12.8	1.297	11.32
8	0.87	0.00	1.630	0

2.3.4　风机及出风管

为实现机具的轻型化设计,根据喷雾机喷幅和作业时出口风速的要求,选用背负式喷雾喷粉机用小型高速离心式风机。这种风机的风压较高,有利于提高气流的穿透性,改善雾滴附着效果,且风机采用工程塑料制造,体积小、重量轻。风机在额定转速 4 239 r/min 时的风量为 0.18 m³/s,轴功率为 1.18 kW。出风管沿喷杆布置,位于喷头后方,便于将喷头喷出的雾滴及时向作物吹送;材料选用优质薄膜软管,重量轻,便于折叠。

2.3.5　增速箱

由于通用底盘上动力输出轴的转速较低(低档 200 r/min,高档 400 r/min),与液泵、风机的工作转速相差甚远,因此喷雾机需设置增速装置,采用二级增速,传动比 $i = 6.6$;将动力输出轴的转速提高到液泵和风机相应的工作转速。传递功率 3 kW,从动轴转速 3 500 r/min,主动轴转速 528 r/min。动力输出轴和增速箱之间采用万向传动轴连接,以适应机具提升时中心距的变化。

增速箱设计计算如下:

传递功率 $P = 3$ kW,从动轴转速 3 500 r/min,主动轴转速 $n_1 = 528$ r/min,传动比 $i = 6.6$。齿轮为闭式传动,满载工作时间 2 000 h,负载稳定。

由于增速箱传动比较大,采用二级增速,第一级传动比 $i_1 = 2.38$,第二级传动比 $i_2 = 2.75$。

1. 齿轮材料选择

大、小齿轮均选用 40Cr 钢,表面淬火,表面硬度 HRC 45~53,齿轮加工精度为 8 级。

查《机械设计手册》,得 $\sigma_{Hlim} = 1\ 100$ MPa,$\sigma_{Flim} = 300$ MPa。

2. 按接触疲劳强度计算齿轮参数

(1)第一级传动,$i_1 = 2.38$:小齿轮传递扭矩

$$T_1 = 9\ 549 \times \frac{P}{n_1 i_1} = 9\ 549 \times \frac{3}{528 \times 2.38} = 22.8 (\text{N} \cdot \text{m})$$

选取齿宽系数 $\varphi_d = 0.5$，查《机械工程手册》，得综合系数 $K = 3$，

小齿轮分度圆直径 D_{fe1}：

$$D_{fe1} = 768 \times \sqrt{\frac{KT_1 \times (i_1 + 1)}{\varphi_d \times \sigma_{Hlim}^2 \times i_1}} = 768 \times \sqrt{\frac{3 \times 22.8 \times (2.38 + 1)}{0.5 \times 1\ 100^2 \times 2.38}} = 41.7，取 D_{fe1} = 42\ \text{mm}，$$

齿轮中心距 $A_1 = \frac{D_{fe1}}{2} \times (1 + i_1) = \frac{42}{2} \times (1 + 2.38) = 71 (\text{mm})$

齿轮模数 $m_1 \approx 0.02A_1 = 0.02 \times 71 = 1.42\ \text{mm}$，接近于 1.5 mm，为保险起见，取 $m_1 = 2\ \text{mm}$，

小齿轮齿数 $Z_1 = \frac{D_{fe1}}{m_1} = \frac{42}{2} = 21$，大齿轮齿数 $Z_2 = i_1 \times Z_1 = 2.38 \times 21 = 50$

(2)第二级传动，$i_2 = 2.75$：小齿轮传递扭矩 $T_2 = 9\ 549 \times \frac{P}{n_2} = 9\ 549 \times \frac{3}{3\ 500} = 8.2 (\text{N} \cdot \text{m})$

选取齿宽系数 $\varphi_d = 0.5$，查《机械工程手册》，得综合系数 $K = 3$，

小齿轮分度圆直径 D_{fe3}：

$$D_{fe3} = 768 \times \sqrt{\frac{KT_2 \times (i_2 + 1)}{\varphi_d \times \sigma_{Hlim}^2 \times i_2}} = 768 \times \sqrt{\frac{3 \times 8.2 \times (2.75 + 1)}{0.5 \times 1\ 100^2 \times 2.75}} = 29.3，取 D_{fe3} = 30\ \text{mm}，$$

齿轮中心距 $A_2 = \frac{D_{fe2}}{2} \times (1 + i_2) = \frac{30}{2} \times (1 + 2.75) = 56.25 (\text{mm})$

齿轮模数 $m_2 \approx 0.02A_2 = 0.02 \times 56.25 = 1.125 (\text{mm})$，取 $m_2 = 1.5\ \text{mm}$，

小齿轮齿数 $Z_3 = \frac{D_{fe3}}{m_2} = \frac{30}{1.5} = 20$，大齿轮齿数 $Z_4 = i_2 \times Z_3 = 2.75 \times 20 = 55$

3. 按弯曲疲劳强度校核

查《机械工程手册》，得 $K = 2.7$。

(1)第一级传动，按 $Z_1 = 21$，$Z_2 = 50$ 确定 Y_F / σ_{Flim} 的最大值：

查机械设计手册，得 $Y_{F1} = 2.8$，$Y_{F2} = 2.35$，

$$\frac{Y_{F1}}{\sigma_{Flim}} = \frac{2.8}{300} = 0.009\ 3 > \frac{Y_{F2}}{\sigma_{Flim}} = \frac{2.35}{300} = 0.007\ 8$$

得到齿轮模数 $m_1 = 12.1 \times \sqrt{\frac{KT_1 \times Y_{F1}}{\varphi_d \times Z_1^2 \times \sigma_{Flim}}} = 12.1 \times \sqrt{\frac{2.7 \times 22.8 \times 0.009\ 3}{0.5 \times 21^2}} = 1.66 (\text{mm})$，

第一级传动所用齿轮模数 $m_1 = 2\ \text{mm} > 1.66\ \text{mm}$，所以强度满足要求。

(2)第二级传动，按 $Z_3 = 20$，$Z_4 = 55$ 确定 Y_F / σ_{Flim} 的最大值：查《机械工程手册》，得 $Y_{F3} = 2.8$，$Y_{F4} = 2.32$，

$$\frac{Y_{F3}}{\sigma_{Flim}} = \frac{2.8}{300} = 0.009\ 3 > \frac{Y_{F4}}{\sigma_{Flim}} = \frac{2.32}{300} = 0.007\ 7$$

得到齿轮模数 $m_2 = 12.1 \times \sqrt{\frac{KT_2 \times Y_{F3}}{\varphi_d \times Z_3^2 \times \sigma_{Flim}}} = 12.1 \times \sqrt{\frac{2.7 \times 8.2 \times 0.009\ 3}{0.5 \times 20^2}} = 1.22 (\text{mm})$，

第二级传动所用齿轮模数 $m_2 = 1.5$ mm > 1.22 mm,所以强度满足要求。

2.3.6　喷杆折叠机构

喷杆折叠机构采用四连杆机构,在运输位置时,喷杆向斜上方折叠,以避免对操作者动作造成妨碍。

折叠机构的动作依靠电动推杆实现,操作者只需控制电控按钮,坐在喷雾机上即可实现喷杆的展开和折叠。

由于通用底盘发电机功率有限,所选电动推杆的功率是 30 W(两个共 60 W),为保证喷杆折叠机构动作可靠,在喷杆两侧设置拉伸弹簧辅助折叠。

2.3.7　喷幅标识系统

喷幅指示系统是利用气流将泡沫剂吹出,形成能保持较长时间的团状泡沫,在喷雾机喷杆末端处落在地表或作物顶部作为标记,便于接行,防止重喷、漏喷。

喷幅标识系统由电控箱、泡沫剂箱、发泡喷头及电控部件组成,利用通用底盘的发电机作电源,驾驶员可在通过按钮控制一侧的发泡喷头进行喷洒,泡沫剂的喷出量可以通过调节旋钮调节。

2.3.8　"三位一体"组合式防滴喷头

自走式水田风送低量喷杆喷雾机单位面积施药量为 $150 \sim 225$ L/hm²。按照作业速度及喷幅计算,现有扇形雾喷嘴的喷雾量可以满足上述施药量的要求。为提高作业的方便性,实现不同喷量和低量喷雾作业,喷头采用"三位一体"组合式防滴喷头,安装 3 个不同喷雾量的低量扇形雾喷嘴,根据不同防治对象对喷雾量的不同要求,工作前只需将选定喷雾量的喷嘴旋转到喷雾位置即可,且不需要调整每个喷嘴的偏转角度和更换喷头,减少了喷嘴更换及调整时间。

2.4　提高农药在水稻上的有效附着率的高效施药技术研究

2.4.1　风送系统出口风速确定

风机在额定工况下,风送系统出口风速取决于出风孔的面积和孔数,通过对不同出风孔孔径(8 mm,10 mm,12 mm,14 mm,16 mm)和孔间距(5 cm,8 cm,10 cm,12 cm,15 cm)的不同组合进行的计算和试验,确定出最佳组合为孔径 12 mm,孔距为 10 cm,试验测得出口平均风速达 14.32 m/s,如图 2.4 所示。

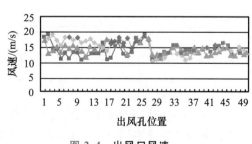

图 2.4　出风口风速

2.4.2 有、无风送条件下雾滴沉积试验研究

在上述最佳组合出口孔径 12 mm,孔距为 10 cm 时,风速 14.32 m/s 的条件下,按 JB/T 9805.2—1999《喷杆式喷雾机 试验方法》,在 24 m 标准喷杆喷雾机喷雾雾滴分布试验台 (产地:德国)进行有、无风送条件下雾滴沉积试验,实验结果见表 2.3。在相同条件下,风送喷雾雾滴在作物上的沉积分布效果明显优于没有风送的情况。

表 2.3 有、无风送条件下雾滴在靶标上的沉积量与均匀性

喷雾条件	雾滴沉积量均值/g	喷雾不均匀度/%	变异系数
无风	272.80	47	2.883
有风	295.2	10	1.849

沿喷杆方向无风幕时雾滴沉积分布如图 2.5 所示。

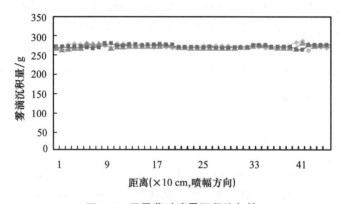

图 2.5 无风幕时喷雾沉积均匀性

沿喷杆方向有风幕时雾滴沉积分布如图 2.6 所示。

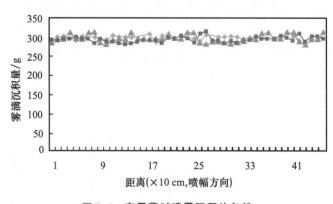

图 2.6 有风幕时喷雾沉积均匀性

以 2.11 km/h 的作业速度进行喷雾作业,将水稻按上、中、下分为 3 个层次,喷药后分小区随机采取 5 整株水稻,用 T 叶面积仪(测量精度为 0.02 cm²)测叶面积后装入瓶内,用含有

酒精的蒸馏水振荡洗下叶面上的荧光物质,再用 LS-2 荧光检测仪检测出叶片单位面积上的药液沉积量,雾滴在水稻上的有效附着率见表 2.4。

表 2.4　有、无风送条件下雾滴在靶标区内的飘失比较　　　　　　%

靶区内	附着情况	
	风送	无风送
水稻植株	36.84	26.23
地面	49.67	45.58
飘失	13.49	28.19

实验结果表明,在相同条件下,风送喷雾雾滴在水稻植株上的有效附着率明显多于没有风送的情况。

2.5　试验与结论

自走式水田风送低量喷杆喷雾机是一种水稻化学植保全新的施药机械,它与国产水田四轮驱动通用底盘配套,在我国首次实现在水稻上采用喷杆喷雾作业方式,与其他喷雾方式相比,喷雾质量好,喷雾量分布均匀性得到显著提高。

(1)喷杆离地间隙大于 400 mm,依靠通用底盘的提升装置和喷雾机喷杆升降机构,喷杆离地间隙可在 1.2 m 范围内调整,以适应不同水稻高度的需要。

(2)通用底盘的主变速挂Ⅱ档,副变速挂Ⅱ档和Ⅲ档,作业速度分别为 0.82 m/s 和 0.98 m/s。

(3)喷雾机的喷幅为 5.4 m,是水稻高速种植机械(高速插秧机、直播机等)工作幅宽1.8 m 的整数倍。

(4)喷雾机田间试验时,喷雾压力为 0.3 MPa,使用 LECHLER ST11001 喷头,喷雾量 4.68 L/min,作业速度在 0.82 m/s 和 0.98 m/s 时的单位面积施药量分别为 151 L/hm² 和176 L/hm²。

(5)风机转速在 4 239 r/min 时,出风管的平均作业风速达到 14.32 m/s。

(6)喷雾机整机净重 72.2 kg,作业效率 1～2 hm²/h,减少飘失近 30%,将传统的喷雾不均匀度由 47% 降低到 10%。

2.6　致　　谢

感谢国家"十五"科技攻关重点项目"高效施药技术与机具开发研究"(项目编号:2001BA504B05)、国家"十一五"科技支撑计划项目"高效减量多靶标化学防治新技术"(项目编号:2006BADA03)对本研究的资助! 同时,特向对上述项目做出贡献的所有参加人员表示由衷的感谢!

参 考 文 献

戴奋奋,何雄奎,等.植保机械与施药技术规范.中国农业科学技术出版社,2002.

宫少俊,秦贵.风幕式喷杆喷雾机性能试验.农机科技推广,2006(4):38-39.

果园自动对靶静电喷雾机设计与试验研究.农业工程学报,2003,19(6):78-80.

何雄奎,等.农业机械化.北京,中国农业大学,2003.

何雄奎.大力发展我国植保机械与施药技术.科学时报(Science times),2003.5.28.

何雄奎.改变我国植保机械和施药技术严重落后的现象.农业工程学报,2004,20(1):13-15.

何雄奎.植保机械与施药技术.植保机械与清洗机动态,2002(4):5-8.

李红军,何雄奎,等.一种小型机动背负式喷杆喷雾机的性能试验.中国农业大学学报,2007,12(2):54-57.

刘雪美,张晓辉,侯存良.喷杆喷雾机风助风筒流场分析与结构优化.农业机械学报,2011,42(4):70-75.

刘雪美,张晓辉,刘丰乐,等.基于RVM的喷杆喷雾机风助风筒多目标优化设计.农业机械学报,2010,41(6):75-80.

宋坚利,何雄奎,杨雪玲.喷杆式喷雾机雾流方向角对药液沉积影响的试验研究.农业工程学报,2006,22(6):96-99.

宋坚利,何雄奎,曾爱军,刘亚佳,张浩.罩盖喷杆喷雾机的设计与防飘试验.农业机械学报,2007(08).

王俊,祁力钧.喷雾机喷杆压力损失及对喷雾质量的影响.农业机械学报,2006(03).

席运官,等.有机农业生态工程.北京:化学工业出版社,2002.

薛新宇,周艳.外置气流式喷杆喷雾机的研制.中国农机化,2002(3).

严荷荣,张志平.风幕式喷杆喷雾机的研制.农业机械,2006(02).

袁会珠,何雄奎,等译,FAO农药施用机具的最低准则.(第一,二,三卷).罗马:联合国粮农组织.2003.

袁炜锋,苗玉彬.水田宽幅喷雾机变量控制系统研究.农机化研究,2010(07).

FAO,《Technical standards-Sprayer specifications and test procedures-Agricultural Pesticide Sprayers》.Volume 2,Rome,1998.

F. Solanelles,A. Escola1,S. Planas,*et al*. An Electronic Control System for Pesticide Application Proportional to the Canopy Width of Tree Crops. Biosystems Engineering,2006,95,95(4):473-481.

ISSN 1010-1365,FAO Agricultural Service Bulletin 112/1-Pesticide application equipment for use in agriculture,Vol. 1 Manually carried equipment,Rome,1994.

Lardoux Y,Sinfort C,Enfalt P,*et al* Test method for boom suspension influence on spray distribution,part I experimental study of pesticide application under a moving boom. Biosystems Engineering,2007,96(1):29-39.

Lardoux Y，Sinfort C，Enfalt P，*et al* Test method for boom suspension influence on spray distribution，part II：validation and use of a spray distribution mode. Biosystems Engineering，2007，96(2)：161-168.

第3章

循环喷雾技术与机具

宋坚利　何雄奎　曾爱军　刘亚佳　张　京

3.1　引　言

3.1.1　研究背景及意义

病虫害防治是果园管理环节中必不可少的一项重要环节。目前,我国果园病虫害防治手段还是以喷施化学农药为主,化学农药在保证水果稳产、丰产方面起了不可替代的作用。我国应用于果园植保作业的药械产品主要有手动(电动)背负式喷雾器、机动背负式弥雾机、踏板式喷雾器、机动喷枪(杆)、果园风送喷雾机等。目前担负果园植保作业主要任务的是手动背负式喷雾机和机动喷枪。主要存在的问题是喷施方式粗放、农药损失严重、农药有效利用率低、劳动强度大、作业效率低等问题。虽然近年来我国植保机械有了飞快的发展,但是植保机械技术水平落后的问题一直没有得到很好的解决。尤其是在解决大量使用农药所造成的一系列社会、环境、生态问题时,更是束手无策。因此,研制果园高效施药机械,以提升我国果园植保机械技术水平,提高农药有效利用率,为解决农药大量使用产生的负性问题寻求解决方法具有重要意义。

3.1.2　国外植保机械发展现状

国外发达国家果园植保机具的发展历程同我国类似,经历了由手动到机动、粗放到精细的发展过程,目前不论是政府、还是民间团体组织以及农户都十分关注植保机械的使用性能、产品质量和对环境的影响,这就促使国外植保机械在性能上一直在朝着更高的农药利用率和更少的农药污染方向发展。目前的果园植保作业要求是:①雾滴在冠层中具有好的穿透性;②工作适应性强,受环境影响小;③工作参数等能够灵活调整;④喷施精准;⑤对环境友好。为了达到优良的作业效果,国外果园喷雾机普遍采用风送喷雾技术。

国外果园喷雾机从工作原理上可以分几种:轴流风机风送喷雾机、横流风机风送喷雾机、多风管直接风送喷雾机、循环喷雾机。

20世纪40年代后期开始,为了替代喷枪作业,具有技术革命意义的轴流风机风送喷雾的果园喷雾机被广泛使用,目前仍然是果园植保作业的主力军。这种喷雾机机一般由拖拉机牵引或悬挂作业,在风送条件下将细小的药液雾滴吹至靶标,使施药液量大量减少。早期的果园风送喷雾机雾化装置沿轴流风机出风口成圆形排列,可以产生半径3~5 m的放射状喷雾范围,喷雾高度可达4 m以上,欧美国家称这种喷雾机为传统果园喷雾机。进入70年代,矮化果木种植面积迅速扩大,果树采用篱架式种植,原来普遍高达4 m的果树冠层降低到2.5 m以下,冠径也大大减小。传统果园风送喷雾机在这种果园作业时,喷雾高度高于冠层高度,气流夹带大量雾滴越过冠层,造成大量的农药飘失,因此传统果园喷雾机已经不再适合现代果园植保作业。为减少飘失,适应新型矮化果园的植保作业,欧美等国对传统喷雾机进行改进。改进的主要措施是在轴流风机上安装导风装置,气流方向不再成放射状,而是沿导风装置定向导出,喷雾装置也由原来的圆形安装变为直线安装,此举大大降低了喷雾机的喷雾高度。经过改进,新型轴流风机风送喷雾机已经能够适应新的作业要求。这种喷雾机被称为导流果园喷雾机(deflector sprayer)。

果园种植模式的变化使许多新型喷雾机设计成为可能,在对传统果园喷雾机改进的同时,许多应用不同风送方式以实现定向风送的新型喷雾机也陆续出现,采用横流风机风送就是其中广泛采用的一种措施。相对传统轴流风机来讲横流风机产生的气流较易控制,出风口气流速度均匀,雾滴能够更加准确地沉积到靶标上,所以此类喷雾机发展很快。

随着环保要求的不断提高,需要喷雾机能够进一步减少农药损失,在这种要求下一种采用多风管定向风送的喷雾机被开发出来,此类喷雾机采用离心风机作为风源,产生的气流通过多个蛇形管导出,每个蛇形风管对应一个雾化装置,可以根据冠层形状和密度调整蛇形管出口位置,实现定向仿形喷雾,这种喷雾机被称为射流喷气喷雾机(directed air-jet sprayer)。较轴流风机和横流风机风送方式,定向射流喷雾机能够进一步减少农药损失。

不论是轴流风机风送、横流风机风送还是多风管定向风送,喷雾机在作业时都是针对冠层一侧喷雾,在强大的气流作用下仍然有大量的雾滴被吹离冠层而不能沉积到靶标上,所以如果能够将这部分未沉积到靶标上的药液收集再利用,会进一步减少药液损失,循环喷雾机(recycling sprayer)实现了这一想法。循环喷雾机最早出现在20世纪70年代,果树矮化种植使冠层能够被横跨覆盖喷雾,能够利用药液回收装置拦截并收集未沉积的药液,将其回收再利用,研究证明循环喷雾机能够回收药液20%~80%,平均节药30%~35%,进入90年代循环喷雾机发展迅速,在果园植保作业中被越来越多的使用。循环喷雾机有多种类型,据联邦德国农林生物研究中心(BBA)的资料显示,循环喷雾机可以分为"Ⅱ"型罩盖型(tunnel sprayer)、收集器型(collector)、反射型(reflector sprayer)、气流循环型(circulation sprayer)。随着循环喷雾机进一步发展,各种类型之间的区别已经不再明显,在同一喷雾机上同时出现多种技术,现在许多"Ⅱ"型罩盖型与气流循环型相结合,进一步提高了循环喷雾机的工作性能。

3.1.3 "∏"型循环喷雾机(tunnel sprayer)研究现状

为了安全有效地喷施农药,在喷雾机必须保证靶标上沉积足够药液的同时使农药损失降到最低。"∏"型循环喷雾机(tunnel sprayer)是目前最能满足这种"环境友好喷雾"作业要求的技术之一。经联邦德国农林生物研究中心(BBA)测试,"∏"型循环喷雾机(tunnel sprayer)能够减少飘失 90%,被列为低飘喷雾机,并享受政府补贴政策。

"∏"型循环喷雾机是应用罩盖防飘喷雾技术的循环喷雾机,其最大的特征是具有"∏"型罩盖,作业时果树冠层被罩盖横跨罩住,药液在罩盖内部喷施到靶标上,没有沉积到叶丛或枝条的以及叶面上滴落的雾滴可以被罩盖收集,这些药液汇集到承液槽中,经循环再利用,喷雾机也因其罩盖形状而得名。"∏"型循环喷雾机(tunnel sprayer)的概念最终出现在 20 世纪 70 年代早期,而后在 90 年代被大量研究并逐步形成商业化产品销售。国内对循环喷雾技术有过介绍,但是对于"∏"型循环喷雾机的研究还是空白,研究的国家主要集中于欧美等发达国家,目前市场上比较常见的是 LIPCO 和 MUNCKHOF 公司生产的各种型号的隧道型循环喷雾机,主要适用于葡萄、矮化半矮化果树、灌木类等冠层尺寸较小的果树病虫害防治。

根据技术进化特点,每一个技术系统的发展都遵循 4 个阶段:①选择系统的各个部分;②改善各个部分;③系统的动态化;④系统的自我发展。"∏"型循环喷雾机的发展正处于第二阶段末期,马上进入第三发展阶段。为了减少气流对喷雾的影响,1976 年当低量喷雾机 Mantis 被设计出来的时候,一个希望让喷雾机拥有一个"∏"型罩盖保护喷雾的想法被提了出来。1979—1980 年在波兰果树花卉研究所研制出第一台用于超低量喷雾的"∏"型循环喷雾机。"∏"型循环喷雾机进入第一发展阶段,随后马上进入了第二发展阶段,在这个阶段发展的初期(1980—1990 年),由于对传统果园风送喷雾机改进是研究的主流,所以对于"∏"型循环喷雾鲜有人研究。进入 20 世纪 90 年代,传统果园喷雾机的改进基本完成,其提高农药利用率的潜力已被挖掘完全,若想进一步提高农药利用率必须研制新型喷雾机,在这种情况下"∏"型循环喷雾机得到迅速发展。许多研究致力于改善系统的不良部分,进一步提高喷雾机的工作性能。目前许多新型"∏"型喷雾机已经可以根据冠层特点调整罩盖宽度、喷头位置、气流方向等参数,实现了部分装置的动态化,部分机构进入系统发展的第三阶段。

"∏"型循环喷雾机主要有两个特殊的系统:药液回收循环系统和"∏"型罩盖防飘系统,其中"∏"型罩盖既防飘又作为拦截雾滴的收集装置。药液循环形式有两种:泵循环和射流循环。使用泵循环液路简单、回收稳定但是需要额外配备液泵,增加了装置复杂性;而采用射流循环方式不需要更换额外装置所以很容易在原来喷雾机的基础上进行改进,但是对泵的排量要求高,液泵不但要满足喷量和搅拌的要求,而且要有足够的药液通过射流收集器,才能吸取药液,所以两种循环方式各有优劣,在商品化循环喷雾机上都有应用,目前市场上 MUNCKHOF 公司生产的一款"∏"型循环喷雾机采用泵循环,而 LIPCO 公司生产的则采用射流原理收集承液槽中的药液。不同"∏"型循环喷雾机的"∏"防飘系统结构相似,有的罩盖内部安装出风口对药液风送,当果树的冠层密度小(如对葡萄施药)时多采用无风送喷施系统,LIPCO 公司生产的针对葡萄作业的隧道型循环喷雾机多为无风送喷雾系统(如型号 TSG-A1/A2, TSG-S1~S3, TSG-N1/N2 等);当对矮化苹果等冠层较大的果树施药时多采用风送喷雾,风机产生的风携带雾滴穿透果树冠层,并且扰动树叶,使雾滴能够沉积到树叶的正反两面,改善雾滴的沉积特性。

　　针对"Ⅱ"型循环喷雾机的研究主要集中于 4 个方面：药液沉积、农药损失、回收率和生物防治效果。

　　研究主要是将研究出来的循环喷雾机样机同传统果园喷雾机对比，测试"Ⅱ"型循环喷雾机的工作性能。通过测试证明使用"Ⅱ"型循环喷雾机药液在冠层中的沉积与传统果园喷雾机效果相似，生物防治效果证明"Ⅱ"型循环喷雾机能满足生产作业要求，而且能够大大减少农药损失。Siegfried W.、Raisigl U.（1991）的研究结果显示"Ⅱ"型循环喷雾机在冠层疏密不同情况下能够节药 40%～50% 和 15%～30%。Baraldi. G. 等（1993）的研究结果也证明"Ⅱ"型循环喷雾机能够减少飘失和药液流失到地面的量。Siegfried W. 等（1993）的田间测试发现在果树花期前和全盛生产期的药液回收率分别是 40%～50% 和 25%～30%，并且在冠层中的药液分布和覆盖效果良好。

　　通过研究发现，罩盖内部的气流流场对雾滴沉积和回收、飘失起决定作用，所以随着研究的深入，改善罩盖中的空气流动特性，进一步提高机具性能成为研究的重点。在 1992—1995 年期间 D. L. Peterson 和 H. W. Hogmire 对研制的两台"Ⅱ"型循环喷雾机做了大量的研究，通过试验改变风送方式，得到相对比较好的风机配置方案。初期研制的两台喷雾机其中 1 台是 4 个轴流风机风送，两个轴流风机安装在罩盖的上部，另外两个安装在罩盖的下部，气流出口方向朝向罩盖中间位置，结果显示冠层中药液沉积效果很差，大部分药液沉积在果树冠层外围，在果树的内部基本没有药液沉积，分析原因可能是由于 4 个轴流风机的气流都朝向中间，因此气流在冠层中间位置相遇而使气流速度很小，不能够携带雾滴穿透冠层。在随后的试验中，D. L. Peterson 和 H. W. Hogmire 将轴流风机的出风口方向进行调节使气流不再相聚在罩盖中间，结果显示雾滴的沉积效果大为提高。而后的试验中他们又将轴流风机的布局改变成 6 个轴流风机风送，3 个一组分别安装在罩盖的两侧，顶部和底部的风机根据冠层形状分别向下和向上偏转 20°，试验数据显示这种布局相对初期的布局能够在很大程度上提高沉积量和沉积均匀性。Ade. G 等设计了一种能够使罩盖内部空气循环的"Ⅱ"型循环喷雾机，他利用安装在罩盖两侧转向相反的 4 台轴流风机使罩盖内部的气流旋转循环，同传统喷雾机相比较能够减少 50%～60% 的药液流失到土壤中，在冠层竖直方向上的药液沉积分布非常均匀，而且雾滴在冠层中的穿透性很好，这种方法能够提高冠层中间部分的药液沉积，提高冠层中药液沉积的均匀性。同 Ade. G 的目的相同，LIPCO 公司生产的一种"Ⅱ"型循环喷雾机，将罩盖两侧的横流风机交错安装，一侧安装在罩盖前端，一侧安装在罩盖后端，这样也使罩盖内部的气流循环起来。另外一种"封闭循环系统"（closed loop system）也能够将罩盖内部的气流循环，同前面介绍的空气循环技术不同，这项技术是利用风机抽吸罩盖内部的空气，然后通过罩盖中的空气导管输送到罩盖中的出风口对雾滴进行风送。2000 年 Grzegorz Doruchowski 和 Ryszard Holownichi 介绍采用了封闭循环系统的两种"Ⅱ"型循环喷雾机，MUNCKHOF 公司生产的"Ⅱ"型循环喷雾机也采用了该系统。

　　"Ⅱ"型循环喷雾机的结构复杂，影响其作业性能的因素众多，在研究初期，设计具有一定的盲目性，现在借助计算机数值动态仿真方法，可动态地模拟不同影响因素对机具效果的影响，设计快速、准确、高效，大大加快了"Ⅱ"型循环喷雾机的发展。Molari. G. 等分析了目前"Ⅱ"型循环喷雾机的不足之处，利用流体模拟技术（CFD）设计了 1 台"Ⅱ"型循环喷雾机，经实验验证能够提高农药利用率高达 95%，并进一步提高了药液沉积均匀性。

3.1.4 主要研究内容

虽然我国果品业发展迅速,但是果园植保作业仍然是粗放的,落后的植保机械和施药技术是使果实农药残留超标严重,果实品质不高的主要原因之一,因此实现果园植保作业机械化、减少农药用量、提高农药利用率是当前亟待解决的重大问题。综合我国果品业发展的现状和生产作业的实际要求,通过分析有关文献,我们认为,适合果园机械化作业的矮化果园是未来的发展方向。因此,研制具有我国自主知识产权的"Ⅱ"型循环喷雾机是十分必要的。目前我国适合"Ⅱ"型循环喷雾机作业的只有篱架式葡萄和篱架式绿化带等作物,本课题的研究目标是设计一台适合葡萄植保作业的"Ⅱ"型循环喷雾机,实现未沉积雾滴拦截、药液收集及回收。结合研究方向及目标,主要研究内容如下:

1. 雾滴雾化及在流场中的运动特性

药液在冠层中沉积、飘移、雾滴拦截都与雾滴尺寸和运动有关,同时雾滴运动会影响罩盖内部的空气流场,所以为提高药液回收效率,减少飘失,提高药液沉积量和沉积均匀性,首先需要研究雾滴雾化及雾滴在流场中的运动特性、雾滴的尺寸分布、运动特性、流量分布、气流运动特性,才能确定易飘失区域,并根据雾流特性设计罩盖,这是设计"Ⅱ"型循环喷雾机的基础。

2. 防飘装置

防飘装置是"Ⅱ"型循环喷雾机系统中的重要部分,罩盖结构和形状决定罩盖内部的空气流场特性,因此能够影响雾滴在罩盖内部的运动特性,从而最终影响雾滴沉积和飘失。在这部分研究中需要研究罩盖的防飘机理,研究不同形状的罩盖对于气流流场的影响,通过仿真模拟和风洞实验两种方法确定好的防飘装置结构。

3. 循环喷雾机喷雾系统

研究雾化装置的位姿对药液沉积和回收率的影响,结合设计的防飘装置设计循环喷雾防飘喷雾系统,最终完成"Ⅱ"型循环喷雾机的整体设计。

4. 循环喷雾机防飘性能研究

通过试验,分析"Ⅱ"型循环喷雾机的防飘性能,验证循环喷雾防飘系统的稳定性和可行性,并提出改进意见。

3.2 药液雾化及雾滴在流场中的运动特性

3.2.1 材料与方法

试验使用丹麦 Dantec/Invent 测试技术公司生产的相位多普勒粒子分析仪(Phase Doppler Particle Analyzer,简称 PDPA)测定雾滴尺寸和运动速度参数。测试过程中室温恒定,试验介质为清水。测试所用喷头为德国 LECHLER 公司生产的 LU120 系列扇形雾喷头120-02、120-03、120-04,喷雾压力分别是 0.2 MPa、0.3 MPa、0.4 MPa,喷雾角 120°,测试喷雾扇面三维空间的雾滴的尺寸和运动速度分布。

建立三维空间坐标系如图 3.1 所示,喷头所在位置为空间中的原点(0,0,0),X 轴垂直喷雾扇面为扇面纵向，Y 轴平行于喷雾扇面为扇面横向，Z 轴为雾流中轴线，垂直向下为 Z 轴正向。设定平面 $(0,y,z)$ 为喷雾扇面横向对称面，平面 $(x,0,z)$ 为扇面纵向对称面。沿 z 轴方向每隔 100 mm 设置一个水平测量面，在每个测试面内，根据椭圆面的大小确定 X 方向的偏移量，本着对称平分的原则，确定 5 条测量线。设定雾流轴线角度为 0°，将扇面横向对称面进行 16 份等角度均分，角等分线与水平线交点坐标通过正切公式求出，即测试面上每个测量点的 y 坐标，测试点坐标见表 3.1。PDPA 测量所得的数据为统计值，为保证测试数据准确，在每次采样过程中，在接近边界测量点至少测量 3 000 个雾滴，接近中心位置的测量点至少测量 5 000 个雾滴，大多数样本均能在 3 min 内采到规定数量的雾滴。

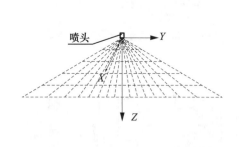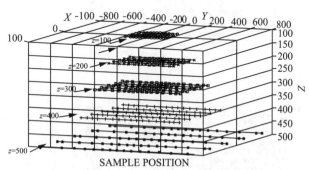

图 3.1　测试点位置图

表 3.1　测量点坐标信息

Z 坐标 /mm	Y 坐标/mm(角等分线与雾流轴线夹角)									X 偏移量/mm	
	0°	7.5°	15°	22.5°	30°	37.5°	45°	52.5°	60°	1 倍	2 倍
100	0	±13	±27	±41	±58	±77	±100	±130	±173	±10	±20
200	0	±26	±54	±83	±116	±154	±200	±261	±346	±15	±30
300	0	±40	±80	±124	±173	±230	±300	±391	±450	±20	±40
400	0	±53	±107	±166	±231	±307	±400	±521	±693	±30	±60
500	0	±66	±134	±207	±289	±384	±500	±652	±866	±40	±80

3.2.2　不同粒径雾滴的分布

图 3.2 显示，在不同测试面上，随着与喷孔距离增加，雾滴 VMD(雾滴谱)空间分布图结构不同。距离喷头 100 mm 的测试面(图 3.2a)上 VMD 分布的空间结构类似马鞍形，在 XZ 平面，中间位置的雾滴 VMD 大于边缘位置的，在 YZ 平面上，扇面中间的 VMD 变化没有规律性，扇面边缘的雾滴 VMD 大于其他位置的。其他水平测试面(图 3.2b、c、d、e)的 VMD 空间图具有相似结构，都呈现边缘高中间洼的凹面形状，说明边缘雾滴粒径大于中间位置的雾滴粒径。为了研究凹面结构，以距离喷头 500 mm 的测试面为例，绘出 VMD 平面势量图(图 3.2f)。分析势量图能够发现，势量线轮廓为不规则的椭圆形或扁圆形，这与扇面在测试面上的投影类似。

由于在研究气流对喷雾的影响时，考虑的是气流对喷雾扇面的作用，所以了解整个扇面上的不同粒径雾滴的分布是十分必要的。根据横向对称面上 VMD 拟合曲线公式求得各点理论 VMD,然后利用差值方法绘制出喷雾横向对称面上雾滴 VMD 分布平面势量图(图 3.3)。图像显示,扇面边缘雾滴大于扇面中间部分的雾滴,在喷雾扇面中央上存在一个细小雾滴核心区,位置距离喷头 200~300 mm。

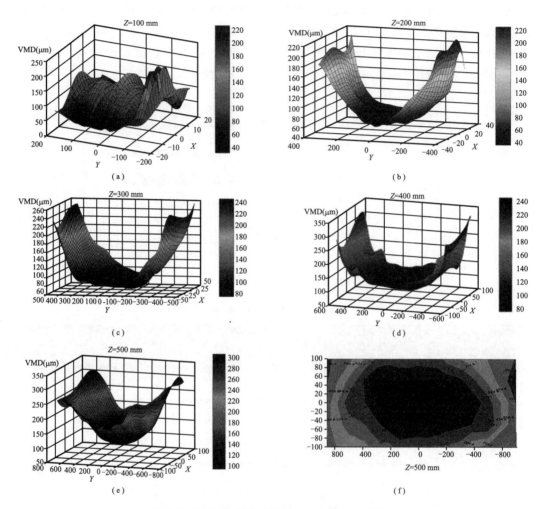

图 3.2 VMD 空间分布图(LU 120-03,0.3 MPa)

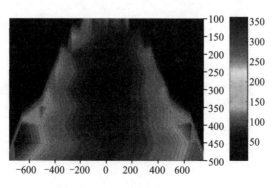

图 3.3 扇面中 VMD 分布势量图(LU120-03,0.3 MPa)

3.2.3 雾滴运动

在喷雾过程中,雾滴在扇面中的运动分布情况相当复杂,除受到雾滴初速度包括大小、方向的影响外,还与其在空间中的受力状态、气流、温度、湿度、雾滴间碰撞等诸多方面的因素均有很大关系。在对雾滴运动状态的早期研究中主要是考虑单个雾滴的受力状态,但是试验证明,雾滴组群会对单个雾滴的受力产生影响,从而使测试所得到的雾滴运动速度与基于单个雾滴分析得到的理论数据不一致。目前应用于雾滴运动研究的主要手段是运用计算流体力学CFD技术,对雾滴运动进行模拟,所用的计算模型主要包括雾滴输运模型、蒸发模型、雾滴在气流中运动的受力模型等,雾滴运动模型主要是弹道轨迹模型和随机游动模型,在雾滴动能较大,运动受气流影响较小的情况时使用弹道轨迹模型,当雾滴受空气流场影响大时使用随机游动模型。虽然我们借助数学模型能够模拟雾滴的速度分布,但是雾滴运动是一个非常复杂的过程,数学模拟同实际分布还有一定偏差,为了能够深入理解雾滴运动,增加雾滴的运动模型准确性,对扇面中雾滴的运动分布进行测试是非常有必要的。

3.2.3.1 雾滴运动初速度

雾滴运动初速度与液膜破碎情况有关,在许多研究中假设液膜破碎后产生的不同大小的雾滴初速度相同,均等于液膜破碎速度。

在测试中测试面与喷孔的最近距离是 100 mm,在此测试距离上雾滴雾化过程已经完成,并且由于距离较短,雾滴运动速度受空气阻力和重力影响小,所以此处的雾滴运动速度可以近似等同于雾滴的运动初速度。

图 3.4 显示的是喷头 LU120-03 喷雾压力 0.3 MPa 时在距离喷孔 100 mm 扇面横向对称

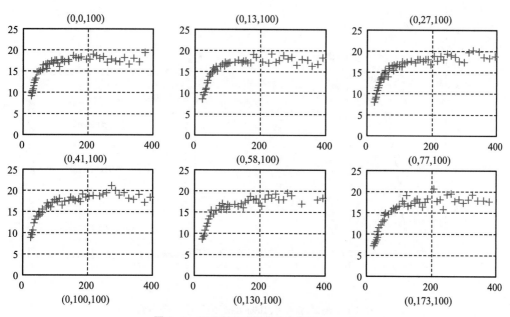

图 3.4 雾滴粒径-速度分布图($Z=100$)

(LU120-03,0.3 MPa)

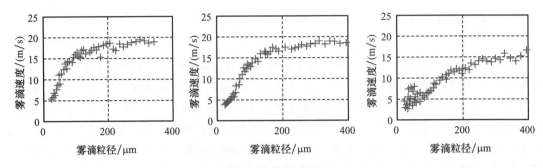

续图 3.4 雾滴粒径-速度分布图($Z=100$)

面上各点的雾滴粒径-速度(droplet size-velocity)分布情况。可以看出,随着雾滴粒径的增加,雾滴运动速度趋近一致,当雾滴接近最小雾滴时,运动速度迅速下降。在扇面中心位置,雾滴粒径-速度分布图结构相同,速度陡升现象明显,随着测试点靠近扇面边缘区域,曲线逐渐平坦。在不同测试点最大雾滴的运动速度基本一致,而最小雾滴的速度随着远离中心点而逐渐下降,由中心点 9 m/s 下降为 2.64 m/s。根据 Sidahmed 研究结果大雾滴的运动速度可以等同于液膜破碎速度,所以将雾滴粒径-速度分布图最小二乘法拟合,求出曲线极限即得到液膜破碎速度。

图 3.5 为测试点(0,0,100)出雾滴粒径-速度拟合曲线图,数据符合玻尔兹曼分布,根据曲线公式求得直线极限为 17.8 m/s。用同样的办法对其他测试点进行分析,结果见表 3.2,除边缘点(0,173,100)的值为 15.27 外,其他点的极限值相差不大,因此将这些值平均就得到液膜破碎速度为 17.93 m/s。

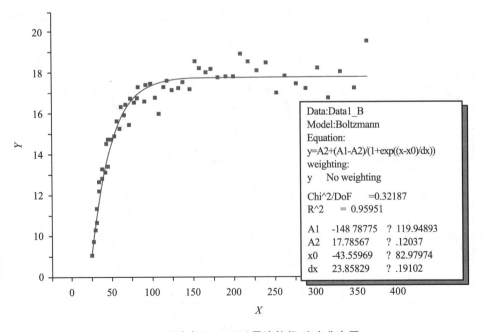

图 3.5 测试点(0,0,100)雾滴粒径-速度分布图

表3.2　雾滴粒径-速度拟合曲线极限值　　　　　　　　　　　　　　　　　m/s

Y坐标	0	13	27	41	58	77	100	130	173
极限	17.76	17.49	18.31	18.39	17.6	17.83	18.23	17.89	15.27

3.2.3.2　喷雾扇面中雾滴速度分布

雾滴在运动的过程中受到诸多力的作用,其中主要的作用力有重力、浮力、运动时空气阻力。雾流中雾滴运动是一个非常复杂的过程,雾滴在运动的过程中同周围的空气进行能量交换,夹带一部分空气同向运动,因此形成了气、液混合的二相流运动,雾滴的运动速度不同,扇面中夹带气流的运动速度也不同。雾滴运动时气流在其尾部形成涡流,涡流区空气压力低,能够减小处于涡流区运动的雾滴的空气阻力,使得雾滴运动速度大于基于单个雾滴运动的理论计算速度。因此,在分析雾滴运动时需要将不同大小的雾滴分别研究。

图3.6为喷头LU120-03喷雾压力0.3 MPa时喷雾轴线上雾滴粒径-速度分布图,数据显示,随着与喷孔距离增加雾滴的运动速度减小,但是不同大小雾滴的减小趋势不同。首先是细小雾滴的运动速度开始减小,100～200 mm速度减小程度最大的雾滴粒径是52.5 μm,运动速度减小了8.63 m/s,而190 μm以上的大雾滴运动速度基本不变。200～300 mm速度减小最多的是104.7 μm的雾滴,运动速度减小了6.33 m/s,300～400 mm速度减小最多的是158 μm的雾滴,速度减小了6.58 m/s。测试点(0,0,100)处雾滴运动速度随着雾滴粒径的增大先直线快速增加,大约100 μm后趋于平缓,而在其他3个测试点,雾滴速度的变化趋势是先平缓后陡升再平缓,而且随着与喷孔距离增加分布曲线第一次平缓长度不断增加,在200 mm、300 mm、400 mm处第一次平缓增加的雾滴粒径范围分别是25.1～45.7 μm、25.1～66.1 μm、25.1～87.1 μm。这说明随着距离喷头越来越远,首先细小雾滴的速度减小,并逐渐趋近一致,而后大雾滴速度衰减,而且大雾滴与小雾滴之间的速度差异逐渐变小。

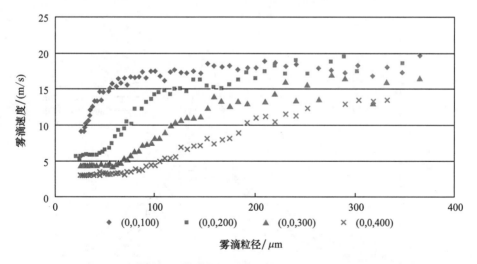

图3.6　喷雾轴线上雾滴粒径-速度分布图(LU120-03,0.3 MPa)

以100 μm的雾滴为对象,研究其在不同测试面上的速度分布情况。图3.7显示的是喷头LU120-03在喷雾压力0.3 MPa情况下距离喷头400 mm测试面上100 μm雾滴的运动速度分布情况。从图上能够看出,100 μm雾滴的速度分布图结构同VMD分布图相反,是中间凸的峰形结构。经过分析,在不同测试面上都具有相类似结构的雾滴运动速度分布图,不同的是峰值的大小。这说明在喷雾扇面中心位置雾滴的运动速度大于扇面边缘位置的速度。

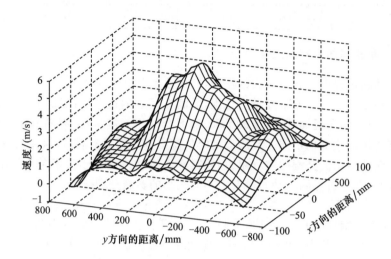

图 3.7　100 μm 的雾滴在测试面 400 mm 上的运动速度分布

(LU120-03,0.3 MPa)

3.2.4　雾化过程中气流流场运动

3.2.4.1　雾流中气流速度分布

通过测试最小雾滴的运动速度,我们能够得到在扇面内的气流速度分布,图 3.8 显示的是

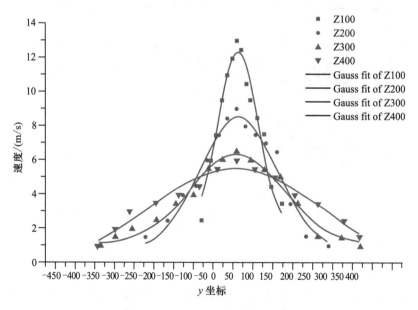

图 3.8　扇面横向对称面气流速度

(Z100 表示距离喷头 100 mm 的测试面,其他标记以此类推,喷头 LU120-03、喷雾压力 0.3 MPa)

喷头 LU120-03 在 0.3 MPa 喷雾压力下扇面横向对称面上的气流速度。对各个测试面上的数据进行最小二次拟合,发现每个层面上的气流速度符合高斯分布〔公式(3.1)〕,各拟合公式中参数值见表 3.3。

$$y = y_0 + \frac{A}{w\sqrt{\frac{\pi}{2}}} e^{-2\frac{(x-x_c)^2}{w^2}} \tag{3.1}$$

表 3.3　拟合公式中参数值

	A	x_c	w	y_0	R^2
Z100	1 422.8	4.30	111.26	2.13	0.96
Z200	2 145.8	5.15	218.25	0.75	0.97
Z300	1 751.1	0.98	265.97	1.1	0.97
Z400	4 028.7	−3.81	518.65	−0.69	0.96

测试所得到的结果同 Miller 等建立的夹带气流速度公式(公式 3.2 和公式 3.3)比较,两者的相同点是气流速度分布相同,都符合高斯分布,说明夹带气流速度分布确实与流量分布相关,但是还应考虑其他因素对于夹带气流的影响。

$$V_z(0,x) = V_z(0,0) e^{\frac{-y^2}{2\sigma_x^2}} \tag{3.2}$$

$$V_z(x,y) = V_z(0,x) e^{\frac{-y^2}{2\sigma_y^2}} \tag{3.3}$$

从图 3.8 上能够看出,扇面中喷雾中心区域速度大于扇面边缘处的气流速度,随着与喷孔距离增加,中心处速度衰减,并且中心与边缘处的速度差逐渐减小。这种现象与空气淹没射流的流场很相似。

空气淹没射流的结构(图 3.9)可分为:

(1)由喷口边界起向内外扩展的紊动掺混部分为紊流剪切层混合边界层;

(2)中心部分为受到掺混影响保持原来出口流速称为核心区;

(3)从出口至核心区末端的一段称为射流的起始段;

(4)紊动充分发展以后的部分称为射流的主体段。

在射流的主体段各断面的纵向流速分布有明显的相似性,也称自保性,随着距离的增加,轴线流速逐渐减小,流速分布曲线也趋于平坦,断面流速分布多采用高斯正泰分布的形式。同空气淹没射流相比,喷雾过程中因为气流夹带作用在雾流中形成的空气流场除没有核心区和起始区外,其他特征都相同,所以可以将雾流中的气流作为空气射流来研究,认为雾流是气、液两相混合射流。

射流在发展的过程中,会不断卷吸并混合外界气流使得射流断面不断扩大,流速则不断减低,流量却沿程增加。在喷雾过程中,喷雾扇面中间气流速度大于边缘处气流速度,由于存在速度梯度,扇面边缘的细小雾滴将被卷吸去雾流中心,这就是在扇面中心位置雾滴 VMD 小于边缘部分的原因,在雾滴运动初始阶段,雾滴雾化刚刚完成,不同大小的雾滴都具有相当的动量,所以细小雾滴受到卷吸作用并不显著,因此,在距离喷头 100 mm 处并没有出现中间 VMD

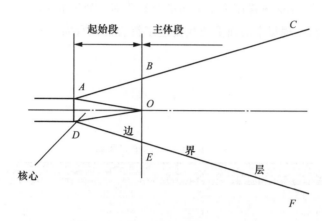

图 3.9　空气淹没射流的结构示意图

小、边缘 VMD 大的情况,表 3.3 显示距离喷头 100 mm、200 mm 时扇面外侧易飘失雾滴体积百分比大于内侧的也是这个原因。雾滴在运动过程中,细小雾滴的动量由于空气阻力作用迅速衰减,此时扇面中空气速度梯度较大,所以大量细小雾滴被卷吸入雾流中心位置,雾滴继续运动,扇面截面上的空气流速分布趋于平坦,速度梯度减小,细小雾滴受卷吸作用消退,开始向边缘扩展,所以出现了图 3.3 中最小 VMD 核心处于扇面中距离喷头 200～300 mm 处的情况。

由于扇面中心位置的空气流速高于边缘部分,所以中心处空气与雾滴的相对运动速度小,受到的空气阻力小,在中心位置的雾滴的运动速度大于边缘雾滴的运动速度,使得在喷雾截面内同一大小的雾滴运动速度分布呈现凸面峰形结构(图 3.7)。

3.2.5　小　　结

雾滴尺寸与运动速度是决定药液沉积和飘失的两个最基本的因素,在本章中为了确定设计"Π"型循环喷雾机防飘罩盖的理论依据,利用 PDPA 系统对扇形喷头雾流中的雾滴粒径、运动速度以及气流速度分布进行了测试。

(1)喷雾扇面中间部分的雾滴 VMD 小于边缘部分的,扇面截面上雾滴 VMD 分布为中间低边缘高的凹面结构,对称面上的 VMD 变化符合二次多项式分布。

(2)易飘失雾滴主要集中在喷雾扇面中间区域。

(3)靠近喷头的区域,扇面上雾滴粒径-速度分布结构基本一致,大雾滴的速度基本等于液膜破碎速度,小雾滴当直径接近于最小直径时,其雾滴飞行速度下降非常快,扇面边缘区域的最小雾滴的速度小于中心位置的最小雾滴速度。

(4)随着距离喷头越来越远,首先细小雾滴的速度开始减小,并逐渐趋近一致,而后大雾滴速度衰减,而且大雾滴与小雾滴之间的速度差异逐渐变小。

(5)同一粒径的雾滴在扇面截面上的速度分布为中间高、边缘小的凸面峰形结构。

(6)雾流中气流速度变化符合高斯分布,可以近似认为是一狭缝空气淹没射流。由于扇面中气流夹带卷吸作用,使细小雾滴集中于扇面中心区域。

3.3　"∏"型循环喷雾机设计与试验研究

3.3.1　整机研制实施方案

3.3.1.1　喷雾机的整机设计方案

"∏"型循环喷雾机采用牵引式作业,通过传动轴连接拖拉机后动力输出轴驱动液泵,拖拉机液压输出端口与喷雾机油缸液路连接,驱动宽度调节油缸。"∏"型循环喷雾机液泵所需驱动功率大约 7 马力,药箱 600 L,加满药后喷雾机自重大约 1 500 kg,田间作业速度≤7 km/h,可以与中小马力轮式拖拉机配套。因此,确定"∏"型循环喷雾机的配套动力为 25 马力以上的轮式拖拉机,要求配置后动力输出轴与液压输出端口。

"∏"型循环喷雾机的结构见图 3.10。

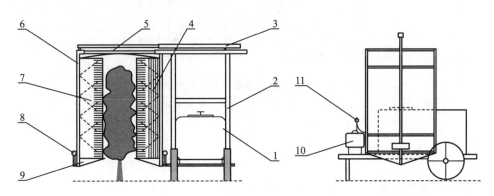

图 3.10　"∏"型循环喷雾机结构示意图

1. 药箱　2. 机架　3. 宽度调节油缸　4. 栅格端面罩盖　5. 顶部弹性遮挡　6. 壁面罩盖
7. 平板端面罩盖　8. 药液回收器　9. 承液槽　10. 液泵　11. 分配阀

"∏"型循环喷雾机由机架、药箱、喷雾系统、药液回收系统几部分组成,如图 3.10 所示。喷雾系统包括液泵、分配阀、竖直喷杆、管路等部件;药液回收系统包括壁面罩盖、端面罩盖、顶部弹性遮挡、作业宽度调节油缸、药液回收器等部件组成。壁面罩盖、端面罩盖与顶部弹性遮挡形成一个隧道式的"∏"型罩盖,喷雾系统的竖直喷杆固定在壁面罩盖内部,相对喷雾,作业时"∏"型罩盖骑跨在篱架型作物上,形成一个封闭空间,喷雾作业在这个封闭空间中进行。"∏"型罩盖宽度可以根据冠层尺寸进行调节,壁面罩盖由两个竖直壁面组成,靠近机身一侧的壁面固定,另一侧与作业宽度调节油缸一端连接,通过控制作业宽度调节油缸,达到调整"∏"型罩盖开度的目的。端面罩盖安装在壁面罩盖两端,用于遮挡"∏"型壁面与篱架型作物冠层之间的空隙,壁面罩盖顶部安装弹性遮挡,能够防止雾滴从"∏"型罩盖顶部逃逸。"∏"型罩盖拦截脱离靶标区的雾滴,收集在承液槽中,然后通过药液回收器吸取承液槽中的药液回收至药箱,承液槽为漏斗状,固定在壁面罩盖底部,药液回收器吸液管安装在承液槽最底部,承液槽上端开口处安装有滤网,防止树叶等杂物堵塞药液回收器。药液回收器应用文丘里原理,利用负压吸取承液槽中的回收药液,为了防止药液倒流,在药液回收器吸液管底端安装有单向阀。

3.3.1.2 药液回收系统设计

"Ⅱ"型循环喷雾机液路系统示意图如图 3.11 所示,药液从药箱流出,经液泵加压供液,一部分药液经过节流阀进入药液回收器主管路,产生负压,使药液回收器吸入承液槽中的回收药液,重新回到药箱,另一部分药液通过分配阀调压分流,调压后的药液进入喷杆喷雾,回流部分回到药箱对药液进行搅拌。喷雾管路系统在药箱加药口、液泵进口前、喷头前设置 3 级过滤,以保证液泵、阀门及喷头不被堵塞。

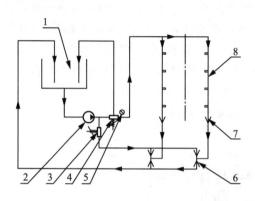

图 3.11 "Ⅱ"型循环喷雾机液路系统示意图

1. 药箱 2. 液泵 3. 节流阀 4. 分配阀 5. 压力表 6. 药液回收器 7. 承液槽 8. 喷杆

3.3.2 主要部件设计

3.3.2.1 液泵选择

液泵采用隔膜泵,这种泵工作时药液不与精密运动件接触,使用可靠性好,且具备可以短时间脱水运转的优点。

根据总体设计方案,"Ⅱ"型循环喷雾机安装有 8 个喷头,可以安装 01~05 号的扇形雾喷头、空心圆锥雾、防飘喷头等,每个喷头的喷雾量为 0.5~2.48 L/min(0.5 MPa 压力下),总喷雾量为 6~20 L/min。考虑到药箱内药液搅拌的需要,一般搅拌流量为药箱容量的 5%~10%。由于所选的药箱底部为圆形,有利于搅拌,因此确定搅拌流量为药箱容积的 5%。药箱容积为 600 L,所需的搅拌流量为 30 L/min。

按照上述两部分流量的要求,所需隔膜泵排量是 36~50 L/min,由于循环喷雾机的药液回收装置通过回流药液在回收器内部产生负压以吸取承液槽中的回收药液,如果喷施药液90% 被回收,需要回收药液 5.4~18 L/min,药液回收器的主管流量与回收药液量约为 4∶1,所以药液回收器主管流量为 21.6~72 L/min,因此选用的液泵排量需要满足 122 L/min,最终选用意大利 ANNOVI REVERBERI 公司生产的隔膜泵 AR135,该泵最大工作压力 2 MPa,工作转速 350~550 r/min,当工作转速 550 r/min、工作压力 1 MPa 时液泵排量为 127 L/min,能够满足设计要求,液泵所需驱动功率为 5 马力。

3.3.2.2 喷杆喷雾系统设计

对于采用篱壁种植方式的葡萄冠层而言,冠层从根部到顶部宽度均匀,所以可以将葡萄冠层看作是竖直平面作物,根据葡萄冠层结构特点决定采用喷杆喷雾系统。喷杆长 1 600 mm,喷头 4 个,喷头间距 500 mm。喷杆竖直安装在罩盖内部两侧壁面上,相向喷雾,顶端供液,底端安装截止阀用于清洗喷杆内的药液。喷头位姿可调,能够在水平和竖直两个平面上调整喷头上下前后的喷雾角度。

"Ⅱ"型循环喷雾机中喷杆的安装位置会影响罩盖中流场,改变雾滴运动轨迹和沉积状态,因此会影响药液回收率、药液沉积效果、药液飘失量、生物效果等,所以确定喷杆的安装位置十分重要。本研究中通过测试药液回收率与冠层中的药液沉积,以确定喷杆安装位置。

竖直喷杆的安装位置有两种方案,如图 3.12 所示。一种方案是竖直喷杆安装在壁面罩盖中心位置,朝向对面壁面中心喷雾;另一种方案是一个喷杆的安装位置靠近壁面罩盖前边缘,另一喷杆的安装位置靠近另一壁面罩盖的后边缘,相对交错喷雾,喷头雾流方向朝向对面壁面罩盖中心位置。

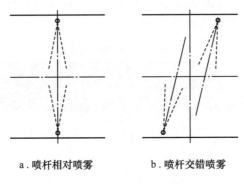

a.喷杆相对喷雾   b.喷杆交错喷雾

图 3.12　喷杆安装方案

"Ⅱ"型循环喷雾机药液回收率测试与冠层中药液沉积测试在北京长阳果园中进行,果园中葡萄行距 3 m,冠层高 2 m,冠层宽度 0.50 m,距离地面 0.30 m 以下没有枝叶不需要喷雾。在喷杆供液管路上安装电子流量计测试试验过程中的喷雾量 Q_s,用两个自吸泵吸取药液收集槽中的回收药液,用量筒测量回收药液量 Q_r,以此计算药液回收率 $R = \dfrac{Q_r}{Q_s}$。测试时启动拖拉机,调整压力,先喷雾一段时间,将罩盖和收集槽润湿,并开动自吸泵吸取收集槽中的药液,使测试系统在每次测试时处于相同条件,以确保测量精度。当收集槽内没有药液时,开始测试,同时开动自吸泵吸液,喷雾结束后记录流量计流量,并用量筒测量回收药液量,计算 R。

在果园中选择地势平坦,土壤类型及施肥等栽培条件一致,葡萄长势均匀的地块进行沉积测试试验。喷头为德国 LECHLER 公司生产的扇形雾喷头 ST110-03,喷雾压力 0.5 MPa,水平喷雾,机组前进速度 0.98 m/s,喷量 690 L/hm²。试验区域长度 50 m,为防治处理间相互影响,每个处理区间隔两行。试验时正值葡萄成熟期,叶片宽大,冠层稠密。使用浓度为 0.1% 的 BSF 荧光溶液代替农药喷雾,在每个处理行上间隔 10 m 选择 1 个布点区域。每个区域的布点示意图见图 3.13。葡萄冠层从上到下分为 4 层,每层又分外层、内膛和中间共 3 部分,总共 12 个点。每点选择 3 片叶子在正反两面布置直径为 7 cm 的圆盘滤纸,用以收集沉积在叶子正反两面的药液。待滤纸干后收集,用含酒精 6% 的去离子水洗脱,然后用荧光仪测试溶液中的 BSF 含量,计算滤纸上单位面积沉积量。

喷杆相对喷雾和交错喷雾时冠层中的药液沉积情况见表 3.4。从表中数据能够发现对于两种安装方案,叶子正面的药液沉积都大于叶子反面的沉积量,冠层外侧叶子正面的沉积大于冠层内层叶子正面上的沉积,冠层下部的沉积大于冠层上部的沉积。对比喷杆相对喷雾和交错喷雾得到的药液沉积总量,喷杆相对喷雾时冠层上药液沉积总量略高于交错喷雾所得到的。数据显示,交错喷雾能够明显改善冠层中部叶子背面的沉积效果,冠层中部叶子背面的沉积量合计为 $22.1~\mu g/cm^2$,高于两侧沉积量 $18.0~\mu g/cm^2$ 和 $18.4~\mu g/cm^2$,而相对喷雾时,雾流在罩盖中间相撞,削弱了雾滴向内部冠层中的运动能力,使冠层内部沉积较少。比较两种喷雾方案时冠层叶子正面和叶子背面的沉积量的变异系数 CV,发现交错喷雾时的 CV 值小于相对喷雾的,说明了交错喷雾时冠层中药液沉积均匀性要好于相对喷雾。沉积试验过程中,交错喷雾和相对喷雾的回收率分别是 12.4% 和 8.6%,与相对喷雾对比交错喷雾提高药液回收率 44%。

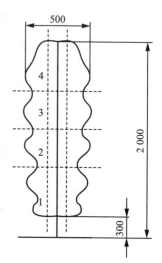

图 3.13　沉积布点示意图
（单位：mm）

表 3.4　冠层中 BSF 沉积量　　　　　　　　　　　　　　　　　　　　　　　　$\mu g/cm^2$

	双喷杆交错喷雾			双喷杆相对喷雾		
	左	中	右	左	中	右
叶子正面						
水平 1	12.9	10.7	16.5	17.0	18.2	16.8
水平 2	16.0	10.9	13.3	18.8	11.7	16.3
水平 3	11.7	10.6	12.5	16.0	7.0	13.8
水平 4	5.4	3.4	8.7	3.5	6.2	5.4
合计	46.1	35.6	50.9	55.4	43.0	52.2
CV		34.7%			44.4%	
叶子背面						
水平 1	4.9	7.7	5.4	8.0	5.7	5.5
水平 2	5.0	6.5	4.0	4.3	5.8	6.3
水平 3	3.9	4.0	3.9	3.2	2.9	4.6
水平 4	4.2	3.8	5.1	4.5	2.2	3.0
合计	18.0	22.1	18.4	20.0	16.5	19.5
CV		24.7%			35.9%	
总计		191.2			206.7	

注:风速 0 m/s、温度 16.9℃、相对湿度 81.7%。

比较喷杆交错喷雾和相对喷雾时的药液回收率和药液沉积效果,虽然交错喷雾时冠层上药液沉积总量略小于相对喷雾,但是差距不大,而交错喷雾较相对喷雾能够显著提高回收率,并且能够增加冠层中药液沉积均匀性,改善冠层内部、叶子背面沉积效果,所以综合分析确定双喷杆交错喷雾的方案最优。最终确定"Ⅱ"型循环喷雾机喷雾系统安装方案为双喷杆交错配置。

3.3.2.3　端面罩盖设计

端面罩盖的作用是减小通过"Ⅱ"型壁面与篱架型作物冠层之间空隙的气流对喷雾雾流的影响,达到减少飘失的目的。设计了两款端面罩盖,一种是平板端面罩盖,另一种是栅格端面罩盖,具体结构参数如下所述。

1. 平板端面罩盖

葡萄冠层宽度 0.5 m,喷头与壁面安装距离 0.1 m,作业时罩盖开度 1.5 m,因此,每侧喷头距离冠层 0.40 m,所以设计平板端面罩盖宽度 0.5 m,紧靠壁面垂直安装,能够遮挡从喷头到冠层之间的所有空间。平板罩盖采用带有弹性的透明 PVC 薄板材制成,高 1.9 m,为了既能阻挡气流又不对枝叶造成损害,将平板罩盖外边缘设计为宽 5 cm、长 20 cm 的柔性指状遮挡,见图 3.14。

2. 栅格端面罩盖

栅格端面罩盖由栅格部分与柔性指状遮挡部分构成,总宽度 0.5 m,栅格部分宽度 0.30 m,高度 1.9 m,罩盖整体紧靠壁面垂直安装,如图 3.15 所示。栅格部分由 6 片宽 7 cm 的铝合金板材组成,栅格间距 5 cm,与框架夹角 30°。多片栅格形成偏转通道,能够改变通过风道的外界气流,使其运动方向与喷头喷雾方向一致,增加雾滴朝向冠层运动的动能,达到增加雾滴沉积、减少飘失的作用。柔性指状遮挡组成作用同平板端面罩盖上的相同。

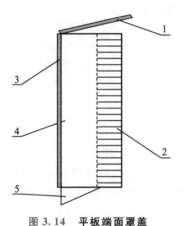

图 3.14　平板端面罩盖

1. 顶部弹性遮挡　2. 柔性指状遮挡
3. 壁面罩盖　4. 平板遮挡　5. 承液槽

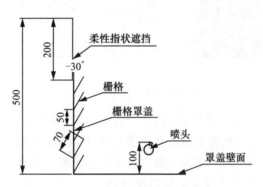

图 3.15　栅格端面罩盖示意图

平板罩盖和栅格罩盖在喷雾机上的安装形式有多种,如图 3.16 所示。a 中罩盖前后都安装平板端面罩盖,这是目前商品化"Ⅱ"型循环喷雾机普遍采用的方式。b 中迎风面安装栅格罩盖,背风面安装平板罩盖,栅格罩盖与导流方向相对。c 中安装方式与 b 类似,不同的是栅格罩盖与导风方向一致,与雾流运动方向相同。d 中迎风面和背风面安装形式相同,靠近喷头一侧安装栅格罩盖,栅格导风方向与雾流运动方向相同,另一侧安装平板罩盖。选定回收率 R 作为评价标准,以确定端面罩盖安装的最佳形式。为了消除冠层对结果的影响,回收率测试在一空旷无作物、遮挡地区进行。喷头 ST110-03,喷雾压力 0.5 MPa,水平喷雾,罩盖壁面间距 1.5 m,机组前进速度 0.98 m/s,喷雾机运动方向与风向相同,分别测试顺风和逆风时的回收率。

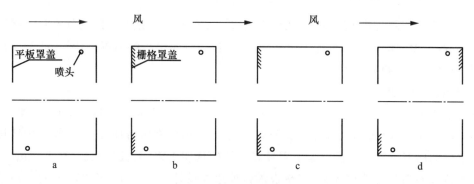

图 3.16　端面罩盖布置方式

表 3.5 显示的是 4 种安装方式以及无端面罩盖喷雾时的药液回收率。测试时风速 2.3 m/s,温度为 18℃,相对湿度 72%。数据显示增加端面罩盖后能够显著提高药液回收率,在使用栅格端面罩盖的三个方案中,d 方案最优,同没有使用栅格端面罩盖的方案 a 对比,顺风与逆风时药液回收率分别提高 12% 和 10%,证明栅格端面罩盖确实能够有效改变气流方向,对雾滴进行输送,加速雾滴使其加速运动到对面罩盖壁面上,被拦截收集。因此,"Ⅱ"型循环喷雾机最终采用 d 方案。

表 3.5　不同罩盖安装形式时的药液回收率　　　　　　　　　　　　　　　%

风向	方案 a	方案 b	方案 c	方案 d	无罩盖
逆风	26.57	23.78	28.86	29.27	2.07
顺风	45.04	43.28	47.18	50.57	3.50

3.3.2.4　喷头上仰角度确定

喷头上仰角度是指在竖直平面内,喷头朝向顶端或底端偏转的角度 θ。喷头上仰角度的变化会影响雾滴运动初速度方向,使雾滴运动轨迹、雾滴与靶标撞击角度等发生变化,从而影响药液回收和沉积。设定喷头水平喷雾时 θ 为 0°,向顶端偏转为"+",向底端偏转为"一"。试验主要测试喷头上仰角度分别为 0°、±15°时的冠层中药液沉积分布、药液回收率 R。喷头 ST110-03,喷雾压力 0.5 MPa,机组前进速度 0.98 m/s,喷量 690 L/hm²,"Ⅱ"型循环喷雾机喷杆相对交错喷雾,安装端面罩盖。药液回收率 R、药液沉积分布测试方法同上。

喷头仰角 +15°、0°、-15°时药液回收率分别为 28.3%、23.9%、22.2%,喷头上仰较水平喷雾能够增加药液回收率 18.4%。

喷头仰角不同时冠层中的药液沉积量见表 3.6。从表中数据能够发现,随着 θ 增加,冠层中药液沉积总量、叶子正面沉积量和叶子背面沉积量都随之增加。叶子正面沉积均匀性随 θ 增加而逐渐改善。叶子背面沉积均匀性在 θ 等于 15°和 0°时基本相同,θ 等于-15°时均匀性最差,所以综合分析,当 θ 等于 15°时冠层中药液沉积均匀性最好。将喷头向上偏转后,冠层上部的药液沉积情况被改善,θ 等于 15°时水平 4 中叶子正面和背面沉积总量分别是 8.8 μg/cm² 和 3.3 μg/cm²,都高于其他两种情况。对比冠层外侧和中间部分的沉积量能够发现当 θ 等于 15°

时冠层中间部分的叶子背面药液沉积大于两侧沉积,证明将喷头向上偏转能够改变冠层内部的沉积量。

表 3.6　喷头仰角不同时冠层中 BSF 沉积量　　　　　　　　　　　　　　　μg/cm²

	$\theta=+15°$				$\theta=0°$				$\theta=-15°$			
	左	中	右	合计	左	中	右	合计	左	中	右	合计
叶子正面												
水平 1	4.5	2.8	8.0	15.4	6.2	3.8	5.5	15.4	3.0	2.7	3.9	9.6
水平 2	4.8	2.6	4.8	12.2	3.6	2.6	4.8	11.1	5.1	2.8	6.0	13.9
水平 3	2.9	3.1	5.0	10.9	2.6	3.0	4.8	10.4	3.2	0.8	3.8	7.9
水平 4	2.4	2.1	4.3	8.8	1.6	1.4	2.0	5.0	1.5	1.0	2.0	4.6
合计	14.7	10.6	22.1	47.3	14.0	10.8	17.2	41.9	12.9	7.3	15.8	36
CV	42.2%				44.8%				52.4%			
叶子背面												
水平 1	2.0	1.8	1.7	5.5	1.2	1.4	1.4	4.0	2.4	1.3	2.2	5.9
水平 2	1.8	2.3	2.3	6.4	1.7	1.4	2.5	5.6	1.1	0.9	1.4	3.4
水平 3	1.8	3.1	2.0	6.9	2.1	1.5	1.9	5.5	1.3	1.5	1.5	4.3
水平 4	1.4	0.9	1.0	3.3	1.1	0.8	1.1	3.0	0.4	0.6	0.5	1.6
合计	7.0	8.1	7.0	22.1	6.1	5.1	6.9	18.1	5.3	4.3	5.6	15.2
CV	32.1%				31.5%				48.2%			
总计	69.4				60				51.2			

在测试过程中,"Ⅱ"型循环喷雾机通行顺畅,转弯灵活,工作稳定,效果良好。

3.3.3　小　结

(1)研制的"Ⅱ"型循环喷雾机在实际生产中,能够适应篱壁式葡萄植保生产要求。

(2)两侧喷杆相对交错喷雾,能够提高药液回收率 44%,增加冠层内部以及叶片背面的沉积量。

(3)栅格端面罩盖能够有效地改变气流方向,加速雾滴沉积,提高药液回收率 10% 以上。

(4)喷头上仰能够提高药液回收率 18.4%,改善冠层中的药液沉积分布均匀性,并增加冠层内部与叶片背面药液沉积量。

3.4　"Ⅱ"型循环喷雾机防飘性能研究

循环喷雾机最大的优点是能够大量减少药液飘失,所以防飘效果是衡量循环喷雾机性能的最重要的指标之一,通过测试药液飘失可以确定飘失距离,为确定缓冲区范围提供数据。本次试验的目的是测试所研制的"Ⅱ"型循环喷雾机的防飘性能,与其作对照的是一台采用轴流风机风送的传统果园风送喷雾机,试验设备见图 3.17。

a."Ⅱ"型循环喷雾机　　　　　　　　　　　　　　　　b.果园风送喷雾机

图 3.17　试验用机具

3.4.1　方法与材料

3.4.1.1　试验方法

葡萄园行距 3 m,叶片大部分脱落,透风性好,试验地块长 50 m。测试方法参照标准 ISO22866 进行,试验布置示意图见图 3.18。"Ⅱ"型循环喷雾机喷头型号 ST110-03,喷雾压力 0.5 MPa,罩盖宽度 1.5 m,机组前进速度 0.8 m/s,喷量 845 L/hm²。果园风送喷雾机喷头型号空心圆锥雾喷头 TR80-03,喷雾压力 0.5 MPa,机组前进速度 1.2 m/s,喷量 845 L/hm²。试验时为了消除不稳定风速对飘失的影响,果园风送喷雾机和"Ⅱ"型循环喷雾机同时进行测试,两个测试区域间隔 30 m 以消除相互间干扰。测试同时记录风速、风向、温度、湿度等气象条件。使用浓度为 0.1%的 BSF 荧光溶液代替农药喷雾,待雾滴收集器和滤纸干后收集,用含酒精 6%的去离子水洗脱,然后用荧光仪测试溶液中的 BSF 含量。按照标准规定,测试单行喷雾,喷雾机行进方法见图 3.19。

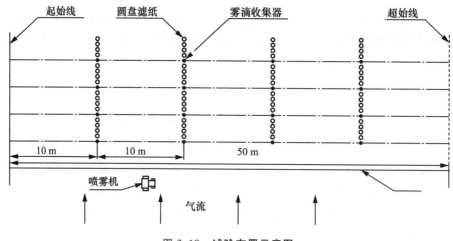

图 3.18　试验布置示意图

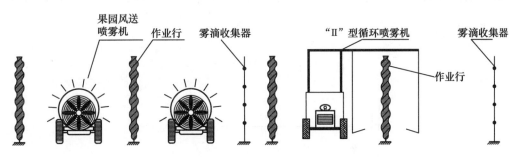

图 3.19　测试机具行进方式

3.4.1.2　布点方式

选择一行作为作业行,在作业行下风向选择 4 行悬挂雾滴收集器收集空中飘失的雾滴,从喷雾机起始线间距 10 m 处开始布置,共布置 4 处,每处间距 10 m,见图 3.20。在每个悬挂点悬挂 4 个直径 0.1 m 的雾滴收集器,每个收集器高度间隔 0.35 m,最底端一个距离地面 0.35 m。在两行中间间距 0.6 m 布置 4 片直径 12.5 cm 的圆盘滤纸收集沉积到地面的药液,具体布点示意图见图 3.20。从作业行开始计算,飘失收集区域共长 50 m,宽 15 m,共布置雾滴收集器 64 个,圆盘滤纸 64 个。

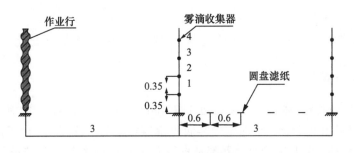

图 3.20　布点示意图

3.4.2　飘失量测定

飘失量测定按照 ISO 22866 中规定的方法进行。图 3.21 为飘失量测定方法图像解释,X 轴为下风向距离,Y 轴为测得的飘失量,Z 轴为占飘失量的百分数,a 为测得的累计飘失量百分数,b 为飘失量的 90%,c 为在每测试点测试的飘失量。在此处飘失量均指药液飘失量占喷施量的百分数。标准中规定 b 值所在处的 X 坐标则为飘失距离,图中的飘失距离为 20 m,飘失距离内的飘失总量为飘失量。

当计算出下风向不同距离处的药液飘失量 c 后,将 c 值拟合得到飘失量与下风向距离的函数关系式 $f(x)$,假设飘失距离为 x_{90},可以根据公式(3.4)计算得出。式中 x_1 为下风向第一个测试点距离，x_n 为下风向最后一个测试点距离。因此在飘失距离内的飘失量等于 $\int_{x_1}^{x_{90}} f(x)\mathrm{d}x$。

$$\int_{x_1}^{x_{90}} f(x)\mathrm{d}x = 0.9 \int_{x_1}^{x_n} f(x)\mathrm{d}x \tag{3.4}$$

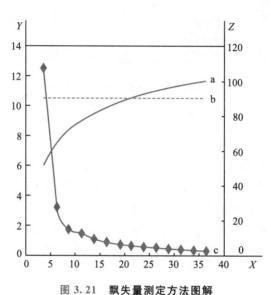

图 3.21　飘失量测定方法图解

3.4.3　"Ⅱ"型循环喷雾机与果园风送喷雾机药液飘失情况比较

3.4.3.1　空中飘失

测试时风向风速稳定，风速 2 m/s，温度 18℃，相对湿度 51%。图 3.22 所示为果园风送喷雾机和"Ⅱ"型循环喷雾机分别作业时空中雾滴收集器收集的 BSF 含量，由于两种作业机具喷量一致，喷施药液浓度相同，雾滴收集器都是直径为 0.1 m 的丝球，所以能够用 BSF 含量来描述飘失的药液量。比较果园风送喷雾机和"Ⅱ"型循环喷雾机的空中飘失结果可以发现，"Ⅱ"型循环喷雾机空中飘失的药液量要远远小于果园风送喷雾机。在距离作业行 3 m 处"Ⅱ"型喷雾机飘失的药液只有传统喷雾机的 1.7%。空中飘失测试能够衡量人、畜吸入飘失药液的危险程度。假设喷雾机飘失药液能够飘失 12 m，当进行全面积作业时，距离边界作业行下风向 3 m 处飘失的药液为前面 4 行飘失量的叠加总和。高度 1.4 m 大约是人口鼻所在高度，此处收集到的药液相当于在此位置人体吸入的药液量。通过计算距离，如果进行全面积喷洒，使用传统果园风送喷雾机，在最后一行下风向 3 m 处的人将吸入 0.7 mL 的药液，而使用"Ⅱ"型循环喷雾机在相同位置的人吸入药液量仅为 0.0148 mL（表 3.7）。假设人体身高 170 cm 的成年人正面投影面积估计为 4 800 cm²，通过计算单位面积 BSF 含量就能够估算出在距离作业行下风向 3 m 处的一个人体被污染的药液量。表 3.7 数据显示，使用果园风送喷雾机全面积作业时人体被 41.6 mL 的药液污染，而使用"Ⅱ"型循环喷雾机人仅被 1 mL 的药液污染，较传统果园风送喷雾机减少了 97.6%。

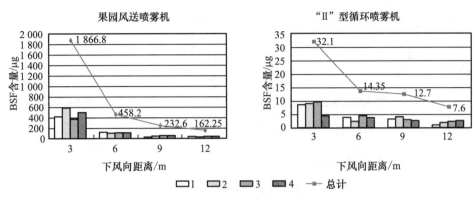

图 3.22 空中药液飘失量

表 3.7 全面积作业下风向 3 m 处人体污染药液量

a:传统果园风送喷雾机					
悬挂高度/m	下风向距离				合计
	3	6	9	12	
1.4	496.45	109.95	65.15	40.3	713.25
1.05	368.45	116.25	66.85	42.5	
0.7	579.9	107.2	57.5	35.15	
0.35	422	124.8	43.1	44.3	
平均	466.7	114.55	58.15	40.56	
单位面积 BSF 含量/μg	5.942	1.458	0.740	0.516	
人体污染药液量/mL	28.5	7.0	3.6	2.5	41.6
b:"Ⅱ"型循环喷雾机					
悬挂高度/m	下风向距离				合计
	3	6	9	12	
1.4	4.5	3.65	2.7	2.55	14.8
1.05	9.7	4.4	2.9	2.25	
0.7	9.15	2.45	3.95	1.9	
0.35	8.75	3.85	3.15	0.9	
均值	8.025	3.587 5	3.175	1.9	
单位面积 BSF 含量/μg	0.102	0.046	0.040	0.024	
人体污染药液量/mL	0.5	0.2	0.2	0.1	1.0

3.4.3.2 地面沉积

按照标准 ISO 22866 中规定的方法计算使用果园风送喷雾机和"Ⅱ"型循环喷雾机时的飘失距离 x_{90}。首先对数据进行拟合,数据和拟合曲线见图 3.23,拟合曲线公式为公式(3.5),各参数见表 3.8。

$$y = A_1 + \frac{A_1 - A_2}{1 + e^{\frac{x - x_0}{dx}}}$$ (3.5)

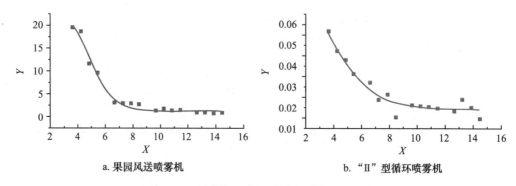

a.果园风送喷雾机　　　　　　　　b."Ⅱ"型循环喷雾机

图3.23　下风向不同距离时地面药液沉积量

表3.8　拟合公式3.5参数值

	A_1	A_2	x_0	dx	R^2
果园风送喷雾机	24.67	1.22	4.79	0.86	0.98
"Ⅱ"型循环喷雾机	0.1	0.02	3.31	1.63	0.94

根据公式(3.1)对拟合公式进行定积分然后求飘失距离 x_{90} 以及飘失距离内的飘失量,计算结果见表3.9。对比表3.8中的数据,"Ⅱ"型循环喷雾机在飘失距离内的飘失量比果园风送喷雾机减少了99.3%,可以认为是没有药液飘失。数据证明,"Ⅱ"型循环喷雾机具有良好的防飘效果。

表3.9　飘失距离与飘失量

	x_{90}/m	飘失量/%
果园风送喷雾机	9.84	41.0
"Ⅱ"型循环喷雾机	12.89	0.26

3.4.4　小　结

通过测试"Ⅱ"型循环喷雾机和传统果园风送喷雾机作业时的药液飘失,评价了"Ⅱ"型循环喷雾机的防飘能力。同传统果园风送喷雾机相比,使用"Ⅱ"型循环喷雾机能够大量减少药液飘失,在飘失距离内的药液飘失量比使用果园风送喷雾机减少了99.3%,通过计算空中药液飘失量能够证明,使用"Ⅱ"循环喷雾机能够大量减少下风向人体污染的药液量,减少了对人体健康的危害程度。数据表明,研制的"Ⅱ"循环喷雾机防飘性能良好。

3.5　结　论

病虫害防治是果园管理环节中必不可少的一项重要环节,目前我国果园病虫害的防治手段还是以喷施化学农药为主。虽然果品业发展很快,但是植保机械还相当落后,一方面,基本处于人工手动或半自动作业,采用大容量喷雾施药方式,农药有效利用率非常低,持留在作物、果树枝叶上的农药仅有 15%～20%,80% 之余的农药流失至周围环境中;造成严重的农药浪费和环境污染的同时,还因农药在靶标上的分布不均,局部农药过量等造成农产品上的农药残留。另一方面,作业效率低、劳动强度大、对操作者危害大、防治不及时,在同防治区往往一次防治还没有结束,刚刚打过药的地方,病虫害又被复发传染,不得不加大施药次数和药剂量,同时病虫害的抗药性也增强,结果造成病虫害防治的恶性循环。因此,加快果园植保作业机械化发展,提高农药利用率,减少农药损失是一个亟待解决的问题。针对以上问题,借鉴国外的研究成果和我国在药械与施药技术方面的研究基础对"Ⅱ"型循环喷雾机进行了研究。主要研究结论总结如下:

(1)通过相位多普勒粒子分析仪 PDPA 系统测试了扇形雾喷头的喷雾扇面三维空间内的雾滴粒径与运动速度分布,并对雾流中的空气流场进行了研究。研究得到的主要结论为:

①雾流中的雾滴 VMD 分布为中间低边缘高的凹面结构。在扇面横向和纵向对称面上,VMD 分布成二次多项式分布。随着与喷头距离增加,雾滴 VMD 逐渐增加。在雾流中心存在一个细小雾滴核心区域。改变喷雾压力能够改变整个扇面内的雾滴粒径分布,而改变喷头不会对扇面中心位置的雾滴产生明显影响,能够产生明显影响的区域处于扇面边缘部分。

②在扇面中同一点不同大小的雾滴运动速度不同,小雾滴的运动速度小,在靠近喷头区域,大雾滴的运动速度基本一致,随着与喷头距离增加,首先是细小雾滴速度减小,并趋近一致,然后大雾滴速度减小,大雾滴与小雾滴之间的速度差异逐渐变小。同一粒径的雾滴在扇面截面上的分布为扇面中间运动速度大、边缘运动速度小的凸面峰形结构。喷雾压力和喷头型号增加能够增加雾滴运动初速度。

③ 在喷雾扇面截面上,雾流中气流运动速度成高斯正态分布,随着与喷头距离增加,扇面截面上空气流速分布逐渐平坦。雾流中的气流流场可以认为是一狭缝空气淹没射流。增加喷雾压力和喷头型号能够增加雾流中气流运动速度。

(2)根据果园喷雾机总体设计要求和循环喷雾机特点设计出一台"Ⅱ"型循环喷雾机。通过测试最大回收率和比较药液在冠层中的沉积效果,确定了喷杆在罩盖中的安装位置、喷杆安装方案、防飘罩盖系统以及喷头姿势,最终确定"Ⅱ"型循环喷雾机的最优化结构,经试验检测后通行顺畅、转弯灵活、工作稳定、效果良好。在发芽期或落叶期枝叶密度较小,使用大流量喷头作业时药液回收率可达 70%。

(3)与果园风送喷雾机对比,测试了研制的"Ⅱ"型循环喷雾机的防飘特性。结果显示"Ⅱ"型循环喷雾机能够大大减少作业时下风向人体的污染,减少人、畜中毒状况,与果园风送喷雾机相比,没有飘失,防飘效果优良。

3.6　致　　谢

感谢国家"十一五"科技支撑计划项目"高效施药技术研发与示范"(项目编号:2006BAD28B05)、国家"863"项目"篱架型作物高效施药技术研究与装备创制"(项目编号:2008AA100904)对本研究的资助! 同时,特向对上述项目做出贡献的所有参加人员表示由衷的感谢!

参 考 文 献

卞晓静.横流条件下垂直动量射流竖直模拟.河海大学学报，2006（5）：530-533.

陈松年，吴刚，万培荪，等.喷雾机轴流风机系列设计.农业机械学报，1990（1）：48-54.

戴奋奋，袁会珠，等.植保机械与施药技术规范化.北京：中国农业科学技术出版社，2002.

范怡红，黄玉霖. 发明家诞生了.西安交通大学出版社，西安，2004.

傅泽田，祁力钧.国内外农药使用状况及解决农药超量使用问题的途径.农业工程学报，1998，14（2）：7-12.

郭婷婷，徐忠，李少华.2种角度横向紊动射流的实验分析.西安交通大学学报，2003（11）：1207-1210.

国家环境保护总局.国家环境保护"十一五"科技发展规划.http://www.zhb.gov.cn/tech/ghzc/200607/t20060710_78307.htm.

何雄奎，何娟.果园喷雾机风速对雾滴的沉积分布影响研究.农业工程学报，2002（4）：75-77.

何雄奎，严荷荣，储金宇，等.果园自动对靶静电喷雾机设计与试验研究.农业工程学报，2003（6）：78-80.

何雄奎."机械施药技术规范"对果园风送式喷雾机的使用效果探讨.植保机械与清洗机械动态，2001（4）：7-10.

何雄奎.改变我国植保机械和施药技术严重落后的现状.农业工程学报，2004，20（1）：13-15.

何雄奎.植保机械与施药技术.植保机械与清洗机械动态，2002（4）：5-8，11.

洪添胜，王贵恩，陈羽白，等.果树施药仿形喷雾关键参数的模拟试验研究.农业工程学报，2004（7）：104-107.

姜国强，李炜，陶建华.动水环境中有限宽窄缝湍射流的水力特性研究.水利学报，2004（12）：51-61.

姜国强，李炜.横流中有限宽窄缝射流的旋涡结构.水利学报，2004（5）：52-57，63.

蒋勇，范维澄，廖光煊，等.喷雾过程液滴不稳定破碎的研究.火灾科学，2000，9（3）：1-5.

蒋勇，廖光煊，王清安，等.喷雾过程液滴碰撞-聚合模型研究.火灾科学，2000，9（2）：27-30.

李炜，姜国强，张晓元.横流中圆孔湍射流的旋涡结构.水科学进展，2003（5）：576-582.

林惠强，肖磊，刘才兴，等.果树施药仿形喷雾神经网络模型及其应用.农业工程学报，2005（10）：95-99.

刘秀娟，周宏平，郑加强.农药雾滴飘移控制技术研究进展.农业工程学报，2005（1）：186-190.

农作物病虫害数据库1.中国植保植检网 http://www.ppq.gov.cn.

欧亚明，刘青.轴流式风机在风送式喷雾机上的选型与计算.中国农机化，2004（2）：24-25.

潘文全.工程流体力学.北京：清华大学出版社出版，1993.

全国植保专业统计资料,2001.

宋晓光.多路喷头并行开闭控制器的设计与实现.中国农业大学硕士学位论文,北京:2006.

陶雷,何雄奎,曾爱军,等.开口双圆弧罩盖减少雾滴飘失效果的CFD模拟.农业机械学报,2005(1):35-37,78.

陶雷.弧形罩盖减少药液雾滴飘失的理论与试验研究.中国农业大学硕士学位论文,北京:2004.6.

王福军.计算流体动力学分析.北京:清华大学出版社,2004.

王贵恩,洪添胜,李捷,等.果树施药仿形喷雾的位置控制系统.农业工程学报,2004(5):81-84.

王立军,姜明海,孙文峰,等.气流辅助喷雾技术的试验分析.农机化研究,2005(4):174-175.

王欣.导流板减少农药飘失效果的研究.中国农业大学硕士学位论文,北京:1996.

吴子牛.计算流体力学基本原理.北京:科学出版社,2001.

肖健.果树对靶喷雾系统中图像识别技术.中国农业大学硕士学位论文,北京:2005.

肖磊,洪添胜,林惠强,等.虚拟样机技术及其在果树仿形喷雾装置研制中的应用.农机化研究,2005(5):206-208,211.

杨学军,严荷荣,徐赛章,等.植保机械与施药技术的研究现状及发展趋势.农业机械学报,2002,33(6):129-132.

杨雪玲.双圆弧罩盖减少雾滴飘失的机理与试验研究.中国农业大学硕士学位论文,北京:2005.

袁丽蓉,沈永明,郑永红.用VOF方法模拟横流下窄缝紊动射流.海洋学报,2005(4):155-160.

张富贵,洪添胜,王万章,等.数据融合技术在果树仿形喷雾中的应用.农业工程学报,2006(7):119-122.

张晓辉,郭清南,李法德,等.3MG-30型果园弥雾机的研制与试验.农业机械学报,2002(5):30-33.

张晓元,李炜,李长城.横流环境中射流的数值研究.水利学报,2002(3):32-43.

张燕,樊靖郁,王道增.横流冲击射流尾迹涡结构的实验研究.力学季刊,2005(4):539-543.

赵东,张晓辉,蔡东梅,等.梯度风对雾滴穿透性影响的研究及试验.农业工程学报,2004(7):21-25.

邹建军.果园自动对靶喷雾机红外探测系统的研制.中国农业大学硕士学位论文,北京:2006.

Ade G, Balloni S, Pezzi F. Field tests on a tunnel sprayer in vineyard. Gruppo Calderini Edagricole Srl, Bologna, Italy,2005,55:37-43.

Ade G, Molari G, Rondelli V. Vineyard evaluation of a recycling tunnel sprayer. Transaction of the ASAE, 2005,48:2105-2112.

Ade G, Pezzi F. Results of field tests on a recycling air-assisted tunnel sprayer in a peach orchard. Journal of Agricultural and Engineering Research，2001,80(2):147-152.

Baraldi G，Bovolenta S，Pezzi F. Air-assisted tunnel sprayers for orchard and vineyard: first results. International symposium on pesticides application techniques，1993:265-272.

Franz E. , L. F. Bouse, J. B. Carlton *et al*. Aerial spray deposit relations with plant canopy and weather parameters. Transactions of the ASAE 1998，41(4): 959-966.

Furness G. O. A Comparison of a Simple Bluff Plate and Axial Fans for Air-Assisted, High-Speed,Low-Volume Spray Application to Wheat and Sunflower Plants. J. agric. engng Res. (1991)48,57-75.

Ganzelmeier H，Osteroth H J. Sprayers for fruit crops-loss reducing equipment. Gesunde Pflanzen,1994,6: 225-233.

Ganzelmeier H. Drift of plant protection products in field crops, vineyards, orchards and hops. International symposium on pesticides application techniques，1993:125-132.

Giles, D. K. Energy conversion and distribution in pressure atomizers. Transactions of the ASAE, 1998, 31(6): 1668-1673.

Grzegorz Doruchowski,Ryszard Holownicki. Environmentally friendly spray techniques for tree crops. Crop protection,2000,19:617-622.

H J Holterman, J M G P Michielsen, J C Van de Zande. Spray drift in crop protection: validation and usage of a drift model. Ageng oslo 98, paper No. :98-A-012.

Heijne B，Doruchowski G，Holownicki R，*et al*. The developments in spray application techniques in European pome fruit growing. Bulletin OILB/SROP,1997,20,9:119-129.

Hoffmann W C，M Salyani. Spray deposition on citrus canopies under different. Hoffmann W. C. , M. Salyani. Spray deposition on citrus canopies under diffentent meteorological conditions. Transactions of the ASAE 1996，39(1): 17-22.

Hogmire H W，Peterson D L. Pest control on dwarf apples with a tunnel sprayer. Crop protection,1997, 16 (4): 365-369.

Horst Gohlich，Assessment of spray drift in sloping vineyards. Crop Protection,1983, 2:37-49.

HULLS J. Tunnel sprayer for applying pesticides and other agents to agricultural crops-has saturation chamber containing fog of spraying agent which flows into deposition chamber where droplets coalesce on plant surfaces. Patent Number(s): EP830213-A;WO9640442-A; WO9640442-A1; AU9661627-A; ZA9604857-A; US5662267-A; EP830213-A1; AU703847-B.

Ipach R. Reducing drift by way of recycling techniques. KTBL-SCHrift,1992:353,258.

K L Wiener C S Parkin. The use of computational fluid dynamic code for modeling spray from a mistflower. Journal of agricultural engineering research, 1993,55:313-324.

K U Sarker, C S Parkin. Prediction of spray drift from flat-fan hydraulic nozzles using dimensional analysis. Brighton crop protection conference-weeds, 1995:529-534.

M C Butler Ellis, C R Tuck, P C H Miller. How surface tension of surfactant solutions influences the characteristics of sprays produced by hydraulic nozzles used for pesticide application. Colloids and surfaces A: Physicochemical and Engineering Aspects, 2001, 180:

267-276.

M L Modeba, D W Salt, B E Lee, *et al*. simulating the dynamics of spray droplets in the atmosphere using ballistic and random-walk models combined. Journal of wind engineering and industrial aerodynamics, 1997, 67&68: 923-933.

M M Sidahmed, M. D Taher, R B Brown. A virtual nozzle for simulation of spray generation and droplet transport. Biosystems Engineering, 2005, 92: 295-307.

M M Sidahmed. A transport model for near nozzle fan sprays. Transactions of the ASAE, 1997, 40(3): 547-554.

M. M. Sidahmed, H. H. Awadalla, M. A. Haidar. Symmetrical Multi-foil Shields for reducing Spray Drift. Biosystems Engineering, 2004, 88(3): 305-312.

McFadden-Smith W, Ker K, Walker G. Evaluation of vineyard sprayers for coverage and drift. Paper-American Society of Agricultural Engineers, 1993: 93-1079.

meteorological conditions. Transactions of the ASAE 1996, 39(1): 17-22.

Miller D. R., Stoughton T. E *et al*. Atmospheric stability effects on pesticide drift from an irrigated orchard, Transactions of the ASAE 2000, 43(5): 1057-1066.

Molari G., Benini L., Ade G. Design of a recycling tunnel sprayer using CFD simulations. Transactions of the ASAE. American Society of Agricultural Engineers, St Joseph, USA: 2005. 48: 2, 463-468.

Murphy S. D *et al*. The effect of boom section and nozzle configuration on the risk of spray drift. J. agric. Engng Res. 2000, 75: 127-137.

N Thompson, A J Ley. Estimating spray drift using a random-walk model of evaporating droplets. Journal of agricultural engineering research, 1983, 28: 419-435.

Ozkan H E, Miralles A, C Sinfort, *et al*. Shields to Reduce Spray Drift, J. agric. Engng Res, 1997, 67: 311-322.

P A HOBSON, P C H MILLER, P J WALKLATE, *et al*. Spray drift from hydraulic spray nozzles-the use of a computer-simulation model to examine factors influencing drift. Journal of agricultural engineering research, 1993, 54(4): 293-305.

P C H MILLER, D J Hanfield. A simulation model of the spray drift from hydraulic nozzles. Journal of agricultural engineering research, 1989, 42: 135-147.

P ENFALT, P Bengrtsson, A Engqvist, *et al*. A novel technique for drift reduction.

Peterson D L, Hogmire H W. Evaluation of tunnel sprayer systems for dwarf fruit trees. Transactions of the ASAE, 1995, 11(6): 817-821.

Peterson D L, Hogmire H W. Tunnel sprayer for dwarf fruit trees. Transactions of the ASAE, 1994, 37: 709-715.

Planas S, Solanelles F, Fillat A. Assessment of recycling tunnel sprayers in Mediterranean vineyards and apple orchards. Biosystems Engineering, 2002, 82: 45-52.

Reichard D L, Zhu H, Fox R D, *et al*. Computer Simulation of Variables That Influence Spray Drift. Transactions of the ASAE 1992, 35(5): 1401-1407.

Roth L O, G J Porterfield. A photographic spray-sampling apparatus and technique.

Transactions of the ASAE，1965，8(4)：493-496.

Salyani M，Cromwell R P. Spray Drift from Ground and Aerial Applications. Transactions of the ASAE 1992，35(4)：1113-1120.

Sidahmed M. M. Model for predicting the droplet size from liquid sheets in airstreams. Transactions of the ASAE，1996，39：1651-1655.

Siegfried W，Holliger E，Raisigl，U. Tunnel recycling equipment-the new spray technology for orchards and vineyards. Schweizerische Zeitschrift fur Obst-und Weinbau，1993，129：36-43.

Siegfried W，Viret O，Holliger E. Spray quality in viticulture and efficacy against fungal diseases.

Theriault R，Salyani M，Panneton B. Development of a recycling sprayer for efficient orchard pesticide application. Applied Engineering in Agriculture，2001，17：143-150.

Theriault R，Salyani M，Panneton B. Spray distribution and recovery in citrus application with a recycling sprayer. Transactions of the ASAE，2001，44：1083-1088.

Tsay J. ，Ozkan H. E. ，Fox R. D. ，et al. CFD simulation of mechanical spray shields. Transactions of the ASAE 2002，45(5)：1271-1278.

Viret O，Siegfried W，Holliger E. Comparison of spray deposits and efficacy against powdery mildew of aerial and ground-based spraying equipment in viticulture. Crop Protection，2003. 22：1023-1032.

Zhu H，Reichard D L，Fox R D，et al. Simulation of Drift of Discrete Sizes of Water-Droplets from Field Sprayers. Transactions of the ASAE 1994，37(5)：1401-1407.

第4章

防飘喷雾技术与机具

张　京　何雄奎　曾爱军　刘亚佳　宋坚利

4.1　引　　言

4.1.1　研究背景

农药飘失是指在喷雾作业过程中,农药雾滴或颗粒被气流携带向非靶标区域的物理运动,是造成农药危害的主要途径之一。农药飘失包括蒸发飘失和随风飘失。蒸发飘失是药液雾滴的活性物质从植物、土壤或其他表面蒸发变成烟雾颗粒,悬浮在大气中作无规则扩散或顺风运动,有时甚至会笼罩大片区域,直至降雨淋落而沉积到地面。在喷雾中和喷雾后都会发生蒸发飘失,主要受环境因素如温度、农药的挥发性影响。随风飘失是指农药雾滴飞离目标的物理运动过程,主要与环境因素如自然风速、农药使用方法和使用技术参数有关。随风飘失的农药雾滴可能仅仅飘移到离喷雾设备数十米的非预定目标,但是小的农药雾滴在沉降到非预定目标之前可能要飞行更远的距离。农药的飘失,不仅影响防治效果、降低农药的利用率,而且严重影响非靶标区敏感作物的生长,污染生态环境,甚至引发人、畜中毒。

国外很早就认识到飘失带来的危害,并开始相应的研究。EPA(美国环境保护署)认为,农药飘失影响人类健康及生存环境,会对农场工人、户外活动的人员及野生植物带来危害,污染菜园或农作物,导致杀虫剂残留超标。为此,20世纪40年代以来,西方发达国家把植保机械以及减少飘失技术的研究作为重要的课题之一,并制定出一系列的法律法规。近年来在我国,随着施药量的不断增加及人们对食品安全、生态环境等的关注,对农药飘失产生的影响越来越重视。很多研究者也开始对飘失产生的各种影响因素及防止飘失产生的方法进行了深入研究。因此,开展对农药飘失问题的深入研究和防飘喷雾技术与机具的研发,对于提高我国农药使用水平、解决因施用化学农药过程中造成的环境问题和提高整个环境的质量具有十分重要的科学和实际意义。

4.1.2 罩盖防飘喷雾技术的国内外研究现状

4.1.2.1 雾滴飘失的影响因素

影响雾滴飘失的因素很多,系统地归类有以下几个方面:①药液特性,主要包括:有效成分、制剂类型、雾滴大小和挥发性等;②施药机具和使用技术,如雾化装置规格型号、工作参数和喷雾高度等;③气象条件,如风速、风向、温度、相对湿度、大气稳定度和地形等;④操作人员的责任心和操作技能。

1. 雾滴大小

雾滴的尺寸是引起飘失的最主要因素。喷头喷出的雾流中,含有大小不等的各种尺寸的雾滴,其雾滴直径的尺寸范围及其状况称之为雾滴谱,可用雾滴体积或数量累计分布曲线或雾滴大小分布图表示。小雾滴较之大雾滴有较好的黏附在靶标尤其是细小靶标如小飞虫、植物叶片绒毛等的能力。在相同喷量下,小雾滴的数量多,能大大增加在靶标上的覆盖密度,同时小雾滴能随气流进入植物冠层,沉积于植株内部的枝叶上。但是,小雾滴由于质量轻,在空气阻力下,下降速度不断降低,常常没有足够的向下动量到达靶标,更易受温度和相对湿度的影响,蒸发后更小,可随风飘移很远。雾滴越小,随风飘移就越远,飘失的危险性就越大。因此,雾滴中所含的小雾滴的数量是影响农药飘失量的最主要因素,一般认为直径小于 100 μm 的雾滴最容易飘失。

2. 雾滴的蒸发

当药液从喷嘴呈小雾滴状态喷出时,它与空气接触的表面积会大大增加,特别是当雾滴直径小于 50 μm 时,随着雾滴直径的减小,其表面积急剧增加。雾滴表面任何挥发性的液体都会挥发飞散。而当雾滴处于湿度饱和的空气中时,它的蒸发速度会大大地减慢。小雾滴在空气中能够存在的时间很短,往往在到达目标之前就已完全蒸发了,这是喷雾作业所必须考虑的一个实际问题,也是小雾滴的应用受到限制的因素之一。

3. 雾滴初速度

雾滴的初速度决定了雾滴携带的动能的大小,直接影响着雾滴的运动,动能越大,雾滴沉降越快。雾滴的初速度取决于喷雾系统参数的设置和喷雾条件。研究表明,增加雾滴的初速度会减小直径在 80 μm 以上的雾滴的飘移距离,100 μm 以上的雾滴的飘移距离随着雾滴初速度的增加而减小。

4. 喷雾高度

喷嘴在喷雾目标上方的高度取决于几个因素,其中包括喷雾器的设置、目标的形态和操作条件等。对 200 μm 以上的雾滴,增加喷嘴的高度则雾滴的飘移距离也相应地增长。对 100 μm 的雾滴,继续增加喷嘴到 3 m 以上的高度,则飘移距离不再变化,因为超过 3 m 的高度,100 μm 的雾滴到不了地面就完全挥发了。

5. 风速、风向

风速、风向及施药地点周围的气流稳定性是引起飘失的第二因素。对未完全挥发而能够到达喷头下地面某一点的雾滴来说,其飘移的距离与风速之间近乎于线性关系。风速越大,小雾滴脱靶飘移就越远,即使是大雾滴在顺风的情况下,也会飘移至靶标外。根据国家标准规定,当自然风速大于 5 m/s 时,不能进行喷雾作业。一般来说,风速大时风的方向性相对稳定,农药向下风向飘移的方向性强;风速小时,如小于 2 m/s,风向瞬间即变,农药飘移也不定向。

6. 温度、相对湿度

在农药的应用中所面临的环境温度和相对湿度的跨度是很大的。环境温度对雾滴到达飞行终点时雾滴直径的影响方面,对小雾滴的影响程度要大于大雾滴。温度能够影响蒸发率和蒸发飘失的雾滴数量,气温高、湿度小时,水分蒸发快,雾滴体积缩小得很快,有些小雾滴在到达靶标前已成为不挥发物质的气溶胶了,从而影响到飞行中的雾滴大小的变化和飞行距离。因为小雾滴表面积与体积之比大于大雾滴,并且在空中飞行的时间要长于大雾滴,所以温度对小雾滴的飞行距离的影响要大于大雾滴。50 μm 的雾滴的飘移距离随着温度的升高而减小,该雾滴在到达地面以前完全挥发了。尽管在任何气候条件下,都会有蒸发飘失,但高温干燥的天气会大大增加雾滴的蒸发飘移。有时低风速特别是垂直风引起的逆温,会带来小雾滴悬浮在大气层中飘移到很远的区域,造成更大的药害。

4.1.2.2 罩盖喷雾防飘技术的研究

1953 年 Edward 和 Ripper 最早提出利用保护性罩盖喷雾减少雾滴飘失,他们研究的"Nodif"喷杆喷雾方法可以减少飘失 42%~100%。在此后的半个世纪里,人们开始对罩盖喷雾进行研究,虽然每个人的研究结论不尽相同,但罩盖喷雾在减少雾滴飘失方面具有积极作用得到人们的普遍认同。

1. 气力式罩盖喷雾

气力式罩盖有风帘、风幕、气囊等形式。它是通过外加风机产生的气流来改变雾滴的运动轨迹,达到减少雾滴飘失的效果。Smith 等(1982)对气力式罩盖进行研究,得出射流速度为 7.1 m/s 的气力式罩盖只在环境风速小于 2 m/s 时才是有效的,这一结果使他们中断了对气力式罩盖的研究工作,也影响了其他人员对这种罩盖的研究,同时在应用上也被忽视。直到 Brown(1995)试验证明了气力式罩盖的一些优点,因此,气力式罩盖有效性的深一步研究得到保证。Tsay,Fox 等(2002a、b)运用计算机模拟方法研究气力式罩盖减少飘失的性能,指出并不是在所有的操作条件下,气力式罩盖都能够有效地减少雾滴飘失,在某些情况下,还比不上使用常规喷雾方法;但是在最优的参数条件下,当气体射流速度为 40 m/s,流量为 1.7 m³/(s·m) 和气体射流释放角为 15°时,能够 100% 地控制雾滴飘失,但是还需要田间试验验证。笔者认为即使田间试验能够验证模拟,但是 40 m/s 的流速,对作物的毁坏,以及经济上的投入也需要进一步研究。

2. 机械式罩盖喷雾

Fehringer 等(1990)对如图 4.1 所示的机械式罩盖进行研究,分别比较了 4 种喷雾方法:①标准的喷杆喷雾,8002 喷头,工作压力 276 kPa;②Renn-Vertec 喷雾器,8002 喷头,工作压力 276 kPa,没有风翼;③Renn-Vertec 喷雾器,8002 喷头,工作压力

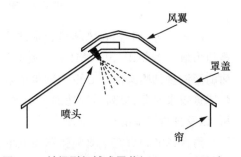

图 4.1 封闭型机械式罩盖(Fehringer,1990)

276 kPa,有风翼;④Renn-Vertec 喷雾器,8002 喷头,工作压力414 kPa,有风翼。

试验表明,在大多数情况下,罩盖喷雾都能有效地减少雾滴飘失,但是需要进一步改进罩盖及其和作物冠层之间的接触,以达到更好地减少飘失,并且指出风翼没有起到明显的作用,减小雾滴的体积中径从 320 μm(8002 喷头,276 kPa)到 100 μm(8002 喷头,414 kPa)时,雾滴的飘失增加 3 倍;由于小雾滴主要决定了药液的飘失性,鉴于小雾滴具有较好的附着性和均匀性,因此 Fehringer 建议后面的研究重点在改进罩盖结构利于减少小雾滴的飘失。

王欣(1996)研究了挡板减少雾滴飘失的效果(图 4.2),通过计算机模拟流场,分析挡板对气流的导流作用,找出挡板安装位置,进行风洞试验论证。试验结果指出,在喷头附近安装导流板可以增加雾滴在地面上的沉积,减少农药飘失,但是位置必须合适,并指出试验中,导流板前置,H 为 5 cm,θ 为 45°,X 值约为 10 cm,Y 约为 0 cm 时,效果最好。

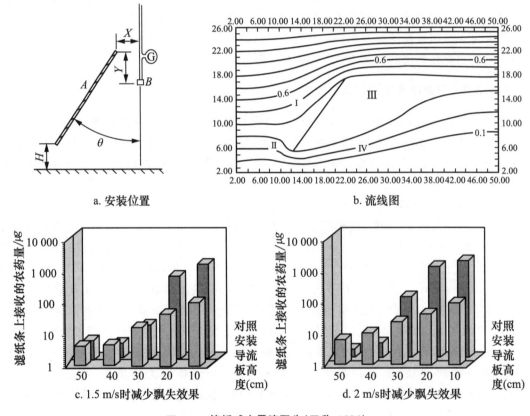

a. 安装位置　　　　　　　　　　　　　　b. 流线图

c. 1.5 m/s时减少飘失效果　　　　　　　d. 2 m/s时减少飘失效果

图 4.2　挡板减少雾滴飘失(王欣,1996)

Ozkan 等(1997)在风洞里分别试验了 9 种机械式罩盖(图 4.3)减少雾滴飘失的能力,喷雾压力取 0.15 MPa、0.3 MPa,气流速度取 2.75 m/s、4.8 m/s,指标为下风向收集的沉积在地面的药液量到喷头的中心距。试验结果表明 9 种罩盖都能有效地减少雾滴的飘失,其中双圆弧罩盖效果最好,提高雾滴地面沉积率为 59%。但是他们没有对减少飘失的原因进行理论分析,以及分析罩盖的设计原理。

陶雷(2004)研究了双圆弧罩盖流场中的尾流。采用导流法结合计算机流场模拟来研究罩盖后方的涡流对雾滴飘失的影响,并对双圆弧结构进行了改进,在外圆弧上开了一个 13 cm 的

图 4.3　9 种半封闭型机械式罩盖(Ozkan,1997)

口(图 4.4),用来削弱涡流对雾滴的卷吸作用。模拟结果
表明:在风速为 1.4 m/s、2 m/s 和 3 m/s 时开口罩盖比未
开口罩盖的防飘效果好,并在风洞试验中验证了 1.4 m/s
风速下开口比未开口雾滴飘失量减少了。

　　但是由于雾滴运动的分层,罩盖后方的涡流只能影响
雾流上层的细小雾滴,而这部分雾滴的质量比例较小,并
且要使其中极细小的雾滴沉积下来也是非常困难的;同时
从开口处要分流掉一部分气流,两个圆弧板之间的气流就
会减弱,胁迫雾滴向地面沉降的效果也就减弱了,所以用
这种方法来改善防飘效果是有限的。

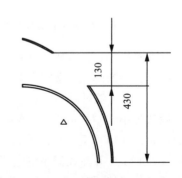

图 4.4　开口双圆弧罩盖(单位:mm)
(陶雷,2004)

　　杨雪玲(2005)在图 4.4 中的双圆弧罩盖基础上进行
结构改进(图 4.5)。将两个圆弧的圆心定义在同一水平线上;保持内圆弧的半径和喷头的安
装位置不变,内圆弧半径仍然是300 mm;增大进风口和出风口的尺寸。将进风口尺寸定义为
300 mm,出风口为 150 mm,此时外圆弧的半径为 625 mm。在外圆弧的底端加上一个长
150 mm 的导流板,导流板安装时与垂直于地面方向形成一夹角 β,通过仿真试验确定了 β 的最
佳值为 15°。试验结果表明改进后的双圆弧罩盖的防飘效果要明显优于常规喷雾和改进前的
罩盖,雾滴沉积率为 73.35%,较改进前罩盖喷雾的 66.90%提高了 9.64%。

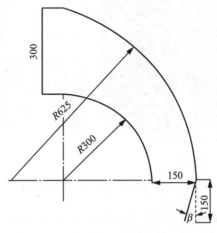

图 4.5　改进后双圆弧罩盖(杨雪玲,2005)

　　理想的罩盖应该与气力式罩盖类似,使作用于喷雾扇面上的气流向靶标运动,输送雾滴沉
积,综上分析,一个防飘效果优秀的罩盖应该是气流输送型,并且结构简单、经济实用。

4.2 导流挡板的防飘机理研究

4.2.1 气流对雾滴飘失的影响

4.2.1.1 不同粒径雾滴分布和运动特性

雾滴越小,随风飘移就越远,飘失的危险性就越大。小雾滴由于质量轻,在空气阻力下,下降速度不断降低,常常没有足够的向下动量到达靶标,更易受温度和相对湿度的影响,蒸发后变小,可随风飘移很远。雾滴中所含的小雾滴的直径是影响农药飘失量的最主要因素,一般认为小于 $100~\mu m$ 的雾滴最容易飘移。研究表明,当用喷杆式喷雾机喷雾时,小于 $100~\mu m$ 的雾滴往往飘移至喷幅以外,而小于 $50~\mu m$ 的雾滴则在达到靶标之前就已完全蒸发。Yates W. E. (1985)等在风洞中测定了扇形雾和圆锥雾喷头的雾滴谱,认为大小为 $400~\mu m$ 的雾滴也有飘移的可能,但通常造成严重飘移的是小于 $150~\mu m$ 的雾滴。

宋坚利等(2006)测定了不同雾滴粒径的分布和运动速度参数。见本书 3.2.2 不同粒径雾滴分布。

图 4.6 为对称面上易飘失雾滴的流量分布图,可知易飘失雾滴主要存在于扇面的中心位置,在扇面横向对称面上随着与喷头距离的增加,并且在整个喷雾扇面中心位置易飘失雾滴的含量是最多的,这也意味着如果气流能够将这个区域内的雾滴吹出雾流,将造成严重的飘失。

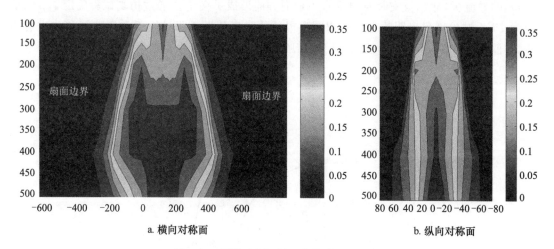

a. 横向对称面   b. 纵向对称面

图 4.6 扇面对称面易飘失雾滴流量分布

在喷雾过程中,雾滴在扇面中的运动分布情况相当复杂,除受到雾滴初速度包括大小、方向的影响外,还与其在空间中的受力状态、雾流中的气流运动、温度、雾滴间碰撞等诸多方面的因素均有很大关系。图 4.7 显示的是喷头 LU120-03 在喷雾压力 0.3 MPa 情况下距离喷头 400 mm 测试面上 $100~\mu m$ 雾滴的运动速度分布情况,由图可知在喷雾扇面中心位置雾滴的运动速度大于扇面边缘位置的速度,所以扇面边缘位置的细小雾滴比扇面中心位置的更易飘失。

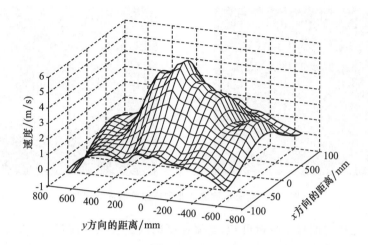

图 4.7　**100 μm 的雾滴在测试面 400 mm 上的运动速度分布**

4.2.1.2　气流流场对雾滴运动的影响

气象因素尤其是自然风是产生和加剧飘失的重要因素。自然风越大,能携带的雾滴的粒径也越大。也就是说,随着风速增大,易被携带走的"小"雾滴粒径也变大了,因此农药的飘失量也变多。一般来说,风速大时风的方向性相对稳定,农药向下风向飘移的方向性强。风速小时,(如小于 2 m/s),风向瞬间即变,农药飘移也不定向。空气沿地面运动时,由于摩擦力而使下层气流流速降低形成旋涡运动。在大气不稳定状态时,由于上升气流,加强了旋涡运动在垂直方向的作用强度,不利于雾滴的沉降。总之,风速大,飘失量大,所以风速过大时(>5 m/s),不宜喷雾作业。

雾流是一个气、液两相混合射流,夹带气流类似淹没空气射流主体段,所以在气流中喷头喷雾的状态可以认为是横流环境中射流现象,由于雾流成扇形,所以确切地说是横流中有限宽窄缝射流流动。在以往对于动水环境中湍射流的研究,大多集中在单圆孔射流的研究上,对于有限宽窄缝的研究形式较少,主要是通过试验研究和数值模拟的方法。

如图 4.8 所示,横流中射流主体弯曲程度与流速比有关,所以雾流中气流的初始速度与气流的速度比决定了雾流的弯曲程度,即决定了药液飘失程度。由于喷雾产生的扇形雾流是气、液两相流,所以在研究过程中还要考虑到液相存在对于射流的影响。雾流中的液相由一个个雾滴组成,所以在研究中常常将其看作多孔介质研究,孔隙率小意味着外界气流不易将内部的细小雾滴吹出而形成飘失。多孔介质的孔隙率与雾滴密度和扇面的厚度有关,由于扇形喷头的横向流量成正态分布,并且中间部分雾滴 VMD 小,所以形成的多孔结构为中间孔隙率小于边缘孔隙率的结构。由于横流的绕流作用使得射流边缘的横流速度增加,使得扇面雾流横向边缘区域的细小雾滴被吹离雾流进入绕流分离涡流而形成飘失,同时由于射流与雾流的剪切作用和迎流面涡层的存在使得雾流迎流面外层的细小雾滴也容易被横流卷吸入分离涡流。综上分析雾流中易造成飘失的区域有 3 个:①雾流末端,此处气流速度减小,雾滴的动能也衰减到一定程度,在横流中处于最大弯曲段末期和顺流贯穿段;②喷雾扇面横向边缘;③喷雾扇面迎流面外层。

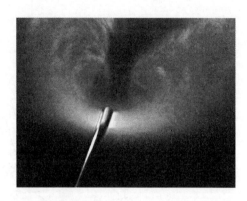

图 4.8　横流中雾流弯曲和绕流分离涡旋现象

通过上面横流中射流理论分析可知,气流速度的改变会改变流速比,从而能够影响飘失。改变喷雾高度会改变雾流在横流中受影响的范围,降低喷雾高度可能会减小最大弯曲段和顺流贯穿段,从而减少飘失。喷头位姿变化会改变雾流入射方向与横流方向的夹角,从而改变射流在横流中的受力情况,也可能影响飘失。

4.2.2　冠层对雾滴沉积飘失的影响

4.2.2.1　作物冠层结构

作物冠层结构最早由 Monsi 和 Saeki 提出,并很快受到作物科技工作者的关注与重视。所谓作物冠层结构是指作物地上部分各器官的数量及其在空间分布状态,由群体几何形态、数量和空间散布三方面性状组成。株型是指植株个体在空间的几何分布,是构成冠层结构的重要因素之一。植物群体冠层结构参数主要包括叶面积指数(LAI)、透光率(DIFN)、叶倾角(MLIA)、叶片分布(LD)、消光系数(K)和直接辐射透过系数(TCRP)等。叶面积指数是指单位面积上的叶面积总数,它是反映作物长势和预报产量的重要参数之一。

在影响作物冠层结构的诸多因素中,种植密度对其影响较大。Verhagen 等提出,理想的叶群体结构是不断改变其倾角分布而获得最有效的叶面积。行株距配置即是小麦植株在田间的分布问题,调整行株距配置是实现高密度与新技术结合的重要手段。

因此,选择调整种植密度来改变冠层结构,测定冠层结构观测对雾滴穿透性、沉积性的影响。

4.2.2.2　雾滴的穿透性

根据雾滴的产生方式不同,其穿透能力不同,应用范围也不同。由液力喷头产生的雾滴其穿透性能与雾滴的初始动能有关。雾滴运动时,把一部分动能转移到周围的空气中去。在空气的阻力下,雾滴本身的速度不断降低,直至为零,雾滴飘荡干涸缩小,浮力减小,最后在重力作用下降落。

对液力喷头进行理论分析,一个直径为 d,以初始速度为 v_0 运动的雾滴,在密度为 ρ_a 的空气中所受的阻力 R 为:

$$R=\frac{\pi}{8}C\rho_{\mathrm{a}}v_0{}^2d^2$$

C 是由试验确定的雾滴阻力系数,它的数值由雷诺数决定。一般来说,雾滴离开喷头的初速度相当高,雷诺数也较大。

当雾滴离开喷孔的时间已知时,对于紊流情况,雾滴所具有的最终速度可由下式计算:

$$v=\frac{v_0}{1+\dfrac{0.33\rho_{\mathrm{a}}}{d\rho_{\mathrm{c}}}\cdot v_0 t}$$

此时,雾滴离喷孔的理论穿透距离为:

$$S=\frac{d\rho_{\mathrm{c}}}{0.33\rho_{\mathrm{a}}}\ln\left(1+\frac{0.33\rho_{\mathrm{a}}}{d\rho_{\mathrm{c}}}\cdot v_0 t\right)$$

式中:v_0 为雾滴的初始速度,v 为雾滴的最终速度,S 为雾滴的穿透距离,d 为雾滴的直径,t 为雾滴的穿透时间(单位),ρ_{a} 为空气的密度,ρ_{c} 为液体的密度。

实际上,液力式喷头产生的小雾滴的理论穿透距离非常小。例如,直径 50 μm、初始速度为 55 m/s 的雾滴,在空气中由惯性力获得的理论穿透距离仅为几分之一毫米。因此冠层的拦截会更加减弱雾滴的穿透性,使其在冠层中的分布不均匀,大部分的雾滴被冠层截留,无法到达冠层的中、下部。

4.2.2.3　试验材料与方法

为了测定冠层对药液沉积的影响,以 6～7 叶期小麦作为靶标,人为设置 5 种不同的种植密度,对其冠层结构以及在不同冠层结构下喷雾雾滴的分布进行了测定。

1. 试验台

喷雾天车。天车轨道高 2.5 m,长 9 m,匀速区长 6 m,一台调速电机驱动轨道车,调节电机转速可调节轨道车的前进速度,从而模拟不同作业速度。轨道车上安装喷杆,高度可调,管路与喷杆连接处安装有稳压调压装置,试验喷头采用德国 Lechler 公司生产的标准扇形雾喷头 ST110-015、ST110-03,喷雾高度为 0.5 m,喷雾压力 0.3 MPa,行进速度为 1.2 m/s。

2. 实验工具

LAI-2000 冠层分析仪、秒表、鲜小麦植株、荧光剂(BSF)、泡沫板、镊子、自封袋、大头针、剪刀、长条滤纸等。

3. 试验操作

(1)将鲜小麦植株裁剪为 45 cm 高,制作 20 cm×25 cm 泡沫板为鲜小麦秸秆载体托盘,小麦以不同密度均匀插在泡沫板上见图 4.9,人工设置 5 种密度,分别是 200 株/m²、400 株/m²、800 株/m²、1 200 株/m²、1 600 株/m²。

(2)在室外日光条件下,对 5 种不同密度的小麦冠层 20 cm、30 cm、40 cm 处作为冠层的上、中、下部进行分析。LAI-2000 冠层分析仪每次观测时,先将探头放置于冠层上方,保持探头水平,按下测定按钮,听到两声蜂鸣后将探头放入群体内地面上,仍需保持水平,按下测定按钮,听到两声蜂鸣声后选择冠层内地面不同位置测量,重复测量 5 次,然后仪器自动测定出群体叶面积系数 LAI,统计并给出冠层的开度、平均叶倾角。

图 4.9　小麦(靶标)密度设置

(3)在小麦冠层 20 cm、30 cm、40 cm 处作为冠层的上、中、下部和地面布置滤纸,放置于天车下(图 4.10),试验采用荧光测定法,用 0.1%的 BSF 水溶液代替农药进行喷雾试验,根据喷量、喷雾时间,喷雾过后 10~30 min 后滤纸变干,用镊子将滤纸收集到自封袋中,然后在每个瓶中加一定量的蒸馏水(含酒精 5%),然后放在震荡仪上震荡 15 min,使沉积在滤纸上的 BSF 洗脱下来,最后用 LS-2 荧光分析仪(英国 Perkin Elmerg 公司)测定液体中的荧光值。为减小误差,每次试验重复 3 次,取平均值。变换两种喷头进行试验。

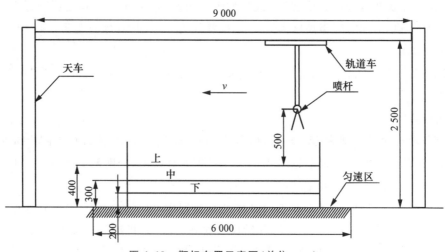

图 4.10　靶标布置示意图(单位:mm)

4.2.2.4　试验结果与分析

对 5 种不同密度的小麦冠层结构分析,其叶面积指数 LAI、透光率 DIFN 如图 4.11 所示。其在喷头 ST110-015、ST110-03 作业下的雾滴沉积分布如图 4.12 所示。

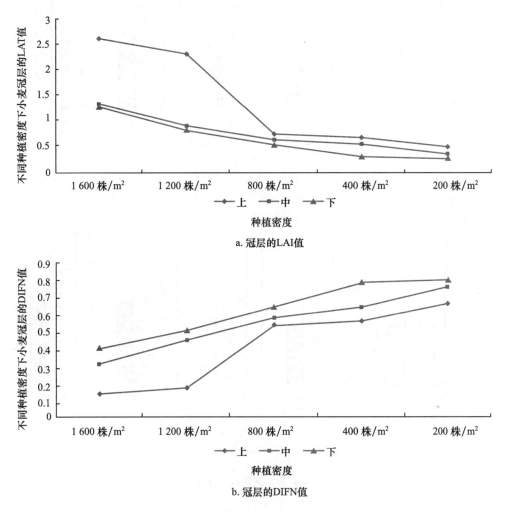

a. 冠层的LAI值

b. 冠层的DIFN值

图 4.11　冠层的 LAI 值、DIFN 值

从图 4.11 显示表明,随着小麦株距的增加,冠层的叶面积指数在增加,其透光率在减少,而且叶面积指数越大,透光率越小,但两者并不是呈简单的线性关系,可见种植密度对冠层结构有一定的影响;而且在冠层中从上到下其叶面积指数在减小,透光率在增加,这表明上部冠层将会对雾滴的拦截作用明显,逐层减少。

从图 4.12 显示表明,随着小麦株距的增加,雾滴在小麦冠层的总沉积量减少,从冠层上部到地面其沉积量在逐层减少,从两种喷头的作业情况显示,小雾滴在冠层中的穿透性较大雾滴好,更容易在冠层内部沉积。由雾滴在冠层中的分布规律来看,冠层对雾滴的拦截作用明显,有无冠层及冠层结构都直接影响着雾滴的穿透性和沉积分布,而且试验结果表明,常规喷雾时,雾滴在上部冠层的沉积量较多,在中、下部逐层减少,所以其不利于作物根部病虫害的防治。

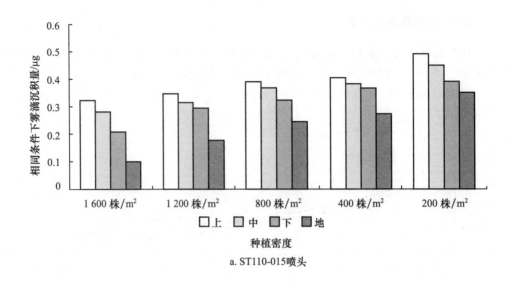

a. ST110-015喷头

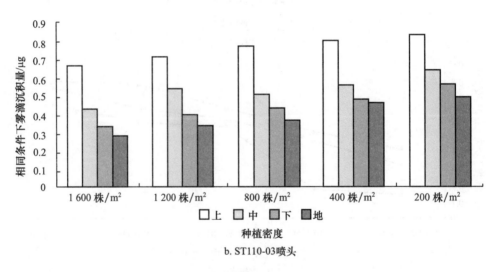

b. ST110-03喷头

图 4.12 雾滴沉积分布

4.2.3 导流挡板的防飘机理

研究表明,粒径小的雾滴易飘失,且易飘失雾滴主要集中在喷雾扇面中间区域,在喷雾扇面中心位置雾滴的运动速度大于扇面边缘位置的速度,扇面边缘位置的细小雾滴比扇面中心位置的更易飘失,在距离喷头 300 mm 处的雾滴最易飘失,气流流场对飘失也有一定的影响。冠层的拦截作用同时也影响了雾滴的沉积分布与飘失,在前人研究的基础上,采用罩盖喷雾技术可以简单有效地减少飘失,既要改变雾滴的流场而利于雾滴沉积,又要减少冠层对雾滴的拦截,使其在作物中、下部的沉积量增加,从而有效减少飘失,并有利于作物从根本发生的病虫害的防治。因此,在此基础上,选择采用导流挡板来实现上述目标,在喷头的上风向处安装倾斜的挡板,改变流场,同时在作业时可以拨开冠层,使雾滴能更好地穿透,到达靶标的中、下部。

随着计算流体技术(CFD)及其相关流体模拟软件的不断发展,针对流体问题的研究提供了一种新的方法。由于自然环境中的气象条件不稳定、不可控制,田间试验的限制很多且不易重复,各影响因素的交互作用也使得在研究中量化某一因素对结果的影响非常困难。而利用数学模型进行计算,在模拟试验中控制试验条件的设置,可以全面分析各因素的影响程度。研究者可以根据仿真试验结果近似选择最佳设计,降低试验成本,减小田间试验中的人力、物力消耗,节约能源。因此,可利用仿真模拟试验来研究导流挡板的防飘机理。

4.2.3.1　仿真试验的步骤

仿真试验的求解过程分3步:

第一,在前处理器gambit2.0中建立几何模型并定义仿真试验流场区域的边界,然后用适应非结构化三角形网格划分仿真试验流场区域,单位网格边长为0.01 m,生成网格文件。

第二,在Fluent模块中选择2D解算器、读入并检查网格、进行网格的平滑和移动,这样可以改善网格质量,提高求解精度;选择解的形式为稳态隐式解;选择相应的模型;设定边界条件;气流入口选择液流进口,出口为出流口,地面、喷头的喷嘴为壁面,两个计算区域的交界为交界面,并将该交界面定义为飘失边界,通过的雾滴视为飘失,其余边界均为系统默认的壁面,所有壁面处默认为无滑移边界条件;初始化流场,进行迭代计算得到收敛的或者部分收敛的连续相流场。

第三,在收敛的或者部分收敛的连续相流场中加入离散相,选择相应的模型;创建射流源,定义射流源的属性,给定雾滴在初始时刻的分布;进行离散相的计算,可以得到雾滴在流场中的运动轨迹及雾滴的沉积、飘失情况。

4.2.3.2　喷雾效果的评价指标

为了量化喷雾时雾滴的飘失,在喷头下风向2 m的位置设置飘失边界,将通过该界面的雾滴视为飘失,在2 m之内沉积下来的雾滴视为沉积量。评价的指标为:

$$DP = \frac{D}{Q} \times 100\%$$

式中:D为雾滴沉积量($\mu g/cm^2$);Q为喷液量(g);DP为雾滴沉积率(%)。

因为雾滴的沉积与飘失呈负相关,所以DP值越大说明飘失越少,挡板的防飘效果越好。每组试验重复10次,取平均值。

4.2.3.3　试验结果与分析

1. 均匀直径雾滴沉积率

假设喷雾雾滴的直径相同时,仿真试验中两种喷雾方式在2 m/s风速下雾滴沉积率DP如表4.1所示。

表4.1　2 m/s风速下不同粒径雾滴的沉积率　　　　　　　　　　　　　　%

喷雾方式	雾滴直径/μm								
	≤50	75	100	105	110	115	120	125	≥130
常规喷雾	0	0	0	0	0	0	23	29	100
防飘喷雾机	0	26	47	56	74	100	100	100	100

从表 4.1 中可以看出：

(1)常规喷雾时,沉积雾滴的临界直径为 120 μm,且仅有 23%可以沉积下来,而直径$\leqslant$120 μm 的雾滴全部飘失;

(2)防飘喷雾机喷雾时,沉积雾滴的临界直径为 75 μm,只有 26%可以沉积下来,但较改进前沉积雾滴的临界粒径减小了,而粒径$\leqslant$75 μm 的雾滴全部飘失;

(3)常规喷雾时,粒径为 130 μm 时雾滴才全部沉积,而防飘喷雾机喷雾时粒径为 115 μm 时就全部沉积了。

由此可知,防飘喷雾机较常规喷雾有利于小雾滴的沉积,且在相同条件下增加了雾滴的沉积率。

2. 流场 X 方向速度矢量图分析

图 4.13 是两种喷雾方式下气流的 X 方向速度矢量。

图 4.14 是经过 FLUENT 后处理的两种作业方式下气流 X 方向的速度图。

(1)常规喷雾时气流的运动方向不会变化,初始时的水平气流最后仍然是水平的,速度大小也不发生变化;

(2)由于挡板的导流作用,整个模拟流场中气流 X 方向速度 V_x 发生了变化。对雾滴沉积影响较大的喷头附近,尤其是喷头下方的 V_{+x} 减小了,甚至出现 V_{-x}。同时在罩盖上方和下方,V_{+x} 的最大值较常规喷雾时有所增大,出现了两个高速区,其中挡板上方的高速区对雾滴沉积几乎没有影响,而挡板下方的高速区对雾滴沉积有一定影响,加速了雾滴向靶标的沉积,使更多的雾滴随胁迫气流迅速沉积在作业靶标范围内。

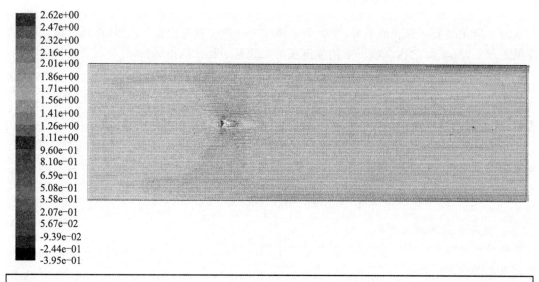

Velocity Vectors Colored By X Velocity(m/s)

May 19,2009
FLUENT 6.2(2d,segregated,spe,ske)

a. 常规喷雾

图 4.13

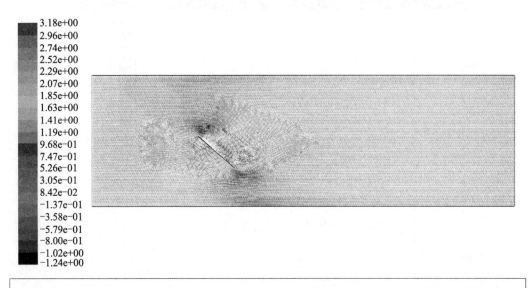

Velocity Vectors Colored By X Velocity(m/s)

May 19,2009
FLUENT 6.2(2d,segregated,spe,ske)

b. 防飘喷雾

图 4.13 两种喷雾方式下气流 X 方向速度矢量

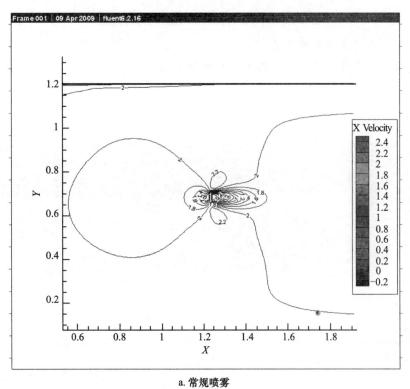

a. 常规喷雾

图 4.14

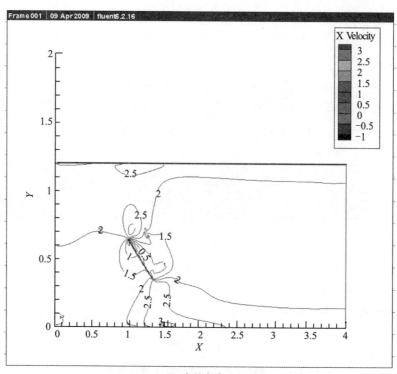

b. 防飘喷雾

图 4.14　两种喷雾方式下气流 X 方向的速度

3. 流场 Y 方向速度矢量图分析

图 4.15 是两种喷雾方式下气流的 Y 方向速度矢量。

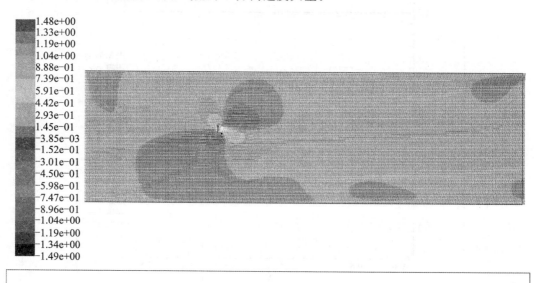

Velocity Vectors Colored By Y Velocity(m/s)　　　　　　　May 19,2009
FLUENT 6.2(2d,segregated,spe,ske)

a. 常规喷雾

图 4.15

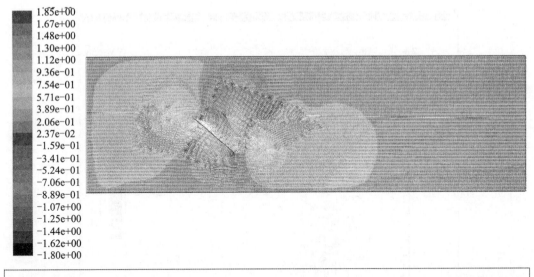

Velocity Vectors Colored By Y Velocity(m/s)

May 19,2009
FLUENT 6.2(2d,segregated,spe,ske)

b. 防飘喷雾

图 4.15　两种喷雾方式下气流的 Y 方向速度矢量

图 4.16 是经过 FLUENT 后处理的两种喷雾方式下气流 Y 方向的速度。

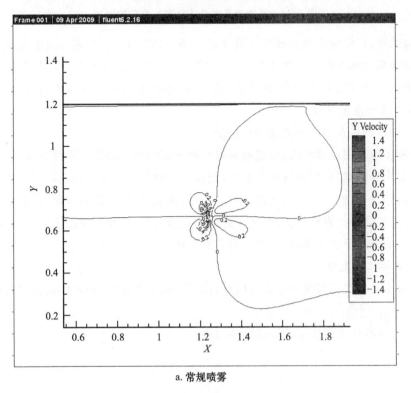

a. 常规喷雾

图 4.16

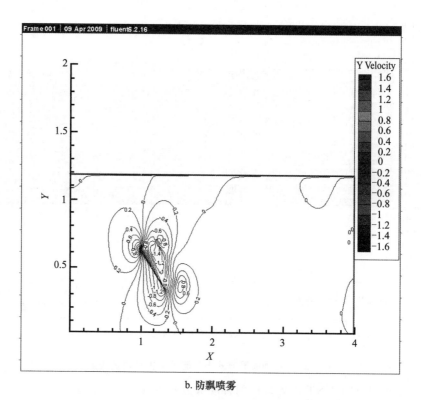

b. 防飘喷雾

图 4.16　两种喷雾方式下气流 Y 方向的速度

（1）常规喷雾时，喷雾流场大部分区域气流 Y 方向速度 V_y 为零，雾滴只能在水平气流的作用下运动，而防飘喷雾机喷雾时气流的 V_y 不为零，且为 V_{-y}，将有利于胁迫雾滴向靶标沉降。

（2）在喷头下方 V_{-y} 明显增大，且高于挡板下方的速度，有利于雾滴快速地向靶标沉降。

4. 流场静压势量图分析

图 4.17 是两种作业方式下流场静压势量。

从流场静压势量图可以看出，常规喷雾时在喷头周围空气静压几乎没有什么变化，对雾滴的运动没有太大的影响；防飘喷雾机作业时，挡板前方空气静压高，在挡板后部存在一低压区，由于挡板的阻挡作用，使前方空气从挡板的上、下边缘绕行，使得挡板底部气流 X 方向上的速度很大，此现象类似空气附壁射流，有利于雾滴的快速沉降，但是由于低压区的存在，使部分小雾滴在压力差的作用下进入涡旋低压区，附着在挡板上。

5. 雾滴运动轨迹图分析

雾滴的运动轨迹在三维流场中进行模拟，模拟区域为 2 m×2 m×4 m，试验参数设置同前面一致。

图 4.18 为两种作业方式下的雾滴运动轨迹。

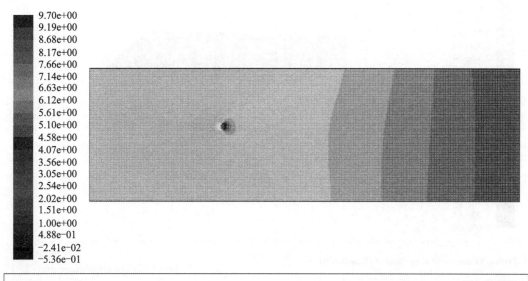

Contours of Static Pressure(pascal)

May 19,2009
FLUENT 6.2(2d,segregated,spe,ske)

a. 常规喷雾

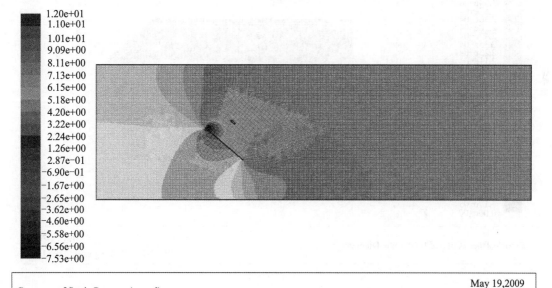

Contours of Static Pressure(pascal)

May 19,2009
FLUENT 6.2(2d,segregated,spe,ske)

b. 防飘喷雾

图 4.17　两种喷雾方式下流场静压势量

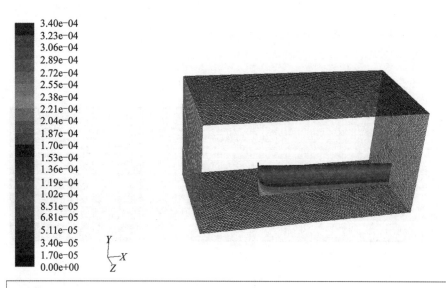

Particle Traces Colored by Particle Diameter(m)

May 04,2009
FLUENT 6.2(3d,segregated,spe,lam)

a. 常规喷雾

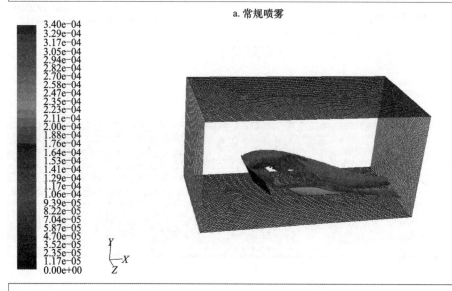

Particle Traces Colored by Particle Diameter(m)

May 04,2009
FLUENT 6.2(3d,segregated,spe,lam)

b. 防飘喷雾

图 4.18   两种喷雾方式下雾滴轨迹

　　如图 4.18 所示,雾滴轨迹图由雾滴直径表征,在模拟区域内,常规喷雾作业方式下,雾滴在水平 X 方向气流下在向靶标区运动,运动轨迹不发生变化,且大雾滴在喷头下方沉积,细小雾滴随风飘失。由于挡板的导流作用,雾滴的运动轨迹发生了变化,经过导流后的气流将雾滴压向地面,胁迫雾滴运动从而增强了雾滴沉降,同时也缩短了雾滴运动的时间,减少了雾滴的挥发,进一步减少了雾滴飘失的潜能。并且从雾滴的运动轨迹看,经挡板导流后的雾滴增加了在冠层中的穿透性,从而能增加在冠层中的沉积量。

4.3　3WFP-350 挡板导流式喷雾机的研制

4.3.1　挡板导流式喷雾机的设计要求

挡板导流式喷雾机作为一种新型防飘喷雾机,同传统大田喷雾机相比,挡板导流式喷雾机应具有独特的符合农艺要求的设计:

(1)由挡板的防飘机理可知,需要在喷头的上风向加装挡板,并由一个平行四边形机构来连接挡板、喷杆和喷头,而其位姿参数直接影响着喷雾机的防飘效果,必须对其进行最优作业参数的确定,以实现最好的防飘效果。

(2)由于挡板导流式喷雾机的挡板要接触作物并要拨开作物冠层,首先挡板的倾角和作业高度即挡板最下边缘在冠层中的深度要保证对作物冠层没有损伤,在保证没有损伤的基础上最大限度地拨开冠层,因此需要对其临界深度进行确定。

(3)由于喷幅为 6 m,为了方便在运输状态下行走,需要设计折叠机构,操作简单方便。

(4)不同时期、不同的作物其冠层特性不同,由于受挡板在冠层中临界深度的限制,需要根据不同的作业情况,调节作业高度。

4.3.2　试验机具的设计

为了避免喷施农药对操作者造成的危害,方便其能看到田间状况和仪表显示情况,选择了手拉式的方案。将机架上固定药箱和泵,在机架的后方有高度调节机构,并由此连接喷雾系统,即由平行四边形机构连接的挡板、喷杆、喷头,该平行四边形可调,由此来变换挡板倾角、喷头释放角,从而满足试验要求。试验机具结构简图如图 4.19,样机如图 4.20。

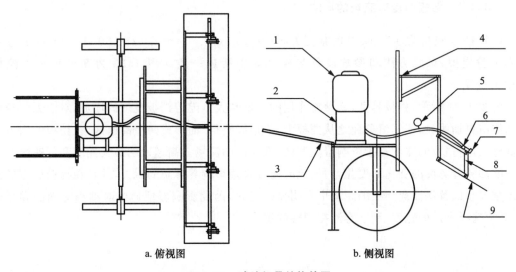

a.俯视图　　　　　　　　　　b.侧视图

图 4.19　试验机具结构简图

1. 药箱　2. 泵　3. 拉杆　4. 高度调节机构　5.压力表和调压阀　6. 喷杆　7. 喷头　8. 平行四边形机构　9. 挡板

图 4.20　试验样机

4.3.3　最优作业参数的确定

由于挡板的宽度、倾角直接影响着挡板的导流作用，而喷头释放角决定了雾滴的运动轨迹以及雾滴在冠层中的穿透与沉积，且与挡板的导流有着交互影响，需要对这 3 个参数进行最优化确定，设计正交试验分别在仿真试验和田间试验中进行。

4.3.3.1　挡板宽度对流场的影响

设定挡板倾角为 45°，取挡板宽度为 20 cm、30 cm、40 cm、50 cm、60 cm 5 个水平进行仿真试验模拟，试验方法和参数设置与 4.2.3 中所述一致。图 4.22 为 5 个水平下流场速度矢量图。

由图 4.21 所示，挡板越宽，其导流作用的区域越大。随着挡板宽度的增加，对前方气流的阻挡作用更加明显，使气流急速地从挡板上、下边缘绕行，而形成两个高速区，在挡板的后方形成低速区，而挡板的宽度直接影响着高速区、低速区的流场。高速区的最大速度和低速区的最低速度都随着宽度的变化而变化，而气流的速度直接影响着雾滴的飘失，并且在挡板后方的涡流区域大小以及涡流离挡板的距离也有明显的变化，因此影响着低速区对细小雾滴的卷吸作用，必须选择合适的宽度，利于雾滴在靶标的沉降。

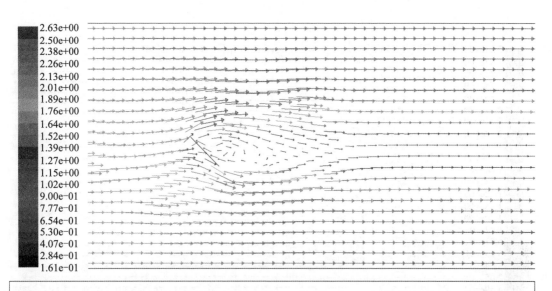

Velocity Vectors Colored By Velocity Magnitude(m/s)

May 11,2009
FLUENT 6.2(2d,segregated,lam)

a. 20 cm

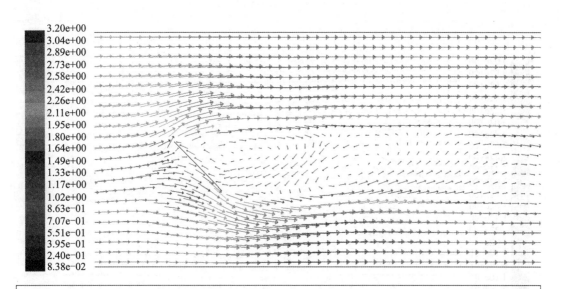

Velocity Vectors Colored By Velocity Magnitude(m/s)

May 11,2009
FLUENT 6.2(2d,segregated,lam)

b. 30 cm

图 4.21

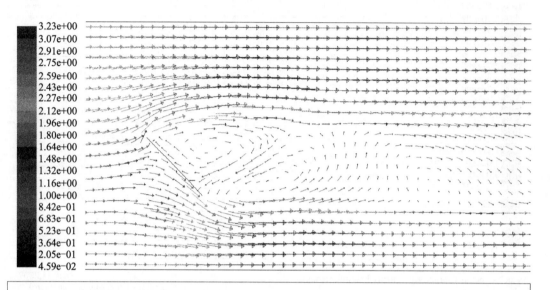

Velocity Vectors Colored By Velocity Magnitude(m/s)

May 11,2009
FLUENT 6.2(2d,segregated,lam)

c.40 cm

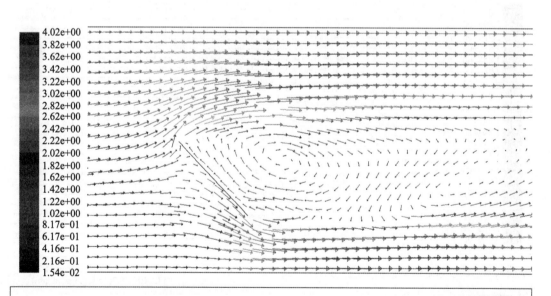

Velocity Vectors Colored By Velocity Magnitude(m/s)

May 11,2009
FLUENT 6.2(2d,segregated,lam)

d. 50 cm

图 4. 21

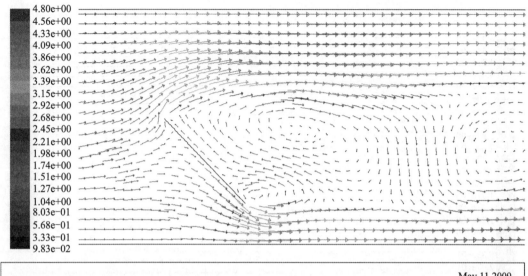

Velocity Vectors Colored By Velocity Magnitude(m/s)

May 11,2009
FLUENT 6.2(2d,segregated,lam)

e. 60 cm

图 4.21 不同挡板宽度下流场速度矢量

4.3.3.2 挡板倾角对流场的影响

设定挡板宽度为 45 cm,取挡板倾角(挡板与竖直方向夹角)为 20°、30°、40°、50°、60° 5 个水平进行仿真试验模拟,试验方法和参数设置见本章 4.2.3。图 4.22 为 5 个水平下流场速度矢量图。

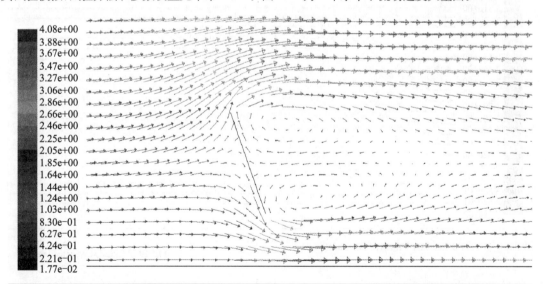

Velocity Vectors Colored By Velocity Magnitude(m/s)

May 11,2009
FLUENT 6.2(2d,segregated,ske)

a. 20°

图 4.22

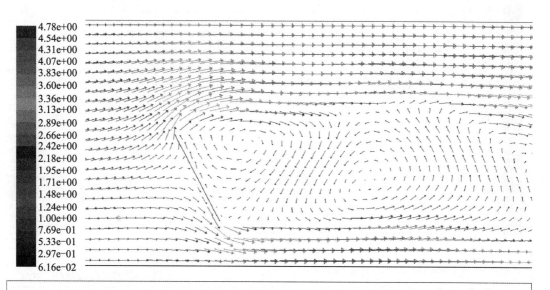

Velocity Vectors Colored By Velocity Magnitude(m/s)

May 11,2009
FLUENT 6.2(2d,segregated,lam)

b. 30°

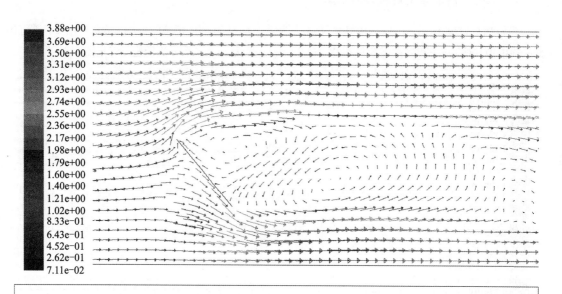

Velocity Vectors Colored By Velocity Magnitude(m/s)

May 11,2009
FLUENT 6.2(2d,segregated,lam)

c. 40°

图 4.22

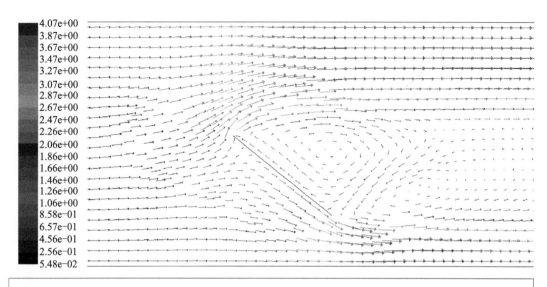

Velocity Vectors Colored By Velocity Magnitude(m/s)

May 11,2009
FLUENT 6.2(2d,segregated,lam)

d. 50°

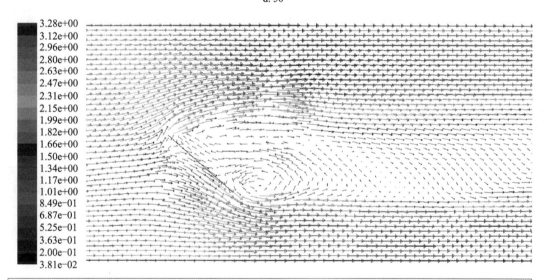

Velocity Vectors Colored By Velocity Magnitude(m/s)

May 11,2009
FLUENT 6.2(2d segregated,lam)

e. 60°

图 4.22　不同挡板倾角下流场速度矢量

由图 4.22 所示可知,当挡板倾角偏小或者偏大时,都会使气流在挡板的后方形成较大的涡流区,使细小的雾滴极易被卷吸到挡板上,不利于雾滴的沉积。倾角的变化也使气流的流速发生明显的增减,对雾滴的飘失有很大的影响。因此,要选择适当的挡板倾角。

4.3.3.3　喷头释放角对雾滴飘失的影响

设定挡板宽度为 45 cm,挡板倾角为 45°,喷头释放角(喷头与竖直方向夹角)取 20°、30°、40°、50°、60° 5 个水平进行仿真试验模拟。以雾滴的飘失率作为评价指标。图 4.23 为不同喷头释放角下雾滴的飘失率。

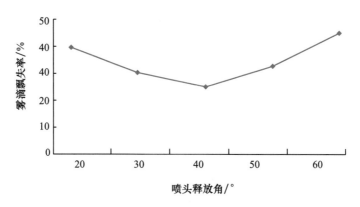

图 4.23　不同喷头释放角下雾滴的飘失率

由图 4.23 可知,喷头释放角对雾滴飘失率影响明显,且随着喷头释放角的增加,雾滴飘失率先降低后增加,因此,需要选择适当的喷头释放角来最大限度地减小雾滴的飘失率。

4.3.3.4　正交试验

影响因素有挡板宽度、挡板倾角和喷头释放角 3 个因素,每个因素取 4 个水平,表 4.2 为试验因素水平。

表 4.2　试验的因素水平

水　　平	因　　素		
	A. 挡板宽度/cm	B. 挡板倾角(°)	C. 喷头释放角(°)
1	40	30	30
2	45	40	40
3	55	50	50
4	60	60	60

采用正交试验分析法,根据正交表把试验设计为 16 组,如表 4.3 中所示。

表 4.3　正交试验数据组

	1	2	3	4	5	6	7	8	9	10	11	12	13	14	15	16
挡板宽度/cm	40	40	40	40	45	45	45	45	55	55	55	55	60	60	60	60
挡板倾角(°)	30	40	50	60	30	40	50	60	30	40	50	60	30	40	50	60
喷头释放角(°)	30	40	50	60	40	30	60	50	50	60	30	40	60	50	40	30

1. 仿真试验

按照表 4.3 中的因素水平设置 16 组试验。以飘失率作为评价指标,试验结果如表 4.4 所示。

表4.4　雾滴飘失率

试验号	A/cm	B(°)	C(°)	飘失率/%
1	40	30	30	33.9
2	40	40	40	30.9
3	40	50	50	28.9
4	40	60	60	27.2
5	45	30	40	32.9
6	45	40	30	34.8
7	45	50	60	26.2
8	45	60	50	20.3
9	55	30	50	31.5
10	55	40	60	30.6
11	55	50	30	29.7
12	55	60	40	31.7
13	60	30	60	46.3
14	60	40	50	35.2
15	60	50	40	33.6
16	60	60	30	43.8

通过计算可以得出最佳的作业组合为 A2、B3、C3，即挡板宽度 45 cm、挡板倾角 50°、喷头释放角 50°。

此为在理想状态且为无冠层条件下进行的试验，为了验证试验结果进行了田间试验。

2. 田间试验

(1)试验准备：调试喷雾装置，喷雾装置制作完成后进行调试，以保证其压力基本稳定，喷头能正常喷雾，并保证机具喷雾过程中不漏液，根据田间作业情况和小麦冠层高度，调节轮距和作业高度。配制 1‰浓度的 BSF 溶液代替药液喷雾。

(2)试验步骤：

①田间气候条件记录：每次田间试验前准确记录当时的风向、风速，温度和相对湿度；

②田间小区的选取：选取小麦高度适中约 50 cm，冠层合适，高低稀疏基本一致，而且适于所制的喷雾机具田间行进的 1.2 m×4 m 的小区进行田间试验；

③布点：在小麦冠层上离地面 30 cm 处均匀分行式布点 15 个，将滤纸夹在小麦叶片上；

④按照表 4.2 正交试验设计的试验组调整机具的作业参数；

⑤喷药：用 0.1‰浓度的 BSF 溶液代替药液喷雾，喷药时行进速度 0.8 m/s，作业压力 0.3 MPa，行进过程保证匀速；

⑥取样：等滤纸干后，将滤纸采集收好，每一片滤纸装在一个自封袋中，标号收好；

⑦重复③～⑥步，进行其他几组数据参数的试验，收集好滤纸。每组试验重复 3 次。用 25 mL蒸馏水把每一组的滤纸进行洗脱，用荧光仪测量荧光值，记录并分析；

⑧在小麦冠层离地面高度为 20 cm、30 cm、40 cm 处作为上、中、下 3 层均匀分行式布点 15 个，将滤纸夹在小麦叶片上；重复⑤～⑦步试验操作。

(3)试验结果与分析：以相同作业条件下 15 个试验点的雾滴沉积总量作为评价指标，试验结果与方差分析如表 4.5、表 4.6 所示。

表 4.5 雾滴沉积量

试验号	A/cm	B(°)	C(°)	相同条件下取样点上的沉积总量/μg			
				1	2	3	平均值
1	40	30	30	13.25	12.28	12.05	12.53
2	40	40	40	14.78	14.38	14.65	14.60
3	40	50	50	14.98	15.70	15.50	15.40
4	40	60	60	15.83	16.83	17.00	16.55
5	45	30	40	13.50	13.20	12.90	13.20
6	45	40	30	12.08	12.45	12.68	12.40
7	45	50	60	18.70	19.68	19.08	19.15
8	45	60	50	21.00	21.80	22.38	21.73
9	55	30	50	13.33	13.53	13.98	13.60
10	55	40	60	13.10	13.53	14.00	13.55
11	55	50	30	13.80	13.93	13.68	13.80
12	55	60	40	12.95	13.25	13.23	13.15
13	60	30	60	9.55	9.13	9.78	9.48
14	60	40	50	11.88	12.33	11.95	12.05
15	60	50	40	12.78	13.28	13.05	13.03
16	60	60	30	8.85	9.38	9.98	9.40

表 4.6 方差分析

方差来源	平方和	自由度	均方和	F 值	显著性
A	200.65	3	66.88	16.8	＊＊
B	86.45	3	28.8	7.2	＊＊
C	89.55	3	29.85	7.5	＊＊
e_1	66.75	3			
e_2	72.34	32			
e	139.09	35	3.974		

通过计算可以得出最佳的作业组合为 A2、B3、C3,即挡板宽度 45 cm、挡板倾角是 50°、喷头释放角是 50°。试验结果与仿真试验一致,且从方差分析表看出,三因素影响显著。

在得到的最佳作业参数的条件下,对雾滴的分布均匀性与常规喷雾进行了比较。试验结果如表 4.7 所示。

表 4.7 变异系数

试验点	冠 层					
	试验机具/μg			常规喷雾/μg		
	上	中	下	上	中	下
1	2.525	1.725	0.85	3.525	0.675	0.200
2	2.425	1.625	0.775	2.425	1.025	0.525
3	2.800	1.675	0.875	2.875	1.125	0.500
4	2.700	1.600	0.800	3.225	0.525	0.475

续表 4.7

试验点	冠 层					
	试验机具/μg			常规喷雾/μg		
	上	中	下	上	中	下
5	3.025	1.700	0.725	3.75	0.475	0.550
6	2.825	1.725	0.825	2.525	1.075	0.300
7	2.650	1.650	0.925	2.625	0.400	0.225
8	3.125	1.725	0.750	3.975	1.000	0.400
9	2.975	1.575	0.700	3.525	0.425	0.325
10	2.725	1.425	0.875	3.35	1.100	0.700
11	3.075	1.475	0.900	2.675	0.475	0.600
12	2.850	1.450	0.775	3.500	0.825	0.325
13	2.475	1.600	0.950	3.825	0.550	0.525
14	2.525	1.725	0.800	3.675	0.950	0.350
15	2.625	1.750	0.775	2.975	0.700	0.375
变异系数 (CV)	7.85%	6.37%	8.71%	15.3%	34.71%	32.43%

从表 4.7 可以看出，在得到的最佳作业参数喷雾下，雾滴在冠层中的沉积量变异系数较常规喷雾小很多，该组合使雾滴在冠层中分布均匀。

通过上述分析，确定了喷雾机挡板最下边缘在冠层中的深度为 0.3 m，即根据作业期冠层高度来确定作业高度，挡板的宽度为 45 cm、挡板倾角为 50°、喷头释放角为 50°，因此确定了挡板导流式喷雾机的喷雾系统参数。

4.3.4 3WFP-350 挡板导流式喷雾机的整体结构设计

挡板导流式喷雾机由机架、液泵、药液箱、管路系统、喷雾系统等主要部分组成，为保证喷雾机在作业过程中稳定，采用拖拉机牵引式作业方式。在对试验机具研究的基础上，将喷幅增加为 6 m，并在运输状态下可将挡板折叠为 2 m 宽，以便于运输。药箱容量为 350 L，配套动力 12 马力以上拖拉机。液泵安装在拖拉机后部，通过侧动力输出轴皮带传输动力。

根据总体设计方案，喷雾机共有 12 个喷头，每个喷头的喷雾量为 0.5~2.48 L/min（0.5 MPa 压力下），总喷雾量为 6~30 L/min。考虑到药箱内药液搅拌的需要，一般搅拌流量为药箱容量的 5%~10%。由于所选的药箱底部为方形，不利于搅拌，因此确定搅拌流量为药箱容积的 10%。药箱容积为 300 L，所需的搅拌流量为 30 L/min。按照上述两部分流量的要求，所需隔膜泵排量是 36~60 L/min，因此选用额定排量为 80 L/min 的双缸活塞式隔膜泵。

连接后部喷雾系统的机架可以整体进行高度调节，根据作业情况调节高度，挡板、喷杆和喷头以平行四边形连接，在试验机具的基础上调节最佳作业参数固定不变。研制的 3WFP-350 挡板导流式喷雾机如图 4.24 所示。

图 4.24　3WFP-350 挡板导流式喷雾机

4.4　挡板导流式喷雾机的防飘性能研究

4.4.1　防飘性能的风洞试验

风洞模拟外界条件,其优越性在于能够方便地控制风速和风向,避免因外界条件的不确定造成评估比较的困难。因此在完成的试验装置以及测定的最佳作业参数的基础上,在较理想状态下,在不同风速下进行了挡板导流式喷雾机的防飘性能的风洞试验,并与常规喷雾进行了比较。

4.4.1.1　试验装置与条件

试验是在中国农业大学药械与施药技术中心的风洞中进行的,其尺寸为 1 m×1 m×3 m(图 4.25)。风洞的进风口有梳风栅引导风向,另一端是一个直径为 0.7 m 的轴流风机,由变频器控制可形成 0～8 m/s 的风速。为了防止雾滴飞溅,在风洞底面上铺盖了人造仿草地毯。由于风洞的密封和紊流等问题,在风洞整个长度上各个点的风速略有不同,需要确定气流稳定的工作区。试验采用 TESTO 环境测试仪对距离进风口 35 cm、85 cm、135 cm、185 cm、235 cm 处的截面上均匀设置 9 个测试点,利用支架固定探头并移动位置,在 2 m/s、4 m/s、6 m/s、8 m/s 风速下进行测量,设置间隔 10 s 读取 20 次数据,取平均值,试验结果如图 4.26 所示。

如图 4.27 所示,在 4 种风速条件下,在距进风口 35 cm 处的截面上,由于风机产生的流场不稳定,风速在该截面上的波动比较大,随着距进风口长度的增加,风速会略微减小,在 85 cm 的截面处尤为明显,在之后的 135 cm、185 cm、235 cm 处风速趋于稳定,所以选择距离进风口 100～250 cm 为风洞试验工作区。

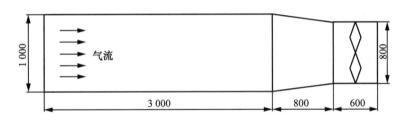

图 4.25 风洞尺寸(单位:mm)

a. TESTO环境测试仪   b. 探头的布置   c. 测试点的布置

图 4.26 测试仪器及测试点的布置

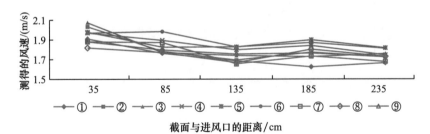

a. 2 m/s风速下

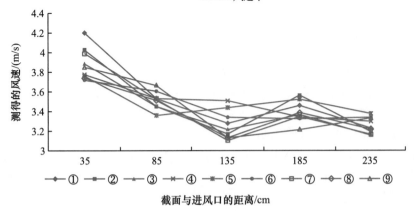

b. 4 m/s风速下

图 4.27

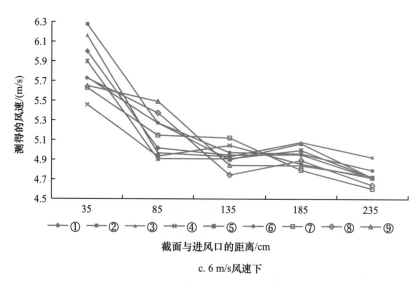

c. 6 m/s风速下

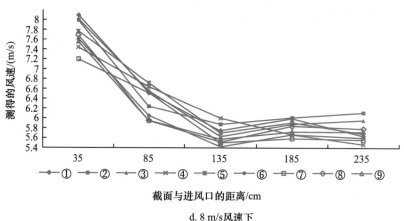

d. 8 m/s风速下

图 4.27　4 种风速下不同截面处 9 个测试点测得的风速

4.4.1.2　试验方法

在距进风口 1 m 处安装试验装置,喷头离地面高度为 0.5 m,在喷头和挡板的后方设置环境测试仪,用 3 个探头同时测量风速,以此调节试验所需的风速,并记录环境条件。在距喷头下风向 1.5 m 处悬挂球形雾滴收集器,布置 4 层,分别距地面高度为 0.2 m、0.4 m、0.6 m、0.8 m,每个尼龙球间隔 0.2 m(图 4.28)。在 2 m/s、4 m/s 风速下,用 LechlorST110-015 和 ST110-03 喷头,工作压力为 0.3 MPa,用 0.1%BSF 荧光水溶液代替农药进行喷雾试验。开动风机,运转 2 min,待风洞内的风速稳定后,喷雾 30 s,1 min 后关闭风机,收集雾滴收集器,分别装自封袋并标记,每组试验重复 3 次。把雾滴收集器用含 3%酒精的蒸馏水洗脱,振荡,用 LS-2 型荧光仪测定洗脱溶液的荧光值浓度,记录数据。

环境条件为:温度 14~16℃,相对湿度 35%~40%。

图 4.28 风洞试验布置

4.4.1.3 试验结果与分析

如图 4.29，a、b 中可以看出，在常规作业风速 2 m/s 时，使用两种喷头在两种作业方式下都是在距地面高度 60 cm、80 cm 处的雾滴收集器收集的雾滴量较少，而且使用防飘喷雾机的要略小于常规喷雾机，而且小雾滴相对于大雾滴飘失量要多。在距地面高度 20 cm、40 cm 处收集的雾滴量明显增多，可见雾滴的在喷头下风向 1.5 m 内的运动轨迹集中于距地面 40 cm 左右的范围内，雾滴的飘失也集中在此范围内，防飘喷雾机的挡板改变了雾滴的运动轨迹，使其利于在此范围内沉积，所以收集的雾滴飘失量要小于常规喷雾机。

在图 4.29c、d 两图中，在喷雾作业极限风速 4 m/s 时，从收集的雾滴飘失量来看，其规律和 2 m/s 时的一致，但是飘失量明显增加，尤其是小雾滴的易飘失性受风速影响更大。

综上所述，在不同风速、不同类型喷头条件下，不同高度收集的雾滴飘失量都是防飘喷雾机小于常规喷雾机，可见在风洞模拟的理想作业条件下，挡板的导流作用明显。

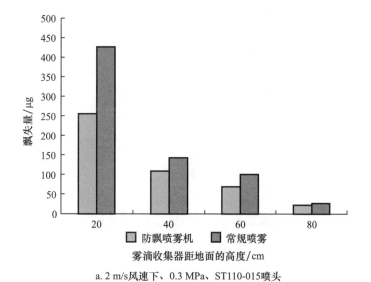

a. 2 m/s 风速下、0.3 MPa、ST110-015 喷头

图 4.29

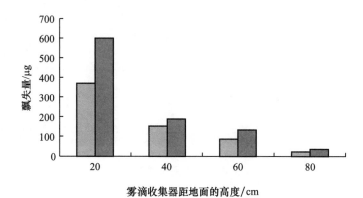

b. 2 m/s风速下、0.3 MPa、ST110-03喷头

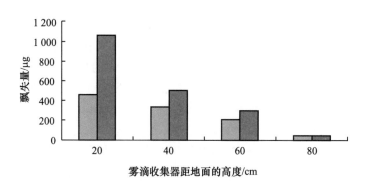

c. 4 m/s风速下、0.3 MPa、ST110-015喷头

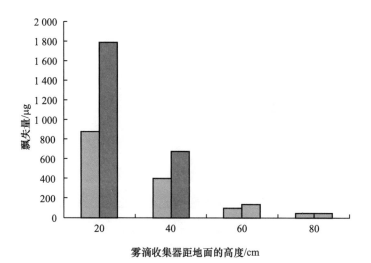

d. 4 m/s风速下、0.3 MPa、ST110-03喷头

图 4.29 不同风速和喷头条件下飘失量对比

4.4.2　防飘性能的田间试验

由于风洞试验是在较理想状态下完成的,并不能足够表明大田实际作业中,侧向风与作物冠层对雾滴沉积、飘失的影响,因此有必要针对完成的样机进行大田试验。本试验选择小麦作为喷雾靶标,由于小麦于 4 月初的起身期要喷施除草剂以及 5 月初的抽穗期喷施杀虫剂,所以选择这两个时期在小麦田进行大田试验。在试验中,防飘喷雾机的挡板宽度、挡板倾角和喷头释放角按照最佳工作参数设置,通过比较防飘喷雾机与常规喷雾作业下的沉积量以及侧下风向的飘失量来测试该喷雾机的防飘性能,并使用 ST110-015 喷头和 ST110-03 喷头分别进行了对比试验。并在收获小麦免耕播种玉米后,对使用该喷雾机喷施封土除草剂的防治效果进行了对比试验。全部试验均在中国农业大学东北旺试验田完成。

4.4.2.1　冬小麦起身期的田间试验

1. 试验条件

环境条件:温度为 13～16℃,相对湿度为 21%～27%,平均风速为 2 m/s。

作业条件:工作压力为 0.3 MPa,拖拉机行驶速度为 1.25 m/s。

田间试验条件:小麦株高 20 cm,叶面积指数为 0.77,试验田面积足够,随机选取其中一块生长良好、株距均匀、行列整齐、适宜喷雾机作业的小区作为试验小区。

2. 试验材料及设备

试验材料:用来代替药液的是 1 g/L 的 BSF 荧光水溶液。

试验设备:TESTO 环境测试仪,1 cm×5 cm 滤纸片,尼龙球,大头针,曲别针,天平,量杯,水桶,自封袋,记号笔等。

3. 试验准备

配制溶液:配制 150 L 1 g/L 的 BSF 荧光水溶液(绝对误差≤1%)。

准备滤纸:用剪刀自制 1 cm×5 cm 滤纸片。

调试喷雾装置:喷雾机进入大田前,先进行前期调试工作,确认动力部分的拖拉机状况良好,保证喷头端的压力输出稳定,各个喷头能正常喷雾,没有阻塞、滴漏等现象。

4. 测定沉积量的步骤

(1)布点:根据小麦的生长情况,决定在小麦离地表 10 cm 处布点。选取 3 m×3 m 的小麦地块,以 4 m×4 m 的方式均匀布下 16 个点,每个点上都在指定位置用大头针将滤纸片固定于小麦叶片表面,并且尽量保证滤纸片在叶片的上方。

(2)喷药:喷药前换上 ST110-015 喷头。用 1 g/L 的 BSF 荧光水溶液代替药液喷雾,喷药时行进速度 1.25 m/s,工作压力为 0.3 MPa,行进过程中尽量保持匀速。

(3)取样:喷药完成后,等待滤纸片干燥后回收,每片滤纸片单独装入自封袋中,标记,备用。

(4)重复以上步骤 3 次,收集好滤纸并记录。

(5)将 ST110-015 喷头更换为 ST110-03 喷头,重复步骤(1)～(3)3 次。

(6)拆掉喷雾机挡板,并且将喷头释放角调整为垂直于地面,模拟常规喷雾机的情况下,重复步骤(1)~(5),作为 2 种喷头各自的对照组数据来记录。

(7)将收集到的滤纸片灌入 25 mL 蒸馏水(含有少量酒精),充分振荡,用荧光分析仪分析 BSF 含量。

5. 测定飘失量的步骤

(1)布点:根据喷雾机工作时的风向,在离喷杆末端喷头侧下风向 2 m 处布置接收飘失的尼龙球,在与地面垂直的平面上布长 3 m、高 2 m 的尼龙球阵列,分别于 50 cm、100 cm、150 cm、200 cm 处布置 4 层,每层 7 个尼龙球,并且保持层与层之间的尼龙球位置相同。

(2)喷药:喷药前换上 ST110-015 喷头。用 1 g/L 的 BSF 荧光水溶液代替药液喷雾,工作压力为 0.3 MPa,喷雾机静止作业 1 min。

(3)取样:喷药完成后,稍等片刻收集尼龙球,每个尼龙球单独装入自封袋中,标记。

(4)重复以上步骤 3 次,收集好尼龙球并记录。

(5)将 ST110-015 喷头更换为 ST110-03 喷头,重复步骤(3)~(5)3 次。

(6)拆掉喷雾机挡板,并且将喷头释放角调整为垂直于地面,模拟常规喷雾机的情况下,重复步骤(1)~(5),作为 2 种喷头各自的对照组数据来记录。

(7)将收集到的尼龙球灌入 25 mL 蒸馏水(含有少量酒精),充分振荡,用荧光分析仪分析 BSF 含量。

6. 试验结果

从图 4.30 中可知:当使用 ST110-015 喷头时,用防飘喷雾机作业比常规喷雾药液沉积总量增加了 35.1%;使用 ST110-03 喷头时,防飘喷雾机作业比常规喷雾药液沉积总量增加了 24.37%。当使用小号喷头时,防飘喷雾机的沉积增量更加明显。

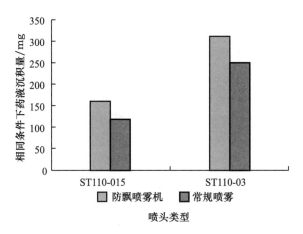

图 4.30　冬小麦起身期沉积性能试验结果

从图 4.31 中可知:当使用 ST110-015 喷头时,用防飘喷雾机作业比常规喷雾药液飘失量减少了 36.1%;使用 ST110-03 喷头时,防飘喷雾机作业比常规喷雾药液飘失量减少了 26.51%。依然表明,使用小号喷头的时候,防飘喷雾机的防飘性能更强。

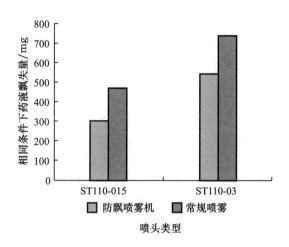

图 4.31　冬小麦起身期防飘失性能试验结果

4.4.2.2　冬小麦抽穗期的田间试验

1. 试验条件

环境条件:温度为 18～21℃,相对湿度为 33%～42%,平均风速为 2 m/s。

作业条件:工作压力为 0.3 MPa,拖拉机行驶速度为 1.25 m/s。

田间试验条件:小麦株高 60 cm,叶面积指数为 3.46,试验田面积足够,随机选取其中一块生长良好、株距均匀、行列整齐、适宜喷雾机作业的小区作为试验小区。

2. 试验材料与设备

试验中所使用材料与设备与 4.4.2.1 中所述相同。

3. 测定沉积量的步骤

(1)布点:根据小麦的生长情况,决定在小麦植株的 15 cm、30 cm、45 cm 处以及选取 2 m×2 m 的小麦地块,以 3 m×6 m 的方式均匀布下 18 个点,每个点上都在指定位置用大头针将滤纸片固定于小麦叶片表面,并且尽量保证滤纸片在叶片的上方。

(2)～(7)与 4.4.2.1 中所述相同。

4. 测定飘失量的步骤

(1)布点:根据喷雾机工作时的风向,在离喷杆末端喷头侧下风向 2 m 处布置接收飘失的尼龙球,在与地面垂直的平面上布长 3 m,高 2 m 的尼龙球阵列,分别于 60 cm、120 cm、180 cm 处布置 3 层,每层 7 个尼龙球,并且保持层与层之间的尼龙球位置相同。

(2)～(7)与 4.4.2.1 中所述相同。

5. 试验结果

从表 4.8 与表 4.9 的比较中可知:不管使用 ST110-015 喷头还是 ST110-03 喷头,都会导致小麦冠层上层沉积量比常规喷雾有所减少。但是都大大地增加了中、下层的药液沉积量,尤以下层的沉积量增加得最多。从整体上看,无论哪种喷头,在防飘喷雾机作业下对小麦冠层的药液沉积的增加都比较明显。

表 4.8　冬小麦抽穗期 ST110-015 喷头在不同作业方式下的沉积量比较　　　μg

作业方式	上	中	下	地	总量
防飘喷雾机	280.1	211.375	138.525	43.375	673.375
常规喷雾	316.9	109.55	63.375	26.375	516.2
增加百分比	−11.62%	92.95%	118.58%	64.45%	30.45%

表 4.9　冬小麦抽穗期 ST110-03 喷头在不同作业方式下的沉积量比较　　　μg

作业方式	上	中	下	地	总量
防飘喷雾机	381.925	292.3	204.525	68.325	947.075
常规喷雾	406.9	173.425	115.425	47.8	743.55
增加百分比	−6.14%	68.55%	77.19%	42.94%	27.37%

从图 4.32 中可知:当使用 ST110-015 喷头时,用防飘喷雾机作业比常规喷雾药液飘失量减少了 44.66%;使用 ST110-03 喷头时,防飘喷雾机作业比常规喷雾药液飘失量减少了 31.72%。证明了防飘喷雾机与常规喷雾机相比其防飘失性能有很大的提高。

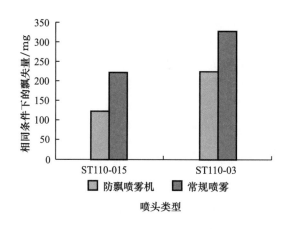

图 4.32　冬小麦抽穗期防飘失性能试验结果

4.4.3　喷施除草剂药效对比试验

由于风洞试验和田间试验都是用 BSF 荧光水溶液代替农药喷施作业,其沉积飘失结果从客观上并不能完全表明其防治效果,因此有必要进行在防飘喷雾机和常规喷雾两种作业方式下喷施药液药效对比的田间试验。本试验在中国农业大学东北旺试验田进行,选择了收获小麦免耕播种玉米大田作为靶标区,喷施苗前封土除草剂。

4.4.3.1　试验条件与方法

在试验田选择 3 块 200 m×50 m 的小区,分别作为空白对照区、防飘喷雾机作业区、常规喷雾作业区。作业条件:风速为 1.2～1.8 m/s、温度为 24～25℃、相对湿度为 79%～83%、麦茬高为 30～40 cm、作业压力为 0.3 MPa。使用 7.5 L/hm² 的草甘膦、3 L/hm² 的去莠津、2.1 L/hm² 的乙草胺,在两种作业方式下进行常量喷雾。施药后在小区对角线随机取 5 点,每点在 0.25 m² 内取样。在施药后 7 d、14 d、30 d 进行观察,记录其杂草种类和株数后,全部拔除称取地上部鲜重,计算株数防效和鲜重防效。计算公式如下:

株数防除效果＝(对照区杂草株数－处理区杂草株数)/对照区杂草株数×100％

鲜重防除效果＝(对照区杂草鲜重－处理区杂草鲜重)/对照区杂草鲜重×100％

4.4.3.2　试验结果与分析

试验区的杂草种类主要有:小旋花、马齿苋、落藜、苘麻、葎草。其 7 d、14 d、30 d 的株数防效和鲜重防效如表 4.10 所示。

表 4.10　两种作业方式下的除草剂株数防效、鲜重防效　　　　　　　　　　　　　　％

日期/d	常规喷雾		防飘喷雾机	
	株数防效	鲜重防效	株数防效	鲜重防效
7	79.7	17.1	87.9	99.8
14	22.2	78.4	92.2	99.8
30	13.6	72.7	96.9	97.5

从表 4.10 可以看出,在施药 7 d 后,由于时间较短,两种作业方式的株数防效相差不大,分别达到了 79.7％、87.9％,鲜重防效相差明显,分别为 17.1％、99.8％;在作业 14 d、30 d 后,两种作业方式的株数防效和鲜重防效有明显的差异,表明防飘喷雾机减少了麦茬对雾滴的拦截,增强了雾滴的穿透性,到达地面的药液量较多,使其抑制杂草出苗的效果明显。

4.5　结　　论

鉴于当前植保作业重要性和存在的问题,提高喷施农药的有效利用率是迫在眉睫的重要任务,也是未来植保机械发展的主要方向之一。针对我国目前常用的大田喷杆喷雾机在施药过程中农药飘失严重、雾滴在冠层中的穿透性较差、雾滴分布不均匀等存在的问题,借鉴国内外在对罩盖防飘喷雾技术的研究基础上对挡板导流式喷雾机进行了研究。主要研究结论总结如下:

(1)通过对雾滴不同粒径的分布、运动特性、气流流场对雾滴运动的影响的分析,确定了雾流中易飘失区域为:雾流末端、喷雾扇面横向边缘、喷雾扇面迎风面外边缘,为导流挡板的设计提供了理论依据。通过对冠层结构和雾滴在冠层中的分布规律的分析,得出了冠层上部对雾滴的拦截作用明显,从而需要利用挡板来减少冠层上部对雾滴的拦截,使雾滴更好地在冠层中穿透,来增加雾滴在冠层中的沉积量,从而减少飘失。

(2)在对影响雾滴飘失的因素分析的基础上,提出了在喷头的上风向处安装倾斜的挡板来实现其导流的作用,通过仿真模拟试验验证了该方案,试验结果表明挡板改变雾滴的运动轨迹和气流流场,使流场对易飘失区的雾滴导流作用明显,有利于雾滴快速地在靶标区沉降,从而有效地减少飘失,另一方面,挡板可以减少冠层上部对雾滴的拦截。

（3）成功研制了3WFP-350挡板导流式防飘喷雾机,通过茎秆力学模型确定了挡板在小麦冠层中的最大深度为0.3 m,以保证在不损伤作物冠层的前提下最大限度地拨开冠层,使雾滴有最好的穿透性和沉积均匀性。分析了喷雾机结构参数挡板宽度、挡板倾角和喷头释放角对流场及雾滴飘失的影响,并通过仿真试验和田间试验确定了喷雾机的最佳结构参数,即挡板宽度为45 cm、挡板倾角为50°、喷头释放角为50°。在试验机具的基础上完成了喷幅为6 m的挡板导流式喷雾机的研制,确定了其技术参数,实现了运输状态时喷杆的折叠,作业高度的调节。

（4）通过对防飘喷雾机和常规喷雾两种作业方式的风洞试验、田间试验、喷施除草剂的药效田间试验的对比,评价了挡板导流式喷雾机的防飘性能。试验结果表明：

①在理想状态下的风洞试验中,在风速为2 m/s、4 m/s时,使用小雾滴的ST110-015喷头和常用的ST110-03喷头作业,在喷头下风向1.5 m处收集的雾滴飘失量均为防飘喷雾机明显少于常规喷雾。

②小麦起身期田间试验表明：当使用ST110-015喷头时,用防飘喷雾机作业比常规喷雾药液沉积总量增加了35.1%,飘失量减少了36.1%;使用ST110-03喷头时,防飘喷雾机作业比常规喷雾药液沉积总量增加了24.37%,飘失量减少了26.51%。

③小麦抽穗期田间试验表明：不管使用ST110-015喷头还是ST110-03喷头,都会导致小麦冠层上层沉积量比常规喷雾有所减少,但是都大大地增加了中、下层药液沉积量,其中尤以下层的沉积量增加得最多。当使用ST110-015喷头时,用防飘喷雾机作业比常规喷雾药液沉积总量增加了30.45%,飘失量减少了44.66%;使用ST110-03喷头时,防飘喷雾机作业比常规喷雾药液沉积总量增加了27.37%,飘失量减少了31.72%。

与起身期试验相比,飘失量明显减少,可见冠层上部对雾滴的拦截作用明显。

④喷施除草剂药效田间试验结果表明：在施药7 d后,两种作业方式的株数防效相差不大,分别达到了79.7%、87.9%,鲜重防效相差明显,分别为17.1%、99.8%;在作业14 d、30 d后,两种作业方式的株数防效和鲜重防效有明显的差异,表明防飘喷雾机减少了麦茬对雾滴的拦截,增强了雾滴的穿透性,到达地面的药液量较多,使其封土抑制杂草出苗的效果明显。

4.6 致　谢

感谢国家"十一五"科技支撑计划项目"保护性耕作条件下病虫草害防治关键技术研究"（项目编号：2006BAD15B0301）对本研究的资助！同时,特向对上述项目做出贡献的所有参加人员表示由衷的感谢！

参 考 文 献

姜国强,李炜,陶建华. 动水环境中有限宽窄缝淌射流的水利特性研究. 水利学报,2004（12）：51-61.

姜国强,李炜.横流中有限宽窄缝射流的旋涡结构.水利学报,2004(5):52-57,63.

林福学,张广兴,张超,等.3种除草剂防除玉米田杂草药效试验.甘肃农业科技,2006(3):23-24.

刘秀娟,周宏平,郑加强.农药雾滴飘移控制技术研究进展.农业工程学报,2005,21(1):186-190.

潘文全.工程流体力学.北京:清华大学出版社出版,1993.

庞福德,刘亚光.东北地区主要玉米田除草剂的药效试验.农药,2007,46(4):274-275.

商庆清.利用风洞研究树冠中雾滴沉积和穿透机理:[硕士学位论文],南京:南京林业大学,2002.

宋坚利."Ⅱ"型循环喷雾机药液回收与飘失研究.中国农业大学博士学位论文.北京:2007.

谭昌伟,王纪华,黄文江,等.不同氮素水平夏玉米冠层光辐射特征的研究.南京农业大学学报,2005,28(2):12-16.

陶雷,何雄奎,曾爱军.开口双圆弧罩盖减少雾滴飘失效果的CFD模拟.农业机械学报,2005,36(1):35-37.

陶雷.弧型罩盖减少药液雾滴飘失的理论与试验研究.中国农业大学硕士学位论文.北京:2004.

王福军.计算流体动力学分析.北京:清华大学出版社,2004.

王欣.导流板减少农药飘失效果的研究.中国农业大学硕士学位论文,北京:1996.

吴子牛.计算流体力学基本原理.北京:科学出版社,2001.

杨雪玲.双圆弧罩盖减少雾滴飘失的机理与试验研究.中国农业大学硕士学位论文.北京:2005.

曾爱军.减少农药雾滴飘移的技术研究.中国农业大学博士学位论文,北京:2005.

周艳.棉田用气流辅助喷杆式喷雾机的设计与研究.中国农业大学硕士学位论文,北京:2006.

Horst Gohlich, Assessment of spray drift in sloping vineyards. Crop Protection (1983) 2(1), 37-49.

Miller D. R., Stoughton T. E *et al*. Atmospheric stability effects on pesticide drift from an irrigated orchard, Transactions of the ASAE 2000, 43(5): 1057-1066.

Verhagen A M. Plant production in relmion to foliage illumination. Annals of Botany, 1983, 27:627-640.

Combellack J. H. Loss of herbicides from ground sprayers. Weed Research. 1982, 22:193-204.

Franz E., L. F. Bouse, J. B. Carlton *et al*. Aerial spray deposit relations with plant canopy and weather parameters. Transactions of the ASAE 1998, 41(4): 959-966.

Hewitt A. J. Spray drift: impact of requirements to protect the environment, Crop Protection 2000, 19: 623-627.

Hoffmann W. C., M. Salyani. Spray deposition on citrus canopies under different meteorological conditions. Transactions of the ASAE 1996, 39(1): 17-22.

Murphy S. D *et al*. The effect of boom section and nozzle configuration on the risk of spray drift，J. agric. Engng Res. (2000)75，127-137.

Robert Wolf. Strategies to reduce spray drift. Engineering and Technology，1997 (6)：1-4.

Salyani M.，Cromwell R. P. Spray Drift from Ground and Aerial Applications. Transactions of the ASAE 1992,35(4)：1113-1120.

第5章

小区喷雾技术与机具

胡　成　何雄奎　宋坚利　张　京

5.1　引　言

5.1.1　研究背景及意义

目前,全世界化学防治病、虫、草害仍然具有不可替代的地位。但是农药的大量使用必然对环境产生影响,欧美等发达国家依靠先进的科学技术,农药的使用量较20世纪80年代减少了50%以上。出现了低容量喷雾(LV)、超低容量喷雾(ULV)、可控滴喷雾(CDA)、循环喷雾(RS)、防飘喷雾(AS)等一系列新技术、新机具,施药量大大降低,农药的利用效率和工效大幅度提高。

农药登记田间试验包括药效、残留和环境生态部分的试验,国家规定:田间试验应向农业部农药检定所提出申请,经批准后由农业部认证单位承担,试验应按相关试验准则进行。其中的药效试验要求如下:用于杀虫、杀菌作用的,要求在中国4个以上自然条件或耕作制度不同的地区、2年以上的田间小区药效试验报告;用于除草、植物生长调节作用的,要求在中国5个以上自然条件或耕作制度不同的地区、2年以上的田间小区药效试验报告。局部地区种植的作物(包括特种蔬菜、中草药材和特种用途的经济作物及热带作物等)如亚麻、甜菜、油葵、人参、橡胶、荔枝、龙眼、香蕉、芒果及某些特种花卉等可提供2年3地或2年2地的田间小区药效试验报告。

农药登记试验的准确性和科学性,是做好农药登记管理工作的重要保证。目前我国负责农药登记药效试验的单位尚不完全具备标准的专用试验机具,主要还是使用针对大田喷雾的机具,这样的登记试验是非标准的,其结果必然导致结果的准确性与科学性难以得到保证。农药登记试验专用小区喷雾机需要精确、均匀地将定量药液喷施到小区中,消除了因施药机具造成的农药不均匀沉积,而产生的药效结果中的系统误差,提高农药药效试验准确率。

小区喷雾机农艺要求具有大田喷雾机所不具有的特殊性。具体而言有以下 3 个特点:①在每个小区上要喷施定量的农药,施药量首先确定且需要精确;②需要实现均匀分布,这样才能对不同农药的药效做科学的对比;③喷雾过程中需要保证喷施操作人员行走的速度均匀,常规条件下,喷雾速度很难保证均匀稳定。

为了实现农药登记试验的科学性与准确性,本论文研制农药登记试验的专用施药机械,并利用单片机技术开发出保证喷雾准确性的小区喷雾机作业速度计算系统,最后对小区喷雾机和工农-16 型手动喷雾器的流量、沉积做对比实验,评价其性能的优劣。

5.1.2 国内研究现状

目前,国内适合于小区喷雾试验的植保机具以小型背负式喷雾器为主,根据动力不同可以分为:手动背负式喷雾器、电动背负式喷雾器、机动背负式喷雾器。

5.1.2.1 **手动背负式喷雾器**

手动背负式喷雾器结构简单,操作方便,此类手动喷雾器种类较多,但构造和工作原理基本相似。

工农-7 型压缩式喷雾器原理如图 5.1 所示。

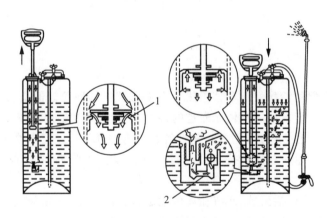

图 5.1 工农-7 型压缩式喷雾器工作原理
1. 皮碗 2. 出气阀

工作原理:塞杆在唧筒内上下往复运动,将气体通过单向阀压入药罐中,当药罐中的空气达到一定压力,打开开关,药罐中的药液在压力的作用下通过喷杆、喷头然后雾化喷出。

工农-16 型手动喷雾器构造如图 5.2 所示。工作原理:当摇动摇杆时,连杆带动塞杆和皮碗,在唧筒内作上下运动,当塞杆和皮碗上行时,出水阀关闭,唧筒内皮碗下方的容积增大,形成真空,药液在大气压力作用下,冲开进水球阀,进入唧筒中。

当摇杆带动塞杆和皮碗下行时,进水阀被关闭,唧筒皮碗下容积减小,压力增大,药液冲开出水球阀,进入空气室。塞杆带动皮碗上下运动,空气室内的压力增加,这时打开开关,空气室中的药液在压力作用下,通过喷杆,经圆锥雾喷头喷出。

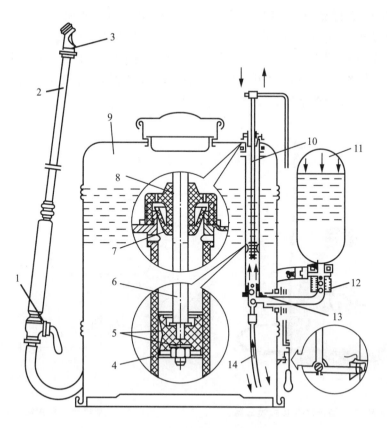

图5.2 工农-16型喷雾器工作原理

1. 开关 2. 喷杆 3. 喷头 4. 固定螺母 5. 皮碗 6. 塞杆 7. 垫圈
8. 泵盖 9. 药液箱 10. 泵筒 11. 空气室 12. 出水阀 13. 进水阀 14. 吸水管

由于这种喷雾机的空气室在药箱外面,容易出现由于空气室内压力过大而产生"跑冒滴漏"的现象。所以,现在市场上的3W-16型手动喷雾机,空气室都安置在药箱内部。而且采用全塑料,不仅从根本上解决了药械的防腐问题,而且减轻了重量。比如现在市场上,江阴产MB-16A1型手动喷雾机,如图5.3所示。产品型号:MB-16A1型;重量:3.1 kg;容积:16 L;工作压力:0.2～0.3 MPa;外形尺寸:400 mm×150 mm×600 mm;材料:增强PP料。

上述几种机具,随着喷雾的进行,空气室中的压力逐渐变小,从而使喷头喷量变小,因为手动施压,这样使喷雾过程中压力脉动较大,所以很难实现均匀稳压喷雾。

5.1.2.2 小型电动背负式喷雾器

小型电动背负式喷雾器如图5.4所示。其工作部件主要包括充电电池、小型电动机、液泵、出水管、截止阀和喷杆。辅助部

图5.3 MB-16A1型手动喷雾器

111

件包括充电器、药箱、过滤器、背带等。图 5.4 所示为临沂亿利达集团产型号为 LRW-12 小型电动背负式喷雾器,药箱容积:12 L,净重:6.3 kg,充电电源:220 V,充电时间:13 h。该产品实现了电动代替机动,减少了汽油机在工作时的排放污染和噪声,且振动小。小型电动背负式喷雾器工作原理如图 5.5 所示。本机因液泵吸、排液的脉动性,也不能实现均匀喷雾作业。此外,这种喷雾器大多使用单组喷头,不能实现均匀喷雾。

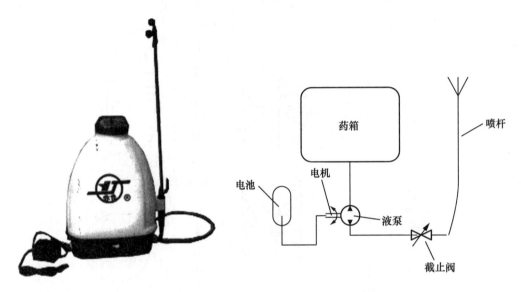

图 5.4 LRW-12 小型电动背负式喷雾器   图 5.5 小型电动背负式喷雾器

5.1.2.3 小型机动背负式喷雾器

小型机动背负式喷雾器如图 5.6 所示,以二冲程型汽油机为动力,与液泵通过联轴器连接,由于这种液泵的体积较小,小汽油机和液泵连接非常紧凑,液泵以活塞泵和柱塞泵为主。其液体的喷雾压力与汽油机的功率、泵的密封性及泵的强度有关。活塞式和柱塞式液泵输出压力高,活塞泵和柱塞泵由于容积的变化具有脉动,在泵的出口安置空气室,可以减轻出流脉动。

背负式喷雾器由于受作业者背负重量承受能力的限制,其药箱容积一般在 10~20 L,中国农业大学药械与施药技术研究中心发明的机动背负式喷杆喷雾器如图 5.7 所示。该喷雾机的喷射部分改进了传统机动背负式喷雾器的单个喷头,使用小喷杆固定 4 个喷头,喷头之间用软管连接。这种机动喷杆式喷雾器提高了农药沉积的均匀性,首次实现了全面均匀的喷雾,同时也提高了作业效率。但是也存在一定的问题:如活塞式和柱塞式液泵输出药液压力高,稳压和调压装置难以控制喷雾压力,过压容易造成调压阀处滴漏现象。作业时喷头在操作人员前方,人的走动会扰动靶标,干扰实验,降低药效实验的准确性,也不适合于农药登记试验。

通过上述分析,总结我国的小区喷雾机发展情况,以小型背负式喷雾器占主要地位,国产喷雾器存在的问题是加工质量不高,密封条件差,喷雾过程中"跑冒滴漏"现象十分普遍;不能实现均匀稳压喷雾作业。总之,我国需要研制更高水平的小区专用喷雾器。

图 5.6 机动背负式喷雾器

图 5.7 背负式机动小喷杆喷雾器

5.1.3 国外研究现状

当今欧美国家的植保机械水平世界领先,用于大田生产作业的植保机械主要以大型喷雾机为主,有 3 种大型喷雾机:自走式喷杆喷雾机、牵引式喷杆喷雾机、悬挂式喷杆喷雾机。如德国的 AMAZONE 公司生产的 UF 液压悬挂打药机,其药箱容量 600～1 200 L、喷幅 12～28 m。AMAZONE 打药机的喷杆采用飞机机翼的仿形设计,重量轻,强度大。12～15 m 的喷杆可以通过人工折叠,15～28 m 的喷杆通过液压折叠,折叠后的喷杆运输方便。该公司 UX 牵引式打药机的药箱达到 3 200 L、4 200 L、5 200 L,工作宽度 18～36 m。这种大型的喷杆喷雾机只能在大田作业,不能用于农药登记的小区喷雾。

在国外,背负式小区喷雾机主要分为手动和电动两种。其中电动喷雾机如图 5.8 所示,其原理与国产小型电动背负式喷雾器一样,但在喷杆上安置了稳压、调压装置。由于国外喷头的型号和种类很多,做到了标准化,对于每个喷头的使用参数都有具体的规定,因此大大提高了喷雾质量,减少了农药的浪费和对环境的污染。

英国 LURMARK 公司研制的一种 16 L 背负式手动喷雾器,与传统手动喷雾器不同的是安置了恒压阀,简化了操作要求,提高了喷雾质量。传统的手动喷雾器为了保证喷雾质量,必须保证:①一定的喷幅和喷嘴高度;②匀速喷雾速度;③稳定的喷雾压力。安装恒压阀以后,其喷雾压力就可以自动保持恒定,而无须人工控制,这种恒压阀根据使用喷嘴的不同有 3 种型号。

图 5.8 电动喷杆喷雾机

目前欧美发达国家用于农药登记试验的小区喷雾机已经实现专业化。

美国 J. M. KRALL1984 年研究了小区喷雾机,该学者将发声节拍器应用于背负式喷雾器,该节拍器每分钟发出 72 个节拍,喷雾操作者根据节拍保持喷雾过程中行走速度匀速。并对使用该节拍器对喷雾质量的影响做了对比实验。与自行车悬挂式喷雾器做对比,实验中带有速度表的自行车悬挂式喷雾器速度在 3.2 km/h。实验结果显示应用节拍器能够有效降低药液的沉积变异系数，提高喷雾均匀性。同时也说明了速度对手推式小区喷雾作业有重要影响。

美国工程师 Moody 和 W. S. Goldthwaite 1978 年研制了针对棉花收获时喷药的小区喷雾机。成熟的棉花植株高 1 m，棉花植株的枝杈相互交叠，不可能采用人工手动喷施的方式来喷洒化学药剂。在棉田中由于生长差异，通常将棉田划分成 4 行宽，10～20 m 长的小区，对于每个小区使用相同浓度的一种农药，对每个小区处理完后都要经过清洗和加药工作，十分繁琐。作者利用装碳酸饮料的 20 L 不锈钢压力罐作为药箱，并与 300 L、2.785 MP 的压缩空气罐连接。自走式喷雾机安置 20 个药箱。当小区划分为 4 m×10 m 时，对于每个小区的处理只需要 9 s。在 1977 年应用该系统大田作业时，2 个人操作的喷雾机在 2 h 内完成了 80 个小区的喷雾工作，大大提高了作业效率。

美国 St. Joseph 在 1985 年研制了喷幅 2 m 的挡板防飘小区喷雾机。并对挡板防飘小区喷雾机做了风洞实验和农药沉积实验。该机具最大的特点就是在喷杆上以一定的角度固定挡风挡板，通过挡板改变喷雾作业时空气流场，减少雾滴飘失。其中挡板的固定位置和角度，挡板的材料，强度等都对防飘性能有影响。该防飘小区喷雾机可以在有风的条件下喷施农药，而且可以喷施雾滴直径较小，可提高农药的覆盖率，减少农药使用量。

德国 BBA 中心使用的小区喷雾机如图 5.9 所示。

高压气罐储存高压空气，压力调节阀控制出口气体的压力，气体通过气罐在压力差的作用下，从气罐输送到药箱，给药箱加压，由于调压阀的作业，控制药箱压力稳定，从而实现液体雾化。

美国的 Big John 公司研制的 642D 型测试小区喷雾机（图 5.10 所示），主要用于特殊喷雾，具有较高的可操作性。紧凑的结构避免了转弯时对作物的伤害，喷杆采用液压伸缩装置，操作室离地面较高，操作者能够安全又舒适地完成喷雾作业。

图 5.9　德国 BBA 中心使用的小区喷雾机

图 5.10　美国 Big John 公司 642D 型小区喷雾机

5.2 小区喷雾机方案确定

5.2.1 机械系统方案

小区喷雾机的机械系统方案:由于小区喷雾机施药量少,且要求按照不同种类多样本小容量顺序施药,所以选择以通过性能好、操作方便的手推独轮机构,作为小区喷雾机的装载系统。采用单侧喷杆式喷雾,操作者在喷雾过程中不进入小区靶标区域,避免对施药质量造成影响。其中喷雾间距和喷雾高度可调,以满足定行、不定行等多种作业要求。

5.2.2 喷雾高度和喷头间距的确定

喷雾的均匀性受各种因素的影响和条件限制,雾滴的分布是否均匀只有通过专门的校验装置才能发现,国外有许多测量雾滴分布均匀性的方法,这些方法包括如何试验收集数据和如何评价分布均匀性。为了测试喷雾分布均匀性,本论文将连续的雾型分隔成连续的间隔为20 mm 的小段,单独收集到试管中,所有试管的流量近似反映了面积上的流量分布。

试验利用中国农业大学药械与施药技术中心的喷头测试台(丹麦产 3WST-1.5)。测试采用标准扇形雾喷头 ST110-03,喷雾压力为 2.5 bar,喷头距靶标高度 50 cm,喷雾时间 30 s,单个喷头的雾量分布见图 5.11。3 个喷头的组合试验如图 5.12 所示,喷头型号相同,都为ST110-03 型号,喷头间隔 50 cm,喷头距靶标高度 50 cm,喷雾时间 10 s。

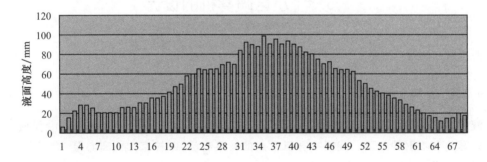

图 5.11　雾量正态分布

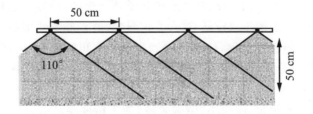

图 5.12　雾体相叠加示意图

喷头的雾量分布状态对喷头的使用性能有着直接的影响。通过实验可以看出,单个扇形雾喷头的雾量为正态分布(图5.11)。3个喷头叠加喷雾时,根据ST标准扇形雾喷头最佳喷雾高度,当喷头间距为50 cm时,喷头离靶标高度为50 cm(图5.12)。通过实验可以看出多个喷头叠加后流量均匀喷雾,横向雾滴的分布变异系数<10%,如图5.13所示。

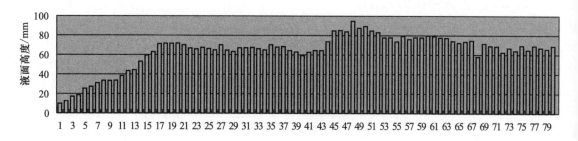

图5.13　雾量均匀分布图

5.2.3　速度计算系统

小区喷雾机作业速度受各种因素的影响,确定小区喷雾机的速度是一个复杂的过程。本课题设计基于单片机的速度计算系统,快速准确计算行走速度。在小区喷雾机上安装速度传感器,实时显示作业速度,喷雾作业时首先利用速度计算系统计算速度,然后通过对照显示作业速度,实现喷雾速度可控。

5.3　小区喷雾机的设计

5.3.1　液泵选择及性能测试

5.3.1.1　**液泵的选择**

液泵是喷雾的"心脏",其功能是使药液产生高压,以克服药液在管路中的沿程损失,并提供液体雾化和喷射的能量。我国喷雾机常用的液泵有活塞(柱塞)泵、离心泵、滚子泵、隔膜泵、射流泵五大类型。

活塞(柱塞)泵结构复杂,加工要求高,能够产生较高的压力。离心泵在农业机械中主要用于排灌机械,在喷施农药时,离心泵的叶片易被化学药剂腐蚀,所以不选用离心泵装配植保机械。滚子泵结构简单,产生的压力较低,适合大流量、大雾滴喷雾。隔膜泵工作原理属于往复式液泵,它是利用弹性隔膜的变形,往复运动产生泵体容积的变化,达到吸液和压液的功能。隔膜将药液和动力部分分开,避免了药液对传动装置的腐蚀。所以小区喷雾机的设计采用隔膜泵作为其能量的动力源。

隔膜泵的特点是:流量大、体积小、结构紧凑、加工精度要求低、操作维护方便、能经受空转。隔膜泵的运动部件,如偏心轴、活塞轴承和滑块等都密封在一个油槽内,因为有隔膜将药液和运动部件分开,保证了运动部件具有良好的润滑条件和避免被药液腐蚀。采用直流电动机输出轴转速与隔膜泵动力输入轴相连接,传动连接较方便。但隔膜式液泵压力脉动较大,管路系统脉动较大,易受损坏或漏液。电动隔膜泵是在20世纪六七十年代荷兰、西德、美国等国家在研制的一种新型机电一体化产品,这些国家先后成功研制了单作用和双作用活塞的电动往复式隔膜泵。由于电动隔膜泵易损件少,特别适用于管道化输送高腐蚀性和高黏度悬浮物的液体。

5.3.1.2 性能参数

考虑小区喷雾机设计的结构要求,结构紧凑、流量压力满足4个喷头正常喷雾的流量和压力,选择上海光正泵阀制造有限公司生产的DP-125型微型电动隔膜泵和福建福安多元电机公司的FL-60-40型微型电动隔膜泵。通过对两个隔膜泵的性能测试,选择大流量的FL-60-40型电动隔膜泵,其缺点是喷雾压力受到一定的限制。

表5.1　隔膜泵的主要性能参数

序号	名称		性能参数	
			DP-125	FL-60-40
1	最大压力/Psi		125	40
2	最大流量/(L/min)		1	17
3	直流电机	功率/kW	24	60
		电压/V	24	24
		电流/A	1.0	2.5

5.3.2　小区喷雾机的设计

5.3.2.1 车身设计

小区喷雾机的车身设计利用简单的杠杆原理,如图5.14所示,其主要参数如表5.2所示。

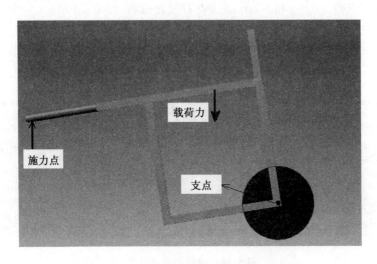

图5.14　小区喷雾机车身的结构原理

表 5.2　小区喷雾机的主要设计参数

车身宽度	100	手把长度	200
车身长度	1 050	车轮直径	560
车身高度	500	车轮宽度	40
手把处宽度	700	喷杆固定架高度	1 150

小区喷雾机的结构特点是：

(1)采用独轮的设计,车身宽度非常细窄,在喷雾作业中具有很高的通过性,即使喷雾的作物再密集、混乱交叉,只要喷雾作业人员可以通过,喷雾作业的小车就能够顺利通过作物行间。而且在行驶过程或者转弯的时候不会对作物造成伤害。

(2)小车的车身较长,从施力点到支点的垂直距离较一般手推车长(图 5.15),充分利用了杠杆原理,达到省力的目的,保证了施药者在工作中不易劳累。

(3)小车的车架采用 30 mm×30 mm、厚度为 2 mm 的方钢焊接而成,强度高。

图 5.15　小车的三维设计

5.3.2.2　喷杆的设计

小区喷雾机采用喷杆式喷雾,喷杆的作用是固定喷头,喷头之间通过软管连接,喷头在喷雾过程中保持水平,喷头间距 50 mm,推荐的喷头离作物的高度为 40～60 cm。本课题设计的小区喷雾机喷杆安置在小车的喷杆架上,能够满足不同作物和不同生长时期的需要,手动调节喷杆的高度。

喷杆与小车的喷杆架之间的通过燕尾螺栓固定,当需要调节高度时,拧松燕尾螺栓,手动调节好喷杆高度后,将燕尾螺栓拧紧。

对喷杆应用 MSC. patran 和 Nastran 进行有限元分析,尺寸 30 mm×30 mm,壁厚2 mm,喷杆长度 2 m,在 1.5 m 处焊接斜梁。材料属性方钢,弹性模量 196～206 GPa,切变模量 79 GPa,泊松比 0.24～0.28,密度 7.81～7.85 g/cm³,对喷杆模型划分 80 个节点。

分析结果如图 5.16 和图 5.17 所示。

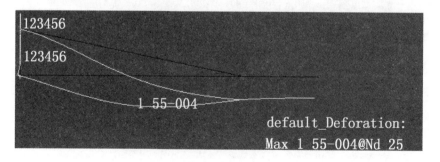

图 5.16　喷杆的弯曲变形

图 5.17　喷杆的弯曲应力

结果表明:小区喷雾机的喷杆最大变形量:1.55 mm×10^{-4} mm,在第 25 个节点处,X 轴方向 0.972 972 93 m 处,可以得出结论最大弯曲变形在喷杆的中心处。最大弯曲应力为 7.63×10^6 Pa,在第 75 个节点处,可以发现,在喷杆的焊接点处弯曲应力达到最大值。通过分析可知喷杆的形变和应力符合喷杆喷雾机设计要求。

5.3.2.3　动力部分

小区喷雾机采用 2 个 12 V、7 Ah 的充电电池串联,来带动 24 V、60 kW 的 FL-60-40 电动隔膜泵。

5.3.2.4　药箱的设计

满足不同药液分装的 4 个分体,药箱采用圆形 PVC 材料制成,药箱下面安装连接管,先将每个药用 2 对卡子固定,然后再用螺栓将卡子安置在小车的侧身挡板上。其主要技术要求是:底部高出液泵进口,管路尽可能不弯曲,药桶底部做成漏斗状,以保证试验时药箱中无技术残留。装配图如图 5.18 所示。

图 5.18　药箱的装配设计

5.3.3　小区喷雾机整机系统

用于农药登记药效实验的小区喷雾机,可以喷施不同浓度的药液,由 3 大部分组成:①小区喷雾车装载系统;②药液的雾化系统;③喷雾速度计算系统。

小区喷雾机装配图如图 5.19 所示。

图 5.19　小区喷雾机整车装配三维图

5.4 小区喷雾机速度计算系统

5.4.1 小区喷雾机速度计算系统

小区喷雾机的施药量与喷头喷量及作业速度有关。喷头的喷液量通过选定喷头的型号和喷雾压力即可确定,但是小区喷雾机的速度不准确将无法实现定量施药。

小区喷雾机的施药均匀性与雾滴的大小有关。所以为了提高药液在靶标上的沉积均匀性,需要根据不同的防治对象和作业要求,确定雾滴大小要求,如表5.3至表5.5所示。

表 5.3　喷洒杀虫剂时对雾滴的要求和喷雾方式

	胃　杀	触　杀	预　防
雾滴/μm	50～100	100～250	150～400
喷雾方式	面积喷雾	面积喷雾、带状喷雾	面积喷雾、带状喷雾

表 5.4　喷洒杀菌剂时对雾滴的要求和喷雾方式

	触　杀	预　防
雾滴/μm	100～200	150～350
喷雾方式	面积喷雾、带状喷雾	面积喷雾、带状喷雾

表 5.5　喷洒除草剂时对雾滴的要求和喷雾方式

	触　杀	预　防
雾滴/μm	100～300	200～450
喷雾方式	面积喷雾、带状喷雾	面积喷雾、带状喷雾

注:面积喷洒喷头间距为50 cm,带状喷洒喷头间距根据植物行距确定。

不同的喷雾压力能够产生不同直径的雾滴,喷雾压力和雾滴直径之间的关系如图5.20所示,扇形雾喷头的雾滴直径随着喷雾的压力的增大而减小。

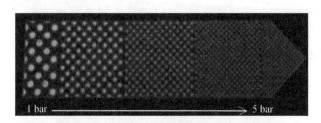

1 bar ────────→ 5 bar

图 5.20　喷雾压力和雾滴直径的关系

因此,在不同的自然条件下、针对不同的作物和防治对象,都要首先确定雾滴的大小。既要考虑到飘失的因素,又要考虑到沉积的均匀性。在喷雾作业中,通过小区喷雾计算系统,能够快速计算出喷雾作业的速度,实现定量均匀喷雾,保证药液全部喷完,无技术残留,满足小区喷雾作业的各项农艺要求。

5.4.2　速度计算系统的原理

喷雾作业中喷杆前进的速度计算公式如下：

$$v = \frac{3 \times S \times Q \times N}{50 \times M \times L}$$

式中：v 为喷杆前进的速度，km/h；S 为小区的面积，m²；N 为喷头的个数；M 为喷幅，m；L 为小区总的施药量，L；Q 为单个喷头在确定的喷头型号和压力下的流量，L/min。

当确定喷雾速度以后，对于单个小区的喷雾，施药过程须保证喷雾压力和喷雾前进速度的稳定。

5.4.3　速度计算系统软件

代码采用 C 语言编程，主程序包括键盘输入模块和液晶显示模块。其中键盘采用 4×4 行列式键盘，用逐一对行（列）线上施加低电频，然后检测哪一根行（列）线也是低电频，这样得到一组行（列）线编号，就可以确定是哪一个按键被按下。单片机扫描键盘，记录用户键入的数据与操作符，据此计算出结果，并通过单片机传送给 LCM-12232 液晶显示屏。系统主程序流程图如图 5.21 和图 5.22 所示。

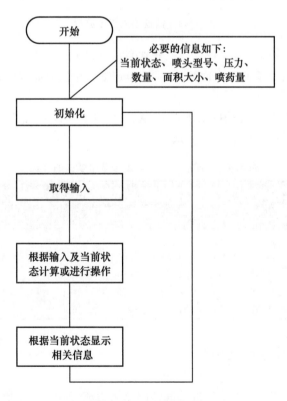

图 5.21　主程序流程

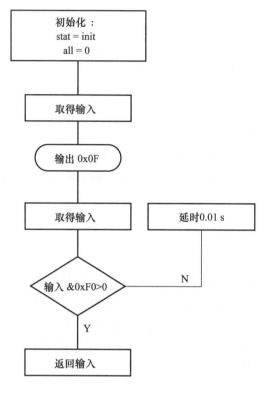

图 5.22　键盘输入程序流程

其中键盘的按键除数字键外"←"、"↑"分别表示修改本次输入和返回上次输入操作,每按键一次修改一个参数值或返回上一次输入。"Enter"键为按照液晶屏的提示,输入正确的参数值后确认键。

实验所用喷头参考 Lechler ID/IDK/LU/AD/ST/DF 喷头的喷雾指导表,不同型号的单个喷头在不同压力下的流量如表 5.6 所示。

表 5.6　不同压力下不同型号单个喷头的流量

喷头类型	不同压力(bar)单个喷头的流量/(L/min)										
	1.5	2.0	2.5	3.0	3.5	4.0	4.5	5.0	6.0	7.0	8.0
01	0.28	0.32	0.36	0.39	0.42	0.45	0.48	0.51	0.57	0.61	0.65
02	0.55	0.63	0.71	0.78	0.85	0.90	0.96	1.01	1.11	1.19	1.27
03	0.82	0.95	1.06	1.17	1.26	1.35	1.44	1.52	1.64	1.79	1.91
04	0.89	0.95	1.06	1.17	1.26	1.35	1.44	1.52	1.64	1.79	1.91
05	1.11	1.36	1.57	1.77	1.94	2.10	2.25	2.48	2.75	2.96	3.17

5.4.4　速度计算系统硬件

系统硬件主要由 AT89C51 单片机及其外围电路构成,如图 5.23 所示。AT89C51 是美国 ATMEL 公司采用 CMOS 工艺生产的低功耗、高性能 8 位单片机。它与 Intel 公司 MCS-51

的指令和引脚兼容,内置 4K 字节闪烁可编程可擦写只读存储器、128 字节 RAM、32 根 I/O
线、2 个 16 位定时/计数器、5 个向量二级中断结构、1 个全双工串行口、并且内含片内振荡器
和时钟电路。

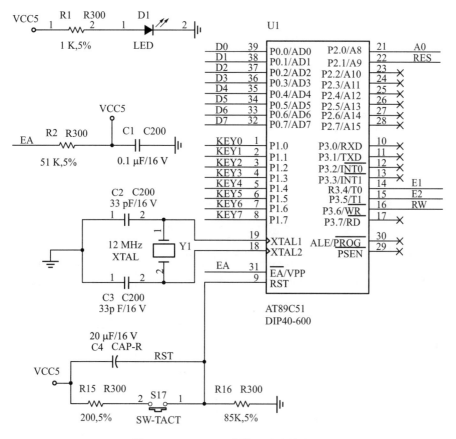

图 5.23　**AT89C51 单片机引脚接线图**

AT89C51 电源正极输入,接＋5 V 电压,该单片机采用 USB 接口提供系统工作电压。
RST 引脚是 AT89C51 的复位信号输入引脚,高电位工作,当要对芯片升压时,只要将此引脚
电位提升到高电位,并持续两个机器周期以上的时间,AT89C51 便能完成系统复位的各项工
作,使内部特殊功能寄存器的内存均被设成已知状态。EA 引脚接成高电频使程序运行时访
问内部程序存储器。P0 口(P0.0～P0.7)是一个 8 位漏极开路双向输入、输出端口,当访问外
部数据时,它是地址总线(低 8 位)和数据总线复用。外部不扩展而单片机应用时,则作一般双
向 I/O 口用。如图 5.24 所示为 LCM-12232 液晶显示屏的引脚接线图,D0～D7 口与 P0 口
连接。

P1 口(P1.0～P1.7)是具有内部提升电路的双向 I/O 端口,其输出可以推动 4 个 LSTIL
负载。仅供用户作为输入、输出用的端口,接 4×4 键盘 KEY0～KEY7 接口,其接线图如
图 5.25 和图 5.26 所示。XTAL1 是接内部晶振的一个引脚。在单片机内部,它是一反相放
大器输入端,这个放大器构成了片内振荡器。XTAL2 是接外部晶振的一个引脚,是片外振
荡器。

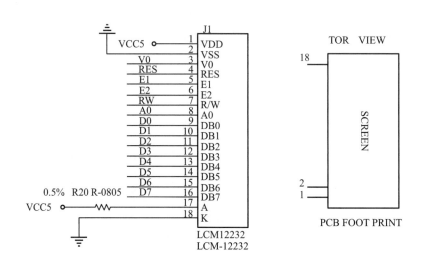

图 5.24　LCM-12232 液晶显示屏的引脚接线图

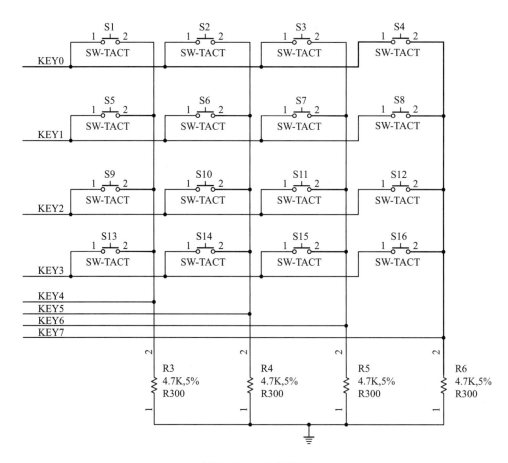

图 5.25　键盘接线图

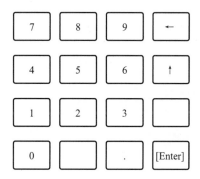

图 5.26　键盘按键的设计

5.5　性能对比试验

5.5.1　试验材料与方法

5.5.1.1　试验材料及设备

去离子水(中国农业大学应用化学系产),乙醇(99.9％分析纯),千分之一天平(上海分析天平厂产),秒表(中国产),荧光粉 BSF(德国产),圆盘滤纸(直径 7 cm),LS-2 荧光分光光度计(美国产),KS10 振荡器(德国产),Lechler ST110-02(德国标准平面扇形雾喷头),Lechler TR80-03C(德国圆锥雾喷头)。

5.5.1.2　小区喷雾机性能测试

1. 测试小区面积上荧光剂的沉积均匀性

试验环境:中国农业大学药械与施药技术中心实验室,温度 5～6℃,相对湿度 70％～80％。

试验方法:在水平地面固定直径 7 cm 圆盘滤纸(6 行 6 列)。用 0.1％BSF 荧光示踪剂水溶液进行喷雾实验。Lechler ST110-02 型号的喷头 4 个,喷头间距 50 cm,喷杆高度 50 cm,喷幅 2 m,小区面积 1.5 m×1.5 m,喷雾压力 3.0 bar,喷杆前进速度 0.90～1.15 m/s。试验重复 3 次。将滤纸收集,加入 50 mL 去离子水,并置于振荡器上振荡 30 min,可以将圆盘滤纸上的荧光剂洗脱下来,用 LS-2 荧光分析仪测量沉积在靶标上的荧光剂的沉积量(μg/mL),计算出滤纸单位面积上的荧光剂沉积量(μg/cm^2),由 36 张滤纸单位面积的沉积量反映喷雾的均匀性。

试验示意图如图 5.27 所示。

2. 测试每个喷头的流量

如图 5.28 所示,在小区喷雾机 4 个喷头下面同时放置 4 个量筒,在喷雾过程中用秒表测量 1 min A、B、C、D 4 个喷头的流量。

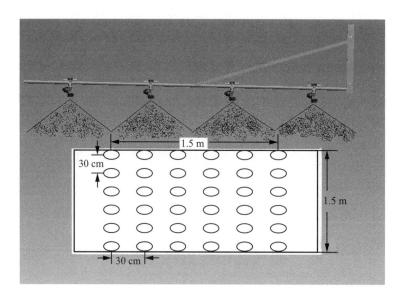

图 5.27　小区喷雾机沉积测试试验示意图

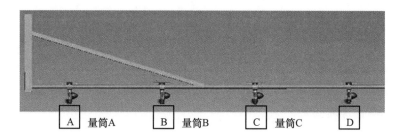

图 5.28　小区喷雾机流量测试实验示意图

5.5.1.3　工农-16 型手动背负式喷雾器性能测试

1. 测试小区面积上荧光剂的沉积均匀性

实验环境:中国农业大学药械与施药技术中心实验室,温度 5～6℃,相对湿度70％～80％。

试验方法:在水平地面固定直径 7 cm 圆盘滤纸(6 行 6 列)。用 0.1％荧光示踪剂水溶液 BSF 进行喷雾实验。喷雾时沿小区中间行走,左右移动喷杆呈 S 形轨迹,尽量保证喷头在同一水平面上运动。由喷杆的前进运动和喷头的水平运动进行运动合成,该喷雾沿 S 形轨迹运动。在相同面积的小区上(1.5 m×1.5 m)喷施与小区喷雾机相同的荧光剂溶液(4 000 mL)。将滤纸收集,加入 50 mL 去离子水,并置于振荡器上振荡 30 min,可以将圆盘滤纸上的荧光剂洗下来,用 LS-2 荧光分析仪测量沉积在靶标上的荧光剂的沉积量($\mu g/mL$),计算出滤纸单位面积上的荧光剂沉积量($\mu g/cm^2$),由 36 张滤纸单位面积的沉积量反映喷雾的均匀性。

2. 流量测试实验

实验环境:中国农业大学药械与施药技术中心实验室,温度 5～6℃,相对湿度70％～80％。

试验方法:喷头类型 Lechler TR80-03C(圆锥雾喷头),喷头特点雾锥角80°,材料外壳 POM,喷嘴陶瓷,圆锥雾喷头由陶瓷芯及组件组成。喷头和组件组装简单,适应最高压力

20 bar,雾滴谱比较窄,流量误差≤±10%(≤±15% BBA 标准)。

由于是手动喷雾,压力由手动连杆往复运动,带动柱塞泵往复运动,测试者均匀用力,重复5次。测试出最大压力和最小压力(能实现连续喷雾的)下的流量,测量时间 1 min。

5.5.2 试验结果分析

5.5.2.1 喷雾流量和沉积分析

对比实验数据与分析:对于新研制的小区喷雾器和手动背负式喷杆喷雾器的流量分布(表 5.7)、药液沉积均匀性进行了对比研究(图 5.29、图 5.30)和表 5.8。结果表明:该机具的流量分布变异系数为 2.69%,较工农-16 型喷雾器低 52.14%;药液沉积的变异系数为19.17%,较工农-16 型喷雾器低 39.72%。实验表明该机具流量相对稳定,喷施沉积均匀性更好,更适合小区喷雾使用。

表 5.7 喷头流量分布的变异系数对比

机 具	喷 头	平均流量/(mL/min)	变异系数/%
小区喷雾器	Lechler ST110-02	785	2.69
工农-16 型喷雾器	Lechler TR80-03C	748	5.62

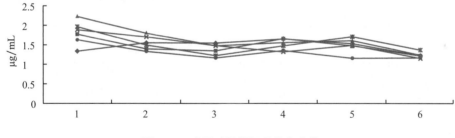

图 5.29 小区喷雾器沉积分布曲线

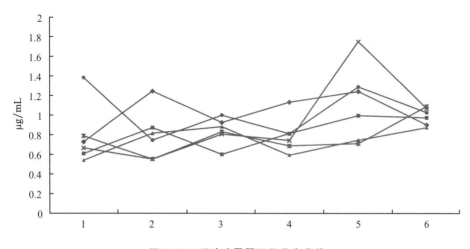

图 5.30 手动喷雾器沉积分布曲线

表 5.8 药液沉积变异系数对比

机 具	变异系数/%			
	重复 1	重复 2	重复 3	平均值
小区喷雾机	16.45	20.99	20.07	19.17
工农-16 型喷雾机	31.10	34.68	29.62	31.80

5.5.2.2 速度计算系统性能测试

为了验证 AT89C51 单片机系统的计算性能,分别选择了 2 号、3 号、4 号、5 号喷头。测试条件:喷杆上安装 4 个喷头,每个喷头间隔 50 cm,喷幅 2 m,单位面积施药量分别为 10 L、15 L,压力分别为 2.0 bar、3.0 bar、4.0 bar、5.0 bar,小区面积为 1 000 m²(0.1 hm²)。测试数据如表 5.9 和表 5.10 所示。

表 5.9 喷量 10 L 时喷杆的前进速度　　　　　　　　　　　　　　km/h

压力/bar	喷 头			
	ST110-02	ST110-03	ST110-04	ST110-05
2.0	8	11	15	19
3.0	9	14	19	23
4.0	11	16	22	27
5.0	12	18	24	30

表 5.10 喷量 15 L 时喷杆的前进速度　　　　　　　　　　　　　km/h

压力/bar	喷 头			
	ST110-02	ST110-03	ST110-04	ST110-05
2.0	5	8	10	13
3.0	6	9	12	16
4.0	7	11	14	18
5.0	8	12	16	20

使用方法:喷杆上安装 4 个(或者更多)相同型号的喷头,在喷雾前调整好喷雾压力,将其参数输入速度计算系统,系统计算并显示作业需要的喷雾速度,根据系统提示的喷雾速度进行喷雾作业。另一个速度传感器显示实时的作业速度。

测试结果显示:在相同面积的小区上喷施等量药液,喷头的型号越大,喷杆前进的速度越大;在相同面积的小区上喷施等量的药液,且使用相同型号的喷头,喷雾压力越大,喷杆前进速度越大;在相同面积的小区上使用相同型号的喷头,喷雾压力一样的情况下,喷量越小,喷杆前进的速度越大。

5.6 结　论

(1)本课题设计并研制了专用于农药登记试验用的小区喷雾器,试验证明小区喷雾器性能符合农药登记试验农艺要求。

（2）利用小车装载蓄电池驱动电动隔膜泵实现液力雾化取代手动喷雾，在喷施过程中保证定量、均匀、稳压喷雾，实现精准喷雾作业。

（3）小区喷雾器设计 4 个药箱，在不同的小区面积上由于需要喷施药液的浓度不同，每个药箱都有独立的管路连接，并安装球阀开关，可以满足药效试验多样本小容量的试验要求。

（4）改变我国传统背负式小区喷雾器的结构，设计出手推喷杆式小区喷雾器，其中喷杆长度、强度都符合田间作业要求及人机工程学要求。喷杆可拆卸、可调节高度、方便运输并适合作物不同生长时期喷雾。

（5）实现了基于 AT89C51 单片机的速度计算系统，快速准确地得出喷雾的行走速度。同时，小区喷雾机安装有速度传感器，显示实时作业速度，保证单个小区面积上药液沉积的均匀性。

5.7　致　　谢

感谢国家"十一五"科技支撑计划项目"保护性耕作条件下病虫草害防治关键技术研究"（项目编号：2006BAD15B0301）对本研究的资助！

参 考 文 献

北京蕾西纳环保技术发展有限公司.德国 LECHLER 公司农用喷头使用手册.北京.

常驰,李春雷,吴印平.卫生型隔膜泵类型及设计.食品与机械,2005,21(3):52-53.

傅泽田,祁力钧,王秀.农药喷施技术的优化.北京:中国农业科学技术出版社,2003.

何雄奎.改变我国植保机械和施药技术严重落后的现状.农业工程学报,2004,20(1):13-15.

霍北仓,曹慧.隔膜泵的维修和保养.农机使用与维修,2007(3):82.

李红军.一种小型机动背负式喷杆喷雾机的性能试验.中国农业大学学报,2007,12(2):54-57.

林明远,赵刚.国外植保机械安全施药技术.农业机械学报,1996,27(增刊):149-154.

刘建,吕新民,党革荣,等.植保机械的研究现状与发展趋势.西北农林科技大学学报,2003,31(增刊),202-203.

刘杰,李朝峰,闻邦椿,等.基于虚拟样机的隔膜泵动态特性分析.机械传动,2007,31(2):1-4.

王荣.植保机械学.北京:机械工业出版社,1990.

王以燕.卫生杀虫剂登记资料要求.农药,2002,41(1):39-40.

杨学军,严荷荣,徐赛章,等.植保机械的研究现状及发展趋势.农业机械学报,2002,33(6):129-131.

张继春,杨建国.装配设计与运动仿真及 Pro/E 实现.北京:国防工业出版社,2006.

中华人民共和国农业部农药登记资料要求. 农药,2001,40(4):40-45.

周宏明. 农用多喷头喷雾机设计参数的确定. 农机化研究,2004(6):146-147.

http://www. min-bao. com/.

J. M. KRALL,D. S. PACKER,J. C. DAVISON,*et al*. Application Consistency of Operator-propelled Field Plot spray Methods. Agronomy Journal,1985,77:175-176.

Mattews, G. A. Pesticide application methods. Longman Group Limited. 1979:50-75.

MoodyDaleCannon,W. S. Goldthwaite. APopCanPlotSprayer. AgriculturalEngineering,1978,59(11),20-21.

Rogers. R. Barry,Maki. Roy,Rinholm. Brent. Development of The Windproof Sprayer. Paper-ASAE,1985,13P.

第6章

机动背负式喷杆喷雾技术与机具

李红军　　何雄奎

6.1　历史与现状

农药是有效防控有害生物对农业生产安全的危害,确保粮食稳产、增产的重要手段。据统计,全世界每年有 10 亿 t 左右的作物毁于病虫害,由于病、虫、草、鼠害等造成的作物减产幅度达 20%～30%,如果一旦停止用药或严重的用药不当,一年后将减少收成 25%～40%(与正常用药相比),两年后将减少 40%～60% 以至绝产。我国病、虫、草害常年发生面积约 4 亿 hm²,由于正确地使用农药,每年可挽回粮食 480 亿 kg 以上、棉花 6 亿 kg、蔬菜 4 800 万 t、水果 600 万 t,减少直接经济损失约 800 亿元。因此农药对保障我国粮食连续增产,确保农产品有效供给发挥了重要作用。

当然,农药是需要凭借高超的施药技术、依靠优良的施药机械才能准确喷施到靶标(即农作物)发挥作用。从这个角度上来说,农药、施药技术、施药机械三者是相辅相成、缺一不可的。目前我国的农药生产量和使用量均居世界第一位,出口量也位居世界前列(2010 年占世界的 12.5%),而施药机械仍以 20 世纪 50—80 年代的手动机械为主,有少量的小型机动喷雾机和喷杆喷雾机,这与发达国家的植保机械化水平存在着很大差距,与我国加入世贸组织所承诺的农业标准化也有较大差距。

目前我国的植保机械以手动喷雾器为主,年生产能力达 1 000 万台,年销量 600 万～700 万台,社会保有量为 1 亿台;机动植保机械则受到农业生产规模的限制,销售情况起伏较大,最高时年销量 30 余万台,最低时达 10 余万台。手动喷雾器主要包括背负式喷雾器、压缩式喷雾器、单管喷雾器(表 6.1),其中背负式喷雾器的产销量占总产销量的 80% 以上;机动喷雾器则以背负式弥雾机为主(表 6.2),其社会保有量达 260 万台。除此之外还有约 16.8 万台担架式机动喷雾机、25 万台小型机动及电动喷雾机、4.2 万台喷杆式喷雾机,以及不足 200 架航空机械。

表6.1 我国主要的手动喷雾器

类　别	型　号	牌　号	药箱容积/L	工作压力/MPa
背负式喷雾器	3WB-16	工农-16(金苗、金种、青蛙)	16	0.3~0.4
	3WBS-16	双燕-16	16	0.3~0.4
		云峰-16(红蜂、飞燕、新生、绿叶、韶峰、利农)	16	0.3~0.4
	3WB-14	白云-14(泾农)	14	0.3~0.4
	3WBB-16	飞虹-16(古桥、万年青)	16	0.3~0.4
	3WB-10	长江-10	10	0.3~0.4
压缩式喷雾器	3WS-7	552丙型(青蛙、通农、威农)	7	0.2~0.4
	3WS-6	江南-6	6	0.15~0.6
	3WSS-6	三圈、黑蛙	6	0.2~0.4
单管喷雾器	WD-0.5	工农-0.5		0.7

表6.2 我国主要的背负式弥雾机

型　号	厂　家	动力/[马力/(r·min)]	机具重量/kg	药箱容量/L	射程/m 喷粉	射程/m 喷雾
东方红-18AC	北京怀柔农机厂	1.6/5 000	14.5	11	25	9.0
BMF-1.6	北京怀柔农机厂	1.6/5 000	12.0	11	25	9.0
BMF-2.3	北京怀柔农机厂	2.5/7 000	12.0	11	30	12.0
泰山-18AC	山东临沂农业药械厂	1.6/5 000	14.5	11	25	9.0
BWF-2	山东临沂农业药械厂	2.1/6 000	10.0	11	25	14.0
BWF-3	山东临沂农业药械厂	2.8/7 500	12.0	14	56	12.0
BWF-26	嘉兴机动喷雾器厂	1.6/6 000	11.5	11	25	13.0
风雷-2	南通农业药械厂	1.4/6 000	9.5	11	25	9.0
BMF-2A	镇江林业机械厂	1.75/5 500	11.0	11	25	12.0
BMF-3	广东农业机械厂	3/6 000	13.0		17(高)	9.0
BMF-4	西北林业机械厂	4/7 500	11.3	14	20(高)	13.0
BWF-1	苏州农业机械厂	0.8/7 000	9.0	10		7.0
BWFD-12	无锡农业药械厂	1.75/5 500	10.8	10	25	12.0
BWFL-100	上海工农喷雾器厂	1.7/6 000	11.0	14	25	11.0
BWFL-6	安徽石台农业药械厂	1.7/6 000	11.0	14	25	11.0
BWF-2	椒江市喷雾器四厂	1.7/6 000	10.6	11	25	10.5

　　由于手动和小型机动植保机械结构简单、价格低廉、技术含量低,存在严重的"跑、冒、滴、漏"现象,农业部在2002年的调查发现每台喷雾器在每年的使用过程中出现故障6次以上。由此带来诸多的经济、社会、环境问题,主要表现如下:

　　1. 农药有效利用率低、浪费大、流失严重

　　自喷头喷施出去的农药主要有3个去向:沉积在靶标上、流失到土壤中、飘失到空气中。沉积在靶标上的农药量与农药喷施量的比值称之为农药有效利用率,这是衡量发挥实际作用

的农药一个重要指标。

我国以手动喷雾器为主的喷施方式的农药有效利用率为 10%～30%,农药的流失量在 70%以上;与此对比,发达国家的平均农药有效利用率在 50%以上,大部分农药流失到土壤和空气当中,既浪费了农药,也造成了农药残留和环境污染。为达到一定的防治效果,在较低的农药有效使用率的情况下,我国只能提高单位面积用药量。与发达国家相比,我国单位面积用药量是以色列、日本的 1/8～1/4,美国、德国的 1/2。由于用药量的增加和喷施的不均匀性又导致了我国农产品上残留农药是发达国家的数倍,甚至数十倍。由此进入了一个恶性循环,即低的农药有效利用率—高的农药使用量—高的农药残留和多的农药流失。

2. 稳压装置技术陈旧、没有调压装置、施药方法不对

传统的背负式手动喷雾器仅靠压入空气室的液体对气室内的空气加压而产生稳压作用,因液泵进排液产生压力的脉冲性而导致空气室内的压力在喷雾过程中从 0.5～4 MPa 波动,其结果是喷雾过程中喷雾压力与从喷头喷出的农药量不断变化,喷雾不均匀;同时,我国目前大田喷雾使用的手动背负式喷雾器没有配装调压阀,不能适应不同压力下的喷雾作业要求;而且大多装配单个圆锥雾喷头进行喷雾作业,采用的施药方法是打药时施药人员行进路线是直线,而用手持喷杆带喷头左右摆动呈“之”字形喷雾,农药在喷施靶标作物上沉积分布效果极差;如此种种综合因素造成喷施过程中农药分布不均匀度高达 46.56%。

3. 植保机械不专用、操作不专业,交叉污染严重

由于我国植保机械落后、品种较少、喷头单一,不能满足不同作物、不同病虫害防治的需要而使用恰当的机型和部件,往往是“一种机具打遍天下”,这样容易造成农药对农作物的药害。例如,有的农民使用未经充分清洗的、打过除草剂的药械给小麦打药,极易给小麦造成药害;南方养蚕地区的农民会用同一药械给桑叶打药或给蚕房消毒,结果会造成蚕的大量死亡。

20 世纪 40 年代开始,欧美国家已经开始走“植保机械专业化、法律化”的道路,大田农作物有农作物专用喷雾机,苹果、梨等有果园专用喷雾机,啤酒花有啤酒花专用喷雾机,葡萄园有葡萄专用喷雾机,施药人员必须“持证”上岗,等等。欧美法律还规定:“植保机械必须像汽车一样,每两年进行一次年检,年检合格,发放合格证书后方可进行喷雾作业”,而我国则没有这样的年检制度。

4. 劳动强度大,对人体污染严重

我国常规的背负式手动喷雾器药箱容量一般为 10～16 L,总重为 15～20 kg;针对不同的防治对象,以每 1 亩需喷药 3～6 桶计算,边走、边压、边喷需要 20～40 min。这对以妇女为主要劳动对象的农民来讲,是一项强度极大的劳动。背负式机动弥雾器虽然不需要手动按压药液,但自重较大,装满药液一般在 20～25 kg 之间,劳动强度依然很大。由于这些喷雾器质量不是很好,在气室、药箱盖、开关、连接软管、喷头等存在“跑、冒、滴、漏”的现象,打上 0.5 h 的农药,施药者身上完全湿漉一片,加之有些农民不避高温,在烈日下仍然打药,因此极易造成中毒事故。20 世纪 80 年代后期以来,施药中毒人数呈上升趋势,农业部公布 2000 年因施药中毒的人数高达 8 万人之多。

5. 作业工效低,耗水多,难以应付暴发性病虫害

用背负式手动喷雾器喷施 1 亩地的农药耗时长,最快需要 20 min,慢的需近 1 h。与此对比,国外大多采用喷杆喷雾机进行作业,每 1 h 可处理 100 亩以上的面积。据不完全统计,每年消耗在施药作业上的劳动工日达 4 亿～5 亿个。另外由于手动喷雾器中农药浓度较小(因为浓度太大对施药者的影响增加,同时不均匀的沉积会对作物造成更大的药害),因此水的用量就较大,与发达国家 200 L/hm² 的用水量相比,我国用水量高达 1 200 L/hm²。

总的来说,我国的植保机械和施药技术水平与西方发达国家相比有半个世纪的差距,但与 20 世纪末相比已经有了较大进步,特别是引进和制造了大型喷杆喷雾机、风幕喷雾机、静电喷雾机、基于 GPS 和 GIS 系统的变量喷雾机以及利用电子视觉的喷雾机,同时一些小型的机动或电动植保机械也正逐步得到应用。

6.2 原理与设计

由于我国农村大部分地块面积较小,加之有不少的农田在丘陵和山区中,这样的地块不适宜使用大、中型的植保机械。但是大部分农民仍在使用背负式手动喷雾器,这种喷雾器除了存在以上提到的用药量大、流失严重、劳动强度大、工效低、污染严重等问题之外,还存在另一个明显的问题,即农药沉积不均匀。传统的背负式手动喷雾器配备的是圆锥雾喷头,打药时的行进路线是直线,喷头则左右摆动呈"之"字形,这样在喷施范围边缘处的农药必然重叠而导致药量增加,使得农药沉积不均匀,农药沉积多的区域会形成药害,农药沉积少的区域防效不好。

大、中型喷杆喷雾机使用的是扇形雾喷头,并且喷头是"一"字排开的,行进方向与喷杆垂直,这样可以最大限度地保证农药沉积的均匀性。因此可以参照喷杆喷雾机的构造,设计出适合小型地块使用的小型机动背负式喷杆喷雾机。下文以中国农业大学药械与施药技术研究中心研制的小型机动背负式喷杆喷雾机为例说明其构造、应用。该机具由小型两冲程汽油机提供动力,喷雾系统为安装有 4~6 个喷头的喷杆,配备调压阀和压力表,其构造图如图 6.1 所示。

主要技术参数为:

药箱容积 20 L,额定喷雾压力 0.2~1.5 MPa,喷雾量分布均匀性变异系数≤0.15,作业速度 2~5 km/h,作业幅宽 1~3 m,作业高度 0~1.2 m,施药量 150~300 L/hm²,配用喷头可选用各种类型的扇形雾喷头,具体规格请参照相关工具书籍计算选用。

这样设计的小型机动背负式喷杆喷雾机主要有以下优点:

1. 提高药液沉积的均匀性

由于在喷杆上安装 4~6 个喷头体,可以根据不同的需要更换不同的喷头,行进方向和喷杆垂直,喷杆可保持垂直和水平方向的稳定,不需左右摆动,避免了单喷头"之"字型作业造成的药液沉积不均。

2. 实现稳压喷雾

由于安装了压力表和调压阀,操作人员可以根据压力表的读数来调节喷施压力,实现稳压喷雾,保证喷头喷量的稳定,从另一方面提高药液沉积的均匀性。

3. 提高工效

由于喷杆的喷幅最大可达 3 m,比背负式手动喷雾器 2 m 的喷幅略大,同时由于不需要左右兼顾,行进速度更快(可为背负式手动喷雾器的 1.5~2 倍)。因此,小型机动背负式喷杆喷雾机的作业速度比背负式手动喷雾器至少可以提高 50%。

4. 作业高度调整灵活

由于安装了喷杆高度定位装置,使用时可以根据作物的高度调整定位孔的高度,以便达到最佳的喷雾效果。同时由于地轮的存在,可在一定程度上确保喷杆在垂直高度上的稳定,进一步保证药液沉积的均匀性。

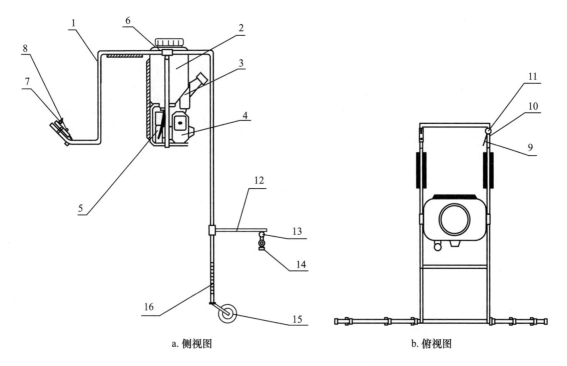

图6.1　小型机动背负式喷杆喷雾机

1. 机架　2. 药箱　3. 油箱　4. 发动机　5. 液泵　6. 铰接点(用于固定喷雾系统)　7. 油门
8. 熄火开关　9. 点压开关(用于控制喷雾系统)　10. 稳压调压阀　11. 压力表
12. 支架(用于固定喷洒部件)　13. 喷杆　14. 喷头　15. 地轮　16. 定位孔

5. 对作业者和环境的污染减少

由于所有的部件、接头均采用国际标准,喷头为进口的,因此在最大限度上控制了"跑、冒、滴、漏"的现象,对作业者的污染明显减少。

同时可以根据不同情况更换不同的型号喷头,例如防飘喷头、射流喷头、粗雾滴喷头,这样在空气中飘失的农药会有所降低,提高农药使用率,降低对环境的污染。

6. 作业强度适中

尽管该机具较传统的背负式机动喷雾器增加了机架、喷杆、喷头、调压阀等,重量有所增加,但所采用是轻质、高强度的内嵌不锈钢管的 PPR 管材,而且机架及喷洒部件与地轮相连,部分重量由地轮承担,因此对施药者增加的实际重量在 3 kg 左右。

在此原理基础上,该中心制出了两款样机,前置式喷杆喷雾机和后置式喷杆喷雾机(图6.2)。前者的喷杆置于作业者的身体前方,作业者可以随时观察作业情况,可对喷雾参数进行适时的调整;后者的喷杆置于作业者的身体后方,作业时喷出的农药不会污染到作业者,大大降低人体中毒的可能性。

a. 前置式　　　　　　　　　　　　b. 后置式

图 6.2　小型机动背负式喷杆喷雾机

6.3　使用方法

各种机械,尤其是新的、尚未用过的机械在使用前都应该先检查、熟悉后再使用。由于小型机动背负式喷杆喷雾机比旧机具有较大的改进,因此除进行背负式机动喷雾机的常规检查之外,还要注意检查、调试以下几点:

1. 选择和安装喷头

按照实际的需求,选择适当喷头,喷头的安装应使其狭缝与喷杆倾斜5°～10°,以免临近两个喷头喷出的液体相互干扰。

2. 校对喷头流量

由于喷头磨损、制造误差等原因,会导致喷量不一致。因此,施药前应对每个喷头进行喷量测定和校核。测定时,药箱装清水,喷雾机以工作状况喷雾,待雾状稳定后,用量杯或其他容器在每个喷头处接水 1 min,重复 3 次,测出每个喷头的喷量。如果喷量误差超出 5%,应更换喷头后再测,直到所有喷头喷量误差小于 5% 为止。调整定位孔高度和背带长度。

3. 通过对定位孔和背带的调整,使喷雾机在工作时雾流处于垂直状态,并且喷头高出靶标 0.5 m。

安装、调试完毕即可进行喷雾,在喷雾中应该注意正确的使用方法:

(1)启动前将调压阀调至卸压位置,启动后逐渐加大油门至液泵额定转速,再将调压阀调至额定工作压力,打开开关开始工作。

(2)作业时操作人员必须保持机具的速度和方向不变,不能忽快忽慢或偏离行走路线。

(3)喷雾过程中如防滴阀漏水,可拧紧防滴螺帽。如果工作时发现喷头堵塞,应停止喷雾,拆下喷头帽,取出喷嘴和滤网,清洗干净,重新装配后即可继续工作。注意:严禁用粗的金属针硬捅喷嘴上的喷孔,以免损坏喷孔,造成喷雾质量下降。

喷雾作业结束后,药箱内加入至少 1/5 箱的清水,使喷雾机运转,清洗药箱、机体、液泵、管路和喷头,以减少残留药液对机具的腐蚀,拆卸后即可入库保存。

在使用中如果遇到故障,简单故障可参照表 6.3 自行处理。

表 6.3 小型机动背负式喷杆喷雾机常见故障及排除方法

故障现象	故障原因	排除方法
不喷雾或喷雾不匀	喷孔堵塞	清除堵塞物
液泵运转,但不吸水	液泵进水接头密封不严	拧紧进水管活络螺帽
液泵吸水但压力调不高	液泵调压阀内被脏物堵塞	按液泵使用说明书拆开检查、清洗
压力过高但喷头流量不够	1. 液泵出液口堵塞	拆开检查
	2. 滤网或喷嘴堵塞	
防滴装置漏水、滴水	防滴膜片压紧不够	拧紧防滴螺帽
液泵其他故障	见液泵使用说明书	按液泵使用说明书拆开检查、排除

6.4 性能分析

在实际使用中,通过对比发现小型机动背负式喷杆喷雾机的性能指标确实优于手动背负式喷雾器。现从以下几个方面加以阐述:

1. 喷头流量及分布

通过对比 30 s 内"卫士"手动圆锥雾喷雾器、扇形雾喷雾器以及小型机动背负式喷杆喷雾机的流量(表 6.4),发现机动背负式喷杆喷雾机流量的变异系数最小,说明其流量最稳定。这是因为该机具上装有稳压装置,并且配备的是标准扇形雾喷头。

表 6.4 "卫士"手动喷雾器和小型机动背负式喷杆喷雾器的流量比较

机 具	喷头	流量/mL						变异系数/%
		重复 1	重复 2	重复 3	重复 4	重复 5	平均值	
"卫士"手动喷雾器	圆锥雾	244.6	221.1	249.8	249	246.5	242.2	4.94
	扇形雾	240.1	245.8	234.3	241.9	228.1	238.0	2.91
小型机动背负式喷杆喷雾机	扇形雾	1 218	1 239	1 083	1 146	1 211	1 179	1.71

图 6.3 和图 6.4 显示的则是上述三者的流量分布(或分布误差)。"卫士"手动圆锥雾喷雾器的流量分布呈双肩型,而扇形雾喷雾器的流量分布为多项式分布。小型机动背负式喷杆喷雾机在 2 m 喷幅内流量误差范围为 15%～22%,变异系数仅 11.09%,喷施药液的横向分布比较一致。

2. 沉积均匀性

(1)试验条件:在一封闭的温、湿度稳定的实验室中进行,室温 20℃,相对湿度 65%。测试机具是机动背负式均匀稳压喷杆喷雾机,喷雾机安装有 4 个喷头,喷头间距 0.5 m,喷雾高度 0.5 m,喷幅 2 m,试验喷头采用德国 Lechler 公司生产的标准扇形雾喷头 ST110-02,喷雾压力 0.25 MPa,喷头喷量 0.71 L/min,行进速度 1 m/s。根据作业速度计算公式可得喷量为 237 L/hm²。

计算公式为 $$q = (Q \times V \times B)/600$$

其中,q 为所有喷头的流量(L/min);Q 为用药液量(L/hm²);V 为机车前进速度(km/h);B 为喷幅（m）。

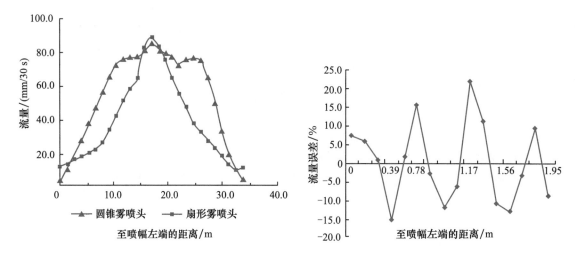

图 6.3 "卫士"手动喷雾器 2 种喷头的流量分布

图 6.4 小型机动背负式喷杆喷雾机的流量分布误差

（2）靶标的布置：在水平地面上方向平铺 10 列 20 行共 200 条 0.2 m×0.03 m 的滤纸，滤纸间距 0.17 m。喷雾起始点距离第一行滤纸 5 m，终止点距离最后一行滤纸 5 m（图 6.5、图 6.6）。

行进方向

5 000   5 000

起始线   靶标   终止线

图 6.5 靶标区域设置示意图（单位：mm）

（3）试验方法：用实验机具喷施 0.1% 的 BSF 水溶液，通过收集、振荡、洗涤、定容等处理，用 LS-2 荧光分析仪（英国 Perkin Elmerg 公司）测定溶液的荧光值。

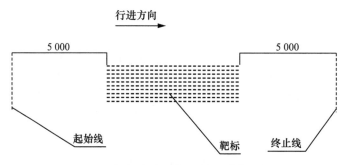

（4）结果与分析：表 6.5 所示为每条滤纸上的 BSF 含量值、横向变异系数、纵向变异系数和总体变异系数。结果显示，该机具的沉积均匀性变异系数为 11.8%，远小于普通的手动背负式喷雾器的变异系数 26.8%（李红军，2007）。从数据还可得出机动背负式喷杆喷雾机喷施药液的横向变异系数小于纵向变异系数，其原因是喷杆的喷幅较大，能更好地克服横向上的差异，而前后的差异主要由操作人员行进时身体起伏所造成的喷杆抖动和行进速度不均造成的。

图 6.6 滤纸布置示意图（单位：mm）

表 6.5　靶标 BSF 沉积结果

BSF 含量 /(μg/mL)	纵1	纵2	纵3	纵4	纵5	纵6	纵7	纵8	纵9	纵10	横向变异系数/%
横1	0.906	0.809	0.968	0.896	0.921	0.811	0.848	0.935	0.869	0.919	5.9
横2	1.086	0.909	0.961	0.998	0.808	0.973	0.990	0.864	0.998	0.922	8.3
横3	1.036	0.899	0.826	0.912	0.979	0.860	0.857	1.045	0.936	0.940	8.0
横4	1.152	1.170	1.105	1.186	0.965	0.902	0.916	1.204	1.053	1.064	10.4
横5	1.082	1.040	1.170	1.182	1.120	0.947	0.897	1.025	1.297	1.140	10.9
横6	1.148	1.138	1.112	1.183	1.151	0.938	0.902	0.941	1.124	1.086	9.7
横7	1.074	1.237	1.038	1.130	1.077	0.843	0.889	0.957	0.960	0.911	12.0
横8	1.001	1.155	0.948	1.114	1.109	0.866	0.894	1.055	1.020	0.967	9.5
横9	1.065	1.131	1.030	1.035	1.160	1.029	0.851	1.064	1.097	0.979	8.2
横10	0.983	1.274	1.115	1.073	1.198	0.920	0.803	1.062	1.140	1.006	13.0
横11	0.824	1.134	1.138	0.951	1.226	1.142	0.980	1.308	1.094	1.095	12.8
横12	0.833	0.869	0.938	0.902	1.129	0.839	0.909	0.942	1.015	1.007	9.7
横13	0.890	0.920	0.864	0.904	0.954	0.668	0.808	0.969	0.911	0.985	10.5
横14	1.139	1.216	1.005	1.171	1.152	0.801	0.925	1.128	1.139	1.068	12.0
横15	1.181	1.246	0.987	1.123	1.158	0.909	0.991	1.017	1.130	1.159	9.8
横16	1.124	1.144	1.063	1.134	1.059	0.940	1.123	1.171	1.074	1.094	5.9
横17	1.118	1.187	1.159	1.037	1.181	1.027	1.107	1.006	0.889	0.994	9.0
横18	1.033	1.043	1.113	1.053	0.980	0.804	1.050	0.982	0.861	0.901	10.0
横19	0.978	1.129	0.930	0.908	0.901	0.876	0.875	0.857	0.902	0.971	8.5
横20	0.984	0.973	0.929	0.907	0.965	0.831	0.982	0.865	0.925	0.843	6.3
纵向变异系数/%	10.3	12.9	9.8	10.6	11.0	11.4	9.7	11.5	11.4	8.6	11.8

总之,小型机动背负式喷杆喷雾机比背负式手动喷雾器和机动背负式喷雾机能更均匀地将农药喷施到靶标上,农药的有效使用率得到提高,相应的用药用水量就会有所降低,并且作业速度比背负式手动喷雾器有较大的提高。

6.5　应用前景

由于小型机动背负式喷杆喷雾机较机动背负式喷雾机增加了机架、喷杆、喷头、调压阀、压力表等,因此生产成比机动背负式喷雾机要高,大约为1 000元人民币,最终销售到农民手中在1 600元人民币左右。不过由于该机具较传统的机具在关键性能上有较大的提高,适合我国小地块的使用,因此是传统背负式喷雾机的优选更新品,有很大的市场推广价值。目前我国背负式手动喷雾器的保有量为1亿台,每年销售总量至少为600万~700万台。如其中的5%更新为小型机动背负式喷杆喷雾机,即每年生产该机具25万台,每台售价1 600元,利润500

元,则每年总产值 3.75 亿元,利润 1.25 亿元,这对植保机械行业必将产生一个推动作用。

如果从社会效益、环境效益来看,旧机具逐步更换为新产品效益也是相当可观的。每台新机具比传统机具节药节水 20%,节省工时 30%,即每台机具每年可节药 2 kg(按照每台旧机具每年喷药 10 kg 计算),节水 80 kg(按照每台旧机具每年喷药消耗水 400 kg 计算),节省工时 1.5 d(按照每台旧机具每年喷药消耗 5 个工作日计算),则每年更换 25 万台新机具,节药 500 t,节水 20 000 t,节时 37.5 万个工作日。

综上可知,无论是从社会效益、环境效益、经济效益来讲,更换传统背负式喷雾机是势在必行的。

6.6 致　　谢

感谢国家“十五”科技攻关计划重大项目“长江中下游集约化农区水田污染控制技术研究”(项目编号:2004BA516A02)、国家“十一五”科技支撑计划项目“高效减量多靶标化学防治新技术”(项目编号:2006BADA03)对本研究的资助!

参 考 文 献

何雄奎.改变我国植保机械和施药技术严重落后的现状.农业工程学报,2004,20(1):13-15.

李红军,何雄奎,周继忠,等.一种小型机动背负式喷杆喷雾机的性能试验.中国农业大学学报,2007,12 (2):54-57.

钱玉琴.国内外农业施药技术研究进展.福建农机,2006(3):26-28.

杨华,孙庆峰,周洪富.植保机械的现状与选用.北方果树 2007,3:55-57.

张玲,戴奋奋.我国植保机械及施药技术现状发展趋势·中国农机化,2002,(6):34-35.

中国农药网.中国农药:出口量已占全球进出口总量 1/8. http://www. jinnong. cn/ny/news/2011/3/28/201132811481087215. shtml.

中国农药信息网.加快推进农药产品结构优化升级为保障粮食安全提供有力的技术支撑. http://www. chinapesticide. gov. cn/doc11/11022816. html.

第7章

静电喷雾技术

周继中　宫　帅　马　晟　李　烜　何雄奎　刘亚佳

7.1 引　言

7.1.1　研究背景及意义

农药静电喷雾技术是在控制雾滴技术和超低容量技术基础上结合静电理论而进一步发展的一种新型农药应用技术。该技术应用高压静电在喷头与目标间建立一静电场,而药液流经喷头雾化后通过相应的充电方法(电晕充电、感应充电、接触充电)被充以电荷形成群体荷电雾滴,然后在静电场力和其他外力作用下,雾滴作定向运动而吸附在目标上。它具有雾滴尺寸均匀、沉积性能好、飘移损失小、沉降分布均匀、穿透性强,尤其是在植物叶片背面也能附着雾滴等优点,与常规喷雾方式相比,极大提高了在作物表面的喷雾沉积率,增加了均匀性,同时减少了雾滴的无效漂移和药液流失。农药静电喷雾技术及机具在美国已被成功应用于大田、果园和温室作物的植保作业,但在我国主要还处于试验研究阶段,尚未广泛应用于农业生产。近年来,农药静电喷雾技术的应用日益受到重视,研发经济适用的农药静电喷雾技术具有重要的经济效益和社会效益。

7.1.2　农药静电喷雾技术研究进展

7.1.2.1　国外研究进展

Rayleigh 是静电雾化研究领域的先驱者,1882 年开始其雾滴静电化研究,发现非静电雾化雾滴直径是静电雾化产生的雾滴直径的 1.9 倍。20 世纪 40 年代,法国的 Hampe 首次将静电应用于农药喷洒作业。此后美国一些大学如佐治亚大学进行了正式的研究试验,试验结果表明,静电场可以大大提高农药药粉对植物的附着率。

美国佐治亚大学的 Law(1978)及其学生在气力雾化喷头的基础上研制了嵌入式感应荷电喷头,在卷心菜上的沉积结果表明荷电喷雾是非荷电喷雾的 7 倍,在棉花上的沉积是非荷电喷雾的 2 倍,荷电喷雾可增加在靶标正面及背面的沉积量。经过多年的研究改进,该成果由美国 ESS 公司投入商品化生产,被应用于大田、果园和温室病虫害的防治。Marchant(1985)设计了离心雾化的感应式荷电喷头,静电感应装置和转盘一起转动。Dobbins(1995)设计了基于背负式弥雾机的感应荷电喷头,该喷头已经商品化,不但应用在背负式喷雾机上,而且装配在果园和航空喷雾机上,广泛用于各种果树的农药喷施工作。该喷头呈扁平状出口,一边安装气流剪切式喷头,对面安装感应电极。高速气流雾化和输送雾滴,雾滴大小在 $50\sim60\ \mu m$。试验表明,荷电喷雾在靶标上提高 50%的沉积量。在果树上的沉积量增加 46%,对喷雾人员的污染减少 82%。美国 Kirk(2001)等研发了一种航空静电喷雾系统,系统由 88 个静电喷头组成,采用双极性感应荷电。田间试验表明,在作物冠层和中层的叶片正面,航空静电喷雾与传统航空喷雾得到的雾滴覆盖率分别为 34.5 ng/cm 和 29.6 ng/cm,在叶片背面雾滴覆盖率分别为 3.7 ng/cm 和 2.1 ng/cm。

Coffee(1979)研制的商品名为"Electrodyn"的手持静电喷雾器采用接触式静电喷头,使用油剂,电压为 25 kV,依靠高电压在液膜产生的驻波来实现喷液的雾化。Western 等设计的接触式静电喷头由两块乙缩醛塑料构成,其中一块作为储药箱,并在底部设计锯齿状结构;另一块接高压电源(25 kV)。塑料板之间是一个有 23 个小槽的夹铁。两个静电喷头并列固定在有机玻璃喷杆上使用,接地金属铜棒起到加强电场的作用,位于喷头的两边,距离 90 mm。使用油/醇混合液,不同配比具有不同的电导率和黏度,以改变雾滴的大小。与扇形雾喷头对比试验结果表明:当模拟靶标密度降低时,荷电喷雾增加总沉积量且改善沉积分布;荷质比小的大雾滴冠层穿透性好,但在叶片背面的沉积差;荷质比大的小雾滴则正好相反;风助可以增加荷电雾滴的穿透性,但是减少在叶片背面的沉积量;在冬小麦上,荷质比减小使沉积量降低,增加了地面沉积,尽管仍显著小于扇形雾喷头;风助增加荷电量大的小雾滴在小麦冠层的穿透性,减少荷电量小的大雾滴在地面的沉积;喷雾速度对沉积的影响不确定;当荷质比增加、雾滴尺寸减小时增加飘失,而且飘失量显著大于扇形雾喷头,风助可以使荷电小雾滴的飘失量减少 93%。

德国 Ganzelmeier(1980)和 Moser(1983)研发了液力式电晕荷电喷头,电极电压为70 kV。田间试验表明:荷电喷雾可以在小麦旗叶上增加 90%的沉积量,在叶片背面增加 1 倍的沉积量;对于冠层下部的沉积量,静电喷雾则没有显著性增加,即使有风助(2.3 m/s)。在低矮植株上,风助可以增加冠层底部的沉积量达 50%。Cooper(1998)等研究了基于离心雾化的电晕荷电喷头,雾滴尺寸可以通过改变转盘转速和电压的方式调节。在棉花上的沉积试验表明,该款喷头可以增加总沉积量和叶片背面沉积量,虽然雾滴在穿透性方面没有改善;该喷头可以使用常规的水基型农药。

农药静电喷雾尽管有数十年的研究历史,可以提升雾滴在靶标作物表面的沉积效果,减少飘移损失,节省农药、减轻环境污染,但至今广泛应用的产品较少,目前主要有美国 ESS(Electrostatic Spraying System)公司的两相流静电喷雾机、英国 ICI 专门为发展中国家研发的 Electrodyn 静电喷雾机、美国系列静电喷雾器公司生产的航空和气助式果园静电喷雾机以及美国 LectroBlast 公司生产的果园/葡萄园静电喷雾机。其中 Electrodyn 静电喷雾机可用于小户型家庭使用,但是该静电喷雾机需要特殊的油剂配套使用,而且荷电电压>20 kV,对操作者存在高电压危险。ESS 公司手持式静电喷雾器平均每台价格高达 1 万元以上,Spectrum Electrostatic 和 LectroBlast 公司致力于发展大型静电喷雾机,价格也都不菲。

7.1.2.2 国内研究进展

我国的农业静电喷雾技术始于 20 世纪 70 年代末,上海明光仪表厂、江苏太仓静电设备、丹阳电子研究所、北京农业大学等先后研发了手持转盘式静电喷雾器,河北邯郸市机械研究所研发了接触荷电手持式静电喷雾器等。中国农业大学尚鹤言基于 WFB-18AC 型机动喷雾机研发的接触式荷电机具,用于大田和果树,防治尺蠖和麦蚜,取得良好的防效。1992 年,江苏大学研制了风送灭蝗静电喷雾装置。2002 年,中国农业大学研制了果园自动对靶静电喷雾机。结果表明,静电喷雾提高 2 倍的沉积量,在苹果树上的有效附着率为45.38%～53.46%,节省农药达到 50%～75%以上。南京林业大学茹煜研究了感应式航空静电喷雾装置。在 Y5B 农用飞机上挂载静电喷雾系统,并进行了雾滴沉积、有效喷幅、雾滴飘失等方面的测试。结果表明,相比于常规航空喷雾,静电喷雾明显增加沉积,而且沉积分布均匀,雾滴飘失小。山西农业大学任惠芳研制了气力式感应荷电喷头,研究了气压、流量、液压、荷电电压、喷口直径等对雾化质量及荷电性能的影响。河南农业大学余泳昌等研制了组合式静电喷雾装置,采用感应和电晕荷电,使雾滴细化,改善雾滴谱的分布。在农药雾滴荷电方式中,接触式荷电方式可使雾滴荷电最充分,效果最佳,感应式荷电次之,但在实际应用中,接触式荷电装置由于高压易出现安全问题,如雾滴返回沿绝缘体表面漏电或击穿绝缘层,因此出于安全应用方面考虑,应尽可能降低荷电所需电压。中国农业大学李炬研制了电晕式荷电喷头,李扬、陈舒舒、宫帅、马晟、等研究了感应荷电喷雾以及药液的理化性质对静电沉积的影响,研究拟在消化吸收国内外农药静电喷雾系统技术的基础上,应用感应式荷电原理,研制开发可使用水基型农药、低压电源、成本低、适合中国国情的感应式静电喷雾装置,包括静电喷雾专用直流低压电源、感应式静电喷头及其辅助设备。

7.2 静电喷雾系统理论研究

静电喷雾过程包括雾滴的荷电、雾滴的输送和荷电雾滴的沉积。带电粒子在电场方向的力的作用下,如果带电荷的粒子处于自由运动状态,它就会沿着电场方向即电力线运动。如果将喷头施加负电场,就会在从喷嘴出发到靶标物结束之间的范围内形成电力线,由于电力线具有穿透性,故它可以穿透过目标物的内部(如冠层内部)。如果在喷头附近施加足够强大的负电场,那么从喷头喷嘴喷射出的雾滴所带静电为负电荷,而植物表面的静电为正电荷,这些正电荷吸引力强,是地球引力的 40 倍,可以把雾滴强拉到植物表面,使雾滴附着于植物叶片正面和背面,利用静电场的力实现雾滴在植物冠层内部的有效附着。

7.2.1 雾滴荷电原理

在农药喷洒上应用比较成熟的雾滴荷电方式主要有 3 种方法：

1. 电晕充电法

用静电高压电晕使雾滴荷电。如图 7.1 所示，当把 L_1 和 L_2 接地，L_3 接高压正极电源，就会在尖端电极 4 附近产生足以能够使周围空气电离的局部强电场，从而对喷嘴处正在雾化的雾滴进行充电。一般尖端电极上的电压超过 2 万 V 才能获得所需要的电场。这种充电方式是药液雾化后在喷头外部充电，高压绝缘性好，可直接用于现有的普通喷头上。充电时，喷雾器接地，以防止操作人员遭受电击，同时要求药液具有较好的导电性。

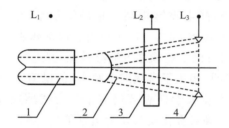

图 7.1　充电装置工作原理示意图

1. 喷头　2. 喷液流束　3. 感应极环　4. 尖端电极

2. 接触式充电法

把静电高电压直接与药液箱内部的药液连接，雾滴在流经喷嘴喷出后即可形成带电水雾。即把高压正极电源与 L_1 相连，拿掉感应极环 3 和尖端电极 4，电荷则由导体直接对流经 L_1 正在雾化的雾滴进行充电。由于充电液体和地之间距离较大，所以要求充电电压比感应充电高很多，一般以 2 万 V 最适宜。

3. 感应式充电法

在外部电压电场作用下，在液体层喷嘴出口形成水雾的瞬间，根据静电感应原理，使喷出的雾滴带有与外部电场电荷极性相反的电荷。即把尖端电极 4 拿去，在 L_1 和 L_2 之间加一电源。存在于喷头 1 和感应极环 3 之间的电场就可使电荷绕回路流动，负电荷聚积在喷头和喷液流束上，正电荷聚积在感应极环上。这个电场便可对正在雾化的雾滴进行充电。液体可以接地，药液箱不需要绝缘，但电极必须与药液绝缘。

从农药电导率方面考虑，感应荷电适用于导体喷液，接触荷电适用于半导体喷液，而且接触荷电对喷液电阻率以及黏度的要求很高，需电阻在 $10^4 \sim 10^6 \, \Omega$ 范围内才能应用；电晕荷电对喷液电阻率则没有要求。感应荷电电极与雾滴极性相反，感应荷电和电晕荷电都需要外力雾化喷液，进而荷电，接触荷电仅靠静电力就可以实现对喷液的雾化。

早期的农药主要为粉剂，在 3 种荷电方式中，电晕荷电适合对粉剂的荷电，随着水剂大规模取代粉剂，感应荷电开始发展起来。接触荷电主要使用油剂，对劳动效率的提高以及干旱的地方，有着更深远的意义。

由于感应荷电电极距离接地电极近，低电压可以产生足够高的电场强度使雾滴荷电，因此

3 种荷电方式中,感应荷电电压相对较低。低电压的使用对电源研制、操作者安全、静电喷雾装置在田间实际应用具有更多的实用价值,目前感应式静电喷雾系统的研究最为广泛。

7.2.2　雾滴荷电效果评定参数及测量方法

雾滴的荷电量与雾滴质量之比(即荷质比)是衡量喷雾器对雾滴充电的重要指标。荷质比越大,则喷雾效果越好。试验研究发现,当荷质比为 $3\sim5$ mC/kg 时,带电雾滴就有了较强的静电效果。在静电喷雾技术研究过程中,采取各种措施,使得电压一定时获得尽可能大的荷质比。综合国内外有关荷质比测定的方法和手段,目前主要有 3 种测量方法:模拟目标法,网状目标法和法拉第筒法。

1. 模拟目标法

即实物模拟,就是用金属材料制造模拟实物模型。如 Law 和 Lane 制作的实物模型,通过聚四氟乙烯使除靶标外的所有部分保持有效的低电位,并将一尖端插头压进植物茎管,然后通过同轴电缆与电荷集电计连通。当含有标准示踪液的荷电雾云沉降至靶标上时,就可以通过集电计读出电流值,然后用标准程序将靶标冲洗后在荧光仪上便可得到沉降至目标上的雾滴量,从而就可计算出到达靶标时雾云的荷质比。

简化模拟,实物模拟固然有其可取的一面,但也不可避免地会存在局限性,如变换作物种类就需要重新制作模型以及在数学上不易处理。因此,为了更快更有效地研究相似种类目标植物的荷电状况,很多学者据不同植物类型用不同简化模型研究,建立简化模拟时的数学模型以指导实际。

2. 网状目标法

这是一种利用收集沉积雾滴测出流量和微电流值的原理来研究荷质比的方法,即当带电雾滴穿过一系列不同目数的金属筛网时,通过与金属网直接连接的电流表测量电流的方法确定电荷量,同时测出附着在筛网上的沉积量,即可算得荷质比 $q/M = I \cdot t/M$。

如 Splinte 将 6 层目数依次递减的一系列铜筛网装在喷雾收集箱内,整个箱体用石蜡座与大地绝缘,直接通过电流可以测出通向大地的电流,同时利用箱内体收集雾滴而确定流量。江苏工学院就设计了一套格网式荷质比测试装置,制作锥形台状收集框架,内装几层不同目数的金属筛网,通过对离心风机产生的带电雾滴进行了测量,直接读出电流值,并收集雾滴测其在筛网上的雾滴的附着量。松尾昌树等也设计了类似的试验装置,但沉积量是利用在筛网上特定位置处粘贴 14 片铝箔,首先采用标准化示踪方法喷液,然后采样,经分光光度计测出附着量,从而得到荷质比。

3. 法拉第筒法

在静电技术研究中法拉第筒法是测量带电体电量的传统方法。法拉第筒由两个互相绝缘的金属筒组成,分析计算可得被测带电体电量为:

$$q = U \cdot (C_f + C_b) \tag{7.1}$$

式中,C_f 和 C_b 分别为法拉第筒固有电容和仪表输入电容,U 为仪表指示电压。

为保证测量稳定性,一般并联低泄露电容 C_a,且使 $C_a \gg C_f$ 和 C_b,则:

$$q \approx U \cdot C_a \tag{7.2}$$

经适当标定,便可直接读出被测带电体电量。例如,在雾流与接地尖端距离确定的情况下,为了能在获得雾滴电荷水平的同时,方便观察研究液体电导率对雾流和接地尖端之间的气体击穿和传导性的影响,Law 和 bowen 设计了一套封闭式可控试验系统,其中法拉第筒的作用是测量了通过接触充电产生的荷电雾滴的电荷水平,试验过程中雾滴直接进入内筒。

7.2.3 荷电雾滴的输运过程

荷电雾滴从喷头到靶标的运动过程,是荷电雾滴在各种力综合作用下的结果,同时受到周围环境的影响,如蒸发作用,以及靶标的性质。

7.2.3.1 荷电雾滴的受力分析

荷电雾滴沉积的过程十分复杂,是因为受到电场和流场的耦合作用。需要涉及空气黏度,温度等;单个荷电雾滴除了受到喷头和接地靶标之间电场的作用,还受到荷电雾滴云自身产生的空间电场的作用。

荷电雾滴在输运过程中所受的力包括:重力,曳力,流场的压差力,气体加速度引起的附加质量力,Basset 力,Magnus 力,Saffman 力,电场力等。具体如下:

1. 重力

$$F_g = \frac{1}{6}\pi r^3 \rho_p g \tag{7.3}$$

2. 曳力

$$F_D = \frac{1}{8}\pi C_d d_p^2 \rho_f \mid v_f - v_p \mid (v_f - v_p) \tag{7.4}$$

其中,r 为雾滴直径;ρ_p 为雾滴密度;v_p 为雾滴速度;v_f 为空气速度;ρ_f 为空气密度;C_d 为阻力系数,$C_d = \frac{18.5}{Re^{0.6}}$($Re$ 为雾滴在气流中运动的雷诺数)。

3. 流场中的压差力

$$F_p = -\frac{1}{6}\pi d_p^3 \Delta p \tag{7.5}$$

4. 气体加速度引起的附加质量力

$$F_{am} = -\frac{1}{12}\pi d_p^3 \rho_f \left(\frac{dv_p}{dt} - \frac{dv_f}{dt}\right) \tag{7.6}$$

5. Basset 力
Basset 力是由于雾滴速度变化时,周围流场的滞后性所引起的。

$$F_B = \frac{3}{2}d_p^2 \rho_f \sqrt{\pi \rho_f \mu_f} \int_0^t \frac{d(v_p - v_f)}{dt} \frac{d\tau}{\sqrt{t-\tau}} \tag{7.7}$$

其中,τ 为中间变量;t 为雾滴在流场中运动的时间。

6. Magnus 力
Magnus 力是由于雾滴旋转时,绕流速度在雾滴的两侧不同,造成的压力不对称,产生的

Magnus 力,该力是垂直于气液相对速度和旋转轴的侧向力。

$$F_M = \frac{\pi}{8} d_p^3 \rho_f \bar{\omega}_p (v_f - v_p) \tag{7.8}$$

其中,$\bar{\omega}_p$ 为雾滴自旋角速度矢量。

7. Saffman 力

当流场有速度梯度时,雾滴受到一个附加的侧向力,称为 Saffman 力

$$F_s = 1.62 d_p^2 \sqrt{\rho_f \mu_f} (v_f - v_p \sqrt{\left| \frac{dv_f}{dy} \right|}) \tag{7.9}$$

8. 电场力

$$F_e = qE \tag{7.10}$$

其中,E 为喷头处以及荷电雾滴云本身所产生的电场的综合电场。

考虑到在气液两相流中,连续相的密度远小于雾滴的密度,可以忽略附加质量力,流场内的压差力,Basset 力等,因此,可以认为在雾滴的输运过程中,对荷电雾滴运动起主要作用的力为重力(在某些情况下也可以忽略,因为当雾滴荷电量高时,电场力超过重力的 50 倍以上),曳力和电场力,而且曳力的计算公式可以简化为:

$$F_D = 6\pi \mu a v \tag{7.11}$$

其中,μ 为空气黏度(1.8×10^{-5} N·s/m²);v 为气流速度。

7.2.3.2　荷电雾滴在空间电场作用下的沉积数值计算

在实际喷雾中,由于喷头和靶标之间直接作用时间很短,如大田喷雾,喷头在某一特定靶标垂直方向上的时间在 ms 级,因此雾滴云所产生的空间电场对雾滴的运动以及在靶标的沉积影响更大;当荷电雾滴接近靶标时,会产生一个镜像力,从而有助于荷电雾滴的沉积以及减少飘失,尽管镜像力是一种短程力,与荷电雾滴和靶标的距离的平方成反比,影响范围在 mm 级,但是当荷电雾滴云进入植物冠层内部,镜像力则对雾滴的沉积起到重要作用。

(1)若单个荷电雾滴接近平面靶标时(图 7.2),则镜像力 F_I 计算公式为:

$$F_I = \frac{q^2}{4\pi \varepsilon_0 d^2} \tag{7.12}$$

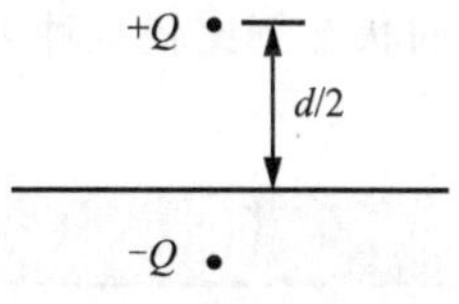

若带电雾滴靠近一个半径为 R 的导体球面,则在球面上的感应电荷为:

$$q = -qR/d \tag{7.13}$$

图 7.2　单个荷电雾滴的镜像力

其中,d 为荷电雾滴和球体的距离。

则镜像力计算公式为:

$$F_I = -\frac{q^2 R}{4\pi \varepsilon_0 d(d - R^2/d)^2} \tag{7.14}$$

若荷电雾滴处在一个半径为 R 的球体内,则

$$F_I = -\frac{q^2 R r_d}{4\pi\varepsilon_0 (R^2 - r^2)^2} \qquad (7.15)$$

其中, r_d 为雾滴和球心的距离。

类似的,若荷电雾滴处在一个底圆半径为 R 的圆柱体中,则

$$F_I = -\frac{q^2 R r_d}{16\pi R^2 \varepsilon_0 (R - r_d)^2} \qquad (7.16)$$

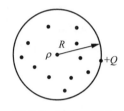

图 7.3 荷电雾滴处
在雾滴云中

镜像力和空间电场力的一个区别是,空间电场力产生的前提是荷电雾滴云密度足够大,静电力占据主要作用;镜像力只要有荷电体接近导体表面时,就可以发挥作用。

(2)若荷电雾滴处在均匀分布的雾滴云中(图 7.3),则空间中某一荷电雾滴所受到的空间电场力 F_s 为:

$$F_S = q\left(\frac{\rho_e r_p}{3\varepsilon_0}\right) \qquad (7.17)$$

其中, ρ_e 为荷电雾滴云的空间电荷密度(C/m³); r_p 为荷电雾滴和雾滴云中心的距离。

(3)若均匀分布的荷电雾滴云靠近一接地靶标(图 7.4),在接地靶标上的感应的镜像电荷取决于空间电荷的总体积。当雾滴位于位置 L 时,所受的力为:

$$F_{SI}^L = \frac{q\rho r}{3\varepsilon_0}\left[1 + \left(\frac{r}{r+d}\right)^2\right] \qquad (7.18)$$

而当雾滴位于 U 点的位置时,所受的力为:

$$F_{SI}^L = \frac{q\rho r}{3\varepsilon_0}\left[1 + \left(\frac{r}{r+d}\right)^2\right] \qquad (7.19)$$

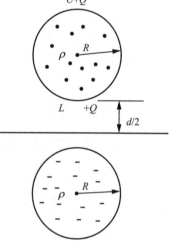

图 7.4 均匀荷电雾滴云
靠近接地靶标

当雾滴位于其他位置时,雾滴所受的力限于这两个力之间。

荷电雾滴主要受重力、曳力和电场力的作用,若在理想的状态下比较 3 种力的关系,见表7-1。

表 7.1　3 种静电力与重力和曳力的比较

	静电力/重力 F_g	静电力/曳力 F_d
镜像力 F_I	$\dfrac{F_I}{F_g} = \left(\dfrac{1}{4\pi\varepsilon_0 g}\right)\dfrac{q}{m}q\dfrac{1}{d^2}$	$\dfrac{F_I}{F_d} = \dfrac{q^2}{24\pi^2\varepsilon_0 g\mu a v d^2}$
空间电场力 F_s	$\dfrac{F_s}{F_g} = \left(\dfrac{1}{3\varepsilon_0 g}\right)\dfrac{q}{m}\rho r$	$\dfrac{F_s}{F_d} = \dfrac{qr\rho}{18\pi\varepsilon_0 \mu a v}$
雾滴云镜像力 F_{SI}	$\dfrac{F_{SI}}{F_g} = \left(\dfrac{1}{3\varepsilon_0 g}\right)\dfrac{q}{m}\rho r\left[1 + \left(\dfrac{r}{r+d}\right)^2\right]$	$\dfrac{F_{SI}}{F_d} = \dfrac{qr\rho}{18\pi\varepsilon_0 \mu a v}\left[1 + \left(\dfrac{r}{r+d}\right)^2\right]$

若对于一个 50 μm 的水滴,速度为 2.0 m/s,密度为 10^3 kg/m³,荷质比为 1.0 mC/kg(有

效静电喷雾所要求的最低荷电量），距离靶标距离为 1.0 mm，距离荷电雾滴云中心距离 10 cm，即位于雾滴云边缘，荷电雾滴云的空间电场密度为 20 μC/m³（一般为 20～50 μC/m³），$\varepsilon_0 = 8.854 \times 10^{-12}$ F/m，空气黏度 $\mu = 1.8 \times 10^{-5}$ N·s/m²，则由表 7.1 计算得到表 7.2。

表 7.2　3 种静电力与重力和曳力的比较(计算条件如上)

	静电力/重力	静电力/曳力
镜像力	0.5	0.03
空间电场力	7.5	1.2
雾滴云镜像力	15	2.4

通过表 7.2 可知，荷电雾滴的沉积主要靠空间电场力的作用。

若荷电雾滴进入冠层内部，雾滴云密度稀释，则静电沉积主要依靠镜像力。

对于粒径小于 30 μm 的雾滴，靶标作物的茎秆和叶片一样都可以作为平面看待，则镜像力为，

$$F_I = \frac{q^2}{16\pi\varepsilon_0 d^2} \frac{\varepsilon - 1}{\varepsilon + 1} \qquad (7.20)$$

其中，ε 为作物表面的相对介电常数，一般为 82。

若雾滴粒径为 10 μm 的水滴，速度为 0.05 m/s，密度为 10^3 kg/m³，荷质比为 2.0 mC/kg（荷电雾滴进入冠层后雾滴粒径和运动速度变小，荷质比则相应变大），距离靶标距离为 0.1 mm，雾滴仍主要受曳力、重力和静电力的作用，则

$$\frac{F_I}{F_g} = 9, \frac{F_I}{F_d} = 1$$

7.2.3.3　沉积性能的评定参数

沉积性能的衡量指标主要有沉积量和沉积密度等。

1. 沉积量

在对农作物进行施药的过程中，无论我们采取何种喷雾方式或者选择不同的工作参数来进行农药喷洒，最终目的都是为了提高在目标作物上的沉积量。因此，沉积量是衡量沉积性能的最主要指标。

2. 沉积密度

沉积密度是用来表征雾滴在目标上沉积分布均匀性的量。雾滴从喷嘴喷出后，在不同力的作用下经过迁移到达目标上不同的位置沉积，在各个位置沉积的雾滴的数量是不相同的，要表征在沉积区域雾滴分布的均匀性，雾滴在沉积区域的沉积密度分布也是一个重要的评定参数。

7.3　气助式感应静电喷雾系统的研制与试验

7.3.1　系统组成

气助式感应式静电喷雾装置包括喷雾天车试验台系统、喷雾系统、静电系统、测试仪表

系统。喷雾天车试验台系统由控制台、驱动电机、喷雾天车组成,其中可以通过控制台调节喷雾天车的行驶速度来模拟田间农药喷洒作业的喷施速度;喷雾系统包括空气压缩机、药液罐、调压阀、压力表和气助式感应静电喷头;喷头是静电喷雾装置中关键的部件,它的结构和质量的好坏直接影响雾化效果和雾滴荷电,因此,静电喷头是静电喷雾能够实现的关键。其中,静电喷头的雾化性能和荷电效果是设计时要考虑的两个重要方面,这就是既要产生均匀细小的雾滴,又要有尽可能大的雾滴荷质比。喷头由空气压缩机在提供喷头所需的气流的同时对储液罐加压,提供药液雾化压力,药液流量由液压阀控制,气助式感应荷电喷头喷雾系统见图7.5。静电系统中的静电高电压发生装置和高压感应电极是整个装置的关键部分,通过高电压发生装置来产生工作电压,利用高压感应电极与药液射流之间的电场使雾滴在雾滴形成区附近荷电;测试仪表系统包括绝缘支架、屏蔽电缆、微安电流表,示波记录仪、荷质比测试装置等。

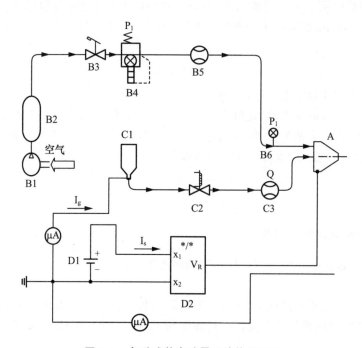

图 7.5　气助式静电喷雾系统的原理图

A. 气助式感应喷头　B1. 空气压缩机　B2. 储气罐　B3. 阀门　B4. 气压调节器　B5. 气体流量计
B6. 气压表　C1. 储液罐　C2. 阀门　C3. 液体流量计　D1. 24 V 直流电池　D2. 高压电源

7.3.2　气助式感应静电喷头结构

本研究所设计的静电喷头(图7.6至图7.8)是在气力雾化的基础上添加感应环,气流起到雾化喷液、干燥感应环、输送雾滴、吹开冠层等作用。对于感应式荷电来说,雾化点的确定将极大影响喷头的荷电性能,根据高斯定理,当静电感应环在雾化点时,液膜/液丝上的电场强度最大。本研究通过探头测量喷头和喷雾之间的电阻确定雾化区。

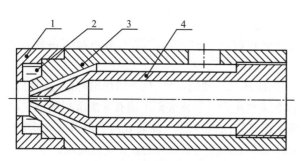

图 7.6 气助式静电喷头的原理图

1. 喷头帽 2. 铜环 3. 外套 4. 内芯

图 7.7 气助式静电喷头的实物图

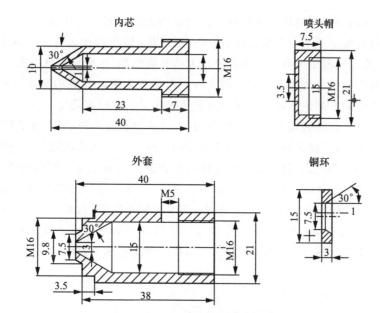

图 7.8 气助式静电喷头的组装图

与 ESS 静电喷头做比较,研制新喷头的参数见表 7.3。

表 7.3 与 ESS 静电喷头的结构参数比较

结构参数	喷头	
	自制喷头	对比喷头(ESS)
自由射流半径 r_j/mm	0.50	0.51
感应环半径 r_c/mm	1.5	1.78
起晕电压计算值 V_0/kV	1.7	1.9
最小荷电雾滴云电流值/μA*	0.08	0.08

*:电压为 300 V,流量为 60 mL/min。

感应环的设计则要考虑机械加工的方便性,以及在喷头的位置。感应荷电从本质上讲是两个电极(感应电极和接地极)组成了一个电容。电容的计算公式,

$$C_t = \varepsilon_0 \varepsilon_r S_t / t \tag{7.21}$$

其中,ε_0 为真空介电常数;ε_r 为绝缘介质的介电常数;S_t 为电容;C_t 为有效电极表面积;t 为电极之间的距离。

根据式(7.21),减小两电极之间的距离使感应环靠近液膜,可以显著增加电容值,提高荷电效率,或者是达到相同荷电水平的基础上显著降低荷电电压。但前提是不能有雾滴沉积到感应环上。保证电极环干燥除了使两电极之间维持合理的距离外,主要依靠气流隔开两个电极或者吹走沉积到感应环内表面的雾滴。电极环的材质为黄铜,镶嵌在喷头的雾化区附近。根据高斯定理,

$$\oiint E \cdot \mathrm{d}S = \frac{1}{\varepsilon_0} \sum_i q_i \tag{7.22}$$

在静电场中的表达为,电场强度在任意封闭曲面上的通量正比于该封闭曲面内电荷的代数和。雾滴的电荷量全部来自于雾化区,若孤立雾化区,即在雾化区有一个虚拟的高斯面,则根据高斯定理,雾化区的最大荷电量来自于最大的感应电场,这个感应电场来自于感应环。雾化区远离感应环的位置会使荷电效率急剧下降。但是气力雾化喷头的雾化区很难确定(有人曾提出用测量电阻的方法来确定雾化区),只能通过大量的试验来确定。

感应环通过一个焊接的接头连接高压电源,在接头处包裹绝缘物质,除了防止沉积到喷头体的雾滴造成漏电,也可以起到保护操作者的目的。对于安全问题,虽然本试验中使用的静电喷头的电流通常小于 $10~\mu A$,但是电流对人体的伤害基于多种因素。据国际电工委员会的报告(International Electrotechnical Commission),小于 $2~mA$ 的直流电对成人通常没有影响。若维持 $40~mA$ 的直流电 $2~s$ 则不会产生病理生理学上的有害作用,维持 $300~mA$ 的电流 $2~s$ 会造成 50% 犬的纤维性颤动。因此,试验中使用的电流应该处在非常安全的范围内,不包括静电喷雾过程中漏电造成的电流增加,以及长时间接触电流造成的影响。

7.3.3 高压电源的设计

在静电技术应用于农药喷雾的早期,高压电源曾是制约这项技术在农业上实用化的主要原因之一。相比之下,同样使用静电技术,工业上的使用环境则较为优越,可以使用便利的电源,高压设备也可以使用较为大而笨重的设备。在农业上,由于大田操作时环境的复杂性,设计简单、轻便携带而安全的高压电源则是静电农药喷雾的必备条件之一。对于感应荷电喷雾方式,高压输出端仅有很小的泄漏电流,消耗的电能非常少。

高压电源的设计思路总体为体积小、重量轻、低功耗、带负载能力较强、可以使用电池或者机载电瓶供电。

本研究设计的高压电源工作原理如图7.9所示:三极管 VT 和变压器 T 的初级绕组构成高频振荡器,把 $3~V$ 直流电压变成 $18~kHz$ 左右的高频交流电压,经变压器升压,输出峰值 $700~V$ 左右交流电压,再经高压整流二极管 VD2～VD4、电容 C1～C3 构成的三倍压整流电路,输出 $2\,000~V$ 左右直流高压。

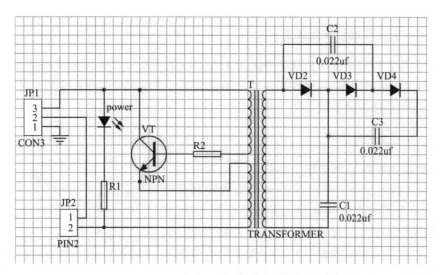

图 7.9　高压电源设计原理图

　　如图 7.10 所示,高压电源所使用的元器件主要有:电阻、高压电容和变压器。

　　试验中涉及的高压电源的性能指标:工作电压 3 V,工作电流 1 A,输出电压 2 000 V,负载电流 1.5 mA。

　　电路的高压绝缘安全问题:低压输入与高压输出通过不同边进出线。

　　其他的辅助设施包括高压电源的测量装置,以及示波器等(用于监控高压输出)。

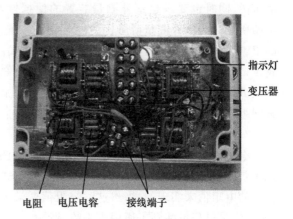

图 7.10　高压电源内部实物图

7.3.4　荷质比测量装置

7.3.4.1　室内荷质比的测量装置

　　采用测量荷质比的装置如下:直径为 80 cm 的圆柱形筛网,用以捕捉雾滴云纵向电流,与雾滴云运行垂直的方向上布置十层筛网,可以有效捕捉雾滴云轴向电流,最后一层筛网单独绝缘,以检验雾滴云电流是否被全部拦截。同时在喷头附近布置一层筛网来测量反向电流,所有电流总计为雾滴云电流。所有筛网的尺寸均为 1.5 mm×2.0 mm。整个测量系统能够调节筛网与喷头的距离。在实际使用中发现,在筛网长期使用后,尤其是当铁丝网有些生锈或者在油基性喷液的测量中,整个测量系统会出现"电流驰豫"现象,是因为生锈或者油剂沾到铁丝上造成的绝缘作用,在铁丝上形成一个个小的电容,因此,为了准确测量荷质比,铁丝网要经常更换,测量装置尤其考虑到了筛网更换的方便性,见图 7.11。

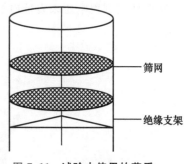

图 7.11　试验中使用的荷质比测量装置

153

7.3.4.2 室外测量荷质比装置

以上测量荷质比的装置可以保证静电喷头在室内的荷电效果得到准确的测量,但实际使用中,如在大田的药效试验中,这些荷质比的测量装置不方便进行荷质比实时测量。因此有必要研究便携式荷质比测量装置。整个装置包括电荷收集装置以及电流表。

1. 电荷收集装置

由于静电喷头在大田试验前已经进行了大量的室内试验,即静电喷头在保证稳定的工作状态下才可以进行大田试验,而所谓的稳定工作状态,包括流量稳定和荷电稳定。即使如此,仍然需要实时监测雾滴的荷电状况,如同对喷雾器械在大田实际操作前仍然要测量喷头流量而不是使用生产厂家提供的数据一样。在对喷头的荷电效果的实时监测中,需要满足两个条件,即能测量出雾滴云是携带电流的,而且雾滴云的携带电流大概处在所要求的范围,同时也要满足室外测量装置的便携性,因此,本试验所设计的室外测量荷质比的电荷收集装置由一根细的 PVC 管和安装在 PVC 一端的"筛网勺"构成。PVC 管

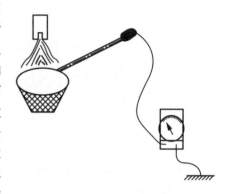

图 7.12　室外电荷收集装置

长 1 m,可以有效保证安全的测量距离。PVC 的硬度可以支撑"筛网勺"的重量,一根细的导线从 PVC 管中间穿过连接电荷收集装置和电流表。"筛网勺"则由硬铁丝构成的圆圈和多层筛网组成,圆圈半径为10 cm,可以完全包裹整个雾型。室外电荷收集装置见图 7.12。

2. 电流表

电流表的设计原理是运用欧姆定律,通过测量电压的方式来获取和显示电流值(图 7.13)。换挡的方式是通过改变接入的电阻值来实现的,当然这时候阻值两端的电压值也有变化,但是已经反映到了通用表头的显示上。

如图 7.14 所示,电流表的内部结构可以分为 3 部分,左侧为电源部分;中间是电阻切换部分,可实现电流电压的变换功能从而利用电压来表征电流值的大小;右侧为通用表头部分。

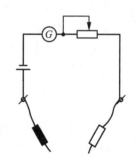

图 7.13　电流表设计原理图

图 7.14　电流表装置的内部实物图

7.3.5　气助式感应静电喷头的荷电性能测试

试验条件:①施加的电压为 200 V、300 V、500 V、800 V、1 200 V、1 500 V、1 800 V;②喷液流量60 mL/min;③喷头距筛网的距离为 40 cm;④气压为 0.3 MPa;⑤喷液为实验室自来水(电导率为 1.021 μS/m,表面张力为 72 mN/m),以下各试验均以此自来水为喷液,试验重复 3 次,取平均值。

如图 7.15 所示,施加电压在 1 kV 之前,荷质比随着电压的升高迅速增大;当电压超过 1 kV 时,雾滴荷电趋于饱和,荷质比增长缓慢,甚至在 1 500 V 左右出现了下降的情况,但是波动幅度很小,在 0~0.2 mC/kg。

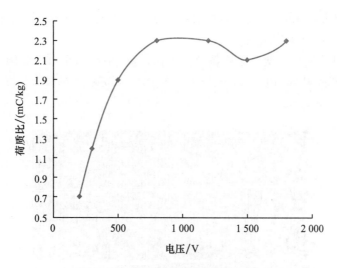

图 7.15　施加电压对荷质比的影响

本试验所设计的喷头在 300 V,荷质比为 1.2 mC/kg,即可以实现有效的静电喷雾,远小于电晕式或接触式超过 2 万 V 电压,对操作的安全性,高压模块的设计都将提供很大的便利。

根据液膜/液丝处的电场强度近似计算公式:

$$E = \frac{V}{r_j \ln(r_c/r_j)} \tag{7.23}$$

其中,V 为在感应环上施加的电压(V);r_c 为感应环的半径(m);r_j 为分裂为液膜/液丝前射流柱的半径(m)。

若喷液流量为 Q(m³/s),则荷电雾滴云的电流值(A)的计算公式为:

$$i = \frac{\varepsilon_0 VQ}{t_s r_j \ln(r_c/r_j)} \tag{7.24}$$

其中,ε_0 为真空介电常数[8.85×10⁻¹² C²/(N·m²)];t_s 为液膜的厚度(0.3 mm<t_s<0.6 mm)。

由式(7.1)得出,在流量一定的情况下,雾滴云电流跟感应环上的电压成正比(以本喷头为例,在 200～1 000 V 时的情况)。根据式(7.1)计算本试验喷头理论荷质比为0.08 mC/kg(电压为 300 V,流量为 60 mL/min),远小于 1.2 mC/kg,显示数值模拟的不准确性。

感应环上施加的最高电压,由式(7.2)计算:

$$V=(30r_j\delta+9\sqrt{r_j\delta})\log(r_c/r_j) \tag{7.25}$$

其中,δ 为相对空气密度;r_c 和 r_j 单位为 cm,V 单位为 kV。

根据式(7.25)计算喷头的电晕电压为 1.7 kV,但是从本试验得出的结果看,荷质比在 800 V 后就增长缓慢,可见,电压在小于 1.7 kV 时就已经产生了放电。

7.3.6 气助式静电喷头的雾滴谱

雾滴尺寸不但影响荷电水平,而且也最终影响雾滴在靶标的沉积。对于气力雾化喷头来说,流量和气压直接影响雾滴谱的分布。

对雾滴谱的测量是基于激光雾滴粒径分析仪(Spraytec,Malvern,英国,图 7.16),调整测量距离为 50 cm,流量为 60 mL/min,气压为 0.3 MPa,则雾滴谱的分布见图 7.17。经计算,雾滴的体积中径为 41.96 μm。

图 7.16　激光雾滴粒径分析仪

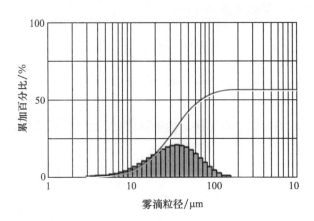

图 7.17　气助式静电喷头雾滴谱的分布(60 mL/min,0.2 MPa)

根据雾滴的理论最大荷电量公式，

$$q_{max} = 8\pi \sqrt{\varepsilon_0 \sigma} r^{3/2} \tag{7.26}$$

其中，q_{max} 为雾滴理论最大荷电量（图7.18），ε_0 为真空介电常数[8.85×10^{-12} $C^2/(N \cdot m^2)$]，σ 为表面张力，r 为雾滴半径。

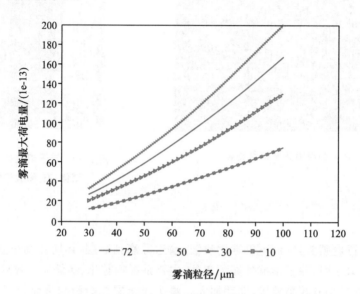

图7.18　雾滴的理论最大荷电量（根据雾滴粒径和表面张力，
72 mN/m, 50 mN/m, 30 mN/m, 10 mN/m）

根据式（7.26）可得雾滴最大荷质比公式，

$$q_{max}/m = \frac{8\pi \sqrt{\varepsilon_0 \sigma} r^{3/2}}{\rho 4/3\pi r^3} = \frac{6\sqrt{\varepsilon_0 \sigma}}{\rho r^{3/2}} \tag{7.27}$$

若喷液为水，即水的密度为 10 kg/m³，表面张力为 72 mN/m，则

$$q_{max}/m = \frac{4.8 \times 10^{-9}}{r^{3/2}} \tag{7.28}$$

若雾滴的粒径为 50 μm 和 100 μm，则理论最大荷电量分别为 1.4×10^{-2} C/kg，4.8×10^{-3} C/kg。如满足最低荷质比要求，即荷质比为 1 mC/kg，则 50 μm 和 100 μm 的雾滴的荷电率（荷电量与理论最大荷电量的比率）分别为 7% 和 21%。本试验所使用的静电喷头的体积中经为 42 μm，理论最大荷质比为 6 mC/kg，而在试验中，静电喷头处在所设定的条件下，雾滴的荷电率约为 33%。

7.3.7　气助式静电喷头的雾锥角

雾锥角的测量程序为数码照相，软件处理，然后根据三角函数法计算角度。雾锥角的测量见图7.19。

经测量，当流量为 60 mL/min，气压为 0.3 MPa 时，静电喷头的雾锥角为 30°。

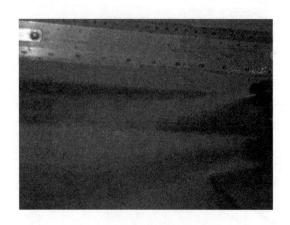

图 7.19　静电喷头雾锥角测量

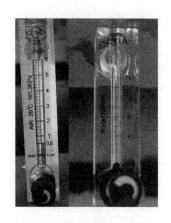

图 7.20　转子流量计(左-测量
液体,右-测量气体)

7.3.8　气助式静电喷头的气/液比

对于气助式静电喷头，气流不仅雾化喷液，输送雾滴到冠层，还防止荷电雾滴沉积到感应环表面。气流量太小时，除了影响喷雾距离外，主要是影响雾化，降低荷电效果；而气流量过大时，则对空压机的功率有较高要求，能耗加大。喷头流量同样会影响雾化效果(在气压固定的基础上)。对系统气液流量的测量均使用转子流量计(ZYIA,浙江余姚市奇泉流量仪表有限公司)，见图 7.20。

当电压为 1 kV 时，不同的气液比对荷质比的影响，如表 7.4 所示。

表 7.4　静电喷头电压 1 kV 时的气液比对荷质比的影响

气压/MPa	喷液流量/(mL/min)	气体流量/(m³/h)	气液比	荷质比/(mC/kg)
0.1	60	0.8	0.27	0.3
0.2	60	1.0	0.34	1.0
0.3	60	1.2	0.41	1.9
0.4	60	1.4	0.48	3.2

从表 7.4 可以得出，当气液比较低时，雾滴的荷质比较低，这是喷液无法有效雾化的原因，随着气压的升高，喷液形成的雾滴小且均匀，雾滴的荷质比明显提高。

与之做对比的是一款商业化的感应静电喷头(ESS)，其喷头参数见表 7.5。

表 7.5　ESS 喷雾器的气液比与荷质比

气压 MPa	喷液流量/(mL/min)	气体流量/(m³/h)	气液比	荷质比/(mC/kg)
0.2	126.7	5	0.8	1.5

ESS 静电喷头产生的雾滴 VMD 约为 50 μm，气流量大，荷质比高，而本试验使用的气助

式静电喷头,在高气流量和低喷量的情况下,如当气体流量为 1.4 m³/h,喷量为 60 mL/min,电压为 1 kV 时,荷质比可以达到 3.2 mC/kg。

7.3.9　气助式静电喷头无冠层条件沉积特性

不考虑冠层对沉积的影响,研究喷雾高度和荷电水平对沉积的影响。

7.3.9.1　喷雾高度对静电沉积的影响

材料和方法:荧光素钠溶液(BSF 1F561,德国,CHROMA-GESELLSCHAFT,质量浓度 0.1%);白铁片(规格为 5 cm×2 cm);吸水纸;自封袋;铁架台及镊子;试验仪器有:微安电流表、气助式静电喷雾装置、喷雾天车试验台系统(由控制台、驱动电机、喷雾天车组成,其中可以通过控制台调节喷雾天车的行驶速度来模拟田间农药喷洒作业)、质比测试装置、PERKIN-ELMER LS-2 型荧光分光光度仪、超声波清洗器等。

喷雾压力为 0.3 MPa,流量为 120 mL/min,(因靶标面积较小,沉积量小,故适当增加了流量以使沉积量的测量更为准确),调节电压,使雾滴的平均荷质比达到 1.5 mC/kg,然后将铁片水平固定于铁架台上,并置于天车行进的中心位置。天车速度为 0.2 m/s,分别在 30 cm、40 cm、50 cm、60 cm 的高度对靶标进行喷雾。重复 5 次,用吸水纸分别收集每一喷雾高度所有靶标正面与背面的荧光素钠溶液,置于自封袋内后加入 25 mL 含有 3% 乙醇的蒸馏水,置于超声波清洗器内洗脱 5 min,然后用 PERKIN-ELMER (LS-2 型)荧光分光光度仪测量洗脱液 520 nm 处的荧光值,以 2 μg/mL 荧光素钠溶液作为参照,计算靶标正反面单位面积的沉积量。按照相同的方法,进行喷头不加电的对照试验。

表 7.6　喷雾高度对静电沉积的影响　　　　　　　　　　　　μg/cm²

	喷雾高度			
	30 cm	40 cm	50 cm	60 cm
对照正面沉积量	1.683	1.409	1.249	0.919
对照背面沉积量	0.115	0.128	0.183	0.293
带电正面沉积量	1.918	1.690	1.272	1.108
带电背面沉积量	0.994	0.613	0.569	0.443
正面沉积增加/%	13.96	19.94	1.84	20.57
背面沉积增加/%	764.3	378.9	210.9	51.2

由表 7.6 可得,在不加电的情况下,靶标的正面沉积量随着喷雾高度的增加而减少,这是因为随着高度的增加,雾滴形成的锥体在该高度的横截面面积逐渐增大,而单位时间内通过该横截面的流量是恒定,故单位面积内通过的流量减少,致使单位面积的沉积量减少。而背面的沉积量却呈增大趋势,可能是由于随着雾滴速度的减小,涡流作用对雾滴在背面的沉积影响更大。

在雾滴荷电的情况下,靶标的正反面沉积量都随着喷雾高度的增加而减少,但在背面,沉积量减小的幅度小于正面减小的幅度,说明荷电雾滴由于曳力减小,静电力相对增加,更易吸附到靶标背面。

雾滴荷电后在各高度下的靶标正面单位面积上的沉积量比常规条件下提高了约 20%(50 cm 处有较大偏差,可能是由测量误差所引起的),而背面沉积则提高了 50%～7.5 倍,证明了该气助式静电喷头可显著提高药液在靶标上的沉积量,尤其是靶标背面的沉积量。

另外,考虑到实际作业效率和沉积效果之间的平衡,认为喷雾高度在 40～50 cm 是较为合适的。

7.3.9.2 雾滴荷电水平对静电沉积的影响

试验材料和仪器同 7.3。喷雾压力为 0.3 MPa,喷雾流量为 60 mL/min,依然使用水平固定的铁片作为靶标。喷雾距离为 40 cm,调节电压,测量并计算出雾滴的平均荷质比,天车速度为 0.2 m/s,在荷质比分别为 0 mC/kg,0.5 mC/kg,1.0 mC/kg,1.5 mC/kg,2.0 mC/kg,2.5 mC/kg 条件下喷雾。重复 5 次。

由表 7.7 和表 7.8 可得,随着雾滴荷质比的提高,靶标单位面积的沉积量也逐渐增大,但靶标背面沉积量的增幅明显小于正面的增幅。当荷质比达到 1.0 mC/kg 后,正面的沉积量随荷质比的增大,增幅较为明显,而背面的情况则相反,所以平衡两者,可以认为,对于试验中的感应式静电喷头,应保持雾滴平均荷质比在 1.0 mC/kg 以上,才能获得较为明显的效果提升,实际使用应在电压安全性、能耗和喷雾效果三者之间综合考虑,以求得最佳的平衡点。

表 7.7　在喷雾高度 40 cm 时,荷电水平对静电沉积的影响　　　　　　　　　μg/cm²

| | 荷质比/(mC/kg) | | | | | |
	0	0.5	1.0	1.5	2.0	2.5
正面沉积量	0.662	0.757	0.838	1.109	1.296	1.461
背面沉积量	0.151	0.338	0.430	0.536	0.640	0.696

表 7.8　当喷雾高度为 50 cm 时,荷电水平对静电沉积的影响　　　　　　　　　μg/cm²

| | 荷质比/(mC/kg) | | | | | |
	0	0.5	1.0	1.5	2.0	2.5
正面沉积	0.482	0.684	0.774	0.944	1.070	1.458
背面沉积	0.207	0.336	0.474	0.476	0.535	0.552

7.3.10　气助式静电喷头有冠层条件沉积特性

将株高 65 cm 的模拟作物按株距 30 cm、行距 30 cm 摆开,构成一个 0.8 m×1.5 m 的模拟冠层结构(图 7.21),冠层结构上部叶片相互交错,模拟作物生长后期封行后的生长阶段。

图 7.21 模拟靶标冠层结构

7.3.10.1 气压对静电沉积的影响

1. 材料与方法

模拟靶标(2 cm×5 cm 长方形铁片);0.2%荧光试剂 BSF;去离子水。试验仪器有:LS-55 荧光分析仪(德国 Perkin ELmer);匀速喷雾装置;雾滴覆盖率分析软件(中国农业大学药械与施药技术中心编写);气液两相感应式静电喷头;雾滴接收台(图 7.22);气泵、液泵、米尺、秒表、量筒、天平、记号笔、自封袋、玻璃杯等。

图 7.22 雾滴接收架台

将两个铁片粘在一起(分别代表叶片的正反面),固定在铁架台上,将 3 个铁架台均匀放置于冠层中,每一个铁架台上部靶标的高度与冠层的高度基本相同约为 65 cm,中部靶标距地面高度为 40 cm,下部的靶标高度为 20 cm。使用铁片测量单位面积上雾滴的沉积量,水敏纸用来测量雾滴在靶标表面上的覆盖率。

以 BSF 为示踪剂,浓度为 0.2%,流量为 50 mL/min、电压为 1 000 V、喷头距最上部靶标的距离为 40 cm。天车速度为 0.5 m/s。分别设定 4 个不同气压:0.15 MPa、0.2 MPa、0.25 MPa、0.3 MPa。每个处理重复 3 次。

喷雾后把 3 个铁架台从冠层中取出,收集铁片到玻璃杯中,水敏纸到自封袋中。取 10 mL 去离子水倒入玻璃杯中并充分震荡,用 LS-55 荧光分析仪测量浓度,分别计算冠层上、中、下部正反面单位面积的沉积量。

雾滴分析软件测量雾滴覆盖率的方法:将自封袋中的水敏纸取出拍照,用自行编写的雾滴分析软件测量雾滴覆盖率并记录(图 7.23)。

经分析软件处理后 →

图 7.23 雾滴分析软件对图片进行处理

161

2. 结果与分析

从图 7.24 可知,当气压为 0.2 MPa 时,冠层的 3 个位置都得到了最大的平均沉积量。随着气压的升高,冠层上部的平均沉积量逐渐减少,中、下部的减少则不明显。雾滴的沉积是曳力、静电力和重力综合作用的结果,而起到主要作用的则是曳力和静电力。当气压增大时,曳力增加,雾滴则来不及在冠层最上层沉积;在冠层内部,由于叶片的截留,冠层中、下部沉积量的减少则不明显。靶标背面沉积趋势则基本和平均沉积一致。该试验结果对喷头设计有利,因为高气压并不能增加沉积量,避免了大量耗能以及空压机损害问题。

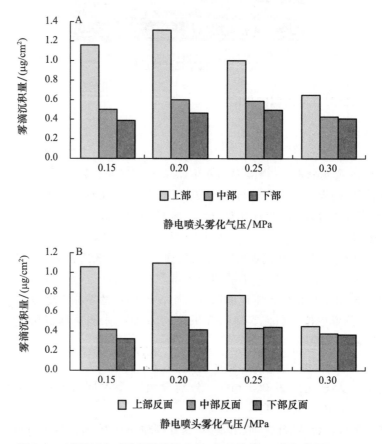

图 7.24　喷雾压力对沉积量的影响(A,靶标均值;B,靶标背面)

由图 7.25 可得,雾滴在靶标上部的覆盖率与沉积量变化趋势一致,在 0.2 MPa 时覆盖率最大,达到了 44.7%,0.3 MPa 覆盖率最小。中部以 0.15 MPa 时为最大,随着 0.25 MPa,0.15 MPa,0.3 MPa 依次递减。0.15 MPa 时的覆盖率比 0.3 MPa 时的增加了 58.2%。下部覆盖率较差,0.2 MPa 时最大为 20.4%,0.3 MPa 时最小覆盖率仅有 8.7%。

靶标上、中、下部反面的覆盖率也和沉积量变化趋势相似(上部和下部部分数据除外)。

综上所述,在其他因素确定时,沉积效果最好时的气压值为 0.2~0.25 MPa 之间。0.15 MPa 时上部正反面的沉积量较大,但中、下层的沉积量则较小,这可能是由于 0.15 MPa 时气流不够大,不能有效地拨开冠层上部的叶片使雾滴很好的沉积在中下部。但在 0.3 MPa

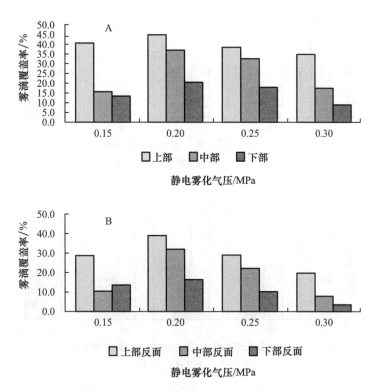

图 7.25 喷雾压力对覆盖率的影响(A,靶标均值;B,靶标背面)

时中、下部也较 0.2～0.25 MPa 变小,可能是由于气流太大,携带着部分雾滴直接穿过了冠层,曳力超过了静电力,因而比较理想的喷雾压力是在 0.2～0.25 MPa。

7.3.10.2 喷头流量对静电沉积的影响

1. 材料与仪器

以 BSF 为示踪剂,浓度为 0.2%。气压为 0.2 MPa、喷头距最上部靶标的距离为 40 cm。设定 4 个不同的流量:50 mL/min、70 mL/min、90 mL/min、110 mL/min。改变喷雾速度使施药量保持一致,荷质比也相同。每个处理重复 3 次。

2. 结果与分析

当流量增加时,冠层各个高度的平均沉积量呈先增大后减小的趋势(图 7.26A),在 70 mL/min 时,达到最大值。根据 Law 的理论,当感应环位于喷头的雾化点时,雾滴的荷电量最大。雾化点对于流量的改变很敏感。当流量增加或减少时,则会使雾化点远离感应环,造成荷电效率降低。而且当流量增加时,雾化效果差,也会降低雾滴云的电量。对于背面沉积(图 7.26B),仍然是在流量为 70 mL/min 时表现为高;流量为 50 mL/min 时,分布最为均匀。雾滴在靶标正反面的沉积量很接近,除了静电力增加在背面的沉积作用外,有可能沉积在靶标正面的雾滴重新在正反面进行了分配,因为根据静电沉积的边缘效应,大量的沉积集中于正反面的交界。

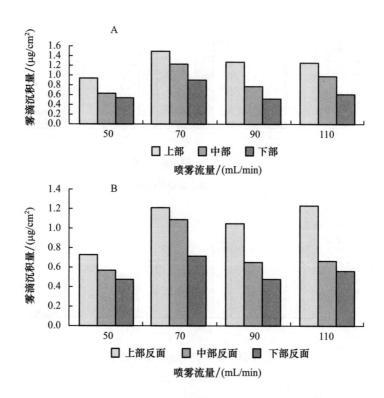

图 7.26　喷头流量对沉积量的影响(A,靶标均值;B,靶标背面)

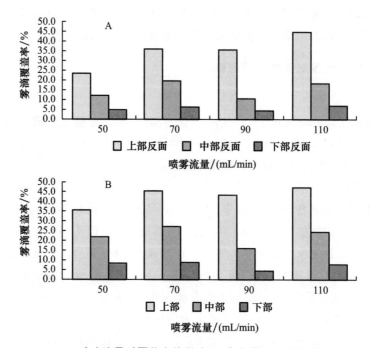

图 7.27　喷头流量对覆盖率的影响(A,靶标背面;B,靶标均值)

由图 7.27A 可知,当流量为 110 mL/min 时雾滴在上层的覆盖率最大,为 46.7%,其次是

70 mL/min,覆盖率最小时流量为 50 mL/min(35.3%)。中部覆盖率的趋势为 70 mL/min＞110 mL/min＞90 mL/min。雾滴在下部的覆盖率较差,最大仅为 8.9%。

由图 7.27B 得出雾滴在背面的覆盖率变化同正面的基本相同,上部背面覆盖率最大值为44.9%(110 mL/min),其次是 70 mL/min 和 90 mL/min,50 mL/min 的覆盖率最差。中部背面的覆盖率最大为 70 mL/min,较上部背面覆盖率减少约 27.5%。最小值是 10.5%,对应的流量是 90 mL/min。下部背面的覆盖率则比较小,且相差不大,集中在 4.4%～6.8% 之间。

7.3.10.3　荷电水平对静电沉积的影响

1. 材料与方法

流量为 50 mL/min,气压为 0.2 MPa、喷头距最上部靶标的距离为 40 cm。天车速度为0.5 m/s,设定 800 V、1 000 V、1 200 V、1 500 V、1 800 V 5 个水平的电压,对应的荷质比分别为 1.7 mC/kg、2.0 mC/kg、2.4 mC/kg、2.7 mC/kg、2.8 mC/kg。每个处理重复 3 次。

2. 结果与分析

从理论上说,高的荷质比有利于雾滴的沉积,因为静电力对雾滴影响更大,更容易增加雾滴在靶标背面的沉积(图 7.28B)。但就平均沉积量而言(图 7.28A),雾滴在冠层的上部平均沉积量在电压超过 1 kV 时呈降低趋势,中部略微增加,改善了沉积分布。同一喷头在不加电时,靶标背面则几乎不沉积(从水敏纸上目测)。

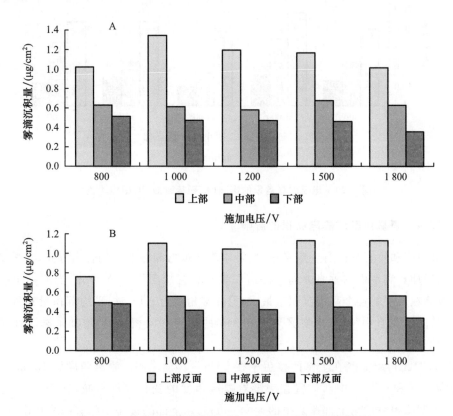

图 7.28　电压对沉积量的影响(A,靶标均值;B,靶标背面)

由图 7.29A 可知,上、下部覆盖率变化趋势完全相同,在电压为 1 kV 时最大,随后逐渐减小,在 1.5 kV 时略有增高。中部变化趋势稍有不同,在 1 kV 时覆盖率最大,电压增到1.2 kV

时骤减,电压从 1.2 kV 增加到 1.8 kV,覆盖率也在一直升高,1.8 kV 时覆盖率要比 1.5 kV 时增加约 39%。

由图 7.29B 可以看出,电压变化时靶标上、中、下部正反面变化规律相同,都是在 1 kV 时达到最大。上部背面、中部背面覆盖率变化范围在 14.7%~38%。下部背面覆盖率则比较小,变化范围在 10%~16.7%。

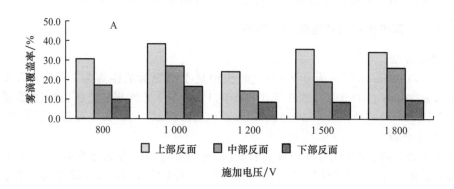

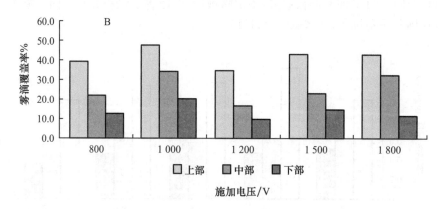

图 7.29 电压对覆盖率的影响(A,靶标背面;B,靶标均值)

7.3.10.4 喷雾角度对静电沉积的影响

当喷雾角度和垂直方向有一定夹角时,可以改变曳力和静电力的合力方向,减缓曳力对雾滴的作用,增加雾滴在作物垂直方向上的沉积量。尽管从图 7.30A 可知,当喷雾角度为垂直方向时,雾滴在冠层的各个高度沉积量最大,但喷雾角度为±15°时,平均沉积量和垂直方向基本一致。从图 7.30B 中可得,当喷雾角度和天车的前进方向相反时,增加了雾滴在冠层上部背面的沉积量。

由图 7.31A 得出雾滴在上部的覆盖率在 56%~70% 之间。喷雾角度为 15° 和 -15° 时最大,分别为 64% 和 67%。中部的覆盖率随着喷雾角度的变化先增后减,在 -15° 时达到最大(46%)。中部覆盖率约为上部覆盖率的 40%~65%。下部的覆盖率随着喷雾角度从 30° 偏转到 -15° 而逐渐增大;从 -15° 变化到 -30°,又呈减小趋势,但减小幅度为 9%。

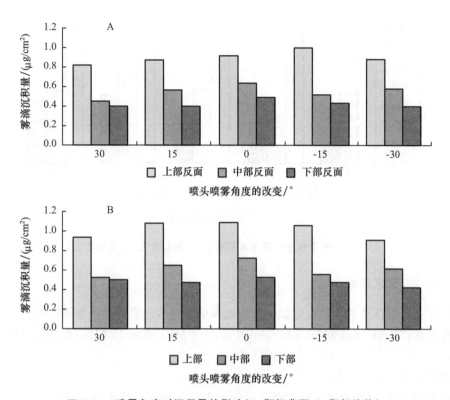

图 7.30　喷雾角度对沉积量的影响(A,靶标背面;B,靶标均值)

由 7.31B 得出,当喷雾角度从 30°转变到−30°时,雾滴在冠层上中下部正反面的覆盖率变化趋势相同。喷雾角度为 15°和−15°时上部反面的覆盖率较大,分别为 54.4％和 61.6％。上部背面最小覆盖率为 44.5％(30°)。中部背面的覆盖率是先减后增再减的变化趋势,当喷雾角度为 15°时覆盖率最小,为 16.5％,当喷雾角度为−15°时覆盖率最大为 36.6％。在下部背面的覆盖率变化遵循先增后减的变化规律,30°时最小仅有 8％,−15°时最大达到 25％。

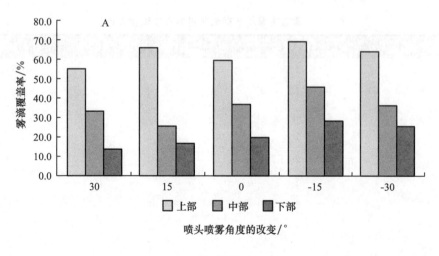

图 7.31

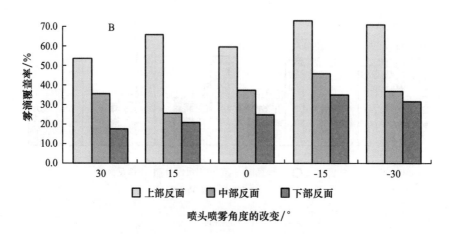

图 7.31　喷雾角度对覆盖率的影响(A,靶标均值;B,靶标背面)

7.3.10.5　优化试验

通过以上试验得出了雾滴在冠层中沉积效果最好时各因素对应的范围或值。

喷液流量:70 mL/min 和 90 mL/min;气压:0.2 MPa 和 0.25 MPa;电压:1 kV,1.2 kV,1.5 kV。

喷雾角度:15°、0°、−15°。

气液比:气液比是衡量喷雾气压和流量的一个综合指标。计算得出,气压 0.2 MPa、流量 110 mL/min 时气液比为 0.18;气压 0.25 MPa、流量 110 mL/min 时气液比为 0.2;气压 0.2 MPa、流量 70 mL/min 时气液比为 0.28;气压 0.25 MPa、流量 70 mL/min 时气液比为 0.3。

分别取气液比 0.18,0.2,0.28,0.3;电压 1 kV,1.2 kV,1.5 kV;喷雾角度 15°,0°,−15°。结合气液比、电压、喷雾角度三因素构建气液比为四水平、电压和喷雾角度分别为三水平的混合正交表(表 7.9)。其正交试验结果见表 7.10 至表 7.12。

表 7.9　雾滴在冠层下部沉积量的正交试验设计表

试验序号	(A)气液比	(B)电压/V	(C)角度(°)
1	1	1	1
2	1	2	2
3	1	2	2
4	1	3	3
5	2	3	2
6	2	1	2
7	2	1	1
8	2	2	3
9	3	1	2
10	3	2	1

续表 7.9

试验序号	(A)气液比	(B)电压/V	(C)角度(°)
11	3	1	3
12	3	3	2
13	4	2	2
14	4	1	3
15	4	1	2
16	4	3	1

表 7.10　**雾滴在冠层上部沉积量的正交试验结果**

试验序号	(A)气液比	(B)电压/V	(C)角度(°)	上部沉积量/(μg/cm²)
1	0.2	1 000	0	4.949
2	0.2	1 200	15	3.76
3	0.2	1 000	15	4.052
4	0.2	1 500	−15	3.951
5	0.18	1 500	15	4.969
6	0.18	1 000	15	5.304
7	0.18	1 000	0	6.352
8	0.18	1 200	−15	4.865
9	0.3	1 000	15	4.833
10	0.3	1 200	0	5.501
11	0.3	1 000	−15	4.666
12	0.3	1 500	15	4.592
13	0.28	1 200	15	4.377
14	0.28	1 000	−15	4.387
15	0.28	1 000	15	3.749
16	0.28	1 500	0	3.848
K1	16.712	38.292	20.65	
K2	21.49	18.503	35.636	
K3	19.592	17.36	17.869	
K4	16.361			
K1	4.178	4.787	5.163	
K2	5.373	4.626	4.455	
K3	4.898	4.34	4.467	

续表7.10

试验序号	(A)气液比	(B)电压/V	(C)角度(°)	上部沉积量/(μg/cm²)
K4	4.09			
极差R	1.283	0.447	0.708	
因素　主次		ACB		
优方案		A2C1B1		

表7.11　雾滴在冠层中部沉积量的正交试验结果

试验序号	(A)气液比	(B)电压/V	(C)角度(°)	中部沉积量/(μg/cm²)
1	0.2	1 000	0	2.12
2	0.2	1 200	15	1.858
3	0.2	1 000	15	1.801
4	0.2	1 500	−15	1.828
5	0.18	1 500	15	2.737
6	0.18	1 000	15	2.736
7	0.18	1 000	0	3.107
8	0.18	1 200	−15	2.689
9	0.3	1 000	15	2.466
10	0.3	1 200	0	2.366
11	0.3	1 000	−15	2.466
12	0.3	1 500	15	2.138
13	0.28	1 200	15	2.071
14	0.28	1 000	−15	2.246
15	0.28	1 000	15	1.856
16	0.28	1 500	0	1.99
K1	7.607	18.798	9.583	
K2	11.269	8.984	17.663	
K3	9.436	8.693	9.229	
K4	8.163			
K1	1.902	2.350	2.396	
K2	2.817	2.246	2.208	
K3	2.359	2.173	2.307	
K4	2.041			
极差R	0.915	0.177	0.188	
因素　主次		ACB		
优方案		A2C1B1		

表 7.12　雾滴在冠层下部沉积量的正交试验结果

试验序号	(A)气液比	(B)电压/V	(C)角度(°)	下部沉积量/(μg/cm²)
1	0.2	1 000	0	2.045
2	0.2	1 200	15	1.498
3	0.2	1 000	15	1.576
4	0.2	1 500	−15	1.527
5	0.18	1 500	15	1.826
6	0.18	1 000	15	2.056
7	0.18	1 000	0	2.291
8	0.18	1 200	−15	2.179
9	0.3	1 000	15	1.613
10	0.3	1 200	0	1.67
11	0.3	1 000	−15	1.807
12	0.3	1 500	15	1.545
13	0.28	1 200	15	1.519
14	0.28	1 000	−15	1.966
15	0.28	1 000	15	1.488
16	0.28	1 500	1 0	1.536
K1	6.646	14.842	7.542	
K2	8.352	6.866	13.121	
K3	6.635	6.434	7.479	
K4	6.509			
K1	1.662	1.855	1.886	
K2	2.088	1.717	1.64	
K3	1.659	1.609	1.87	
K4	1.627			
极差 R	0.461	0.246	0.246	
因素　主次		ACB		
优方案		A2C1B1		

从以上单因素对雾滴在灌层中的沉积效果的结果分析可知:雾滴在冠层上、中、下部正反面的覆盖率和沉积量变化趋势一致。所以在以下正交试验中只分别分析上、中、下部的沉积量的值,求得最佳的各因素配比。从正交分析结果可知:气液比、电压、喷雾角度3个因素中,对雾滴在冠层上、中、下部沉积效果的影响大小依次是气液比、喷雾角度、电压。各因素综合的最佳配比:气液比0.18,喷雾角度0°(喷头与地面垂直),电压1 kV。

对各因素进行单因素方差分析,则结果见表 7.13 至表 7.16。

表 7.13　电压对静电沉积的方差分析结果

电压/V	沉积量/($\mu g/cm^2$)					
	上部	中部	下部	上部背面	中部背面	下部背面
300	0.69 a*	0.60 ab	0.46 b	0.23 a	0.20 a	0.15 bc
500	0.75 a	0.50 a	0.39 a	0.25 a	0.17 b	013 ab
800	1.00 b	0.61 ab	0.51 b	0.34 b	0.20 b	0.17 c
1 000	1.32 c	0.60 ab	0.47 b	0.44 c	0.20 b	0.16 c
1 200	1.18 bc	0.58 ab	0.46 b	0.39 bc	0.19 b	0.15 bc
1 500	1.15 b	0.67 c	0.46 b	0.38 bc	0.22 b	0.15 bc
1 800	1.00 b	0.62 c	0.36 b	0.33 b	0.21 b	0.12 a

注:同列的相同字母代表差异不显著,Student-Newman-Keuls,$p=0.05$。

表 7.14　气压对静电沉积的方差分析结果

气压/MPa	沉积量/($\mu g/cm^2$)					
	上部	中部	下部	上部背面	中部背面	下部背面
0.15	1.17 a*	0.51 b	0.38 a	1.06 c	0.42 b	0.33 c
0.2	1.32 a	0.60 c	0.47 b	1.1 c	0.55 a	0.42 ab
0.25	1.00 a	0.59 c	0.50 b	0.77 b	0.44 b	0.45 a
0.3	0.65 b	0.43 a	0.40 a	0.45 a	0.37 c	0.37 bc

注:同列的相同字母代表差异不显著,Student-Newman-Keuls,$p=0.05$。

表 7.15　流量对静电沉积的方差分析结果

流量/(mL/min)	沉积量/($\mu g/cm^2$)					
	上部	中部	下部	上部背面	中部背面	下部背面
50	0.94 b*	0.64 a	0.53 a	0.72 a	0.56 a	0.48 a
70	1.47 a	1.21 c	0.90 b	1.21 b	1.09 b	0.71 c
90	1.27 a	0.76 ab	0.51 b	1.05 b	0.66 a	0.47 a
110	0.26 a	0.96 b	0.60 a	1.23 b	0.67 a	0.56 ab

注:同列的相同字母代表差异不显著,Student-Newman-Keuls,$p=0.05$。

表 7.16　喷雾角度对静电沉积的方差分析结果

角度(°)	沉积量/($\mu g/cm^2$)					
	上部	中部	下部	上部背面	中部背面	下部背面
30	0.89 a*	0.52 a	0.41 a	0.81 a	0.45 a	0.40 a
15	1.07 a	0.64 ab	0.47 b	0.87 a	0.56 bc	0.40 a

续表7.16

角度(°)	沉积量/((μg/cm²)					
	上部	中部	下部	上部背面	中部背面	下部背面
0	1.08 a	0.72 b	0.52 c	0.92 a	0.63 c	0.48 b
—15	1.05 a	0.54 a	0.46 b	1.00 a	0.52 ab	0.44 a
—30	0.90 a	0.61 ab	0.42 a	0.87 a	0.57 bc	0.40 a

注：* 同列的相同字母代表差异不显著，Student-Newman-Keuls，$p=0.05$。

7.4　离心雾化式感应静电系统的研制与试验

7.4.1　离心雾化式感应静电系统结构

离心雾化式感应荷电喷头是离心雾化喷头上添加感应荷电装置(图 7.32)，风机提供的高速气流在喷口处驱动转子旋转，喷液在离心力的作用下形成液膜，进而雾化。感应装置安装在喷液离开喷嘴时形成的液膜和液丝附近。感应装置连接高压电源和高压表，另有 1 条导线从喷液处接地，以提供电荷。整机装置主要是在 1 个手推车平台上安装风机、储液罐、喷头等结构。高压电源及荷质比测试系统与气助式感应静电喷雾系统相同。

图 7.32　离心式感应荷电喷头的感应装置

7.4.2　离心式感应静电喷头的荷电性能测试

改变离心式感应荷电喷头的流量和电压，测量喷头的荷电性能，结果见表 7.17。

表 7.17　离心式感应荷电喷头的流量与荷质比的关系

流量(mL/min)	500 V	1 000 V	1 500 V	2 000 V
95	0.2	0.3	0.6	0.8
210	0.1	0.3	0.4	0.5
290	0.1	0.3	0.5	1.0
450	0.1	0.2	0.2	0.2

当喷头流量超过 450 mL/min 时,喷头所产生的液丝会打到感应环造成短路,使雾滴无法荷电。从表 7.17 中可得,喷头在流量较小,荷电电压较大时,雾滴的荷电水平比较理想,如在流量和电压分别为 95 mL/min 和 2 kV 时。在后续的对该款喷头进行沉积试验时,则根据此表选择流量和电压。

7.4.3　离心雾化式感应荷电喷头的沉积特性

为研究该款喷头的沉积特性而设计了室外的模拟靶标以及室内真实靶标试验。

室外模拟靶标试验是在 1 个金属框架上进行,金属框架上布置 3 个高度以及 3 个距离的杨树叶。树叶通过铁丝钩悬挂在金属框架上,且所有的树叶都通过一条细铁丝串联,以保证对地良好的导电性。推车行走速度为 1.2 m/s,喷头流量为 100 mL/min,200 mL/min,300 mL/min,电压 0,2 kV 和 4 kV。选择在晴朗无风的天气里进行试验,试验前对推车行走速度进行校准。喷雾结束后,为防止荧光示踪剂(0.1% 浓度的 BSF)光解带来的试验误差,快速收集样品,在分析室进行定量测定,并测量叶

图 7.33　室内试验靶标

片面积,沉积量表示为 $\mu g/cm^2$,所有试验重复 3 次,取平均值。室内试验是用一种观赏性植物鹅掌楸来模拟农作物,研究静电喷雾在冠层中的分布,收集靠近和远离喷头冠层的叶片,每个冠层都使用铜丝接地,以防止电荷在靶标上积累而抑制静电沉积(图 7.33),定量测量如上。

结果与分析:室外沉积试验结果见图 7.34a(纵轴数值×1 000),室内沉积试验结果见图 7.34b。由图 7.34a 可得,在室外试验中,靶标最外层,即距离喷头最近处,静电喷雾的沉积量大于常规喷雾,而在中间和里层靶标上,静电喷雾的沉积量小于常规喷雾;室内试验则恰恰相反,静电喷雾趋向于减少在冠层最外层的沉积量而增加在冠层内部和远离喷头的冠层沉积量。原因可能为,在室外试验中,内外层靶标距离喷头过远;室外试验表明,静电喷雾可以改善在靶标冠层的沉积分布。

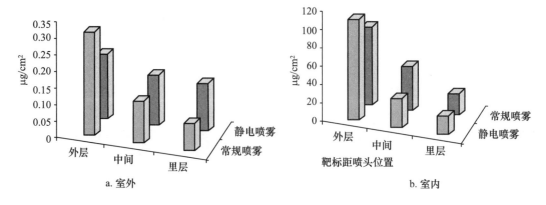

图 7.34　沉积分布

7.5　液力式扇形雾感应静电喷雾系统的研制与试验

7.5.1　喷头结构

将 Lechler 公司标准平面扇形雾喷头 ST110-02 喷头固定在安装有感应电极的喷头座上(如图 7.35 和图 7.36)。确定雾化区:通过数码相机对不同喷雾压力下的喷雾拍照,之后用软件对图像进行处理。由于扇形雾喷头的雾化过程是先将液体在喷口处破裂成液丝或液膜,之后通过与空气的高速摩擦液丝或液膜被拉伸至破裂点,最后形成雾滴。液丝或液膜较平滑,反光的强度和雾滴有所不同,那么由图像的颜色差别就可以确定出扇形雾喷头雾化区的形状和范围。

图 7.35　未装配的喷头　　　　　　　图 7.36　配合后的静电喷头

感应电极的形状和位置:由喷头雾化区的形状和范围,本课题设计了丝状和片状这两种形状的电极;对于电极的位置,设计了符合三条抛物线曲线方程的电极位置。通过图像处理把喷雾图片缩放成与实际尺寸相同,之后打印出图片,通过对雾化区的边缘曲线进行描点、作图,模拟出感应电极对应的曲线方程。

电极位置对应的 3 条抛物线方程分别:A 抛物线的方程:$y=-0.05x^2+20$;B 抛物线的方程:$y=-0.0675x^2+27$;C 抛物线的方程:$y=-0.085x^2+34$。

7.5.2　荷电性能测试

采用多层筛网法测量荷质比,选取影响雾滴荷电效果的 4 个因素,4 个因素的几个不同的水平进行正交试验。选取的因素及水平如下:

电极位置 A 选取 3 个水平,分别定为 a、b、c(a、b、c 对应的电极位置抛物线方程分别为:$Y_a=-0.05x^2+20,Y_b=-0.0675x^2+27,Y_c=-0.085x^2+34$)。

电极形状 B 选取两个水平,丝状电极和片状电极。

喷雾压力 C 选取 4 个水平:0.2 MPa,0.3 MPa,0.4 MPa,0.5 MPa。

荷电电压 D 选取 4 个水平:1 kV,2 kV,3 kV,4 kV。

测量时,每次试验持续喷雾 1 min,记录电流表能达到的最大数值,每次试验重复 3 次,分别记录最后求平均值。再用量筒测量每分钟喷头的喷量,从而根据公式可以计算出平均荷质比。

用 SPSS 软件进行正交表的设计,表 7.18 为扇形雾静电喷头荷质比测试的试验方案及结果,表 7.19 为荷质比测试结果分析。

表 7.18 试验方案及结果

试验号	A（电极位置）	B（电极形状）	C（喷雾压力/MPa）	D（荷电电压/kV）	荷质比/（×10⁻²mC/kg）
1	2(b)	1(丝状)	1(0.2)	2(2)	11.4
2	1(a)	2(片状)	1(0.2)	4(4)	17.1
3	3(c)	2(片状)	1(0.2)	3(3)	9.5
4	1(a)	1(丝状)	3(0.4)	4(4)	10.0
5	1(a)	1(丝状)	2(0.3)	2(2)	13.1
6	2(b)	2(片状)	4(0.5)	1(1)	13.1
7	3(c)	1(丝状)	4(0.5)	4(4)	15.4
8	3(c)	1(丝状)	2(0.3)	1(1)	16.9
9	2(b)	1(丝状)	3(0.4)	3(3)	18.0
10	1(a)	1(丝状)	4(0.5)	3(3)	10.1
11	1(a)	2(片状)	3(0.4)	1(1)	16.7
12	1(a)	1(丝状)	1(0.2)	1(1)	14.3
13	3(c)	2(片状)	3(0.4)	2(2)	14.7
14	1(a)	2(片状)	4(0.5)	2(2)	12.5
15	2(b)	2(片状)	2(0.3)	4(4)	21.5
16	1(a)	2(片状)	2(0.3)	3(3)	15.4

表 7.19 试验结果分析

指标		A（电极位置）	B（电极形状）	C（喷雾压力/MPa）	D（荷电电压/kV）
荷质比累积/（mC/kg）	K_1	109.2	109.2	52.3	61.0
	K_2	64.0	120.5	66.9	51.7
	K_3	56.5		59.4	53.0
	K_4			51.1	64.0
	K_1	13.7	13.7	13.1	15.3
	K_2	16.0	15.1	16.7	12.9
	K_3	14.1		14.9	13.3
	K_4			12.8	16.0

续表 7.19

指标		A(电极形状)	B(电极位置)	C(喷雾压力/MPa)	D(荷电电压/kV)
荷质比累积/ (mC/kg)	极差	2.4	1.4	3.9	3.1
	因素主次	C D A B			
	优方案	A_2 B_2 C_2 D_4			

结果分析:由表中数据可以看出,影响扇形雾静电喷头荷电效果的最主要因素是喷雾压力,因为喷雾压力直接决定了药液的流量,在电压确定的情况下,喷头的流量越大,则荷质比相对而言就小一些。影响扇形雾静电喷头荷质比的第二个主要因素是荷电电压,荷质比在一定范围内是随着荷电电压的升高而升高的,故如果考虑将扇形雾静电喷头应用到生产实际中,可以进一步提高电压至 6 kV,那样既能达到不错的荷电效果,而且危险性也不是很高。相比前两个因素,电极的形状和位置对荷质比的影响相对而言小一些。本文用 ST110-02 号喷头做的试验,故得出的数据对其他型号的喷头不一定都适用,因为不同型号的喷头即使在相同的喷雾压力下的雾化区也不一定相同。

取得最佳荷电效果的作业参数为:电极处于 b 位置,片状电极,喷雾压力 0.3 MPa,3 kV电压。

7.5.3 雾滴粒径

主要试验材料及设备:

Lechler ST110-02 标准平面扇形雾喷头(德国 LECHLER 公司),可调式高压直流电源(中国农业大学药械与施药技术中心),药械与施药技术中心喷雾天车(德国),意大利 AR 农业液泵(意大利 AR 公司),调压阀(中国产),硅油(Silicone Oil,相对分子质量 5 000,Lvacker-chemie Gmbh ChenMin),硅油(Silicone Oil,相对分子质量 10,Lvacker-chemie Gmbh Chen-Min),荧光剂(BSF,德国 BASF 产),数码相机(CANON IXUS 80 IS),硅油盒(德国 BASF产)。

室内测试装置如图 7.37 所示。

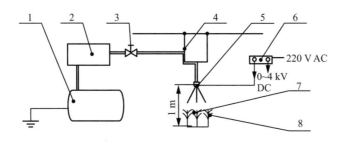

图 7.37　雾滴沉积试验平台

1. 药箱　2. 液泵　3. 调压阀　4. 喷雾天车　5. 静电喷头　6. 直流高压电源　7. 模拟靶标　8. 真实作物靶标

试验方法：首先用荧光剂 BSF 配 0.2% 浓度的溶液，准备试验。用密度较大的硅油滴到硅油盒底部形成一层薄膜，再用密度较小的硅油滴到上层形成另外一层硅油膜，由于两种硅油的密度相差很大，因此会保持分层状态。将硅油盒放到静电喷头下方，试验时喷头的高度是 1 m，喷雾速度为 0.5 m/s，待喷头喷雾过后对硅油盒的雾滴进行拍照（图 7.38），并记录每次试验所对应的照片编号。之后用试验室自行开发的雾滴关键参数测量软件对采集的图像进行处理（图 7.39），计算出体积中径（VMD）和数量中径（NMD）。

图 7.38　数码相机拍摄的雾滴原始图

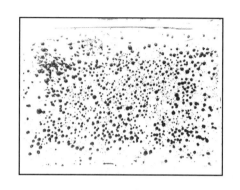

图 7.39　Photoshop 处理后的雾滴图片

用 SPSS 软件进行正交表的设计，表 7.20 为扇形雾静电喷头雾滴粒径测试的试验方案及结果，表 7.21 和表 7.22 为雾滴粒径测试的结果分析。

表 7.20　试验方案及结果

试验号	A(电极形状)	B(电极位置)	C(喷雾压力/MPa)	D(荷电电压/kV)	VMD/μm	NMD/μm
1	1(丝状)	2(b)	1(0.2)	4(3)	168	129
2	1(丝状)	1(a)	1(0.2)	3(2)	179	118
3	1(丝状)	2(b)	3(0.4)	4(3)	95	58
4	2(片状)	2(b)	4(0.5)	3(2)	98	63
5	1(丝状)	3(c)	3(0.4)	1(0)	120	71
6	2(片状)	1(a)	3(0.4)	2(1)	108	76
7	1(丝状)	1(a)	2(0.3)	5(4)	134	79
8	2(片状)	1(a)	4(0.5)	1(0)	102	73
9	2(片状)	1(a)	1(0.2)	4(3)	165	124
10	1(丝状)	2(b)	1(0.2)	1(0)	188	146
11	2(片状)	3(c)	1(0.2)	5(4)	145	97
12	1(丝状)	1(a)	3(0.4)	3(2)	104	69
13	1(丝状)	3(c)	4(0.5)	4(3)	108	56
14	2(片状)	2(b)	2(0.3)	1(0)	178	137

续表7.20

试验号	A(电极形状)	B(电极位置)	C(喷雾压力/MPa)	D(荷电电压/kV)	VMD/μm	NMD/μm
15	1(丝状)	1(a)	4(0.5)	5(4)	97	55
16	1(丝状)	2(b)	2(0.3)	2(1)	166	114
17	1(丝状)	2(b)	1(0.2)	5(4)	157	102
18	1(丝状)	1(a)	1(0.2)	2(1)	182	143
19	1(丝状)	3(c)	2(0.3)	3(2)	158	95
20	1(丝状)	2(b)	4(0.5)	2(1)	139	75
21	2(片状)	2(b)	1(0.2)	3(2)	164	118
22	1(丝状)	1(a)	1(0.2)	1(0)	195	139
23	2(片状)	1(a)	2(0.3)	4(3)	143	90
24	2(片状)	3(c)	1(0.2)	2(1)	176	127
25	2(片状)	2(b)	3(0.4)	5(4)	128	74

表7.21　试验结果分析

指标		A(电极形状)	B(电极位置)	C(喷雾压力/MPa)	D(荷电电压/kV)
体积中径累积 /μm	K_1	2 190	1 409	1 719	783
	K_2	1 407	1481	779	771
	K_3		707	555	703
	K_4			544	679
	K_5				661
	k_1	146	140.9	171.9	156.6
	k_2	140.7	148.1	155.8	154.2
	k_3		141.4	111	140.6
	k_4			108.8	135.8
	k_5				132.2
	极差 R	5.3	7.2	63.1	24.4
	因素主次	C D B A			
	优方案	$A_2 B_1 C_4 D_5$			

表 7.22 试验结果分析

指标		A(电极形状)	B(电极位置)	C(喷雾压力/MPa)	D(荷电电压/kV)
数量中径累积	K_1	1 449	966	1 243	566
/μm	K_2	979	1 016	515	535
	K_3		446	348	463
	K_4			322	457
	K_5				407
	k_1	96.6	96.6	124.3	113.2
	k_2	97.9	101.6	103	107
	k_3		89.2	69.6	92.6
	k_4			64.4	91.4
	k_5				81.4
	极差 R	1.3	12.4	59.9	31.8
	因素主次	C D B A			
	优方案	$A_1 B_3 C_4 D_5$			

结果分析:由雾滴的体积中径(VMD)和数量中径(NMD)的数据得出影响静电喷头雾滴雾化的最主要因素是喷雾压力,其次是荷电电压,感应电极的位置对雾滴的雾化有一定的影响,电极的形状对雾滴的雾化效果作用不明显。较优的喷雾作业参数是 0.5 MPa 的喷雾压力,4 kV 的电压,电极形状和位置根据实际情况可适当调整。

7.5.4 模拟靶标上的沉积效果

主要试验材料及设备:Lechler ST110-02 标准平面扇形雾喷头(德国 LECHLER 公司),可调式高压直流电源(中国农业大学药械与施药技术中心),药械与施药技术中心喷雾天车(德国),意大利 AR 农业液泵(意大利 AR 公司),调压阀(中国产),荧光示踪剂荧光素钠(BSF 1F561,德国,CHROMA-GESELLSCHAFT),去离子水,KS10 振荡器(德国),LS-55 荧光分光光度计(美国)。室内测试装置如图 7.40 所示。

试验方法:首先用去离子水配 0.2% 浓度的 BSF 溶液,准备试验。用静电喷头对在灌丛中的模拟靶标进行喷雾,一次试验完成之后,用镊子取下模拟靶标,把组成靶标的两片铝片分开装在不同的瓶子中,待所有试验完成之后用一定体积的去离子水洗脱模拟靶标上的 BSF,并用振荡器震荡,直到模拟靶标上的 BSF 被洗干净为止,之后用 LS-55 荧光分光光度计测量每个样品瓶中 BSF 的浓度,从而最终计算出在模拟靶标单位面积上 BSF 的沉积量。

用 SPSS 软件进行正交表的设计,表 7.23 为扇形雾静电喷头雾滴沉积测试的试验方案及结果,表 7.24 和表 7.25 为结果分析。

表 7.23 试验方案及结果

试验号	A(电极位置)	B(电极形状)	C(喷雾压力/MPa)	D(作业速度/(m/s))	E(荷电电压/kV)	正面单位面积沉积量/$\times 10^{-2}$/(μg/cm²)	背面单位面积沉积量/$\times 10^{-2}$/(μg/cm²)
1	2(b)	2(片状)	4(0.5)	1(0.5)	3(2)	244.9	187.8
2	2(b)	1(丝状)	1(0.2)	3(0.8)	5(4)	219.1	171.4
3	1(a)	1(丝状)	3(0.4)	2(0.6)	3(2)	306.8	176.9
4	3(c)	2(片状)	1(0.2)	2(0.6)	1(0)	214.8	157.8
5	1(a)	2(片状)	2(0.2)	1(0.4)	2(1)	221.8	166.8
6	2(b)	1(丝状)	2(0.3)	2(0.6)	4(3)	286.5	201.7
7	1(a)	1(丝状)	4(0.5)	4(1.0)	5(4)	281.0	171.9
8	1(a)	2(片状)	2(0.3)	3(0.8)	3(2)	233.6	166.9
9	2(b)	1(丝状)	4(0.5)	3(0.8)	1(0)	202.1	156.4
10	3(c)	2(片状)	4(0.5)	1(0.4)	4(3)	302.3	164.3
11	1(a)	1(丝状)	1(0.5)	4(1.0)	4(3)	227.0	161.6
12	3(c)	2(片状)	2(0.3)	1(0.4)	5(4)	240.7	164.7
13	1(a)	1(丝状)	2(0.3)	1(0.4)	1(0)	224.8	160.3
14	1(a)	1(丝状)	4(0.5)	2(0.6)	2(1)	231.1	161.6
15	2(b)	1(丝状)	1(0.2)	1(0.4)	3(2)	240.6	168.0
16	1(a)	1(丝状)	3(0.4)	1(0.4)	5(4)	266.0	188.2
17	1(a)	2(片状)	1(0.2)	3(0.8)	4(3)	234.2	171.8
18	2(b)	2(片状)	2(0.3)	4(1.0)	2(1)	186.7	176.9
19	2(b)	1(丝状)	1(0.2)	1(0.4)	2(1)	279.8	186.7
20	3(c)	1(丝状)	3(0.4)	3(0.8)	2(1)	218.2	165.3
21	2(b)	2(片状)	3(0.4)	4(1.0)	1(0)	209.9	160.8
22	2(b)	2(片状)	1(0.2)	2(0.6)	5(4)	221.1	187.8
23	3(c)	1(丝状)	1(0.2)	1(0.4)	3(2)	243.4	163.9
24	2(b)	1(丝状)	3(0.4)	1(0.4)	4(3)	255.9	170.8
25	1(a)	1(丝状)	1(0.2)	1(0.4)	1(0)	228.2	161.3

表 7.24 试验结果分析

指标		A(电极位置)	B(电极形状)	C(喷雾压力/MPa)	D(作业速度/(m/s))	E(荷电电压/kV)
靶标正面单位面积沉积量累积/(μg/cm²)	K_1	2 454.5	3 685.2	2 330.0	2 505.0	1 079.8
	K_2	2 346.6	2 335.3	1 172.3	1 260.3	1 137.6
	K_3	1 219.4		1 256.8	1 107.2	1 269.3
	K_4			1 261.4	1 148.0	1 305.9
	K_5					1 227.9
	k_1	245.5	245.7	233.0	250.5	221.6
	k_2	234.7	233.5	234.5	252.1	227.5
	k_3	243.9		251.4	221.4	253.9
	k_4			252.3	229.6	261.2
	k_5					245.6
	极差	10.8	12.2	19.3	30.7	45.2
	因素主次	E D C B A				
	优方案	$A_1 B_1 C_4 D_2 E_4$				

表 7.25 试验结果及分析

指标		A(电极位置)	B(电极形状)	C(喷雾压力 /MPa)	D(作业速度 /(m/s))	E(荷电电压 /kV)
靶标背面单位面积沉积量累积/$\mu g/cm^2$	K_1	1 687.3	2 566.0	1 697.1	1 718.9	796.6
	K_2	1 768.3	1 729.0	870.5	885.8	857.3
	K_3	816.0		862.0	831.8	863.5
	K_4			842.0	835.1	870.2
	K_5					884.0
	k_1	167.8	171.1	169.7	171.9	159.3
	k_2	176.8	172.9	194.1	177.2	171.5
	k_3	163.2		172.4	166.4	172.7
	k_4			168.4	167.0	174.0
	k_5					176.8
极差 R		13.6	1.8	5.7	10.8	17.5
因素主次		E A D C B				
优方案		$A_2 B_2 C_2 D_2 E_5$				

结果分析:由试验结果可以看出影响沉积的最主要的因素是荷电电压,此结论与电压对荷质比的影响作用相同。影响沉积的第二个主要因素就是喷雾作业速度,其次的喷雾压力,最后才是电极的形状和位置。由此可以推断,在生产实际中应用静电喷头进行喷雾,必须施加比较高的电压。由于条件有限,本研究可以达到的最高电压是 4 kV,在实际作业中,即使考虑安全因素,电压还是有提升的空间的。同时,合适的喷雾速度对沉积的影响也是很大的,虽然应用静电喷雾可以提高雾滴的沉积性能,但是也要把握合适的作业速度,如此才能够得到最大的雾滴沉积量。本试验分析出的可以在靶标正面得到最大沉积量的作业参数为:a 位置,丝状电极,0.5 MPa,0.6 m/s 的喷雾速度,3 kV 的电压。在靶标背面得到最大沉积量的作业参数 b 位置,片状电极,0.3 MPa,0.6 m/s,4 kV 的荷电电压。综合考虑各因素对荷质比的影响,确定出荷电电压 3~4 kV,喷雾作业速度 0.6 m/s 时为较优的作业参数。

7.6 液力式电晕静电喷雾系统的研制与试验

7.6.1 总体技术方案

室内试验装置分为喷雾天车试验台系统、喷雾系统、静电系统、测试仪表系统 4 个子系统,如图 7.46 所示。喷雾天车试验台系统由控制台、驱动电机、喷雾天车组成,其中可以通过控制台调节喷雾天车的行驶速度来模拟田间农药喷洒作业的喷施速度;喷雾系统包括空气压缩机、药液罐、调压阀、压力表和防滴喷头,药液靠空气压缩机在药液罐内增压,经调节阀调节到所需的压力后,采用液力雾化的方式向靶标喷药;静电系统中的高电压发生装置和高压电极是整个装置的关键部分,通过高电压发生装置来产生工作电压,利用高压电极形成的电晕放电来使雾滴带电;在整个试验中依靠测试仪表系统调节充电电压、采集放电电流,其中主要的测试部件包括绝缘支架、屏蔽电缆、微安电流表,示波记录仪,荷质比测试装置等。试验装置能实现对空心圆锥雾喷头的一系列静电喷雾性能试验,包括在不同喷施参数、运行状态、不同的充电电压等工况下测试雾滴荷电的有关性能。

7.6.2 高压电源的设计

高压电源是整个静电喷雾装置的核心部件之一。采用两种不同的电源:一种是高压等离子体直流脉冲电源,输入为直流稳压电源提供的 12 V 直流电,输出 30 kV 正高压;另一种是直流高压发生器,输入为 220 V 工频交流电,输出 0~100 kV 连续可调负高压,恒流控制范围可设定在 0~500 μA。

直流高压电源能够产生连续变化的直流高压,其结构框图如图 7.40 所示,电路原理如图 7.41所示。采用负极性高压是可获得较低的电晕起始电压和较高的气体击穿电压,以便正常工作时在电极附近能产生电晕,而又不至于形成电极间气体击穿放电。直流高压均由高压电缆引到电极上,电缆的耐压能力在 150 kV 以上,以确保安全可靠。

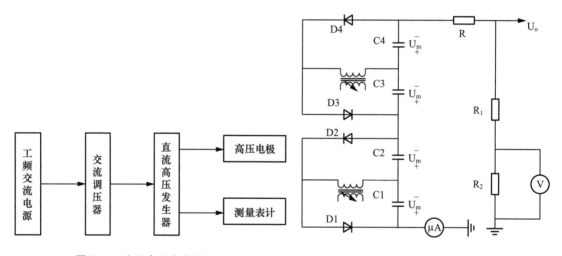

图 7.40 直流高压产生流程图   图 7.41 直流高压发生器原理图

7.6.3 高压电极的研制

电极的形式、结构、几何尺寸对充电效果好坏起着关键的作用。本研究采用电晕电极使雾滴带电,电晕放电采用尖-板电极的形式。电极曲率半径越小,电场强度越大,在电极尖端电场强度最大,因此会在其附近产生电晕放电电子崩的自持发展使得空气中局部电场足够高而形成电晕电流,这样雾滴通过该区域会捕获自由电子,使雾滴带电。

高压电极的结构参照果园自动对靶喷雾机静电系统中电极结构的设计。采用针状电极与圆环形导线相组合的方式,圆环形导线由环氧树脂 E51 封嵌在绝缘体(聚四氟乙烯,PTFE)内,在环形高压导线上,引出的六支针状电极均布在喷头外侧,以扩大电场空间分布,提高雾滴的电晕效果。为了能够使雾滴充分带电,每支电极分别由两个呈 16°夹角的不锈钢针构成,长度分别为 40 mm 和 50 mm,粗糙度均为 ⌀ 40(GB2 024-94),电极的曲率半径为0.025 cm。电极具体形式如图 7.42 所示。

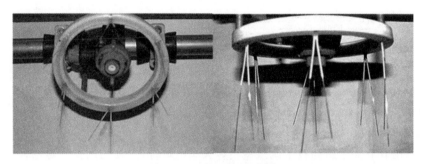

图 7.42　喷头与电极结构

电极表面的光洁度会影响电晕放电效果好坏,这是因为电极表面状况电晕可从尖锐尖端、尖锐边缘、表面粗糙处或局部电场大于周围的介质击穿电场处开始,这样将使电晕放电不集中,成为一种能量的损耗(储金宇,2004)。另外,这种电极尺寸不能太短,否则雾滴不能通过强场区域;电极也不能太长,否则雾滴会在电极尖端凝聚,形成反电晕,影响雾滴带电。

7.6.4　荷质比测试装置的研制

荷质比的测量方法有网状目标法、模拟目标法以及法拉第筒法。本研究采用网状目标法建立室内荷质比测定装置,结构组成如图 7.43 所示。

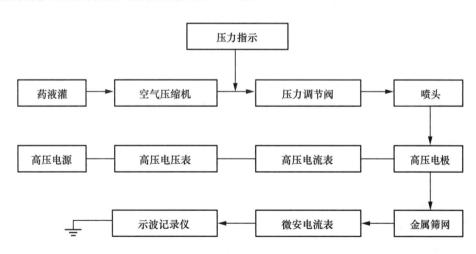

图 7.43　荷质比测试系统简图

7.6.5 雾化性能评价

在相同喷施条件下,测量常规喷雾与电晕式静电喷雾的雾滴谱,通过对比雾滴粒径分布状况,评价静电雾化效果。

7.6.5.1 材料与方法

1. 试验试剂

丽春红 G 生物染色剂($C_{18}H_{14}N_2Na_2O_7S_2$,相对分子质量 480.42,Ponceau G,FHB-914-002),硅油(Silicone Oil,相对分子质量 5 000,Lvacker-chemie Gmbh. ChenMin),硅油(相对分子质量 10,Lvacker-chemieGmbh. ChenMin)。

2. 试验仪器

试验在中国农业大学施药技术试验室喷雾天车上进行,主要的试验仪器见表 7.26。

表 7.26 **试验仪器**

仪器名称	型号	生产厂家	备注
温湿度计	2286-2 型	德国 Rherm	精度:0.01℃ 0.1%
数字天平	Acculab	德国 Sortorius Group	精度:0.01 g
高压等离子体脉冲电源	—	自行研制	峰值电压 30 kV,频率 20 kHz
光学显微镜	D 6330,Wetzlar 21	德国 WILL-WETZLAR GMBH	110~220 V,50 Hz,20 VA

3. 试验方法

根据油皿法测量雾滴粒径分布,利用硅油盒采集雾滴样本。用自来水配成一定浓度的丽春红水溶液。在距离喷头下方 50 cm 有效喷幅内布置 3×4 列点阵,每个点上放置硅油盒采集雾滴样本,每次采集样本时布置一个硅油盒,喷施后立即用显微镜计数法测量雾滴粒径。试验设置常规喷雾为对照组,两样本依次收集数据,每组试验各采集 12 次样本。使用 Matlab (7.0,Mathwork,Inc. USA)完成数据处理。试验在室内进行,全天的环境温度 26~29℃,相对湿度 58.0%~70.9%。主要试验参数见表 7.27。

表 7.27 **试验喷雾参数**

项 目	型 号	备 注
喷头型号	TR80-0067	空心圆锥雾
喷头流量	267 mL/min	
喷雾压力	300 kPa	
有效喷幅	0.50 m	
每公顷施药液量	9.35 L/hm²	1 hm²=15 亩
喷施速度	1.34 m/s	
喷施距离	0.50 m	
工作电压	30 kV	正极性

7.6.6　结果与分析

1. 统计特征

综合 Grubbs 氏检验法、箱型图检验法和茎、叶图法剔除样本数据中的离群值（outliers）后，对有效数据进行统计处理。两样本的基本统计学特征见表 7.28。

表 7.28　**静电喷雾和常规喷雾雾滴谱的基本统计学描述**

统计特征	静电喷雾	常规喷雾
有效样本容量/个	701	800
均值/μm	92.59	98.21
标准差	45.579	47.752
变异系数	0.50	0.49
中数/μm	84.0	93.6
众数/μm	72	72
最大值/μm	318	264
最小值/μm	6	12
极差/μm	312	252
偏度	1.005	0.664
峰度	1.448	0.157

由表 7.27 推断，两个样本的雾滴谱均为正偏态分布。原因有 3 点：首先，从样本的集中趋势上看，正态分布中平均数、中数、众数三者应该重合，而两雾滴样本的集中趋势均表现为：平均数＞中数＞众数，这一趋势符合正偏态分布的特征；其次，从样本的差异量度上看，变异系数 CV 均大于 12%，而通常正态分布的 CV 值 12% 以内；第三，静电喷雾的雾滴粒径分布的偏态系数 1.005＞1，超过了正态分布对偏态系数的要求。为此，分别对两样本进行 Kolmogorov-Smirnov 正态性检验，结果见表 7.29。

表 7.29　**独立样本 Kolmogorov-Smirnov 检验**

处理	均值	标准差	最大差异值	Z 值	P 值
静电喷雾	92.59	45.579	0.114	3.007	0.000
常规喷雾	98.21	47.752	0.086	2.430	0.000

检验表明：试验条件下的静电与非静电喷雾雾滴粒径均不服从正态分布（$\alpha=0.05$）。为判断两种条件下雾滴粒径大小是否有显著差异，对不符从正态分布的两个独立样本进行中数检验。中数检验是一种非参数检验，它可以判断两个独立样本是否可能来自中数相同的两个总体。它的基本方法是：首先将两组数据合并为一个样本，并将其从小到大排序，再找出它的中数，然后以该中数为界计算每组数据在中数以上和中数一下的频数，并将其结果列于表 7.30 中。

表 7.30 中数检验数据表

	静电喷雾	常规喷雾	合计/个
大于中数/个	317	418	735
小于或等于中数/个	384	382	766
总计/个	701	800	1 501

用 χ^2 检验得到的中数检验结果如表 7.31 所示。

表 7.31 中数检验结果

检验统计量	结果
样本容量 N	15.0
中数 Media	86.40
χ^2 值	7.357
自由度 df	1
P 值（单尾检验）	0.003 5
亚茨连续性校正 χ^2 值	7.108
亚茨连续性校正自由度 df	1
亚茨连续性校正 P 值（单尾检验）	0.004

检验结果显示 $p<0.05$，故应拒绝虚无假设，认为静电与非静电喷雾的雾滴中径有显著性差异，且单尾检验认为静电喷雾雾滴中径 NMD 低于常规喷雾的雾滴中径 NMD。雾滴数量中径（number media droplet，NMD），即中数，指按雾滴粒径排序后位于雾滴数量 50% 处的直径，在累积数量曲线上 50% 处相对应的直径。

2. 趋势分析

雾滴数量中径，雾滴体积中径、雾滴均匀度指标是雾滴群体大小的常用量度方法。雾滴体积中径（volume media droplet，VMD）的定义是，将采集的雾滴分成总体积相等的两部分，其中一部分所含雾滴的直径均小于体积中径，另一部分所含雾滴的直径均大于体积中径，在累积体积曲线上 50% 处相对应的直径，即 D_{50}。雾滴的频数分布如图 7.44 所示，雾滴的累积百分比曲线如图 7.45 所示。

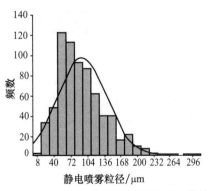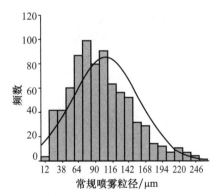

图 7.44 雾滴粒径频数分布图

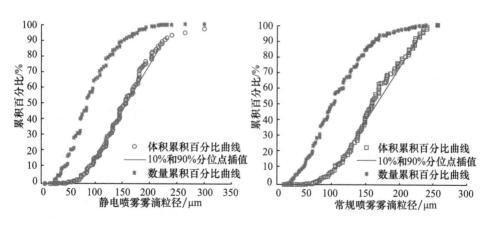

图7.45 雾滴粒径累积百分比曲线

图7.44反映出静电喷雾的雾滴粒径分布的频数范围要比常规喷雾的更加集中。根据VMD和NMD各自定义,从图7.45中可知,相同条件下雾滴的VMD从常规喷雾的156 μm减小到静电喷雾的154.8 μm,而NMD从常规喷雾的93.6 μm减小到静电喷雾的84 μm,可见相同条件下静电喷雾的两种雾滴粒径都要小于对应的常规喷雾的雾滴粒径。同时,图7.44中D_{10}和D_{90}两点的插值直线斜率反映了雾滴分布的均匀性。另外,在试验中还观察到,由于带电雾滴之间互相排斥作用,喷雾时会发现喷雾锥角与常规喷雾相比会显著增大。这些变化一致表明,雾化效果的差异是受电场作用的影响。郑加强(1992)报道静电喷雾的雾滴谱分布变窄,雾滴平均粒径下降的现象是由于静电雾化与传统雾化在机理上有本质区别。当介电液体处于电场中时,流体本身会受到电场力的作用,这个现象称之为电水力(electrohydrodynamic)效应,简称EHD。这个力来源于流体内荷电粒子的运动、流体介电常数的梯度和外加电场的梯度三者的合力。

7.6.7 荷电性能评价

荷质比是衡量静电喷雾雾滴荷电性能的重要指标。荷质比越大,雾滴的荷电性能及充电效果越好。本研究通过网状目标法测量雾滴荷质比,主要用来评价该静电喷雾装置的充电性能。

7.6.7.1 材料与方法

(1)试验仪器:试验仪器如表7.32所示。

表7.32 试验仪器

仪器名称	型号	生产厂家	备注
温湿度计	2286-2型	德国Rherm	精度:0.01℃ 0.1%
示波器	YB4320A型	江苏绿扬电子仪器厂	20 MHz
高压静电发生器	GJF-100型	北京静电设备厂	0~100 kV
微安电流表	C46-10型	贵州永恒精密电表厂	0.5 Ma,GB 7676-87 测量范围 10 μA

（2）试验方法：为了收集到有效的放电电流，通过试验一和试验二对测试方法的有效性进行探索，在此基础上测量雾滴荷质比。

试验一：电场的空间作用范围试验。用Φ100黄瓜叶片圆形切片测量空间不同位置电场的感应放电电流，以间接确定电场空间作用范围。高度方向（z方向）取3个水平，靶标距离喷头距离分别取为20 cm、30 cm、40 cm；同一高度的水平面内选取20 cm、40 cm、60 cm、80 cm、100 cm 5个不同距离，以喷头为圆心，5个不同距离为半径做同心圆，选取每个同心圆与水平方向（x轴）和竖直方向（y轴）的交点作为采样点。该选取方法可在空间中布置60个单元记录感应放电电流值，每个单元进行6次重复。数据处理时，对同一高度、同一半径的4个感应电流均值取平均值，作为该距离的感应电流值。室内环境条件为，温度28.4℃左右，相对湿度约84.70%。

试验二：确定屏蔽网距离电极尖端不同距离的屏蔽效果。调节屏蔽网与电极尖端之间的相对距离，取15 cm、20 cm、25 cm，3个水平，调节电压分别为20 kV、24 kV、28 kV、30 kV、32 kV共5个水平，测量不锈钢筛网的感应放电电流值，设定不采取屏蔽措施作为对照，每次处理3个重复，取均值进行分析。

试验三：雾滴荷质比试验：对不同电压下的雾滴的荷质比进行了测试。调节工作电压，取20 kV、24 kV、28 kV、32 kV、36 kV、40 kV共6个水平，每个水平3次重复，分别取均值计算荷质比，单位mC/kg。试验中电极与屏蔽网距离为25 cm，喷头与不锈钢筛网的距离约60 cm。喷雾压力、喷头型号以及喷头流量见表7.27。

7.6.7.2 结果与分析

（1）电场的空间作用范围拟合结果如图7.46所示。从感应电流的变化趋势中可以大致判断电场的感应范围1 m范围之内，这为接下来金属屏蔽网屏蔽效果的试验提供事实依据。

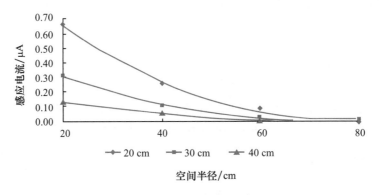

图7.46 电场空间作用范围

（2）分别测出有无屏蔽网时不锈钢筛网的感应电流值，将试验结果分别记录在表7.33和表7.34中。

表7.33 不采取屏蔽措施的感应电流值 μA

	20 kV	24 kV	28 kV	30 kV	32 kV
15 cm	2.81	3.13	3.42	3.67	3.80
20 cm	3.33	3.65	3.92	4.27	4.40
25 cm	3.79	4.23	4.54	4.90	5.07

表7.34　采取屏蔽措施的感应电流值
μA

	20 kV	24 kV	28 kV	30 kV	32 kV
15 cm	2.81	3.13	3.42	3.67	3.80
20 cm	3.33	3.65	3.92	4.27	4.40
25 cm	3.79	4.23	4.54	4.90	5.07

从表7.33和表7.34可知，①采取的屏蔽措施有效地减少了感应电流的存在；②同一距离下，感应电流随着工作电压的升高而略有增加，但变化不大；③同一电压水平下，总体上屏蔽网距离电极越远屏蔽效果越差，而试验中发现，屏蔽网过于接近电极会引起不必要的放电问题，所以在荷质比试验中将屏蔽网与电极的距离确定为20 cm。

（3）通过荷质比测试可以寻求最佳静电喷雾效果时的荷电水平；还可以研究荷电雾滴在运动过程中的变化过程，分析电荷衰减规律。荷质比与工作电压的关系如图7.47所示。

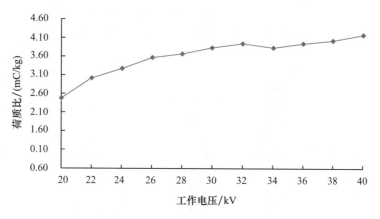

图7.47　荷质比与工作电压的关系

试验结果表明，充电效果随电压增大而增加。随着电压的升高其荷质比也增大。

7.6.8　沉积性能评价

7.6.8.1　材料与方法

1. 试验材料与参数

在模拟棉花冠层人工靶标上进行喷施试验。人工模拟靶标的叶片由工程塑料制成，植株为金属材料。试验在喷雾天车上进行，喷雾参数如表7.27所示。

2. 试验方法

在模拟靶标冠层的上、中、下不同高度处布置水敏纸（Water Sensitive Paper，WSP），观察喷洒后雾滴沉积状况，试验设常规喷雾为对照组。采用中国农业大学农业工程教研室自行开发的靶标图像识别软件计算雾滴覆盖率（Coverage on WSP，%）。

7.6.8.2　结果与分析

图 7.48 是一组典型的水敏纸上雾滴的沉积覆盖情况。详细的统计结果如图 7.49 所示。

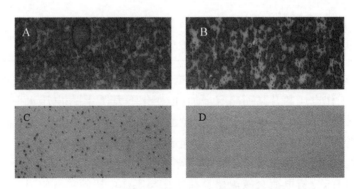

图 7.48　雾滴在水敏纸上典型的沉积分布
A. 静电喷雾靶标正面　B. 常规喷雾靶标正面
C. 静电喷雾靶标背部　D. 常规喷雾靶标背部

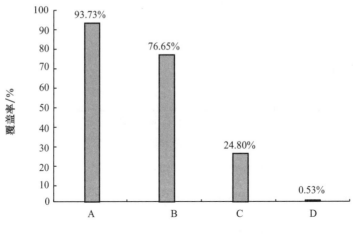

图 7.49　水敏纸上雾滴沉积覆盖率
A. 静电喷雾靶标正面　B. 常规喷雾靶标正面
C. 静电喷雾靶标背部　D. 常规喷雾靶标背部

　　试验结果表明,静电喷雾时的模拟靶标正面的雾滴覆盖率为 93.73%,是常规喷雾的 1.22 倍;静电喷雾时的模拟靶标背面的雾滴覆盖率为 24.80%,比常规喷雾的覆盖率提高了 46.6%。因而研制出的高压静电喷雾装置能有效地使雾滴带电,提高了雾滴在靶标上的沉积效果。不过,尽管荷电雾滴的沉积与常规喷雾相比有所提高,但是还没达到最佳效果,这是受到了所使用的人工模拟靶标材料的影响。人工模拟靶标的叶片为工程塑料制作,这种绝缘材料造成荷电雾滴携带的电流沉积到叶片上后不易转移到地面,因此,整体上讲模拟靶标的导电性能不好,从而影响了雾滴的沉积效果,尤其是靶标背部沉积效果。

7.7　结　　论

提高农药利用率,减少农药流失关键在于采用先进高效的植保机械和施药技术,农药静电喷雾作为一种先进喷雾方式,可以提高雾滴的沉积效果和减少雾滴的飘移,达到提高有效用药量,节省用药,降低成本,减少环境污染。本研究在分析国内外农药静电喷雾研究基础上,对农药静电喷雾荷电过程、输运过程和沉积过程进行了基础理论研究,设计了气助式、离心式、液力式静电喷雾系统,并进行了试验研究,具体结论如下:

(1)理论分析得出影响雾滴荷电水平的主要因素为喷液的理化性质、雾化效果以及喷头结构。荷电雾滴沉积过程进行受力分析,得出影响雾滴沉积的主要为重力、曳力和静电力;静电力主要为荷电雾滴云生成的空间电场力;当荷电雾滴靠近靶标或进入冠层时,镜像力起主要作用。

(2)对荷质比测量装置、高压电源以及静电喷头进行了研究与设计。荷质比测量装置的筛网设计为可方便更换且测量准确;设计了便携式荷质比测量装置。高压电源可以实现$0\sim2$ kV范围内的可调,体积小,电池供电,有利于在田间的使用。设计的气助式静电喷头在300 V的电压下即可以实现有效的静电喷雾。

(3)对气助式和离心式静电喷头进行沉积性能试验,研究气液比、喷雾高度、喷雾角度、荷电量等喷雾参数对沉积量及覆盖率的影响,并对结果进行正交试验,得出因素之间的最优组合,即气液比为0.18,喷雾方向为垂直于靶标,电压为1 kV。

对于离心式静电喷头,室外试验中的静电喷雾在靶标最外层的沉积量大于常规喷雾;在中间和内层靶标上静电喷雾的沉积量小于常规喷雾。室内试验结果相反,静电喷雾趋向于减少距离喷头最近的冠层外部的沉积量而增加冠层内部和远离喷头冠层的沉积量;室外试验表明,静电喷雾可以改善在雾滴在靶标冠层的沉积分布。

(4)对扇形雾静电喷头的荷电效果、雾化效果和在靶标正面和背面的沉积效果进行了测试,通过正交试验研究了影响喷头静电喷雾效果的主要因素以及确定了在现有的条件下可以实现的最佳静电喷雾效果的喷头的结构参数和作业参数,为将感应式静电喷头应用到生产实际中奠定了基础。影响静电喷雾效果的主要因素为电压和作业速度,在现有的条件下扇形雾喷头能取得较优的荷电效果的作业参数为:$3\sim4$ kV电压,喷雾压力$0.3\sim0.5$ MPa,喷雾作业速度$0.4\sim0.6$ m/s,电极的位置在雾化区中间偏上处,电极的形状采用片状电极。

(5)对TR80-0067空心圆锥雾电晕静电喷头进行了一系列性能测试,试验包括:雾滴谱的测定,雾滴荷质比的测定,雾滴沉积量的测定等。结果表明:研制的电晕放电喷雾装置对雾滴的充电是有效的。与常规喷雾进行对照,静电喷雾的雾滴粒径与不带电时的喷雾粒径存在显著差异,正极性30 kV的雾滴粒径比常规喷雾的雾滴粒径要小;雾滴在水敏纸上的沉积覆盖率同样揭示了二者的显著差异,雾滴带电后沉积量增加,尤其是靶标背面的沉积分布。较高的工作电压能提高雾滴的荷质比,而有效的工作电压必须介于电晕起始电压和击穿电压之间。

7.8 致　谢

感谢国家"十一五"科技支撑计划项目"高效施药技术研发与示范"(项目编号：2006BAD28B05)、国家"863"项目"篱架型作物高效施药技术研究与装备创制"(项目编号：2008AA100904)、"高等学校博士学科点专项科研基金"(项目编号：20090008110015)对本研究的资助！同时，特向对上述项目做出贡献的所有参加人员表示由衷的感谢！

参 考 文 献

陈舒舒.感应式静电喷雾油剂荷电技术研究与应用.中国农业大学硕士学位论文,北京：2009.

储金宇,吴春笃,何雄奎,等.等离子体荷电喷雾装置的研制与应用.农业机械学报,2004,35(6)：98-101.

高良润,朱和平,冼福生.静电喷雾技术的理论与应用研究综述.农业机械学报,1989,2：53-57.

宫帅.气液两相感应式静电喷头及雾化特征研究.中国农业大学硕士学位论文,北京：2010.

何雄奎,严苛荣,储金宇,等．果园自动对靶静电喷雾机设计与试验研究．农业工程学报,2003,19(6)：78-80.

黄贵,王顺喜,王继承.静电喷雾技术研究与应用进展．中国植保导刊．2008(1):19-21.

李炬.荷电雾滴靶标背部沉积效果及其模型构建.中国农业大学硕士学位论文,北京：2006.

李扬.感应式静电喷雾系统及其助剂研究.中国农业大学硕士学位论文,北京：2008.

马晟.感应式静电喷头的设计与试验研究.中国农业大学硕士学位论文,北京：2010.

任惠芳.感应式充电气力式静电喷头研究．山西农业大学硕士学位论文,太谷：2003.

茹煜.农药航空静电喷雾系统及其应用.南京林业大学博士学位论文,南京：2009.

尚鹤言.接触式静电超低容量喷雾机[P].中国专利：91223217.X.1992.03.25.

松尾昌树,内野敏刚,饭本光雄.外部环状电极を用いた诱导带电式2流体ノズルの静电散布特征.农业机械学会志,1987,49(5)：459-466.

余泳昌.静电喷雾技术综述.农业与技术,2004,24(4),190-191.

余泳昌.手动喷雾器组合充电式静电喷雾装置的雾化效果试验.农业工程学报,2005,21(12)：85-88.

郑加强.风送静电喷雾研究及其在灭蝗中的应用．江苏工学院博士学位论文,镇江：1992.

朱和平.静电喷雾理论及其喷头的研究.江苏工学院博士学位论文,镇江：1990.

Carroz J. W, Keller P N. Electrostatic induction parameters to attain maximum spray charge. Transactions of the ASAE,1978,21：63-69.

Castle, G. S. P, Inculet I I. Space charge effects in orchard spraying. IEEE Transactions on Industry Applications, 1983, IA-19(3): 476-480.

Coffee, R. A. Electrodynamic energy-a new approach to pesticide application, in BCPC Application Symposium-Spraying Systems for the 1980's. 1979: 95-107.

Cooper J. F. Low volume spraying on cotton: a comparison between spray distribution using charged and uncharged droplets applied by two spinning disc sprayers. Crop Protection, 1998, 17(9): 711-715.

Dobbins, T. Electrostatic spray heads convert knapack mistblowers to electrostatic operation. International Pest Control, 1995, 37: 155-158.

Effects of current passing through the human body. 1974, International Electrotechnical Commission: Geneva.

Ganzelmeier H. Electrostatische aufladung von spritzflussingkeiten zur veresserung der applikationstechnik. Grundlagen der Landtechnik, 1980, 4: 122-125.

Kirk, I. W, Hoffmann W C, Carlton J B. Aerial electrostatic spray system performance. Trans. ASAE, 2001, 44(5): 1089-1092.

Latheef M. A, Carlton J B, Kirk I W, *et al*. Aerial electrostatic-charged sprays for deposition and efficacy against sweet potato whitefly (Bemisia tabaci) on cotton. Pesticide Management Science, 2009, 65: 744-752.

Law S E, Bowen H D. Effects of Liquid Conductivity upon Gaseous Discharge of Droplets. IEEE, 1989, IA25(6):1073-1080.

Law S E, Lane M D. Electrostatic Deposition of Pesticide Spray onto Foliar Targets of Varying Morphology . ASAE,1981,24(6):1441-1445.

Law S. E, Cooper S C. Induction charging characteristics of conductivity enhanced vegetable-oil sprays. Transactions of the ASAE, 1987, 30(1): 75-79.

Law, S. E. , Embedded-electrode electrostatic-induction spray-charging nozzle: theoretical and engineering design. Transactions of the ASAE, 1978, 21: 1096-1104.

Marchant, J. A. , An electrostatic spinning disc atomizer. Transactions of the ASAE, 1985, 30(2): 386-392.

Matthews. D. A. Pesticide Application Methods (2), Longman Group Litmited. 1992, UK.

McCartney A H, Woodhead, T. Electric charge, image-charge forces, and the deposition of pesticide drops. Pesticide Science, 1983, 14: 49-56.

Moser E. Einige grundlagen der elektrostatik im chemischen pflanzenschutz. Landtechnik, 1983, 33: 96-100.

Rayleigh J W S. On the instability on the Jets. Proc Roy Soc,1879,24:71-97.

Splinter W E. Electrostatic Charging of Agriculture Sprays. ASAE, 1968, 11 (4): 491-495.

SPLINTER W. E. Electrostatic charging of agricultural sprays. ASAE,1968, 11(4):491-495.

S. Edward Law. Agricultural electrostatic spray application：a review of significant research and development during the 20 century. Journal of electrostatic，2001，51-52：25.

Western N. M.，Hislop E. C，Dalton W J. Experimental air-assisted electrohydrodynamic spraying. Crop Protection，1994，13(3)：179-189.

第**8**章

农作物靶标光谱探测技术研究

邓 巍 何雄奎 宋坚利 李 丽 张录达

农林作物一般非连续种植,农业喷雾过程中都是联系喷雾,作业过程中喷施在农林作物靶标空隙之间的药液造成巨大浪费和严重环境污染,因此实现自动对靶精准喷施意义重大。本研究探讨利用光谱探测技术实现靶标的自动探测。如红外线可有效防止可见光的干扰,响应速度快,可实现无接触探测。其原理是红外发射管发射出红外光照射到被探测物体上,反射的红外线被光电探测器接收,触发控制信号,实现自动对靶施药。

田间杂草非均匀分布,且还有非活性靶标,如枯草、干树枝和障碍物,为了提高喷施农药的精准度,研究绿色植物靶标探测技术意义重大。由于光谱识别技术实时性较好,本文同时探讨了利用植物和其背景的光谱"红边"两侧反射率的差异,定义植物判别指数是 850 nm 处反射率与 650 nm 处反射率的比值(GPDI)。用美国 ASD 公司生产的 Field Spec Handheld 2500型野外便携式光谱仪测量了绿色植物和背景(枯枝、枯草、土壤等)的光谱数据,对其进行数据处理,得到各被测物质的反射率,并计算每一被测物质的植物判别指数。利用决策树模式识别方法建立植物与背景的分类模型,以得到植物判别指数阈值,选择此阈值为 5.54。试验验证了利用此阈值判别植物与背景的正确识别率,识别率达 100%。在此研究基础上,提出了实现植物和背景硬件设计方案。

田间全面积均匀喷施除草剂不经济,还污染环境,精准喷施除草剂意义重大,其关键是正确识别杂草。本研究还探讨了用便携式野外光谱仪,在田间测量了玉米、马唐和稗草植株冠层在 350～2 500 nm 波长范围内的光谱数据,经过数据预处理,数据分析波长选为 350～1 300 nm 和 1 400～1 800 nm。数据处理采用支持向量机(SVM)模式识别方法。SVM 具有可实现对小样本建模结构风险最小化、结果最优化、泛化能力强的优点。用线性、多项式、径向基和多层感知核函数对玉米和杂草建立二分类模型,结果表明,3 阶多项式核函数 SVM 分类模型的正确识别率最高,达到 80% 以上,且支持向量比例较小。以二分类模型为基础,利用投票机制,建立了玉米、马唐和稗草的一对一多分类 SVM 模型,正确识别率达 80%。

8.1　农作物靶标探测技术研究意义及现状

8.1.1　引言

精准施药包括3个阶段：①检测阶段，探测、识别喷施对象的特征，如颜色、形状、大小、光谱特性等；②优化分析阶段，对探测到的信息进行优化、分析，得到最佳喷施量和喷施分布；③喷施实施阶段，根据实际所需的最佳喷施量，进行精准喷施。

杂草在田间非均匀分布，为了减少除草剂的用量和减轻污染，采取化学杀虫除草剂精确施药技术，其关键在于实时识别靶标和杂草。目标探测与识别是精准施药技术体系的主要研究内容之一，涉及靶标探测、杂草探测与识别的研究，属于精准施药技术的关键环节。由于光谱特性的实时性较好，因此，利用光谱特性实时探测喷施目标、识别杂草具有明显优势，且意义重大。

8.1.2　研究背景及意义

8.1.2.1　靶标光谱探测

据统计，世界粮食生产因虫害常年损失14%，因病害损失10%，我国的情况大致相同；近些年我国每年森林病虫害发生面积达800万 hm^2。因此，农林病虫害防治任务艰巨，化学防治是目前主要的防治方法。用常规施药方法时，只有20%～50%的农药沉积在植株的叶片上，不足1%的药剂沉积在靶标害虫上，只有不足0.03%的药剂能起到杀虫作用。农药流失严重，农药效用极低，造成投入很高、环境污染等问题。

目前在树木病虫害防治过程中，农药施用系统一般不管有无施药目标，采用均匀全面施药，但实际情况中作物之间都有一定的株距，不同的树种有不同的树冠形态，当采用均匀恒定喷施方法时，会造成无靶标沉积，从而造成浪费和环境污染。

农药喷施过程中的严重浪费和污染问题激励着许多研究人员研究和设计各种探测控制系统，目的在于提高精确施药技术，降低无靶喷施量。自动对靶精确喷雾就是根据作物或果树的不同对象随时调整，变量喷施农药。自动对靶喷雾技术能够根据施药靶标的有无和靶标特征的变化选择性地对靶变量施药，提高农药在靶标上的沉积量，减少农药在非处理区地面的沉降，这对提高农药的利用率，减少药液的浪费和环境污染，使资源得到更合理的利用和降低生产成本，减少化学药剂对环境的破坏等具有重要意义。

植株目标探测的探测技术有红外光电探测技术、超声探测技术、微波探测技术及图像探测技术等。微波探测技术由于受到通讯技术、控制技术复杂、经济性较差等限制，尚不适合用于农业生产。超声探测技术虽然不复杂，但其经济成本比光电探测技术的高很多。图像处理探测技术虽然能较好地探测出靶标的外形，进而确定喷施的覆盖范围和喷施量，但因其复杂性、稳定性较差、数据处理量较大、响应速度较慢和高成本等问题，使得此技术大多还处于实验室阶段，实际应用于大田在线实时作业的较少。

近红外技术(NIRS)是 20 世纪 60 年代兴起的一种快速分析技术,具有简便、快速、低成本、非破坏和多组分同时测定等优点,目前已广泛应用于医药、化工、农业等领域。近红外光电探测技术因其响应速度快、能实现非接触检测、精度和分辨高、抗干扰性强、可靠性好、成本较低、结构简单、体积小、功耗低等优点,被广泛用于在线实时检测和探测中,其中关键是确定出特征波长或特征波段。

红外线自动对靶喷雾技术的原理就是利用红外发光管发射出一种红外光线照射到被探测的物体上,经反射回来的红外线若被接收器接收,即可确定目标位置,并将接收到的光信号转换成开关控制信号,控制相应喷头动作。问题的关键是确定出被探测靶标的特征波长。

8.1.2.2　作物与杂草的光谱识别

杂草伴生于作物的整个生长发育期,同作物激烈竞争水分和养分,严重干扰作物的正常生长,导致作物减产和品质下降。在我国农田杂草约 1 400 多种,其中常见杂草有 364 种,恶性杂草有 37 种。我国农田杂草危害面积大约为 4 000 万 hm^2,每年造成小麦减产 40 亿 kg;玉米减产 25 亿 kg。为了减少损失,在作物的生长期内尤其是苗期内要及时灭除杂草。据国家农业部农技推广中心统计,我国每年除草剂的施用量已占农药总施用量的 20%,消耗总量近 47 万 t,用在除草上的劳动量高太 20 亿～30 亿个工作日,农田除草用工占田间工作总量的 1/3～1/2。农田杂草防除的方法有机械、化学、人力、静电、生物除草等。近年来,由于化学除草的高效性使其成为了主要的除草方式,在我国除草剂的施用量已占农药总施用量的 20%,每年消耗总量近 47 万 t。

但其喷洒方式普遍为粗放式的大面积均匀喷洒,喷洒到作物和土壤等无杂草区域的除草剂不仅造成了浪费,还造成生态环境危害和农产品污染。传统喷洒除草剂的方法是,将除草剂均匀喷洒在田间,药液大量沉积在土壤或庄稼上。然而,绝大多数农田里受杂草侵扰的程度和分布在很大程度上是变化的、非均匀的,尤其是谷类作物的田间杂草通常呈斑驳状分布。Ben 和 Hamm (1985)指出部分谷类作物田间没有杂草,并且发现在同一种品种作物的不同田间的杂草不一定相同。Thompson 等在一块儿保护性耕作的谷类庄稼地里做了调查,研究发现 27% 的面积没有雀麦草、57% 的面积里没有茅草、80% 的面积里没有草地雀麦草。这说明田间大部分区域不需要施加任何除草剂。如果只将除草剂喷施在受杂草侵扰的区域,那么杂草控制的效力就会大提高,减小除草剂的用量和减轻环境污染。

杂草识别是克服盲目用药和进行综合治理关键性的一步。为了减少成本和保护环境,人们开展了除草剂的精准喷药技术的研究,希望只在长有杂草的地方精确施药,替代传统的大面积喷药技术。而精确施药的关键是正确识别杂草。精准施药技术根据实时传感的杂草位置、密度和种类等信息智能控制喷雾量,通过仅对杂草滋生区域喷施除草剂,达到降低除草剂施用量的目的。变量控制杂草技术的关键在于田间杂草信息的实时捕获,也就是把田间杂草从农作物和土壤背景中自动识别出来,因此杂草识别技术的研究对改善农药效力、减轻污染意义重大,在作物田间自动识别杂草是一项具有挑战性的任务和工作。

综上所述,针对现阶段我国存在的粗放式的、大面积喷洒化学除草剂的使用问题,快速识别杂草,做到"有的放矢"精准喷洒除草剂,对于提高农药效力、减少用药量、减少污染意义重大,为农业的可持续发展提供必要的保证。因此,此项研究具有巨大的社会意义、生态效益和经济效益,必将具有广阔的应用前景。

本研究目的就是利用作物和杂草的光谱特性实现杂草识别的研究。

目前,杂草识别的方法主要有人工识别、机器视觉识别和光谱识别。

1. 人工识别

早在原始农业出现后,杂草的人工识别就已经出现。长期以来人们都是依靠眼睛、并通过双手和一些简单的工具来完成除草任务的,如通过耕翻、犁、耙除草。杂草的人工识别主要是依赖人体感官进行的,当田间所有绿色植物进入人的视野后,通过人的大脑进行分析,识别并分辨出该种植物是否为杂草,并发出一系列的动作指令,其识别与处理过程如图 8.1 所示。

图 8.1 人工杂草识别的处理过程

杂草的人工识别与处理是最原始的劳作方式,不仅耗费大量的人力、物力,降低农业的劳动生产效率,还会增加农副产品的生产成本,降低产品在市场领域中的竞争力。

2. 机器视觉识别

机器视觉是指用计算机实现人的视觉功能,对客观世界的三维场景的感知、识别和理解,20 世纪 70 年代初期在遥感图像和生物医学图像分析两应用技术中取得成效后崭露头角。早在 1986 年 Guyer 等就机器视觉技术在植物识别方面做过论述。用于杂草识别的图像有:灰度图像、光谱图像、真彩色图像和遥感图像,所采用的主要分析方法包括:颜色特征分析法、纹理特征分析法、形状特征分析法。机器视觉技术对农田杂草的识别与处理过程如图 8.2 所示。

图 8.2 机器视觉杂草识别的处理过程

采用机器视觉技术,可以实现杂草与作物间、不同杂草种类间的识别。随着计算机技术的发展,国内外许多研究人员运用图像处理的不同手段和方法对杂草进行识别,如形状、纹理、颜色等,研究结果表明,机器视觉在杂草识别方面是一种可行的办法。然而,由于该技术需要采集的信息量较大,不但需要作物、杂草等绿色植物的信息,还需要地面、植物阴影等的信息,信息的处理与识别过程耗时较长。因此,该技术在实现杂草的高效率识别与处理方面,对于满足行走设备的常规作业速度要求,要使该技术在杂草识别领域进入实用化阶段,必须有相应的简单、快捷、准确算法。

3. 光谱识别

光是一种具有一定频率范围的电磁波,以电磁辐射的方式在空间传播。投射到物体表面的辐射,一部分被物体表面反射,另一部分被物体吸收。反射(或吸收)的比率因辐射波长、物体的光谱学特性而异,因此在一定的波段(或波长)范围内,可利用物体的光谱特征来识别物体。在可见光波段内,有生命的植物叶片中所含的叶绿素吸收红色光和蓝色光、反射绿色光,叶绿素含量的差异导致不同植物吸收与反射能力的不同,而土壤、岩石和无生命的植物残余物则反射红色光,在近红外光波段下,因叶子内部结构不同,对入射光能的透射、反射能力也不同,造成不同类型的植物反射率显示出明显的差异,土壤背景的反射率明显低于植物的反射率。

相比较而言,光谱识别方法的优点是反应迅速、结构简单、成本低、易形成商业化。利用光谱特性识别杂草的方法在实时性方面具有明显的优势。因此,不论从实时性角度还是从经济性要求来看,深入研究杂草的光谱特征及识别方法很有必要,具有良好的应用前景。目前在我国,利用光谱特性识别杂草的研究仍处于起步阶段。

8.1.3　研究现状

8.1.3.1　树木靶标光谱探测

美国于1981年试制了间歇式喷雾机,该机探测目标采用光电传感探测技术可以根据靶标的有无实现自动对靶喷雾的目的,与连续喷雾相比,可以节省药液24％～51％省药率与作物种植的形态有关。1990年美国改进了原有的光电探测式间歇式喷雾机,改进后将其用于自动喷洒除草剂,同样也取得比较好的节省农药效果,美国对这项技术一直持续研究到了20世纪90年代后期,并取得了新的发展。美国Palchen公司研制的WeedSeeker喷雾系统,该系统核心部分是PhD600,它由叶色素光学传感器、控制电路和阀体组成,阀体内含有喷头和电磁阀,当传感器检测到叶色素判定有草存在时,即对准目标控制喷头打开,喷洒除草剂。该机具用于行间、沟旁、道路两侧喷洒除草剂,可节省农药60％～80％。美国Ourand-Wayland公司主要采用了防水超声波传感器生产出了一种果树智能喷雾系统叫smartspray,其超声波传感器和喷雾控制器相连接,喷雾机两侧的喷头根据探测到的树的大小及其形状后做出判断并由控制器控制相应地喷头开启进行喷雾。安装在驾驶室里的控制器可显示已喷雾的果园面积、每小时的喷雾面积、喷雾机平均行驶速度以及与传统喷雾方式相比较的节省农约量等相关的数据,同时它有4个储存位置可以储存不同果园的果树株距、理想喷雾作业速度等相关喷雾作业参数,该系统的果园喷雾与传统喷雾的比较试验表明,可大约节省37％施药成本。美国Spray-ingSystem公司生产了一种果园专用喷雾控制器Teejet 844-AB,它带有通用接口可以和喷雾设备连接,可以独立控制喷杆,可以根据不同的果园行距和树高进行控制喷雾,同时还能使喷雾压力保持稳定,严格控制喷雾流量,避免施药不足和过量喷雾。

1983年前苏联成功研制间歇果园风送式喷雾机IIOJI-2,其目标探测采用双向超声波传感探测技术测定树冠位置,该喷雾机实现了对树冠不连续的果树的对靶喷雾,在没有树冠的果树空隙区自动停止喷雾,该机可提高生产率20％,节省农药大约50％。

日本也于1994年研制了自走式间歇风送喷雾机,用于果园喷雾,其目标探测器是采用的光电传感探测技术。

近年来我国的专家学者也开始了这种智能化的自对靶喷雾技术的研究,但这种智能化自动对靶施药技术在研究应用方面还处于起步阶段,还没有大规模的商业应用,只有小规模的试验研究。

在20世纪80年代我国从国外引进了风送式果园喷雾机,该种机型主要是利用液力先将药液雾化,然后靠轴流风机产生的高速气流将雾滴进一步雾化并通过气流将雾滴输送到植物的靶标上,同时携带有细小雾滴的高速气流使植物的叶片翻动,从而使叶面的正、反面都能很好地附着药液。这种喷施方法不仅提高了药液在靶标的叶片上的沉积率和均匀度,而且与用喷枪喷施的方法相比较,大大减少了每亩果园的药液喷施量,使其药液的利用率也有很大的提高,其利用率达到了 30%～40%,同时操作人员的劳动强度和工作条件还大为改善。但这种连续喷雾技术忽视了果园种植特点,导致许多农药飘失浪费。之后,科研人员开始了间歇式对靶喷雾研究,开发了基于红外和超声波探测技术的果园风送式自动对靶喷雾技术,这类技术考虑了果树间隔种植的特点,采取间断性对靶喷雾,降低了农药在非靶标区的沉积。

中国台湾的中兴大学也研制了一种超声波作物辨识系统,该系统应用在果园喷雾机上,其超声波传感器的距离测量范围可在 1～3 m 内调整,其角度调整范围在 0～20°,喷雾机行驶速度 3 km/h,当超声波传感器的测量距离调整到 1 m 时,此时该系统对直径为 5 m 的树干反应较为灵敏。该系统在荔枝、柑橘园中分别进行了不同作业条件下与传统喷雾方式用药量对比试验,试验表明节省农药比例达 27.9% 和 57%,这个数据与果园每行果树空隔占有率 35.0% 和 56.7% 非常接近,这些数据也充分说明了该系统取得了很好的实际应用效果。

华南农业大学在实验室中研究了一种自动喷雾控系统,该系统由单片机、超声波传感器、步进电机、变频器和电磁阀构成,超声波传感器探测果树的外缘树叶来模拟果树外形,并将喷头与探测点之间的距离信息送到单片机 CPU,经过运算后,控制喷头的运动。以便在最合适的喷雾距离和喷雾压力下控制电磁阀的开启时间。研究人员通过试验得出了最佳喷雾距离、压力和喷雾时间等喷雾参数,实现了自动对靶精确喷雾和其雾滴的合理分布。

纪良文等于 1997 年研制了用超声波探测靶标技术的对靶喷雾试验台,在这以后还进行了红外探测技术和图像探测识别等其他探测技术的研究,并研制了用于棉田的基于红外探测技术对靶喷雾装置。超声波探测方法和红外光谱探测方法相比,利用超声波传感器进行目标探测的设备系统较复杂,成本较高。

何雄奎等于 2003 年进行了果园红外自动对靶静电喷雾机设计与试验研究,该机采用基于红外传感探测技术对果树靶标进行自动识别和控制,实现风送静电对靶喷雾,与风送式果园喷雾机连续喷雾相比,可以节省药液 50%～75%,但该系统无法消除探头之间的相互干扰。邹建军等在此基础上进行了改进,提高了抗干扰能力。但此系统易受环境影响,工作不是十分稳定,且没有探讨探测光谱波段。在本研究中又进一步设计研究了红外探测对靶喷雾系统,使其能够工作稳定、降低成本。

8.1.3.2 作物与杂草光谱识别

Brown 等运用分光辐射谱仪在自然光照条件下测定了棉田中的几种杂草在 400～900 nm 范围内的反射率,通过分析得到了 440 nm、530 nm、650 nm、730 nm 4 个特征波长点。Vrindts 等运用分光辐射谱仪测定了马铃薯、甜菜、玉米和各种杂草以及土壤在 200～2 000 nm 范围内的反射率,分析结果表明:运用 1 925 nm 和 1 715 nm 两个特征波长点判别分析甜菜、杂草和土壤的错误识别率为 0,运用 1 085 nm、645 nm、695 nm 3 个特征波长点判别分析玉米和杂草的错误识别率为 0,运用 765 nm、515 nm、1 935 nm 3 个特征波长点判别分析马铃薯、杂草和土壤的错误识别率为 1.5%。毛文化等利用傅里叶变换红外(FTIR)光谱法测量并分析了小麦、小藜和荠菜等几种杂草在 700～1 100 nm 波长范围内的反射率,再运用 SPSS 统计软件进行判别分析,选取特征波长,以此建立判别模型,验证结果表明小麦和杂草的正确识别率达 97.7%。朱登胜等在室内、靠近并对准叶片采集了大豆和杂草幼苗的光谱数据,用神经网络建立模型,达到了一定的识别率。

为了获取光谱信息,研究人员专门设计了各种独特的光电传感器。Visser 等利用所开发的一种独特的传感器,通过感知场景反射光的荧光性来识别作物和杂草(所有杂草归为一"类")。Biller 利用一套光电传感系统"Detectspray"来识别土壤中的植物,另一套系统"SprayVision",通过感知场景在 4 种不同的波长(蓝、绿、红和近红外光)下的反射光来识别杂草。Borregaard 等运用成像光谱仪测定了马铃薯和甜菜以及几种杂草在 670～1 070 nm 范围内的反射率,选定 649 nm、970 nm、856 nm、686 nm、726 nm、879 nm、978 nm 作为特征波长点,田间试验中马铃薯和杂草的识别率达到了 94%,甜菜和杂草的识别率达到了 87%。

近几年,高光谱遥感技术因高分辨率、数据量丰富、等特点而成为国内外农作物靶标探测及监测方面的先进手段和研究重点。对高光谱的许多研究都已取得了不同程度的成果,其结果表明,高光谱探测技术在农田和牧场杂草探测识别方面的应用潜力很大。

8.2　靶标红外探测装置研究

本研究在中国农业大学药械与施药研究中心前期开发的红外自动对靶喷雾技术的基础上继续探讨利用红外线探测技术实现靶标的自动探测。红外线可有效防止可见光的干扰,实现无接触探测,反射的红外线被光电探测器接收,触发控制信号,可实现自动对靶施药。实验结果表明所建立的红外靶标自动探测装置可对农林作物靶标进行自动探测,光波波长为850 nm,探测距离为 0.1～5 m 可调,靶标最小识别间距小于 0.3 m。

8.2.1　红外探测装置Ⅲ型

8.2.1.1　**原理**

本系统应用主动反射式红外光电传感探测方式,如图 8.3 所示。每个探测器组都有红外发射、接收部件。由图 8.3 也可看出,1 组的反射信号会被 2 组的接收部件探测到,而 2 组的反射信号也会被 1 组探测到,从而形成干扰和误测,而且光路也会受到空气中的红外光的干扰。

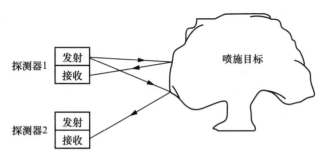

图 8.3　普通靶标光电探测示意图

为此,采用了码分式的红外探测电路,不同探测器组采用不同编码的调制红外脉冲信号。根据对光电探测系统的原理,本探测系统工作原理如图 8.4 所示。首先对红外光进行编码,然后经调制电路调制,将其变为编码脉冲调制信号,由红外发射管向外发射此信号。此信号经植株靶标反射,被光电探测装置接收,经前置放大后,对调制信号进行解调,经译码电路译码,检出其原始信号,去控制相应的执行机构。

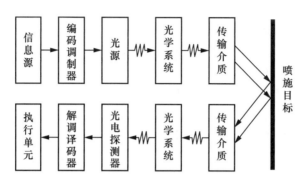

图 8.4　红外光电探测工作原理

红外光电探测发射、接收系统的基本组成如图 8.5 所示。编码波形发生器产生一定占空比的脉冲信号,经放大后驱动红外发光二极管,使红外发射电路发出一列等幅的红外光脉冲信号。这样发射的脉冲编码信号可降低功耗,提高发射效率。在红外接收电路中,光电探测器(光敏三极管)用来接收红外光脉冲信号,并将其转变为相对应的电信号。当接收器件没有收到红外光信号时,光电管中的流过很小的微弱电流,即暗电流,此时负载上无电脉冲信号输出,只有接收到红外光照射时,光电管的内阴急剧减小,电流增大,并在负载电阻上得到相应的电脉冲信号,由于该信号微弱,因此经放大电路放大,然后再经整流滤波后输出正极性脉冲信号,加至触发电路输出相控制信号,驱动执行机件动作。

图 8.5　红外光电探测发射、接收系统

红外发光二极管(LED)的驱动方式有:直流电流驱动方式(对应于红外光平均发射方式)、交流电流驱动方式和脉动电流驱动方式(对应于红外光脉冲发射方式)等。由于平均发射方式(图 8.6a)的功耗较大,且抗干扰能力较差,在红外探测/遥控系统中,LED 的驱动方式一般采用脉动电流驱动方式,即脉冲式红外发射方式,如图 8.6b 所示。因为红外探测/遥控系统的有效作用距离取决于红外发射二极管的辐射峰值功率,而峰值功率是由馈送给红外发光二极管的电流峰值所决定,峰值功率越大,驱动电流的平均值越小,则红外发光二极管的效率越高。脉冲发射方式或调制载波脉冲发射方式可使红外发光二极管的平均功率减小,提高其瞬时峰值功率,从而提高了系统的有效作用距离,同时还大大提高了系统的抗干扰能力。

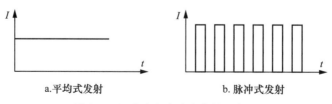

a.平均式发射　　　　　　　　b.脉冲式发射

图 8.6　平均式和脉冲式发射示意图

红外光进行编码调制解调的方法可分为频分制和码分制两种:

(1)频分制:频分制是按照载频的不同来进行频道的划分,即用不同的频率信号来表示不同的控制指令。一般采用频道编码开关,通过改变震荡电路的震荡参数来改变发射信号的频率。这些指令信号经驱动放大,对高频载波进行调制,并驱动红外发光管发出红外脉冲调制信号。

频分制多通道红外控制系统组成如图8.7所示,当按下不同的编码键时,振荡器就会输出不同频率的指令信号,这些信号经驱动放大后对高频载波进行调制,并驱动红外光光管发射出红外脉冲调制信号。其接收控制电路包括红外接收光电转换器、前置放大电路、频率译码电路、选频电路、驱动级和执行器件等。当红外光电检测器接收发射电路发射出的红外编码指令信号后,光电转换器将其转换成对应的电信号,再经前置放大后,送到频率译码电路和选频电路,选出不同指令的频率信号,并加到相应的驱动级及执行器件。对应的每一个频率指令信号,应用一个相应的选频电路。

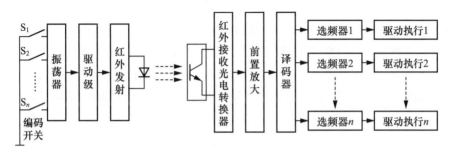

图 8.7 频分制多通道红外探测系统组成

频分制红外探测控制电路由于对应的每一个频率指令信号,应用一个相应的选频电路。所以当频道数较多时,选频电路和相应电路的数目增多,电路复杂,且各频道间的相互干扰加重,导致误报或误控,采用高品质因数的 LC 振荡器或选频回路,可提高选频精度和稳定性,但会使 LC 回路体积加大,电路变得复杂,调试困难,成本也相应的增大,因此当控制通道多时宜采用码分制红外控制系统电路。

(2)码分制:码分制控制指令信号是由编码脉冲发生器(一般由数字集成电路和少量的外围元件组成)产生的。码分指令是用不同的脉冲数目或不同的脉冲宽度的脉冲组合而成的。指令编码器产生不同的编码指令信号,该编码经过调制后变为编码脉冲调制信号,再经过驱动电路功率放大后驱动红外发射管发出编码脉冲信号。

码分制多通道红外控制系统组成如图8.8所示,指令编码器由基本脉冲发生电路和指令编码开关组成,当按下某个指令键时,指令编码器将产生不同编码的指令信号,该编码信号经调制器调制后成为编码脉冲调制制信号,再经驱动级进行功率放大后加至红外发射级,驱动红外发光管发出红外编码脉冲信号。红外接收、译码电路币红外接收器、前置放大器、解调器、指令译码器、记忆驱动级等组成。红外光电二极管或三极管将接收到的红外光信号转变成相应的电脉冲信号,再经高倍数电压放大后,加至解调器进行解调,然后由指令译码器译出其指令信号。这里的指令译码器是与指令编码器相配对的译码器,用于脉冲编码指令的译出。译出指令后加至相应的驱动级,驱动执行元件动作,实现红外探测控制。

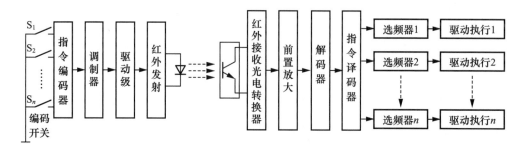

图 8.8　码分制多通道红外控制系统组成

8.2.1.2　光路

(1)红外光:红外线是介于可见光和微波之间的一种电磁波,它具有两个邻近波的某些特性。波长小于 $1.5~\mu m$ 的近红外光在透明的大气中传输特性比可见光好,且由于靠近可见光的红光边缘,红外线具有可见光相似的特性,其直线传播、反射、折射和被物质吸收等物理特性可与可见光非常相似,所以它可以使用与可见光类似的聚集透镜等光学装置。探测电路的红外发射和接收头前分别加装上凸透镜,可以改善光束的分布,有利于光能的应用,如图 8.9 所示。S1 发射物镜用于红外光发射管,聚集红外光辐射能量,形成有确定方向的辐射平行光束;S2 接收物镜用于会聚反射的红外光能量到接收头的灵敏面上,使光束直径小于光探测器的直径,尽可能多地将光能收集到光电探测器上。由于加装了凸透镜光学系统,提高了接收头受光面上的照度,增大了系统的探测能力。

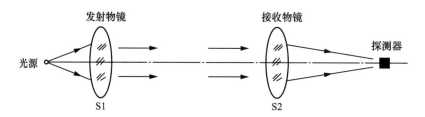

图 8.9　红外探测系统发射和接收光路

(2)波长:接收系统在接收到自光源发出的光波之前一般都经过大气(除光纤传输外)。由于大气的散射衰减作用和吸收衰减作用叠加在一起,使实际大气透过率 $\tau_{1\lambda}$ 为:

$$\tau_{1\lambda} = \tau_\lambda(吸) \times \tau_\lambda(散) = e^{-k(\lambda)nL} \times e^{-r(\lambda)L} \tag{8.1}$$

其中,τ_λ(吸)为分子吸收表现的透过率,τ_λ(散)为大气散射作用表现的透过率,$k(\lambda)$ 和 $r(\lambda)$ 分别为大气分子吸收系数和散射系数,n 为单位截面和距离内的分子数,L 为光传播距离。可见,大气透过率与光传播距离及波长呈负指数函数关系。

大气透过曲线如图 8.10 所示,其中有几个透明度较高的波段,把它们称为大气窗口。几个大气窗口分别为 $0.72\sim0.94~\mu m$、$0.95\sim1.05~\mu m$、$1.15\sim1.35~\mu m$、$1.5\sim1.8~\mu m$、$2.1\sim2.4~\mu m$、$3.3\sim4.2~\mu m$、$4.5\sim5.1~\mu m$、$8\sim14~\mu m$ 等。光电探测系统总是把光源发射光谱选择在大气窗口范围内,以便获得较高的透过率。

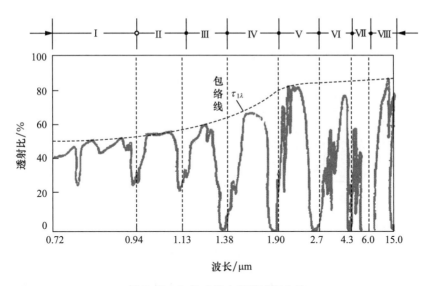

图 8.10 红外光线大气透过率曲线

由于发光和感光材料的灵敏度等原因,目前在工业或民用的红外光电探测控制中所使用的红外光谱主要集中近红外区 760～1 000 nm 之间。

用手持式野外光谱测试仪测量树木的反射光谱曲线,典型树木的反射光谱曲线如图 8.11 所示。可见,植物对可见光的吸收率很强,而对近红外光的反射率很强,因此可以利用这一特性区分植物与背景。

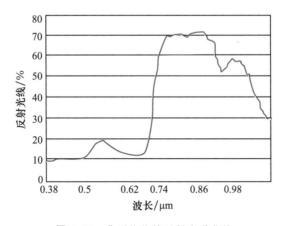

图 8.11 典型作物的反射光谱曲线

根据图 8.10 和图 8.11,此研究中的特征波长选择在近红外区的 850 nm 处。

8.2.1.3 电路

1. 自动控制

控制电路如图 8.12 所示。红外探测自动控制电路由芯片 BA5104(IC1)及红外发光二极管(D2)构成红外线编码发射电路、由芯片 BA5204(IC2)及红外接收头 HS0038B(IC3)构成红外线接收解码电路、由继电器构成输出电路三部分组成。本系统采用 12 V 直流电源供电,由

CW7805(IC4)和 AS1117(IC5)两个三端稳压电源提供 5 V 和 3.3 V 直流电压。

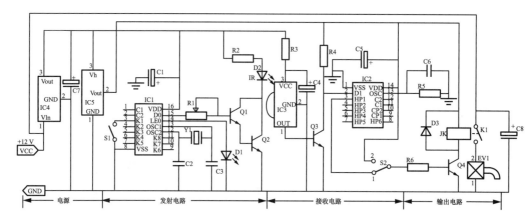

图 8.12　自动对靶喷雾的红外探测控制电路

发射电路部分,当开关 S1 闭合,由 BA5104 的 12、13 脚所接 455 kHz 晶振器、电容 C2、C3 组成的振荡电路起振工作,经电路内部整形分频产生 38 kHz 载频。IC1 将 3 脚(K1)及 IC1 的用户编码输入端 1 脚(C1)、2 脚(C2)输入的数据进行编码。由 IC1 的 15 脚(DO)串行输出、进行了编码的脉冲控制信号,经三极管 Q1、Q2 复合放大后驱动红外发射管 IR(TSAL6200),发送出红外线脉冲信号。IC1 的 14 脚为发射状态显示输出端,当红外发射管 IR 向外发射红外信号、有高电平输出时,LED 亮,反之不亮。8 脚 VSS 接地,16 脚地之间串一个 10 μF 的电解电容进行滤波,防止电源的对 IC1 芯片的干扰,同时 16 脚 VDD 接 IC4 的 3 脚输出的 5 V 电压。

接收电路部分,IC3 是红外接收头 HS0038B,电阻 R3 和电解电容 C4 组成了阻容滤波电路防止了电源对红外接收头 HS0038 的干扰。当红外发射管 IR 发射出的红外线脉冲编码信号经过靶标反射,被红外接收头 HS0038B 接收,接收信号经前置放大、载波选频、脉冲解调,从 IC3 的 1 脚输出低电平,经 Q3 反相后,作用于解码芯片 IC2(BA5204)的 2 脚(DI 端),14 脚 VDD 接稳压电源 IC5(AS1117)的 2 脚输出的 +3.3 V 电压,1 脚 VSS 接地。信号经 BA5204 内部进行比较、解码后由 IC2 的 3 脚(HP1)输出相应的控制信号,即输出持续高电平信号。当 IC3 没有接收到红外脉冲信号,则 HP1 输出低电平。

输出电路部分,当 HP1 输出高电平三极管(Q4)导通,使输出电路的继电器线圈得电,K1 吸合,电磁阀被接通,喷头开始喷雾。当 HP1 输出低电平,则继电器线圈失电,K1 断开,电磁阀关闭,喷头停止喷雾。

2. 手动控制

当开关 S1 断开,红外发射电路停止发射红外脉冲信号。将开关 S2 接在 2 脚上,则 Q4 的基极直接与稳压电源 IC5 输出的 +3.3 V 连接,继电器线圈得电,K1 吸合,电磁阀打开,喷头喷雾,在自动控制的基础上还能实现手动控制。

8.2.1.4　影响探测距离的因素

1. 电路

发射功率越大探测距离越大;目标反射的光功率越大测量距离越大;光源发出的光束的发散角越小探测距离越大;增大光路口径可提高探测距离(但口径过大反而会增大噪声)。

各种光源发射的能量有确定的光谱范围,探测器有确定的光谱响应范围光谱范围,大气透过率是波长的函数,光学系统材料透过率也是波长的函数,因此它们光谱范围互相配合恰当,接收到的功率就比较大,长距离工作时要把系统工作波段选到大气"窗口"之内,接收和发射光学系统尽可能选择镜片少的镜组,以减少镜片对光能的吸收损失。

2. 光路

若在探测器前安置一个透镜,可以提高发射和接收效率,对于采用漫反射探测的红外光电传感器尤显重要。

8.2.2　试验研究

自动对靶喷雾红外光电探测控制系统在实际应用中重要的性能参数就是其探测距离、靶标识别间距和系统的抗干扰性。探测的有效距离可以通过电位计 R1 来调节。改变 R1 的阻值也就是调节红外发射管 IR(TSAL6200)的发射功率,进而调节探测距离。另外,探测距离还与探测靶标的反射面积、探测角度、颜色、形状、表面状况等因素有关。

(1)探测距离测试方法为:如图 8.13(a)所示,在实验室的室外分别对一棵仿真靶标进行了实际探测试验。该仿真靶标的底部到顶部的高度是 1.8 m,靶标最宽处是 1.35 m。先分别将电位计 R1 阻值调到最小和最大,将红外探头装在同一个可移动小车上的同一个位置,保证探头离地高度均为 1.2 m,然后推动小车以 1 m/s 的速度按直线行走,将仿真靶标放置于行走直线的中垂线上由近到远以每次 10 cm 移动,并保证仿真靶标以同一侧面对着探头。最后记录其所能探测到的最远距离 L。其实验结果数据表见表 8.1。

(2)靶标识别间距实验方法:如图 8.13(b)所示,保证探头的中轴线处于在样本的中间位置,且探头到样本靶标距离为 2.5 m,首先将两个样本并排放在一起,然后依次向两边移动各 1 cm,推动小车以 1 m/s 的速度按直线行走从一端走到另一端依次经过两个靶标,记录探测头的探测结果次数由 1 次变为 2 次(打开电磁阀由一次变为两次)的最小距离 X。即为探测器的最小靶标认别间距。其实验记录数据见表 8.1。

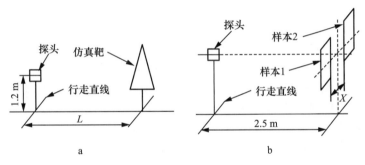

图 8.13　试验示意图

表 8.1 试验结果数据表   m

编 号	测量距离 L	最小识别间距 L
1	4.2	0.24
2	4.3	0.18
3	4.0	0.22
4	4.3	0.24
5	4.7	0.22
6	4.5	0.20
平均值	4.33	0.216

在实验中系统工作稳定,通过控制开关 S1 和开关 S2 的开合可以实现根据探测结果的自动控制和人为的手动控制喷雾机是否喷雾操作。从表 8.1 可以得出该红外探测系统在可调探测距离为 0.1～5.0 m,靶标识别间距小于 0.3 m。

8.3 绿色植物靶标的光谱探测研究

在上节中,研究了普通靶标的红外光谱探测方法,此种探测方法在探测到任何靶标时都会动作,但在实际喷施农药时会遇到一些非植物障碍物,如枯树、电线杆、栅栏、麦茬等,给这些靶标喷施农药也会造成浪费和环境污染。本章将研究绿色植物靶标的光谱探测方法,利用"红边"两侧绿色植物与土壤反射率的较大差异,设定差异阈值,采取光谱识别方法,识别绿色植物与土壤背景。采用此种植物探测技术,可实现自动点喷施药。

点喷择治技术具有以下优点:①由传统的全田施药法改为点片施药法,可减少用药量,降低灭草成本;②有利于避免药害,降低土壤残留;③有利于提高除草效果与管理功效。点喷施药技术不仅对农业有用,对于条耕作物,如棉药、玉米、大豆、高粱,还有观赏植物、蔬菜、园艺作物、葡萄园等,作物间距都较大,用点喷施药方法可以大大减小无靶喷施。在其他领域也可广泛应用,如铁轨中、道路两侧、机场和水路沿线的杂草清除等。可见,正确识别绿色植物和背景,对杂草及喷雾对象进行对靶喷施的精确喷施装置具有广阔的应用前景。

8.3.1 探测系统方案

8.3.1.1 原理

农业上的光谱应用,大多数光谱研究所用的光谱范围为可见区(400～700 nm)和近红外区(700～2 500 nm),因为在此区域绿色植物与土壤的反射特征很不相同。土壤和作物的典型反射率光谱曲线如图 8.14 所示。绿色植物吸收红光波段的入射光能,而反射近红外波段的入射光能。背景(土壤、植物残体,如麦茬)的反射特性与之形成了鲜明的对比,在可见红光与近红外波段的反射率特性完全不同,如图 8.14 中红边两侧的反射率。

本研究中将利用"红边"两侧绿色植物与土壤反射率的较大差异,设定差异阈值,采取光谱识别方法,识别绿色植物与土壤背景。采用此思路进行绿色植物靶标光谱探测的工作原理如

图 8.15 所示。其中,R_{NIR} 是某一物质在"红边"右侧,即近红外区域某波长处的反射率;R_{red} 是某一物质在"红边"右侧,即可见红光区域某波长处的反射率;定义 GPDI＝R_{NIR}/R_{red} 为绿色植物判别指数(Green Plant Discriminant Index,GPDI),它等于某一被测物质在近红外某波长的反射率与在可见红光某波长的反射率的比值。由于绿色植物吸收红光波段的入射光能,反射近红外波段的入射光能,而背景(土壤、植物残体,如麦茬)对近红外波段入射光的反射率较低,因此可用 GPDI 的大小反映被测物质是否是绿色植物。对于某一被测物质,当 GPDI 大于某一阈值 $GPDI_{TH}$ 时,可认为是植物,当 GPDI 小于阈值 $GPDI_{TH}$ 时,可认为是背景。

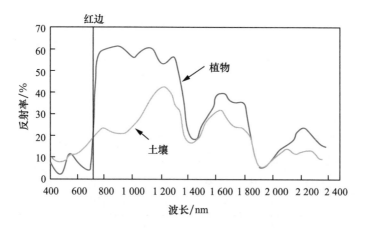

图 8.14 土壤和绿色植物的典型反射率光谱曲线

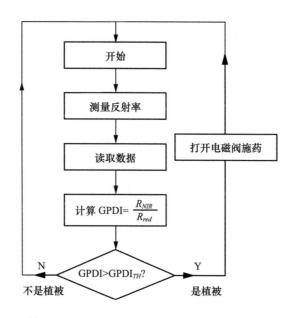

图 8.15 绿色植物靶标光谱探测系统

8.3.1.2 阈值选择

1. 数据测量和预处理

用美国 ASD 公司生产的 Field Spec Handheld 2500 型野外便携式光谱仪,测量了一定数

211

量植物、土壤、枯树枝和干草在 350～1 000 nm 区间波段的光谱数据,并利用公式:$Rs=(Is/Ir)\times Rr$ 计算其反射率。其中 Ir 是测量所得的积分球参考板的反射能,Is 是测量得到的植物冠层的反射能,Rr 是经标定的参考板的反射率,Rs 是测量对象的光谱反射率。

2. 阈值选择

选择提取"红边"左侧 650 nm 处和"红边"右侧 850 nm 波长处的反射率,分别定义为 R_{red} 和 R_{NIR},利用公式(8.1),计算绿色植物判别指数。计算结果如表 8.2 所示。

$$GPDI=R_{NIR}/R_{red} \qquad (8.1)$$

表 8.2　被测物质绿色植物判别指数 GPDI 计算结果

被测物质	阔叶草 1	阔叶草 2	阔叶草 3	阔叶草 4	阔叶草 5	阔叶草 6	阔叶草 7	阔叶草 8	阔叶草 9
GPDI	15.04	11.35	19.92	14.40	12.47	16.85	12.45	16.65	15.45
被测物质	树叶 1	树叶 2	树叶 3	树叶 4	树叶 5	树叶 6	细叶草 1	细叶草 2	细叶草 3
GPDI	8.08	12.65	9.75	10.91	12.05	11.30	10.79	11.11	9.69
被测物质	枯草 1	枯草 2	枯草 3	枯草 4	枯草 5	土草 1	土草 2	土草 3	土草 4
GPDI	1.54	1.51	1.57	1.69	1.75	1.39	1.33	1.07	1.06
被测物质	干树枝	干树枝	干树枝	干树枝	±1	±2	±3	±4	±5
GPDI	3.00	2.99	2.97	2.79	1.24	1.22	1.25	1.28	1.11

根据被测物质绿色植物判别指数 GPDI 的计算结果,利用决策树模式识别方法,建立基于绿色植物判别指数 GPDI 的绿色植物和背景的二分类分类模型,以此二分类模型的分类阈值作为绿色植物与背景的区分阈值,即作为绿色植物判别指数阈值 $GPDI_{TH}$。二分类决策树模型在 Matlab 中实现,M 语句如下:

t＝classregtree(x,y)

其中,classregtree 用于建立决策树模型,x 是训练样本,y 是训练样本类别,t 是决策树模型。

决策树如图 8.16 所示。选择判别绿色植物与背景的绿色植物判别指数阈值 $GPDI_{TH}$ 为 5.54。

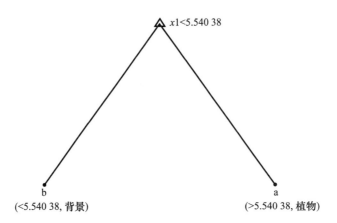

图 8.16　绿色植物与背景分类决策树

3. 试验验证

选择好了阈值之后，又用光谱仪随机在田间和路边测量得到了一些绿色植物和背景（枯树、干草、土壤等）的光谱数据，并计算出了各被测点的绿色植物判别指数（GPDI），用各被测点的 GPDI 与所选阈值 5.54 相比较，以试验验证用所选阈值判别植被和土壤的正确率。判别结果如表 8.3 所示。由结果可见，用此阈值可完全正确判别植物与背景。

表 8.3　试验验证判别结果

被测物质	阔叶草 1	阔叶草 2	阔叶草 3	阔叶草 4	阔叶草 5	细叶草 1	细叶草 2	细叶草 3	细叶草 4
GPDI	13.50	15.30	11.06	14.40	8.75	14.40	15.04	12.46	11.35
判别正确率	正确	正确	正确	正确	正确	正确	正确	正确	正确
被测物质	小麦 1	小麦 2	小麦 3	小麦 4	小麦 5	假树叶 1	假树叶 1	假树叶 1	假树叶 1
GPDI	10.82	8.93	17.05	8.95	15.73	4.49	3.10	4.22	2.78
判别正确率	正确	正确	正确	正确	正确	正确	正确	正确	正确
被测物质	枯草 1	枯草 2	枯草 3	枯草 4	枯草 5	土草 1	土草 2	土草 3	土草 4
GPDI	1.58	1.64	1.54	1.68	1.59	4.43	2.77	1.96	2.64
判别正确率	正确	正确	正确	正确	正确	正确	正确	正确	正确
被测物质	干树枝	干树枝	干树枝	干树枝	土 1	土 2	土 3	土 4	土 5
GPDI	2.52	2.55	2.56	2.83	1.24	1.22	1.23	1.21	1.13
判别正确率	正确	正确	正确	正确	正确	正确	正确	正确	正确

8.3.2　硬件设计

选择好 $GPDI_{TH}$ 之后，提出如下硬件方案，如图 8.17 所示。由感光器件测量得到被测对象的反射信号，经信号放大后，将信号转换为数字信号，用数据采集卡采集，由控制元件计算绿色植物判别指数（GPDI），与 GPDI 阈值（$GPDI_{TH}$）相比较，做出判断，发出控制信号，控制执行单元作出相应的动作。当 $GPDI > GPDI_{TH}$ 时，则判别被测对象为绿色植物，发出控制信号，打开电磁阀，喷洒农药；当 $GPDI < GPDI_{TH}$ 时，则判别被测对象为背景，发出控制信号，关闭电磁阀，不喷洒农药。

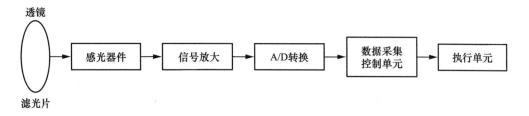

图 8.17　绿色植物光谱探测硬件方案

8.4　田间杂草与作物光谱识别探测

本部分研究用美国 ASD 公司生产的便携式野外光谱仪,在田间测量植株冠层在 350~2 500 nm 波长范围内的光谱数据,并将支持向量机(support vector machine,SVM)算法应用于杂草的光谱识别,为杂草识别分类提供一种科学研究方法。

相比神经网络和其他分类算法,SVM 的优点是小样本、结果最优、结构风险最小化、具有更强的泛化能力。SVM 于 20 世纪 90 年代中期从最优分类面的思想中发展起来,主要应用于模式识别、聚类和数据挖掘,能较好解决小样本、非线性、高维数和局部极小点等实际问题。SVM 算法最终将转化为二次型寻优问题,从理论上讲得到的是全局最优点,解决了神经网络中无法避免的局部极小值问题。SVM 的拓扑结构由支持向量决定,而且 SVM 的最优求解基于结构风险最小化的思想,因此比其他非线性函数逼近方法具有更强的泛化能力。

8.4.1　支持向量机分类原理

设线性可分样本集为(x_i, y_i), $i=1,\cdots,n$; $y=\{+1,-1\}$ 是类别标号。该分类问题就是寻找最优超平面$(w \cdot x)+b=0$,使得样本集完全正确分开,同时满足距离超平面最近的两类点间隔最大,如图 8.18 所示。

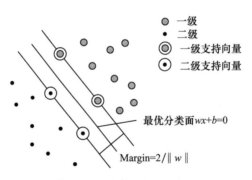

图 8.18　最优分类面示意图

将超平面方程归一化,分类间隔为 $2/\|w\|$,则求最大间隔就等价于使 $\|w\|^2$ 最小,并且对所有使 $y_i=1$ 的下标 i,有$(w \cdot x_i)+b \geqslant 1$,对所有使 $y_i=-1$ 的下标 i,有$(w \cdot x_i)+b \leqslant -1$,所以寻找最优分类超平面问题,就是求解下列问题:

$$\min \ \|w\|^2/2 \tag{8.2}$$

$$\text{s. t. } y_i \mid <w \cdot x>+b \mid \geqslant 1, i=1,2,\cdots,n$$

该问题可以通过求解拉格朗日函数的鞍点得到。一般依据拉格朗日对偶理论,求解以下对偶问题式:

$$\max \sum_{i=1}^{n} a_k - \frac{1}{2} \sum_{i=1}^{n} \sum_{j=1}^{n} a_i a_j y_i y_j <X_i \cdot X_j> \tag{8.3}$$

$$\text{s. t.} \sum_{i=1}^{n} a_i y_i = 0, a_i \geqslant 0, i = 1, \cdots, n$$

求得最优解 α^*，由此可计算得到构成超平面的：

$$W^* = \sum_{i=1}^{n} y_i a_i^* X_i, b^* = y_i - \sum_{i=1}^{n} y_i a_i^* (X_i \cdot X_j) \tag{8.4}$$

其中，X_i 和 X_j 是两类中的支持向量 SV，即少量最靠近超平面样本点的 α_i 值不为零的点。

对于非线性分类样本，需将训练集非线性映射到高维空间，在此特征空间构建高维最优超平面。为避免高维空间的复杂计算，引入核函数 $k(X_i, X_j) = \langle \Phi(X_i), \Phi(X_j) \rangle$。其核心思想是，利用输入空间的核函数取代了高维特征空间中的内积运算，解决了算法可能导致的"维数灾难"问题，即在构造判别函数时，不是对输入空间的样本做非线性变换后再在特征空间中求解，而是在输入空间比较向量（如求内积或某种距离）后对结果做非线性变换，这样大量工作将在输入空间而不是高维特征空间中完成。此时判别函数为：

$$f(x) = \text{sgn}\Big(\sum_{i=1}^{n} a_i^* y_i k(X_i \cdot X) + b^* \Big) \tag{8.5}$$

选择不同的核函数就构成不同的支持向量机，类核函数主要有以下几种：

线性核函数 linear：$k(x, y) = x \cdot y$；

多项式核函数 ploy：$k(x, y) = [(x \cdot y) + 1]^q$；

径向基核函数 rbf：$k(x, y) = \exp(-\|x - y\|^2 / \sigma^2)$

多层感知核函数 mlp

8.4.2　材料与方法

8.4.2.1　材料与设备

本研究所测对象是生长期为 3 周和 6 周的玉米及杂草（马唐和稗草）。

试验所用的光谱仪为美国 ASD 公司生产的 FieldSpecHandheld 2500 型野外便携式光谱仪。其光谱响应范围为 350～2 500 nm，光谱分辨率在 350～1 000 nm 区间为 3 nm，在 1 000～2 500 nm 区间为 10 nm。测量时取样间隔设为 1 nm，即每隔 1 nm 获得一个测量值。测量具体方法是：每次测量植物冠层之前首先测量积分球参考板的反射能 Ir，然后马上测量植物冠层的反射能 Is。参考板的反射率 Rr 为已知，所以测量对象的光谱反射率 Rs 可以通过公式(8.6)求得。测量设备示意图如图 8.19 所示。

$$Rs = (Is / Ir) \times Rr \tag{8.6}$$

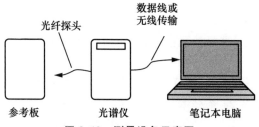

图 8.19　测量设备示意图

使 FieldSpecHandheld 野外便携式光谱仪测量地物的光谱反射率时,需要选一晴朗无云之日,室外测量,测量时间一般为上午 11:00 到下午 14:00。

8.4.2.2 数据预处理

对被测植株连续测量 5 次,求其平均值,以减小测量所得原始光谱的随机误差。然后根据(8.6)式,求出植株光谱反射率。原始测量光谱及其反射率光谱曲线如图 8.20 所示。

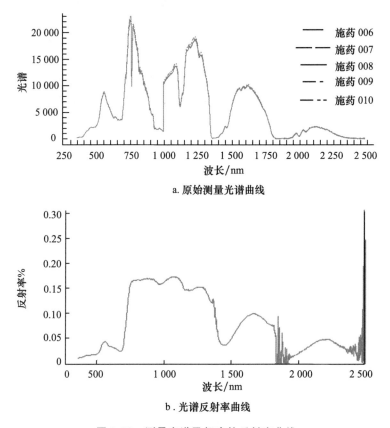

图 8.20 测量光谱及相应的反射率曲线

由图 8.20b 可见,反射率在 1 800 nm 之后光波毛刺很多,噪声很大;在 1 300~1 400 nm 波长范围内也较大的噪声,因此数据处理波长选取为 350~1 300 nm 和 1 400~1 800 nm。由于取样间隔为 1 nm,因此每条光谱曲线取样点为 1 352。

8.4.2.3 数据处理

1. 二分类方法

SVM 分类方法的关键是选择核函数,由不同的核函数对相同的训练样品集进行建模,识别结果不同。

以玉米和杂草两类划分。从所测样本数据中随机选取玉米和杂草各 48 个样本作为数据集。随机选取玉米和杂草各 24 个样本(50%训练样本比例,训练样本占总样本的比例即为训练样本比例)和各 10 个样本(20%训练样本比例)作为训练样本集(train),其余样本作为检验样本集(test)。对于 50%训练样本比例,训练样本集为一个 48×1 352 的矩阵,其对应的类别集(group)为一个 48×1 矩阵,检验样本集为一个 48×1 352 的矩阵。如表 8.4 所示。20%训练样本比例的数据格式类似。

表 8.4   二分类支持向量机数据格式

训练样本集				类别集	检验样本集		
$a_{1,1}$	$a_{1,2}$	$\cdots$	$a_{1,1\,352}$	1	$b_{1,1}$	$\cdots$	$b_{1,1\,352}$
$\vdots$	$\vdots$	$\cdots$	$\vdots$	$\vdots$	$b_{2,1}$	$\cdots$	$b_{2,1\,352}$
$a_{24,1}$	$a_{48,2}$	$\cdots$	$a_{48,1\,352}$	1	$\vdots$	$\cdots$	$\vdots$
$a_{25,1}$	$a_{49,2}$	$\cdots$	$a_{49,1\,352}$	-1	$\vdots$	$\cdots$	$\vdots$
$\vdots$	$\vdots$	$\cdots$	$\vdots\ \vdots$	$\vdots$	$\vdots$	$\cdots$	$\vdots$
$a_{48,1}$	$a_{96,2}$	$\cdots$	$a_{96,1\,352}$	-1	$b_{48,1}$	$\cdots$	$b_{48,1\,352}$

利用 Matlab7 中的分类支持向量机函数,建立分类模型,主要语句如下:

SVMstruct＝svmtrain(train，group);

class＝svmclassify(SVMstruct，test);

其中,SVMstruct 是训练好的支持向量机模型,svmtrain 是训练支持向量机分类器的函数,svmclassify 表示用所建立的支持向量机分类模型对预测样本数据进行分类。

2. 一对一多分类方法

此方法是基于二分类方法基础之上,先在 N 类训练样本中构造所有可能的两类分类器,共可构造 N＊(N−1)/2 个分类器。用构造的所有分类器对检验样本进行分类,对各分类结果进行投票,得票最多的类为检验样本所属的类别。本研究中预实现三分类,应构建 3 个分类器。

本文分别选取 48、33、33 个玉米(类 1)、马唐(类 2)、稗草(类 3)样本,选用 3 阶'polynomial'核函数。设定类 1、类 2 和类 3 的类别标识码分别为 1、5 和 10。分别构建类 1 和类 2、类 2 和类 3、类 1 和类 3 的二分类模型,训练数据格式如表 8.5 所示。

表 8.5   三分类支持向量机训练数据格式

类 1、2 分类		类 2、3 分类		类 1、3 分类	
训练样本集 12	类别集 12	训练样本 23	类别集 23	训练样本 13	类别集 13
X1,1	1	X2,1	5	X1,1	1
X1,2	1	X2,2	5	X1,2	1
$\vdots$	$\vdots$	$\vdots$	$\vdots$	$\vdots$	$\vdots$
X1,23	1	X2,16	5	X1,23	1

续表8.5

类1、2分类		类2、3分类		类1、3分类	
X2,1	5	X3,1	10	X3,1	10
X2,2	5	X3,2	10	X3,2	10
⋮	⋮	⋮	⋮	⋮	⋮
X2,16	5	X3,16	10	X3,16	10

用 3 个分类模型分别对检验样本集中的 Xi 预测、投票,投票次数最多的那个类别即是 Xi 所属类别。

3. 与其他分类方法的比较

为了论证将 SVM 用于作物与杂草识别分类的适用性,本研究中还将同样的数据用常用的 2 种识别方法神经网络和决策树模式进行了建模分类,将 3 种模式识别方法的分类结果进行比较。所需神经网络和决策树的 M 语句如下:

神经网络:

$$训练函数: net = newrbe(x1, y, thread) \tag{8.7}$$

$$检验函数: result1 = sim(net, x2) \tag{8.8}$$

决策树:

$$训练函数: t = treefit(x1, y) \tag{8.9}$$

$$检验函数: result2 = treeval(t, x2) \tag{8.10}$$

其中,newrbe 是径向基函数神经网络模型建模函数,sim 用于检验所建神经网络模型的识别能力,net 是所建神经网络模型;treefit 是决策树建模函数,treeval 用于检验所建决策树模型的识别能力,t 是所建决策树模型;result1 和 result2 分别是神经网络和决策树模型检验结果;x1 是训练样本,y 是训练样本的类属,x2 是检验样本。

8.4.3　结果与分析

8.4.3.1　玉米二分类

采用线性(linear)、多项式(polynomial)、径向基(rbf)和多层感知(mlp)核函数,分别用二次最优化(QP)和最小二乘法(LS)方法,以 20% 和 50% 的训练样本比例,对数据进行建模分类,二分类实验结果如表 8.6 所示。其中支持向量比例是分类后支持向量数与训练样本数的比例。

由表 8.6 可以看出,对于相同的核函数和分类方法,训练样本比例分别为 20% 和 50% 时,分类结果基本一致,说明对于类似问题,用 20% 的训练样本比例亦构建支持向量机分类模型。综合考虑支持向量比例、识别率,3 阶多项式核函数二次最优化 SVM 更适合用于玉米杂草分类,正确率可达 80% 以上。

表8.6　玉米二分类试验结果

核函数	方法	训练样本比例/%	支持向量比例/%	正确识别率/%
线性	QP	20	45	82
		50	29	75
	LS	20	100	80
		50	100	85
多项式 (polyorder=4)	QP	20	45	85
		50	33	80
	LS	20	100	71
		50	100	77
径向基	QP	20	85	67
		50	52	79
	LS	20	100	65
		50	100	79
多层感知	QP	20	100	54
		50	100	56
	LS	20	100	50
		50	100	50

8.4.3.2　玉米三分类

一对一三分类结果如表8.7所示。由表8.7可以看出用3阶polynomial核函数SVM构建玉米、反枝苋和马唐的三分类模型时,正确率可达80%。

表8.7　玉米三分类试验结果

	12 类	23 类	13 类	123 类
支持向量比例/%	30.77	34.37	23.08	—
正确率识别率/%	85.71	88.24	85.71	79.66

8.4.3.3　将 SVM 用于大豆与杂草分类

用以上所述同样的方法对大豆光谱数据进行了分类,二分类实验结果如表8.8所示。其中支持向量比例是分类后支持向量数与训练样本数的比例。由表8.8可以看出,综合考虑支持向量比例、正确识别率,3阶多项式核函数二次最优化SVM更适合用于大豆杂草分类,正确率可达97.5%。

一对一三分类结果如表8.9所示。由表8.9可以看出用3阶polynomial核函数SVM构建大豆、马唐和稗草的三分类模型时,正确率可达83.3%。

由于本研究中的数据是在田间对植株冠层进行测量,相对室内近距离的测量,干扰因素很多,比如土壤背景、光照条件、气温对仪器的影响等,对于识别率都有较大的影响,但对于玉米和大豆识别率仍能达到 80% 和 83.3% 的正确率,而且所需要的建模样本量较少。因此 SVM 结合光谱技术在田间杂草识别中具有一定的应用潜力,此研究为田间杂草识别及传感器的建立提供了一种研究思路和应用基础。

表8.8 大豆二分类试验结果

核函数	方法	支持向量比例/%	正确识别率/%
线性	QP	29	95
	LS	100	92.5
多项式	QP	29（1级）	95
		32（2级）	92.5
		36（3级）	97.5
		32（4级）	87.5
		21（5级）	35
	LS	100	80
径向基	QP	79	62.5
	LS	100	62.5
多层感知	QP	79	0.5
	LS	100	77.5

表8.9 大豆三分类试验结果 %

	12类	23类	13类	123类
支持向量比例	25.9	30.8	34.6	—
正确率识别率	97.5	87.5	87.5	83.3

8.4.3.4 比较 SVM、神经网络和决策树分类结果

用神经网络、决策树和 SVM 对玉米和杂草进行三分类的结果如表 8.10 所示。由表 8.10 可见,SVM 分类方法的分类正确率最高。

表8.10 用 SVM、神经网络和决策树对玉米和杂草的三分类结果 %

模型	SVM	神经网络	决策树
分类正确率	80	78	63

8.4.4 硬件

开发适应性广的光谱测量方法,后续根据需要开发具有针对性的分类模型软件。提出 3

套硬件方案。

8.4.4.1 方案一

选择特征波长,用滤光片等器件组成光谱探测器,测量特征波长点的光谱信息,由此建立分类模型。此硬件设计方案如图 8.21 所示。经被测物质反射的自然光线经所选波长滤光片透过,被感光器件接收,得到光谱信号,此信号为模拟信号,经放大和数/模转换后,由数据采集卡采集、存储,由数据处理单元实现所需的功能和任务。

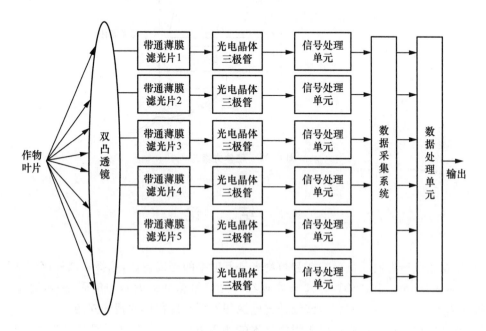

图 8.21 硬件方案一

8.4.4.2 方案二

虽然每种被测物质都有其特有的光谱特性,但有些杂草和作物表面的反射波长十分相近。因此,在实际的田间环境下,只利用几个较窄的波长范围识别较多植物种类具有一定的困难。而现阶段光谱数据采集速度很快,即使采集全波长光谱数据也足以满足田间实时性的要求。因此提出以下两种全波长光谱信息采集硬件方案。

方案二为可见连续全波长采集系统(200~1 100 nm)。被测物质反射的自然光经光栅分光后,得到 200~1 100 nm 间的离散波长光线,经感光器件感光,得到的光谱信号经信号处理单元处理后,输送给计算机或执行单元,如图 8.22 所示。

8.4.4.3 方案三

方案三的方框图与方案二的方框图基本一样,差别在于光栅和感光器件,以采集可见红外连续(350~2 000 nm)全波长的光谱信息。

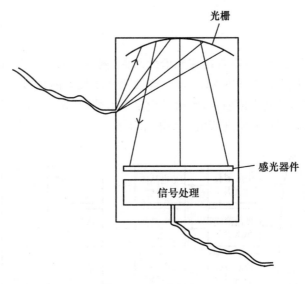

图 8.22　硬件方案二

8.5　结　　论

(1)根据大气透射曲线窗口特征和植物光谱反射率的光谱特征,选择本红外探测系统中的特征波长为 850 nm。用 BA5104/5204 实现红外光信号脉冲的编码与解码,使电路稳定性和抗干扰能力提高。实验结果表明,该红外光电探测器可实现靶标的精确探测。

(2)研究实现绿色植物光谱对靶喷施技术的实现方法,即当探测到绿色植物时,控制装置会自动打开电磁阀,喷施除草剂;反之,当探测到枯枝、土壤等背景时,不喷施除草剂,以实现点喷。利用植物和其背景的光谱"红边"两侧反射率的差异,定义绿色植物判别指数等于 850 nm 处反射率与 650 nm 处反射率的比值,用绿色植物判别指数判别植物和背景,选择绿色植物判别指数阈值为 5.54。用感光器件获得被测物质的光谱信息,用数据采集控制单元读取光谱数据,计算绿色植物判别指数,与绿色植物判别指数阈值相比较,判别被测物质是植物还是背景,根据判别结果给驱动电路输出控制信号。

(3)用 3 阶多项式核函数 SVM 分别构建了玉米和大豆田间杂草二分类模型,结果表明 3 阶多项式核函数合适用于玉米和大豆的田间杂草识别,正确识别率可达 80% 和 97.5% 以上。对于 SVM 分类算法,训练样本比例对分类正确率无影响。用 3 阶多项式核函数 SVM 和一对一多分类方法,构建了田间作物、马唐和稗草的三分类模型,正确识别率达 80% 和 83.3%。对于受多种外界因素影响的田间测量,此正确识别率亦表明 SVM 对于田间杂草识别具有较好的应用前景。

8.6　致　　谢

　　感谢国家"863"项目"农作物靶标光谱探测技术"（项目编号：2007AA10Z208）对本研究的资助,同时,特向本项目做出贡献的所有参加人员表示由衷的感谢！

参 考 文 献

　　安毓英，刘继芳，李庆辉，等.光电子技术.北京：电子工业出版社,2002.

　　白鹏，冀捐灶，张发启，等.基于SVM的混合气体分布模式红外光谱在线识别方法.光谱学与光谱分析,2008,28(10)：2278-2281.

　　陈鹏飞，刘良云，王纪华，等.近红外光谱技术实时测定土壤中总氮及磷含量的初步研究.光谱学与光谱分析,2008,28(2)：295-298.

　　陈永甫.红外探测与控制电路.北京：人民邮电出版社,2002.

　　戴小枫，叶志华，曹雅忠，等.浅析我国农作物病虫草鼠害成灾特点与减灾对策.应用生态学报,1999,10(1)：119-122.

　　邓巍，丁为民.基于PWM技术的连续式变量喷雾装置设计与特性分析.农业机械学报,2008,39(6)：77-80.

　　邓巍，何雄奎，张录达，等.自动对靶喷雾靶标红外探测研究.光谱学与光谱分析,2008,28(10)：2285-2289.

　　郭书普，沈基长，董伟，等.杂草计算机识别系统的研制.农业网络信息,2005,(9)：16-18.

　　郭振升.农田杂草的危害及防除.河南农业,2003(9)：32.

　　何东健，张海亮，宁纪锋，等.农业自动化领域中计算机视觉技术的应用.农业工程学报,2002,18(2)：171-175.

　　何雄奎，严苛荣，储金宇，等.果园自动对靶静电喷雾机设计与试验研究.农业工程学报,2003,19(6)：78-80.

　　何雄奎.改变我国植保机械和施药技术严重落后的现状.农业工程学报,2004,20(1)：13-15.

　　何勇，李晓丽，邵咏妮.基于主成分分析和神经网络的近红外光谱苹果品种鉴别方法研究.光谱学与光谱分析,2006,26(5)：850-853.

纪良文,赵德安,吴春笃.喷药机器人辅助视觉系统中超声测距数据的采集与处理.江苏理工大学学报,1999(3):86-90.

江月松.光电技术与实验.北京:北京理工大学出版社,2000.

雷利卿,李永庆.矸石山附近植物的反射光谱特性研究.山东矿业学院学报,1998,17(2):115-118.

李方方,赵英凯,颜昕.基于Matlab的最小二乘支持向量机的工具箱及其应用.计算机应用,2006,26(12):358-360.

李树君,方宪法,南国良,等.数字农业工程技术体系及其发展.农业机械学报,2003,34(5):157-160.

李香菊.玉米及杂粮田杂草化学防除.北京:化学工业出版社,2003.

李映,白本督,焦李成.支撑矢量机的分类机理.系统工程与电子技术,2001,23(9):25-27,52.

林惠强,刘财兴,洪添胜,等.基于GA的果树仿形喷雾神经网络混合模型研究.农业工程学报2007,23(10):167-171.

刘文彬,李绍栋,翟继强,等.大豆田刺菜苣荬菜应用苗后除草剂点喷择治技术.现代化农业,2007,(8):7.

龙满生,何东健.玉米苗期杂草的计算机识别技术研究.农业工程学报,2007,23(7):139-144.

陆泳平.植保机械技术现状与发展趋势.湖南农机,2001(5):9-11.

毛文华,王一鸣,张小超,等.基于机器视觉的田间杂草识别技术研究进展.农业工程学报,2004,20(5):43-46.

毛文华,王月青,王一鸣,等.苗期作物和杂草的光谱分析与识别.光谱学与光谱分析,2005,25(6):984-987.

强胜,倪汉文,金银根,等.杂草学.北京:中国农业出版社,2007.

芮玉奎,罗玉波,黄昆仑,等.近红外光谱在转基因玉米检测识别中的应用.光谱学与光谱分析,2005,25(10):1581-1583.

苏少泉,宋祖顺.中国农田杂草化学防治.北京:中国农业出版社,1996.

孙宏祥,吴春笃,储金宇,等.植株探测器的设计与应用.农机化研究,2003(1):149-151.

孙宏祥.果园自动对靶喷雾机目标探测技术研究.江苏大学学位论文,镇江:2003.

王贵恩,洪添盛,李捷,等.果树施药仿形喷雾的位置控制系统.农业工程学报,2004,20

（3）：81-84.

王万章,洪添胜,李捷,等.果树农药精确喷雾技术.农业工程学报,2004,20(6)：98-101.

王万章,洪添胜,陆永超,等.基于超声波传感器和 DGPS 的果树冠径检测.农业工程学报 2006,22(8)：158-161.

杨淑莹.模式识别与智能计算——Matlab 技术实现.北京:电子工业出版社,2008.

曾得洲,林永顺,盛中德.点喷式喷药车之喷药调查及探讨.八十五年农机研究发展与示范推广报告(上册),1997(5):169-178.

张小超,王一鸣,方宪法,等.精准农业的信息获取技术.农业机械学报,2002,33(6)：124-128.

张焱,冯世强,潘大志,等.川金丝猴亚种的支持向量机分类(SVC)模型研究.数理统计与管理,2008,27(2)：211-214.

赵茂程,郑加强.树形识别与精确对靶施药的模拟研究.农业工程学报,2003,19(6)：150-153.

朱登胜,潘家志,何勇.基于光谱和神经网络模型的作物与杂草识别方法研究.光谱学与光谱分析,2008,28(5)：1102-1106.

邹建军.果园自动对靶喷雾机红外探测系统的研制.中国农业大学学位论文,北京:2006.

Ben, R. J. ,Hamm, J. W. Evaluation of technology required for continuous variation in nitrogen fertilizer application rates: In Final Report for Engineering and Science Research Institute, 11-30. Contract File No. 01SG. 0196-3-EC43. Agriculture Canada Publication. Ottawa, Ontario, Canada.

Biller R H. Methods to reduce amount of chemical plant protection materials-a production engineering analysis. Landbauforschung Vëlkenrode, 1994, 44(2): 205-215.

Biller R H. Reduced input of herbicides by use of opto-electronic sensors. Journal of Agricultural Engineering Research, 1998, 71: 357-362.

Biller, R. H. Reduced input of herbicides by use of optoelectronic sensors . Journal of Agricultural Engineering Research, 1998, 41(4): 357-362.

Borregaard T, Nielsen H, Norgaard L, *et al*. Crop-weed discrimination by line imaging. Journal of Agricultural Engineering Research, 2000, 75: 389-400.

Brown R B, *et al*. Remote sensing for identification of weeds in no-till corn. Transactions of the ASAE,1994, 37(1): 297-302.

Chapelle O, Vapnik V, Bacsquest O, *et al*. Choosing multiple parameters for support vector machines . Machine Learning, 2002, 46(1): 131-159.

Critten D L. Fourier based techniques for the identification of plants and weed. Journal of Agricultural Engineering Research, 1996, 64, 149-154.

Critten D L. Fractal dimension relationships and values associated with certain plant canopies. Journal of Agricultural Engineering Research, 1997, 67, 61-72.

El-Faki, M. S. ,Zhang, N. ,Peterson, D. E. Factors affecting color-based weed detection. Transactions of the ASAE, 2000, 43(4): 1001-1009.

El-Faki, M. S. ,Zhang, N. ,Peterson, D. E. Weed detection using color machine vision. Transactions of the ASAE, 2000, 43(6): 1969-1978.

E. Moltó, B. Martin, A. Gutiérrez. Design and testing of an automatic machine for spraying at a constant distance from the tree canopy. Journal of Agricultural Engineering Research, 2000, 77(4): 379-384.

E. Moltó, B. Martin, A. Gutiérrez. Pesticide Loss Reduction by Automatic Adaptation of Spraying on Globular Trees. Journal of Agricultural Engineering Research, 2001, 78(1): 35-41.

Geol P K, Prasher S O, Patel R M, et al. Use of airborne multi-spectral imagery for weed detection in field crops. Transactions of the ASAE, 2002, 45(2): 443-449.

Giles D K, P G Andersen, M Nilars. Flow control and spray cloud dynamics from hydraulic atomizers. Transactions of the ASAE, 2002, 45(3): 539-546.

Guyer, D E,et al. Machine vision and image processing for plant identification. Transactions of the ASAE, 1998, 29(6): 1500-1507.

http: // www. spraytec. com/articles/IntelligentSpray. htm/, 2000.

http: // www. teejet. com/MS/.

Lass L W, and R H Callihan. The effect of phonological stage on detectability of yellow hawkweed (Hieracium pratense) and oxeye daisy (Chrysanthemum leucanthemum) with remote multi-spectral digital imagery. Weed Technology, 1997, 11(2): 248-256.

Lass L W, H W Carson, and R H Callihan. Detection of yellow starthistle (Centaurea solstitialis) and common St. Johns wort(Hypericum perforatum) with multi-spectral digital imagery. Weed Technology, 1996, 10(3): 466-474.

Lei Tian, D. C. Slaughter. Environmentally adaptive segmentation algorithm for outdoor image segmentation. Computers and Electronics in Agriculture, 1998(21): 153-168.

Medlin C R, D R Shaw, P D Gerard, *et al*. Using remote sensing to detect weed infestation in Glycine max. Weed Science, 2000, 48(3): 393-398.

Molto M, Martin B, Gutierrez A. Design and testing of an automatic machine for spraying at a constant distance from the tree canopy. J. Agric. Eng. Res. 2000, 77 (4): 379-384.

Molto M, Martin B, Gutierrez A. Pesticide loss reduction by automatic adaptation of spraying on globular trees. Journal of Agricultural Engineering Research, 2001, 78 (1), 35-41.

N. Wang, N. Zhang, F. E. Dowell, *et al*. Design of an Optical Weed Sensor Using Plant Spectral Characteristics. Transactions of the ASAE, 2001, 44(2): 409-419.

Rayer Zwiggelaar. A review of spectral properties of plants and their potential use for crop/weed discrimination in row-crops. Crop Protection, 1998, 17(3):189-206.

Scarr, M. R. ,Taylor, C. C. ,Dryden, I. L. Automatic recognition of weeds and crops. In Precision Agriculture, 1997, Vol. 1: Spatial Variability in Soil and Crop, 429-437, Oxford, U. K. : Bios Scientific Publisher.

Scotford I M, Miller P C H. Applications of spectral reflectance techniques in Northern European Cereal production: A Review. Biosystems Engineering, 2005, 90(3): 235-250.

Shiraishi. M. ,Sumiya, H. Plant identification from leaves using quasi-sensor fusion. J. Manufacturing Sci. and Engi. Trans. ASME, 1996, 118(3): 382-387.

Slaughter D C, Lanini W T, Giles D K. discriminating weeds from processing tomato using visible and near-infrared spectroscopy. Transactions of the ASAE, 2004, 47(6): 1907-1911.

Thompson, J. F. , Stafford J. V. , and P. C. H. Miller. Selective Application of Herbicides to UK Cereal Crops. ASAE Paper, 1990, No. 90-1629, St. Joseph, Mich. :ASAE.

Vapnik V. Statistical learning theory. New York: John Wiley & Sons, 1998.

Vapnik V. The nature of statistical learning theory. Berlin: Springer, 1995.

Visser R A, Timmermans J M. Weed-IT: a new selective weed control system. Proceedings of SPIE, Optics in Agriculture, Forestry, and Biological Processing II 2907, 1996, 120-129.

Vrindts E, *et al*. Proceedings of the 2nd European Conference on Precision Agriculture, 1999, 257.

Wang，N. ，Zhang，N. ，Dowell，F. E. ；*et al.* Design of an optical weed sensor using plant spectral characteristics. Transactions of the ASAE，2001，44(2)：409-419.

Woebbecke D M，Meyer G E，von Barghen K，*et al.* Shape features for identifying young weeds using image analysis. Transactions of the ASAE，1995，38(1)：271-781.

Zwiggelaar R. A review of spectral properties of plants and their potential use for crop/weed discrimination in row-crops. Crop Protection，1998，17(3)：189-206.

第9章

枣树防尘喷雾技术

邓　丽　何雄奎　刘亚佳　张　京

9.1　引　言

9.1.1　研究背景及意义

　　我国的枣产量约占世界总产的98%,年产量110万t,占我国水果总产量的1.3%,水果总面积的5.6%,大部分作为制干用,鲜食枣占的比例很少。枣树在我国栽培历史悠久,适应性强,结果早,效益高。近年来,随着我国农业产业结构调整,枣树生产发展很快,特别是鲜食枣的生产曾在我国北方掀起了"梨枣热",鲜食枣风味独特、脆甜爽口,营养极为丰富,鲜枣含维生素C高达300~600 g/kg,市场前景看好,枣树在我国的发展也越来越好。

　　我国有极丰富的枣树资源,全国各地良种繁多,砧木资源也十分丰富;枣有很高的营养价值和医疗价值,在国际市场享有盛誉,需求量大;我国的枣主要出口亚洲各国,以日、韩、新加坡和港澳地区为主,1 t鲜枣相当于30 t苹果,欧美市场每个鲜枣1美元以上;目前,我国枣出口的量只占总产量的20%左右,绝大部分为干枣,鲜食枣的出口潜力巨大。

　　新疆地区是风灾多发区,土壤也瘠薄,相对更适宜发展抗旱、耐瘠薄的枣树,但目前也有一些问题存在。新疆地区在枣树花期正好也是多风沙的时期,枣树上覆盖灰尘多,致使蜜蜂以及其他传媒昆虫不喜采蜜传粉,影响枣树坐果。而且新疆地区即使在全年中降水较多的花期,空气湿度仍不能满足枣树坐果的要求,需实施喷水等栽培措施提高坐果率。

　　枣树是落花量大且坐果率低的树种,虽然花期长、花量大,但受树体营养及环境条件的影响,落蕾、落花、落果现象十分严重,坐果率一般只有1%~2%。枣树自开花即有大量花蕾脱落,幼果形成后又有生理落果现象,果实发育后期因病虫危害也可造成落果。在新疆枣树落果的时期大致可分为3个阶段:第一阶段为前期落果,在6月下旬至7月上旬,落果量约占总落果量的 20%；第二阶段为中期落果，出现在 7 月中下旬，占总落果量的 70%左右，是生理落果的高峰期；第三阶段为后期落果，在 8—9 月份，约占总落果量的 10%。

枣树萌芽晚而落叶早，叶片生长期短，树体贮藏营养少，而且枣树的枝叶生长与花芽分化、开花、结果同时进行，花量大，总花期长，耗费营养多，营养生长和生殖生长竞争激烈，如果营养供应不足，就会导致大部分花由于得不到足够的营养供应而脱落。

干旱的气候条件造就了新疆为土壤盐渍化的大区，盐碱土种类多，盐碱土地总面积约为 $8.476×10^6$ hm²。新疆现有耕地中 31.1%面积受到不同程度盐碱危害，许多灌区每年因盐渍土死苗农作物占播种面积的 10%～20%，甚至达到 30%以上。土地资源贫瘠是枣树落花落果的一个影响因素。而且新疆地区降雨量少，空气干燥，3 月下旬、4 月中下旬、5 月上旬和中旬易出现大风天气，灰尘弥漫到空中，落到枣花上，致使蜜蜂和其他采蜜昆虫不能很好地传粉，导致新疆枣树坐果率严重下降。

新疆地区总面积 160 万 km²，约占全国总面积的 1/6，属中国西北地区干旱农业气候大区中的中温带和南温带农业气候。远离海洋，周围高山环抱，境内多沙漠，地表植被覆盖率低，在春末、初小麦扬花灌浆期，常出现高温、低湿、大风的干热风天气过程。枣树有防风、固沙、降低风速、调节气温、防止和减轻干热风危害的作用，对间作作物生长影响颇大。枣树不仅能在瘠薄土壤中生长，而且耐盐碱，在土壤中盐碱量不大于 0.3%时，可正常生长、结实。但新疆气候干燥粉尘严重，枣树开花期柱头上黏着灰尘致使蜜蜂等昆虫很难传花授粉，致使新疆枣树坐果率降低。所以需要研究出一种温和的洗尘喷雾溶液来洗掉枣花上的灰尘，以利于蜜蜂传花授粉。

枣树对土壤的适应性较强，新疆宜林荒地面积又很大，发展枣树能够充分利用这些土地资源。新疆产出的枣营养积累充分，果实着色好，含糖量高，品质优良。目前推广种植的枣树品种营养价值和口感均比其他省份的好。因此，新疆是生产绿色、有机枣产品的理想基地，枣树产业近些年在新疆也得到迅速发展。研制除尘喷雾剂除掉新疆枣树上的灰尘，能够有效提高枣树的坐果率，为新疆枣树增产，不仅能够为新疆人民带来更大的经济收益，而且能够保持新疆红枣的优良品质，让新疆红枣美名远播，成为新疆一大特色产业。此课题对新疆的环境和经济收益意义重大，非常值得深入研究。

9.1.2 研究现状

9.1.2.1 洗涤剂用表面活性剂的应用现状

1. 家用洗涤剂中常见的表面活性剂

家用洗涤剂主要包括衣物洗涤剂（如洗衣粉、洗衣皂、洗衣液、洗衣膏、洗衣片、衣领净等）、家居清洁用品（如洗洁精、地板清洗剂、洁厕精、家电清洁剂等）、个人洗护用品（如洗发水、沐浴露、洗手液、洗面乳等）几大类。而表面活性剂是家用洗涤剂中的主要成分。尽管目前世界上表面活性剂品种据称有 1 万多种，但用于合成洗涤剂这一领域的品种极其有限，仅 10 种左右。主要品种除直链烷基苯磺酸（LAS）、脂肪醇硫酸盐（AS 或 FAS）、脂肪醇聚氧乙烯醚硫酸盐（AES）、脂肪醇聚氧乙烯醚（AE）、壬基酚聚氧乙烯醚（NPE）外，还有仲烷基磺酸盐（SAS）、α-烯基磺酸盐（AOS）、甲酯磺酸盐或 α-磺基脂肪酸甲酯（MES）、烷基多糖苷（APG）、N-烷基葡糖酰胺(AGA)和脂肪烷醇酰胺(FAA)等。

因为本课题所研究的是应用到枣树上的防尘喷雾剂,所以需要考虑使用用量少、效果好、毒性低的高效表面活性剂。有机硅表面活剂用作新型农药助剂始于20世纪60年代中期,80年代末开始商品化。它具有良好的湿润性、较强的黏附力、极佳的延展性、气孔渗透率和良好的抗雨冲刷性,性质温和,应用于农药助剂中能够提高药效,降低农药使用量,减少农药残留,是一种高效、低毒、环保的助剂。所以我们采用有机硅表面活性剂作为枣树防尘喷雾剂的主要成分。目前有机硅表面活性剂在农业上的应用也很广泛。

2. 有机硅表面活性剂的应用现状

有机硅表面活性剂作为农药助剂使用开始于20世纪60年代。它在国民经济中的应用一直受到人们关注。但直到80年代才开始在农业上进行商业性的推广应用。L-77(亦称Sil-wetM)是世界上第一个进入市场的有机硅表面活性剂,商品名为Pulse。经室内广泛的生化和生理测试以及随后的田间试验证实,L-77是防除荆豆草用除草剂草甘膦的最佳助剂。国内外迄今已有多篇综述对有机硅表面活性剂的特性及其在农药中的应用进行了深入讨论,主要研究了有机硅表面活性剂作为喷雾助剂、叶面吸收助剂,以及针对除草剂、杀虫剂、杀菌剂、生长调节剂和叶面施肥剂等领域的应用和研究。

(1)喷雾制剂。有机硅的表面活性极强,结果造成泡沫过量。施用中,须在喷雾桶中最后加入并避免过度搅拌,可减轻泡沫过量。还可加入合适的消泡剂来控制泡沫量,市场上供应多种适用的消泡剂,其中以硅为主的由乳状颗粒硅石组成的消泡剂效果最佳。硅石颗粒的存在,在表面膜中引入弱化的非连续点,造成泡沫崩溃。因此,虽然它们是有效的防沫剂,但去泡沫的能力是有限的,而且必须在有机硅之前加入喷雾桶内。例如,孟山都新西兰公司推荐的AF9020消泡剂,可降低除草剂和有机硅喷雾剂混合时产生的泡沫,与单用除草剂时差不多,且喷雾混合液的成本无明显增加。喷雾液雾化受表面张力控制。有机硅能在喷头产生分散液膜几毫秒时间内,明显降低喷雾液的表面张力,缩小所产生雾滴的粒径。当有机硅表面活性剂浓度相对较高,且通过高流量低压雾头喷雾时,能降低雾滴的体积中径(VMD)50%以上,并可避免漂移雾滴的增加;但对低流量高压喷头的VMD没有影响。据报道,草甘膦喷雾液中加入L-77后,大雾滴被粉碎,除草活性可达到细雾喷雾时的效果;而采用8001喷头则使细液滴的比例提高。显然,由于有机硅表面活性剂能快速降低表面张力,所以须谨慎选用具有细喷头的喷雾设备。有机硅化合物的超级伸展性能能使杀虫、杀菌剂在叶面达到最大限度的覆盖附着。研究表明二甲酰胺类杀菌剂和2种有机磷杀虫剂用于苹果树,防治黑斑病和包括卷叶蛾和介壳虫等的各种害虫,加入有机硅助剂SilwetL-77后,防治效果提高,可降低有效成分一半的用量,收获后果实上的农药残留量也降低。

靶标害虫通常藏匿在果树缝隙中,需要用助剂提高微观覆盖,使药液沉淀物进入缝隙,增加与害虫的接触。有机硅表面活性剂能大大降低溶液的表面张力,减小液滴与叶面的接触角,增强药液在植物体表或害虫体表的湿润、黏附和展着能力,从而提高药效。1995年在西班牙的柑橘上进行了相似的杀虫剂药效试验,尽管L-77使用浓度较低,并且喷雾液量也低至400 L/hm²,但只用杀虫剂常用剂量的一半即能达到较好的防治效果。

(2)叶面吸收助剂。除草剂、植物生长调节剂和营养物质的最终作用点是在植物体内,而有机硅表面活性剂能增强叶面吸收农药的功能,这对于提高农药功效,减少其用量有着重要的意义。

早在 1974 年,新西兰林业研究所就对 L-77 进行了定量研究工作,在施用后 10 min 时间内测定通过气孔途径的分布,并与气孔关闭时的结果进行对比。结果证实气孔是药剂进入植物体内的主要途径之一。但并不是所有的有机硅都能观察到渗透现象,确切地说,只限于三硅氧烷。为了达到明显的气孔渗透,农药制剂中有机硅表面活性剂的浓度必须超过 2 g/L 的阈值浓度。在农药制剂中为了获得合适的气孔渗透率,要求有机硅具有较高的浓度。研究发现,当采用 L-77 时,草甘膦的制剂和纯有效成分相比,渗透率下降。L-77 不能降低乙氯草定酯制剂的表面张力,或促进渗透作用,相反该除草剂的胺盐纯水溶液能降低表面张力和促进渗透。这是因为在低于一定喷液量的情况下,可能没有足够的有机硅表面活性剂克服农药制剂引起的抑制作用和提供所要求的渗透作用。故应全面优化制剂配方。

叶上表皮一般是喷雾沉淀的主要部分,有许多作物叶表是没有气孔的,所以进入叶组织必需渗透表皮。有效成分、植物和助剂之间的相互作用,趋向于高度的特异性,而有机硅化合物能促进一些有效成分对植物的渗透作用。对阿维菌素的增效作用,主要原因是因为它能使药液伸展进入微观的害虫藏匿处,其次阿维菌素的效果主要依赖于被叶面吸收并进入表皮,从而尽可能降低其在表面沉淀物内被氧化和光解的过程,超过了所防治螨的世代周期(达 2 周),延长其残效期。由于使用 L-77,阿维菌素残效期也比推荐使用的矿物油助剂的残效期要长。矿物油作助剂,用量需增加 2~4 倍,而这对于用作桶混助剂是受限制的。L-77 不仅性能优越而且用量很低,可直接在制剂中作为桶混助剂加入,增加了商业上的可行性。

(3)活化剂。我们已经知道,助剂可以分为两大类:喷雾改良剂和活化剂,有机硅助剂主要属于喷雾改良剂。同时它们的活性非常强,也可用作活化剂。国内外对有机硅的研究,大部分是针对除草剂的。关于有机硅的科技文献有 1/6 是研究其性能和机制的,并不与任何特殊类型的农药有关联。这么高的比例,反映出人们对有机硅特性的关注,而有机硅表面活性剂极佳的延展性、气孔渗透率等特点,都是常规化学助剂所无法比拟的。其余有 20% 的文献是涉及杀虫剂、杀菌剂、生长调节剂和叶面施肥剂,这些领域都广泛存在有机硅的应用前景。

3. 常见农用有机硅表面活性剂

目前 GE 公司投放在中国市场的有机硅主要有 Silwet408,Silwet806,Silwet618 和 Silwet625,SilwetL-77。另外有 SAG1522,SAG1571 农用抑泡剂。

有机硅表面活性剂在农业领域应用很广泛,但是在果树洗涤作用上还没有人做过研究,本课题主要是探讨其在枣树防尘喷雾上的增效作用,结合喷雾沉积方面的知识进行研究,研究了沉积量对洗涤效果的影响,下面就沉积量的概况做简单介绍。

9.1.2.2 沉积量的研究概况

农药沉积量是指施药后在靶标(作物、有害生物体、地面等需要药剂降落的靶体)上每单位面积上沉积的药量。农药雾滴的沉积量与农药喷雾的施用效率有着紧密的联系,对农药雾滴的沉积量进行研究,有助于减少农药污染和农作物农药残留量。本课题对农药沉积量的研究,是因为沉积量对洗涤效果有影响,研究的出发点和以往对沉积量的研究有所不同,但研究目的都是围绕沉积量进行。

近几年来,为提高农药喷雾利用率,国内外开展了农药有效物质在作物上沉积量、农药雾滴在作物上的沉积分布均匀性以及农药雾滴在作物叶子表面上的蒸发时间等方面的研究。

(1)合理利用风速提高沉积量。我国在 20 世纪末从国外引进果园风送式喷雾机,风送式喷雾机是利用液力先将药液雾化,然后靠风机产生气流使雾滴进一步雾化并输送到靶标上。携带有细小雾滴的气流驱动叶片翻动,使叶面的正、反面均能着药。这种喷施方法不仅使果树上喷施的药液量比用喷枪喷施大为减少,还提高了药液在靶标上的覆盖密度和均匀度,其药液的利用率达到30%～40%,同时操作人员的劳动强度和工作条件还大为改善。何雄奎、曾爱军等研究表明雾滴在果树上的沉积分布主要受风机风量的影响,而果园风送式喷雾机风机的风量主要由风速来决定。

(2)添加化学助剂。在农药中添加表面活性剂,不但可以明显改变喷雾雾滴直径,增大雾液在作物上的覆盖面,而且能够提高雾液在作物上的附着力、延展性和保持力,减少喷雾作业次数,提高喷雾效果。

(3)静电喷雾方法。李杨等研究出雾滴带电后使喷雾在叶片上的沉积量增加,尤其是叶片背部的沉积量显著提高。

(4)利用气液二相流理论,在药液中均匀分布的压力气泡在喷出时会急速膨胀破裂,促使液体随之充分破裂雾化,产生不同雾滴粒径。

在大雾滴、大容量喷雾作业中,药液在作物冠层中往往会产生"流淌"现象。药液在作物上的沉积量主要和药液在作物叶片的流失点和最大稳定持留量相关。作物叶面所能承载的药液量有一个饱和点,超过这一点,就会发生药液自动流失现象,这一点称为流失点(point of run-off)。发生流失后,药液在植物叶面达到最大稳定持留量(maximum retention)。在600 L/hm² 施药液量条件下,添加助剂 Triton X-100 降低药液表面张力增加了药液的流失,同时降低了药液在蚕豆和芥菜叶片上的沉积量;降低水溶液的表面张力,可以提高药液在水稻叶片的最大稳定持留量,但却会降低在棉花、黄瓜叶片上的最大稳定持留量。

通过对前人所做研究的总结,我们可以利用药液在作物表面的流失原理喷洒枣树洗尘喷雾溶液,让药液超过流失点,从枣树叶片流失带走灰尘,达到洗掉枣树灰尘的目的。

9.2　洗涤原理和沉积量理论

9.2.1　洗涤液和洗涤效果

9.2.1.1　洗涤过程和洗涤原理

1. 洗涤过程

洗涤过程可以简单定义为,自浸在某种介质中(一般为水中)的固体表面去除污垢的过程。在这个过程中,借助于某种化学物质(洗涤剂)以减弱污垢在固体表面(载体)的吸附作用并施以搅拌作用,使污垢与载体分离并悬浮于介质中,最后将污垢洗净冲走。

洗涤历史虽久,但洗涤过程及体系是高度复杂的,至今仍然只有一个模糊的概念。这是因为溶液体系是一个高度分散的多组体系,分散系又含有各种各样物质的复杂溶液,体系中涉及的表面和面,以及污垢的性质都极其复杂。

洗涤剂是洗涤过程的主体。其作用一是去除物品表面的污垢;二是对污垢分散、悬浮,使之不易在物品上再沉积。可用下面两个过程说明洗涤过程。

(1)物品·污垢＋洗涤剂——→物品＋污垢·洗涤剂(图 9.1)。

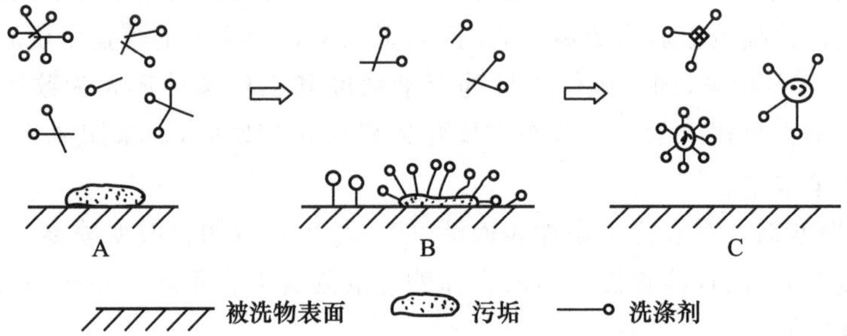

图 9.1　去污作用示意图

(2)溶解→湿润→洗脱→乳化→分散→排放。整个洗涤过程是在介质(一般为水)中进行的。黏着污垢的物品(载体)和洗涤剂一起投入介质中,洗涤剂溶解在介质中,洗涤液将物品湿润,进而将污垢溶解,这时物品有洗涤剂浸润着,污垢被洗涤剂挟持着。在搅拌作用下,污垢被乳化而分散在介质中。随着介质一起被排放,物品表面带有洗涤剂可使污垢不会返回沉积在物品表面上。在这个过程中,关键作用来自洗涤剂。性能良好的洗涤剂可使洗涤过程朝正向进行到底,而品质低劣的洗涤剂不能很好地完成洗涤过程。实际上,表面活性剂的洗涤性,囊括了表面活性剂的湿润性、渗透性、乳化性、分散性、增溶性和发泡性等是基本特性。也可以说,洗涤性才是表面活性剂综合性能的表现。

2. 洗涤剂的洗涤原理

洗涤剂能降低水的表面张力,改善水对洗涤物品表面的湿润性,洗涤剂对洗涤物品的湿润是洗涤剂可否发生作用的先决条件,洗涤剂对洗涤物品必须具有较好的湿润性,否则洗涤剂的洗涤作用不易发挥。对人造纤维(如聚丙烯、聚酯、聚丙烯腈)和未经脱脂的天然纤维等,因其具有的临界表面张力低于水的表面张力,因而水在其上的湿润性都不能达到令人满意的程度。加入洗涤剂后一般都能使水的表面张力降至 30 mN/m 以下。因此,除聚四氟乙烯外,洗涤剂的水溶液在物品的表面都会有很好的湿润性,促使污垢脱离其表面,而产生洗涤效果。

洗涤剂能增强污垢的分散和悬浮能力,洗涤剂具有乳化能力,能将物品表面上脱落下来的液体油污乳化成小油滴而分散悬浮于水中,若是阴离子型洗涤剂还能使油-水界面带电而阻止油滴的并聚,增加其在水中的稳定性。对于已进入水相中的固体污垢也可使固体污垢表面带电,因污垢表面存在同种电荷,当其靠近时产生静电斥力而提高了固体污垢在水中的分散稳定性。对于非离子型洗涤剂可以通过较长的水化聚氧乙烯链产生空间位阻使油污和固体污垢分散并稳定于水中。因此洗涤剂可以起到阻止污垢再沉积于物品表面的作用。

9.2.1.2　洗涤液的性质对洗涤效果的影响

从洗涤角度讲,纯水存在一些缺点。水对于油脂类污垢的溶解力差,需借助分散力以外的洗涤力。纯水有很大的表面张力,在 25℃时,为 71.96 mN/m;80℃时为 62.6 mN/m;100℃时为 58.8 mN/m。它在许多物质的表面就难于铺展开,也就是渗透、湿润性不良,这对于清洗是不利的。在用清洗液进行清洗的过程中,清洗液必须先湿润物体的表面,再往内部渗透,才能进一步发挥溶解、分散、乳化和剥离等作用。以水为溶剂的某些清洗液是难于渗透到被清洗的整个表面的,可以采用某些添加剂(比如表面活性剂)加以克服。所以,有机硅表面活性剂非常适用于洗涤领域,其超级扩展性和润湿性对于洗涤过程,可以达到快速润湿和扩展,提高洗涤效率的作用。后面我们会测定一些有机硅表面活性剂的基本性质,筛选出最合适的品种作为洗涤溶液。

9.2.2 表面性质和沉积量

9.2.2.1 枣叶和枣花的表面性质

枣树叶片为椭圆形,长 3～7 cm,宽 2～4 cm,先端钝圆或圆形,具有小尖头,基部稍偏斜,近圆形。边缘具有细锯齿,正面深绿色,无毛,背面浅绿色,无毛或沿叶脉有稀疏的软毛。枣花为黄绿色,有雌雄两性,常常 2～8 朵着生于叶腋成聚伞花序;花萼 5 裂,裂片卵状三角形;花瓣 5 瓣,呈倒卵圆形,基部有爪;雄蕊 5,与花瓣对生,着生在花盘边缘;花盘厚,肉质,圆形;子房有 2 室,与花盘合生,花柱头 2 半裂。

9.2.2.2 影响沉积量的因素

(1)喷雾靶标的性质影响药液的沉积量,根据水溶液对叶片润湿的难易,通常将植物分为易润湿型与难润湿型两类。对于第一类植物,药液比较容易沉积;而对于第二类植物(主要是叶表有蜡质层的植物)而言,药液附着较难,限制药效的发挥,通过添加助剂可以成倍的提高药液沉积量。

(2)助剂和环境影响药液的沉积量,喷雾液滴在叶片表面最初的附着是由喷雾液滴包括助剂在飞行和碰撞过程中的动态分子相互作用决定的。沉积量是植物捕获的全部液滴,包括最初和二次接触的。在田间条件下,这些相互作用也受到环境影响,环境条件可能改变液滴流速、引起蒸发等。有许多学者研究了溶液的物理性质和液滴碰撞的原理,结果表明,助剂对雾滴在植物表面的沉积有重要影响。助剂不但会影响喷雾液滴本身的表面张力、接触角以及润湿展着性能,还能影响喷雾粒普,随着助剂种类和用量不同,体积中径(VMD)可能增加或减少,可飘移部分(通常雾滴直径在 100～150 μm)的比例也随之改变。例如,在油包水型乳液中,加入无机盐通常不会改变水溶液粒普,加入高 HLB 值(亲水亲油平衡值)表面活性剂和有机溶剂将增加 VMD;在水包油型乳液中,低 HLB 值表面活性剂、有机硅和磷脂将增加 VMD。随着 VMD 增加,飘移雾滴的比例降低。可见助剂对喷雾效果的影响是多方面的。

(3)雾滴影响药液的沉积量,雾滴的物理性能与雾滴在靶标上的沉积量密切相关,不同大小的雾滴在不同生物体上的沉积量不同,两者存在一个最佳关系,即所谓的生物最佳粒径理论(BODS)。研究表明,通常雾滴大小降低,沉积量升高,但是较小的雾滴更易飘失,所以在应用要考虑风对雾滴飘失的影响。雾滴对沉积量的影响非常复杂,要综合考虑各个因素的作用,不能武断的给出结论。

9.3　枣花和枣叶的表面性质

9.3.1　手持式显微镜观察试验

1. 试验器材

Dino-Lite Digital Microscope 手持显微镜,分辨率:640 * 480pixels(VGA);可调放大倍率:10 倍,20～200 倍(不切换镜头连续放大);内置白光 LED 照明;8 帧速率,最高可达每秒 30 帧;三星笔记本电脑,Dino Digital Microscope 软件,新鲜的枣花和枣叶。

2. 试验方法

把枣叶或枣花放置在平台上,用 Dino-Lite Digital Microscope 手持显微镜观察,电脑显示图像。

3. 试验结果

通过 Dino-Lite Digital Microscope 手持显微镜观察了枣叶正面和背面结构,观察了枣花表面结构,如图 9.2 至图 9.5 所示。

图 9.2　枣叶正面表面结构

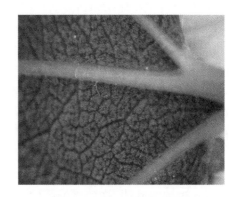

图 9.3　枣叶背面表面结构

图 9.4　枣花表面结构

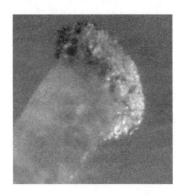

图 9.5　枣花柱头表面结构

观察可知,枣叶正面有灰尘,表面较平整光滑,背面有纹理,叶脉上有细微绒毛。枣花花盘上有汁液,推测是花蜜,花柱表面分泌有颗粒状汁液,花柱比雄蕊小,花表面沾有灰尘。根据结构推测,枣叶上的灰尘很容易洗掉,枣花上的灰尘较难洗掉。

9.3.2 电镜试验

扫描电子显微镜主要是观察样品的表面形态,因此必须满足以下要求的样品制备才能更好的进行观察:①较高的二次电子产额和良好的导电性;②观察部位的充分暴露;③保持完好的组织和细胞形态;④保持充分干燥的状态。

对于大多数的生物材料来说,应该首先采用化学或物理方法固定、脱水和干燥,然后喷镀金属来提高材料的导电性和二次电子产额。但是对于某些含水量低且不易变形的生物材料来说,如动物毛发、花粉、昆虫等,可以不需要固定和干燥而在较低加速电压下直接观察,但图像质量比较差,而且观察和拍摄照片时需要尽可能迅速。

本试验所用的样品满足以上要求,可以进行观察。

1. 试验材料与仪器

枣叶和枣花(北京本地小枣),摘取中龄枣叶和生长良好的枣花。JSM-6610LV 日本产扫描电子显微镜。

2. 试验方法

化学方法制备样品的程序通常是:清洗→固定→脱水干燥→喷镀金属。

(1)清洗:某些生物材料表面常附有异物,掩盖着要观察的部位,因此,在固定之前需要用蒸馏水、生理盐水或等渗缓冲液等清洗干净。

(2)固定:通常采用醛类(主要是戊二醛和多聚甲醛)与四氧化锇双固定,也可用四氧化锇单固定。四氧化锇固定对高分辨扫描电子显微术是非常重要的。因为不仅可良好地保存组织细胞的结构,而且能增加材料的导电性和二次电子产额,提高图像质量。

(3)脱水干燥:一般采用临界点干燥法。通常用乙醇等脱水,再用一种中间介质,如醋酸戊酯,置换脱水剂,然后在临界点干燥器中进行临界干燥。

(4)喷镀金属:用双面胶将干燥好的样品粘在金属样品台上,然后放在真空蒸发器中喷镀一层金属膜。如果采用离子溅射镀膜机喷镀金属,可获得均匀的细颗粒薄金属镀层。将枣叶分成上部、中部、下部 3 个部分,每个部分取正反两面,按上述步骤制备样品并进行扫描电镜观察;枣花按上述步骤制备样品并进行扫描电镜观察。

3. 试验结果

经过扫描电镜观察,得到枣叶和枣花的微观结构图(图 9.6 至图 9.18)。

图 9.6 枣花在电镜下放大 25 倍

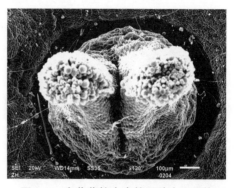

图 9.7 枣花花柱在电镜下放大 120 倍

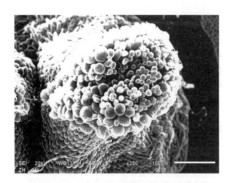

图 9.8　枣花花柱在电镜下放大 250 倍

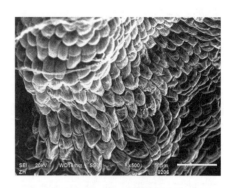

图 9.9　枣花花柱在电镜下放大 500 倍

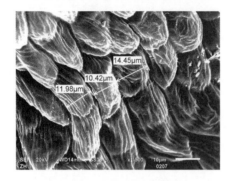

图 9.10　枣花花柱在电镜下放大 1 500 倍

图 9.11　枣叶正面在电镜下放大 30 倍

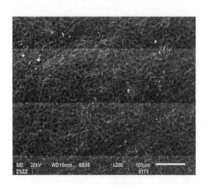

图 9.12　枣叶正面在电镜下放大 200 倍

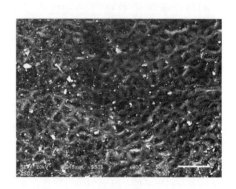

图 9.13　枣叶正面在电镜下放大 400 倍

图 9.14　枣叶正面在电镜下放大 800 倍

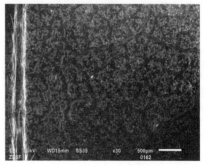

图 9.15　枣叶背面在电镜下放大 30 倍

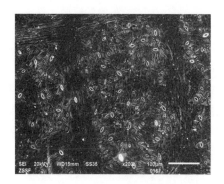

图9.16　枣叶背面在电镜下放大 200 倍

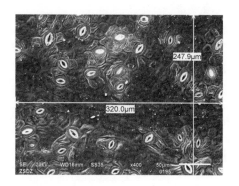

图 9.17　枣叶背面在电镜下放大 400 倍

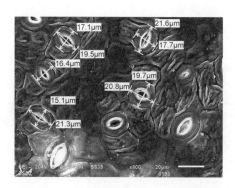

图 9.18　枣叶背面在电镜下放大 800 倍

　　通过扫描电镜观察放大观察,枣花柱头在放大 1 500 倍的时候,可明显看到一个个凸起的结构,大小约为 10 μm,和灰尘颗粒在一个数量级范围。枣叶正面表面较平整,在放大 800 倍的时候,可看到饼状凹陷,结构较简单。枣叶背面有纹路,分布有很多气孔,气孔大小为十几至 20 μm;通过计算,每平方毫米约有 400 个气孔。

　　根据电镜试验结果,进一步推测:枣花因为表面结构复杂,凸起状颗粒大小和灰尘大小相差无几,所以灰尘颗粒沉积在枣花上会很难洗掉;而枣树叶片正面结构简单,由于其向上平展,所以会很容易捕捉灰尘,因为其表面平整灰尘也很容易洗掉;枣树叶片背面结构简单,分布有气孔,背面朝下伸展,不易捕捉灰尘。

9.4　Silwet408 应用在洗尘喷雾中的优势

9.4.1　接触角的测定

1.试验试剂和仪器

试验试剂:Tween 20(北京化学试剂公司,化学纯);雕牌洗衣粉(浙江纳爱丝化工股份有限公司);有机硅 Silwet408,Silwet625,SilwetHS312(北京诺农国际生物技术有限公司)。

试验仪器:OCA 20 接触角仪(德国 Data physics Co.)

靶标物质:载玻片

2. 试验方法

配制 0.05% Tween 20、0.05% 洗衣粉、0.05% Silwet408、0.05% Silwet625、0.05% Sil-wetHS312 溶液,清水对照 CK,分别把 2 μL 的上述溶液滴在载玻片上,经过相同时间(5 s)待液滴基本稳定后,用接触角仪上的标尺测定接触角,重复 15 次。

接触角 α 计算公式:

当接触角为锐角时:

$$\alpha = 2\mathrm{arctg}\left(\frac{h}{x}\right)$$

式中:h 为平面上液滴的高度,x 为液滴在平面上的印迹半径。

当接触角为钝角时:

$$\alpha = 180° - \mathrm{arctg}\left(\frac{xb^2}{ya^2}\right)$$

2b 为液滴纵向直径,2a 为液滴横向直径;x 为液滴在平面上的印迹半径,y 为液滴轴线距平面的距离,h 意义同上为平面上液滴的高度。有关系式 y = h - b。

3. 试验结果

测得的试验数据用 SPSS11.5 统计中的多组样本均数比较分析,结果见表 9.1。

表 9.1 5 种溶液的接触角

溶液	接触角(°)
0.05% Silwet408	9.98 a
0.05% SilwetHS312	42.27 b
0.05% washing powder	56.59 c
0.05% Silwet625	66.66 c
0.05% Tween20	87.62 d
CK	93.63 d

通过表 9.1 可以分析得知,0.05% 洗衣粉溶液和 0.05% Silwet625 溶液的接触角无显著性差异,CK 和 0.05% Tween20 溶液的接触角无显著性差异,其余各项均差异显著。从结果可知,0.05% Silwet408 的接触角最小,和其他溶液有显著性差异。

9.4.2 扩展速度测试

1. 试验试剂和器材

试验试剂:Tween 20(北京化学试剂公司,化学纯);雕牌洗衣粉(浙江纳爱丝化工股份有限公司);有机硅 Silwet408,Silwet625,SilwetHS312(北京诺农国际生物技术有限公司)。

试验器材:秒表、烧杯、玻璃棒、直尺、培养皿、移液枪、记号笔。

2. 试验方法

配制 0.05% Tween 20、0.05% 洗衣粉、0.05% Silwet408、0.05% Silwet625、0.05% Sil-wetHS312 溶液,清水对照 CK,分别把 2 μL 的上述溶液滴在培养皿上,5 s 后用记号笔快速画出液滴扩展的形态,用十字交叉法测其扩展面积,重复测量 10 次。

3. 试验结果

测得 5 种溶液和对照的扩展速度用 SPSS11.5 统计分析,所得结果见表 9.2。

表 9.2 5 种溶液的扩展速度

溶液	扩展速度/(mm²/s)
CK	0 a
0.05%Tween20	4.30 b
0.05%Silwet625	6.46 c
0.05%SilwetHS312	10.98 d
0.05%washing powder	11.39 d
0.05%Silwet408	16.18 e

通过表 9.2 可知,0.05%SilwetHS312 和 0.05%洗衣粉溶液的扩展速度无显著性差异,其余均差异显著。从结果可知,0.05%Silwet408 溶液的扩展速度最大,达到 16.18 mm²/s,润湿效果非常好。

9.5 室内洗尘效果测试和田间试验

9.5.1 测试洗涤效果和沉积量的关系

9.5.1.1 试验材料

荧光素钠(BSF1F561,德国,CHROMA-GESELLSCHAFT),有机硅 Silwet408(北京诺农国际生物技术有限公司),载玻片(25.4 mm×76.2 mm,1~1.2 mm thick),标准扇形雾喷头(德国,Lechler,ST110-05,施药量 1 616 L/hm²),可控速喷雾天车(德国 T-Test 5. 中国农业大学药械与施药技术中心),电热恒温鼓风干燥箱(湖北黄石恒丰医疗器械有限公司),KS10 振荡器(德国,Edmund),Ls-55 荧光分光光度计(美国,PERKIN—ELMER),FA2004 万分之一分析天平(上海分析天平厂),镊子,干燥器,自制铁支架,量角器,自封袋,托盘,记号笔。

9.5.1.2 试验方法

本试验是同时进行的,所有条件完全一致。试验中喷雾流量一致,且均在靶标上产生了流失现象。

(1)制作不同的表面:亲水表面,亲油表面;模拟柱头的表面各十片,重复 5 次。

载玻片,先用自来水冲洗,再用洗洁精洗涤,最后用蒸馏水清洗,将洗好的载玻片放入鼓风电热恒温干燥箱于 100℃下烘干,并存放于干燥器中待用。

亲水性污染物选用浓茶溶液(以下简称"X-1"),把茶叶用开水泡开后,静置一段时间,让其残渣沉淀,然后过滤得到没有杂质的浓茶溶液;亲油性污染物选用植物油(以下简称"Y-1")。制备 X-1、Y-1 污染载玻片采用浸渍提拉法,在室温下将干净载玻片用镊子夹住浸入 X-1、Y-1 液体中停留片刻,然后垂直平稳匀速地提拉上来,模拟柱头的表面采用双面胶覆盖整个载玻片表面简称 Z-1。3 种表面各制备 50 片。置于恒温箱 100℃下干燥 5 min,可得到涂有均匀的 X-1、Y-1、Z-1 覆盖膜的载玻片。将预处理好的载玻片平均分成两组,A 组用来测量洗涤效果,B 组用来测量沉积量,两组实验条件一致同时进行。A 组载玻片编号称重。

(2)把 A、B 两组载玻片随机摆放在托盘里,平放在地上,用扫帚来回扫动灰尘,10 min 后载玻片上肉眼能看到厚厚的灰尘。处理后,A 组载玻片再称重。称好后,把 A、B 两组的 3 种载玻片 X-1、Y-1、Z-1 各 5 片摆放到 45°倾角喷雾载物铁支架上,等待喷雾。

(3)配制 0.05%Silwet408 溶液 2 L,里面加 0.05%BSF;0.05%BSF 的水溶液为对照。配好后装入喷雾药罐等待喷雾。设 5 次重复。

(4)调好喷雾参数后(喷雾参数已经进行预试验测定,确保喷雾达到靶标表面的流失点),用可控速喷雾天车匀速喷雾。喷好后待 10 min,载玻片上的液体不再流淌后,用镊子分别取下 A、B 组载玻片进行测试。A 组放到恒温箱 100 ℃下干燥 5 min 后放入干燥器冷却,然后称重。B 组用蒸馏水洗脱、振荡,测试荧光吸收值。

(5)测得的结果进行统计分析,建立洗涤效果和沉积量的关系。

除尘率计算公式:

$$除尘率=(A1-A2)/(A1-A)\times100\%$$

式中,A1 为清洗前载玻片的总质量;A2 为清洗后载玻片的质量;A 为预处理后载玻片的质量。

9.5.1.3 试验结果

通过分析所得各种表面的洗涤效果和沉积量的关系曲线见图 9.19 至图 9.24。

1. 亲水表面

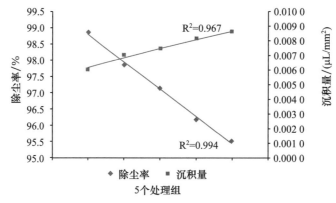

图 9.19 喷洒清水后除尘率和沉积量的关系曲线

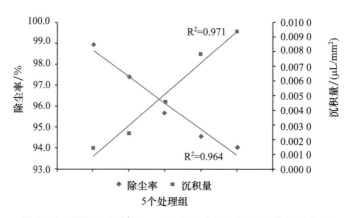

图 9.20 喷洒 0.05%Silwet408 后除尘率和沉积量的关系曲线

对于亲水表面,喷洒 0.05％Silwet408 溶液和清水以后,对 5 组载玻片进行统计分析。通过图(图 9.21 和图 9.22)上曲线可以看出,随着沉积量的增大,除尘率呈下降趋势。喷洒 0.05％Silwet408 溶液的载玻片的平均沉积量 0.003 4 $\mu L/mm^2$,比喷洒清水的平均沉积量 0.007 4 $\mu L/mm^2$ 小 1 倍多。从图上可以看出,喷洒 0.05％Silwet408 和对照组的除尘率相差无几,都达到 90％以上。

2. 亲油表面

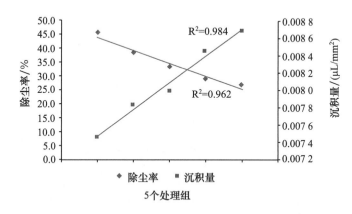

图 9.21　喷洒清水后除尘率和沉积量的关系曲线

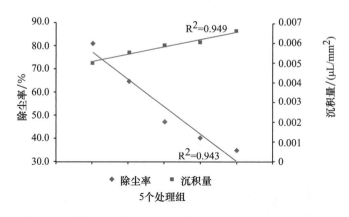

图 9.22　喷洒 0.05％Silwet408 后除尘率和沉积量的关系曲线

对于亲油表面,喷洒 0.05％Silwet408 溶液和清水以后,对 5 组载玻片进行统计分析,也是随着沉积量的增大,除尘率反而会变小(图 9.21 和图 9.22)。喷洒 0.05％Silwet408 溶液的载玻片的平均沉积量 0.005 6 $\mu L/mm^2$,比喷洒清水的平均沉积量0.008 1 $\mu L/mm^2$ 小很多,而且从除尘率上看,喷洒 0.05％Silwet408 溶液的除尘率也比对照大,5 组都在 30％以上。

3. 模拟花柱头的表面

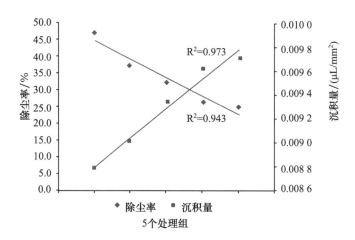

图 9.23 喷洒清水后除尘率和沉积量的关系曲线

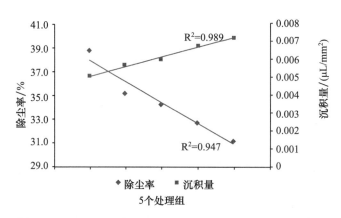

图 9.24 喷洒 0.05％Silwet408 后除尘率和沉积量的关系曲线

对于模拟柱头的表面,喷洒 0.05％Silwet408 溶液和清水以后,对 5 组载玻片进行统计分析,也是随着沉积量的增大,除尘率呈下降趋势(图 9.23 和图 9.24)。喷洒 0.05％Silwet408 溶液后,5 组的平均沉积量为 0.006 1 $\mu L/mm^2$,和对照的 0.009 3 $\mu L/mm^2$ 相差较大;5 组的除尘率均在 30％以上,比对照组效果稳定。

9.5.2 室内测试 Silwet408 溶液在枣叶和枣花上的沉积量

9.5.2.1 试验材料

新鲜的枣叶和枣花,荧光素钠(BSF1F561,德国,CHROMA-GESELLSCHAFT),有机硅 Silwet408(北京诺农国际生物技术有限公司),标准扇形雾喷头(德国,Lechler,ST110-05,施药量 1 616 L/hm²),可控速喷雾天车(德国 T-Test 5.中国农业大学药械与施药技术中心),KS10 振荡器(德国,Edmund),Ls-55 荧光分光光度计(美国,PERKIN—ELMER),叶面积仪,镊子,自制铁支架,量角器,双面胶,自封袋,记号笔。

9.5.2.2 试验方法

（1）装好喷雾载物铁支架，分 3 组进行：喷头和靶标夹角分别为 30°、60°、90°，调好喷雾参数，准备喷雾。

（2）把新鲜枣叶和枣花各 15 个粘到铁支架载物台上，位置随机，等待喷雾。

（3）配制 0.05％Silwet408 溶液 2 L，里面加 0.05％BSF；0.05％BSF 的水溶液为对照。配好后装入喷雾药罐喷雾。

（4）喷好后待 10 min，叶片上的液体不再流淌后，用镊子分别取下放入自封袋，加蒸馏水洗脱、振荡，测试荧光吸收值，再测试叶面积。

（5）对结果进行统计分析。

9.5.2.3 试验结果

通过对室内不同倾角的枣叶和枣花上沉积量的统计分析，得出了图 9.25 的结果，分析结果可知：

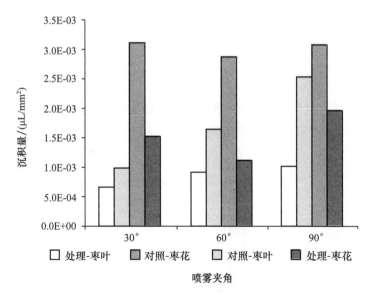

图 9.25 室内不同处理在枣叶和枣花上的沉积量比较

（1）随着喷雾夹角增大，沉积量整体呈增大的趋势。对于枣叶，随着喷雾夹角增大，沉积量明显增大；而枣花的沉积量变化不明显，这可能和枣花的结构有关系，枣花是盘状结构，花托往上托起花瓣，致使液体在花体上滞留时间延长。

（2）不论枣叶和枣花，喷洒 0.05％Silwet408 溶液的沉积量显著低于对照组。

（3）根据沉积量和除尘效果的关系可以推测，喷洒 0.05％Silwet408 溶液的除尘率比对照组高。

9.5.3 大田测定洗尘喷雾溶液的性能

大田试验地点在北京市平谷区北寨村。枣树品种为北京冬枣。

1. 试验材料

肩负式喷雾器 SX-20C(浙江黄岩市下喷雾器化工有限公司)、均匀圆锥雾喷头(德国,Lechler,TR80-03,流量 1.17 L/min)、Testo454 多功能环境测量仪(德国,Testo)、Leaf Porometer(美国,decagon)、尿素、磷酸二氢钾、赤霉素、硫酸锌、硼砂、红糖、维生素 C、有机硅 silwet408、荧光素钠(BSF1F561,德国,CHROMA-GESELLSCHAFT)、自封袋、黑塑料袋、剪刀、记号笔、记号牌。

2. 试验方法

枣树盛花期为 6 月中上旬,此期间选择无风无雨的天气喷药,试验前记录温度、湿度、风速条件。

在实验室先称好药品准备大田试验,试验时随机选取 10 棵枣树喷洒洗涤保湿剂溶液;选取另外 10 棵枣树喷洒清水作为对照,挂上记号牌。

试验溶液在枣树盛花的时候喷洒两次,每次相隔 5 d;枣树坐果的时候再喷 1 次,同时调查坐果率。等枣成熟的时候调查产量和品质。

9.5.3.1 测试沉积量

测试方法:喷洒药液时用 BSF 作为荧光指示剂,喷洒后,在每棵枣树上冠层外部、中部和内部各随机选取 5 片叶子和 5 朵花,测试沉积量。

试验结果见图 9.26。

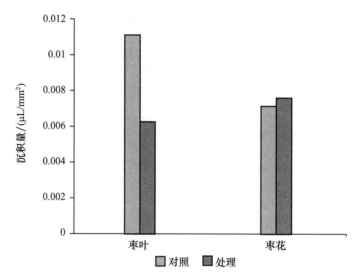

图 9.26 大田不同处理在枣叶和枣花上的沉积量比较

对大田试验带回的样本进行分析,测得的配方溶液的枣叶平均沉积量为 0.006 2 $\mu L/mm^2$,对照组的平均沉积量为 0.011 $\mu L/mm^2$,两者相差了一个数量级,效果明显。枣花的平均沉积量分别为 0.007 6 $\mu L/mm^2$,对照组 0.007 1 $\mu L/mm^2$,两者差异不显著。

9.5.3.2　测试保湿性能

测试方法:枣树喷洒药液后,立即用 Leaf Porometer 测试枣叶温度变化。

测试结果如图 9.27 和图 9.28 所示。

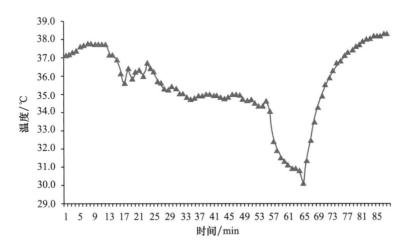

图 9.27　喷洒配方溶液后枣叶温度随时间的变化

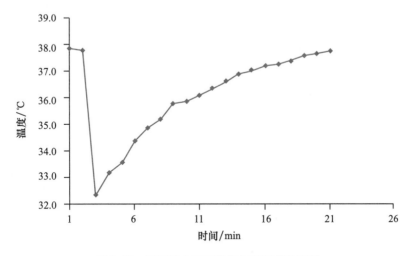

图 9.28　喷洒清水后枣叶温度随时间的变化

喷洒配方溶液和喷洒清水对照后对枣树叶片的温度进行测试,统计结果后知道,喷洒清水后,枣树叶片在 2 min 左右开始降温,随着时间延长,温度会慢慢上升,大概在 20 min 以后温度回到枣叶自身温度。而喷洒配方溶液后,叶片温度在 10 min 内保持稳定,然后慢慢下降,下降到最低温度后开始上升,一直持续 80 min 后,温度升至枣叶自身温度。从图 9.27 和图 9.28 中比较可以知道,喷洒配方溶液的枣树叶片,温度比喷洒清水的温度能降更多,最低能达到 30℃,喷洒清水的叶片最低温度只能达到 32.4℃。

9.5.3.3 测试坐果率和产量

坐果率调查:8月中旬进入枣园,不分方向,随机从枣树上抽查10～35个枣吊,调查计算每枣吊平均坐果数。

产量调查:坐果率调查完后,分东西南北四个方位分别抽取一个有代表性的枣头枝或结果枝组,实数枣果数,按30个枣1 kg,计算单枝产量和4个方位平均单枝产量。最后估算该枣树的结果枝组数,乘以单枝产量,即为该树单株产量,以此法调查所有抽取枣树。

品质调查:每点随意采摘1 kg鲜枣,称重计算平均单果重量。外观直觉查看枣果形状大小、颜色、光滑度。

对照树亦用上述方法调查,调查数据应用数理统计方法计算分析。测试结果:

1. 坐果数(图9.29)

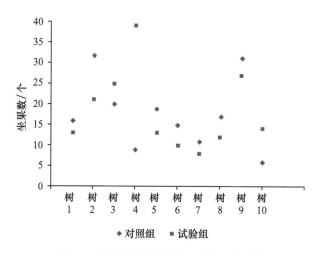

图 9.29 不同枣树每枣吊平均坐果数比较

2. 产量(图9.30 至图9.32)

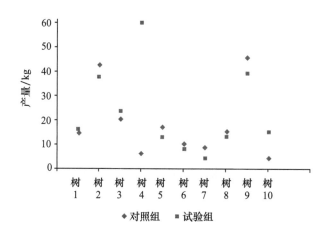

图 9.30 不同枣树产量比较

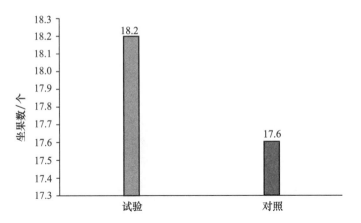

图 9.31 10 个平行的平均坐果数

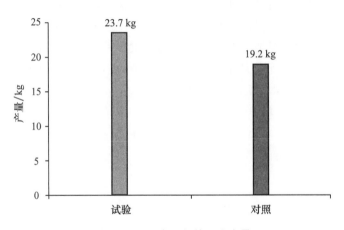

图 9.32 10 个平行的平均产量

3. 品质（图 9.33 至图 9.35）

图 9.33 对照组枣果

图 9.34 处理组枣果

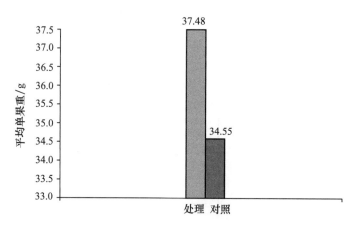

图 9.35　处理组和对照组平均单果重量比较

通过对处理组和对照组的枣树每枣吊平均坐果数、产量和品质调查,我们知道,处理组和对照组每枣吊坐果数和产量每棵树相差都挺大,从直观数据来看,两种处理的枣树坐果数和产量没有表现出一定的规律。但是对 10 棵枣树取平均值,平均的坐果数试验组 18.2 个,对照组 17.6 个,从产量来看,试验组平均产量为 23.7 kg,对照组 19.2 kg。试验组 10 棵枣树的平均坐果数和产量均比对照组高,尤其是产量高出很多。

从品质来看,处理组的平均单果重 37.48 g,比对照组的平均单果重 34.55 g 大 2.98 g;从枣果外观来看,试验组的枣果大小比较一致,外表光滑,而对照组的枣果大小不一,大的很大,小的太小,表面较暗淡无光泽。

9.6　结　论

本研究针对新疆枣树灰尘多,影响蜜蜂传粉,致使坐果率低的问题,先进行枣花和枣叶的基本性状研究和微观结构观察;然后进行室内洗尘喷雾溶液的　选择和基本性质测定,测定几种助剂的接触角和润湿扩展性,选出性能最好的 Silwet408 溶液;最后进行了效果检测。得出了如下几点结论:

(1)从枣叶和枣花的微观结构的观察,看到枣花表面凹凸不平,结构复杂,而且枣花上面有一层厚厚的糖蜜,极易黏着灰尘。灰尘颗粒大小为十几微米左右,极易在表面的凹凸结构上沉积下来,不易洗掉。枣叶正面光滑,结构简单,上面易着落灰尘,但是灰尘也极易洗掉。枣叶背面也较光滑,上面分布有气孔,背面着落灰尘少,基本看不见。

(2)洗涤剂主要成分是表面活性剂,通过几种高效低毒的有机硅表面活性剂基本性质的测试,筛选出扩展速度最大、润湿性最好的 Silwet408 作为洗尘喷雾液的主要成分。

(3)设计了亲水、亲油、模拟花柱表面,对 3 种表面进行洗涤效果和沉积量的关系测试,在喷雾达到流失的前提下,得出了洗涤效果与沉积量成反相关关系的结论。测试的结果也证明 Silwet408 的洗涤效果比对照的洗涤效果好且稳定。室内枣叶和枣花沉积量试验结果证明 Silwet408 在枣叶和枣花上的沉积量也比对照组小,和设计的模拟表面结果一致。

(4)把溶液应用到大田进行测试,测试结果表明:试验组和对照组在枣树叶片上的沉积量相差明显,而枣花上相差不大。喷洒配方溶液后的保湿时间比对照组大约长 1 h。对两种处理的枣树进行坐果数、产量调查,从所得直观数据来看,两种处理的枣树坐果数和产量没有表现出一定的规律。但是对 10 棵枣树取平均值,平均的坐果数试验组 18.2 个,对照组 17.6 个,从产量来看,试验组平均产量为 23.7 kg,对照组 19.2 kg。试验组 10 棵枣树的平均坐果数和产量均比对照组高,尤其是产量高出很多。对品质调查发现,试验组的平均单果重比对照组的平均单果重大 2.98 g,且枣果大小一致,外表光滑,对照组的枣果大小不一,表面较暗淡无光泽。试验组的枣果品质比对照组好。

9.7 致　谢

感谢科技部与新疆维吾尔自治区科技攻关重大项目"环塔里木盆地特色林果业关键技术开发与示范"(项目编号:20073113613)对本研究的资助!

参 考 文 献

陈贻金.中国枣树学概论.北京:中国科学出版社,1991.

成家壮.助剂在农药悬浮剂中的作用.广州化工,2002,30(3):1-3.

崔读昌.中国农业气候学.杭州:浙江科学技术出版社,1998.

邓锋杰,曹顺生,温远庆.农药用有机硅表面活性剂的研究进展.化学研究与应用,2002,14(6):723-724.

杜志平,王万绪,刘晓英.洗涤原理及洗涤性能评价.中国洗涤用品工业,2006(5).

冯坚编译.农药助剂在新的领域扩大应用.现代农药,2005,4(2):33-34.

何雄奎,严荷荣,储金宇,等.果园自动对靶静电喷雾机设计与试验研究.农业工程学报,2003,19(6).

何雄奎,曾爱军,何娟.果园喷雾机风速对雾滴的沉积分布影响研究.农业工程学报,2002,18(4).

胡汝骥,姜逢清,王亚俊.新疆雪冰水资源的环境评估.干旱区研究,2003,20(3):187-191.

华中农学院.果树研究法.北京:农业出版社,1992:118-120.

黄卫东,王佩璋,孙慧.非离子系高分子表面活性剂的研究进展.日用化学工业,2002,32(5):30-33.

黄玉英,商思臣.2001 年新疆河流水文情势.冰川冻土,2002,24(2):199-200.

冀果信.我国鲜枣出口的制约因素及其对策.北京农业,2002(7):4-6.

江凌,潘晓玲,丁英,等.新疆土壤资源与绿洲可持续发展.新疆农业科技,2005(3):36-37.

江涛.鲜枣出口潜力大.林业实用技术,2003(12):29.

金晗辉,王军锋,王泽,等.静电喷雾研究与应用综述.江苏理工大学学报,1999,20(3):

16-19.

李杨,何雄奎,仲崇山.雾滴荷电对喷雾沉积效果的影响.第三届"农药与环境安全"国际学术研讨会暨第七届"植物化学保护和全球法规一体化"国际研讨会论文集 SVI-004(Ⅵ-014).

刘孟军,代丽.21世纪中国枣业面临的机遇、挑战和对策——干果研究进展(2).北京:中国林业出版社,2001.

刘孟军.我国枣业发展的十大趋势.北方果树,2001(4):34-35.

刘云.洗涤剂原理、原料、工艺、配方.北京:化学工业出版社,1998.

祈力钧,傅泽田.影响农药施药效果的因素分析.中国农业大学学报,1998(2):80-84.

田长彦,刘国庆.21世纪新疆土壤盐渍化调控与农业持续发展研究建议.干旱区地理,2000,23(2):177-181.

王新彦,曹正清,张红.基于二相流理论的喷雾器气液混合阀的研究.中国农业大学学报,农业工程学报,1999,15(4):126-129.

武辉编译.有机硅表面活性剂对农药的增效作用.农药译丛,1998,20(2):54-56.

徐宝财.洗涤剂概论.北京:化学工业出版社,2000.

徐年凤,沈敏.表面活性剂在农药制剂中的应用.现代农药,2002(1):25-27.

严青秀,张德志,樊喜平.红枣无公害栽培技术.农业科技通讯,2005(2):21-23.

袁会株,齐淑华,杨代斌.药液在作物叶片的流失点和最大稳定持留量研究.农药学学报,2000,12(2):66-71.

张建荣.38%莠去津悬浮剂专用助剂的研制和应用.精细石油化工进展,2002,3(4):5-7.

赵明范.我国枣业稳步发展.河南林业,2001(Z):63-66.

赵祖培编译.农药助剂用有机硅表面活性剂(上).农药译丛,1994(6):34-42.

赵祖培编译.农药助剂用有机硅表面活性剂(下).农药译丛,1995,17(1):53-58.

周浩生,冼福生,高良润.组合电极双流体式静电喷雾技术.农业机械学报,1996,27(2):50-54.

BASUS, LUTHRA J, NIGAM K D P. The effects of surfactants on adhesion, spreading, and retention of herbicide drop let on the surface of the leaves and seeds. Journal of Environmental Science and Health,2002, B37(4): 331-344.

Butler Ellis. Tuck MCCR How adjuvants influence spray formation with different hydraulic nozzles 1999.

Butler Ellis. Tuck MCCR. Miller P C H The effect of some adjuvants on sprays producted by agricultural flat fan nozzles 1997(01).

Franz E. Bouse L F. Carlton J B Aerial spray deposit relations with plant-canopy and weather parameters 1998(04).

Gohlic H.. Deposition and penetration of sprays,BCPC Monograph No. 28,Symposium on application and biology. BCPC Publication. Surrey,1985:173-182.

Gupta C P. Duc T X Deposition studies of a hand-held air-asisted electrostatic sprays 1996(05).

Khdair A I. Carpenter T G. Reichard D L Effects of air-jets on deposition of charged spray in plant canopies 1994(05).

Moritz Knoche. Effect of droplet size and carrier volume on performance of foliage-applied herbicides. Crop Protection,1994,13(3):163-178.

NALEWAJA J D, MATYSIAK R. Spray deposits from Nicosulfuron with salts that affect efficacy . Weed Technology. 2000, 14: 740-749.

RAMSDALE B K, Messersmith C G. Nozzle spray volume, and adjuvants effects on carfen trazone and imazam ox efficacy. 2001, Weed Technology. Vo.1 15: 485-491.

SPANOGH E P, SCHAMPHELE IRE M D, P. V. DERMEEREN, *et al*. Review influence of agricultural adjuvants on droplet spectra . Pest M anagement Science, 2007, 63: 4-16.

Wirth W. , Storp S. Jacobsen W. Pestic. Sci. ,1991,33:411-420.

第10章

风送式喷杆喷雾机减少雾滴飘失的仿真模拟研究

刘　巧　何雄奎　宋坚利　张　京

10.1　雾滴飘失仿真研究现状

农药使用是农作物稳产、高产的重要保证。普遍认为在粮食增产中,化学物质的投入贡献率占到40%。为发挥农药药效必须保证良好的农药喷施质量,首先表现为令人满意的防治效果,这是使用农药的根本目的。但同时也要防止或最大限度地减少农药对环境和有益生物危害的风险。不正确的使用方法致使农药使用超量,不但浪费大量的农药,增加种植成本,而且流失到环境中的农药对土地和水体造成污染。反之,科学的使用方法会提高农药在靶标上的沉积量,增加雾滴在作物冠层中的穿透性,提高农药利用率,以最小的经济成本和生态成本获得最佳的防治效果。

研究农药飘失方法中,由于田间试验受到的限制多,且气象条件不稳定、不易控制,试验结果很难重复;而且不同因素之间相互作用,很难确定某一因素对试验结果的影响和对该因素的作用进行量化快的是将主要因素建立成数学模型,利用计算机将各因素影响效果进行量化,并对不同条件下的飘失结果进行预测。借助比较成熟的计算流体动力学理论和前人的研究成果建立数学模型,并在试验的基础上逐步完善,是研究农药飘失问题的有效方法之一。利用CFD模块化软件分别从模拟气流的流场和雾滴在流场中的运动轨迹来研究气助式喷杆喷雾机喷雾的雾滴飘失,并与常规喷雾进行比较,定量地描述雾滴的飘失过程,为喷杆喷雾机参数的设计提供理论依据。

10.1.1　研究背景

在植物保护中,化学防治具有功效高、防治及时等特点,特别是对于突发性,大面积暴发的病虫害,能够做到及时的控制与防治。据国家统计局最新统计,2008年,我国化学农药原药产量为190.24万t,同比增长12.0%;分类产品中杀虫剂累计产量为65.8万t,除草剂为61.6万t,杀菌剂为19.6万t,同比增速分别为8.6%、12.2%和59.6%。因此,它不仅在过去和现在,即使在将来仍然是对作物进行病虫草害防治的主要方法,也是综合防治的重要组成部分。但是由于施药机具和施药技术的原因,农药利用率很低,仅20%~30%保留在靶标上,远低于发达国家50%的平均水平,使用过程中,有70%~80%流失到土壤和飘失到环境中。农药的飘失,不仅影响防治效果、降低农药的利用率,而且严重影响非靶标区敏感作物的生长,污染生态环境,甚至引发人畜中毒。因此,从提高农药利用率和环保角度出发,研究一种能有效地控制雾滴运动来减少雾滴飘失的施药方法越来越显得重要,也是国内外的研究热点。

喷杆喷雾机是最常用的植物保护机械之一,因其作业效率高、喷洒质量好,在我国广大旱作农业地区发挥着巨大的作用。但是,我国目前在用的喷杆喷雾机存在着机型较小、技术性能落后、喷头品种单一、喷洒性能差、喷雾量大、农药浪费现象严重等问题,难以满足高效喷雾作业的需要。在喷杆喷雾机上采用风幕式气流辅助喷雾技术,可减少飘移损失50%以上。在喷雾机上加设风机与风囊,作业时风囊出口形成的风幕强迫雾滴向作物冠层沉积,使喷洒在作物叶子正反两面的药液达到均匀一致,不仅增大了雾滴的沉积和穿透,而且在有风的天气(4级风下)也能正常工作。另外,风幕的风力可使雾滴进行二次雾化,进一步提高雾化效果,减少了雾滴的飘失。与常规的喷杆喷雾机相比,它有以下几个突出的优点。

(1)减少用药量。在高速气流的作用下,作物叶片发生翻动,雾滴的穿透能力得到加强,改善了叶片背面及作物中下部的雾滴沉积状况,提高了农药的利用率,从而达到了减少农药使用量的目的。

(2)减小喷雾量,节省用水。据国外资料介绍,采用传统方法在谷物上喷雾,每公顷需用水300 L,而采用气流辅助喷雾技术可减少喷雾量,每公顷只需用水100 L,不仅节省了大量用水,更减少了加水及往返所需时间,提高了工效。

(3)提高作业速度。在气流吹送下,细小雾滴的飘移现象大大减少,因此喷雾机可以在较高的前进速度下喷雾而不产生雾滴飘移现象,提高了喷雾机的作业效率。

(4)对喷雾环境要求低,时效性好。传统的喷杆喷雾机作业时,自然风速超过4 m/s就会产生较严重的雾滴飘移现象,采用气流辅助输送技术可以有效减少雾滴的漂移,在8 m/s的自然风速下也能进行可靠的喷雾作业。因此,采用风幕式气流辅助喷雾技术可以减少受环境因素对喷雾作业的干扰,便于使用者把握最恰当的时机进行作业,从而为病虫草害防治赢得了时间。

虽然风送式施药技术和设备能有效减低农药飘移,提高雾滴在靶标枝冠层中的穿透性,为施药质量的提高发挥重要作用。但是,风送式喷雾机施药作业中,普遍存在着喷雾参数选择不当、喷雾参数与作物枝冠形状不匹配等问题,严重影响了风送式喷雾技术农药利用效率高的优势,造成了飘移损失,也影响了药液分布的均匀性。因此,依据靶标特性正确合理地调整和标定喷雾机各参数,以及对喷雾的雾滴飘移率、分布均匀性等质量指标进行定时检测,是提高农药沉积率和保证农药防治效果所必需的流程,也才能最大限度地提高农药使用效率和施药质量。国外的多个研究结果也都表明,风送式喷雾机作业参数与枝冠形状尺寸不匹配是导致农药飘移损失的重要因素之一(Cross,1991;Giles et al.,1989;Wiedenhoff,1991)。因此,多年来许多研究人员都对雾滴的飘移过程及影响因素进行了大量试验研究,试图全面深入地认识雾滴飘移的机理,通过调整气流及出口参数、喷嘴工作参数等方法减少农药的飘移损失、改进药液空间分布特性(Ade and Pezzi,1997;Baecker,1993)。然而,正如前面所分析,雾滴沉积和飘移过程相当复杂,受很多因素的影响,尤其是受到不可控的温度、风速和相对湿度等因素的影响;同时,在喷雾机参数标定过程中,需要考虑的参数较多,比如拖拉机行驶速度、风送系统的气流速度和气流方向、作物枝冠的大小和形状、喷嘴工作压力和组合方式及药液喷施方向等。而风送式喷雾机在喷施作业前参数标定和检测时,传统的试验方法成本昂贵、试验环节繁琐,且无法排除不可控气候因素对试验结果的干扰,制约了对风送式施药技术喷雾质量的优化和工作机理的深入认识。要全面深入地认识雾滴飘移规律,需要保持气流速度、环境温度、相对湿度和拖拉机速度等保持不变或按要求变化,这在实际田间试验中都很难实现,同样,试验中使雾滴的速度按照试验要求变化也不易实现。针对该难题,论文以风送式喷杆喷雾机为研究对象,利用CFD技术对其进行了深入的模拟研究,分别建立了其气流场速度分布和雾滴沉积分布的模拟模型,实现了药液分布均匀性和飘移率的计算机模拟。同时,设计和完成了同条件下的实际试验,对模拟结果的精度和适用范围进行了进一步的验证研究,并对施药质量指标及其影响参数取值进行了优化(Sidamad and Brown,2001;Xu et al.,2004)。

与传统的试验研究方法相比,对风送式喷杆喷雾技术进行CFD模拟研究,有多方面的积极作用和意义。第一,实现了气流速度空间分布和雾滴沉积分布的计算机模拟和预测,避免了试验前繁杂的准备环节和试验后对采集样本的繁杂处理,消除了对各种检测设备的依赖,能够大幅度节约试验成本、提高试验效率;第二,模拟研究中各个参数可以方便地按照要求进行快速调整和设定,所以能方便地实现各种试验设计,更适合于研究受多个因素及其交互作用影响的雾滴沉积过程,并快速获得任意条件下的试验结果,也使大规模的重复试验变得可行;第三,模拟研究能彻底克服田间试验中不可控气候条件对试验结果的干扰,因此,试验结果可重复性好,便于更全面、准确地认识雾滴沉积飘移的发生机理,为防飘移措施的实施、喷雾机械的设计及合理使用提供理论依据;第四,模拟模型的通用性较好,已经建立模拟模型能根据靶标的尺寸和形状的变化、喷嘴个数的变化等方便地进行调整和改建,实现不同条件下施药质量标志的快速计算。

10.1.2　国内外研究雾滴飘失的进展及存在的问题

EPA(1999)指出飘失总是不可避免地随着我们喷雾作业发生,几乎在所有的喷雾作业过程中,都存在一定程度的药液飘失。农药飘失是一个复杂的问题,影响雾滴飘失的相关因素很多,主要有:农药有效成分、制剂类型、雾滴大小和挥发性等物理化学特性;施药机具和使用技术;风速风向,温度湿度,大气稳定度等气象条件,其中地形也可能影响飘失;操作人员的责任心和操作技能会显著影响飘失。

追溯历史,国内外对飘失的研究分五个领域或阶段:影响飘失的因素研究;地面喷雾和航空喷雾时飘失的测定;用于预测飘失的模拟和模型的建立;各种取样方法和示踪物用于飘失的研究;以及减少飘失的技术措施的研究。前四项研究的目的主要是对飘失的探索和了解,最后一项主要集中在减少飘失的实用技术研究及相关产品开发,包括:低飘(low-drift)或防飘喷头(anti-drift nozzle),防飘助剂的使用,循环喷雾技术,静电喷雾技术,罩盖喷雾技术和辅助气流喷雾技术等。

10.1.2.1　罩盖喷雾的发展历程

罩盖喷雾通过在喷头附近安装导流装置来改变喷头周围气流的速度和方向,使气流的运动更利于雾滴的沉降,增加雾滴在作物冠层的沉积,减少雾滴向非靶标区域飘失,达到减少雾滴飘失的目的。

农药的使用效果与药液雾滴的直径紧密相关。小雾滴在病虫害防治上有独特效果,其附着性好,覆盖均匀,但极容易飘失;如果采用增大雾滴直径的方法来达到减少雾滴飘失的目的,在病虫害防治上是不合适的。因而,胁迫雾滴运动来减少雾滴飘失是一个很好的办法。

1953 年 Edward 和 Ripper 最早提出利用保护性罩盖喷雾减少雾滴飘失,但是他们没有对罩盖喷雾进行研究;只是组合不同喷头、工作压力和风速等相关因素来研究雾滴的飘失,他们研究的“Nodif”喷杆喷雾方法可以减少飘失 42%～100%。在此后的半个世纪里,人们开始对罩盖喷雾进行研究,虽然每个人的研究结论不尽相同,但罩盖喷雾在减少雾滴飘失方面具有积极作用得到人们的普遍认同。

1. 机械式罩盖喷雾

机械式罩盖喷雾如图 10.1 所示,通过在喷头位置安装导流板等装置改变喷头周围气流的速度和方向,使气流运动利于雾滴的沉降,增加雾滴在作物冠层的沉积,减少雾滴向非靶标区域飘失,达到减少雾滴飘失的目的。

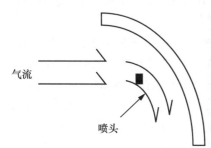

图 10.1　导流板防飘效果

2. 气力式罩盖喷雾

气力式罩盖喷雾的气力式罩盖是通过外加风机产生的气流来改变雾滴的运动轨迹,达到减少雾滴飘失的效果。Smith 等(1982)对气力式罩盖进行研究,得出射流速度为 7.1 m/s 的气力式罩盖只在环境风速小于 2 m/s 时才是有效的,这一结果使他们中断了对气力式罩盖的研究工作,也影响了其他人员对这种罩盖的研究,同时在应用上也被忽视了。直到 Brown (1995)试验证明了气力式罩盖的一些优点,气力式罩盖有效性的深一步研究才得到保证。Tsay,Fox 等(2002)运用计算机模拟方法研究气力式罩盖减少飘失的性能,指出并不是在所有的操作条件下,气力式罩盖都能够有效地减少雾滴飘失,在某些情况下,还比不上使用常规喷雾方法;但是在最优的参数条件下,当气体射流速度为 40 m/s,流量为 1.7 m³/(s・m)和气体射流释放角为 15°时,能够 100%地控雾滴飘失;但是还需要田间试验验证。即使田间试验能够验证模拟,但是 40 m/s 的流速,对作物的毁坏,以及经济上的投入也需要进一步研究。

10.1.2.2　辅助气流喷雾技术研究现状

辅助气流喷雾于 20 世纪末在欧洲兴起,利用气流的动能把药液雾滴吹送到靶标上,并改善药液雾化、雾滴穿透性和靶标上的沉积分布,现在主要应用于果园和大田作物的农药喷施中。果园风送式喷雾机根据风筒数量分类,有单风筒式、多风筒式等,根据风扇结构分类有轴流式和离心式等,而大田作物主要使用喷杆型风送式喷雾机。喷雾时,在喷头上方沿喷雾方向增强送风,形成风幕,利用风罩产生的下行气流把农药雾滴强制喷入作物冠层中,可大幅度降低农药飘移量,增加雾滴的沉积及分布的均匀性,这样不仅增大了雾滴的穿透力,大幅度降低农药飘失量,而且在有风力(小于四级风)的天气下工作,也不会发生雾滴漂移现象。但如果是针对裸露的地表或作物生长初期,反而因气流撞击地面后的反弹会增大雾滴的飘移,造成损失。

Hislop(1991)指出,气力辅助喷雾于 1885 年第一次在法国的葡萄园得到应用。在这种气助式喷雾概念下,一种能携带并提供用于喷射的辅助气流的喷雾系统被特别设计出来应用于喷雾器上。现在用于商业的气力辅助喷雾系统根据气流进入雾滴射流的方式分为两类:一类为 Hardi Twin 风幕式系统(Hardi,Inc.,London,Ontario,Canada),雾滴出口在气流的外部,气流以一定的角度直接射入液流,喷雾器喷出的雾滴在冠层上某处被气流拦截并带入冠层。可以分别调节出气口和出液口参数以获得不同的雾化效果;另一类为气力喷头喷雾系统(Spray-Air U.S.A.,Inc.,Grangeville,Idaho),喷雾器安装在气流内部,气流速度的设置是得到所需雾滴直径的关键。

风幕式气力辅助喷雾系统中,被气流捕获并传送的雾滴,在有一定外界风速的条件下也能达到靶标而不被吹走。因此,风幕式气力辅助喷雾系统能在很大程度上减少飘失(Quanquin,1992;Quanquin,1995;Taylor and Andersen,1989;Young,1991)。在这些研究中,Taylor 和 Andersen (1989)指出 Hardi Twin 系统的风帘与扇形雾喷头沿前进方向偏移一定的角度能在短莛作物中减少飘失达到 60%。如果不应用气助式喷雾系统,增大喷雾速度会增加飘失,但如果在喷头处安装气力辅助系统,增大喷雾速度后的飘失量与增大喷雾速度前几乎是一样的。然而,Young(1991)的报告指出,Twin 系统中风帘的优势随着雾滴尺寸的增大而减弱。即使大量实验显示风幕式气助喷雾系统能减少喷雾飘失,但一些研究者报告却得出相反的结论。Cooke et al.(1990)比较了液力喷头喷雾与一款风帘是气助喷雾(Degania)在作物中的雾滴飘失情况。即使有更好的雾滴谱和相同的喷雾沉积,风帘式气力辅助喷雾器通常比液力喷雾器产生更多的飘失。他们得出这样的结论:风帘式气力辅助喷雾的飘失可能会增大,除非优化气流速度、作物冠层上的喷雾释放高度等参数。Hislop et al.(1993)报告气力辅助喷雾在风速为 4 m/s 的风洞试验中能大量的减少飘失,但是当气流方向沿机器前进速度方向向前和向后 45°,风速为 1 m/s 和 2 m/s 时,细小雾滴的飘失却显著的增加了。Howard 和 Mulrooney (1995)讨论了关于对雾滴脱离靶标飘失的担忧并指出风幕式气助喷雾机在裸露的地面上喷雾比传统的喷雾机具更具有潜在的飘失可能性,特别是在低的液体流率和高的气流速度的情况下。

为了充分利用风幕式气助喷雾的优点,一些学者调查了气力出口参数的最优设置。Panneton et al.(1996)分别对风幕式气助喷雾的气流速度(0～36 m/s)、气体流率[0～1.3 m³/(s·m)]以及喷雾角度(-10.2°～40.2°)分别对叶子表面的沉积做了研究。对花椰菜和马铃薯的进行保护性喷雾,测定了所有叶片正面和背面的平均沉积量得出的最优的喷雾条件。

相似的,Ringel 和 Anderson Pompe 和 Holterman 指出(1992),利用 Hardi Twin 系统喷雾研究了在气流释放角向前20°、垂直的、向后30°三种情况,气流速度分别为 0 m/s、16 m/s 和 28 m/s 条件下雾滴在空气中的飘失以及在冬小麦叶片和地面的沉积量。他们发现当在最高的气流速度下,气流释放角向前20°时,雾滴在空气中的飘失以及地面的流失得到最有效的减少。这个结果与 Taylor 和 Andersen(1989),May(1991)得出的喷杆喷雾机向后喷雾比垂直喷雾的喷杆喷雾产生更多的飘失的结果一致。

为了模拟喷雾机的工作状况,Rocamora et al.(2002)用普遍的线性模型来分析气助喷雾机在洋蓟上的喷施效率。研究指出,气助喷雾时扇形雾喷头具有最好效果,具有最高的沉积量,特别是在矮的叶片以及叶子的背面。气力喷头的不同的数量和结构对喷雾的覆盖也有显著影响。

在前人的基础上,Tsay 和 Liang(2004)用计算机模拟在无冠层的条件下,对空气出口宽15 cm,风速 4 m/s,机器前进速度 0.9 m/s 的条件下的喷杆喷雾。二维模拟结果表明:气液出口之间的夹角对减少飘失没有显著影响;顺风喷雾和逆风喷雾参数的最佳指标超出了观测范围,但在观测范围内减少飘失的最佳工作参数定为:逆风时:气流速度大于 30 m/s,向前的气流角;顺风时:气流速度小于 41.55 m/s,喷雾角 4.3°。得出结论:气助喷雾的逆风喷射比顺风喷射对喷雾飘失的减少效果好,且气流速度与气流角越大,减少飘失效果越好。自然风速增大,飘失的可能性也会增大。自然风速较低,没有过多喷射气流速度的情况下,飘失可能性就会减少。他们虽然利用计算机对一定喷雾参数进行了模拟,但模拟的结果仍需要田间试验证明。

引起雾量分布不均匀的原因很多。国外较早开展了喷杆喷雾的研究,并采用计算机辅助技术研究动、静态下雾量分布的均匀性。国内对喷杆喷雾的研究较少,仅有中国农业大学药械与施药技术研究室研制的水田风送低量喷杆喷雾机,在相同条件下,风送喷雾雾滴在作物上的沉积分布效果明显优于没有风送的情况。叶连民等提出过喷杆式喷雾机在不同高度下喷雾雾量分布均匀性的分析方法以求取最佳喷雾高度;宋坚利等研究喷杆式喷雾机的雾流方向角对靶标上药液沉积量的影响,文中拟针对喷杆喷雾机喷杆高度、喷头安装倾角、喷头间距、喷杆的水平转动角度等配置量变化以及喷杆在振动状态下对雾量分布变异系数的影响进行研究,以改善喷杆喷雾分布均匀性,增加农药利用率,提高我国施药技术水平。

研究也表明,通过对风送式喷雾机进行系统改进和参数优化研究,可使药液沉积损失和分布均匀性等指标得到不同程度的提高;通过对不同类型风送式喷雾机的气流场速度分布特性和药液沉积分布特性进行标定试验,可以深入认识其工作机理和适用范围;通过对不同类型风送式喷雾机的飘移率进行测试,可对其抗飘移性进行标准化和分级。但是,试验过程中无法排除枝冠层、测试仪采集效率和气候条件等因素的干扰,使风送施药技术的工作机理得不到更深入的认识,对喷雾机气流速度场和药液分布特性的标定结果并不完全可信,飘移性分级也不精确,同时,试验研究还存在着过程繁杂,成本高和效率低的问题,无法实现重复次数较多的试验研究。

10.1.2.3　风送式喷雾技术的 CFD 模拟研究

化学农药药液的混合、雾化及喷施是一个比较复杂的过程,受到诸如药械技术参数、操作参数、气候等因素的影响,其中气候因素是不可控的,同时许多因素之间还存在的交互作用,这使许多相关的试验研究由于人力、物力耗费过大、指标难测量等原因变得难以实现,影响了农药喷施技术发展及其相关产品的更新,而 CFD 模拟技术借助计算机的优势能够很大程度地克服这些困难,因此,其在农药喷施技术研究的多个方面都得到了一定的应用。

一些学者(Lee 和 Schwalb,1989;Reichard et al. ,1992a;Weiner 和 Parkin,1993)提出了可以利用计算流体力学模拟雾滴运动。Reichard et al. (1992a)根据经验改变 Fluent 精确性在风洞里模拟雾滴飘失。Reichard et al. (1992b)指出雾滴飘失的距离随着风速和液体射流高度增加而增大,但随着最初喷出液滴的尺寸和速度的增大而减小。相对湿度的变化对直径小于 100 μm 的液滴飘失距离的影响比对较大液滴的影响大得多。Zhu et al. (1994)扩大了模拟参数的变化范围,确定了田间喷雾距离大于 200 m 处的飘失情况。Weiner 等(1993)首先用 Fluent 模拟了车载单风筒风送式喷雾机的喷雾流场,在利用软件默认的边界条件和湍流参数的基础上,他首先对喷雾流场进行了二维模拟和试验测量,结果表明影响雾滴飘失的因素有喷嘴尺寸、角度、喷杆上液力喷头工作压力以及冠层情况。研究结果测出了雾滴尺寸,尤其是影响雾滴飘失的关键的直径小于 100 μm 的雾滴体积百分比。同时也显示,气候条件可促进雾滴蒸发从而增大飘失。该研究充分显示了 CFD 技术在流场模拟中的优势,同时也发现了模拟过程中存在的困难。研究表明:要想获得更准确的模拟结果,除了依赖计算机计算能力的提高外,还要做大量的基础工作来对现有模拟模型和模拟方法进行探索、改进和完善。他利用试验测量结果对边界条件进行了修正,然后把模拟扩展到三维空间,很好地提高了模拟的精度,使三维模拟结果与试验测量结果得到了很好的吻合。Walklate et al. (1993)研究了一款气助式喷雾器在不同作物冠层中喷射空气和杀虫剂的喷雾特征,指出即使是相同尺寸的雾滴,穿过作物时的角度可能会因为喷嘴的位置而发生相当大的改变,特别是当雾滴出口在主气流出口前面,雾滴被胁迫向上运动到喷杆上方时尤其明显。

Sidahmed 等(2001)也利用 Fluent 对森林用圆管型风送式喷雾机的喷雾流场分别进行了二维模拟和三维模拟,并把模拟结果与湍流气流理论(Abramovich,1963;Schlichting,1979)及试验测量结果进行了对比,结果表明:流场中轴向速度分布、横向速度分布的模拟结果与湍流气流理论及试验测量结果吻合的较好,最大误差约为 5%。同时发现,Fluent 在模拟非对称速度分布时,其模拟效果要优于湍流气体理论,但其在二维模拟时结果不是很理想,模拟结果偏高于试验测量值,这表明用二维模拟方法对三维空间进行模拟时精度有一定局限性。

在前人模拟喷雾流场的基础上,Tsay 等利用 Fluent 对单喷嘴风送式喷雾机不同条件下的雾滴沉积分布和防飘移效果进行了模拟(图 10.2),研究了气流的速度、流量及气流与喷嘴的夹角等参数对防飘移效果的影响(Tsay,2002c)。结果表明,不同的气流速度、气流方向、流量、气流流量与角度的交互作用、气流角度与雾滴释放角度的交互作用对防飘移效果有显著影响。兼顾考虑防飘移效果和节约动力时,模拟得到的最优参数为气流速度 40 m/s、气流流量 1.7 m³/s、气流角度前倾 17°,这与前人试验研究的结论一致(Panneton,1996;May,1991;Brown,1995;Taylor,1989)。Tsay 的研究表明,选择、优化工作参数在提高防飘移效果中的重要性,也表明了 Fluent 在模拟风送式防飘移技术中不可替代的作用;不过由于巨大工作量及测试难度,他的研究并没有进行田间试验的验证。

多喷嘴风送式喷雾机风送系统相对比较复杂,再加上计算机计算速度的制约,对其气流场速度分布和雾滴沉积轨迹进行模拟研究有一定的困难。因此,多喷嘴风送式喷雾技术研究

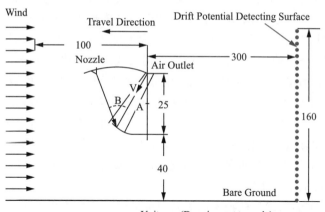

图 10.2　风送式喷雾机的模拟区域示意图[Tsay]

CFD 模拟研究应用的还比较少，在最近两年才逐渐有少数研究人员开始涉足（Delele，2005，2007；Baetens，2006，2007）。

为了研究喷杆型风送式喷雾机田间作业中各因素对飘移量的影响及药液飘移量波动不定的原因，借鉴上述风帘型风送式喷雾机气流速度场和雾型空间分布的模拟模型，Baetens 等（2007）利用 CFX 5.7 软件建立了 Hardi Commander 型喷杆风送式喷雾机雾滴飘移的三维模拟模型。

他主要研究了侧向风速、风向、拖拉机行驶速度、喷杆高度及掩蔽物后的尾迹对飘移率的影响，并完全按照国际标准 ISO 22866 完成田间试验，对模拟结果进行了验证。所模拟的流场区域的大小为 100 m×60 m×6 m，由于结构的对称性，取该区域的一半进行建模。药液飘移量监测点布置在垂直于拖拉机前进方向上，距外侧喷嘴出口的距离分别为 0.5 m、1 m、2 m、3 m、5 m、10 m、15 m 和 20 m。各因素的取值范围分别是，雾滴喷射速度为 17～27 m/s，拖拉机速度为 7 km/h、8 km/h 和 9 km/h，喷杆高度为 30 cm、50 cm 和 70 cm（减去药液雾化时的液膜长度 2.3 cm），侧向气流速度为 1.3 m/s、2.0 m/s 和 2.3 m/s，侧向风的方向为 18°、−18° 和 0°（0°时垂直于拖拉机前进方向）。为了提高流场的模拟精度，使模拟结果与实际情况更加吻合，在入口气流速度边界条件的设置上，还测量若干点气流速度，并对测量结果进行拟合。

模拟研究结果表明，该模型在很大程度上的确能解释田间试验中药液飘移量波动不定的现象。拖拉机行驶过程中喷杆高度的不断变化对飘移率的影响最大，约为 25%；侧向风速的波动和雾滴速度的波动对飘移沉积率波动的影响次之，分别为 3% 和 2.5%；而拖拉机速度波动对飘移率波动的影响可以忽略。分析其原因，一方面喷杆高度的变化会使雾滴轨迹的长度发生变化，使雾滴沉积过程中受到的气流阻力发生变化；另一方面，喷杆高度变化会使雾滴初始点受到的侧向风大小发生变化。

模拟结果和试验结果对比分析表明，在距离小于 500 cm 范围内的模拟结果与试验结果吻合得很好，但随距离的增大模拟结果的误差也增大，因此较远距离的模拟模型和湍流扩散模型需要进一步优化改进。但田间试验和模拟结果的对比表明，同时，飘移量的模拟结果要高于田间试验结果，田间试验测得的飘移率为 6%，而飘移率的模拟结果为 21%，其原因可能是模拟过程中喷杆高度是给定的，而田间试验中喷杆高度是随喷杆的振动不断变化的。

总之,在农药喷施技术中最早、最广泛应用CFD技术的是罩盖防飘移技术的模拟研究,先后用于机械式罩盖防飘移性能、罩盖结构改进和气力式罩盖防飘移性能等的模拟研究。之后,CFD技术在药液搅拌系统辅助设计、变量喷嘴结构优化和循环喷雾机结构的辅助设计及性能模拟优化中也得到了一定的应用。而CFD技术在风送式喷雾技术的研究中应用的并不多,起初只应用于结构简单的单喷嘴喷雾机气流速度分布和防飘移性能的模拟,最近两年才逐渐有少数人员把CFD技术引入被广泛应用的喷杆风送式喷雾机和风帘型果园风送式喷雾机的模拟研究中,主要包括气流场速度分布特性和雾型空间分布的模拟。而传统果园风送式喷雾机气流速度分布特性和雾滴沉积特性的模拟研究还未见报道,同时,前人研究仅仅确定了气流速度模拟结果的精度,雾型空间分布研究多为模拟结果和试验结果的定性比较,还未见到雾型空间分布模拟结果精度的量化研究。

综上所述,最先进的精确施药技术和设备可能能最大幅度地提高农药使用效率、减少农药飘移量,但由于技术不成熟以及成本过高等因素的制约,目前阶段并没有最实用、最快捷的手段。而挖掘现有施药技术和设备的潜力,对其进行性能优化和局部改造,能实现以最低的成本、最快的速度促进施药质量的提高,是目前最实用、最有效的措施。

10.2　仿真试验设计及计算模拟

空气幕被广泛应用于隔绝或减轻外部气流的入侵。目前对于空气幕的组织设计方法多以现场实验或数值计算为基础,其周期较长,不利于工程人员方便掌握并应用。应用计算机流体力学CFD技术,从黏性流体力学理论出发,从易于理解的积分方程来进入研究工作,灵活使用边界层理论、速度分布假设、动量方程等工具解决问题,从而取得各种变量的关系式,其所得结果特性参数的关系明确,利于指导实验,配合强度不大的实验修正,可形成操作性较强的工程方法。本文正是采用仿真模拟试验分析的方法,利用计算流体力学软件进行仿真试验,模型的条件假设与参数的设置是关系到仿真试验结果可靠性的关键。

10.2.1　仿真试验条件假设

为了保证模拟条件与实际的喷施作业条件一致,同时也考虑数值模拟计算在迭代时间方面的可行性,即兼顾模拟精度与效率的平衡,模拟研究过程中根据相关研究结论对求解条件做了如下假设:

10.2.1.1　Lagrangian 离散相模型的基本假设

风送式喷杆喷雾机施药过程中,雾滴在气流吹送作用下运动,是一个气液两相流问题。喷嘴喷射出雾滴的体积与风送系统喷出气流的体积相比,液相所占体积率很小。雾滴在流场中的运动可看作是体积率小于10%的液滴负载流动,符合计算流体力学软件模块中的Lagrangian离散相模型的基本假设,因此研究中采用Lagrangian离散相模型,并将气流作为为连续相处理,雾滴作为离散相处理,经过模拟运算就可以得到雾滴在连续相中的运动轨迹。

10.2.1.2　模拟区域模型假设

水田超低量风送式喷杆喷雾机在拖拉机前进方向上喷雾,K. Baetens 等(2007)的研究结果表明,拖拉机前进方向的速度波动对飘移率的影响很微弱,可以忽略。因此,暂不考虑拖拉机前进速度的大小对飘移率的影响。

10.2.1.3　壁面无滑条件假设

考虑空气的黏度,而对于黏流问题,Maxwell 于 1879 年证明,速度满足如下关系:$V_b \approx l\triangledown * V_b$,这里的 l 为流体分子平均自由程。因此壁面速度与壁面速度梯度和分子平均自由程成正比。由于分子平均自由程一般很小,所以在一般的连续流假设下可以令壁面速度各分量都为零,即在固体边界上流体的速度等于固体表面的速度,当固体表面静止时,有:

$$u = v = w = 0 \tag{10.1}$$

式中,u 为壁面速度在 x 轴方向的分量;v 为壁面速度在 y 轴方向的分量;w 为壁面速度在 z 轴方向的分量。

本研究中假设水田超低量风送式喷杆喷雾机喷嘴壁面及模拟区域地面边界的气流速度均为零。

10.2.1.4　流场水平入口假设

在水田超低量风送式喷杆喷雾机施药过程中,沿拖拉机前进方向的风虽然是始终存在的,而且对风送系统的气流分布和雾滴飘移有影响,但是由于风送系统的气流速度相对于机器前进速度产生的风速要大得多,对雾滴飘移起主要作用。本研究中为了优化风送系统气流对雾滴飘移性能的作用效果,假设流场入口仅为水平方向的风,并无其他方向的分量。

10.2.1.5　流场源稳定假设

假设流场入口风速大小、方向稳定不变。

10.2.1.6　雾滴分布规律及终结方式假设

1. 雾滴分布规律假设

对于液力式喷嘴来说,雾滴尺寸的典型分布假设为 Rosin-Rammler 分布(Baetens,2007;马承伟,1999;Tsay,2002a,2004)。可以采用如下方法进行拟合,雾滴的全部尺寸被分成足够多的离散尺寸组,每个尺寸组由组射流源中的单个平均直径来表示,雾滴的轨迹就依据此代表直径来计算。Fluent 使用线性插值方法对第 i 个射流源在最小直径和最大直径之间进行插值,插值公式如下:

$$d_I = d_{\min} + \frac{d_{\max} - d_{\min}}{N - 1}(I - 1) \tag{10.2}$$

式中,$d_{\min}$ 为最小的雾滴直径;$d_{\max}$ 为最大的雾滴直径;N 为射流源的总数;I 为射流源的顺序数。

本模拟研究中,同样采用该方法对雾滴径谱分布的测量结果进行拟合。

2. 雾滴的 3 种终结方式假设

施药过程中假设雾滴为纯水滴,根据实际的物理情况,在整个流场区域内雾滴最终只有 3 种终结方式,分别为:沉积、飘移和蒸发,无其他不可知的终结方式。模拟区域中假设只要雾滴接触到"trap"边界,则统计为沉积雾滴;只要雾滴从出口"escape"边界,则统计为飘移雾滴;由于雾滴沉积过程中与气流接触,要发生传热、传质以及能量传递等物理过程,则雾滴沉积过程中考虑蒸发。

10.2.1.7 离散相边界条件假设

当雾滴达到模拟区域边界时,Fluent 使用离散相边界条件来确定雾滴轨迹在边界是否应该终止。离散相边界条件包括 4 种形式,分别是:"reflect"边界条件、"trap"边界条件、"escape"边界条件和"interior"边界条件。在"reflect"边界条件时,雾滴发生反弹并且动量发生变化;在"trap"边界条件时,雾滴到终止、不反弹,其轨迹计算也终止,即雾滴在此处沉积;在"escape"边界条件时,雾滴被标记为"escaped"并终止其轨迹计算,即雾滴从此处发生飘移损失。"interior"边界条件:雾滴在此处将穿越内部流动区域,雾滴轨迹计算继续进行。根据水田超低量风送式喷杆喷雾机施药的实际情况和研究的目标,本研究把部分压力出口 2 边界设为"escape"边界条件,压力出口 1、冠层壁面和地面边界设为"trap"边界条件,把上边界设为"escape"边界条件,其他的各个壁面边界设为"reflect"边界条件。

10.2.1.8 气流流态假设

根据雷诺数的大小,可将流体的流动状态分为层流和湍流。当雷诺数小于 2 000 时,流动始终呈层流状态,不论边界(管壁、进口、出口)扰动如何剧烈,一旦扰动取消,流动仍能恢复到层流状态,这种状态称为绝对稳定层流状态。能保持这种状态的最大雷诺数称为第一临界雷诺数,以 Re_{cr1} 表示之,其数值大致为 $Re_{cr1} = 2\ 000$;当雷诺数大于第一临界雷诺数,而又小于 10^5 时,流动可能呈现下列现象:在雷诺数较小时,流动虽然可能呈层流状态,但边界扰动可以使流线产生振荡,而当边界扰动消失后,这种振荡并不消失,但流体各层并不掺混。故从整体来看,流体仍处于稳定状态,因而又称为整体稳定状态;在雷诺数较大时,流动对于低频、小振幅的扰动能保持整体稳定状态,但对高频、大振幅的扰动,流动不能保持整体稳定状态,故称为有条件稳定状态。我们把整体稳定状态和有条件稳定状态总称为过渡状态,这种状态发生在 $Re = 2\ 000 \sim 10^5$ 的范围内。有条件稳定状态的最大雷诺数以 Re_{cr2} 表示,可称它为第二临界雷诺数,$Re_{cr2} \approx 10^5$;当雷诺数 $Re > Re_{cr2}$ 时,任何微弱的扰动都能使流动失稳,此时,流动处于湍流状态。雷诺数的表达公式为:

$$Re = \frac{\rho V D}{\mu} \tag{10.3}$$

式中,ρ 为流体密度;V 为平均流速;D 为圆管直径;μ 为流体黏度。

对于非圆管流动,在计算雷诺数时,可用水力半径 R 代替上式中的 D。这里,

$$R = A/x \tag{10.4}$$

式中,A 为通流截面积;x 为湿周。

对于气体来说,x 等于通流截面的周界长度。经查,空气 0℃时的密度是 1.293 kg/m³,在

30℃时的密度为 1.165 kg/m^3，而空气在 0℃时的黏度为 $1.37e^{-0.5} \text{ m}^2/\text{s}$，在 30℃时的黏度为 $1.87e^{-0.5} \text{ m}^2/\text{s}$。由式(10.3)及式(10.4)计算可得本研究中的雷诺数接近或大于 10^5，即大于第二临界雷诺数，因此，假设模拟研究时流场中的气流流动为湍流状态。

10.2.2　模拟模型初始参数测定和求解设置

为保证所建模型模拟结果的正确性和精度，喷雾过程模拟模型的建立前需要确定大量的参数，包括喷嘴的性能参数(雾滴速度、雾滴谱分布、雾锥角和流量等)、喷嘴喷射雾滴数、药液和空气的物性参数、喷雾机结构和性能参数等。本节的主要内容便是通过试验测量、文献研究结论和理论推导等方法，确定建立模拟模型所需的各个参数。

10.2.2.1　雾滴初始速度理论推导

雾滴的初速度是模拟过程中需要设置的重要参数，由于喷嘴喷出的雾滴数很多，而每个雾滴速度的大小和方向又各不相同，因此，雾滴初速度的大小如何设置是一个比较复杂的问题。Sidahmed 等(2005)利用 PDPA 技术测量了 ISO F110-03 喷孔下方 40 cm 处压力为 207 kPa 时的雾滴速度，速度大小范围为 14~22 m/s，而平均速度为 17 m/s，测量结果表明雾滴速度与雾滴直径密切相关。Miller(1996)等利用 PMS 技术及数学建模的方法证明：扁扇形喷头下方距喷孔不同距离(25 cm、35 cm 和 45 cm)处，雾滴的速度都随雾滴直径的增大而增大，Tuck 等(1997)利用 PDPA 技术在距喷孔 35 cm 的距离测量时也得出了同样的结论。他模拟研究雾滴飘移时，没有考虑雾滴大小对初速度的影响，但是由于其模拟时的工作压力300 kPa，所以根据 Bernouilli's 定律对雾滴初速度值用一个系数 $\sqrt{3/2}$ 进行了扩大，假设所有雾滴的垂直喷射的初始速度都相等，为 20 m/s。同样，Holterman(1997)为喷杆式喷雾机的飘移规律建模研究中，Zhu(1995)等在开发雾滴飘移预测软件 DRIFTSIM 过程中，Tsay(2004)等在喷杆风送式喷雾机性能的模拟研究中，全部都把雾滴的初速度设置为 20 m/s(Holterman，1997；Zhu，H.，1995；Tsay，2004)。Sidahmed 等(1999)试验研究和理论分析也都表明，直径小的雾滴其雾化后的初始速度也比较小，由此可见，在喷头下方一定距离处，从喷嘴射出的各个雾滴具有不同的速度。Nuyttens 等(2007)利用 PDPA 技术的测量也表明雾滴直径和雾滴速度之间有显著的相关性，一般情况下，雾滴直径越大，雾滴初速度越大。同时，还得到了另外的研究结论：相同类型的喷头，在相同的压力下工作时，随喷头型号的增大，雾滴的速度增大；而同一个喷头，随工作压力的增大，雾滴的速度增大。Baetens 等(2007)对喷杆式喷雾机的雾滴飘移进行了模拟研究和预测，研究了雾滴速度对飘移量的影响，在模拟过程中，把雾滴的初速度分别取为 17、20 和 27 m/s，模拟结果发现各飘移率分别为 1.44%、1.20% 和 1.16%，与雾滴速度为 20 m/s 相比，雾滴速度为 17 m/s 时飘移量增加了 1.0%，雾滴速度为 27 m/s 时飘移量减少了 1.5%。由此可见，雾滴初速度的大小对飘移量有一定影响，所以模拟研究中有必要确定雾滴速度的准确值。

CFD 软件的模拟过程中，喷头体的一个壁面被设置为雾滴的发射点，而且雾滴是以离散相的形式直接发射到风送气流连续相流场中，没有涉及药液的雾化过程，因此，把药液在喷头喷孔处的液膜速度作为雾滴的初始速度更加合理。为了提高模拟结果的精度，结合以上分析，把喷孔处液膜的平均速度作为雾滴的初始速度。

10.2.2.2 雾滴谱分布参数计算

为了能更好地研究水田超低量风送式喷杆喷雾机的防飘效果,需要试验用喷头能产生较多直径较小的雾滴,在试验中选用德国 Lechler 公司的标准扇形雾喷头 ST110-015 进行模拟。工作压力为 0.4 MPa 时,用激光可视图像/颗粒大小测试系统(VisiSizer DP Particle Sizing System Model 6401)测得 Lechler ST110-015 喷头的雾滴谱,其中雾滴的最小直径为 17.5 μm,最大直径为 340.5 μm,体积中径为 150.4 μm。仿真试验中按照该喷头的雾化参数设置射流源参数。

计算雾滴的运动时,采用随机方法(由于雾滴数量很多,不可能计算每一个雾滴的运动)。其基本思想是,假设雾滴遵循某种分布规律,$f = f(d_i, v_i, x_i, T_i)$,这里 $f(d_i, v_i, x_i, T_i)$ 表示直径为 d_i、速度为 v_i、位置为 x_i、温度为 T_i 的雾滴所出现的概率,在仿真试验中只需要给出雾滴在初始时刻的分布。雾滴的初始速度一般为常数,根据相关文献,本研究中定义为 20 m/s;雾滴的初始位置在喷头处;温度也是一个常数,所以分布函数只是雾滴直径的函数。在多数情况下,雾滴的分布函数 f 满足 Rosin-Ramler 分布规律,Rosin-Ramler 分布假定在雾滴直径与大于此直径的雾滴的质量分数 Y_d 之间存在指数关系:

$$Y_d = \exp\left[-\left(\frac{d}{\bar{d}}\right)^n\right] \tag{10.5}$$

式中,Y_d 为直径大于 d 的雾滴的质量百分率,%;d 为雾滴直径,μm;$\bar{d}$ 为雾滴的平均直径,μm;n 为分布指数(雾滴的直径分布情况)。

为了确定相关参数,必须把测得的喷头的雾滴谱分布数据拟合或者插值成 Rosin-Rammler 指数方程形式,如式(10.5)。这里采用插值的方法,插值后雾滴的直径分布曲线如图 10.3 所示。

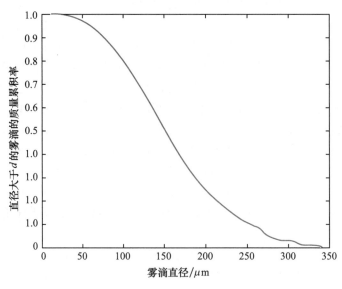

图 10.3 雾滴分布插值曲线

当 $d=\bar{d}$，$Y_d=e^{-1}\approx0.368$ 时的 d 为 $\bar{d}$，由插值得到 $\bar{d}=171.7$ μm。再将测得的雾滴参数 d 和 Y_d 按照 Rosin-Ramler 分布的格式排列，计算出分散系数 n，最后取其平均值。n 可以按下式进行计算：

$$n=\frac{\ln(-\ln Y_d)}{\ln(d/\bar{d})} \tag{10.6}$$

由式(10.6)和表 10.1 中的雾滴直径分布数据，计算得到分布指数 n 的值(表 10.1)，$\bar{n}=$ 2.762。分布指数 n 越大，雾滴的直径分布就越窄。

表 10.1　雾滴分散系数

d/μm	$Y_d/\%$	n	d/μm	$Y_d/\%$	n
17.5	100		79.4	88.72	2.753
18.2	99.98	3.795	83.2	87.42	2.770
19.1	99.96	3.563	87.1	85.51	2.732
20	99.93	3.379	91.2	83.81	2.740
20.9	99.89	3.235	95.5	81.59	2.714
21.9	99.85	3.157	100	79.3	2.703
22.9	99.81	3.110	104.7	77.09	2.722
24	99.76	3.065	109.6	74.92	2.767
25.1	99.71	3.038	114.8	71.9	2.755
26.3	99.65	3.013	120.2	68.98	2.778
27.5	99.58	2.987	125.9	65.57	2.780
28.8	99.51	2.978	131.8	61.79	2.764
30.2	99.41	2.952	138	57.75	2.744
31.6	99.3	2.929	144.5	53.94	2.797
33.1	99.19	2.923	151.4	49.34	2.762
34.7	99.05	2.909	158.5	45.24	2.896
36.3	98.9	2.899	166	39.97	2.565
38	98.76	2.907	173.8	35.63	2.590
39.8	98.53	2.882	182	31.31	2.566
41.7	98.3	2.873	190.5	27.95	2.336
43.7	98.02	2.859	199.5	23.86	2.397
45.7	97.7	2.841	208.9	21.33	2.218
47.9	97.3	2.819	218.8	18.18	2.201
50.1	96.95	2.821	229.1	15.44	2.167
52.5	96.46	2.804	239.9	12.11	2.234
55	95.96	2.801	251.2	10.21	2.168
57.5	95.38	2.789	263	8.23	2.146
60.3	94.77	2.794	275.4	4.96	2.328
63.1	93.86	2.756	288.4	2.71	2.474
66.1	93.03	2.753	302	2.71	2.272
69.2	92.09	2.747	316.2	0.68	2.633
72.4	91.02	2.737	331.1	0.68	2.448
75.9	89.9	2.744	340.5	0	

10.2.2.3 气流连续相和雾滴离散相物性参数

模拟试验进行之前,需要设置空气连续相和雾滴离散相各相关的物性参数,包括温度、密度、黏度和发光强度等,详见表 10.2 所示,其个别参数根据具体模拟试验确定。

表 10.2 模拟试验连续相合离散相各物性参数

连续相——空气		离散相——雾滴(水)	
温度/K	根据试验方案设定	温度/K	300
密度/(kg/m³)	1.225	密度/(kg/m³)	998.2
发光强度/cd	1 006.43	发光强度/cd	4 182
热传导率/[W/(m·K)]	0.024 2	热传导率/[W/(m·K)]	0.6
黏度/(Pa·s)	由试验时的温度确定	黏度/(Pa·s)	7.602×10^{-4}
摩尔质量/(g/mol)	28.966	摩尔质量/(g/mol)	18.015 2
湍流强度/%	15	挥发点/K	273
流速/(m/s)	由具体试验确定	沸腾点/K	373
相对湿度/%	15	表面张力/(N/m)	0.071 940 4

另外,求解前其他主要参数的设置如下,湍流强度(turbulence intensity 和 turbulence viscosity ratio)设置为 15%。残差收敛标准如下,流体连续性、x 向速度、y 向速度、k 和 ε 残差收敛都设置为 1×10^{-3},能量的收敛标准设置为 1×10^{-6}。

10.2.2.4 雾滴数的选择

水田超低量风送式喷杆喷雾机施药作业过程中,从标准扇形雾喷头 ST110-015 喷出的雾滴是大量的、难以计数的,但是在模拟过程中由于计算机计算能力等因素的制约,无法实现对每个雾滴的沉积都进行模拟。因此,在实际模拟研究中,研究人员总是取有限个数的雾滴来代表喷嘴喷出的雾滴谱分布特性、喷雾量空间分布特性,故雾滴数的多少便也成为影响模拟结果精度的一个不可忽略的因素。各研究人员在研究中所取的雾滴数都不尽相同,Tsay(2002a,2002b)等模拟多种机械式罩盖喷雾技术时,所模拟喷嘴的雾滴数取为 100 个,之后,他(Tsay,2004)在模拟喷杆风送式喷雾机的性能时,把单个喷嘴的喷射雾滴数设置成 200 个。K. Baetens 等(2007)为减少风送式喷雾机飘移进行的模拟研究前,先通过模拟对比了单个喷头雾滴数分别为 100、1 000、3 000 和 5 000 的情况,模拟结果表明,随着雾滴数的增加模拟结果之间的差异性逐渐减小,而雾滴数为 3 000 和 5 000 时,模拟结果之间已经没有差异(0.95 的置信水平)。因此,为了能充分代表喷嘴雾滴径谱分布,消除统计误差,把每个喷嘴的雾滴数设置为 3 000。同时,Graham 等(2002)的研究结果证实:拉格朗日雾滴轨迹模拟方法中统计误差与 $1/\sqrt{n_p}$ 成正比,其中 n_p 指设置的单个喷嘴喷射的雾滴数。

综合以上分析,喷嘴喷射的雾滴数取 3 000 时最佳,在节省计算机资源的前提下,能得到精确地计算结果。

10.2.3 计算机模拟步骤

利用计算机对喷雾过程进行模拟试验,分为 3 步:①确定流场区域及网格的划分;②边界条件和初始化求解;③气流速度场模拟结果及雾滴分布特性。

第一步,确定流场区域,利用 gambit2.0 建立几何模型并定义模拟流场区域边界条件。

第二步,在 Fluent 模块中选择解算器、读入并检查网格;选择解的形式;选择相应的模型;设定边界条件;初始化流场,进行迭代计算得到收敛的或者部分收敛的连续相流场。

第三步,在收敛的或者部分收敛的连续相流场中加入离散相,选择相应的模型;流场的迭代模拟过程中,选用稳态、离散、隐式求解器,选用标准 k-ε 湍流模型进行求解,为与实际试验条件相同,求解前设置主要参数给定雾滴初始时刻的条件并进行计算。

计算机体模拟计算流程如图 10.4 所示:

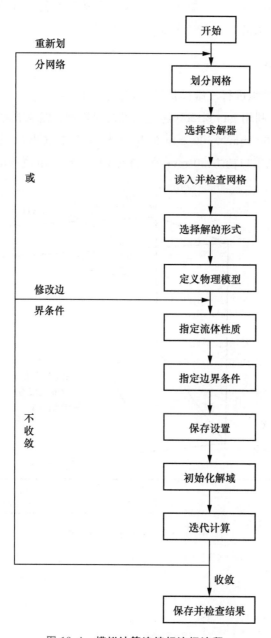

图 10.4　模拟计算连续相流场流程

10.3　气流速度场模拟试验

10.3.1　风幕气流均匀性的模拟

10.3.1.1　**试验目的**

本文采用孔洞是气流出口,为了能在二维流场区域模拟来简化计算,首先必须利用计算机三维模拟,验证孔洞式气流出口下方气流流场的均匀性。

10.3.1.2　**试验步骤**

利用计算机对喷雾过程进行三维模拟试验,分为 3 步:

(1)确定流场区域。利用 gambit2.0 建立三维几何模型并定义模拟流场区域边界条件,流场区域为 1 000 mm×700 mm×600 mm 的长方体,5 个空气出口,孔径为 10 mm,间距为 100 mm,5 个喷头在气流出口前方 50 mm 处,如图 10.5 所示(单位:mm):

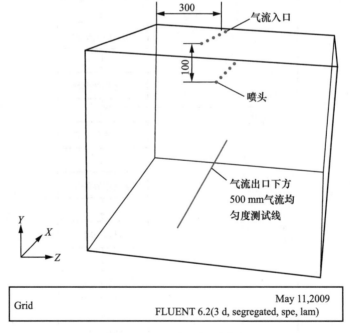

图 10.5　三维模拟流场区域

（2）在 Fluent 模块中选择 3D 解算器、读入并检查网格、进行网格的平滑和移动，这样可以改善网格质量，提高求解精度；选择解的形式为稳态隐式解；选择相应的模型；设定边界条件：气流入口选择速度入口"velocity inlet"，整个模拟区域四周、上面和底面定义为压力出口"pressure-outlet"，喷头的喷嘴设定为壁面"wall"，壁面处默认为无滑移边界条件；初始化流场，进行迭代计算得到收敛的连续相流场。

（3）在收敛的连续相流场中加入离散相，选择相应的模型；流场的迭代模拟过程中，选用稳态、离散、隐式求解器，选用标准 k-ε 湍流模型进行求解。为与实际试验条件相同，求解前连续相（空气）主要参数的设置如下：模拟时流场温度设置为 $27\,^{\circ}\mathrm{C}$，边界条件的湍流强度设为 15%，氧气的体积百分比设置为 0.22。残差收敛标准的设置中，流体连续性、x 向速度、y 向速度、k 和 ε 参差收敛标准按系统默认设为 1×10^{-3}，能量的收敛标准设置为 1×10^{-6}。创建射流源（离散相），定义射流源的属性：液体出口速度 15 m/s，与 y 的负方向夹角 α，喷出雾滴 3 000 个，为定雾滴在初始时刻的条件进行计算。

10.3.1.3　三维模拟实验结果分析

迭代计算收敛后，在气流出口正下方 500 mm 处建一个 XZ 平面，并沿气流出口排列方向（即喷杆方向）建一条直线，以观测其沿喷杆方向的喷雾均匀性。沿风囊方向气流出口下方 500 mm 处 Y 方向的雾滴速度分布如图 10.6(a)、图 10.6(b) 所示。

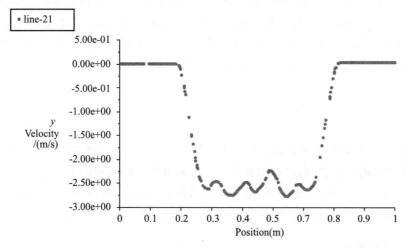

（a）气流出口下方 500 mm 处速度波动

图 10.6

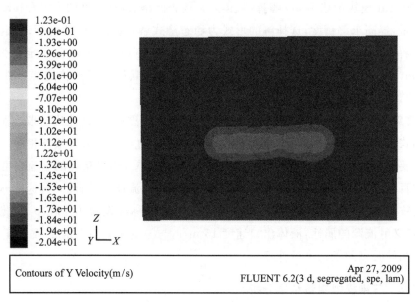

Contours of Y Velocity(m/s)

Apr 27, 2009
FLUENT 6.2(3 d, segregated, spe, lam)

(b) 气流出口下方500 mm处速度梯度

图 10.6 风囊气流出口下方 500 mm 处雾滴速度分布图

由图 10.6(a)可以计算出,在风囊下方 500 mm 处的速度波动不超过 0.5 m/s,说明风速在冠层上方是均匀的。图 10.6(b)为风囊下方 500 mm 处的 XZ 平面,可以看出,风囊正下方处速度向下约为 2.5 m/s。以上均说明了风囊下方 500 mm 处,即风进入冠层处的气流速度沿喷杆方向是均匀的。表明风囊以风孔的形式吹送并不影响其到达冠层上方时气流的均匀性,理论上验证了利用计算机二维模拟来简化计算机三维模拟试验的可行性。

10.3.2 二维模拟试验可行性研究

前文从流场均匀性方面,初步验证了利用计算机对水田超低量风送式喷杆喷雾机二维流场区域喷雾流场的模拟的可行性,但尚不能确定在二维流场中,风囊气流出口速度、气流角度、风速、气流出口与药液喷头间水平、垂直距离在不同参数组合下对雾滴的沉积是否有显著影响。以下则随机抽取两组参数组合,其他条件不变,对其进行模拟,对比雾滴沉积量差异是否明显。

10.3.2.1 试验目的

比较任意两组参数组合下雾滴飘失、沉积量差异,对进一步研究各因素对雾滴飘失的影响可行性做前期试验准备。

10.3.2.2 试验步骤

1. 试验安排

模拟计算在不同风囊气流出口速度(m/s)、风速(m/s)、喷雾角 α(°)、气液口水平距离(mm)及垂直距离(mm)下进行。随机选取任意参数组合分为试验Ⅰ、Ⅱ,如表 10.3 所示。

表 10.3　对比试验安排

因素/组号	气流出口速度/(m/s)	喷雾角 α(°)	风速/(m/s)	垂直距离/mm	水平距离/mm
试验Ⅰ	10	10	4	15	85
试验Ⅱ	30	20	2	15	70

2. 试验步骤

与三维模拟试验一样,二维模拟试验也分为 3 个步骤:

(1)确定流场区域(如图 10.7,单位:mm):模拟区域为 3 000 mm×1 300 mm 的长方形二维区域,作物冠层高度设置为 300 mm,冠层上方 500 mm 处为气流出口离左边入风口相距 1 000 mm,气流出口速度 V_a 与扇形雾喷头间垂直距离和水平距离分别表示为 h 和 s,自然风以风速 V_w 从左边入风口吹入。然后在前处理器 gambit2.0 中建立几何模型并定义模拟试验流场区域的边界,然后用自适应非结构化四边形 Pave 网格划分仿真试验流场区域,单位网格边长为 0.05 m,生成四边形网格数 153 522,生成网格文件。

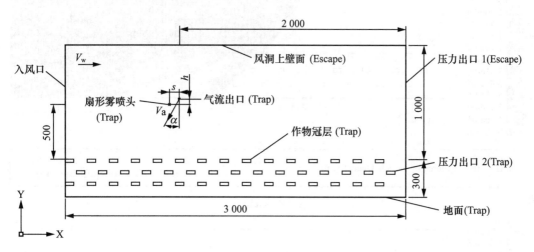

图 10.7　流场区域

(2)在 Fluent 模块中选择 2D 解算器、读入并检查网格、进行网格的平滑和移动,这样可以改善网格质量,提高求解精度;选择解的形式为稳态隐式解;选择相应的模型;设定边界条件:入风口和气流出口选择速度入口"velocity inlet",出口为压力出口"pressure-outlet",地面、喷头的喷嘴、风洞上壁面、冠层设定为壁面"wall",壁面处默认为无滑移边界条件;初始化流场,进行迭代计算得到收敛的连续相流场。

(3)在收敛的或者部分收敛的连续相流场中加入离散相,选择相应的模型;流场的迭代模拟过程中,选用稳态、离散、隐式求解器,选用标准 k-ε 湍流模型进行求解,为与实际试验条件相同,求解前主要参数的设置如下,模拟时连续相(空气)流场温度设置为 27℃,边界条件的湍流强度设为 15%,氧气的体积百分比设置为 0.22。残差收敛标准的设置中,流体连续性、x 向速度、y 向速度、k 和 ε 参差收敛标准按系统默认设为 $1×10^{-3}$,能量的收敛标准设置为 $1×10^{-6}$;创建射流源(离散相),定义射流源的属性:雾滴出口速度 15 m/s,与 y 的负方向夹角 α,喷出雾滴 3 000 个为给定雾滴在初始时刻的条件进行离散相的计算,可以得到雾滴在流场中的运动轨迹及雾滴的沉积"Trapped"、飘失"Escaped"、蒸发"Evaporation"的情况。

10.3.2.3 试验结果

模拟试验得到试验Ⅰ、试验Ⅱ两组参数组合下的雾滴直径、速度分布效果图及 y 向速度梯度图。

(1)试验Ⅰ模拟流场区域内雾滴直径分布、质量分布、x 向速度分布、y 向速度分布的效果分别如图 10.8(a)至(d)所示。通过对模拟结果的对比分析,便可初步得到这组参数组合下水田超低量风送式喷杆喷雾机气流速度场的分布特性。

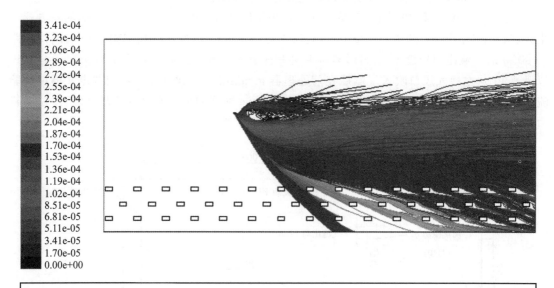

(a)雾滴直径

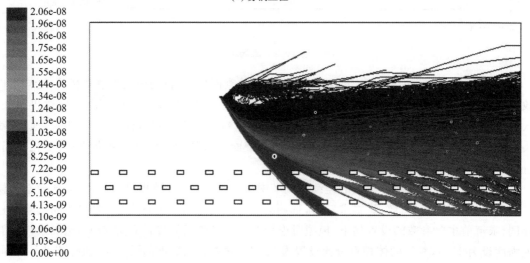

(b)雾滴质量分布

图 10.8

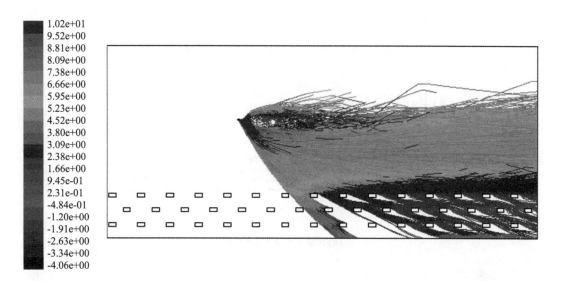

Particle Traces Colored by particle X Velocity(m/s)	Apr 14, 2009 FLUENT 6.2(2 d, segregated, spe, ske)

(c) X向速度分布

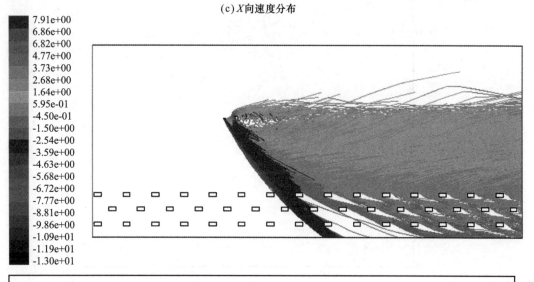

Particle Traces Colored by particle Y Velocity(m/s)	Apr 14, 2009 FLUENT 6.2(2 d, segregated, spe, ske)

(d) Y向速度分布

图 10.8　试验 I 流场区域模拟效果

从图 10.8(c)(d)可以定性的了解冠层区域 X、Y 方向速度情况,但不能从图中直观的看到冠层各个位置具体的速度值。为了更好地了解冠层区域速度,特别是决定雾滴沉积量的 Y 方向速度分布情况,本实验利用后处理软件导出模拟区域内部速度梯度图如图 10.9(a)(b)(其中(b)为气流出口附近 Y 向速度梯度图)。

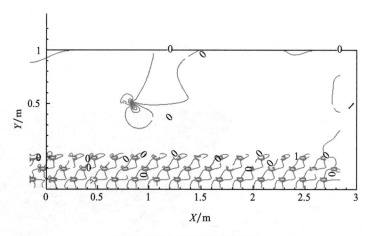

(a) 试验 I 流场区域速度梯度

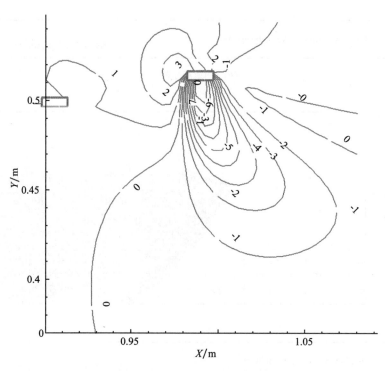

(b)气流出口附近 Y 向速度梯度

图 10.9　试验 I 模拟区域速度梯度

　　(2)试验 II 模拟流场区域内雾滴直径分布、质量分布、X 向速度分布、Y 向速度分布的效果分别如图 10.10 中的(a)～(d)所示。通过对模拟结果的对比分析,便可初步得到这组参数组合下水田超低量风送式喷杆喷雾机气流速度场的分布特性。

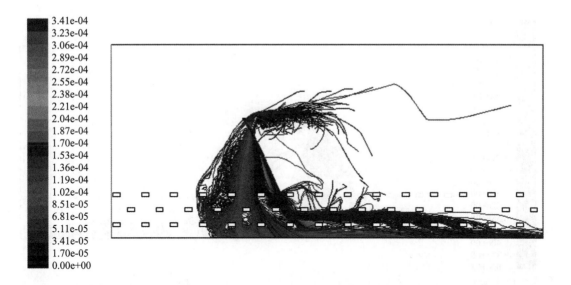

Particle Traces Colored by particle Diameter(m)

Apr 14, 2009
FLUENT 6.2(2 d, segregated, spe, ske)

(a) 雾滴直径

Particle Traces Colored by particle Mass(kg)

Apr 14, 2009
FLUENT 6.2(2 d, segregated, spe, ske)

(b) 雾滴质量分布

图 10. 10

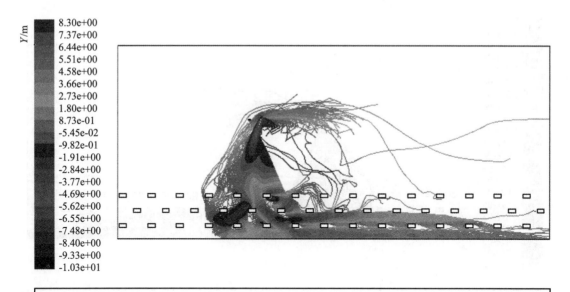

(c) X向速度分布

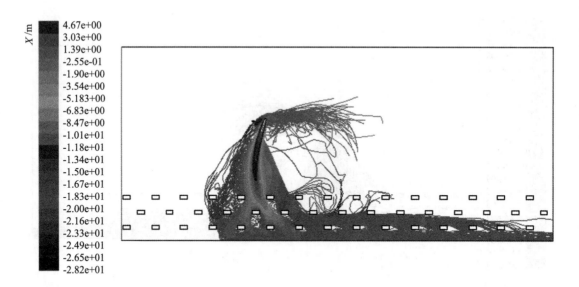

(d) Y向速度分布

图 10.10 试验 II 流场区域模拟效果

10.3.2.4　实验结果比较分析

（1）由流场区域模拟效果图 10.8、图 10.10 可以看出：不同参数组合下，流场区域内，不同位置的雾滴谱、雾滴质量、速度分布差异明显。但相同参数组合下，雾滴直径分布、质量分布与速度分布趋于一致，而 X 向速度受风速影响较大，而 Y 向速度受气流出口速度影响较为明显。

（2）由流场区域模拟速度梯度图 10.9、图 10.11 可以看出：不同参数组合，流场速度有明显差异，与模拟效果图结论相同。对雾滴沉积到叶片有显著影响的是冠层附近的 Y 方向的速度分量，而图 10.9 中，未达到作物冠层，速度已降低为 0；在图 10.11 中，作物冠层附近 Y 方向

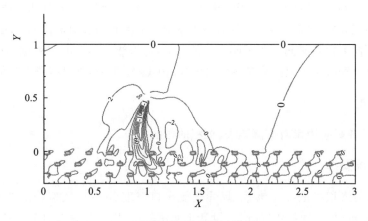

(a) 试验 II 流场区域速度梯度

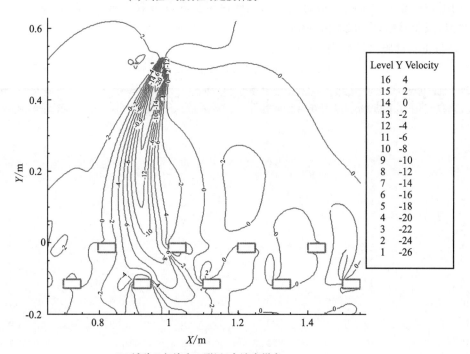

(b) 试验 II 气流出口附近 Y 向速度梯度

图 10.11　试验 II 模拟区域速度梯度

速度最高达到了 8 m/s,对雾滴的沉积有积极的作用。证明不同的参数组合对于雾滴在作物冠层的沉积有不同的影响。

总之,以上两个随机任意参数组合的比较表明不同参数组合下,雾滴尺寸,质量分布差异明显,且作物冠层附近 Y 方向速度分量也不同,证明了对各个参数做实验,分析各个因素对雾滴沉积,速度分布的显著性影响的必要性和重要性。

10.3.3　正交模拟试验

前面的实验指出各个因素在不同组合会影响雾滴直径、质量、速度的分布,证明了研究各个影响因素对雾滴沉积影响的必要性和重要性,但却未能评价各个因素指标对雾滴的沉积影响的大小,虽然直观分析了不同参数对雾滴沉积可能存在的影响,却未能对雾滴的沉积/飘失进行量化。为解决这个问题,以下安排了正交试验对各个因素对飘失影响的显著性进行研究分析。

10.3.3.1　试验目的

利用正交试验,分析各影响因素对雾滴飘失、沉积的影响大小。

10.3.3.2　正交试验安排

提取影响雾滴在冠层沉积量的 5 个参数:风囊气流出口速度(m/s)、风速(m/s)、喷雾角 α(°)、气液口水平距离(mm)及垂直距离(mm)。设计正交试验:选用正交表 $L_{25}(5^6)$,考察各参数对雾滴沉积的显著性影响。正交试验的二维模拟步骤及参数设置,与前文(10.3.2 中模拟试验)类似,限于篇幅,在此就不再赘述。

$L_{25}(5^6)$ 正交试验安排如表 10.4 所示。

表 10.4　$L_{25}(5^6)$ 正交试验表

因素/试验号	气流出口速度/(m/s)	喷雾角/°	风速/(m/s)	垂直距离/mm	水平距离/mm
1	0	0	1	45	70
2	10	0	4	60	100
3	20	0	3	0	85
4	30	0	0	30	40
5	40	0	2	15	55
6	0	10	2	30	85
7	10	10	1	15	40
8	20	10	4	45	55
9	30	10	3	60	70
10	40	10	0	0	100
11	0	20	0	60	55
12	10	20	2	0	70
13	20	20	1	30	100
14	30	20	4	15	85

续表10.4

因素/试验号	气流出口速度/(m/s)	喷雾角/°	风速/(m/s)	垂直距离/mm	水平距离/mm
15	40	20	3	45	40
16	0	30	3	15	100
17	10	30	0	45	85
18	20	30	2	60	40
19	30	30	1	0	55
20	40	30	4	30	70
21	0	40	4	0	40
22	10	40	3	30	55
23	20	40	0	15	70
24	30	40	2	45	100
25	40	40	1	60	85

10.3.3.3　方差分析

对 $L_{25}(5^6)$ 正交试验各个因素气力出口流速(m/s)、喷雾角 α(°)、风速(m/s)、气液口水平距离 s(mm)及垂直距离 h(mm)的对雾滴飘失/沉积个数进行方差分析可得:在置信度水平0.1下,各影响因素对雾滴沉积量的显著性检验方差分析结果如表10.5所示:

表10.5　影响因素对雾滴沉积量的方差分析表

方差来源	方差平方和	自由度	均方差	F 比	P 值
气力出口流速/(m/s)	671 006.9	4	167 751.7	2.253	2.190
喷雾角 α/(°)	281 005.3	4	70 251.3	0.943	2.190
风速/(m/s)	358 088.9	4	89 522.2	1.202	2.190
水平距离 s/mm	145 202.9	4	36 300.7	0.487	2.190
垂直距离 h/mm	237 490.6	4	59 372.7	0.797	2.190
误差 e	1 787 239.3	24	74 468.3		
总和	3 480 034	44		$F_{0.9}(4,4)=4.11$	

由表10.5得出,所有 F 比均小于 $F_{0.9}(4,4)=4.11$。但从各因素的 F 比值也可以看出,在显著性水平0.1下,因素气力出口流速对药液的飘失/沉积量的影响最大;喷雾角 α、风速对沉积量的影响也影响较大;而气液口水平距离 s 及垂直距离 h 的对雾滴飘失/沉积量可认为影响可忽略不计,选择较好的 s,h 组合,在后面的试验中不再对其进行讨论而只考虑气力出口流速、喷雾角 α、风速对雾滴飘失/沉积的影响。

10.3.4　全面模拟试验

10.3.4.1　试验目的

分析在不同自然风速下,各影响因素对雾滴沉积/飘失量的影响。

10.3.4.2 全面试验安排

为了准确地得到各因素对雾滴沉积量的影响趋势，根据正交试验的结果，取 $h=15$ mm，$s=85$ mm，对气流出口速度（m/s）、风速（m/s）、喷雾角 α（°）这 3 个对雾滴沉积影响较为显著的影响因子做了全面试验，试验的二维模拟步骤及参数设置，与前文（10.3.2 中模拟试验）类似，限于篇幅，在此就不再赘述。全面试验安排如表 10.6 所示。

表 10.6 全面试验表

因素/试验号	气流出口速度/(m/s)	喷雾角 α(°)	风速/(m/s)
1	0	0	2
2	0	0	4
3	10	0	2
4	10	0	4
5	10	10	2
6	10	10	4
7	10	20	2
8	10	20	4
9	10	30	2
10	10	30	4
11	20	0	2
12	20	0	4
13	20	10	2
14	20	10	4
15	20	20	2
16	20	20	4
17	20	30	2
18	20	30	4
19	30	0	2
20	30	0	4
21	30	10	2
22	30	10	4
23	30	20	2
24	30	20	4
25	30	30	2
26	30	30	4

10.3.4.3 全试验结果分析

根据全试验模拟结果得出分别在 2 m/s、4 m/s 自然风速条件下，不同气流出口速度在各个气流喷射角下的雾滴飘失、沉积量如图 10.12 至图 10.15 所示。

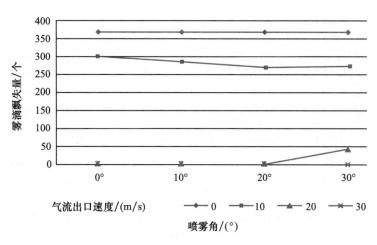

图 10.12　风速 2 m/s 雾滴飘失量

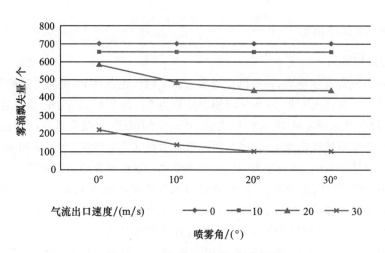

图 10.13　风速 4 m/s 雾滴飘失量

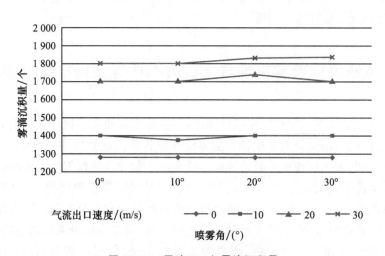

图 10.14　风速 2 m/s 雾滴沉积量

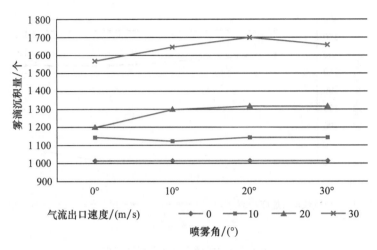

图 10.15　风速 **4 m/s** 雾滴沉积量

10.3.4.4　全试验结论

从全试验模拟结果可以得出：

(1)气力喷口气流速度越大,雾滴沉积越多。在不同风速条件下,增加的趋势不同。风速为 2 m/s 和 4 m/s 时,气流速度同为 10 m/s 时相差分别为 6％和 1.8％。此外,当风速为 2 m/s 时,沉积量最大的区域在气流速度从 10 m/s 增大到 20 m/s 的范围,与没有风送的情况相比分别增加了 6％和 35％;而在自然风速为 4 m/s 时,沉积量最大在气流速度在 20 m/s 到 30 m/s 时。综合说明了,当自然风速增大时,必须增大气流吹送速度才能取得较好的防飘效果。

(2)由图可以看出,风速为 2 m/s 时,喷口喷出气流速度增大到 20 m/s 后防飘效果增加程度变缓,这可以认为在模拟设定的情况下,20 m/s 是个最关键的点。即风速为 2 m/s 时,气流速度需大于 20 m/s,而当风速为 4 m/s 时,气流速度需大于 30 m/s。

(3)喷雾角在不同条件下,对飘失和沉积的影响效果不同。但对于相同条件,只改变喷雾角,对沉积、飘失和蒸发的影响不大。确定最佳喷雾喷雾角为 20°,与前人的研究结果喷雾角为 17°时雾滴的沉积效果最好基本一致。

10.4　风送喷杆喷雾机加导流板与不加导流板模拟试验的对比

性能模拟得出了气助式喷杆喷雾机气流出口速度、喷雾角在不同风速下的关键工作参数。空气幕为扁射流,其流动可分为起始段和主体段两种状态。起始段的射流中心处的流体速度维持出口速度不变;而主体段中心处的速度已经衰减。起始段可区划为汇流段、层流段和紊流段。汇流段和层流段是最理想的空气幕流动形式,但是这一段很难维持、一般很短;层流段与紊流段间的过渡段可归入紊流段考虑,紊流段应当占据整个空气幕流程的相当比例;而进入主体段后射流中心速度发生衰减,对于用做隔离的空气幕,希望主体段来得越晚越好。本研究通过在气流出口附近添加一块导流板,形成附壁射流,延长空气射流起始段长度。通过考察导流板对空气射流流场的影响,探讨导流板对雾滴飘失的影响,并与不带导流板的情况进行对比。

10.4.1　试验目的

对比在气流出口加导流板后与不加导流板喷雾对雾滴飘失的影响。

10.4.2　带导流板方案的初步确定

雾滴的飘失是存在沿 X 方向速度造成的雾滴向靶标外漂移,可以考虑在图 10.7 的基础上,在出风口后方添加一块长 120 mm 导流板,导流板安装时垂直于地面(图 10.16)。导流板安装的目的是:产生 X 负方向的速度,削弱喷头下方 X 正方向的速度,进一步增大 Y 方向向下的速度。

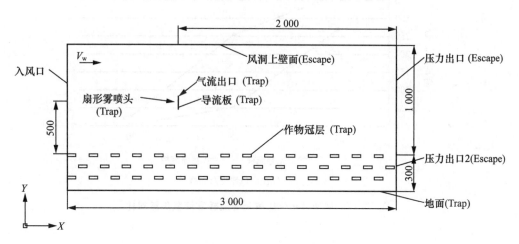

图 10.16　带导流板的模拟区域

10.4.3　试验条件及试验方法

为了评价带导流板喷雾与普通气力辅助喷雾的防飘性能,在其他条件相同的情况下,对这两种喷雾进行对比试验。

根据带导流板与不带导流板,将仿真实验分为两组,第一组试验为不带导流板的情况,另一组试验为带导流板的情况。随机设置风速为 2 m/s 时气流出口速度分别为 10 m/s、15 m/s 及风速为 4 m/s 时气流出口速度为 20 m/s 做模拟试验。二维模拟试验步骤及参数设置,与前文(10.3.2 中模拟试验)类似,限于篇幅,在此就不再赘述。

10.4.4　模拟实验结果及分析

每种情况利用 Fluent 进行一次仿真实验,无导流板和有导流板实验安排及结果表 10.7 所示。

表 10.7　无导流板与有导流板沉积效果对比

试验号	气流出口速度/(m/s)	风速/(m/s)	无导流板		有导流板	
			飘失的	截留的	飘失的	截留的
1	10	2	364	2 093	267	2 175
2	10	4	909	1 787	725	1 934
3	15	2	254	2 254	51	2 483
4	15	4	870	1 829	680	1 990
5	20	2	28	2 531	0	2 616
6	20	4	826	1 877	563	2 118

并得出在有导流板和无导流板条件下风速 2 m/s 和 4 m/s 时雾滴飘失量对比图如图 10.17 所示。

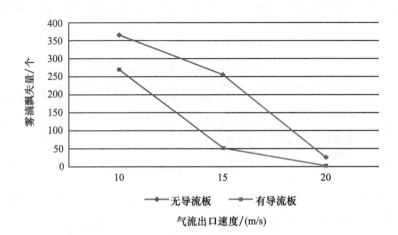

图 10.17　风速 2 m/s 时有无导流板雾滴飘失量对比

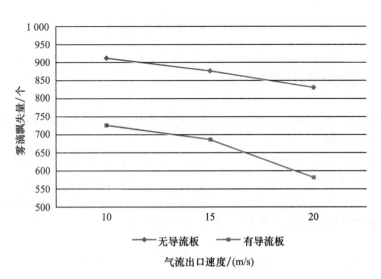

图 10.18　风速 4 m/s 时有无导流板雾滴飘失量对比

由图 10.17、图 10.18 可以得出,风速分别为 2 m/s、4 m/s 时,在有导流板的情况下,在各种风速条件下,雾滴的飘失个数都较无导流板情况下有显著的减少,飘失减少百分比 26.7% ～ 100%,而沉积量则有显著的增加,雾滴沉积增加百分比 20.3% ～ 31.8%。即在气流出口处安装导流板能有效的减少了雾滴的飘失。

图 10.19、图 10.20 分别为以上 3 种参数条件下 Fluent 导出的雾滴直径,雾滴 Y 向速度的效果图和后处理得出的 Y 方向速度梯度图。

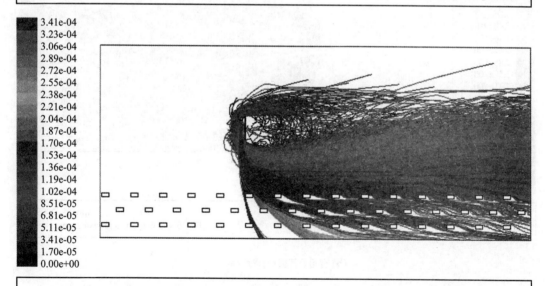

（a）有无导流板雾滴直径对比

图 10.19

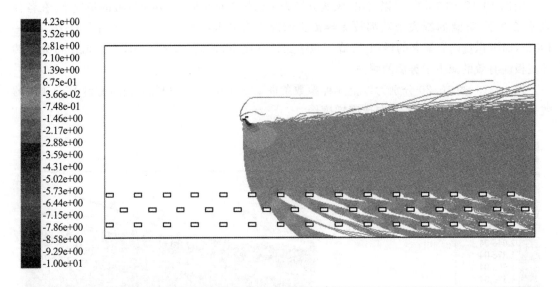

Particle Traces Colored by Y Velocity(m/s)

May 08, 2009
FLUEN T 6.2(2 d, segregated, spe, ske)

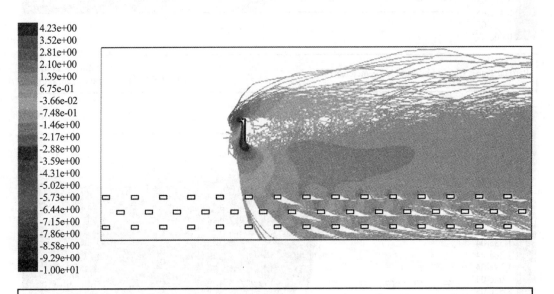

Particle Traces Colored by Y Velocity(m/s)

May 08, 2009
FLUEN T 6.2(2 d, segregated, spe, ske)

(b) 有无导流板 Y 向速度对比

续图 10. 19

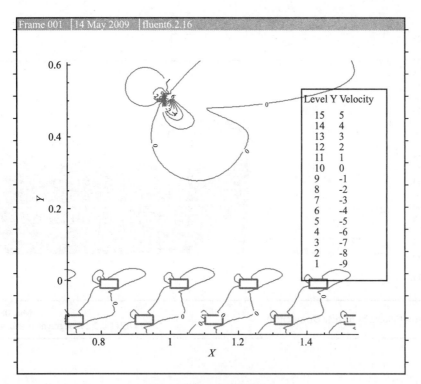

(c-1) 无导流板Y向速度梯度

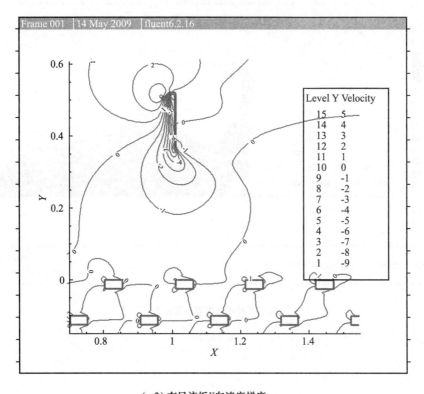

(c-2) 有导流板Y向速度梯度

图 10.19　风速 4 m/s 气流出口速度 10 m/s 流场比较

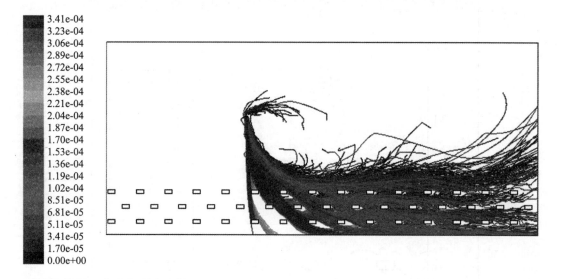

Particle Traces Colored by particle Diameter(m)

May 08, 2009
FLUENT 6.2(2 d, segregated, spe, ske)

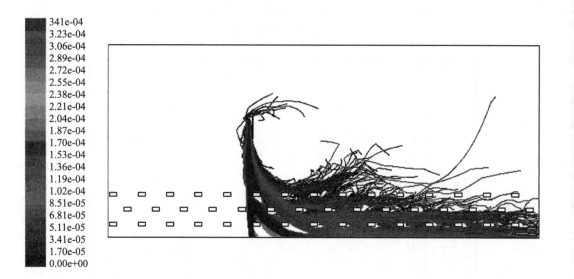

Particle Traces Colored by particle Diameter(m)

May 08, 2009
FLUENT 6.2(2 d, segregated, spe, ske)

(a) 有无导流板雾滴直径对比

图 10.20

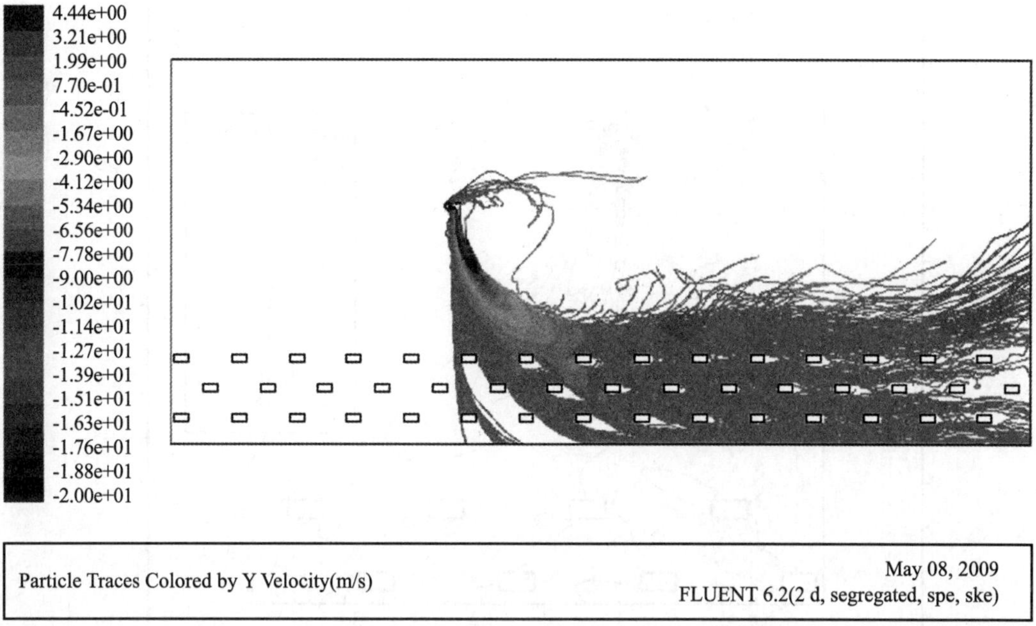

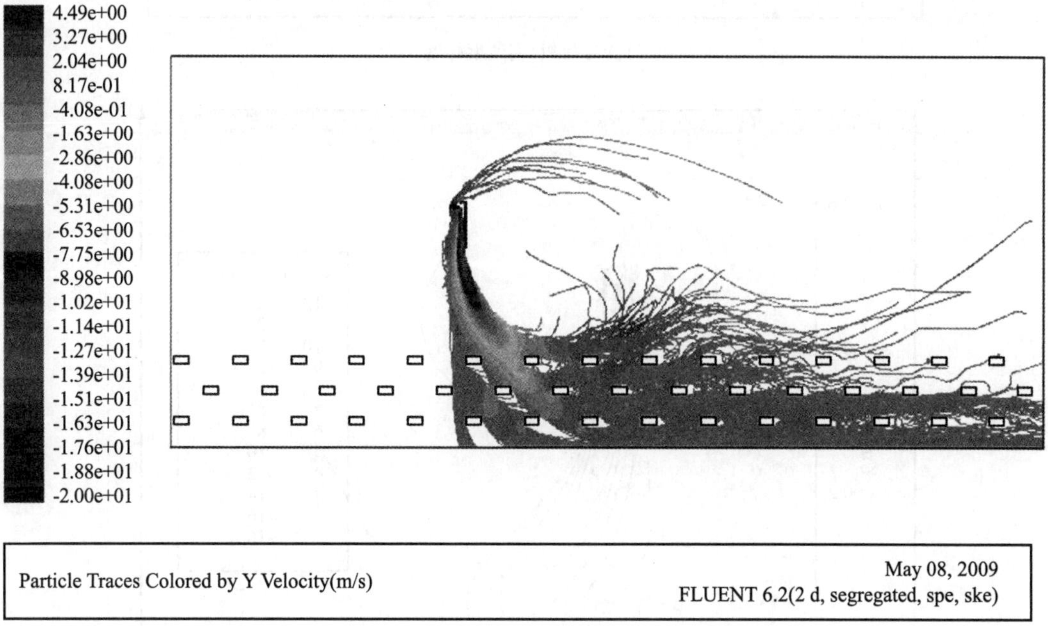

	4.44e+00
	3.21e+00
	1.99e+00
	7.70e-01
	-4.52e-01
	-1.67e+00
	-2.90e+00
	-4.12e+00
	-5.34e+00
	-6.56e+00
	-7.78e+00
	-9.00e+00
	-1.02e+01
	-1.14e+01
	-1.27e+01
	-1.39e+01
	-1.51e+01
	-1.63e+01
	-1.76e+01
	-1.88e+01
	-2.00e+01

Particle Traces Colored by Y Velocity(m/s)　　　　　　　May 08, 2009
FLUENT 6.2(2 d, segregated, spe, ske)

	4.49e+00
	3.27e+00
	2.04e+00
	8.17e-01
	-4.08e-01
	-1.63e+00
	-2.86e+00
	-4.08e+00
	-5.31e+00
	-6.53e+00
	-7.75e+00
	-8.98e+00
	-1.02e+01
	-1.14e+01
	-1.27e+01
	-1.39e+01
	-1.51e+01
	-1.63e+01
	-1.76e+01
	-1.88e+01
	-2.00e+01

Particle Traces Colored by Y Velocity(m/s)　　　　　　　May 08, 2009
FLUENT 6.2(2 d, segregated, spe, ske)

(b) 有无导流板 Y 向速度对比

续图 10.20

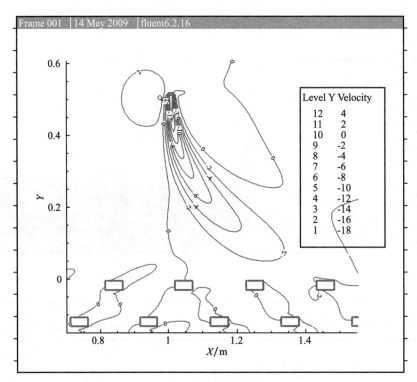

(c-1) 无导流板Y向速度梯度

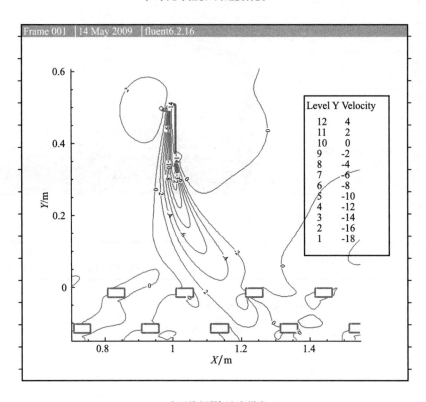

(c-2) 有导流板Y向速度梯度

图 10.20　风速 2 m/s 气流出口速度 20 m/s 流场比较

由图 10.19、图 10.20 可以看出，未添加导流板的情况，气流还未到达雾滴冠层，Y 向速度已经减少为 0，而在添加导流板的情况，冠层内部的 Y 向气流速度可以达到 2 m/s，即在气流出口下风处添加一块导流板后，流场 Y 方向的速度增加了，即气流向下吹送雾滴的速度增大了，从而使雾滴具有更大的动能，这样便可更好的胁迫雾滴向冠层方向运动，增大了雾滴在作物冠层沉积量，减少了飘失。同时也可以看出，在其余条件参数都相同的情况下，添加导流板后，即使较小的气流出口速度，也能在冠层附近达到更高的速度，沉积更多的雾滴，大大增加了气力式喷杆喷雾的经济性。

10.5　研究结论

以风送式喷杆喷雾作为切入点，应用有限元仿真模拟的方法，对水田超低量风送式喷杆喷雾机防飘效果进行了研究，得出结论：

（1）气力喷口气流速度越大，雾滴沉积越多。在不同风速条件下，增加的趋势不同。自然风速增大时，雾滴的飘失随之增加，必须增大气流吹送速度才能取得较好的防飘效果。

（2）确定最佳喷雾喷雾角为 20°，与前人的研究结果喷雾角为 17°时雾滴的沉积效果最好基本一致。

（3）风速为 2 m/s 时，喷口喷出气流速度增大到 20 m/s 后防飘效果增加程度变缓，这可以认为在模拟设定的情况下，20 m/s 是个最关键的点。即风速为 2 m/s 时，气流速度需大于 20 m/s，而当风速为 4 m/s 时，气流速度需大于 30 m/s。

（4）在气流出口添加导流板后，较没有导流板的情况雾滴的飘失量均得到不同程度的减少，从而增大了雾滴沉积量。且在其余条件参数都相同的情况下，即使是较小的气流出口速度，也能在冠层附近达到更高的速度，大大增加了气力式喷杆喷雾的经济性。

10.6　致　　谢

感谢国家"十一五"科技支撑计划项目"提高农药利用率的高效施药技术研究"（项目编号：2006BAD02A16）对本研究的资助！同时，特向对本项目做出贡献的所有参加人员表示由衷的感谢！

参 考 文 献

戴奋奋，袁会珠，等.植保机械与施药技术规范化.北京：中国农业科学技术出版社，2002.

傅泽田，祁力钧.国内外农药使用状况及解决农药超量使用问题的途径.农业工程学报，1998,14(2):7-12.

何雄奎，曾爱军，何娟，等.果园喷雾机风速对雾滴的沉积分布影响研究.农业工程学报，2002,18(4):75-77.

何雄奎. 植保机械与施药技术. 植保机械与清洗机械动态,2002(4):5-8,11.

祁力钧,傅泽田,史岩. 化学农药施用技术与粮食安全. 农业工程学报,2002,18(6):203-206.

全国植保专业统计资料,2001.

宋坚利,何雄奎,杨雪玲. 喷杆式喷雾机雾流方向角对药液沉积影响的试验研究. 农业工程学报,2006,22(6):96-99.

王俊. 果园风送式施药技术喷雾质量模拟及优化研究,中国农业大学博士论文,北京:2008.

王欣. 导流板减少农药飘失效果的研究. 中国农业大学硕士学位论文,北京:1996.

吴子牛. 计算流体力学基本原理. 北京:科学出版社,2001.

杨学昌,戴先鬼,刘寒松,等. 高效带电农药喷雾技术的研究. 高电压技术,1995,21(1):19-22.

杨学军,严荷荣,徐赛章,等. 植保机械与施药技术的研究现状及发展趋势. 农业机械学报,2002,33(6):129-132.

叶连民,吕天峰,崔为善,等. 喷杆式喷雾机全面喷雾作业雾量分布均匀性分析. 佳木斯大学学报:自然科学版,1994(2):110-113.

袁会珠. 农药使用技术的发展趋势. 植保技术与推广,1998,21(2):37-38.

Bui Q. D,Womac A. R. ,Howard K. D. ,et al. Evaluation of samplers for spray drift. ASAE,1998,41(1):37-41.

David Stribling,Savvas A,Tassou,et al. Two dimensional CFD model of a refrigerated disp lay case[J]. A SHRA E T rans. 1996(2):256-277.

Franz E. ,L. F. Bouse,J. B. Carlton,et al. Aerial spray deposit relations with plant canopy and weather parameters. Transactions of the ASAE 1998,41(4):959-966.

Furness G. O. A Comparison of a Simple Bluff Plate and Axial Fans for Air-Assisted,High-Speed,Low-Volume Spray Application to Wheat and Sunflower Plants. J. agric. engng Res. (1991)48,57-75.

Giles D. K. ,Law S. E. ,Space charge deposition of pesticide sprays onto cylindrical target arrays. ASAE,1985,28(3):658-664.

Hess F. D,Richard H. f. Herbicide deposition on leaf surfaces. Weed Science,1990,38:280-288.

Hobson P A,Miller P C H,Walk late P J,et al. Spray drift form hydraulic spray nozzles:The use of a computer simulation modle to examine factors influencing drift. J. A gric. Engng Res,1993,54:293-305.

Hoffmann W. C. ,M. Salyani. Spray deposition on citrus canopies under diffentent meteorological conditions. Transactions of the ASAE 1996,39(1):17-22.

Horst Gohlich. Assessments of spray drift in sloping vineyards. Crop Protection,1983 2(1):37-49.

J. Tsay,R. D. Fox,H. E. Ozkan,R. D. Brazee,R. C. Derksen,EVALUATION OF A PNEUMATIC-SHIELDED SPRAYING SYSTEM BY CFD SIMULATION,American Society of Agricultural Engineers ISSN 0001-2351,2002,Vol. 45(1)：47-54.

J. -R. Tsay,L. -S. Liang,L. -H. Lu,EVALUATION OF AN AIR-ASSISTED BOOM SPRAYING SYSTEMUNDER A NO-CANOPY CONDITION USING CFD SIMULATION,American Society of Agricultural Engineers ISSN 0001-2351,2004,Vol. 47(6)：1887-1897.

LardouxY,SinfortC,Enflt P,et al. Test method for boom suspension influence on spray distribution,part 1 experiental study of pesticide application under a moving boom. Biosystems Engineering,2007,96(1)：29-39.

LardouxY,SinfortC,Enflt P,et al. Test method for boom suspension influence on spray distribution,part 2 validation and use of a spray distribution mode. Biosystems Engineering,2007,96(2)：161-168.

Miller D. R. ,Stoughton T. E et al. Atmospheric stability effects on pesticide drift from an irrigated orchard. Transactions of the ASAE 2000,43(5)：1057-1066.

Murphy S. D et al. The effect of boom section and nozzle configuration on the risk of spray drift. J. agric. Engng Res,2000,75：127-137.

Ozkan H E,Miralles A. ,C. Sinfort,et al. Shields to Reduce Spray Drift. J. agric. Engng Res,1997,67：311-322.

Ozkan. H. E. New Nozzles for Spray Drift Reduction,网上资源,2000.

Reichard D L,Zhu H,Fox R D,et al. Computer simulation of variables that influence spray drift. Transactions of the ASAE,1992,35(5)：1401-1407.

Robert E. Wolf. Equipments to reduce spray drift. Engineering and Technology,1997(7)：1-4.

Robert Wolf. Strategies to reduce spray drift. Engineering and Technology,1997(6)：1-4.

Salyani M. ,Cromwell R. P. Spray Drift from Ground and Aerial Applications. Transactions of the ASAE 1992,35(4)：1113-1120.

Smith D B. Uniformity and recovery of broadcast spray using fan nozzles. Transaction of the ASAE,1992,35(1)：39-44.

Smith R. W. ,Miller P. C. H. Drift Predictions in the Near Region of a Flat Fan Spray. J. agric. engng Res. 1994 59：111-120.

Tsay J,Fox R D,O zkan H E,et al. Evaluation of a pneumatic2 shielded spraying system by CFD simulation. Transactions of the ASAE,2002,45(1)：47-54.

Tsay J,O zkan H E,Brazeeet R D,et al. CFD simulation of moving spray shields. Transactions of the ASAE,2002,45(1)：21-26.

Tsay J. ,Ozkan H. E. ,Fox R. D. et al. CFD simulation of mechanical spray shields. Transactions of the ASAE 2002,45(5)：1271-1280.

Zhu H, Reichard D L, Fox R D, *et al*. Simulation of drift of discrete sizes of water drop lets from field sprayers. Transactions of the ASAE, 1994, 37(5): 1401-1407.

Zhu H, Reichard D L, Fox R D, *et al*. Wind tunnel evaluation of a computer program to model spray drift. Transactions of the ASAE, 1992, 35(3): 755-758.

第11章

作物冠层微气候对雾滴沉积的影响

赵 辉 王 凯 何雄奎 曾爱军 刘亚佳 宋坚利 张 京

11.1 引　言

11.1.1 研究背景及意义

我国是一个农业大国,以占有世界 7% 的耕地面积养活着占世界 22% 的人口,同时也是一个病、虫、草害发生频繁的国家。据农业部 2006 年统计,全国各地区农作物病、虫、草、鼠害发生面积 46 035.24 万 hm^2 次,防治面积 51 664.90 万 hm^2 次,挽回粮食损失 89 442 264.25 t。有关资料表明,世界范围内农药所避免和挽回的农业病、虫、草害损失占粮食产量的 1/3,农药的作用功不可没。用化学农药防治病、虫、草害,是目前有效的防治手段,且在今后相当长的时间内还不可替代。

据国家统计局数据,2006 年农药总产量为 129.6 万 t(100% 有效成分计),同比增长 20.2%,居世界第一位。在当前乃至今后相当长的时期内,化学农药作为防治的重要措施将不会改变。由于生态环境问题日益受到重视,在中国,农药的使用必然就是朝着更高的农药利用率和更少的环境污染方向发展。农药喷洒后有 3 个去向:一是沉积在靶标作物上,视为有效利用率;二是飘失到大气中去,这部分主要以细小雾滴为主,占 20% 左右;三是流失到地面上,大容量喷雾会造成更多的药液损失,占 50% 左右。可见实际使用中农药的利用率很低,从施药器械喷洒出去的农药只有 25%～50% 能沉积在作物的叶片上,国外先进的农药使用技术使得农药的田间利用率在 50% 左右,不足 1% 沉积在靶标害虫上,只有不足 0.03% 的药剂能起到杀虫作用。而我国的农药利用率更低,仅 20%～30%,大部分农药飘移、蒸发和流失到土壤和环境中去。我国施药技术落后,普遍采用大容量喷雾,农药利用率只有 20% 左右,80% 左右的药液从叶片上滚落或飘失到环境中去,不仅浪费大量农药,还造成邻近作物的药害和环境的污染。

美国 TomDodge 指出：由于对环保的日益关注,控制农药飘移必然会驱动新的喷雾技术的研究和发展。雾滴的原始尺寸都是引起飘移的最主要因素,而最优化的雾滴大小会因不同的施药对象和条件而变化。作物地的温度、湿度、风向与风力等会影响雾滴的形成、运动方向以及运动距离,进而影响药液的沉积,而且不同作物冠层内的微气象变化及病、虫、草害的发生也不尽相同。因此,研究不同环境天气条件下施药,对农药雾滴的沉积分布规律影响有重要意义。

药液雾滴的飘失与施药时的气象条件、药械和施药方法关系密切,尤其是地面喷雾机组喷雾时,因机组的热力和动力条件改变引起了作物冠层微气象条件变化,更影响到药液沉积分布和飘失(图 11.1)。总之,研究雾滴在作物冠层内外的沉积与飘失规律,并在可能条件下,对环境条件进行利用(大气条件)和调控(冠层内的微气象),对指导选择药械和施药方法,改善农药沉积分布质量,减少飘失,以及进一步开发高效率的细雾在大田农作物上的应用,有着积极意义。

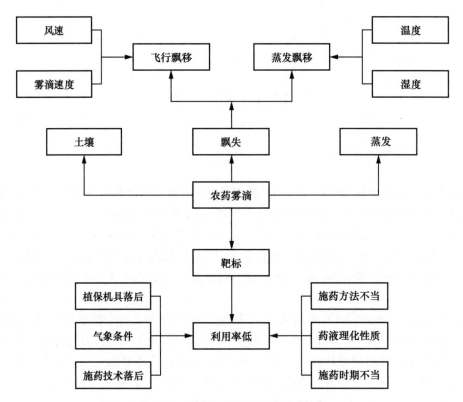

图 11.1　农药雾滴喷出后的运动简图

11.1.2　影响农药飘失的主要因素

农药的沉积与飘失是一对矛盾体。药液在靶标上的沉积量增加,飘失或流失的药液就会减少;药液飘失或流失的药液增加,沉积在靶标上的药液量就会减少。因此,要解决好如何提高药液沉积量的问题,就需要搞清楚如何减少药液飘失的问题。

大田喷雾作业时,雾滴的飘失主要分为两个过程。第一个阶段主要是机具作业过程中产生的气流造成雾滴的飘失,特别是细小雾滴的飘失,主要受机具性能、喷雾高度、机具喷雾速度等的影响,这些都是操作人员可以控制的;第二个阶段主要受大田环境的影响,主要是温度、湿度、风速的作用。

农药飘失是一个复杂的过程,国内外相关研究表明,在农药喷施中影响飘失的主要因素有:药液特性、施药机具、气象条件、作物的生长期甚至操作人员的责任心与操作技能等。

11.1.2.1　国内外施药机具及技术和发展趋势

西方发达国家的农药利用率很高,关键是研发了新型施药器械及先进的施药技术。主要代表技术为:防飘施药技术、静电喷雾技术、循环喷雾技术、低容量喷雾技术、计算机扫描施药技术等,从而达到精确、定向对靶、农药回收之目的。这些先进的施药机具及施药技术能大大提高农药的利用率。如:循环式喷雾机农药利用率可达 90%以上;防飘喷雾机可减少农药飘失量 70%以上,显著提高农药利用率;新型射流防飘喷头可使农药利用率在 90%以上。除了这些先进的施药器械外,在施药技术方面也进行革新,采用低容量喷雾,每公顷仅用 100～200 L药液,大大节省了农药用量,也提高了农药利用率。国外植保机械的发展趋势:①发展低容量喷雾技术,减少单位面积上的农药使用量,提高利用率,减少对环境的污染;②发展精准施药技术,采用计量施药、气流辅助施药、自动对靶、卫星定位系统等精准施药技术;③效率很高的宽幅或快速度的自走式、牵引式大中型机械将被广泛推广;④药液在线混合技术,减少操作人员和药液的直接接触,提高了机械的作业安全性。

我国的施药技术仅相当于西方发达国家 20 世纪六七十年代的水平,我国施药机具单一、施药技术落后。我国的施药机具大多都为"工农-16"型,技术含量低,制造工艺粗糙、落后,而且大多只配有一种离心式喷头,大多出现"跑、冒、滴、漏"现象,根本满足不了不同作物,不同施药时期,不同病、虫、草害的防治需求。施药技术落后,普遍采用大容量淋洗式喷雾,浪费大量农药,污染环境。施药方向上大多采用沿前进方向左右交叉呈"Z"字形喷雾,喷施药液量大,前进速度低,来回重复多,"Z"夹角小,前进速度高时效果要比慢时好,但在一个行程内不能保证喷幅一致,造成下一行程喷幅衔接困难,邻接处出现局部药剂沉积过量或过少现象,雾滴沉积分布不均匀率高达 46.6%,还容易产生药害。施药观念落后,往往认为把作物喷得"水淋淋"才能达到效果,而且施药方法不当,喷头离靶标距离太近,雾滴没能完全雾化甚至根本没雾化,不仅浪费了大量药液,还造成了环境的污染,重喷、漏喷现象严重,达不到防治效果。我国的植保机械将朝着以下方向发展:①开发大中型植保机械。风送式喷杆喷雾机、风送式果园喷雾机、果园循环喷雾机将会很快发展起来,以满足我国农业生产集约化的提高需求;②研制具有国际先进水平的小型手动和机动喷雾器,以满足农民的不同需求;③研制、应用新技术。自动对靶、静电喷雾技术将逐步得以应用及推广。

11.1.2.2　药液理化特性

药液能否在靶标上稳固滞留,是提高农药利用率的又一关键。大容量喷雾,药液在作物上流淌才认为放心,大部分药液流失到土壤中去,浪费了农药也造成了环境的污染。作物叶片上所能承载的药液量有一个饱和点,超过这一点药液就会自动流失,这点成为流失点(point of run-off)。发生流失后作物叶片上的药液沉积量成为最大稳定持留量(maxium retention)。最大持留量与喷雾方法、雾滴大小、药液理化性质有关。

在农药中添加表面活性剂,可有效降低药液的表面张力,减少雾滴与作物靶标的接触角,提高雾滴在作物表面的润湿及铺展能力。研究证明,添加有机硅表面活性剂可以改善药液理化性质,减少雾滴在小麦叶片上的接触角,提高了有效利用率,提高了防治效果。而且当用低容量喷雾时,由于单位冠层内的雾滴通透量减少,即单位面积叶面上捕获的雾滴数量会减少,只有添加表面活性剂可有效降低药液在靶标物上的接触角,增加药液的润湿和铺展能力。但表面活性剂有时也会减少雾滴在叶片上的沉积量,降低表面张力后,原本很难被润湿的大麦叶片上的沉积量增加,但在油菜和向日葵上的沉积量却减少了。表面张力的改变有时对雾滴的沉积量没有影响,沉积量由叶片的表面特征及表面活性剂的作用特性相互关系决定。

11.1.2.3 气象条件

在理想条件下,雾滴的沉积过程实际就是从喷头雾化形成的雾滴到目标作物的运动过程,或者说是雾滴到达靶标以前在空气中的运动过程。在静止的空气中雾滴在重力作用下加速下落,直到雾滴的重力与空气对雾滴的阻力相互平衡为止,之后雾滴再以一个恒定的速度下落到目标物上,其末速度的大小是:

$$V_s = \frac{\rho d^2 g}{18\mu}$$

式中,V_s 为雾滴的末速度,m/s;ρ 为雾滴的密度,m;d 为雾滴的直径;g 为重力加速度,m/s^2;μ 为空气的黏度,N·s/m^2。

以上是理想的情况,忽略了温度、相对湿度及风速对雾滴沉积的影响。而实际上,一方面,雾滴在沉积过程中如果有自然风存在,那么雾滴会产生飘移,对于小雾滴这种现象更加显著;另一方面,由于温度和相对湿度的影响,雾滴在沉积过程中还会发生蒸发,对于小雾滴甚至可能在到达目标物以前就因为完全蒸发为水蒸气而消失了。从喷头喷出的雾滴在达到目标物的过程中,雾滴在空气中存在的时间可以用以下公式计算:(Amsden,1962)

$$t = \frac{d^2}{80 \cdot \Delta T}$$

式中,t 为雾滴存在的时间,s;d 为雾滴的直径,μm;ΔT 为干温温度计的温度差。

而一个含水雾滴在重力作用下,在水分完全蒸发掉以前所能下降的距离可以由以下公式计算:

$$h = \frac{1.5 \times 10^{-3} \cdot d^4}{80 \cdot \Delta T}$$

式中,h 为雾滴下降的距离,cm;d 为雾滴的直径,μm;ΔT 为干温温度计的温度差。

大雾滴有着附着性好的优点,但分布不均匀,如果施药方法不当,更容易产生药害。低容量喷雾及高效低毒农药的产生使小雾滴作为低容量喷施成为可能,提高了农药的着靶率,由于雾滴直径小,可以很好地在作物表面沉降和覆盖,并且在冠层中有很好的穿透性,防治效果好,可使农药利用率提高到 50% 以上;但雾滴直径小,很容易受气象条件的影响而飘失到环境中去。飘移是农药在使用过程中通过空气向非预定目标运动的现象。飘移有两种方式：飞行飘移或粒子飘移和蒸发飘移。影响飘移的因素很多，但无论哪一类飘移，雾滴的原始尺寸都是引起飘移的最主要因素。雾滴越小，顺风飘移就越远，飘移的危险性越大。小雾滴由于质量轻，在空气阻力下，下降速度不断降低，常常没有足够的向下动量到达靶标，更易受温度和相对湿度的影响，蒸发后更小，可随风飘移很远。研究发现，由于蒸发，100 μm 的雾滴在 25℃、相对湿度 30% 的状况下，移动 75 cm 后，直径会减小一半。风速、风向及施药地点周围的气流稳定性是引起飘移的第二因素。风速越大，小雾滴脱靶飘移就越远。即使是大雾滴在顺风的情况下，也会飘移至靶区外。温度和湿度影响蒸发飘移的雾滴数量。

11.1.2.4　作物生长期

从作物生长期看，在苗期农药利用率很低，仅在 15% 左右，后期，随着作物冠层密度增大，农药利用率提高，最高可达 50% 左右。从叶片特征看，小麦、水稻等禾本科作物，由于叶片面积小，蜡质层厚，叶片直立，药液利用率不高；而棉花、大豆等阔叶作物，由于叶片叶面积大，叶片铺展，药液利用率一般比禾本科作物利用率高。作物的生长期不同，叶片特征也有所不同。与老龄叶片相比，新叶更难被润湿，作物叶片的生理活动也会影响药液的沉积分布。

雾滴在田间作物株冠层中的沉积是一种有规律的运动现象，虽然从表面上看起来似乎是无序的。但田间情况复杂，雾滴的沉积常受到多种因素的干扰。药液雾化后，如何在作物冠层中沉积分布，运动轨迹如何，直接关系到喷雾质量。大容量喷雾试图在整个作物冠层上覆盖一层药液，而实际情况确非如此，大量药液都流失到土壤中去。而小雾滴可以在冠层内部穿透，药液沉积分布比大雾滴好。巴切和奥克(Bache,Uk,1975)等曾经研究了雾滴在株冠层内的沉积现象，进行了数学模拟分析。后来巴切又提出，雾滴在株冠层中的沉积方式可分为沉降沉积和撞击沉积。前者是在没有风或没有机械力量作用下的雾滴的自由沉降（雾滴的末速度）；后者是在某中机械力量或风的推动下撞击到生物靶上。影响雾滴在冠层中的穿透性因素很多，主要受枝叶特性，雾滴大小、风机特性等。

11.1.3　国内外关于环境条件和作物种类对雾滴沉积分布研究现状

国内外已有很有学者在研究环境条件或不同作物对雾滴沉积分布与飘失情况。Franz 等研究证明：植物冠盖特性及气候参数对棉花、哈密瓜叶状植物上的雾滴沉积有影响；Bache、Uk 研究了在不同的风速下植物的枝条和叶片干扰雾滴的沉积运动。用不同的雾滴细度，在不同的株冠层风速下，对不同形状的叶片进行沉积情况测定结果，得到以下结论：①大于150 μm 的雾滴运动，受株冠层内风速和叶结构的影响很小，此种情况下主要是沉降捕获；②在小叶结构的株冠层内，植物对于 >50 μm 的雾滴吸收系数不受风速的影响；③雾滴很小时(<40 μm 时)，吸收系数同时受到风速和叶结构的双重影响。Hoffmann 等研究了24 h时间段空气温度、相对湿度、风速风向及叶面潮湿（温度、相对湿度的作用）对喷雾沉淀的影响，研究包括以上气象参数在内的不同喷雾器容量的相互作用，研究结果表明喷雾时间对雾滴沉淀有显著影响，气象参数对雾滴沉降无显著影响；傅泽田等的试验研究表明，风速和雾滴直径是影响喷雾滴飘移性的两个最主要的因素；华南农业大学宋淑然等研究证明，上层水稻植株截留百分比与地面雾滴损失及中层、底层水稻植株雾滴沉积百分比之间成线性负相关关系，上层截留对中层沉积的

影响作用明显强于对底层沉积的影响。此外还研究了水稻田农药喷雾分布与雾滴沉积量的试验分析,结果表明在按距离地面40 cm以上、20~40 cm之间、5~20 cm之间对水稻分层时,层间的雾滴沉积量与水稻的高度成正比。南京农业大学商庆清研究了雾滴在树冠中的沉积和穿透研究,结果表明影响农药雾滴在树冠中穿透和沉积的因素主要有风速、雾滴大小、喷雾方向等。随着风速的降低,雾滴的穿透距离缩短,喷雾沉积量随树冠深度距离的增加而减少。随着树叶迎风角度从0°~90°的逐渐增加,在树冠的外层沉积量增加,相反在树冠的内层沉积量减少。前人的研究结果表明作物冠层结构及气象条件确实对雾滴的沉积飘失有影响。风速、风向、温度、湿度等气候条件影响雾滴的飘移,但关于雾滴的运动行为及其沉积分布与温湿度、风速的具体关系的研究较少或是不够深入。

11.2 温、湿度对雾滴沉积影响

气象条件影响着植物的生长,同时也是病、虫、草害发生的必备条件。温、湿度对植物的生长起着关键作用,同时也影响着农业生产活动。药液雾滴能达到作物靶标上的比例,很大程度上受环境温、湿度的影响。温度主要作用于小雾滴的蒸发上,雾滴自喷头喷出后,在运动过程中的蒸发速率很大程度上影响到雾滴的飘失,减少雾滴在运动过程中的蒸发损失,也就减少了雾滴的飘失,增加了药液沉积。温度和相对湿度还影响着植物叶片的表面特性及生理活动,影响着雾滴在叶面上的沉积附着,及输导性药液在叶片内的运输传导。在高温、相对湿度很低的气候条件下,叶片很难被药液润湿,雾滴很难附着在靶标上,而且雾滴在到达靶标的运动过程中很可能由于蒸发变小造成飘失,对于细小雾滴而言,很有可能完全蒸发掉。在相对湿度很大的情况下,由于受叶片饱和度的限制,雾滴会从在叶片上聚集而滚落,同样也会造成沉积量的减少。

因此,研究温湿度对雾滴沉积的影响,探索不同温湿度条件下雾滴在冠层中的沉积飘失规律有着重要意义。

11.2.1 材料与方法

试验施药对象为株高70 cm的柏竹,药液中加入浓度为1%荧光试剂BSF作为示踪剂,喷头为LECHER110-02喷头。试验在3个不同水平的温湿度条件下进行,分别是低温、中湿(T:14~18℃;RH:43%~50%);常温、低湿(T:25~26℃;RH:14%~15%);高温、低湿(T:30~38℃;RH:13%~25%)。喷头距植株上方50 cm,喷雾速度为1.0 m/s,调节喷雾压力,待压力稳定后,打开电源开关,喷杆将由电机带动匀速前进。温湿度仪自动记录喷雾时的温湿度。喷后待滤纸片干燥后用镊子取出放入自封袋中,用记号笔标记。用去离子水洗脱后测试。

11.2.2 不同温、湿度条件,在不同喷雾压力下雾滴在冠层中的沉积分布情况

由图11.2与表11.1中可以看出,在低温、湿度大的条件下,药液在冠层各部分的沉积都是最高。随着温度升高,湿度减小,冠层各部分的沉积都有不同的减少,尤其是上、中部减少得

更多。在温度段 14～18℃,相对湿度为 43％～50％时,冠层各部分沉积相比常温 25～26℃,相对湿度 14％～15％时,上部提高 20.9％,中部提高 31.8％,下部提高 2.5％,地面增加 12.4％;温度段 30～38℃,相对湿度 13％～25％时,冠层各部分的沉积相比常温 25～26℃,相对湿度 14％～15％时,上部减少 9.7％,中部减少 16.3％,下部减少 14.8％,地面减少 9.2％。

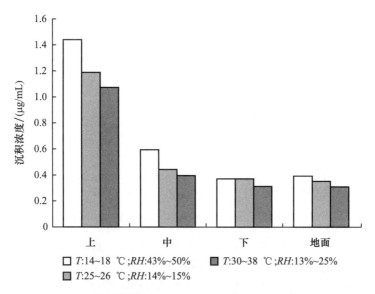

图 11.2　喷雾压力为 2.5 bar 时雾滴在冠层中的沉积分布

表 11.1　2.5 bar 时不同温、湿度条件下的冠层各部分沉积尝试标准偏差分析

温、湿度	沉积部位			
(T/℃;RH/％)	上部	中部	下部	地面
T:14～18;RH:43～50	0.005 523	0.004 743	0.009 823	0.004 528
T:25～26;RH:14～15	0.009 798	0.008 888	0.005 831	0.007 714
T:30～38;RH:13～25	0.013 096	0.007 906	0.009 407	0.006 819

　　由图 11.3 和表 11.2 可以看出,在低温、中湿条件下,药液在冠层各部分的沉积量仍为最高。随着温度升高、湿度减小,冠层各部分的沉积都有不同的减少,与 2.5 bar 条件不同的是,冠层中、下部有明显的减少,在高温 31～38℃时,冠层上部沉积量在 34℃时出现明显减少,而中、下部及地面则差别不明显。在温度段 14～18℃,相对湿度为 43％～50％时,冠层各部分沉积相比常温 25～26℃,相对湿度 14％～15％时,上部提高 16.3％,中部提高 48.1％,下部减少 8.7％,地面减少 12.4％;温度段 31～34℃,相对湿度 22％～24％时,冠层各部分的沉积相比常温 25～26℃,相对湿度 14％～15％时,上部减少 4.1％,中部减少 32.5％,下部减少 61.4％,地面减少 61.5％;温度段 34～38℃,相对湿度 13％～25％时,冠层各部分的沉积相比常温 25～26℃,相对湿度 14％～15％时,上部减少 26.6％,中部减少 41.1％,下部减少 59.6％,地面减少 56.9％。

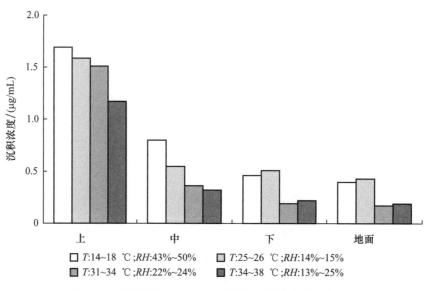

图 11.3 喷雾压力为 3.0 bar 时雾滴在冠层中的沉积分布

表 11.2 3.0 bar 时不同温湿度条件下的冠层各部分沉积浓度标准偏差分析

温、湿度 (T/℃；RH/%)	沉积部位			
	上部	中部	下部	地面
T:14~18；RH:43~50	0.005 657	0.011 64	0.006 083	0.006 164
T:25~26；RH:14~15	0.011 769	0.008 062	0.008 66	0.016 941
T:31~34；RH:22~24	0.007 483	0.005 196	0.009 46	0.008 916
T:34~38；RH:13~25	0.006 285	0.006 285	0.008 337	0.010 32

由表 11.3 和图 11.4 可以看出，在低温、湿度大的条件下，药液在冠层各部分的沉积都是最高。随着温度升高，湿度减小，冠层各部分的沉积都有不同的减少，尤其是冠层中部和下部。在温度段 14~18℃，相对湿度为 43%~50% 时，冠层各部分沉积相比常温 25~26℃，相对湿度 16%~22% 时，上部提高 5.8%，中部提高 14.2%，下部提高 51.1%，地面减少 9.9%；温度段 33~39℃，相对湿度 14%~15% 时，冠层各部分的沉积相比常温 25~26℃，相对湿度 16%~22% 时，上部减少 12.7%，中部减少 64.1%，下部减少 30.1%，地面减少 36.6%。

表 11.3 3.5 bar 时不同温湿度条件下的冠层各部分沉积浓度标准偏差分析

温、湿度 (T/℃；RH/%)	沉积部位			
	上部	中部	下部	地面
T:14~18；RH:43~50	0.025 564	0.021 131	0.01	0.065 104
T:25~26；RH:16~22	0.024 829	0.005 933	0.006 519	0.007 842
T:33~39；RH:14~15	0.018 202	0.010 607	0.005 745	0.003 674

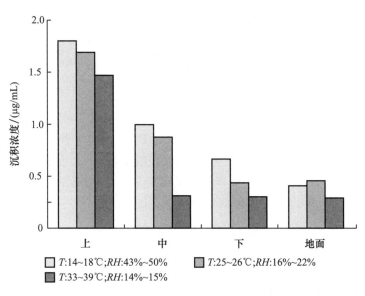

图 11.4　喷雾压力为 **3.5 bar** 时雾滴在冠层中的沉积分布

11.2.3　相同温、湿度条件下,不同喷雾压力对雾滴沉积影响的比较

由图 11.5 和表 11.4 可以看出,在相同温、湿度条件下,随着喷雾压力增大,雾滴在冠层上、中、下部的沉积呈增加趋势,而地面沉积则几乎没变化。3.5 bar(1 bar＝100 kPa)的喷雾压力相比 2.5 bar 喷雾压力,上部沉积增加 23.3％,中部增加 70.2％,下部增加 78.1％,地面增加 5.4％;3.0 bar 的喷雾压力相比 2.5 bar 喷雾压力,上部沉积增加 16.5％,中部增加 37.0％,下部增加 31.7％,地面增加 4.1％。

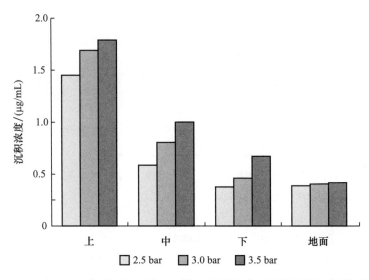

图 11.5　温度 **14～18℃**,湿度 **43％～50％**时,不同压力下雾滴在冠层中的沉积分布

表 11.4 温度 14～18℃,湿度 43%～50%时,雾滴在冠层各部分的沉积浓度标准偏差分析

压力/bar	沉积部位			
	上部	中部	下部	地面
2.5	0.005 523	0.004 743	0.009 823	0.004 528
3.0	0.005 657	0.011 64	0.006 083	0.006 164
3.5	0.025 564	0.021 131	0.01	0.065 104

由图 11.6 和表 11.5 可以看出,随着喷雾压力的增加,冠层各部分沉积仍是呈增加趋势。3.5 bar 的喷雾压力相比 2.5 bar 喷雾压力,上部沉积增加 40.8%,中部增加 96.0%,下部增加 20.8%,地面增加 31.4%;3.0 bar 的喷雾压力相比 2.5 bar 喷雾压力,上部沉积增加 32.7%,中部增加 21.7%,下部增加 38.8%,地面增加 23.6%。

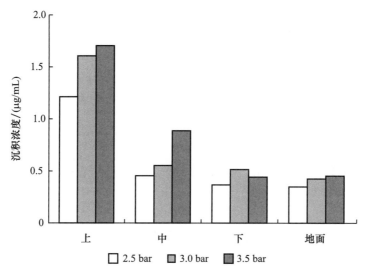

图 11.6 温度 25～26℃,湿度 14%～15%时,不同压力下雾滴在冠层中的沉积分布

表 11.5 温度 25～26℃,湿度 14%～15%时,雾滴在冠层各部分的沉积浓度标准偏差分析

压力/bar	沉积部位			
	上部	中部	下部	地面
2.5	0.009 798	0.008 888	0.005 831	0.007 714
3.0	0.011 769	0.008 062	0.008 66	0.016 941
3.5	0.024 829	0.005 933	0.006 519	0.007 842

由图 11.7 和表 11.6 可以看出,随着喷雾压力的增加,冠层上部沉积仍是呈增加趋势,而中、下部呈现出减少趋势。3.5 bar 的喷雾压力相比 2.5 bar 喷雾压力,上部沉积增加 36.2%,中部减少 16.0%,下部减少 0.9%,地面减少 8.2%;31～34℃,3.0 bar 的喷雾压力相比 2.5 bar喷雾压力,上部沉积增加 40.9%,中部减少 1.9%,下部减少 37.2%,地面减少 47.6%;34～38℃,3.0 bar 的喷雾压力相比 2.5 bar 喷雾压力,上部沉积增加 8.5%,中部减少 14.4%,下部减少 34.3%,地面减少 41.3%。

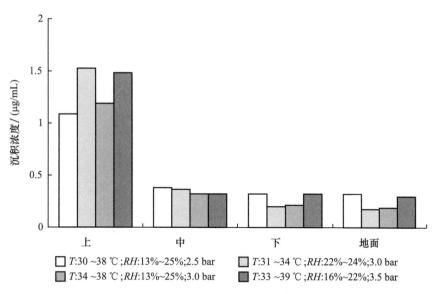

图 11.7　温度 30～39℃,湿度 13％～25％,不同压力下雾滴在冠层中的沉积分布

表 11.6　温度 30～39℃,湿度 13％～25％时,雾滴在冠层各部分的沉积浓度标准偏差分析

压力/bar	沉积部位			
	上部	中部	下部	地面
2.5	0.013 096	0.007 906	0.009 407	0.006 819
3.0(31～34℃)	0.007 483	0.005 196	0.009 46	0.008 916
3.0(34～38℃)	0.006 285	0.006 285	0.008 337	0.010 32
3.5	0.018 202	0.010 607	0.005 745	0.003 674

11.2.4　小结

(1)不同压力不同温湿度条件下雾滴的沉积分布试验中:高温、低湿条件与常温相比,冠层上、中、下部的沉积都呈减少趋势,而且随着喷雾压力的增大,冠层各部尤其是中、下部减少程度更严重,在 3.5 bar 时,冠层中部沉积减少多达 64.1％之多。充分说明随着喷雾压力增大,雾滴变小,受高温影响,雾滴变小发生飘移甚至在到达靶标前已完全蒸发掉;低温、中湿条件与常温相比,冠层上、中部都呈增加趋势,在 3.5 bar 时,冠层下部沉积增加高达 51.1％,而且随着压力增大,地面沉积有减少趋势。所以在低温、湿度大的情况下,有利于雾滴沉积。

(2)在 2.5 bar 和 3.5 bar 时,在高温条件下,冠层上部沉积都很均匀;而 3.0 bar 条件下,31～34℃和 34～38℃时的冠层上部沉积差别很大,在 34℃出现变化,34℃以后冠层上部沉积突然降低,降低多达 23.0％。

(3)在相同温湿度不同喷雾压力条件下雾滴沉积分布试验中:在低温和常温时,冠层各部分沉积量都是随着喷雾压力的增加而呈现增加趋势,最多时中部增加高达 96.0％;而在高温、低湿条件下,冠层上部沉积仍是随压力增大而有所增加,而在冠层中、下部沉积却随着压力的增加有减少趋势,下部沉积量降低率多达 37.2％,地面沉积减少高达 47.6％。说明在高温条件下,在喷雾压力大条件下,细小雾滴更容易受温湿度影响而发生飘移,甚至完全蒸发。

11.3 风速对雾滴沉积影响

影响雾滴沉积飘失的另一重要气象条件就是风速。风速、风向及施药地点周围的气流稳定性是引起农药飘移的第二因素。风速越大,小雾滴脱靶飘移就越远。即使是大雾滴在顺风的情况下,也会飘移至靶区外。

风速可以使雾滴完全脱离靶标而造成邻近作物产生药害及地表水的污染。在垂直风引起的逆温条件下,低风速会引起细小雾滴悬浮在大气中飘移到很远的距离。对于带状或点状施药来说,风速可能使喷雾作业完全无效。在大田喷雾作业时,飘移始终是农药沉积中不可避免的。喷杆喷雾机对风很敏感,风向与喷杆方向垂直,会使雾状不能与靶标垂直,会向后产生卷扬,风向与喷杆方向水平,即侧向风的影响,会使雾状重叠区发生变化,会造成喷雾部均匀,在整个地块上会出现重喷、漏喷现象。

因此,研究风速对雾滴在冠层中的沉积分布具有重要意义。

11.3.1 材料与方法

试验施药对象为株高 70 cm 的柏竹,药液中加入浓度为 1‰荧光试剂 BSF 作为示踪剂,喷头为 LECHER110-02 喷头。通过风机定向风送,获得不同大小的风速条件,研究风速对雾滴沉积的影响。

11.3.2 风速对雾滴沉积的影响

由表 11.7 和图 11.8 可以看出,在 3 个喷雾压力下(2.5 bar、3.0 bar、3.5 bar),冠层各部分的雾滴沉积均为在有风条件下比无风条件下高。在 2.5 bar 喷雾压力下,有风时冠层上部沉积提高 0.2%,中部提高 10.2%,下部提高 22.7%,地面增加 6.3%,植株上总沉积增加 6.4%;在 3.0 bar 喷雾压力下,有风时冠层上部沉积提高 0.5%,中部提高 6.1%,下部提高 5.7%,地面增加 16.7%,植株上总沉积增加 2.8%;在 3.5 bar 喷雾压力下,有风时冠层上部沉积提高 1.0%,中部提高 5.6%,下部提高 33.9%,地面增加 5.5%,植株上总沉积增加 6.8%。

表 11.7 有风与无风时在 3 个压力下的冠层各部分沉积浓度标准偏差分析

压力 /bar	无风时				冠层上、中、下部风速分别为 1.5 m/s、0.8 m/s、1.0 m/s			
	上部	中部	下部	地面	上部	中部	下部	地面
2.5	0.011 619	0.008 515	0.010 149	0.008 062	0.006 633	0.008 456	0.007 649	0.015 362
3.0	0.008 216	0.007 141	0.010 198	0.009 695	0.015 906	0.009 359	0.009 354	0.010 7
3.5	0.013 172	0.009 925	0.015 427	0.009 566	0.009 67	0.008 515	0.008 155	0.037 283

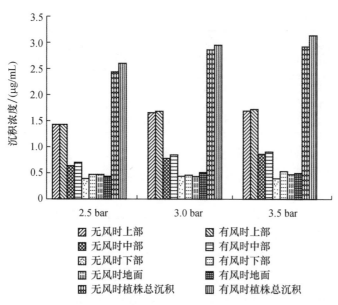

图 11.8 冠层上、中、下部风速分别为 1.5 m/s、0.8 m/s、1.0 m/s 时，
有风与无风时在 3 个压力下的冠层各部分沉积对比

由图 11.9、表 11.8 可以看出，在 3 个喷雾压力下(2.5 bar、3.0 bar、3.5 bar)，冠层各部分的雾滴沉积均为在有风条件下比无风条件下低。在 2.5 bar 喷雾压力下，有风时冠层上部沉积减少 4.2%，中部减少 11.9%，下部增加 12.0%，地面增加 1.3%，植株上总沉积减少 3.6%；在 3.0 bar 喷雾压力下，有风时冠层上部沉积减少 1.8%，中部减少 9.4%，下部减少 22.7%，地面增加 6.3%，植株上总沉积减少 7.4%；在 3.5 bar 喷雾压力下，有风时冠层上部沉积减少 8.2%，中部减少 22.5%，下部减少 14.0%，地面减少 12.4%，植株上总沉积减少 12.7%。

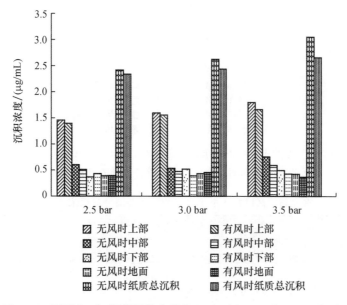

图 11.9 冠层上、中、下部风速分别为 2.3 m/s、1.8 m/s、0.9 m/s 时，
有风与无风时 3 个压力下冠层各部分的沉积对比

表 11.8　有风与无风时在 3 个压力下的冠层各部分沉积浓度标准偏差分析

压力/bar	无风时				冠层上、中、下部风速分别为 2.3 m/s、1.8 m/s、0.9 m/s			
	上部	中部	下部	地面	上部	中部	下部	地面
2.5	0.012 166	0.015 668	0.007 969	0.010 886	0.013 416	0.006 042	0.011 068	0.008 944
3.0	0.009 747	0.008 944	0.015 54	0.016 355	0.010 44	0.010 607	0.010 7	0.014 983
3.5	0.008 515	0.008 944	0.013 748	0.011 18	0.015 215	0.009 618	0.009 975	0.009 301

由图 11.10 和表 11.9 可以看出,在 3 个喷雾压力下(2.5 bar、3.0 bar、3.5 bar),冠层各部分的雾滴沉积均为在有风条件下比无风条件下低,尤其对中部雾滴沉积影响很大。在 2.5 bar 喷雾压力下,有风时冠层上部沉积减少 2.0%,中部减少 45.2%,下部增加 3.5%,地面减少 23.6%,植株上总沉积减少 14.7%;在 3.0 bar 喷雾压力下,有风时冠层上部沉积减少 5.1%,中部减少 45.8%,下部减少 1.3%,地面减少 25.7%,植株上总沉积减少 17.3%;在 3.5 bar 喷雾压力下,有风时冠层上部沉积减少 15.6%,中部减少 51.7%,下部减少 18.1%,地面增加 4.4%,植株上总沉积减少 26.7%。

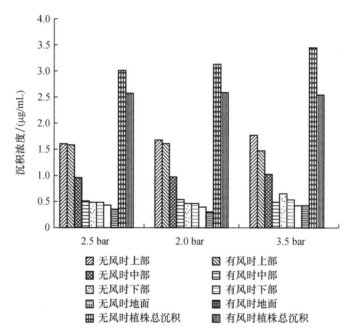

图 11.10　冠层上、中、下部风速分别为 3.1 m/s、1.1 m/s、0.7 m/s 时,
有风与无风时 3 个压力下冠层各部分的沉积对比

表 11.9　有风与无风时在 3 个压力下的冠层各部分沉积浓度标准偏差分析

压力/bar	无风时				冠层上、中、下部风速分别为 3.1 m/s、1.1 m/s、0.7 m/s			
	上部	中部	下部	地面	上部	中部	下部	地面
2.5	0.009	0.012 247	0.014 765	0.014 195	0.014 23	0.010 794	0.016 447	0.010 344
3.0	0.011 511	0.011 18	0.009 695	0.015 859	0.011 916	0.010 536	0.015 017	0.011 336
3.5	0.011 225	0.013 946	0.022 891	0.021 342	0.009 566	0.018 276	0.012 845	0.010 7

由图 11.11 和表 11.10 可以看出,在 3 个喷雾压力下(2.5 bar、3.0 bar、3.5 bar),冠层各部分的雾滴沉积均为在有风条件下比无风条件(图 11.12、图 11.13)下低,尤其对中部雾滴沉积影响很大。在 2.5 bar 喷雾压力下,有风时冠层上部沉积减少 8.1%,中部减少 44.0%,下部减少 34.5%,地面减少 23.6%,植株上总沉积减少 14.6%;在 3.0 bar 喷雾压力下,有风时冠层上部沉积减少 36.8%,中部减少 55.9%,下部减少 7.0%,地面减少 4.0%,植株上总沉积减少 37.8%;在 3.5 bar 喷雾压力下,有风时冠层上部沉积减少 18.7%,中部减少 57.7%,下部减少 12.7%,地面减少 6.1%,植株上总沉积减少 25.5%。

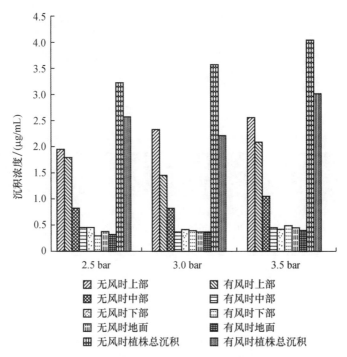

图 11.11　冠层上、中、下部风速分别为 4.5 m/s、1.0 m/s、0.6 m/s 时,
有风与无风时 3 个压力下冠层各部分的沉积对比

图 11.12　4.5 m/s 风速时喷雾雾形图

图 11.13　无风时喷雾雾形图

表 11.10　有风与无风时在 3 个压力下的冠层各部分沉积浓度标准偏差分析

压力 /bar	无风时				冠层上、中、下部风速分别为 4.5 m/s、1.0 m/s、0.6 m/s			
	上部	中部	下部	地面	上部	中部	下部	地面
2.5	0.011 113	0.019 824	0.018 235	0.012 268	0.041 923	0.015 652	0.017 421	0.012 145
3.0	0.010 368	0.012 145	0.018 262	0.012 845	0.013 285	0.010 954	0.011 895	0.013 657
3.5	0.018 695	0.012 45	0.011 832	0.012 845	0.012 349	0.011 726	0.018 48	0.010 677

11.3.3　小结

(1)在冠层上、中、下部风速分别为 1.5 m/s、0.8 m/s、1.0 m/s 时,无论 2.5 bar、3.0 bar、3.5 bar,有风时冠层各部分沉积均增加,同时地面沉积也增加。2.5 bar 时,冠层下部沉积增加明显,沉积提高 22.7%;3.0 bar 时,地面沉积明显增多,提高 16.7%;3.5 bar 时,下部沉积明显增加,增加 33.9%。3 种压力情况有风喷雾时,对上部沉积基本没有影响,最高才提高 1.0%,说明此时的试验风速对雾滴在冠层上部的沉积影响不大。

(2)在冠层上、中、下部风速分别为 2.3 m/s、1.8 m/s、0.9 m/s 时,在 3 个喷雾压力下(2.5 bar、3.0 bar、3.5 bar),冠层各部分的雾滴沉积均为在有风条件下比无风条件下低。2.5 bar 时,冠层中部减少明显,降低 11.9%;3.0 bar 时,冠层下部减少明显,降低 22.7%;3.5 bar 时,冠层中部减少明显,降低 22.5%;此时的试验风速已对冠层上部沉积产生影响,在 3.5 bar 有风时,冠层上部沉积减少 8.2%,说明风速已对雾滴在冠层上部的运动轨迹产生作用。

(3)在冠层上、中、下部风速分别为 3.1 m/s、1.1 m/s、0.7 m/s 时,在 3 个喷雾压力下(2.5 bar、3.0 bar、3.5 bar),冠层各部分的雾滴沉积均为在有风条件下比无风条件下低,尤其对中部雾滴沉积影响很大。2.5 bar 时,冠层中部沉积明显减少,降低 45.2%;3.0 bar 时,冠层中部沉积减少 45.8%;3.5 bar 时,冠层中部减少 51.7%;此时植株上和的地面沉积均明显减少,分别降低达 26.7%、25.7%之多。此时的风速对雾滴在冠层上部的运动轨迹的影响继续增大,在 3.5 bar 时,上部沉积减少达 15.6%。

(4)在冠层上、中、下部风速分别为 4.5 m/s、1.0 m/s、0.6 m/s 时,冠层各部分的雾滴沉积均为在有风条件下比无风条件下低。在 2.5 bar 时,风速主要作用于中、下部及地面,分别减少 44.0%、34.5%、23.6%;在 3.0 bar 时,风速主要作用于上部和中部,分别减少 36.8%、55.9%;在 3.5 bar 时,风速主要作用于上部和中部,分别减少 18.7%、55.7%;此时地面和植株上的沉积沉积明显减少,最低降低分别达 23.6%、25.5%。风速对雾滴在冠层上部的沉积影响仍然很明显,最多减少 18.7%。

由此可见,在低风速时有利于雾滴在冠层中、下部的沉积;而风速增大时,在 2.3 m/s 时,冠层各部分沉积都已出现减少趋势,在 3.1 m/s 及 4.5 m/s 时,雾滴在冠层上、中、下部减少很明显,尤其是中、下部。

11.4　施药参数对雾滴沉积影响

11.4.1　材料与方法

试验施药对象为株高 70 cm 的柏竹,药液中加入浓度为 1‰荧光试剂 BSF 作为示踪剂,喷头为 LECHER110-02 喷头。通过调整喷雾装置前进速度,研究前进速度对雾滴沉积的影响。调整喷雾压力,研究喷雾压力对雾滴沉积的影响。

11.4.2　不同施药速度下的雾滴沉积分布

由图 11.14 和表 11.11 可以看出,3 个施药速度对雾滴在冠层上部的沉积影响最大。与 1.0 m/s 的施药速度相比,在 0.5 m/s 时,上部沉积增加 29.3%,对冠层中下部及地面的影响不大;与 1.0 m/s 的施药速度相比,在 2.0 m/s 时,上部沉积减少 39.9%,中部减少 65.1%,对下部沉积影响不大,地面沉积减少 20.1%。

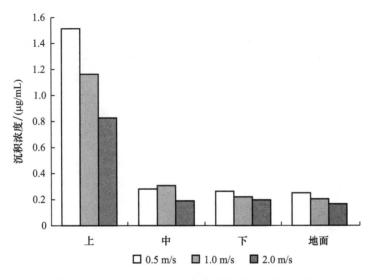

图 11.14　**2.5 bar 下 3 个施药速度的沉积分布对比**

表 11.11　**2.5 bar 时 3 个施药速度下的冠层各部分沉积浓度标准偏差分析**

施药速度 /(m/s)	沉积部位			
	上部	中部	下部	地面
0.5	0.008 631	0.005 788	0.005 385	0.008 155
1.0	0.006 364	0.007 714	0.006 819	0.004 743
2.0	0.006 856	0.012 845	0.005 477	0.004 416

由图 11.15 和表 11.12 可以看出，3 个施药速度对雾滴在冠层上部的沉积影响仍是最大。与 1.0 m/s 的施药速度相比，在 0.5 m/s 时，上部沉积增加 24.9%，中部增加 11.6%，下部增加 42.2%，地面增加 40.8%；与 1.0 m/s 的施药速度相比，在 2.0 m/s 时，上部沉积减少 55.2%，中部减少 38.4%，下部减少 12.6%，地面沉积减少 12.8%。

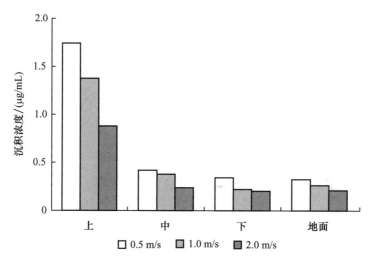

图 11.15　**3.0 bar 下 3 个施药速度的沉积分布对比**

表 11.12　**3.0 bar 时 3 个施药速度下的冠层各部分沉积浓度标准偏差分析**

施药速度 /(m/s)	沉积部位			
	上部	中部	下部	地面
0.5	0.007 28	0.011 511	0.008 276	0.013 565
1.0	0.006 205	0.012 227	0.010 124	0.005 477
2.0	0.007 969	0.007 906	0.008 602	0.007 071

由图 11.16 和表 11.13 可以看出，3 个施药速度对雾滴在冠层上部的沉积影响仍是最大。与 1.0 m/s 的施药速度相比，在 0.5 m/s 时，上部沉积增加 29.6%，对中部影响不大，下部增加 25%，地面增加 21.6%；与 1.0 m/s 的施药速度相比，在 2.0 m/s 时，上部沉积减少 39.5%，中部减少 33.0%，下部减少 33.1%，地面沉积减少 22.9%。

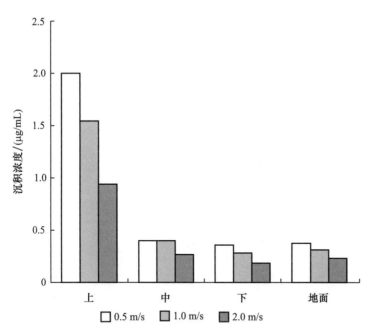

图 11.16 **3.5 bar 3 个施药速度的沉积分布对比**

表 11.13 **3.5 bar 时 3 个施药速度下的冠层各部分沉积浓度标准偏差分析**

施药速度 /(m/s)	沉积部位			
	上部	中部	下部	地面
0.5	0.012 042	0.005 788	0.014 142	0.005 788
1.0	0.005 612	0.007	0.005 916	0.006 042
2.0	0.007 649	0.007 141	0.004 743	0.011 64

11.4.3 不同压力下的雾滴沉积分布

由表 11.14 和图 11.17 可以看出,随着喷雾压力的增大,雾滴在冠层中的沉积增大,对冠层上部的影响最明显。与 2.5 bar 相比,在 3.0 bar 时,冠层上部增加 14.5%,中部增加 42.1%,下部增加 22.4%,地面增加 26.3%;与 2.5 bar 相比,在 3.5 bar 时,冠层上部增加 32.7%,中部增加 45.0%,下部增加 37.1%,地面增加 53.1%。

表 11.14 **0.5 m/s 施药速度时不同压力下的冠层各部分沉积浓度标准偏差分析**

压力 /bar	沉积部位			
	上部	中部	下部	地面
2.5	0.008 631	0.005 788	0.005 385	0.008 155
3.0	0.007 28	0.011 511	0.008 276	0.013 565
3.5	0.012 042	0.005 788	0.014 142	0.005 788

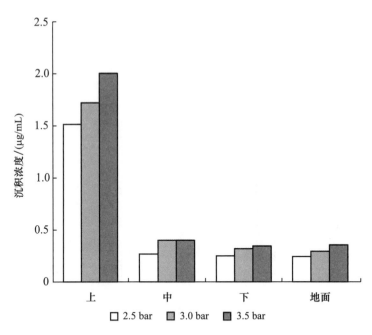

图 11.17   **0.5 m/s 不同压力下的沉积分布对比**

由图 11.18 和表 11.15 可以看出,随着喷雾压力的增大,雾滴在冠层中的沉积增大,对冠层上部的影响最明显。与 2.5 bar 相比,在 3.0 bar 时,冠层上部增加 18.5%,中部增加 15.3%,对下部影响不大,地面增加 7.3%;与 2.5 bar 相比,在 3.5 bar 时,冠层上部增加 32.4%,中部增加 28.3%,下部增加 29.7%,地面增加 50.7%。

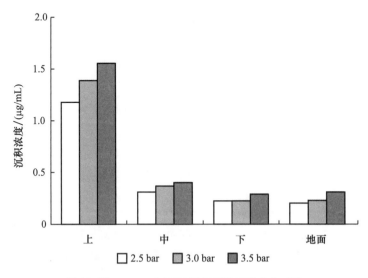

图 11.18   **1.0 m/s 不同压力下的沉积分布对比**

表 11.15　**1.0 m/s 施药速度时不同压力下的冠层各部分沉积浓度标准偏差分析**

压力 /bar	沉积部位			
	上部	中部	下部	地面
2.5	0.006 364	0.007 714	0.006 819	0.004 743
3.0	0.006 205	0.012 227	0.010 124	0.005 477
3.5	0.005 612	0.007	0.005 916	0.006 042

由图 11.19 和表 11.16 可以看出,随着喷雾压力的增大,雾滴在冠层中的沉积分布在上部、中部、地面有小的增加趋势,下部沉积变化不是很明显。与 2.5 bar 相比,在 3.0 bar 时,冠层上部增加 6.8%,中部增加 17.2%,下部减少 3.5%,地面增加 12.4%;与 2.5 bar 相比,在 3.5 bar 时,冠层上部增加 12.1%,中部增加 41.9%,下部增加 12.3%,地面增加 39.6%。

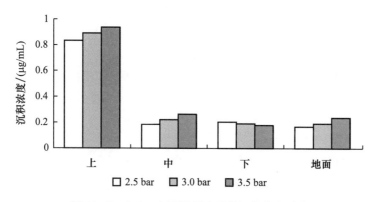

图 11.19　**2.0 m/s 不同压力下的沉积分布对比**

表 11.16　**2.0 m/s 施药速度时不同压力下的冠层各部分沉积浓度标准偏差分析**

压力/bar	沉积部位			
	上部	中部	下部	地面
2.5	0.006 856	0.012 845	0.005 477	0.004 416
3.0	0.007 969	0.007 906	0.008 602	0.007 071
3.5	0.007 649	0.007 141	0.004 743	0.011 64

11.4.4　小结

(1)同压不同施药速度的雾滴沉积分布试验:与 1.0 m/s 的施药速度相比,无论是 2.5 bar、3.0 bar 还是 3.5 bar,在 0.5 m/s 的施药速度时,冠层上部、中部、下部、地面的沉积都增加;在 2.0 m/s 的施药速度时,冠层上部、中部、下部、地面的沉积都减少;在 0.5 m/s 的施药速度时,在 3.5 bar 时,冠层上部沉积最大达 29.6%,在 3.0 bar 时,冠层下部沉积增加高达 42.2%,同时地面沉积也增加,增加达 40.8%;在 2.0 m/s 的施药速度时,各部分沉积明显减少,在 3.0 bar 时,上部沉积减少高达 55.2%,在 2.5 bar 时,中部减少高达 65.1%,在 3.5 bar 时,下部减少高达 33.0%,地面减少高达 22.9%。

（2）同一施药速度不同压力下的雾滴沉积分布试验：在 0.5 m/s、1.0 m/s 的施药速度时，冠层各部分的沉积分布都是随着压力的增大而沉积增多。0.5 m/s 时，上部增加高达 32.7％，中部增加高达 45.0％，下部增加高达 37.1％，地面增加高达 53.1％。而在 2.0 m/s 的施药速度时，冠层各部分的沉积增加趋势没有上述两施药速度沉积增加的明显，冠层上部、中部、下部及地面的增加情况分别为 12.1％、41.9％、12.3％、39.6％。

施药速度慢，雾滴在靶标上方滞留的时间长，沉积量增加，而且随着喷雾压力的增大，冠层沉积增加，但同时地面的药液量也增加；施药速度快，雾滴在靶标上方的滞留时间短，喷出后还来不及到达靶标已被带到靶标前方去，致使沉积量减少，而且非常明显。

11.5　风洞模拟试验

为了更精准地研究环境条件对雾滴沉积行为的影响，利用德国农作物研究中心施药技术研究所现有的高标准可控风洞，重点研究了不同微气候条件下，不同工作参数（不同种类喷头，不同喷雾压力）时雾滴在模拟作物冠层内上部、中部和下部的沉积情况。

11.5.1　正交试验

正交试验目的是确定模拟试验条件下温度、湿度、风速三个因素中影响沉积的主要因素，进而指导进一步试验研究方向。

11.5.1.1　材料与方法

1. 试验用风洞

试验在德国农作物研究中心施药技术研究所进行，其风洞为空调式循环结构，温度、湿度、风速和工作压力准确稳定并连续可调，调节范围为温度 10～30℃，湿度 40％～80％，风速 0～15 m/s，工作段长度 10 m，高度 1.6 m，宽度 2.5 m，用 Therm Anemometer 642 对风速进行测量和标定。风洞整体结构示意图见图 11.20。

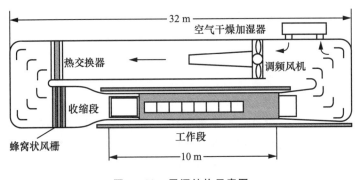

图 11.20　风洞结构示意图

2. 模拟作物及收集装置布置

模拟作物(株高(60±3)cm,顶端冠径(40±3)cm),与风向平行方向为列,垂直方向为行。风洞内模拟植物作业区规格为 7 列 5 行,行距和列距均为 40 cm。第 1 行为缓冲区,从第 2 行起在各行间布置收集装置,雾滴收集采用聚乙烯塑料丝(规格:长度 2 300 mm,直径 2 mm),水平并垂直于气流方向布置在行间。共 5 行,每行 3 根丝线分别布于模拟作物冠层上、中、下部(距风洞底面高度分别为 500 mm、325 mm 和 150 mm)。图 11.21 分别为风洞内布置的模拟示意图及实拍照片。

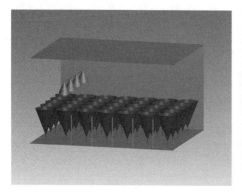

图 11.21　风洞内布置示意图

3. 试验参数

通过喷头和压力的选择来改变雾滴大小和喷雾参数。使用激光衍射粒度仪 PDPA(Phas Doppler Particle Analyzer)测定待用喷头的雾滴体积中径 D_{50}。随机选定 10 个该型号喷头,分别重复 3 次测流量,并计算每个喷头流量平均值及总体平均值,选取单体均值最接近总体均值的 4 个喷头为测试喷头。试验介质为常温清水。不同喷雾参数下雾滴体积中径 D_{50} 和喷头流量见表 11.17。

表 11.17　测试喷头类型及试验参数

喷头型号	LU015	LU015	ID015	ID015	LU03	ID03
喷雾压力/bar	2	4	2	4	2	2
流量/(L/min)	0.48	0.68	0.48	0.68	0.95	0.95
雾滴体积中径 D_{50}/μm	162.7	155.2	588.8	462.5	199.2	754.3

4. 喷雾操作

喷杆长 1 600 mm,4 喷头,喷头间距 500 mm,喷头离风洞底面高度为 1 100 mm。喷杆可电动控制,电磁阀控制喷头的开关。在风洞环境稳定后,更换喷头和喷雾压力,调节喷杆速度为 2.0 m/s。喷洒时手动控制喷杆的移动、停止和喷头体的开关,使二者尽量同步。喷洒液为 1‰ BSF 水溶液。

5. 样品检测

荧光分析仪(SFM25)测试前预热稳定(30 min),设置激发波长为 405 nm,接收波长为 505 nm,电压为 200 V,用蒸馏水清洗仪器校零。待收集丝干燥后取下,用 10 mL 去离子水经超声波洗脱器洗脱,再用荧光分析仪测定每根收集丝上的示踪剂含量。将测试出的荧光浓度与标准溶液的数值进行比较,进行计算即得到沉积量值($\mu g/cm^2$)。

6. 正交设计

风洞工作条件温度、湿度、风速 3 因素 3 水平正交设计共 9 组合(表 11.18)。固定喷雾速度为 2 m/s,改变喷头种类、喷雾压力(表 11.17),分别在各条件下喷雾操作,测量沉积量值。

表 11.18　正交试验设计

序号	A 温度/℃	B 湿度/%	C 风速/(m/s)
1	15	40	0
2	15	60	2
3	15	80	4
4	22	40	2
5	22	60	4
6	22	80	0
7	30	40	4
8	30	60	0
9	30	80	2

11.5.1.2　结果与分析

试验分别测得了上、中、下沉积量的平均值,对于某一特定的工作参数而言,其随环境条件变化有明显不同。比较上、中、下各层沉积量值与整个冠层总沉积量的平均值可知,随环境变化,各层沉积量值的变化趋势与总沉积量平均值的变化趋势相似,且相关系数均在 0.927 9 以上,故下面以总沉积量平均值进行分析。表 11.19 为在各因素水平上不同工作参数下总体沉积量平均值。

表 11.19　不同工作参数下总沉积量平均值　　　　　　　　　　　　　　　　$\mu g/cm^2$

工作参数	沉积量								
	15-40-0	15-60-2	15-80-4	22-40-2	22-60-4	22-80-0	30-40-4	30-60-0	30-80-2
LU015-2	1.524 9	0.691	0.366 1	0.711 4	0.330 8	1.381 6	0.274 5	1.744 4	0.572 3
LU015-4	2.326 5	1.011 5	0.465 7	0.871 2	0.486 3	1.925 5	0.626 1	2.243 6	0.699 5
ID015-2	0.955 7	0.731 1	0.700 4	0.761 3	0.604 1	0.867 2	0.596 9	0.939 1	0.804 2
ID015-4	1.485 6	1.172 6	0.986 6	1.101 2	0.904 9	1.446 2	0.883 3	1.563 6	0.850 1
LU03-2	2.647 4	1.397 3	0.973 8	1.433 1	0.917 5	2.237 7	0.972 6	2.576 2	1.321 4
ID03-2	1.611 1	1.259 5	1.270 5	1.214 8	1.128 6	1.605 5	1.288 6	1.452 2	1.218 5

注:15-40-0 中,15 为温度值,40 为湿度值,0 为风速值;LU015-2 中,LU015 为喷头型号,2 为喷雾压力;下同。

用极差法和方差法分析正交试验结果可引出以下几个结论。

1. 极差分析

各列对试验指标的影响从大到小的排队,就是各列极差 D 的数值从大到小的排队。表 11.20 为各种工作条件下,总沉积量平均值的极差分析表。从表中可以看出,在试验范围内,对各种工作参数而言,温度、湿度、风速各列对沉积量的影响从大到小的顺序均为:风速>湿度>温度。3 种因素中以风速列的极差最大,表示风速列的数值在试验范围内变化时,使沉积量数值的变化最大。

表 11.20　总沉积量平均值的极差分析表　　　　　　　　　　　　　　μg/cm²

工作参数	极差值		
	温度	湿度	风速
LU015-2	0.055 8	0.148 7	1.226 5
LU015-4	0.173 6	0.244 4	1.639 2
ID015-2	0.051 5	0.032 5	0.286 9
ID015-4	0.116 0	0.119 4	0.573 5
LU03-2	0.143 4	0.173 4	1.532 5
ID03-2	0.064 1	0.091 2	0.327 2

对风速而言,各种喷头间比较,LU 系列喷头沉积量的极差值明显大于 ID 系列喷头,其由大到小顺序为:LU015-4,LU03-2,LU015-2,ID015-4,ID03-2,ID015-2。湿度的变化趋势与风速一致,只是各工作参数间的极差值变化幅度较小。温度变化趋势与风速、湿度略有不同,LU015-2 顺序排在 ID03-2 之后。

2. 显著性分析

方差分析结果显示,第 3 列上的因素风速在 $a=0.10$ 水平上显著;第 1、2 列上的因素温度、湿度在 $a=0.10$ 水平不显著。表 11.21 为各种工作参数下风速列方差分析 F 比值。

表 11.21　风速列方差分析 F 比值

工作参数	LU015-2	LU015-4	ID015-2	ID015-4	LU03-2	ID03-2
F 比	3.868	3.868	3.598	3.547	3.892	3.467

由表 11.21 可以看出 LU 系列喷头的 F 比值大于 ID 系列喷头,这与极差分析的结论基本是一致的, F 比值越大,受风速的影响更显著。

3. 效应曲线图

因为第 1 列温度和第 2 列湿度对沉积量值的影响在 $a=0.10$ 水平上不显著,所以沉积量随温度或湿度的变化趋势是不可信的,即沉积量的变化不明显。而随着风速的增大,沉积量明显降低。图 11.22 为各种工作参数下风速因素各水平对沉积量影响的效应曲线图。从图中可看出:风速增大,各种工作参数下沉积量减小。这可能是因为雾滴的大小及喷量引起的。风速的影响将在下文中进一步讨论。

4. 适宜喷洒的环境条件的确定

由农药喷洒目的可知,试验指标沉积量值愈大愈好,因此适宜喷洒条件是各水平下沉积量平均值最大时的条件。由表 11.20 可知,对于 LU015-4,LU03-2,ID03-2,ID015-2 而言,温度为 1 水平(15℃),风速为 1 水平(0 m/s),湿度为 1 水平(40%)沉积量值最大,是这几种工作参数下最适宜的环境条件。对于 LU015-2 和 ID015-4 而言,温度为 3 水平(30℃),风速为 1 水平(0 m/s),湿度为 2 水平(60%)时沉积量值最大,是这两种工作参数下最适宜的环境条件。各种工作参数的最适宜的环境条件之间在温度和湿度上存在差别,是因为第 1 列温度和第 2 列湿度对沉积量的影响都不显著。

5. 对所得结论和进一步的研究方向进行讨论

正交试验虽然得到了以上结论,但因为试验是正交试验,各因素水平只有 3 个,数据系统性较差,以此来描述实际农药喷洒中至关重要的不同喷头和工作参数下的差异、沉积效率等问

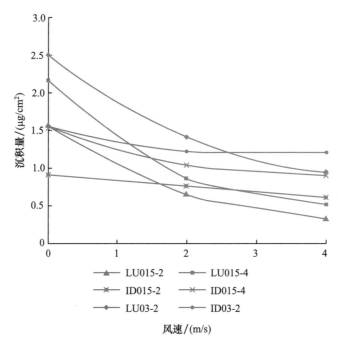

图 11.22　风速对沉积量影响的效应曲线

题时,数据量明显不足。因此,在下面进行了温度、湿度、风速的单因素试验,重点研究不同工作参数下各因素对沉积规律的影响。

11.5.2　温度、湿度单因素试验

温度单因素试验时固定湿度为 60％,风速为 2 m/s,考察温度分别为 15℃、19℃、22℃、26℃、30℃时,各种工作参数下冠层不同位置处沉积规律的变化情况。湿度单因素试验时固定温度为 22℃,风速为 2 m/s,考察湿度分别为 40％、50％、60％、70％、80％时,各种工作参数下冠层不同位置处沉积规律的变化情况。试验其他条件及操作同本文 10.4.1.1。

温度、湿度的单因素试验结果显示,虽然少部分结果有一定程度的规律性变化,但总体而言没有规律性可循,与本文 10.4.1 的结论相同。这可能是由试验系统误差造成的。

为验证是否存在因为风速不稳定而造成误差的可能性,分别补充了无风时极端条件下的重复试验;为验证是否存在因为或冠层结构不稳定而造成误差的可能性,又补充了无冠层条件下有风和无风时极端条件下的重复试验,结果仍不理想。说明在本试验条件下,由于误差的存在,无法确定温度、湿度对沉积规律的影响。

11.5.3　风速单因素试验

由正交试验结果可知,风速是影响沉积量变化的显著因素。因此重点进行了风速对沉积量影响的单因素试验,考察模拟喷雾条件下,冠层不同位置处沉积规律随风速的变化情况。

11.5.3.1　试验材料与方法

风速的单因素试验固定温度为 22℃,湿度为 60％,考察风速分别为 0 m/s、1 m/s、2 m/s、3 m/s、4 m/s 时,各种工作参数下冠层不同位置处沉积规律的变化情况。

11.5.3.2　结果与分析

1. 沉积量随风速的变化

图 11.23 为工作参数 LU015-4 和 ID03-2 时,各层沉积量平均值随风速的变化情况。

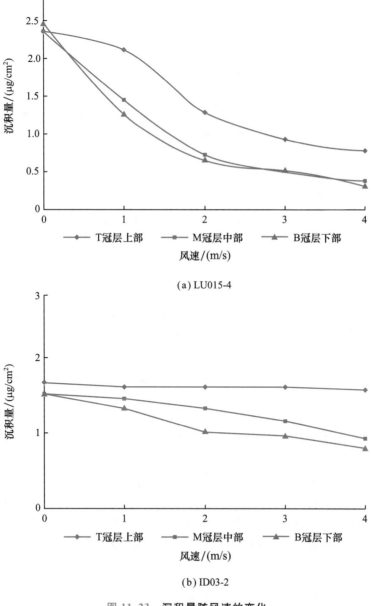

(a) LU015-4

(b) ID03-2

图 11.23　沉积量随风速的变化

图 11.23a 和图 11.23b 分别代表了小雾滴喷雾和大雾滴喷雾时,冠层不同位置沉积量随风速变化的情况。由图可知,模拟冠层各层沉积量均随着风速的增大而降低,但冠层间存在一定差别:对于以工作参数 LU015-4 为代表的小雾滴体系,随着风速增大,冠层上、中、下部沉积量均显著降低,尤其在风速 0~3 m/s 范围内降低更是显著,并由此造成总沉积量在 0~3 m/s 降低显著(图 11.24);而对于以 ID03-2 为代表的大雾滴体系,虽然也是随着风速增大,冠层上、中、下部沉积量均降低,并由此造成总沉积量降低(图 11.24),但上部沉积量降低不如中、下部明显,且远不如 LU015-4 为代表的小雾滴体系。

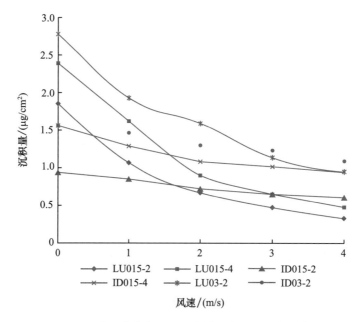

图 11.24　各工作参数下总沉积量均值随风速变化情况

由图 11.24 可以看出,风速增大,各种工作参数下沉积量均减小,且各工作参数间存在明显差异,小雾滴体系沉积量随风速增大而变化的幅度明显大于大雾滴体系,即沉积量更易受风的影响。将该图与 11-21 比较,数据间的复相关系数为 0.991 9,说明数据间的重复性好。另外,利用图 11.24 可以直观确定不同风速下沉积量最高的喷头,对喷雾进行指导。

2. 沉积百分率

根据冠层不同位置上的沉积量值,可以计算上、中、下各层的相对沉积量,考察其随风速的变化情况。图 11.25a 和图 11.25b 分别代表了小雾滴喷雾和大雾滴喷雾时,冠层不同位置上沉积率随风速变化的情况。

由图可知,模拟冠层内,上层的沉积百分率随着风速增大而增大,中、下层沉积百分率随着风速增大而减小。说明风速增加有利于上层沉积百分率的增加,有风时更利于雾滴在上层的沉积;无风或风速小时,中、下冠层沉积百分率值比大风速时高,即此时更利于雾滴的穿透。这可能是因为随着风速增加,雾滴运动方向发生改变,被冠层截留几率增大,进入中、下层的几率降低。

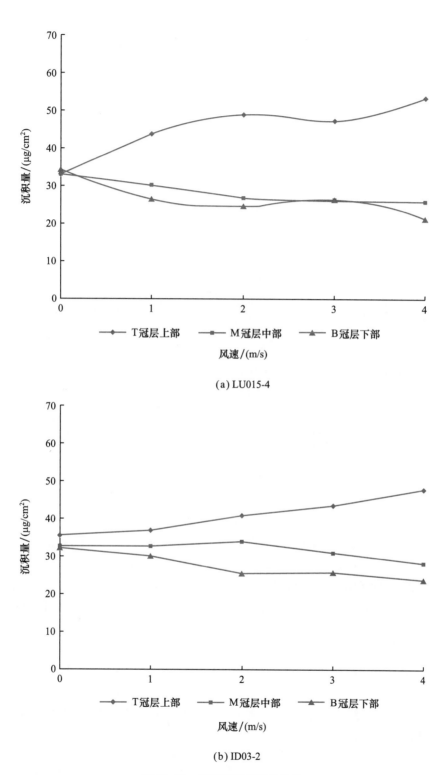

(a) LU015-4

(b) ID03-2

图 11.25 沉积率随风速的变化

3. 农药有效沉积率

在实际的农药喷洒中,衡量施药效果时,农药的有效沉积率是必须考虑的因素。设 $d' = d/L$,以消除喷量 L 对雾滴沉积量 d 的影响,d' 反映了该工作压力下的沉积效率。以 d' 为研究对象,考察了不同风速下有效沉积率的变化情况(图 11.26)。

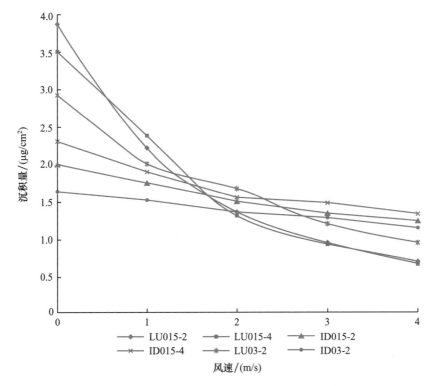

图 11.26　各工作参数下有效沉积率随风速变化情况

比较图 11.26 中有效沉积率与图 11.24 中沉积量值随风速的变化情况可知,有效沉积率随风速的变化情况与沉积量相类似,即均随着风速增大而降低,且小雾滴体系降低显著,大雾滴体系变化不大,说明小雾滴体系的有效沉积率更易受风的影响。

另外,由图 11.26 和图 11.24 可知,当风速一定时,不同工作参数相比较,沉积量大的工作参数其有效沉积率并不一定高,在实际应用中应根据施药要求对二者进行合理取舍。

11.5.3.3　模拟分析

直接用单组数据分析时,由于试验存在误差,部分结果不理想。因此根据试验数据进行了沉积量的数学模拟。

由图 11.24 和以上结论可知,沉积量随着风速的增大而降低,符合指数回归拟合曲线,数量关系可用下式来拟合:

$$y = be^{-ax} \tag{11.1}$$

式(11.1)中,对某一工作参数,a,b 均为常数。a 反映了该喷雾工作条件时,因风速变化而引起的沉积量变化程度;在一定风速变化范围内,a 值越大,则因风速造成的沉积量差别越大,沉积量受风速影响越显著;b 是当风速为 0 时,该喷雾工作条件时的沉积量理论值。表 11.22 为不同工作参数时沉积量 y 与风速 x 的指数关系处理结果。

表 11.22　不同工作参数时沉积量与风速的指数关系处理结果

系数		工作参数					
		LU015-2	LU015-4	ID015-2	ID015-4	LU03-2	ID03-2
上层	a	0.302 8	0.307 5	0.018 5	0.039 9	0.133 5	0.012 6
	b	1.794 3	2.512	0.988	1.605 6	2.734 7	1.640 5
	r	0.992 7	0.965 5	0.976 1	0.925 6	0.961 2	0.948 9
中层	a	0.508 2	0.472 5	0.161 5	0.192 5	0.359 8	0.121 5
	b	1.644 7	2.198 8	0.933 7	1.497 6	2.718	1.586 8
	r	0.986 7	0.974 1	0.996 4	0.976 5	0.997 7	0.935
下层	a	0.533 5	0.501 8	0.213 1	0.216 7	0.422 8	0.165
	b	1.607 4	2.171 4	0.879 8	1.394 2	2.633	1.489 7
	r	0.955 5	0.973 6	0.950 8	0.947 2	0.993 7	0.971 3
整体	a	0.426 9	0.404 5	0.114	0.133 5	0.273 4	0.088 6
	b	1.690 2	2.263 5	0.929 3	1.493	2.663 7	1.565 5
	r	0.987 4	0.981 8	0.984 6	0.951 6	0.991 3	0.988 3

由表 11.22 可知,对特定的某种工作参数而言,冠层中不同位置按照上、中、下层的顺序,a 增大,b 减小。

由表 11.22 和图 11.27 可知,对特定的某种工作参数而言,a 随冠层位置的降低而增大,说明在一定风速变化范围内,各冠层位置相比,下层因风速变化而造成的沉积量变化程度较大,而上层较小,即下层沉积量变化程度受风速影响更显著。b 随冠层位置的降低而降低,说明在一定风速变化范围内,不同位置冠层间沉积特性有明显差别,上层沉积量较大,下层较小。

由式(11.1)可知,当 a 值固定时,沉积理论值随 b 值的降低而降低;而当 b 值固定时,沉积理论值也随着 a 值的增大而降低,因此沉积量的降低是 a 和 b 变化的综合作用。在试验范围内,对某种特定工作参数而言,各层间比较时,a 值的变化较大,b 值的变化相对较小。根据式(11.1)可知,a 值的变化较大,说明在分析各层间沉积量差异时,a 是较主要的因素;b 值的变化相对较小,说明在分析各层间沉积量差异时,b 是次要因素。

由图 11.27 和表 11.22 可以看出,各工作参数之间比较时,除 LU015-2 在上层的 a 值略低外,各冠层及冠层整体的 a 值由大到小顺序均为 LU015-2,LU015-4,LU03-2,ID015-4,ID015-2,ID03-2,说明在一定风速变化范围内,各工作参数下沉积量受风速影响的显著性按以上顺序由高到低排列。这个顺序与雾滴粒径大小顺序是基本相似的。因此以雾滴粒径为横坐标,对 a 作图,雾滴大小与因风速变化而导致的沉积量变化程度曲线如图 11.28 所示。

由图 11.28 可知 a 值随着粒径增大而减小,说明粒径越大,受风速影响造成的沉积量变化程度越低,即大雾滴不易受风速影响。比较各层 a 随雾滴粒径的变化幅度,上层明显小于中下层,说明粒径的变化更容易造成中下层 a 值的变化,即更容易影响中下层的沉积变化情况。

a 随雾滴粒径 D 变化情况符合指数回归曲线,数量关系可用下式来拟合:

$$a = ce^{dD} \tag{11.2}$$

式中,对固定的冠层位置而言,c、d 均为常数,相关系数在 0.941 以上。

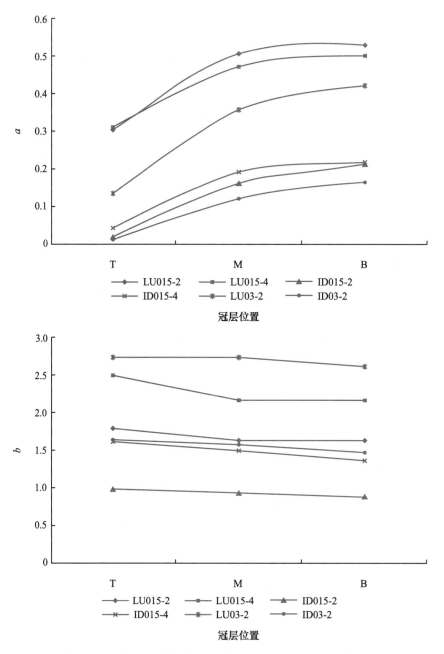

图 11.27　各工作参数下指数回归系数随所处冠层位置的变化

由图 11.27 和表 11.22 可以看出,各工作参数之间比较时,各冠层及冠层整体的 b 值由大到小顺序为 LU03-2,LU015-4,LU015-2,ID03-2,ID015-4,ID015-2,说明喷头间沉积特性有明显差别,LU 系列 b 值较大,ID 系列较小,这可能是由于雾滴大小引起的;各系列中,b 均是 03-2 最大,015-2 最小,应该与喷量有关。

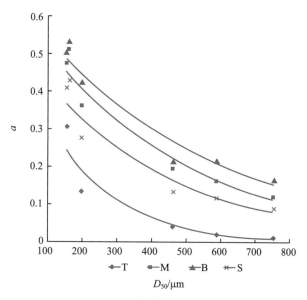

图 11.28 雾滴粒径与系数 a 的关系

设 $b'=b/L$，以消除喷量 L 对 b 影响，不同工作参数下 b' 变化情况如表 11.23 所示。从表中可以看出，各冠层及冠层整体的 b' 值由大到小顺序均为 LU015-2，LU015-4，LU03-2，ID015-4，ID015-2，ID03-2，这个顺序与雾滴粒径大小顺序也是基本相似的。因此，以雾滴粒径为横坐标，对 b' 作图，如图 11-29 所示。

表 11.23 不同冠层不同工作参数时 b' 值

工作参数	LU015-2	LU015-4	ID015-2	ID015-4	LU03-2	ID03-2
上层	3.738 1	3.694 1	2.058 3	2.361 2	2.878 6	1.726 8
中层	3.426 5	3.233 5	1.945 2	2.202 4	2.861 1	1.670 3
下层	3.348 8	3.193 2	1.832 9	2.050 3	2.771 6	1.568 1
整体	3.521 3	3.328 7	1.936	2.195 6	2.803 9	1.647 9

由图 11-29 可知，b' 随雾滴粒径 D 变化情况符合指数回归曲线，数量关系可用下式来拟合：

$$b' = f \cdot e^{gD} \tag{11.3}$$

式中，对固定的冠层位置而言，f、g 均为常数，相关系数在 0.940 5 以上。由式 $b'=b \cdot L^{-1}$ 得：

$$b = f \cdot e^{gD} \cdot L \tag{11.4}$$

将式(11.2)、式(11.4)代入式(11.1)得：

$$y = f \cdot e^{gD} \cdot L \cdot e^{-c \cdot \exp(dD)x} \tag{11.5}$$

式中，对固定的冠层位置而言，c、d、f、g 均为常数，故上式可简化为：

$$y = k \cdot L \cdot e^{D \cdot \exp(dD)x} \tag{11.6}$$

式中，k、d 为与冠层位置有关的常数，L 为某一工作参数时的流量，D 为某一工作参数时的雾

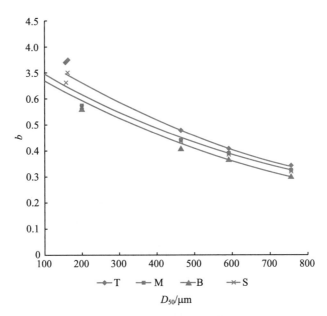

图 11.29　雾滴粒径与系数 b' 的关系

滴粒径,复相关系数在 0.941 8 以上。

11.5.4　小结

研究了风洞模拟条件下不同环境条件、不同工作参数时雾滴在模拟作物冠层内的沉积情况。正交试验结果表明温度、湿度、风速对沉积量的影响从大到小的顺序均为:风速>湿度>温度,在 $a=0.10$ 水平上,风速影响显著,温度、湿度不显著;无风条件最适宜喷洒的环境条件,温度和湿度的影响不大。风速单因素试验结果表明,小雾滴喷雾时模拟冠层各层沉积量随着风速的增大显著降低,大雾滴上部沉积量降低不如中、下部明显,且降低程度不如小雾滴体系显著;对于各种工作参数,上层的沉积百分率随着风速增大而增大,中、下层沉积百分率随着风速增大而减小,说明风速增加更利于雾滴在上层的沉积;无风或风速小时,中下冠层沉积百分率值比大风速时高,更利于雾滴的穿透。模拟分析结果表明,冠层内沉积量随风速的变化与冠层结构、喷头流量、雾滴大小均有关系,符合

$$y = k \cdot L \cdot e^{D \cdot \exp(dD) x}$$

式中,k、d 为与冠层位置有关的常数,L、D 分别为某一工作参数时的流量和雾滴粒径。y 为此时 x 风速下的沉积量值。

11.6　棉花冠层温度变化规律及其对雾滴沉积影响

棉花是我国重要的经济作物,棉花属锦葵科植物,叶片平展,叶面积大,植株冠层稠密,其

冠层小气候与其他禾本科作物不同,在生长旺盛期植株冠层更加稠密,微气候环境直接影响着冠层内的植株的蒸腾作用、光合作用、能量交换等,对其生产产量和质量有着重要影响。

本节主要研究棉花冠层一天内的温度变化及雾滴在冠层中一天中的沉积规律,为棉花大田科学施药提供事实依据。

11.6.1　试验材料与方法

试验施药对象为株高 90 cm 的棉花,药液中加入浓度为 1‰荧光试剂 BSF 作为示踪剂,喷头为 LECHER110-01 喷头。选择晴天与多云两种典型大田气象条件,分别测定冠层上、中、下的药液沉积量。

11.6.2　晴天条件(31～41℃)棉花冠层一天中的温度变化及雾滴沉积分布

由图 11.30 可以看出,在上午,冠层上部温度升高后趋于平稳,且明显高于中、下部温度,冠层中、下部温度接近;下午,冠层上、中、下部温度差明显缩小。结果分析:由于棉花冠层紧密,光照主要照射到上部,上午随着光照增强,上部温度逐渐升高,同时湿度再减少,达到一定温湿度后而趋于稳定,下午随着光照的减弱,上部温度缓慢降低,而中、下部被上层遮挡,在上午时温度变化幅度比上部小,且远低于上部温度,到下午时中、下部的湿度早已降低,所以上、中、下部温差不是很大。

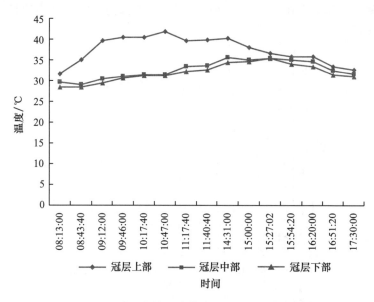

图 11.30　晴天条件下棉花冠层一天中的温度变化

由图 11.31 可以看出,冠层上部沉积在上午时段有缓慢降低趋势,在 14:31 时达到最低,随后有增加趋势,在傍晚时明显增加;冠层中部沉积先降低后升高趋势平缓,在下午沉积有缓慢增加趋势;冠层下部沉积上午先减后增,在下午很平稳且高于上午沉积。结果分析:上午,随着温度逐渐升高,湿度减少,会影响到雾滴的蒸发而飘移,所以上部沉积呈现出先缓慢减少趋势,中午时段,光照最强烈,湿度最小,对雾滴沉积影响最明显,明显降低雾滴在上部的沉积,下午时,由于温度变化不是很大,但此时湿度在逐渐升高,上部沉积呈现出慢慢升高趋势。

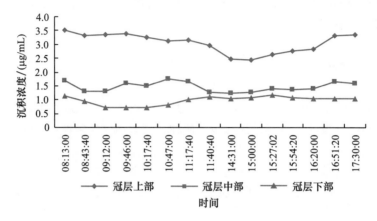

图 11.31　晴天条件下棉花冠层雾滴沉积分布

11.6.3　多云条件(24～32℃)棉花冠层一天中的温度变化及雾滴沉积分布

由图 11.32 可以看出,上午,冠层温度逐步升高,傍晚,冠层上部温度很平稳,且冠层上、中、下温度很相近,冠层各部分温度曲线很平稳。结果分析:多云时,光照不是很强烈,所以上午虽然随着时间的推移温度在缓慢升高,但上部和中、下部的温差不是很明显,到下午时冠层各部位温度更接近。

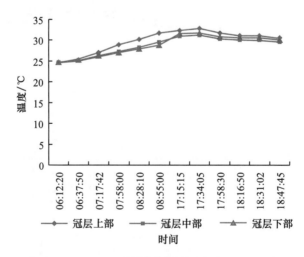

图 11.32　多云条件下棉花冠层一天中的温度变化

沉积结果:上午,上部沉积 51％～57％,中部 29％～33％,下部 13％～15％;下午,上部沉积 44％～57％,中部 25％～36％,下部 15％～22％;06:12—17:34,上部沉积 51％～57％,中部 29％～33％,下部 13％～15％;17:58—18:47,上部沉积 44％～49％,中部 30％～36％,下部 19％～22％;08:55 时,上部沉积量 61.6％(max),中下部分别为 26.3％、12.1％(min)。

由图 11.33 可以看出,冠层中、下部沉积曲线很平稳,傍晚后沉积量有略微增加。冠层上部沉积曲线相对比较平稳。结果分析:06:12—07:58,冠层上部温度 24～28℃,明显低于 17:58—18:47 时间段内温度 30～31℃,温度升高,湿度减小,雾滴蒸发飘移,使上部沉积减小,由于小雾滴在冠层内的穿透,使中、下部的药液沉积有所增加。下午由于冠层各部分温差很小,湿度变化不大,所以沉积曲线呈现出基本平缓趋势。

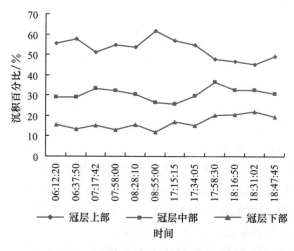

图 11.33　多云条件下棉花冠层雾滴沉积分布

11.6.4　小结

(1)典型晴天条件下,上午冠层温度迅速上升后趋于平稳,且明显高于中、下部温度;下午冠层各部分温度差别不明显;一天中冠层中、下部温度都很接近。

(2)典型多云条件下,上午温度缓慢升高,到下午时趋于平缓;一天中冠层各部分温度差别不明显。

(3)典型晴天条件下,雾滴在冠层各部分的沉积情况是:上午,冠层上部沉积缓慢降低,到下午时迅速降低,傍晚时沉积又升高;冠层中、下部沉积趋于平缓。

(4)典型多云条件下,冠层各部分沉积都很平缓。

11.7　结　　论

以冠层结构比较紧密的棉花和柏竹作为施药对象,以圆形滤纸片作为靶标,从温湿度着手,研究不同温湿度对雾滴沉积飘失的影响,研究雾滴在冠层中的沉积规律;通过对风速的考察,研究雾滴受风速的影响程度,研究雾滴在有风时在冠层中的沉积飘失规律;改变施药速度,研究施药速度对雾滴沉积的影响,研究雾滴在不同施药速度下的沉积飘失规律;大田试验,研究典型天气条件下,棉花冠层一天中的温度变化情况及雾滴在冠层中一天的沉积规律。

(1)温、湿度对雾滴沉积影响结果表明:温湿度的综合作用对雾滴影响显著。高温、低湿时降低雾滴在冠层中的沉积,以中、下部为主,在 3.5 bar 时,冠层中部沉积与常温相比减少 64.1%;低温、中湿时,有利雾滴在冠层中沉积,随着雾滴变小,沉积依次主要集中在上部、中部、下部,在 3.5 bar 时,冠层下部沉积增加高达 51.1%。在低温和常温时,冠层各部分沉积量都是随着喷雾压力的增加而呈现增加趋势,最多时中部增加高达 96.0%;而在高温、低湿条件下,冠层上部沉积仍是随压力增大而有所增加,而在冠层中、下部沉积却随着压力的增加有减少趋势,下部沉积量降低率多达 37.2%。

(2)风速对雾滴沉积影响结果表明:在 1.5 m/s 的低风速时,冠层各部分沉积均为有风时比无风时高,对冠层上部沉积几乎不明显;随着风速增大,冠层各部分沉积均为有风时比无风时低,而且对冠层上部的雾滴沉积影响越来越明显,各部分沉积减少更显著,在 4.5 m/s、3.5 bar时,中部沉积减少 55.7%之多,上部减少达 18.7%。

(3)施药速度对雾滴沉积影响结果表明:与 1.0 m/s 的施药速度相比,在 0.5 m/s 时,冠层各部分沉积均增加,在 3.0 bar 时,冠层下部沉积增加高达 42.2%;在 2.0 m/s 时,冠层各部分沉积均减少,在 2.5 bar 时,中部减少高达 65.1%;在 0.5 m/s、1.0 m/s 时,冠层各部分沉积随压力增大增加十分明显,在 2.0 m/s 时,各部分沉积随压力增大不是很明显。施药速度慢,雾滴在靶标上方滞留的时间长,沉积量增加,而且随着喷雾压力的增大,冠层沉积增加,但同时地面的药液量也增加;施药速度快,雾滴在靶标上方的滞留时间短,喷出后还来不及到达靶标已被带到靶标前方去,致使沉积量减少,而且非常明显。

(4)温度、湿度、风速对沉积量的影响从大到小的顺序均为:风速>湿度>温度,在 $a=0.10$ 水平上,风速影响显著,温度、湿度不显著;无风条件最适宜喷洒的环境条件,温度和湿度的影响不大。风速单因素试验结果表明,小雾滴喷雾时模拟冠层各层沉积量随着风速的增大显著降低,大雾滴上部沉积量降低不如中、下部明显,且降低程度不如小雾滴体系显著;对于各种工作参数,上层的沉积百分率随着风速增大而增大,中、下层沉积百分率随着风速增大而减小,说明风速增加更利于雾滴在上层的沉积;无风或风速小时,中下冠层沉积百分率值比大风速时高,更利于雾滴的穿透。

(5)棉花冠层温度变化规律及其雾滴沉积分布规律研究表明:典型晴天条件下,冠层上、中、下部温度变化趋势一致,在上午时上部温度明显高于中、下部,而中、下部一天中温度差部明显;多云条件下,冠层上、中、下部温度变化趋势一致且无明显温度差;晴天条件下,雾滴在冠层中的沉积情况是:上部上午呈现出先增加后平缓,在中午时最低,下午至傍晚时有增加趋势,中、下部呈现出小幅度波动;多云时,冠层各部分沉积很平稳。

11.8 致　谢

感谢国家自然科学基金项目"施药时雾滴沉积飘失与作物冠层微气象关系"(项目编号:30671388)对本研究的资助!同时,特向本项目做出贡献的所有参加人员表示由衷的感谢!

参 考 文 献

傅泽田,祈力钧.风洞实验室喷雾漂移试验.农业工程学报,1999,15(1):109-112.

顾宝根,姜辉.我国生物农药的现状及问题.微生物农药及产业化.北京:科学出版社,2000,11:13-20.

韩熹来.农业百科全书(农药卷).北京:农业出版社,1993:141-143.

何雄奎,吴罗罗,李秉礼.喷雾机液力搅拌理论与运用研究.耕作机械学会论文集,1996.10:120-124.

何雄奎.改变我国植保机械与施药技术严重落后的现象.农业工程学报,2004,20(1):13-15.

刘秀娟,周宏平,郑加强.农药雾滴飘移控制技术研究进展.农业工程学报,2005,21(1):186-190.

陆永平.植保机械技术现状与发展趋势.湖南农机,2001(5):9-11.

农业部全国农业技术推广服务中心.全国植保专业统计资计资料.2006.

祁力钧,傅泽田,史岩.化学农药施用技术与粮食安全.农业工程学报,2002,18(6):203-206.

钱玉琴.国内外农业施药技术研究进展.福建农机,2006(9),26-29.

邱占奎,袁会珠.添加有机硅表面活性剂对低容量喷雾防治小麦蚜虫的影响.植物保护,2006,32(2):34-37.商庆清,张沂泉.雾滴在树冠中的沉积和穿透研究.南京林业大学学报(自然科学版),2004,28(5):45-48.

邵振润,郭永旺.我国施药机械与施药技术现状及对策.植物保护,2006,32(2):5-8.

邵振润,赵清.更新药械改进技术努力提高农药利用率.中国植保导刊,2004,24(1):36-37.

申双和,李秉柏.棉花冠层微气象特征研究.气象科学,1999,19(1):50-56.

宋淑然,洪添胜.水稻田农药喷雾分布与雾滴沉积量的试验分析.农业机械学报,2004,35(6):90-93.

宋淑然.水稻田农药喷雾上层植株雾滴截留影响的试验研究.农业工程学报,2003,19(6):114-117.

屠予钦.略论我国农药使用技术的演变和发展方向.中国农业科学,1986(5):71-76.

屠予钦.农药使用技术图解.北京:化学工业出版社,2001.

王律先 2006 年全国农药生产回顾及 2007 年展望.中国石油和化工分析,2007(6):43-55.

王荣.植保机械学.北京.机械工业出版社,1990.

王赛妮.我国农药使用现状、影响及对策.现代预防医学,2007,34(20):3853-3855.

吴罗罗,李秉礼,何雄奎,等.雾滴飘移试验与几种喷头抗飘失能力的比较.农业机械学报,1996(增刊):120-124.

熊惠龙,舒超然,陈国发.静电喷粉效果测试和静电喷粉防治马尾松毛虫试验研究.昆虫与环境——中国昆虫学会 2001 年学术年会论文集.北京:中国农业科技出版社,2001:377-381.

袁会珠,何雄奎.手动喷雾器摆动喷施除草剂药剂分布均匀性探讨.植物保护,1998(3):18-22.

袁会珠.农药使用技术指南.北京:化学工业出版社,2004:259.

曾爱军,何雄奎,陈青云,等.典型液力喷头在风洞环境中的漂移特性试验与评价农业工程学报,2005,21(10):78-81.

张嵩山,王长发.冠层温度多态性小麦的性状特征.生态学报,2002,22(9):1414-1419.

赵东,张晓辉,蔡冬梅.植保机械的发展与现状.山东农机,2000(1):8-11.

赵东,张晓辉.梯度风对雾滴穿透性影响的研究及试验.农业工程学报,2004,20(4):21-25.

郑加强,周宏平,等.21世纪精确农药使用方法展望.北京:科学技术出版社,2001.

朱金文,吴慧明,朱国念.施药液量对农药药理作用的影响.浙江农业学报,2003,15(6):372-375.

Bache,D. H. (1975):Agric. Meteorol. 15,379-383.

Bache,D. H. (1980):Symposium on spraying Systems for the 1980's-Mrch 1980.

Coates W. Spraying technologies for cotton deposition and efficacy. Applied Engineering in Agriculture,1996,12(3):287-296.

David R. Miller,Masoud Salyani,April B. Hiscox. Remo temeasurement of spray drift from orchardsp rayers Using LIDAR. MI:ASAE,2003,Paper No. 031093.

E. Franz,L. F. Bouse,J. B. Carlton,et al. Aerial spray deposit relations with plant-canopy and weather parameters. Transaction of the ASAE,1998,41(4):959-966.

Franz E,Bouse L F,Carlton J B,et al. A erial spray deposit relations with plant canopy and weather parameters. Transactions of the ASAE,1998,41(4):959-966.

Gohlic,H,1985,Deposition and penetration of sparys,BCPC Monograph No. 28,Symposium on application and boilogy,pp 173-182,BCPC publication,Surre.

J. R. Lake(1980),Particle Capture by Natural Surfaces. A Lecture on Short Course at CIT(1980).

Miller D R,Stoughton T E,et al. Atmospheric stability effects on pesticide drift from anirrigated orchard. Transactions of the ASAE,2000,43(5):1057-1066.

Robert E. Wolf. Strategies to reduce spray drift [EB/OL]. http://www. oznet. ksu. Edu/library/ageng2 /mf2444. pdf,2004-05-21.

Smith D B,Bode L E,Gerard P D. Predicting groundboom spray drift. Transactions of the ASAE,2000,43(3):547-553.

Tom Dodge. New Spray technology driven by drift. American-fam Industry News,Marl,1998.

W. C. Hoffmann,M. Salyani. Spray deposition on citrus canopies under different meteorologicalconditions. Trans of the ASAE,1996,39(1):17-22.

Whitney J D,Salyani M,Churchill D B,et al. A field investigation to examine the effects of the sprayer type,ground speed,and volume rate on spray deposition in Florida citrus. J Agric Engng Res,1989(42):275-283.

第12章

农药雾滴在水稻叶片上的沉积行为与效果研究

代美灵 宋坚利 何雄奎 刘亚佳 张京 曾爱军

12.1 引　　言

12.1.1 研究背景及意义

水稻是人类赖以生存的主要粮食作物之一,据中国农业信息网报道,近年年均种植面积约 3 000 万 hm²,占粮食作物种植面积的近 1/3,稻谷产量占粮食总产量的 45% 左右,总产量超过 1.8 亿 t,种植户 1.5 亿多户,占农户总数的 60%。因此,水稻的稳产、高产对保障中国粮食安全生产具有重要的意义。病虫草害是影响中国水稻稳产、高产的重要因素之一,据统计,水稻病害有 60 多种,虫害有 78 种。据全国植保专业资料统计,仅 2007 年,水稻病虫害发生面积 11 886 万 hm²,防治面积 18 200 万 hm²次,挽回损失 4 490 多万 t。近些年来,随着气候、耕作制度、种植结构和栽培方式的变化,水稻的病虫害呈现逐渐加重的趋势。水稻常见的病虫害主要有稻瘟病、水稻纹枯病、水稻白叶枯病、稻蛀螟、稻飞虱、稻纵卷叶螟等。目前主要的防治手段是使用化学农药进行常量喷雾防治,不幸的是,农药雾滴很难在水稻叶片上沉积,大多数的农药雾滴往往从水稻叶片上弹跳脱落,导致水稻施药中的农药利用率低。农民为了能够保持水稻叶片上有足够的药液沉积不得不增加施药液量和施药次数,不但浪费了大量的农药,而且对环境和农产品造成了污染。因此,目前要减少水稻病虫害防治过程中农药过量使用所带来的一系列问题,有必要深入探讨和解决的就是药液在水稻叶片上难以持留的问题。

12.1.2 影响水稻叶片上农药沉积的因素

一直以来都有许多专家致力于研究影响农药雾滴在水稻叶片上沉积的因素,研究发现雾滴在水稻叶片难以持留的最主要的原因有两个:一是由于水稻叶片属于天然超疏水性生物表面,水滴在其表面上的接触角高达134°,极不易润湿持留。传统看法认为,水稻叶片呈现疏水的特点是由于其叶片表面覆盖一层蜡质引起的,但是利用扫描电镜技术进行研究发现,同荷花叶片的结构类似,水稻表面也具有微米结构的乳突,Barthlott 和 Neinbuis 通过观察认为,超疏水特性是由于粗糙叶面上微米结构的乳突和表面的蜡状物共同作用引起的。高雪峰、江雷等对此进行了进一步的研究,发现在水稻叶表面的微米结构的乳突上面还存在有纳米结构,这种微纳米复合的阶层结构才是荷叶、水稻等表面超疏水的根本原因。正是由于这种特殊的表面微纳米复合阶层结构有效地降低固体和液体之间紧密的接触,影响了三相接触线的形状、长度和连续性从而大大降低了滚动角,使得水滴在叶片上易于滚动。同荷叶表面结构不同的是水稻叶表面的乳突沿平行于叶边缘的方向一维有序排列,而在垂直于叶边缘的方向上却是任意排列,在这两个方向上水滴的滚动角分别为 3°～5° 和 9°～15°,很明显水滴更容易在沿平行于叶边缘的方向流动。Burton 等对水稻叶片表面的乳突结构和蜡质层对于疏水特性的影响进行了研究,结果发现乳突和蜡质层对于超疏水特性的影响都非常重要。Guo 等利用扫描电镜对于水稻等超疏水表面的微纳米结构进行了研究。对荷叶、水稻等植物叶片的超疏水特性研究促进了自清洁新材料的发展。

另外一个原因是药液理化特性没有达到高效沉积的要求。在农药使用过程中,由于药液的表面张力太大,药液不能在植物靶标上润湿铺展而导致雾滴滚落。为了提高药剂的防治效果,人们通过添加表面活性剂来降低药液的表面张力。刘程等研究发现,只有当液体的表面张力小于固体表面的临界表面张力时,雾滴才能在固体表面很好地湿润展布;屠豫钦等研究发现,只有当药液中的表面活性剂的浓度超过临界胶束浓度时,药液才能在叶片上持留。顾中言等针对表面张力对药液沉积的影响进行了相关研究,认为大多数药剂推荐浓度药液的表面张力值都大于水稻、小麦和甘蓝的临界表面张力值,药液中的表面活性剂浓度未达到临界胶束浓度,这是导致大多数药剂难以在这些植物表面润湿展布的原因所在。针对该原因的解决方法有两种,一是选用能显著降低表面张力的表面活性剂,二是增加表面活性剂的用量,使推荐剂量药液中的表面活性剂浓度达到临界胶束浓度。合理地使用表面活性剂、提高植物叶片表面持留药液的能力,是提高农药药液防治效果的重要途径。

除了水稻叶片表面结构、药液理化性质等因素影响外,雾滴粒径大小、施药液量、叶片倾角、施药压力、喷头类型以及环境条件等其他因素也会影响药液在水稻叶片上的沉积。

雾滴粒径大小是影响药液在靶标上沉积的重要因素。朱金文等通过研究发现农药雾滴大小对药剂在水稻叶片上沉积的影响很大,发现使用雾滴体积中径 VMD 小的雾滴处理时,药液的沉积量较雾滴体积中径大的处理多。由于水稻叶片较狭窄,纵向生长,小雾滴沉积时重力影响相对较小,雾滴与叶片碰撞后发生弹跳现象的可能性相对较小,较容易沉积,粗雾滴沉积时重力的影响相对比较大,难以在水稻叶片上持留。

施药液量直接影响了药液在靶标上的沉积量。朱金文等研究了施药液量对不同药液在水稻上沉积的影响,发现在一定的施药液量范围内,增加施药液量反而降低了毒死蜱、氟虫腈在水稻叶片的沉积量,发现采用小雾滴和低容量喷雾会提高药液在水稻叶片上的沉积量。袁会珠等研究发现作物叶片承载施药液量有一个流失点,这个点承载施药液量达到饱和,当施药液量超过植株的药液流失点后会造成药液的浪费,我国农药使用过程中施药液量过多是一种普遍现象。有人研究发现,用水量太多,会使农药稀释过度,可能导致药液的表面张力增大,药液对水稻叶片的接触角增大,降低助剂的作用,不利于药液在水稻叶片上的沉积。

叶片倾角也是影响雾滴沉积的一个因素。叶片倾角对药液沉积量的影响主要是通过农药雾滴与叶片的撞击来实现的。当药液在叶面接触角较大时,由于雾滴的弹跳,倾斜叶面就会明显降低药液的沉积量。水稻、小麦等禾谷类作物,有独特的大倾斜度叶片甚至于直立的叶片形态构造,这对于雾滴在叶面上的沉积是非常不利的,药液很容易从叶片表面滚落下来。朱金文等通过对棉花、空心莲、水稻的研究发现雾滴大小、叶片倾角、施药量会对药液沉积产生影响,结果显示水稻叶片倾角不同时,药液的沉积量差异较大。随着叶片倾角变小,毒死蜱的沉积量相应的减小。

施药压力和喷头类型也会对雾滴在水稻叶片上的沉积产生影响。喷雾压力和喷头类型直接影响了喷雾雾滴的大小。对于同一类型的喷头来说,在相同的压力下,流量越大,雾滴体积中径 VMD 越大。而对于任何喷头来说,提高喷雾压力,雾滴的粒径就会减小。

在喷洒农药的过程中,环境条件对农药雾滴沉积的影响也很大。主要的环境因素有:温度、湿度、光照、风等。温度越高,雾滴越容易蒸发;风对雾滴的运动会有直接的影响,并且也能加快雾滴的蒸发;光照对雾滴的影响较小,光照影响的主要是一些微生物农药和一些光敏型的农药。

12.1.3 液滴撞击行为

药液从喷雾机具药箱向生物靶标的剂量传递过程中,要经过喷头雾化、空中飞行、雾滴撞击靶标以及撞击靶标后雾滴在靶标上沉积等几个阶段。同小麦、棉花等作物相比,在相同的作业条件下,同种药液在水稻叶片上难以持留的主要原因在于雾滴撞击水稻叶片过程中所表现出的差异性,因此研究液滴与靶标的撞击行为有非常重要的意义。

液滴与固体表面的碰撞现象在许多工程领域及自然界广泛存在,并且在某些领域中是很难避免的,因此,对液滴碰壁现象的实验及理论研究逐渐受到重视。对于液滴碰撞现象研究主要集中在内燃机燃油雾化、航空航天材料侵蚀、喷雾降温、喷涂等众多领域,而在施药技术领域还未见有关农药液滴撞击叶片的相关研究。液滴碰撞现象的主要研究内容包括液滴撞壁的机理、喷雾撞壁的三维计算机模拟、先进测试技术的研究和应用、利用撞壁改善燃烧的实用研究和试验。对于撞壁雾化机理研究的分析对象多为单液滴,早在 20 世纪 60 年代,Wachters 等就研究了水滴垂直撞击在高温平壁上的现象,结果发现液滴撞壁后反弹与附壁的发生由无量纲参数韦伯数 We 判别,We 的临界值为 40;Reitz 等将此现象用著名的黏附、反射、壁喷模型加以描述,该模型被应用于许多缸内计算的燃烧模型中;后来 Naber、Watkins、Wang、Bai 和 Gossman 等对模型进行了修改完善,Bai 和 Gossman 提出的模型对液滴撞壁的类型进行了更为详细的划分,分为 7 种形式:黏附、反弹、铺展、沸腾产生破碎、反弹伴随破碎、破碎、飞溅。由于上述模型的适用范围是内燃机中的碰壁现象,所以会出现由于缸内壁面的高温产生的特殊的碰壁类型。在总的液滴撞壁模型中大体有 3 种类型:反弹、破裂、黏附,所以,农药雾滴碰撞水稻叶面后发生的结果基本有 3 种类型:反弹、破裂、黏附。

覃群等基于 TAYLOR 比拟思想建立了单液滴碰撞的 TAR 模型,此模型指出,判别液滴是否能够反弹的临界韦伯数不是 1 个常数,而是随粒径发生变化。施明恒研究了液滴在固体表面的瞬时扩展半径,并且用能量分析方法建立了液滴撞击固体表面后的湿润接触和非湿润接触的物理模型,并且计算结果较好的符合实验结果。毛靖儒等利用高速摄影技术以及胶片图像分析对液滴撞击光滑固体表面和锯齿状固体表面时的流体动力特性进行了研究。张荻等对液滴与弹性固体表面撞击进行了研究,经大量的数值模拟并量纲一化以后,发现不同粒径的液固撞击过程是相似的。在农药喷施实际作业中,雾滴与靶标表面碰撞的情形非常复杂,这是由于在喷施过程中药液雾化后的雾滴粒径大小不均,雾滴的运动速度和运动方向也不一致,叶片的形态部位多种多样,并且植物叶片属于生物体,所以碰撞中的能量交换难以估计,这些因素也使得研究药液与植物靶标的碰撞变得非常困难。福米兹等认为接触角小于 145°的,不可能发生反弹现象,但是运用高速摄像技术,Reichard 等观察了类似 67 μm 的细雾滴的反弹情况,直径>400 μm 的大雾滴碰撞叶片后容易发生散射。

雾滴附着在靶标上以后并不处于一个稳定的状态,可能要滚动、滑落、聚合,还要受到外界如风力、冠层晃动、震动等的干扰,这些干扰会在雾滴内部引起振荡,从而加剧雾滴的不稳定性。国内外对于农药雾滴在靶标上脱落的临界脱落力的研究还很少。Schwartz、Pierce 等对雾滴滑动进行了研究。闵敬春等研究了在竖直平壁上处于临界状态的雾滴,重点研究了横掠气流对雾滴脱落尺寸的影响。他们从力的平衡出发建立了有关雾滴脱落直径的联立方程,并且解析了无风时雾滴的脱落直径。计算结果表明:风速越大,雾滴离竖直平壁的前缘越近,雾滴的脱落直径越小,并且脱落直径减小得越快。林志勇等利用可视化实验观察了在水平表面上液滴在吹风条件下的振荡现象。实验结果表明:液滴的振荡特性同液滴尺寸、表面粗糙度、风速等有一定关系。王晓东等以空气横掠水平壁面上的液滴作为研究对象,从力的平衡的角度出发建立了脱落直径的联立方程,讨论了液滴脱离直径与来流速度的关系。张晓辉等对雾滴到达固体表面之后进行了黏附力的分析,并且分析了已经黏附的雾滴脱离固体表面的 3 种方式。

12.1.4　主要研究内容

为了能够增加农药在水稻叶片上的沉积,专家已经进行了大量研究,但是根据上述对于影响农药雾滴在水稻叶片上沉积的因素和雾滴撞击靶标表面以及撞击之后动态的分析,发现还存在许多问题。

第一,在研究过程中,没有对水稻叶片的表面微结构进行细致的研究,并且没有从微观角度对雾滴在水稻叶片微结构上的持留形态和具体的沉积部位等进行详细分析。

第二,对于药液特性的研究集中在表面张力等方面。一般认为,超疏水表面雾滴的接触角大,滚动角小,但是江雷等利用从壁虎高黏附力获得的灵感仿生制备出一种对水滴具有高黏附的超疏水阵列聚苯乙烯管材料。水滴在这种材料表现出大接触角,大滚动角的特性。从这一点可以看出,单纯从接触角并不能判断雾滴的持留特性,需要综合考虑接触角和滚动角。这也给我们一个启示,即使药液表面张力大,接触角大,如果能够增加雾滴与水稻叶片之间的黏附力,也可能增加药液在水稻叶片上的沉积量。

通过分析可以得出,目前的研究还处于探索阶段,要解决药液在水稻叶片上难以沉积的问题需要进行更细致全面的研究。本文的目的是通过研究不同品种水稻叶片在不同生长期、不同部位的表面微结构,理论推算雾滴在叶片表面不同微结构的临界脱落直径,探寻雾滴在水稻叶片上的主要沉积部位,并对能够提高雾滴在水稻叶片上沉积的方法进行研究,以期探索一套行之有效的能够大幅度提高药液在水稻上沉积的施药措施。主要的研究内容有:

（1）对雾滴撞击水稻叶片的行为进行理论分析，主要包括液滴的润湿理论、雾滴在水稻叶片上临界脱落直径的分析、雾滴撞击水稻叶片的过程分析、液滴撞击固体表面的变形过程分析以及液滴撞击固体表面过程中的能量耗散，并从理论上分析不同因素如撞击角度、雾滴粒径、接触面、雾滴物性以及撞击速度等对雾滴撞击行为的影响。

（2）研究不同水稻品种在不同生长期不同部位的叶片表面微结构，对不同的微结构进行详细的观察研究并进行数据统计，根据观察及数据统计结果建立雾滴在不同微结构上沉积的理想化模型，并计算雾滴在不同微结构上的临界脱落直径，据此分析雾滴在水稻叶片上的主要沉积部位，并对其进行进一步的确证。

（3）研究不同因素如叶片倾角、雾滴粒径、雾滴密度、药液物性以及不同喷头组合等对雾滴在水稻叶片上的撞击行为效果的影响，为解释各个因素对沉积量的影响提供数据支持。其中用高速摄影仪记录液滴在叶片倾角和雾滴粒径不同时雾滴的沉积过程，更直观明确地了解雾滴的沉积过程。

12.2　雾滴撞击水稻叶片的理论分析

12.2.1　润湿理论

润湿是日常生活和生产中常见的现象，润湿性是固体表面的重要特征之一，它是由表面的化学组成和微观几何结构共同决定的。润湿性通常用液体在固体表面上的接触角 θ 来表征，接触角定义在固、液、气三相交界面与固液相界面之间的夹角。通常称接触角小于 $90°$ 的为亲水表面，接触角大于 $90°$ 的为疏水表面。而超疏水表面则是指具有非常高的水接触角，且水滴能轻易流动的表面，水稻叶片就属于这样的超疏水生物表面，超疏水表面的形貌特征在于其表面的粗糙性，或者所谓的各向异向性。关于润湿理论有如下几种模型：

1. 杨氏（Young's）润湿方程

对于理想的固体表面来说，水滴在其表面上的形态是由固体、液体和气体三相接触线的界面张力来决定的（见图 12.1）。

水滴的接触角可以用经典的杨氏润湿方程来表示

$$\cos \theta = \frac{\sigma_{sv} - \sigma_{sl}}{\sigma_{lv}} \qquad (12.1)$$

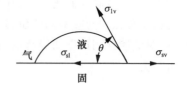

图 12.1　水滴在理想表面的接触角示意图

式中，σ_{sl} 为固-液界面张力；σ_{sv} 为固-气界面张力；σ_{lv} 为液-气间的界面张力；θ 为材料的本征接触角。

2. Wenzel 理论

现实世界中，真实的固体材料表面往往都是粗糙的，并不是杨氏方程中的理想表面，液滴的接触角通常不等于本征接触角。在 1936 年，Wenzel 教授研究了表面粗糙度对润湿的影响。Wenzel 描述的主要是液滴完全润湿粗糙表面的状态，关联了表观接触角与表面粗糙因子 r 以及杨氏方程的本征接触角的关系，并且得出表观接触角与本征接触角的关系

$$\cos\theta_w = r\cos\theta \tag{12.2}$$

式中，r 为粗糙因子，该值大于1，由表面的实际面积与投影面积的比值决定；$\cos\theta_w$ 为表观接触角。

3. Cassie-Baxter 理论

但是 Wenzel 理论有一定的局限性，因为研究发现即使用亲水材料也能做成超疏水的表面，这是 Wenzel 理论所无法解释的。Cassie 和 Baxter 在对大量自然界超疏水表面的研究过程中又提出了复合接触的概念，即液滴悬着于粗糙表面的突起之上，液滴与表面的接触面积非常小，并在杨氏方程的基础上得出如下公式：

$$\cos\theta_c = f\cos\theta - (1 - f) \tag{12.3}$$

式中，f 为表面的固态相分率，该值小于1；θ_c 为表观接触角。由方程可以得出，f 越小，并且原平坦表面的 θ 越大，那么表面的疏水性就越高。

12.2.2 液滴在水稻叶片的临界脱落直径

在农药喷雾过程中，农药雾滴附着在靶标植物上是一种黏附现象。在黏附过程中液滴圆球接触靶标植物表面，致使部分气-液界面转变为液-固界面。在这个过程中，系统增加单位界面面积时自由焓的变化量即为界面张力。以单位面积来计，系统自由焓的变化是：

$$\Delta G = \sigma_{sl} - (\sigma_{lv} + \sigma_{sv}) \tag{12.4}$$

由式(12.1)和式(12.4)可得出：

$$\Delta G = -\sigma_{lv}(1 + \cos\theta) \tag{12.5}$$

由于 $0 < \theta < 180°$，所以在黏附过程中系统自由焓的变化 $\Delta G < 0$，可见黏附是一个自发过程。若要使已经黏附的液滴脱离固体表面，必须借助于外力作功，才能使系统自由焓增加相当于之前失去的自由焓，即需要克服的单位面积黏附功

$$W_a = -\Delta G = \sigma_{lv}(1 + \cos\theta) \tag{12.6}$$

图 12.2 为液滴从倾角为 α 的固体表面脱落过程的模式图，以外力的微位移做功与接触圆微位移所需克服的黏附功相平衡为脱落条件，对液滴从固体壁面脱落的条件进行了分析，液滴的脱落方程式可写为：

$$P \cdot \sin\alpha \cdot ds = W_a \cdot dA \tag{12.7}$$

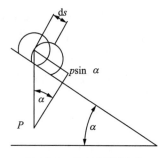

图 12.2 临界脱落模式

式中，P 为诸外力在脱落方向的合力；W_a 为单位面积黏附功；ds 为沿斜面下落的距离；dA 为接触面脱离的距离。

液滴在水稻叶片上持留时，导致液滴从叶片上脱落的力只有重力，即

$$P = G = mg = \rho V g \tag{12.8}$$

由于水稻叶片为微纳米结构，雾滴持留在叶片上与叶片接触面实际为雾滴与微纳米结构的接触面，因此 dA 应为 $f \cdot dA$，根据费千等的研究结果并结合雾滴在水稻叶片上脱落的实际情况可得脱落方程为

$$\rho g \frac{\pi}{3} R^3 (1 - \cos \theta_r)^2 (2 + \cos \theta_r) \cdot \sin \alpha \cdot ds = \sigma_{lv} (1 + \cos \theta) \cdot f \cdot 2ds \cdot R \sin \theta_r \tag{12.9}$$

解方程可得液滴的临界脱落半径

$$R = \left[\frac{f \cdot 6\sigma_{lv} (1 + \cos \theta) \cdot \sin \theta_r}{\rho g \pi (1 - \cos \theta_r)^2 (2 + \cos \theta_r) \cdot \sin \alpha} \right]^{\frac{1}{2}} \tag{12.10}$$

有研究表明在微细结构疏水表面,液滴形成的方式不同会导致所处状态的不同,通过表面沉积得到的通常符合 Cassie 模型,Cassie 状态液滴的固态相分率 f 为复合接触面中固体的面积分数。农药雾滴沉积到水稻叶片上符合 Cassie 模型,故 $\cos \theta_r = f \cos \theta - (1 - f)$

将式(12.3)代入式(12.10),可得

$$R = \left[\frac{f \cdot 6\sigma_{lv} (1 + \cos \theta) \cdot [2f(1 + \cos \theta) - f^2 (1 + \cos \theta)^2]^{\frac{1}{2}}}{\rho g \pi \sin \alpha [2 - f(1 + \cos \theta)]^2 [1 + f(1 + \cos \theta)]} \right]^{\frac{1}{2}} \tag{12.11}$$

令 $k_1 = 1 + \cos \theta$,$k_2 = \dfrac{6\sigma_{lv}}{\rho g \pi \sin \alpha}$,得

$$R = \left[\frac{k_1 k_2 f \cdot (2fk_1 - f^2 k_1^2)^{\frac{1}{2}}}{(2 - fk_1)^2 (1 + fk_1)} \right]^{\frac{1}{2}} \tag{12.12}$$

将 R 对 f 求导,得出

$$R' = \frac{1}{2} k_1^{\frac{3}{4}} \cdot k_2^{\frac{1}{2}} \cdot f^{-\frac{1}{4}} \cdot (2 - fk_1)^{-\frac{7}{4}} \cdot (1 + fk_1)^{-\frac{3}{2}} \cdot \left[\left(fk_1 + \frac{1}{2} \right)^2 + \frac{11}{4} \right] \tag{12.13}$$

由于 $f > 0$,$k_1 = 1 + \cos \theta > 0$,$k_2 = \dfrac{6\sigma_{lv}}{\rho g \pi \sin \alpha} > 0$,$2 - fk_1 > 0$,$1 + fk_1 > 0$,$\left(fk_1 + \dfrac{1}{2} \right)^2 + \dfrac{11}{4} > 0$

$$故 \ R' > 0$$

即 R 是一个以 f 为自变量的单调递增函数。

综上,R 是一个以 f 为自变量的单调递增函数,由式(12.10)可得,R 与 $\sin \alpha^{\frac{1}{2}}$ 成反比。

(1)当 α 固定不变时,随着 f 增大,临界脱落半径 R 相应增大,脱落直径也相应增大。

(2)当 α 变大时,$\sin \alpha$ 增大,临界脱落半径 R 相应减小,脱落直径也相应减小。

12.2.3　液滴撞击固体表面的过程

液滴与固体表面的撞击是典型的自由表面流动问题,那么若要研究液滴与水稻叶片撞击的现象可以应用液滴与固体表面的撞击理论。

自由表面流动问题最难以确定的就是自由表面的部位。自由表面是指液体与气体相接触时的接触面,它的形状随着其所处环境的变化或者液体的运动而变化。液滴与固体表面的撞击非常复杂,因为它不仅仅是一个流体动力学的问题,而且还和表面物理学有关。液滴撞击壁面后,由于受力发生变化,液滴形状发生变化,液滴的部分表面发生自由流动;与此同时,液滴与固体壁面或者空气也伴随着热、质的交换。液滴撞击固体表面后会发生铺展、反弹甚至飞溅。撞击过程中液滴形状随着时间变化,因此自由表面的部位也随着时间不断变化。这种变化一方面取决于液滴自身的特性,如液滴粒径的大小、表面张力、黏度和密度等,另一方面还与

撞击表面的性质有关,如表面粗糙度、表面温度、表面形状和湿润度等。

液滴与固体表面的撞击过程变化复杂,在液滴与固体表面的温差、撞击速度、固体表面的润湿性、表面粗糙度等不同的情况下,变形过程会有很大的区别。可以根据形态特征把液滴撞击固体表面的整个变形过程分为 4 个阶段:运动阶段、铺展阶段、松弛阶段和润湿阶段或平衡阶段。

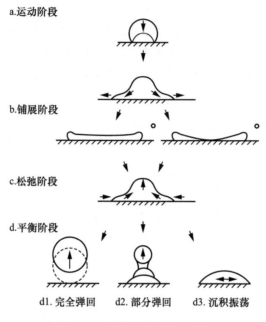

图 12.3　液滴变形过程示意图

(1)运动阶段(图 12.3a),固体表面的湿润性几乎对液滴没有影响,由于液滴的表面张力和黏性的作用,液滴仍能保持球形。

(2)铺展阶段(图 12.3b)是从液滴下部出现一小薄片开始的。铺展阶段的主要特征是液滴变形在底部形成薄层,撞击压力使液滴趋向于铺展成一个圆盘状的非平衡态液膜,并且离平衡状态越来越远。在此阶段,固体表面的润湿性对铺展有一定的影响,并且 Re 数的影响要比 We 大。在此阶段末期,液滴将会达到最大的铺展直径。其最大铺展因素 $\beta_{\max}$ 为:

$$\beta_{\max} = \frac{D_{\max}}{D} = \sqrt{\frac{(We + 12)}{3(1 - \cos\theta_a) + 4\left(\dfrac{We}{\sqrt{Re}}\right)}} \tag{12.14}$$

上式描述了液滴的最大铺展直径 $D_{\max}$ 与液滴的初始直径 D、Re、We、前进接触角 θ_a 之间的关系。

(3)在松弛阶段(图 12.3c),液滴产生回缩,这取决于液滴自身储存的"弹性"能量和液滴与固体表面的吸附力的大小。"弹性"能量由液滴的表面张力和内部的分子间作用力提供。液体与固体间的相互作用和液滴的黏性效应会产生反抗弹性力的力。液滴的黏性大以及液体与固体之间的相互作用大都会减少回缩程度。

(4)在润湿阶段(图 12.3d),液滴将会达到一种平衡状态。能量的大小不同可能会发生不同的变形情况,如果动能不足以克服重力势能则不会脱离固体表面,而是在固体表面上振荡沉积,如果动能很大则可能发生部分回弹或者完全反弹。无论是哪一种情况,当能量完全耗散达到平衡后都会形成接近于球形帽的液滴,只是达到平衡的时间不一样。

蒋勇,范维澄等将喷雾碰壁分为黏附、反弹/黏附、飞溅/附壁射流 3 个相互重叠的过程,综合描述了喷雾碰壁的黏附、反弹、飞溅、附壁射流等物理现象。此模型以液滴的韦伯数 We 为判断准则。

①$We < C_1$ 时,黏附,即液滴碰壁后黏附在壁面上。

②$C_1 \leqslant We \leqslant C_2$ 时,反弹/黏附,即有一部分液滴反弹,另外一部分液滴黏附在壁面上。

③$We \geqslant C_2$ 时,飞溅/附壁射流,即有一部分液滴飞溅,另外一部分液滴在壁面上形成附壁射流。

上述 C_1,C_2 为通过实验确定的常数,与喷雾形式和液滴的种类等有关。

覃群,张群生在 O'ROURKE 和 AMSDEN 建立的 TAR 模型基础上,将液滴与壁面撞击后的变形过程看成是一有阻尼单质量弹簧系统的运动。液滴撞击壁面后可能有 3 种运动情况(图 12.4):

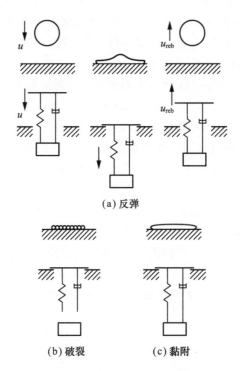

图 12.4　液滴碰壁行为与单质量弹簧系统类比

①反弹,相当于一弹簧质量系统碰壁后的反弹,由于阻尼的作用,反弹速度小于入射速度。

②破裂,这相当于弹簧质量系统的冲击太强,质块位移超过弹簧强度极限造成弹簧断裂的情况。

③黏附,相当于阻尼作用非常强,使此系统处于过阻尼状态,不能发生振动。

液滴撞击固体壁面后的行为是由惯性力、表面张力和黏性力相互作用决定的。表面张力的重要性取决于 3 个无量纲数:韦伯数、雷诺数和 Oh 数。其定义分别为:

$$We = \frac{\rho \nu^2 D}{\sigma} \qquad (12.15)$$

$$Re = \frac{\rho \nu D}{\eta_s} \qquad (12.16)$$

$$Oh = \frac{\eta_s}{\sqrt{\rho \sigma D}} = \frac{\sqrt{We}}{Re} \qquad (12.17)$$

其中,ρ 为液滴的密度;ν 为液滴撞击固体表面时的速度;D 为液滴的初始直径;η_s 为液滴的黏度;σ 为液滴的表面张力。

韦伯数 We 表示液滴的惯性力与表面张力的比值,其大小决定了液滴在撞击过程中变形的程度。当 $We<1$ 时,表面张力起主导作用,撞击过程中液滴会趋于稳定;当 $We>1$ 时,液滴的惯性力起决定作用,撞击过程中液滴更容易不稳定。雷诺数 Re 表示惯性力与黏性力的比值。Oh 用来描述黏性力与表面张力的比值。

在农药喷雾过程中,通常会在农药药液中加入表面活性剂来改变药液的表面张力和黏度。表面活性剂是通过界面的吸附来改变界面性质的,通常随着表面活性剂溶液浓度的增大,表面张力不断减小,达到某一浓度后,表面张力降至最低值,此时溶液达到临界胶束浓度,当溶液达到临界胶束浓度后再提高表面活性剂的浓度,溶液的表面张力也不再降低。在表面活性剂的水溶液中,新形成的表面在陈化过程中溶液表面张力会随时间而变化,一定时间后达到稳定值,这种随时间而变化的表面张力即为动态表面张力,以 DST 表示。

在研究农药液滴撞击水稻叶片的过程中,需要研究的是药液的动态表面张力对撞击行为的影响。这是因为,农药喷雾过程是一个动态过程,可以分为药液雾化成液滴、液滴朝向靶标运动、液滴与靶标表面碰撞 3 个阶段,药液雾化成液滴的过程是药液分散成一薄液膜,液膜破碎成液丝,液丝断裂成液滴,在此阶段药液表面不断改变。表面活性剂分子在新鲜表面上吸附过程被打乱,因此在此阶段中药液的表面张力达不到平衡表面张力。在液滴朝向靶标运动的过程中,液滴在重力、曳力和表面张力的共同作用下,由初始状态经历反复拉伸和收缩的振动过程,最终成为稳定的圆球,因此在此阶段,表面活性剂分子也不能完成稳定的吸附过程,液滴的表面张力也达不到平衡表面张力。液滴与靶标表面的碰撞过程液滴急速变形也会干扰表面活性剂分子吸附,因此对于添加了表面活性剂的农药药液,在研究农药液滴与靶标碰撞行为的时候,韦伯数与雷诺数的计算公式应为:

$$We = \frac{\rho \nu^2 D}{\sigma_t} \qquad (12.18)$$

$$Re = \frac{\rho \nu D}{\eta_t} \qquad (12.19)$$

式中,σ_t 为碰撞瞬间液滴的表面张力;η_t 为碰撞瞬间液滴的黏度。因此需要研究动态表面张力和黏度对沉积的影响。

12.2.4 液滴撞击固体表面过程中的能量耗散

当液滴撞击固体表面,液滴就开始在固体表面上铺展。液滴撞击表面时的动能在克服黏性力和建立新的液滴形状时被耗散了。作用在液滴界面上的表面张力阻止液滴在固体表面上铺展并引起液滴回缩。在液滴回缩的过程中,液滴的动能随之增加。由于惯性流动的作用,液滴的高度逐渐增加直到液滴的动能全部转化为势能。如果液滴在回缩期间其惯性大到足够使液滴从固体表面升起,那么液滴就反弹;否则,液滴在达到最大高度后又开始在固体表面铺展。液滴的表面张力和接触角的不同,会导致其在固体表面上的振荡有不同的情况,比如液滴会在固体表面完全反弹、部分反弹或者铺展。

液滴由下落时的球形变成一个附在表面上的圆盘过程可简化如图12.5所示。

经过初始变形阶段以后,液滴圆盘会像液膜一样从碰击中心沿着表面向四周扩展,根据能量守恒的Langrangian形式,有公式如下

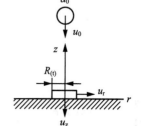

$$d(E_K + E_P + E_D) = 0 \qquad (12.20)$$

式中,E_K为液体圆盘的动能;E_P为液体表面能;E_D为由于液体内部黏性运动引起的能量耗散。根据图12.3,上述3个能量项可以用下述各式表达:

$$E_K = \rho_L \int_0^V \frac{1}{2}(u_r^2 + u_z^2)\,\mathrm{d}V \qquad (12.21)$$

$$E_P = S_s\sigma_s + S_g\sigma_g \qquad (12.22)$$

图12.5 **液滴撞击过程**

$$E_D = \int_0^t \int_0^V \phi\,\mathrm{d}t\mathrm{d}V \qquad (12.23)$$

式中,S_s为液固接触面积;S_g为气液接触面积;σ_s为液-固-气三相之间的有效表面张力;σ_g为气-液之间的有效表面张力;ϕ为单位时间单位液体容积内的能量耗散率。

根据参考文献,液滴与水稻叶片的接触是润湿接触,液滴润湿表面,液体圆盘正面和周边是和气体相接触的,而底表面和固体相接触(接触角为θ),所以表面能为:

$$S_s\sigma_s = f\pi R^2\sigma\cos\theta \qquad (12.24)$$

$$S_g\sigma_g = (\pi R^2 + 2\pi Rb)\sigma \qquad (12.25)$$

式中,$b = \dfrac{d_0^3}{6R^2}$为液体圆盘的瞬时厚度。

12.2.5 影响液滴撞击固体表面行为的因素

12.2.5.1 撞击角度

对于液滴撞击壁面的情况,撞击角度是一个非常重要的影响参数,其对撞击过程会产生很大的影响。液滴撞击壁面时,液滴的速度可以分解为法向速度和径向速度,同时液滴的撞击惯性能也可以分解为两个部分,一部分垂直于壁面,另一部分平行于壁面,垂直于壁面的撞击惯性能决定液滴的初始铺展程度,而平行于壁面的撞击惯性能决定液滴在壁面上的滑移程度。当撞击惯性相同时,撞击角度越小,垂直于壁面的撞击惯性能越小,而平行于壁面的撞击惯性能越大,因此在撞击时液滴的铺展直径比较小,滑移动能较大,撞击角度大时,则情况相反。

12.2.5.2　液滴粒径

液滴直径的大小跟韦伯数 We 和雷诺数 We 都相关,也直接关系到液滴撞击时的动能。朱卫英用两个不同直径的水滴进行试验结果表明:小水滴的铺展因素 β 比较小,说明黏性对大水滴的影响比小水滴要小,而且大水滴的铺展因素始终大于小水滴的铺展因素。在运动阶段和铺展阶段,表面张力对大液滴的影响要比小液滴大一些。

12.2.5.3　接触面

液滴撞击在水稻叶片上的不同部位会影响液滴变形,由于水稻是超疏水性生物表面,因此固态相分率 f 决定了液滴变形时液滴与水稻叶片表面的黏附力大小,黏附力大,液滴在回缩的过程中阻力大,能量耗费大,回缩过程缓慢,能够减少反弹。

12.2.5.4　液滴物性

不同的喷雾液滴具有不同的表面张力和黏度,而表面张力和黏度都与韦伯数 We 和雷诺数 Re 相关联。李燕的实验结果表明:在液滴铺展的初始阶段,液滴的惯性力占主导地位,远大于黏性力,黏性的差别并不会产生明显的影响。但是随着液滴的铺展,铺展速度逐渐减小,黏性力开始占主导地位,在液滴铺展过程中能量的耗散随着黏性的增加而增加,因此黏度大的液滴比黏度小的液滴的铺展要小,用于回缩的能量也小。此外,多余的表面能必须要克服回缩过程中更大的黏性耗散,因此黏度大的液滴比黏性小的液滴的回缩趋势也小。

表面张力小的液滴在铺展过程中受到的阻力小,铺展直径增大,铺展时间也随之增加;液滴在回缩过程中所受到的表面张力小,回缩过程缓慢。反之,表面张力大,则铺展的直径减小,铺展时间和回缩时间也减小。

12.2.5.5　撞击速度

由式(12.15)和式(12.16)可知,液滴的撞击速度会同时影响到韦伯数 We 和雷诺数 Re,并且还直接影响到液滴撞击固体表面时的动能。显然,液滴的撞击速度越大,其撞击动能也越大,引入系统的能量也就越多,液滴的最大铺展直径也越大,这使得液滴用于回缩的能量也增加。然而,这也使得因为壁面固-液接触区剪切应力而产生的黏性耗散增加。这两方面因素的平衡决定了撞击速度在液滴回缩中总的影响。

12.3　水稻叶片表面微结构研究

国内外有许多人对水稻叶片的表面形态特征进行过研究,如张文绪等对稻属植物 9 个稻种叶片下表皮的 3 种亚显微结构单元即气孔器乳突、木栓细胞乳突和大瘤状乳突进行了观察研究对比,为用亚显微结构作为分类性状提供了依据。徐是雄,徐雪宾,滕俊林,瞿波等从亚显微层次研究水稻叶片的微观结构,但是只是为了探索种间亲缘关系以及稻作的起源演化问题。王淑杰,任露泉等对几种典型植物如竹、翠菊、葫芦等的叶片的非光滑形态进行了研究,但是都侧重于简单的原始表面特性的研究,也是从仿生角度为工程仿生的表面加工成型、表观设计提供信息。综上可以看出,从施药技术角度出发对水稻叶片微结构进行详细研究的还很少,并且对水稻叶片表面微结构的研究不全面不细致,为了得到较为详细的水稻叶片表面微结构的数据,对水稻叶片进行扫描电镜观察,为研究雾滴在水稻叶片上的沉积特点提供理论支持。

12.3.1　扫描电子显微镜(SEM)工作原理

扫描电子显微镜(Scanning electron microscopy)简称扫描电镜,发展迅速,应用十分广泛,是现代固体材料表面形态和结构分析的最有用仪器之一,扫描电镜已成为一种全电子计算机控制和全自动图像分析的数字扫描型显微镜。其最主要的优点就是景深非常大,放大范围广,利用它可以获得生物组织表面起伏的立体结构图像,较光学实体显微镜的分辨率高,能够达到 nm 级,放大倍数可以从数倍原位放大到 20 万倍左右。并且实现了同自动图像分析仪相结合,可以直接对特征组织进行定量测量,获取有价值的定量分析数据。它不受样品大小与厚度的影响,对物体组织表面或横切面的精细结构的研究,能够得到光学显微镜和透射电镜技术所不能得到的大量信息,为研究微观世界开辟了新的领域。

扫描电镜主要由电子光学系统、信号接收显示系统、真空系统和供电控制系统几部分组成,此外还包括一些自动控制、自动补偿、图像处理等部件。其工作原理是从电子枪发射出来的电子束,在加速电压的作用下,经过电磁透镜组成的电子光学系统,聚成一个直径很细的电子束聚焦在样品表面(图 12.6)。在扫描线圈的作用下,电子束发生偏转在样品表面作逐行扫描。由于高能电子束与样品物质的交互作用,激发产生了各种信号,如二次电子、背散射电子、特征 X 射线和透射电子等,电子探测器接收二次电子,并对其进行信号处理,就能够得到二次电子像。因为二次电子产生的深度和体积都很小,只有 10 nm 深,对样品的表面特征反应最灵敏,分辨率也很高,所以二次电子像可以很好地反映样品的微观形貌。

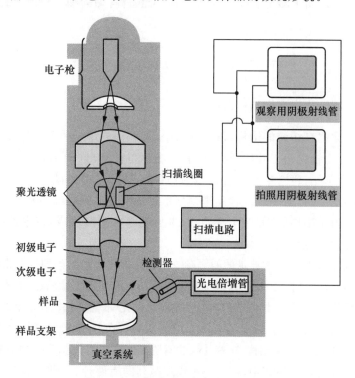

图 12.6　扫描电子显微镜工作原理图

12.3.2　材料与方法

供试水稻品种有月光和前辈 6 号两种,当温室种植的两种水稻长至分蘖期和孕穗期时(两个时期进行相同的处理),将水稻叶片平均分成 3 段,分别称为上部、中部、下部,每个部分取正反两面,按照上述步骤进行样品制备,然后进行扫描电镜观察。采用 JSM-6610LV 扫描电子显微镜(日本精工 JEOL)进行水稻叶片表面微结构观察。扫描电子显微镜分辨率:3.0 nm(30 kV),8.0 nm(3 kV),15.0 nm(1 kV);放大倍数:5～300 000X。水稻叶片样品采用化学方法制备,其步骤如下:

(1)清洗:先用蒸馏水将叶片清洗干净,因为水稻叶片表面附有灰尘等异物,会掩盖要观察的部位。

(2)固定:垂直于叶脉将水稻叶片剪成 0.5 cm 宽的小块儿,放入盛有四氧化锇固定液的 1 mL 离心管中,在 4℃冰箱中静置 24 h,并保证固定液完全浸润叶片。四氧化锇固定对高分辨扫描电子显微术是非常重要的,因为不仅可良好地保存组织细胞的结构,而且能增加材料的导电性和二次电子产额,提高图像质量。

(3)脱水干燥:首先用磷酸缓冲液清洗 6～7 次固定液。清洗完 1.5 h 后在离心管中加入锇酸,2 h 后用蒸馏水清洗 2～3 次锇酸,然后进行乙醇脱水,依次用 30%、50%、70%、80%、90%、100%的无水乙醇对水稻叶片样品进行脱水处理,每两次处理时间间隔为 15 min。脱水完成后在临界点干燥器中进行临界干燥。

(4)喷镀金属:用导电胶将干燥好的样品粘在金属样品台上,然后放在真空蒸发器中喷镀一层金属膜。如果采用离子溅射镀膜机喷镀金属,可获得均匀的细颗粒薄金属镀层。

12.3.3　水稻叶片表面微结构形态及描述

12.3.3.1　水稻叶片表面微结构形态分析

水稻叶片的正面都有相同的结构,以中脉为中心线两侧对称,两侧有许多规则的与中脉平行的叶脉,有些叶脉比较突出于叶的表面,而有的则不是很突出(图 12.7a)。沿中脉向叶边缘两侧,可以分为多个单元,每个单元具有相似结构(图 12.7b),都有硅化-木栓带与气孔带。单元的中心在叶脉的正上面,为一排或者几排排列整齐的哑铃形硅化细胞和木栓细胞带(二者相间排列),硅化细胞由 4 瓣构成,像两个哑铃状,木栓细胞由两瓣构成,在木栓细胞中间存在一个或者两个乳突,但有时没有乳突(图 12.7c)。

在硅化-木栓细胞列即硅化-木栓带的两侧有一列或几列气孔细胞列即气孔带(图 12.7d),相邻列的气孔相互错开,并且各列上的气孔紧密排列。气孔器上的乳突十分明显,沿气孔周围分布着硅质化爪状突起,呈簇状排列,并且其顶端为向心性指向。硅化-木栓带和气孔带上的乳突及表皮细胞上均覆盖一层直立片状的蜡质物(图 12.7e),这就是高雪峰等在对超疏水性的水稻叶表面研究中提到的有类似荷叶的微纳复合阶层结构,这些片状的蜡质覆盖物加剧了水稻叶片的疏水性。

在细胞列间一般长有几种茸毛。硅化-木栓细胞列间有两种:一种为长毛,一种为钩毛(图

12.7c箭头所指)。在有些叶脉两侧,靠近气孔列处,每隔几个细胞的部位长有一条直立的刺毛(图12.7d箭头所指),刺毛周围环绕有乳突硅化细胞。除了这些茸毛外,在叶尖会有一些针毛,而在叶的边缘会有锯齿毛(图12.7f箭头所指)。一般情况下,茸毛的尖端蜡质覆盖物较少甚至没有,只有在基部才有较多的蜡质物。

叶片的背面(图12.7g)基本上与正面相似。背面的硅化-木栓细胞列与正面的硅化-木栓细胞列是在对应的部位出现的,气孔细胞列同样。叶片背面最突出的标志就是大瘤状乳突带(图12.7h),纵向排列于两排气孔带之间,从外观结构来看呈梭形,中间乳突较大,四周还有更小的乳突。

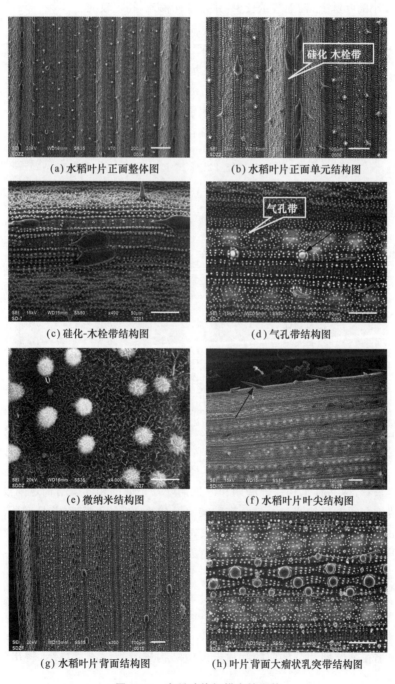

(a)水稻叶片正面整体图 (b)水稻叶片正面单元结构图

(c)硅化-木栓带结构图 (d)气孔带结构图

(e)微纳米结构图 (f)水稻叶片叶尖结构图

(g)水稻叶片背面结构图 (h)叶片背面大瘤状乳突带结构图

图12.7　水稻叶片扫描电镜图片

12.3.3.2 水稻叶片表面微结构测量结果

表 12-1 为两品种水稻在分蘖期和孕穗期叶片正面的主要微结构的测量数据，由表可以发现：两品种水稻在不同时期、不同部位叶片正面的不同微结构在数值上有一定的差别，单元结构宽度在 115～270 μm 之间，单元结构中心硅化-木栓带宽度为 9.5～18.56 μm，占整个叶片的比例非常小(图 12.7b)，其上面的乳突直径为 1.5～2 μm。钩毛长度为 70.35～154.5 μm，钩毛间距为 105～390 μm，钩毛疏密程度相差非常大，较大的叶脉顶部(即硅化-木栓带)上钩毛数量较多，排列紧密，而在较小的叶脉上，钩毛数量较少，并且排列稀疏，间距较大。

表 12.1　水稻叶片不同微结构尺寸测量数据 μm

品种	时期区域结构		分蘖期正面	分蘖期背面	孕穗期正面	孕穗期背面
月光	硅化-木栓带	单元宽度	138～212	151～216	150～270	133～210
		宽度	14.63～16.25	9.54～14.34	12.24～16.68	11.38～15.45
		钩毛长度	75.73～132.5	70.35～89.85	75.73～105.5	79.95～133.6
		钩毛间距	104.6～180.8	302.2～442.1	98.67～270.1	72.23～280.2
		乳突直径	1.55～2.10	1.73～2.01	1.53～1.98	1.45～2.11
		乳突间距	10.35～22.42	12.86～25.35	13.34～21.26	11.31～22.23
	气孔带	气孔间距	42.85～44.48	41.75～45.46	41.88～45.35	42.15～46.85
		气孔长度	25.2～30.1	25.5～30.2	25.3～30.2	25.5～30.5
		乳突直径	2.63～4.3	2.5～3.65	2.34～3.32	2.86～3.48
前辈6号	硅化-木栓带	单元宽度	134～198	153～192	115～247	146.4～228
		宽度	10.86～18.56	10.3～16.45	16.30～17.39	10.26～18.34
		钩毛长度	82.15～147.3	107.4～154.1	88.56～122.3	75.95～121.4
		钩毛间距	115.8～390.2	234.1～272.2	105.5～291.3	245.7～307.6
		乳突直径	1.75～2.01	1.55～2.08	1.45～2.07	1.58～1.99
		乳突间距	11.5～26.3	12.2～24.6	15.3～21.5	10.9～22.2
	气孔带	气孔间距	41.85～45.46	42.13～46.87	40.98～44.67	41.35～45.75
		气孔长度	25.2～30.1	25.5～30.1	25.4～30.4	25.8～30.2
		乳突直径	2.52～4.19	2.56～3.03	2.5～3.88	2.93～3.61

气孔带是水稻叶片正面的主要微结构，气孔的长度在各个时期基本上都没有差异，均在 25～30 μm 之间。其上面的乳突直径范围为 2.34～4.19 μm，单位面积乳突个数 C 为 0.015 34～0.030 6 个/μm^2。气孔带上乳突直径较硅化-木栓带上的乳突直径大。

综合总体来看，两品种水稻在分蘖期和孕穗期叶片正面的相同微结构之间没有明显差异，但是各个微结构之间差异较明显。气孔带乳突直径较小，仅有几微米，并且间距也较小。而硅化-木栓带上的乳突直径更小，并且间距不一致，甚至有的硅化-木栓带上没有乳突存在。钩毛的尺寸相对于乳突来说较大，达到几十到几百微米，与乳突有数量级上的差别。并且钩毛的呈刺状，而乳突成球状。

12.3.4　雾滴在水稻叶片微结构上的临界脱落直径的计算

通过对水稻在分蘖期和孕穗期的叶片表面微结构进行观察测量总结，得出气孔带大部分乳突的直径约为 3 μm,硅化-木栓带大部分钩毛的长度约为 100 μm,乳突间距、乳突大小等虽然有所变化,但是其数值较小,并且变化的幅度并不大,所以相对于常用喷头的雾滴直径 60~400 μm 来说,钩毛的尺寸更有可能影响雾滴的沉积。

杨晓东,尚广瑞等曾对疏水植物及亲水植物的扫面电镜对比分析发现:疏水性植物叶表普遍具有微观颗粒状突起单元,而亲水性植物叶表形貌典型特征是具有分布均匀的针状钩毛,依其刺破水膜导致水滴在叶表迅速铺展而形成亲水效果。结合电镜图片可以看出,乳突形状为球形,钩毛为刺状结构,并且其沿着叶片向上弯曲,当雾滴撞击到叶片上时,钩毛更容易"接住"雾滴。所以综上,推测雾滴在水稻叶片上沉积主要是沉积到硅化-木栓带的钩毛上。

为了验证推测,根据扫描电镜图片观察的微结构设计雾滴在水稻叶片不同微结构上沉积的理想化模型,并根据模型计算雾滴在水稻叶片不同微结构上的临界脱落直径,雾滴的临界脱落直径越小,雾滴越不容易在该微结构上持留沉积。

12.3.4.1　条件假设

根据上面理论推导得出的临界脱落半径公式(12.11)可以计算雾滴的临界脱落半径。为简化计算,特进行如下假设:

(1)假定雾滴在水稻叶片上沉积形状为一球缺,雾滴与水稻叶片上各种微结构的接触角 θ 是一固定值为 134°。

(2)当使用相同的药液对水稻叶片进行喷雾时,药液的密度 ρ 和药液与空气的界面张力 σ_{lv} 均为定值。

(3)研究表明在微细结构疏水表面,雾滴形成的方式不同会导致所处状态的不同,通过表面沉积得到的通常符合 Cassie 模型。Cassie 状态雾滴的固态相分率 f 为复合接触面中固体的面积分数。

所以当水稻叶片倾角一定时,临界脱落半径 R 只与固态相分率 f 有关,若计算得到水稻叶片上主要的微结构气孔带乳突、钩毛和硅化-木栓带的固态相分率 f,由公式计算就可以得到雾滴在不同微结构上的临界脱落半径,就可以对雾滴在这 3 种微结构上的临界脱落半径进行比较。

12.3.4.2　临界脱落半径的计算

1. 乳突上雾滴临界脱落半径的计算

计算模型如图 12.8 所示。

设乳突为球形,雾滴球缺底部与乳突接触面积为乳突表面积的一半,雾滴的半径为 r:

(1)则球缺底部半径为 $r_1 = r\cos\beta, \beta = \theta - 90 = (134-90)° = 44°$,球缺底部面积 $S_{\mathrm{g}} = \pi r_1^2 = \pi(r\cos\beta)^2$;

(2)乳突半径为 $r_3 = 1.5\ \mu$m,则乳突表面积 $S = 4\pi r_3^2$;

(3)根据本文 12.3.3 对扫描电镜图片的数据总结,单位面积乳突个数 $C \approx 0.02$ 个/μm^2。

则固体面积 $S_{\mathrm{R}} = S_{\mathrm{g}} \cdot C \cdot \dfrac{1}{2}S$

$$f_{\mathrm{r1}} = \cfrac{S_{\mathrm{g}} \cdot C \cdot \dfrac{1}{2}S}{S_{\mathrm{g}} \cdot C \cdot \dfrac{1}{2}S + (\pi r_1^2 - S_{\mathrm{g}} \cdot C \cdot \pi r_3^2)} = 0.247\ 7 \qquad (12.26)$$

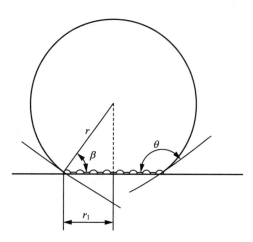

图 12.8　**雾滴在乳突上沉积的理想化计算模型**

由上式可得,无论雾滴半径 r 多大,f_{r1} 均为一固定值。

2. 钩毛上雾滴临界脱落半径的计算

(1)将钩毛理想化成圆锥体:

①由扫描电镜图片测量数据可以看出,钩毛底面为椭圆形,椭圆长轴 $A=62\ \mu m$,短轴 $B=31\ \mu m$,椭圆面积 $S_t=\dfrac{\pi AB}{4}$,圆锥底面积 $S_z=\pi r_2^2$,由 $S_t=S_z$ 得出圆锥底面半径 $r_2=22\ \mu m$。

②由扫描电镜图片测量数据可以得出,钩毛的平均长边 $a=100\ \mu m$,短边 $b=30\ \mu m$,设圆锥的母线长 L,由 $a+b=2L$ 得出 $L=65\ \mu m$。

(2)临界脱落半径的计算:对于钩毛 f_r 的计算,需考虑两种情况,一种就是雾滴将钩毛全部"包裹",另外一种就是雾滴只能"包裹"住钩毛的一部分,所以需要讨论处于这两种情况临界时的雾滴粒径。若要雾滴完全包裹钩毛,需要雾滴球缺底面半径大于圆锥半径即 $r_1\geqslant r_2$,即 $r\cos\beta\geqslant22\ \mu m$ 即 $r\geqslant30\ \mu m$,即当 $r\geqslant30\ \mu m$ 时雾滴全部包裹住钩毛即图 12.9（a）,而当 $r\leqslant30\ \mu m$ 时,雾滴部分包裹钩毛即图 12.9（b）。

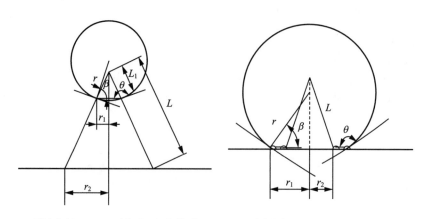

(a) 雾滴半径 $r\leqslant30\ \mu m$ 时钩毛理想化模型　　　(b) 雾滴半径 $r\geqslant30\ \mu m$ 时钩毛理想化模型

图 12.9　**雾滴在钩毛上沉积的理想化计算模型**

①当雾滴半径 $r \leqslant 30\ \mu m$ 时,由于常用喷头的雾滴直径都在 $60 \sim 400\ \mu m$,雾滴半径小于 $30\ \mu m$ 的情况因受环境影响大,在水稻上应用较少见,所以在此对这种情况不做进一步分析,雾滴半径 $r \geqslant 30\ \mu m$ 才是考虑的重点。

②当雾滴半径 $r \geqslant 30\ \mu m$ 时,固体面积 S 为两个部分,即钩毛的侧面积 S_1 和球缺下部除去钩毛外的乳突的接触面积 S_2。

钩毛的侧面积 $S_1 = \dfrac{1}{2} L \cdot 2\pi r_2 = \pi r_2 L$

乳突的接触面积 $S_2 = (\pi r_1^2 - \pi r_2^2) \cdot C \cdot 2\pi r_3^2$

即固体面积 $S_M = S_1 + S_2$

所以
$$f_{r2} = \frac{S_1 + S_2}{S_1 + S_2 + [(\pi r_1^2 - \pi r_2^2) - (\pi r_1^2 - \pi r_2^2) \cdot C \cdot \pi r_3^2]} \qquad (12.27)$$

3. 硅化-木栓带雾滴临界脱落半径的计算

计算模型如图 12.10,考虑到硅化-木栓带上乳突直径较小,乳突高度极低,故假设当雾滴与硅化-木栓带接触时为完全接触。所以固液实际接触面积 S 为两部分,即硅化-木栓带的面积 S_3 和球缺下部除去硅化-木栓带的乳突的接触面积 S_4。

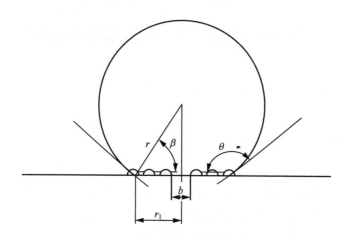

图 12.10　雾滴在硅化-木栓带上沉积的理想化计算模型

将硅化-木栓带与雾滴接触的部位近似为长方形,由对硅化-木栓带的扫描电镜图片的总结测量可知硅化-木栓带的平均宽度 $b \approx 10\ \mu m$,则接触的长方形的长 $a \approx 2r\cos\beta$

则硅化-木栓带的接触面积 $S_3 = ab \approx 20r\cos\beta$

乳突接触面积 $S_4 = (\pi r_1^2 - S_3) \cdot C \cdot 2\pi r_3^2$,

即固体面积 $S_N = S_3 + S_4$

所以
$$f_{r3} = \frac{S_3 + S_4}{S_3 + S_4 + [(\pi r_1^2 - S_3) - (\pi r_1^2 - S_3) \cdot C \cdot \pi r_3^2]} \qquad (12.28)$$

4. 计算结果分析

综上对各个微结构的固态相分率 f 的计算,得出:

乳突上固态相分率
$$f_{r1} = \frac{S_g \cdot C \cdot \dfrac{1}{2} S}{S_g \cdot C \cdot \dfrac{1}{2} S + (\pi r_1^2 - S_g \cdot C \cdot \pi r_3^2)}$$

钩毛上固态相分率 $f_{r2} = \dfrac{S_1 + S_2}{S_1 + S_2 + [(\pi r_1^2 - \pi r_2^2) - (\pi r_1^2 - \pi r_2^2) \cdot C \cdot \pi r_3^2]}$

硅化-木栓带上固态相分率 $f_{r3} = \dfrac{S_3 + S_4}{S_3 + S_4 + [(\pi r_1^2 - S_3) - (\pi r_1^2 - S_3) \cdot C \cdot \pi r_3^2]}$

经过计算可知，$f_{r2} > f_{r1}$，$f_{r3} > f_{r1}$，并且临界脱落半径 R 是一个关于 f 的单调递增函数，可知 $R_2 > R_1$，$R_3 > R_1$，所以雾滴在乳突上最容易脱落，而在硅化-木栓带上以及硅化-木栓带的钩毛上较不容易脱落，即雾滴较容易沉积到硅化-木栓带上以及硅化-木栓带的钩毛上，而不容易沉积到乳突上。

通过比较乳突、硅化-木栓带的钩毛以及硅化-木栓带与雾滴的固体接触面积可知，$S_M > S_N > S_R$，并且由于钩毛特殊的刺状形状以及较大的尺寸，容易刺破雾滴表面而使得水分子易于浸入钩毛基底部位，起到了引流作用，加快了水滴的铺展，从而使雾滴较容易持留在钩毛上。而乳突尺寸较小，并且呈球形，由于表面较"钝"未能刺破浸入表面的水膜，使得凸包与水膜间产生气泡，使水膜被"抬起"，从而导致雾滴较不容易持留。所以综上所述，推测雾滴主要沉积部位为硅化-木栓带尤其是硅化-木栓带的钩毛上。

12.4　雾滴在水稻叶片上沉积部位的显微研究

12.4.1　数码显微照相法研究雾滴沉积状态

12.4.1.1　材料与方法

利用喷雾天车（德国制造）进行试验。天车轨道长 9 m，匀速区域为 6 m，高 2.5 m，一台调速电机驱动轨道车，调节电机转速可调节轨道车的前进速度，能够模拟不同的作业速度。轨道车上安装喷杆，喷杆上装有 3 个喷头，喷头间距为 0.5 m，喷雾高度为 0.5 m。试验喷头选用标准扇形雾喷头 ST110-03（德国 Lechler 公司），喷雾压力为 0.3 MPa，以自来水作为喷液，并按大田施药液量 300 L/hm² 喷雾。

取在温室种植的水稻（前辈六号）并将其固定在喷雾天车的匀速区域，喷杆中心正下方，保持其自然状态，喷雾完成后迅速用 Dino-lite Digital Microscope（ANMO 电子公司）观察拍照。

12.4.1.1　雾滴沉积状态描述

图 12.11 为用水喷雾后的数码显微照片，分析图片可以发现，沉积在水稻叶片上的雾滴粒径大小不一，即使较大的雾滴也能够在水稻叶片上沉积。雾滴在水稻叶片的持留状态大多呈球状，说明雾滴与水稻叶片接触角比较大，将数码显微图片（图 12.11）与扫描电镜照片（图 12.12）对应观察，发现雾滴的沉积部位大部分处于硅化-木栓细胞带，而且当硅化-木栓细胞带较宽时，雾滴有沿此细胞带流动的趋势（图 12.11b），由此可以得到结论，雾滴在水稻叶片上的沉积部位对雾滴的沉积状态具有显著影响，并初步证明了雾滴在水稻叶片上的沉积部位主要在硅化-木栓细胞带上。

（a）雾滴沉积整体图　　　　　　　（b）雾滴沉积局部图

图 12.11　数码显微照相图片

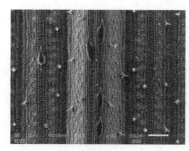 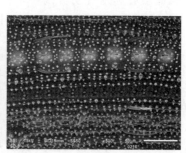

（a）整体图　　　　　　　　　（b）局部图

图 12.12　扫描电镜照片

12.4.2　液氮急速冷却法研究雾滴沉积状态

通过用数码显微镜对喷雾之后的水稻叶片进行观察，并对比扫描电镜图片观察，可以看出雾滴在水稻叶片上沉积的大致部位，但是由于雾滴的形态会随着时间的变化而发生变化，只能在较短的时间内进行观察，并且观察过程中的操作容易影响雾滴在水稻叶片上的持留状态，所以数码显微照相法具有一定的局限性，因此考虑用液氮将沉积在水稻叶片上的雾滴急速冷却，及时保持水滴沉积到叶片上瞬间的状态，并将其保持在低温状态，以便于进行长时间的观察。

图 12.13 为液氮急速冷却法得到的数码显微镜图片，对照扫描电镜图片（图 12.12）进行

图 12.13　数码显微照相图片

观察,液氮急速冷却法观察到的现象与数码显微照相观察的现象相同,雾滴的沉积部位大多处于硅化-木栓细胞带。使用液氮急速冷却法可以长时间进行观察,雾滴的抗外界干扰能力强,雾滴保持了沉积到叶片的初始状态,有利于直观的研究雾滴在水稻叶片上的持留状态。

12.4.3 扫描电子显微镜法研究雾滴沉积状态

通过数码显微照相法和液氮急速冷却法拍照并对比扫描电镜图片进行观察,虽然能够观测到雾滴在水稻叶片上的主要沉积部位,但是并没有直观的证据表明雾滴沉积在水稻叶片微结构的具体部位。考虑到用农药对水稻叶片进行喷雾,农药雾滴干燥后,农药有效成分颗粒会在水稻叶片上留有沉积轮廓或者沉积痕迹,如果能清晰地观察到雾滴在叶片上的沉积轮廓,那么就能很有利地证明雾滴在水稻叶片上的持留部位或沉积部位。为了明确雾滴在水稻叶片上的具体的沉积部位,将水稻叶片喷雾后进行扫描电镜观察,从微观上确定雾滴的沉积部位。

12.4.3.1 材料与方法

试验以在农药5%氯虫苯甲酰胺 SC(杜邦公司市售)中加入足够量的滑石粉作为喷雾药液,按大田剂量稀释 750 倍进行喷雾。喷雾添加物滑石粉(北京化学试剂公司),为白色粉末,手摸有油腻感,无臭,无味,滑石粉的主要成分为滑石,滑石属单斜晶系,晶体呈假六方形或菱形的片状,滑石粉的规格为 300～500 目。

采用如下两种方法对样品进行制备:

方法一:先清洗叶片,再喷雾,喷雾完成叶片晾干后按照 3.2.2 化学方法制备样品的步骤对样品进行固定→脱水干燥→喷镀金属处理。

方法二:先对样品进行样品前处理清洗→固定→脱水干燥,将干燥好的样品粘在金属样品台上喷雾,喷雾完成再进行样品处理的最后一步喷镀金属。

两种方法处理完之后,进行扫描电镜观察。

12.4.3.2 雾滴沉积状态描述

图 12.14(a)(b)为扫描电镜下滑石粉的微观结构,由图可以看出,滑石粉呈现微米级的片状结构,如果添加滑石粉的雾滴沉积在叶片上,那么就可以根据滑石粉在叶片上的沉积部位得出雾滴沉积的主要部位。

图 12.14(c)～(h)为用方法二制备的样品扫描电镜图片,从图中可以看到有滑石粉的片状沉积。其中(c)(d)(e)为扫描电镜整体观察的照片,由图可以看出滑石粉在整个叶片上的沉积较少,并且主要是沉积在硅化-木栓带上,尤其是硅化-木栓带上的钩毛部位,并且较大的叶脉上由于有两排硅化-木栓带,钩毛排列紧密,滑石粉沉积相对较多。并且滑石粉在钩毛上的沉积形态不同,有的将整个钩毛包裹(f),有的沉积在钩毛尖端(g),有的则沉积到钩毛的下部(h)。而在其他的部位很少有滑石粉的沉积,这样就从微观上可以确定雾滴在水稻叶片上的沉积部位主要是硅化-木栓带尤其是硅化-木栓带的钩毛。

(a) 滑石粉扫描电镜观察图片　　　　(b) 滑石粉微纳米结构细节图

(c) 方法二电镜观察整体图　　　　(d) 方法二电镜观察整体图

(e) 方法二电镜观察整体图　　　　(f) 方法二电镜观察细节图

(g) 方法二电镜观察细节图　　　　(h) 方法二电镜观察细节图

图 12.14　电镜观察

12.5 影响雾滴撞击行为效果的因素研究

12.5.1 叶片倾角及雾滴粒径对撞击行为的影响

12.5.1.1 材料与方法

1. 试验喷头雾滴粒径测量

实验所用仪器为激光雾滴粒径分析仪 Spraytec（英国 Malvern 公司），测量范围为 2～2 000 μm，所用喷头为德国 Lechler 公司的标准扇形雾喷头 ST110-01,ST110-015,ST110-02,ST110-03,ST110-04,ST110-05 以及射流喷头 IDK120-03,喷雾高度为 0.5 m,喷雾压力为0.3 MPa,以自来水作为喷液,按操作规程每个喷头重复测定 3 次。

2. 沉积量测定

利用喷雾天车（德国制造）进行试验。试验喷头选用标准扇形雾喷头 ST110-01,ST110-02,ST110-03,ST110-04,ST110-05（德国 Lechler 公司）,以 1‰ 的荧光示踪剂 BSF（Brillantsulfoflavin）（德国）水溶液作为喷液,按大田施药液量 300 L·hm^{-2} 喷雾,喷雾压力为 0.3 MPa。

用 ΔT 叶面积仪测定叶面积。叶面积测定之前用标准圆片（面积为 1 260 mm^2）标定,然后取温室种植的前辈六号水稻叶片,将每片水稻叶片分为上部,中部,下部三个部分,然后将剪好的叶片水平放到测定区域,读取叶面积数据并记录。

将测定完叶面积的上部、中部、下部三部分叶片固定在角度可调的长方形塑料板上（正面朝上）,分别固定其与竖直方向夹角为 15°、30°、45°、60°、75°、90°（此角度设为叶片倾角）,叶片沿机车前进方向放置。喷雾完成约 20 min 后待水稻叶片自然晾干,用定量的蒸馏水（约含酒精 5‰）超声洗脱,然后用 LS-55 荧光分光光度计（美国 Perkin Elmer 公司）测定荧光值并记录数据。

3. 高速摄影观察雾滴撞击过程

为了从直观上观察雾滴在不同倾角的叶片的撞击行为,实时记录雾滴在撞击水稻叶片时的整个动态过程,在喷雾的同时用高速摄影机拍摄观察。

试验采用美国 DRS 公司生产的高速动态记录仪 Lightning RDT™（PLUS）,其配有 10X 变焦镜头,光圈 3.5,拍摄速度最高可达 100 000 帧/s,最大分辨率为 512×512。将高速摄影机安装在距离水稻叶片表面的焦点附近,实验设定拍摄速度为 3 000 fps,这样不仅能够将雾滴撞击水稻叶片表面的细节清晰记录,而且不受摄像机内存容量的限制。辅助光源为石英碘灯（电压 220 V,功率 1 350 W）,对物体进行直接的背景照明,喷雾时持续拍摄记录并保存视频待分析。

12.5.1.2 叶片倾角对沉积量的影响

图 12.15 所示为 5 种喷头喷雾在叶片上部、中部、下部的单位面积沉积量与叶片倾角的变化关系,由图可以看出:标准扇形雾喷头 ST110-01、ST110-02、ST110-03、ST110-04 在水稻叶片上喷雾,叶片上部、中部、下部单位面积沉积量均随叶片倾角增大而增加,即叶片越偏向水

平,单位面积沉积量越多,但对 ST110-05 喷头,各部位单位面积沉积量随叶片倾角变化的趋势不及其他喷头显著。在各种叶片倾角时,单个叶片的上部、下部均比中部的单位面积沉积量多,这是因为水稻叶片上部长有特有的微结构针毛,并且叶片上部和下部的硅化-木栓带间距较叶片中部小,钩毛密度较大,农药雾滴被刺破的机会较大,加快了雾滴在叶片上的铺展,从而使雾滴较容易持留,叶片上部、中部单位面积沉积量较叶片中部多。

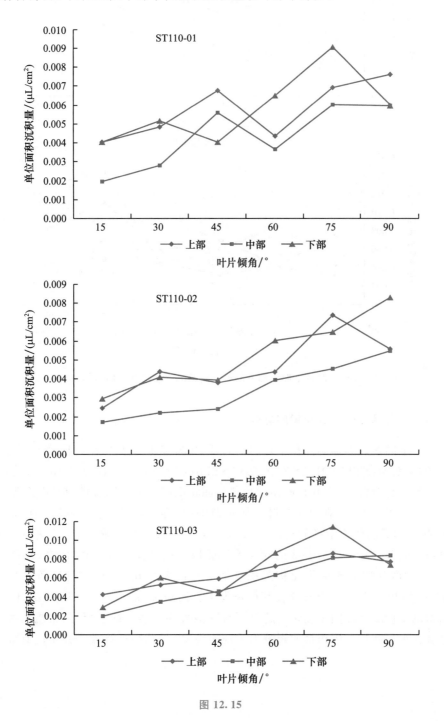

图 12.15

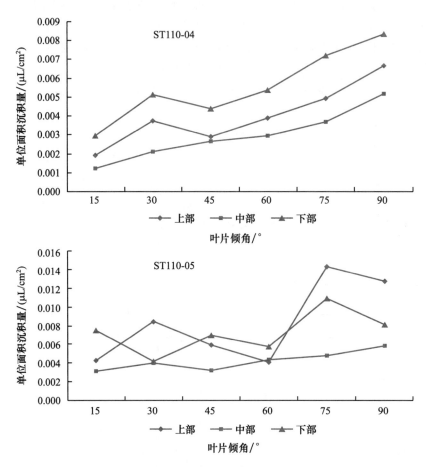

图 12.15 叶片上部中部下部单位面积沉积量与叶片倾角的关系

12.5.1.3 雾滴粒径对沉积量的影响

喷头型号不同表现为雾滴体积中径的不同,同样喷雾压力条件下,5 种喷头的雾滴体积中径 Dv(50) 的关系为:ST110-01<ST110-02<ST110-03<ST110-04<ST110-05。图 12.16 为以单个叶片为研究对象,不同叶片倾角叶片单位面积沉积量随雾滴粒径的变化关系。

由图 12.16 可以看出,在测试的叶片倾角范围内,雾滴体积中径 Dv(50) 为 150.9 μm 的 ST110-03 喷头和雾滴体积中径 Dv(50) 为 194.2 μm 的 ST110-05 喷头的叶片单位面积沉积量均较其他喷头的多,并且 ST110-03 的叶片单位面积沉积量较 ST110-05 的多,并且 ST110-03 和 ST110-05 这两种喷头的单位面积沉积量随叶片倾角变化的趋势类似,即在叶片倾角为 60°、75°和 90°时单位面积沉积量都较其他角度多。而喷头 ST110-01、ST110-02 和 ST110-04 的单位面积沉积量随叶片倾角变化的趋势不及其他喷头显著。综上所述,常规喷头的雾滴粒径对于雾滴在水稻叶片上沉积量的影响不呈规律性变化,减小雾滴粒径并不能有效的增加雾滴沉积。

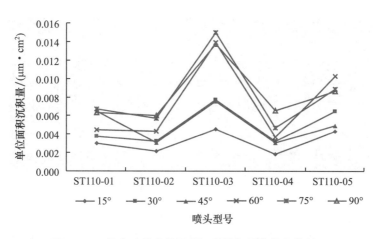

图 12.16　单个叶片单位面积沉积量与雾滴粒径的关系

12.5.1.4　高速摄影法观察结果

罩群等将液滴与壁面撞击后的变形过程看成是一有阻尼单质量弹簧系统的运动。高速摄影观察发现,当大雾滴撞击到水稻叶片后会发生破碎,破碎后的雾滴沿水稻叶面放射状运动(图 12.17 至图 12.21),有的全部弹跳(图 12.18),有的会持留在水稻叶片表面(图 12.19),而即使使用 Dv(50)仅为 117.3 μm 的喷头 ST110-01 进行喷雾,小雾滴也会在水稻叶面上发生弹跳行为(图 12.17),这种现象说明粒径较大的雾滴对整个弹簧质量系统的冲击力太强,质块位移超过弹簧强度极限造成弹簧断裂,雾滴发生破碎。而小雾滴所具有的能量没有足够大到使弹簧断裂,其变形回缩后储备的"弹性"能量使小雾滴发生弹跳,即表明农药雾滴与水稻叶片的相互作用和变形过程中因黏性而引起的能量耗散不足以使小雾滴在水稻叶片上持留。这也就解释了标准扇形雾 5 种喷头雾滴粒径对水稻叶片沉积量的影响不显著。

图 12.17　雾滴撞击水稻叶片后弹跳

图 12.18　雾滴撞击水稻叶片后破碎全部弹跳

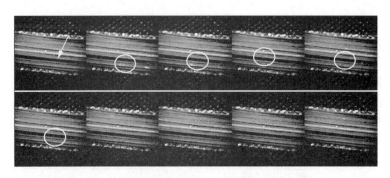

图 12.19　雾滴撞击水稻叶片破碎后部分持留

根据对不同因素对撞击行为的理论分析,得出雾滴撞击水稻叶片时,雾滴的速度可分解为法向速度和径向速度,同时雾滴的撞击惯性能也可以分解为垂直于叶片和平行于叶片的两个部分,垂直于水稻叶片的撞击惯性能决定雾滴的初始铺展程度,而平行于水稻叶片的撞击惯性能决定雾滴在水稻叶片上的滑移程度。高速摄影观察发现,在各个叶片倾角时雾滴撞击行为相似,粒径小的雾滴直接弹跳,粒径大的雾滴撞击叶片后破碎,破碎后的雾滴有的直接沉积在撞击的部位,有的弹跳后速度降低,发生一段位移后持留在叶面,但是大部分都弹跳离开叶片,并且发现雾滴沉积时会有明显的动态振荡。随着叶片倾角减小,液滴破碎的越来越少,雾滴越容易滑落(图 12.20)。这说明在撞击惯性能相同时,叶片倾角越小,平行于水稻叶片的撞击惯性能越大,雾滴的滑移动能越大,雾滴越容易滑落,而撞击角度大,垂直于水稻叶片的撞击惯性能越大,雾滴越容易破碎,这也解释了随着叶片倾角的增大沉积量有增大的趋势。

图 12.20　叶片倾角为 15°时雾滴撞击水稻叶片后弹跳脱落

12.5.2　雾滴密度对撞击行为的影响

高速摄影观察发现,在喷雾过程中,当一个雾滴已沉积在叶面上后,另一个雾滴撞击到叶片后弹跳,如果弹跳碰撞到这个已沉积的雾滴后会持留在叶面上(图 12.21),那么增大雾滴密度就可能增加雾滴碰撞机会,并且雾滴密度增大,会增加雾滴撞击到硅化-木栓带上以及硅化-木栓带上钩毛的机会,所以拟通过改变施药液量来改变机车前进速度进而改变雾滴密度,研究雾滴密度对撞击行为的影响。

在固定喷头、压力不变时,施药液量越大,机车前进速度越慢,雾滴密度越大。图 12.22 为整株水稻叶片单位面积沉积量随施药液量的变化关系。由图可以看出,对于标准扇形雾喷头 ST110-03,施药液量从 225 L/hm² 到 450 L/hm² 的范围内变化时,施药液量增大即雾滴密度越大,植株单位面积沉积量也随之增大。

表 12.2 为不同施药液量即不同雾滴密度下的实际单位面积沉积量,理论单位面积沉积量

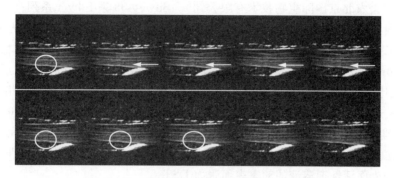

图 12.21 雾滴撞击到已沉积的雾滴后持留

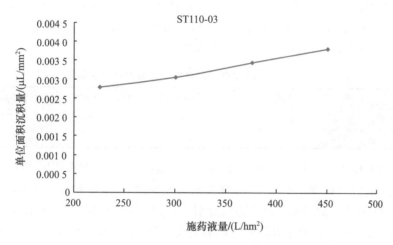

图 12.22 单位面积沉积量与施药液量的关系

以及沉积率。由表中数据可知,雾滴在水稻叶片上的沉积率仅为 10%左右。随着雾滴密度的增加,实际单位面积沉积量也在增加,但是沉积率反而减小,说明增加雾滴密度能够增加雾滴在水稻叶片上的沉积量,但是有效沉积率降低,农药损失加剧,这是因为增加雾滴密度的同时也增加了对已沉积雾滴的外界干扰,会加剧雾滴的不稳定性,易导致已沉积的雾滴脱落。

表 12.2 不同施药液量的单位面积沉积量及沉积率

施药液量 /(L/hm²)	实际单位面积沉积量 /(μL/mm²)	理论单位面积沉积量 /(μL/mm²)	沉积率/%
225	0.002 787	0.022 489	12.40
300	0.003 047	0.029 985	10.16
375	0.003 45	0.037 481	9.20
450	0.003 823	0.044 978	8.21

注:沉积率=实际单位面积沉积量/理论单位面积沉积量。

12.5.3 药液物性对撞击行为的影响

实验所用农药为 5%氯虫苯甲酰胺 SC(杜邦公司市售),表面活性剂为 Silwet408、NF100、

AgroSpred730(诺农北京国际生物技术有限公司)。Silwet408 系 Silwet 系列高效有机硅表面活性剂,是美国 GE(美国通用电气公司)开发,基于烷氧基改性聚三硅氧烷的表面活性剂。NF100 系糖基改性有机硅表面活性剂,其活性成分中含糖基改性有机硅,能降低一定的表面张力。AgroSpred 730 系一种新型展透剂,是非离子表面活性剂与有机硅超级展扩剂的混合物。其独特配比有效地平衡了扩展和渗透的协同作用,达到扩展和渗透的极佳组合。

配制 4 份 5%氯虫苯甲酰胺 SC 溶液,农药使用剂量为大田剂量(即稀释 750 倍)。向其中 3 份溶液中分别加入上述 3 种表面活性剂,表面活性剂的浓度均为 0.05%,以不加表面活性剂的农药 5%氯虫苯甲酰胺 SC 溶液作为对照,分别测定这几种溶液的平衡表面张力 EST 与黏度,并测定 3 种表面活性剂溶液的动态表面张力 DST。

表 12.3 为农药中加入不同表面活性剂溶液的表面张力和黏度。由表中数据可以看出,农药溶液的平衡表面张力为 39.22 mN/m,加入表面活性剂后,各溶液的表面张力都有所下降,加入 NF100 后,表面张力下降的最少为 34.52 mN/m,加入 Silwet408 的溶液表面张力最小为 20.95 mN/m。但是各溶液的黏度均相同为 2 MPa·s。

表 12.3　不同表面活性剂溶液的平衡表面张力和黏度

试剂	SC	SC+Silwet408	SC+NF100	SC+AgroSpred730
平衡表面张力/ (mN/m)	39.22	20.95	34.25	26.91
黏度/(MPa·s)	2	2	2	2

图 12.23 为浓度均为 0.05%的不同表面活性剂溶液的动态表面张力 DST 随时间的变化。由图及测定数据可知,在 44 ms 时,3 种表面活性剂溶液 H_2O+Silwet408,H_2O+NF100 和 H_2O+AgroSpred730 的动态表面张力值分别为 32.14 mN/m、36.84 mN/m、44.67 mN/m,3 种表面活性剂溶液的动态表面张力都随时间的变化下降,并且加入 Silwet408 和 AgroSpred730 溶液的动态表面张力值下降较快,而加入 NF100 下降较缓慢,基本保持稳定不变。

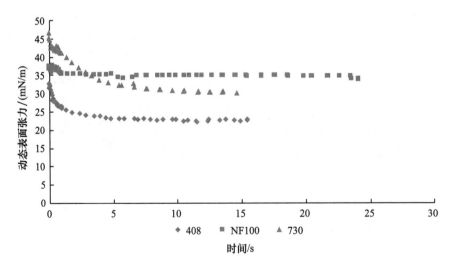

图 12.23　不同表面活性剂溶液的动态表面张力

表 12.4 为以整株水稻为研究对象,所得的不同表面活性剂处理的单位面积沉积量。

表 12.4　不同表面活性剂溶液的单位面积沉积量

重复	SC	SC＋AgroSpred730	SC＋NF100	SC＋Silwet408
1	4.801E-07	5.26E-07	7.191E-07	4.469E-07
2	2.738E-07	3.713E-07	5.691E-07	5.35E-07
3	2.724E-07	4.006E-07	7.133E-07	3.608E-07
4	3.955E-07	4.75E-07	7.899E-07	5.629E-07
5	4.136E-07	3.77E-07	9.23E-07	4.136E-07
6	3.232E-07	3.527E-07	8.612E-07	3.242E-07
7	2.387E-07	3.21E-07	6.788E-07	5.778E-07
8	3.878E-07	3.277E-07	1.353E-06	3.348E-07
9	7.167E-07	5.81E-07	1.205E-06	4.577E-07
10	3.301E-07	4.83E-07	6.182E-07	5.685E-07
11	2.244E-07	5.25E-07	8.291E-07	4.577E-07
12	3.109E-07	3.46E-07	7.899E-07	4.85E-07
13	2.658E-07	4.153E-07	5.19E-07	5.101E-07
14	3.165E-07	4.662E-07	5.896E-07	3.724E-07
15	2.535E-07	3.27E-07	6.904E-07	4.586E-07

注:单位面积沉积量单位:mL/mm^2。

以单位面积沉积量为因变量,以不同类型表面活性剂处理为固定因子进行邓肯新复方差分析得到表 12.5,由表可以看出,加入表面活性剂 NF100 的单位面积沉积量明显高于加入其他表面活性剂的单位面积沉积量,与其他表面活性剂的单位面积沉积量有显著性差异。加入表面活性剂 Silwet408 的单位面积沉积量虽然在数值上较加入 AgroSpred730 的单位面积沉积量大,但是两者之间没有显著性差异。加入表面活性剂 Silwet408 的单位面积沉积量较不加表面活性剂处理的单位面积沉积量多,并且两者之间有显著性差异,而加入 AgroSpred730 的单位面积沉积量虽然在数值上较不加表面活性剂处理的单位面积沉积量大,但是两者之间没有显著性差异。由数据可以得出,加入表面活性剂都能增加单位面积沉积量,并且增加的单位面积沉积量效果排序为 NF100＞Silwet408＞AgroSpred730。

表 12.5　不同类型表面活性剂溶液的单位面积沉积量的方差分析

表面活性剂溶液	单位面积沉积量/(mL/mm^2)
SC	3.468 67E-07c*
SC＋AgroSpred730	4.196 53E-7bc
SC＋Silwet408	4.577 33E-7b
SC＋NF100	7.899 07E-7a

注:＊同列相同字母代表差异不显著。$p=0.05$。

由表 12.3 可知,SC、SC＋NF100、SC＋Silwet408、SC＋AgroSpred730 的静态表面张力分别为 39.22 mN/m、34.25 mN/m、20.95 mN/m、26.91 mN/m,加入 Silwet408 的药液的单位面积沉积量较加入 AgroSpred730 的大,是因为加入 Silwet408 的药液的表面张力较加入 AgroSpred730 的小。但是加入 NF100 的药液的表面张力为 34.25 mN/m 较加入 Silwet408 和 AgroSpred730 的表面张力大,其单位面积沉积量反而大于表面张力小的药液的单位面积沉积量,说明在研究表面活性剂对沉积的影响中单纯以静态表面张力作为指标并不能完全反应出表面活性剂对沉积的影响。

由动态表面张力测定结果可知，在 44 ms 时，加入 NF100、Silwet408、AgroSpred730 的动态表面张力值分别为 36.84 mN/m，32.14 mN/m，44.67 mN/m。加入 AgroSpred730 的动态表面张力较加入 Silwet408 和 NF100 的大，也正说明了加入 AgroSpred730 的单位面积沉积量小。而加入 Silwet408 和 NF100 的动态表面张力数值相差不大，但是加入 NF100 的药液的单位面积沉积量却与加入 Silwet408 的药液的单位面积沉积量有显著性差异，根据第二章对撞击过程中能量耗散的分析，加入 NF100 后的黏性或其他耗散较 Silwet408 大，使得雾滴用于回弹的动能小，雾滴的弹跳减少，沉积量增加。根据公司提供的资料，NF100 系糖基改性有机硅表面活性剂，含有大量的—OH 基团，—OH 与水中的—H 易形成范德华力，产生氢键。农药雾滴撞击到水稻叶片后快速变形，雾滴处于高剪切状态，加入 NF100 后产生的氢键导致在高速喷雾动作时雾滴黏性较大，雾滴在铺展过程中能量的耗散增加，用于回缩的能量也小，雾滴较容易持留在叶片上。

12.6 结 论

水稻作物具有独特的大倾斜度叶片甚至近于直立的叶片形态，而且水稻叶片为超疏水性的生物表面，水滴在其上的接触角高达 134°，极难润湿，农药雾滴难以在水稻叶片上沉积持留，因此水稻施药中农药利用率低，极易造成对环境的污染。论文针对上述问题，从理论角度对液滴在固体表面的润湿理论、液滴在水稻叶片上的临界脱落直径、液滴撞击水稻叶片后发生的形变过程、在撞击过程中的能量耗散以及不同因素对液滴撞击固体表面的影响进行了分析，为研究农药雾滴撞击水稻叶片行为提供理论依据。

通过扫描电镜法对水稻叶片表面微结构进行了详细的观察研究，得出两种水稻在分蘖期和孕穗期、不同部位叶片正面的气孔乳突带、硅化-木栓带以及硅化-木栓带上的钩毛之间没有明显差异，但是各个不同微结构之间差异较明显。气孔带乳突平均直径约为 3 μm，硅化-木栓带上乳突的直径更小，甚至有的硅化-木栓带上都没有乳突存在，硅化-木栓带上钩毛的尺寸相对于乳突来说较大，达到几十到上百微米。根据扫描电镜图片及测量统计数据建立了雾滴在水稻叶片不同微结构上沉积的理想化模型，对雾滴在水稻叶片上的临界脱落半径进行理论计算，推测出雾滴在水稻叶片上的主要沉积部位，并用数码显微照相法和液氮急速冷却法以及扫描电镜法确证了雾滴在水稻叶片上的主要沉积部位为硅化-木栓带的钩毛位置。

利用高速摄影与沉积量测定的方法研究了叶片倾角、雾滴粒径、雾滴密度、药液物性、喷头组合等对撞击行为的影响，得到如下结论：标准扇形雾喷头 ST110-01、ST110-02、ST110-03、ST110-04 在水稻叶片上喷雾，叶片上部、中部、下部单位面积沉积量均随叶片倾角增大而增加，但对 ST110-05 喷头，各部位单位面积沉积量随叶片倾角变化的趋势不及其他喷头显著。在各个叶片倾角时，单个叶片的上部、下部均比中部的单位面积沉积量多；雾滴粒径大小对于雾滴在水稻叶片上沉积量的影响不呈规律性变化；随着雾滴密度的增加，实际单位面积沉积量也增加，但有效沉积率降低，农药损失加剧；加入表面活性剂能够显著影响农药雾滴撞击水稻叶片的行为与效果，都能增加单位面积沉积量，并且增加效果排序为 NF100＞Silwet408＞AgroSpred730；在研究不同喷头组合对雾滴撞击行为的影响时，ST110-015 喷头的单位面积沉积量明显高于其他喷头处理的单位面积沉积量,射流防飘喷头 IDK120-03 处理的单位面积沉积量最小,双扇面喷头与常规喷头之间没有显著性差异,因此,建议实际作业时采用较低的作业速度,采用小流量喷头,加入有效的表面活性剂以增加药液沉积量,减少药液流失。

12.7 致 谢

感谢国家自然科学基金项目"农药雾滴在典型作物冠层沉积行为及高效利用"(项目编号:30800728)、"农药雾滴在水稻叶片上的沉积特性研究"(项目编号:30971940)对本研究的资助。同时,特向对本项目做出贡献的所有参加人员表示由衷的感谢!

参 考 文 献

成晓北,黄荣华,邓元望,等. 柴油机喷雾撞壁的研究. 车用发动机,2001,136(6):1-7.

费千,岳丹婷. 液滴从固体壁面脱落条件的分析. 大连海事大学学报,1997,23(3):92-95.

高雪峰,江雷. 天然超疏水生物表面研究的新进展. 物理,2006,35(7):559-564.

顾中言,许小龙,韩丽娟,等. 不同表面张力的杀虫单微乳剂药滴在水稻叶面的行为特性. 中国水稻科学,2004,18(2),176-180.

顾中言,许小龙,韩丽娟. 几种植物临界表面张力值的估测. 现代农业,2002(2):18-20.

顾中言,许小龙,韩丽娟. 一些药液难在水稻、小麦和甘蓝表面润湿展布的原因分析. 农药学学报,2002,4(2):75-80.

顾中言,许小龙,韩丽娟. 作物叶片持液量与溶液表面张力的关系. 江苏农业学报,2003,19(2):92-95.

顾中言. 影响杀虫剂药效的因素与科学使用杀虫剂的原理和方法Ⅱ.植物类型与杀虫药剂滞留量. 江苏农业科学,2005(4):46-50.

郭善竹,张丽,张凯,等. Silwet 系列农用有机硅在水稻害虫防治中的应用. 植物保护,2008,(4):41-42.

胡美英,黄炳球,肖整玉,等. 表面活性剂对杀虫剂的增效机制及药效研究. 华南农业大学学报,1998,19(3):41-46.

贾敬鸾. 扫描电镜在植物方面的应用. 遗传,1984,6(6):18.

蒋勇,范维澄,廖光煊,等. 喷雾碰壁混合三维数值模拟. 中国科学技术大学学报,2000,30(3):334-339.

瞿波,徐运启,傅丽霞,等. 扫描电镜在稻米品质鉴定中的应用探讨. 华南农业大学学报,1992(增刊):61-62.

柯清平,李广录,郝天歌,等. 超疏水模型及其机理. 化学进展,2010,22(3):284-290.

李丽,王效安,刘臣宇. SEM 在霉菌研究中的应用. 海军航空工程学院学报,2005,20(6):690-692.

李小兵,刘莹. 微观结构表面接触角模型及其润湿性. 材料导报:研究篇,2009,23(12):101-103.

李燕. 液滴撞击加热固体平壁变形过程的数值模拟. 大连理工大学硕士学位论文. 大连:2008.

廖乾初. 扫描电镜分析技术的现状和展望. 稀有金属,1985(2):62-68.

廖乾初. 扫描电镜科学技术和应用的进展. 物理,1993,22(3):165-169.

林志勇,彭晓峰,王晓东. 固体表面液滴在吹风作用下的振荡特性. 热科学与技术,2005,4(1):24-28.

林志勇,彭晓峰,王晓东. 固体表面振荡液滴接触角演化. 热科学与技术,2005,4(2):141-145.

刘程,张万福,陈长明. 表面活性剂应用手册. 2版. 北京:化学工业出版社,1996,28-43.

毛靖儒,施红辉,俞茂铮,等. 液滴撞击固体表面时的流体动力特性实验研究. 力学与实践,1995,17(3):52-54.

茆邦根,翟承勋. 水稻常见病虫害科学防治技术. 现代农业科技,2007(13):77-78.

闵敬春,彭晓峰,王晓东. 竖壁上液滴的脱落直径. 应用基础与工程科学学报,2002,10(1):57-62.

施明恒. 单个液滴碰击表面时的流体动力学特性. 力学学报,1985,17(5):419-425.

覃群,张群生. 单液滴碰壁理论模型. 武汉理工大学学报·信息与管理工程版,2007,29(10):73-76.

唐海,余徽,夏素兰,等. 液滴降落过程表面曳力及其形状改变规律. 化工设计,2007,17(3):6-9.

滕俊林,王以秀,薛庆中. 水稻花培愈伤组织及其器官发生过程中的扫描电镜观察. 华南农业大学学报,1992(增刊):41-42.

田辉,杨泰生,陈玉清. 疏水理论研究进展. 山东陶瓷,2008,31(3):8-13.

屠豫钦. 农药剂型和制剂与农药的剂量转移. 农药学学报,1999,1(1),1-6.

万吉安,黄荣华,成晓北. 喷雾撞壁模型的发展. 柴油机设计与制造,2004,107(2):28-32.

汪森,王建昕,沈义涛,等. 汽油喷雾碰壁和油膜形成的可视化试验与数值模拟. 车用发动机,2006,166(6):24-28.

王淑杰,任露泉,韩志武,等. 典型植物叶表面非光滑形态的疏水防黏效应. 农业工程学报,2005,21(9):16-19.

王晓东,彭晓峰,闵敬春,等. 接触角滞后现象的理论分析. 工程热物理学报,2002,23(1):67-70.

王晓东,彭晓峰,张欣欣. 水平壁面上液滴吹离的临界风速. 应用基础与工程学学报,2006,14(3):403-410.

徐是雄,徐雪宾. 稻的形态与解剖. 北京:农业出版社,1984,15-16.

徐雪宾,韩惠珍,徐是雄. 稻(Oryza sativa)胚的结构及各种构件的合理名称. 中国水稻科学,1989,3(3):129-139.

杨林飞. 水稻主要病虫害鉴别与防治. 农技服务,2009,26(3),82-83.

杨晓东,尚广瑞,李雨田,等. 植物叶表的润湿性能与其表面微观形貌的关系. 东北师大学报(自然科学版),2006,38(3),91-95.

袁会珠,齐淑华,杨代斌. 药液在作物叶片的流失点和最大稳定持留量研究. 农药学学报,2000,2(4): 66-71.

袁会株,齐淑华. 植物叶片对药液的最大承载能力初探. 植物保护学报,1998,25 (1): 95-96.

张获,谢永慧,周屈兰. 液滴与弹性固体表面撞击过程的研究. 机械工程学报,2003,39 (6): 75-79.

张文绪. 稻属植物叶背亚显微结构的观察研究. 中国水稻科学,1995,9(2): 71-76.

赵东,张晓辉,蔡冬梅,等. 基于弥雾机风机参数优化的雾滴穿透性和沉积性研究*. 农业机械学报,2005,36(7): 44-49.

赵素玲,牟善彬,张联盟. 电子显微镜在鉴定烧毁混凝土性能中的应用. 国外建材科技,2003,24(5): 29-30.

朱金文,吴慧明,程敬丽,等. 雾滴体积中径与施药量对毒死蜱在棉花叶片沉积的影响. 棉花学报,2004,16(2): 123-125.

朱金文,吴慧明,孙立峰,等. 叶片倾角、雾滴大小与施药液量对毒死蜱在水稻植株沉积的影响. 植物保护学报,2004,31(3): 259-263.

朱金文,吴慧明,朱国念. 雾滴大小与施药液量对草甘膦在空心莲子草叶片沉积的影响. 农药学学报,2004,6(1): 61-64.

朱金文,周国军,曹亚波,等. 氟虫腈药液在水稻叶片上的沉积特性研究. 农药学学报,2009,11(2): 250-254.

朱卫英. 液滴撞击固体表面的可视化实验研究:大连理工大学硕士学位论文. 大连,2007.

Andreassi,L.,S. Ubertini,and L. Allocca,Experimental and numerical analysis of high pressure diesel spray-wall interaction. International Journal of Multiphase Flow,2007,33 (7): 742-765.

Barthlott W. C. Neinhuis. Purity of the sacred lotus,or escape from contamination in biological surfaces. Planta,1997,202: 1-8.

Burton,Z. and B. Bhushan. Surface characterization and adhesion and friction properties of hydrophobic leaf surfaces. Ultramicroscopy,2006,106(8-9): 709-719.

D. C. D. Roux a,b,J. J. Cooper-White. Dynamics of water spreading on a glass surface. Colloid and interface science. 2004: 424-436.

Egermann,J.,M. Taschek,and A. Leipertz,Spray/wall interaction influences on the diesel engine mixture formation process investigated by spontaneous Raman scattering. Proceedings of the Combustion Institute,2002,29(1): 617-623.

Fukai,J. Shiiba,Y.,Yamemoto,*et al*. Wetting effects on the spreading of a liquid droplet colliding with a surface: experiment and modeling. Phys. Fluids 1995,7(2): 236-247.

Guo,Z. and W Liu. Biomimic from the superhydrophobic plant leaves in nature: Binary structure and unitary structure. Plant Science,2007,172(6): 1103-1112.

Kalantari,D. and C. Tropea,Spray impact onto flat and rigid walls: Empirical characterization and modelling. International Journal of Multiphase Flow,2007,33(5):525-544.

Knoche,M.雾滴直径和喷雾量对茎叶处理除草剂药效的影响. 杂草科学,1996(1):36-39.

Lafuma,A. and D. Quéré. superhydrophobic states Nature Materials,2003,2(7):4.

Lee,S. H S Lee,D S Kim,*et al*. Fabrication of hydrophobic films replicated from plant leaves in nature. Surface & Coatings Technology,2006(201):553-559.

Lee,S. H. and H. S. Ryou,Development of a new spray/wall interaction model. International Journal of Multiphase Flow,2000,26(7):1209-1234.

Michael,N. and B. Bhushan. Hierarchical roughness makes superhydrophobic states stable. Microelectronic Engineering,2007,84(3):382-386.

Mundo,C. ,M. Sommerfeld,and C. Tropea,Droplet-wall collisions:Experimental studies of the deformation and breakup process. International Journal of Multiphase Flow,1995,21(2):151-173.

Nosonovsky,M. and B. Bhushan. Hierarchical roughness optimization for biomimetic superhydrophobic surfaces. Ultramicroscopy,2007,107(10-11):969-979.

Pierce,E. ,F. J. Carmona,and A. Amirfazli,Understanding of sliding and contact angle results in tilted plate experiments. Colloids and Surfaces A:Physicochemical and Engineering Aspects,2007,doi:10. 1016/j. colsurfa. 2007. 09. 032.

Schwartz,L. W. D. Roux,and J. J. Cooper-White,On the shapes of droplets that are sliding on a vertical wall. Physica D:Nonlinear Phenomena,2005,209(1-4):236-244.

Weiss,C. ,The liquid deposition fraction of sprays impinging vertical walls and flowing films. International Journal of Multiphase Flow,2005,31(1):115-140.

第13章

农药喷雾作业对施药者体表污染及肌肉疲劳研究

迟明梅　　何雄奎　　宋坚利　　张　京

13.1　引　　言

13.1.1　农药的利用现状与污染现状

　　我国是发展中的农业大国和人口大国,也是农药生产和使用大国。农药在农业生产中的作用非常重要,它是病、虫、草害防治中最为快速、最为经济的有效手段,即农药不仅很好地控制了病、虫、草的危害,而且极大地提高了作物单位面积的产量,且在今后相当长的时间内仍将发挥重要作用。据统计,目前世界上生产和使用的农药有几千种,全世界每年的农药产量按有效成分统计,在 500 万 t 以上,世界范围内农药所避免和挽回的农业病、虫、草害损失占粮食产量的 1/3。根据国家统计局统计,2006 年农药总产量为 129.6 万 t(100% 有效成分计),同比增长 20.2%,达历史新高,2007 年农药总产量 173.1 万 t,同比增长 24.3%,居世界第一位。作为最重要的病、虫、草害防治方法,农药每年可为中国农业生产挽回大约 35%～60% 的损失,可减少直接经济损失 300 亿元人民币,保证了全国 13 亿人口所需粮食和蔬菜的丰收,在国民经济中发挥着巨大的作用。

　　农药是一把"双刃剑",它是重要的农业生产资料,科学使用有助于粮食增产,也有助于提高农产品质量和农田环境建设,但也有可能成为污染环境的"罪魁祸首"。我国的农药污染程度,也是世界上最严重的国家之一。长期大量使用化学农药其污染及危害是极为严重的,尤其是高毒高残留农药品种,具有药效比较显著和成本相对较低以及知名品牌的传统影响等优势,仍然在被经营和使用。农药的施用方法目前仍以药液喷洒为主;施用农药后,仅有 1%～2% 的药作用于防治对象本体,有 10%～20% 附着在作物本体上;其他 80% 左右的农药主要散落在农田的周边环境,其中有 30%～50% 飘失到空气中。农药有效利用率只有 10%～30%,远低于发达国家 50% 的平均水平,喷洒的大部分农药流失到环境中,造成了严重的环境污染和人畜中毒。目前化学农药污染的现状是十分严重的,据美国康奈尔大学介绍,全世界每年的农药,实际发挥效能的只有 1%,其余 99% 都散逸于土壤、空气及水体之中。据联合国粮农组织报告,全球每年估计有 100 万～500 万起农药中毒事件发生。

13.1.2 职业性农药接触对农业劳动者的健康危害

职业性农药接触是农药研发、生产、加工、运输以及田间劳动者接触农药的主要途径,可经过呼吸道和完整的皮肤进入机体造成劳动者体表或体内接触农药。田间劳动者的农药接触主要发生在药剂配制、装载、田间用药操作以及再进入施药区从事劳动等过程中。由于劳动中呼吸频率高于正常值,从而可吸入更多气体及悬浮在空气中的携带有农药成分的颗粒,凡粒径小于 $7\mu m$ 的颗粒均可被人体吸入并进入肺腔;而皮肤直接接触农药雾滴、粉尘或接触沉积了农药的植物也是造成劳动者农药接触的另一条主要途径。生产性农药中毒多经皮肤吸收,1995年国际化学品安全规划署在北京举办的安全使用农药培训班上,特别强调在农药施用过程中对皮肤的防护。农药是一种生物活性物质,会给暴露于农药环境中的农业劳动者带来一定的危险性,除导致急性中毒外,还会引发许多长期的不良反应,如:引发不同种类的癌症和退化病,对免疫系统、血液系统、神经系统、内分泌系统和生殖系统的影响等。与其他行业相比,农业劳动者与农药的职业性接触是不可避免的,只能通过采用各种防护措施将其尽可能降低,避免造成身体损伤。

13.1.3 影响农业劳动者农药接触中毒的原因

1. 施药机具

目前我国使用最多的背负式手动喷雾器和背负式机动喷雾机,施药器械以手动喷雾器占绝大多数,比例高达 89.8%,背负式机动喷雾机仅占 8.0%,手动喷雾器中以工农-16 型占79.6%。机具及喷洒部件落后、型号品种单一、不能满足不同作物和不同病虫害防治的需要。用一种机型"防治各种作物的病、虫、草害、打遍百药"是造成农药用量过大、环境污染、操作者中毒等问题的重要原因之一。同一台喷雾器用于多种病、虫、草防治的比例达 78.1%,使用同一个喷头的比例达 63.6%。而且机具质量并不理想,密封性不佳,每台机器在每年的使用过程中平均出现故障 6 次以上,存在严重的"跑、冒、滴、漏"现象,且维修不方便。以致在使用时常发生喷雾器渗漏现象,药液渗入衣裤,污染严重将成为持续污染源,经皮肤吸收发生中毒。

现阶段,我国的植保机械多数为常量喷雾植保机械,95% 以上的喷雾器使用的是圆锥雾喷头。针对圆锥雾喷头不能均匀喷施农药的缺点,导致的结果是用药次数增多,药液喷洒量大,药液在植株上的沉积比例低,药液流失现象十分严重;而机动喷雾机的"喷淋式"作业方式,雾滴粗、流量大,药物流失严重。这些不仅浪费农药,防治效果差,而且漂浮在空气中的药物残留物会附着在人的皮肤上。导致不适和中毒的发生,严重影响了农业劳动者的身体健康。因此在施药前,首先检查药械是否完好,喷嘴是否合适、药械无渗漏,这是至关重要的,也是污染源的主要来源。

2. 施药技术

(1)农药复配:混配农药的广泛使用,目前已比较普遍,其目的主要是提高药效,防止或延缓抗药性的形成,一些能增效的混合农药其联合毒性也往往有所增加,增加了农药中毒发生的可能性。农药混配使用高于单一使用的发病率,如稻瘟净加马拉硫磷增效 5.7~8 倍,同时也有增毒作用。这也是农药中毒发病率逐渐上升的原因之一。当前农药种类及其有毒有害物质含量日渐复杂化,许多农业劳动者不懂得标准浓度如何配制,错误认为浓度越高,杀灭害虫效果越好,便任意将药液提高倍数,增大农药用量,致人中毒。药液浓度掌握不准也是造成中毒的原因之一。

(2)施药时间:中毒的发生有明显的季节性,主要集中在 6—9 月份各种农作物病虫害频发期,尤以 7、8 两个月为发病高峰季节,这与当地的农作物耕作时间及病虫害严重有关,另外,7、8 月份气温高、农药挥发快、空气浓度高、皮肤裸露增大,增大了药液的接触面积,吸收速度加快,吸收量大,这些生产性中毒的直接发生原因。按规定要求施药者每天工作 6 h,并且要避开中午打药,缩短施药时间可以减少接触毒物的剂量,通常一天喷洒农药的持续时间大于 3 h 发病率明显升高。

(3)施药人员:农村基本上采用人工喷雾,特别是治虫高峰季节,老年人、未成年人、体弱有病者、"三期"妇女及患皮肤病者均参加施药,这也增加了中毒事故的发生。

(4)施药方法:施药人员逆风喷药,经皮肤、呼吸道吸收是引起生产性农药中毒的主要途径。1984—1991 年调查资料中,逆风喷药而发生中毒占中毒人数的 46.31%,不执行安全操作规程,是造成生产性农药中毒的主要原因。所以应做到顺风打、隔行打、退步打、向外侧安全喷药,减少中毒事故的发生,以"长"字为中心内容的距离防护,延长污染源与人体的距离。如喷杆改为 1~1.2 m 长,污染量可减少一半,安装杠杆式安全压杆,手掌基本不接触农药。

3. 个人防护

农业劳动者在喷施农药时均无严格的防护着装、眼镜和口罩,一般穿普通长衣裤,在高温时只穿短夏装。如赤膊、短裤,不穿鞋子,不戴口罩,皮肤裸露增大,增大了药液的接触面积,吸收速度加快,吸收量大,这些生产性中毒的直接发生原因。此外,虽然施药者穿长袖衣裤,但未穿雨衣、雨鞋和未戴口罩,当擎杆喷药时,大量药液没有粘在树叶上而大量落下,打湿施药者的衣裤,药液顺杆倒流污染双手和身体,同时空气中药雾浓度很高,这样可通过皮肤和呼吸道途径进入人体而中毒。因此适当的防护用品是减少皮肤接触、控制农药吸收的重要措施。

13.1.4 我国植保机械的使用现状

植保机械是指撒施化学农药的机具,也称农业药械或施药器械,其作用是将一定量的农药药液制剂按防治要求均匀地撒施在田间或农作物上以达到防治有害生物的目的,自 1999 年在农村普遍实行生产责任制后,呈现了"家家有药械,户户储农药,人人喷农药"的局面,因此植保机械是农户从事农业生产必不可少的工具。据介绍,我国农药生产技术处于国际先进水平,但植保机械却与高速发展的农药水平极不相称。目前国产的植保机械有 20 多个品种,80 多个型号,其中 80%处于发达国家 20 世纪五六十年代的水平。我国农业生产的现行体制以户营为主,农户的生产规模不大,因此使用的喷雾器(机)以小型为主,主要机具类型为背负式手动喷雾器、背负式喷雾喷粉机 2 大类,目前农村使用最多的背负式手动喷雾器和背负式机动喷雾机,虽然品牌繁多,但都属于 20 世纪五六十年代定型的"工农-16 型"和"WFB-18 型",泵体、牛皮活塞碗、球阀、各部件的连接方式、直通开关等性能和结构与 50 年代基本一样,不论是结构形式还是技术性能都很落后。大型农场虽然有一些中型或大型的喷雾机,但由于机器本身的质量不高、使用技术水平跟不上等问题,使用情况都不很理想。许多原来尚能发挥一定作用的大中型机动喷雾机近年来也大都被小型背负式代替了。据统计我国目前手动植保机械约 35 个品种,保有量约 5 900 万架,占整个植保机械市场的 80%,手动喷雾器以背负式手动喷雾器为主,产销量约占总产销量的 80% 以上,应用量最大的为工农-16 型背负式手动喷雾器。由于受到农业生产规模的限制,机动植保机械的市场波动较大。目前我国机动植保机械约有 26 个品种;保有量约 300 万台。背负式弥雾喷粉机以 18 型机为代表,约占市场机动药械总量的 7%;小型机动及电动喷雾器,约 6 个品种,保有量约 25 万台,代表品种为 WFB-18 型超低量喷雾器。不过目前市场上依然以 3WBF-18AC 型机动喷雾喷粉机为主。从总体上看,我国植保机械的技术水平、产品品种、制造质量、外观质量、使用可靠性以及产品在国际市场上的竞争能力都远比发达国家落后。

13.2　运动性疲劳的检测原理

13.2.1　运动性疲劳的概念

运动性疲劳是人体在运动过程中一次性强有力的负荷或持续运动负荷后,靠应力集中的运动器官(关节、韧带、骨骼、肌肉)和与之密切相关的脏器和调节功能下降、能量不足等所引起的一系列生理性、功能性的变化为特点的导致运动人体器官功能下降、感觉不适、能量缺乏和代谢产物堆积等现象。一般的运动性疲劳是一种正常生理现象,如果运动性疲劳没有得到及时的恢复而使疲劳累积导致疲劳过度,或者发生运动性疲劳时没有及时地进行调整,继续保持原有的运动,使疲劳程度加深导致力竭,都会使运动性疲劳变成一种病理观象,从而对健康造成不良影响。疲劳判断的方法有骨骼肌指标(肌肉力量、肌肉硬度和肌电图)、心血管指标(心率和心电图)和其他(皮肤空间阈、闪光频度融合和唾液 pH 值)等。

13.2.2　肌电信号与肌肉疲劳的关系

表面肌电信号是从皮肤表面通过电极引导、记录下来的神经肌肉系统活动时的生物电信号,它与肌肉的活动状态和功能状态之间存在着不同程度的关联性,因而能在一定的程度上反映神经肌肉的活动。同时 sEMG 是一种简单、无创、容易被受试者接受的肌电活动测试技术,可用于测试较大范围内的 EMG 信号,并有助于反映运动过程中肌肉生理、生化等方面的改变。表面肌电信号不仅可在静止状态测定肌肉活动,而且可在各种运动过程中持续观察肌肉活动的变化;不仅是一种对运动功能有意义的诊断评价方法,而且也是一种较好的生物反馈治疗技术,因而在临床医学的神经肌肉疾病诊断、高等院校人机工效学领域的肌肉工作的工效学分析、体育系统(体科所)疲劳判定、运动技术合理性分析、肌纤维类型和无氧阈值的无损伤性预测、医院康复领域神经肌肉疾病诊断、肌肉功能评价等高等方面均有重要的实用价值。

13.2.3 心血管与运动性疲劳的关系

对运动性疲劳评价的生理指标主要为心率、血压等心血管系统指标。体力劳动时，心率与体力疲劳程度之间有着密切的联系，对此早已有报道，因此研究通过测定心率来评价作业者在劳动过程中的疲劳程度的方法，使作业者在劳动过程中的体力疲劳控制在一定的限度内，具有重要的理论意义和实用价值。因此可用动态心率为指标来衡量体力疲劳程度。

在一定范围内，心率随运动强度而递增，两者呈线性相关。所以，运动的心率反映是一个十分有用、常用的生理指标。可用健康工人作业时的心率、体温等来划分劳动强度（表13.1）。

表 13.1　用于评价劳动强度的指标和分级标准

劳动强度	耗氧量/(L/m)	能消耗量/(kcal/m)	心率/(beat/m)	直肠温度/℃	排汗率/(mL/h)
很轻	～0.5	～2.5			
轻	0.5～1.0	2.5～5.0	75～100		
中等重	1.0～1.5	5.0～7.5	100～125	37.5～38.0	200～400
重	1.5～2.0	7.5～10.0	125～150	38.0～38.5	400～600
很重	2.0～2.5	10.0～12.5	150～175	38.5～39.0	600～800
极重	2.5～	12.5～	175～	39.0～	800～

体力劳动时，心血管系统执行供氧、输送养料和排除代谢产物的任务。因此，在作业开始后的短时间内，心血管系统能及时发生适应性变动，主要表现在心跳及血压上。作业开始时，心跳在15～30 s内即开始增加，一般经5～10 min达到稳定状态。轻作业时，增加不多，重作业以上能达150～200次/min。作业停止后，心跳可在15 s后就出现减少。回复时间的长短随作业强度、公建暂歇、环境条件和健康状况而异。测定作业时及其停止后15 s后的脉搏，与安静时比较，可作为衡量作业强度的指标；脉搏恢复时间的长短，可作为心血管系统适应性及区别是否正常的标志。因此，可用负荷试验作为测定心血管系统功能的方法。

13.3　问卷统计分析

在中国，农作物耕种是农民经济来源最重要的部分，各种农作物病虫害的发生是不可避免的，农药的使用仍是中国农民普遍采用的预防方法。同时农民也是受农药危害最重、最广泛的高危人群，一方面因为农民在工作中，不可能不置身于农药暴露的环境之中，因而无法避免农药的侵害；另一方面长期进行农药喷雾作业等重复性操作会引发施药者工作相关肌骨疾患，严重影响农民的身体健康。

进行农药喷雾作业最频繁的季节在夏季6—9月份各种农作物病虫害频发期，而农药中毒地区主要集中于产棉区，原因是棉花的治虫施药量较大。为深入了解农民当前农药体表污染现状及肌体肌骨疾患状况，本文作者历经两年对棉田盛产区山东省惠民县的当地农业劳动者的施药现状进行了调查。

13.3.1　问卷调查的对象与方法

13.3.1.1　调查时间、地点、对象

时间：2008—2009 年。

地点：山东省惠民县胡集镇（共覆盖 15 个村）。

对象：棉花作物中从事农药喷雾作业的农业劳动者（417 份问卷）。

13.3.1.2　调查方法

访问调查法：自行设计调查问卷，问卷设计征集部分老师的意见并由中国农业大学药械与施药技术中心审核，调查者通过访谈等 1 对 1 方式向农田作业的农业劳动者了解所要的信息。这种方式花费的人力、物力、财力较大，也比较费时，但是数据来源真实可靠，数据统计具有实际意义。

13.3.1.3　调查内容

调查主要包括调查对象基本组成情况、作物种植面积、施药机具使用及泄漏情况、施药者个人防护情况、体表污染分布情况和肌骨疾患分布情况等部分内容。

13.3.1.4　数据统计处理

根据问卷调查计算身体各部位肌肉骨骼疾患的发生率及危险因素关联指标，即优势比（Odds ratio，OR），应用 SPSS16.0 软件进行多因素 logistic 回归分析身体各部位肌肉骨骼疾患的危险因素。

1. 优势比

优势比是流行病学常见的统计量，是描述疾病与危险因素关联的指标，常被用于描述测试结果与疾病关联的指标。

优势比，又称比值比、交差乘积比。指病例组中暴露人数与非暴露人数的比值除以对照组中暴露人数与非暴露人数的比值，OR 可用于估计相对危险度，指暴露组的疾病危险性为非暴露组的多少倍。OR＞1 说明疾病的危险度因暴露而增加，暴露与疾病之间有"正"关联；OR＜1 疾病的危险度因暴露而减少，暴露与疾病之间为"负"关联。

（1）OR 的计算公式：

常见病例对照研究设计形式见表 13.2。

表 13.2　常见病例对照研究设计形式

暴露状态	暴露	非暴露	合计
病例	a	b	a＋b
对照	c	d	c＋d
合计	a＋c	b＋d	a＋b＋c＋d

OR 的计算公式：

$$OR = \frac{P(disease \mid exposed)/[1-p(disease \mid exposed)]}{P(disease \mid unexposed)/[1-p(disease \mid unexposed)]} \tag{13.1}$$

（2）对 OR 进行假设检验：由于通过随机样本计算所得的优势比具有变异性，应排除抽样

误差的影响后方能对疾病与暴露之间的关系作出统计学结论。对优势比检验的零假设为 H_0：$\Phi=1.0$，对立假设为 $\Phi\neq1.0$，χ^2 的计算公式为：

$$\chi^2 = \frac{(n+1)(ad-bc)^2}{(a+b)(c+d)(a+c)(b+d)} \tag{13.2}$$

在零假设成立的条件下，这个 χ^2 统计量服从自由度为 1 的 χ^2 分布。

（3）估计 OR 的可信区间：基于 OR 的自然对数近似正态分布的理论推出的 Woolf 法，以及在 χ^2 检验的基础上计算的 Miettinen 法是两种较为简单的近似估计方法。

OR 可信区间上下限的计算方法如下（以 95％可信区间为例）：

$$\text{Wool 法：}\hat{OR}\exp\left(\pm1.96\sqrt{\text{Var}(\text{ln}\hat{OR})}\right) \tag{13.3}$$

$$\text{Miettinen 法：}(OR)^{(1\pm1.96/\sqrt{\chi^2})} \tag{13.4}$$

2. logistic 回归分析

logistic 回归又称 logistic 回归分析，属于概率型非线性回归。它是研究应变量 y 为分类变量（可以是二项分类或多项分类）指标与一些影响因素之间的一种多变量统计分析方法，主要在流行病学中应用较多，比较常用的情形是探索某疾病的危险因素，根据危险因素预测某疾病发生的概率，等等。

假设 y 为二分类变量，取值为 1 表示某阳性结果发生，取值为 0 表示结果未发生。在 i 个自变量为 $x_1, x_2, \cdots, x_i$ 的作用下（每个自变量可以是分类变量也可以是连续型变量），该事件发生的概率为 p，则不该发生的概率为 $1-p$，于是多变量的 logistic 回归模型是：

$$p = \frac{e^{\beta_0+\beta_1 x_1+\cdots+\beta_i x_i}}{1+e^{\beta_0+\beta_1 x_1+\cdots+\beta_i x_i}} \text{ 或 } p = \frac{1}{1+e^{-(\beta_0+\beta_1 x_1+\cdots+\beta_i x_i)}} \tag{13.5}$$

若对其取自然对数为：

$$\text{logit}(p) = \text{ln}[p/(1-p)] = \beta_0 + \beta_1 x_1 + \beta_2 x_2 + \cdots + \beta_i x_i \tag{13.6}$$

式中：β 为常数项，称为回归系数。$\text{ln}[p/(1-p)]$ 与各 x 的关系成为了线性关系，对应的 $\text{logit}(p)$ 在 $(-\infty, +\infty)$ 之间变动，则自变量 $x_1, x_2, \cdots, x_i$ 可在任意范围内取值。

13.3.2 结果与分析

13.3.2.1 描述性统计分析

调查地区共涵盖 15 个村，共 417 份问卷，具体分布情况如表 13.3 所示。

表 13.3 调查地区分布表

地点	人数	地点	人数	地点	人数
梨花王（6 个队）	115	南辛庄（5 个队）	18	朝阳刘	1
王福安（2 个队）	14	王惠理（4 个队）	58	镇东刘	11
北刘（2 个队）	15	朝阳李（2 个队）	14	镇东李	5
胡集（4 个队）	8	张家坊（3 个队）	60	西花赵	29
北李（7 个队）	55	位集张贤臣	12	王东沙	2
总计		15 个村、417 份问卷			

1. 调查对象基本组成情况

调查对象基本组成情况见表 13.4。

表 13.4　调查对象基本组成情况

	男(236)	女(181)
年龄/岁	51.47±11.86	47.38±9.88
身高/cm	168.36±5.19	158.07±5.29
体重/kg	128.03±19.13	114.05±16.34
身体质量指数(BMI)	22.56±3.05	22.80±2.86
从事农业劳动时间/年	25.72±11.88	22.16±13.68

注:身体质量指数(BMI)=体重(kg)÷身高(m)的平方。

调查对象男性与女性之间的年龄、BMI 和从事农业劳动时间的平均值进行独立样本 T 检验,男性与女性身体质量指数和从事农业劳动时间的平均值均无显著性差异。

调查对象的年龄分布情况、从事农业劳动时间分布情况、兼职打工情况和 BMI 范围及分布情况分别见图 13.1 至图 13.4。

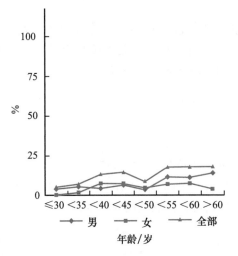

图 13.1　年龄分布情况

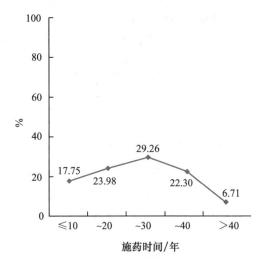

图 13.2　从事农业劳动时间分布情况

图 13.3　打工/兼职情况

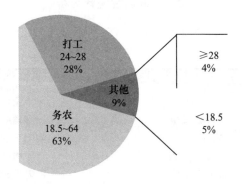

图 13.4　BMI 范围及分布情况

从图 13.1 至图 13.3 中可以看出,调查地区的人群以 50 岁以上人口居多,是当前农村的主要劳动力。在<35 和>50 年龄段男性多于女性,其客观情况是 40 岁以下的女性主要任务是生育,50 岁以上的女性由于体质下降从而导致劳动能力下降。35～50 岁之间的人群女性稍多于男性,主要是此年龄段的男性多以兼职和外出打工为主,兼职打工人口占总调查人口的 11%,89% 的人口以务农为主。大多数在 20 岁左右就开始从事农业劳动,其中约有 1/3 的人口工作了 30 多年,1/4 的人口工作了 40 多年,甚至更长时间,直到没有劳动能力为止。

与欧洲人相比,亚洲人的体型有一定的特殊性。2000 年国际生命科学学会肥胖症研讨会上,有关专家提出了中国成年人的 BMI 分类标准:即 BMI<18.5 为"体重偏低",18.5≤BMI<24.0 为"体重正常",24.0≤BMI<28.0 为"超重",BMI≥28.0 为"肥胖"。图 13.4 中可以看出,调查人口 63% 为正常体重,28% 为超重,偏低和肥胖体重人口占 9%。

2. 作物种植面积与施药机具使用情况

调查对象的作物种植面积、使用喷雾器具类型、喷雾器具泄漏情况以及泄漏部位分别见图 13.5 至图 13.8。

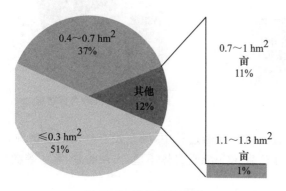

图 13.5　作物种植面积

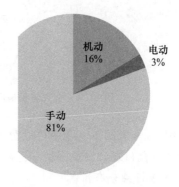

图 13.6　背负式喷雾器类型

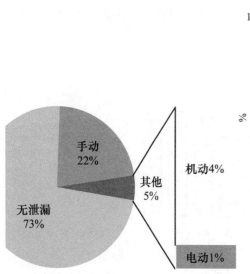

图 13.7　施药机具泄漏情况

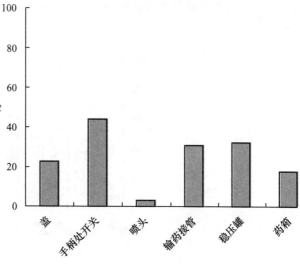

图 13.8　施药机具泄漏部位

从图 13.5 至图 13.8 中可以看出,调查地区棉田种植面积主要以小户型为主,0.67 hm² 以下的占 88%;0.73~1.3 hm² 的占 12%,主要以家庭承包为主。施药机具 100% 为背负式喷雾器,其中以手动喷雾器占 81%,机动喷雾机占 16%,电动仅为 3%。机具泄漏情况以手动喷雾器为严重,约为 22%,机动及电动占 5%,泄漏部位主要有盖、手柄处开关、喷头、输药接管、稳压罐和药箱,泄漏情况以 3%~44% 不等。

3. 调查对象个人防护情况及施药后症状

在农业生产当中,常有农药中毒事件发生,这类事件的发生大都是农民在对农作物病虫防治中喷洒农药时,不注意对身体各部位的保护,多经皮肤吸收农药残液造成的。调查对象施药过程中对个人防护情况和施药后的身体状况分别见图 13.9 和图 13.10。

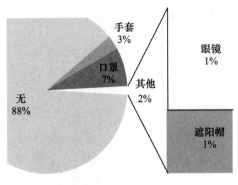

图 13.9　个人防护情况

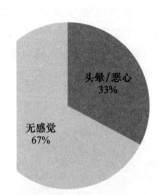

图 13.10　施药后身体状况

从图 13.9 和图 13.10 中可以看出:调查人口在施药过程中,88% 没有任何防护措施,3% 戴手套,7% 戴口罩,2% 戴眼镜和遮阳帽。施药后 33% 感觉身体不适,出现头晕,恶心等症状。

4. 体表污染分布情况

据有关资料报道,生产性农药中毒病例中有 65%~85% 是直接或间接通过皮肤吸收所致,因此特对调查对象施药过程中的体表污染情况进行调查。调查对象体表污染分布情况见图 13.11。

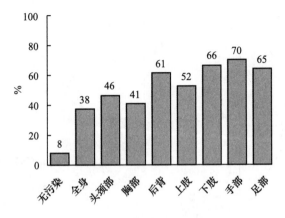

图 13.11　体表农药污染情况

从图 13.11 中可以看出：38%～70%的调查人口认为体表各部位污染较严重，其中背部、下肢、手部和足部污染程度较高，统计人数均达到 60%以上；全身、头颈部、胸部和上肢的污染程度相对较低，但也高达 38%～52%；全身各部位无任何污染的占 8%。

13.3.2.2　肌肉骨骼疾患病例对照分析

农民普遍认为农业劳作最繁重的劳动就是病、虫、草害的防治用药环节，因此农药喷雾作业是农民面临的最主要的、劳动强度最大的作业，而长期高强度重复性喷雾作业会引发相关肌肉骨骼疾病，且此肌骨疾病甚至会导致相关部位的疼痛和功能障碍。因此特对农业劳动者的肌肉骨骼疾患情况进行调查。肌肉骨骼疾患发生频率的分布见图 13.12。图 13.12 中颈部及下肢部位的肌肉骨骼疾患未列出。

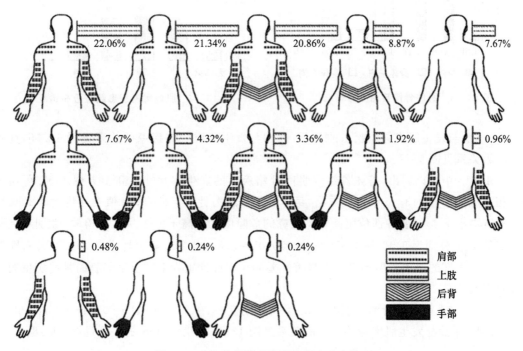

图 13.12　肌肉骨骼疾患发生频率分布情况

肌肉骨骼疾患的影响因素较多，如年龄、性别、工龄、文化程度、吸烟、体育锻炼、体重指数等。将性别、年龄、BMI 和从事农业劳动时间作为自变量，分别以肩部、后背、上肢、下肢和手部的肌肉骨骼疾患为因变量，先进行单因素分析，然后选择有意义的变量进行多因素二分类 logistic 回归模型拟合，分析危险因素与肌肉骨骼疾患之间的关系。

1. 单因素分析

（1）肌肉骨骼疾患分布情况：调查对象肌肉骨骼疾患分布情况见图 13.13，一个或多个肌肉骨骼疾患的分布情况见图 13.14。

从图 13.13 中可以看出：调查对象患有肩部、上肢、后背肌肉骨骼疾患的分别占 90%、80%和 36%，手部及下肢肌肉骨骼疾患的发生率相对较少，分别为 26%和 14%，且身体右侧部位肌肉骨骼疾患的发生率高于身体左侧，颈部肌肉骨骼疾患发生率仅为 0.24%，即 417 份调查问卷中仅存 1 例，足部肌肉骨骼疾患发生率为 0%，身体各部位肌肉骨骼患病的严重程度依次为:肩部>上肢>后背>手部>下肢>颈部>足部。颈部和足部肌肉骨骼疾患的发生率非常小,因此在下述分析中忽略颈部和足部肌肉骨骼疾患的病例分析。从图13.14中看出:调查对象的身体多处患有肌肉骨骼疾患,2处以上的占63%,可见肌肉骨骼疾患已经严重影响农民的身体健康。

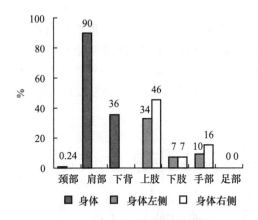

图13.13 肌肉骨骼疾患分布情况

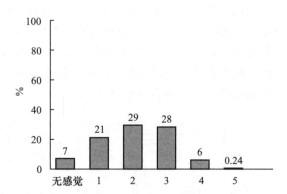

图13.14 肌肉骨骼疾患数量分布情况

(2)性别与发生肌肉骨骼疾患的关系:性别与发生肌肉骨骼疾患的关系见图13.15,性别与OR的关系见图13.16。

图13.15中可以看出,身体各部位肌肉骨骼疾患的发生率女性均高于男性。OR可用于估计相对危险度,图13.16中可以看出,身体各部位肌肉骨骼疾患的OR值女性均大于1,男性的OR值均小于1,说明各部位肌肉骨骼疾患的危险度女性高于男性。经χ^2检验:性别对上肢和手部的χ^2值分别为5.46和4.67,>$\chi^2(1)0.05=3.84$,差异有显著性意义($p<0.05$),即性别对上肢及手部的肌肉骨骼疾患具有显著性差异。因此性别为上肢及手部肌肉骨骼疾患的主要危险因素。

(3)年龄与发生肌肉骨骼疾患的关系:将年龄分为≤30、31~40、41~50、51~60和>60岁5个年龄组,年龄与发生肌肉骨骼疾患的关系见图13.17,年龄与OR的关系见图13.18。

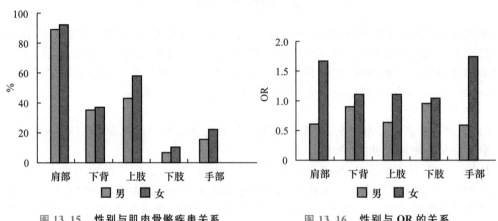

图13.15 性别与肌肉骨骼疾患关系

图13.16 性别与OR的关系

图 13.17 中可以看出：年龄越大,后背、上肢、下肢和手部的肌肉骨骼疾患有增加趋势,肩部症状无明显变化。图 13.18 中可以看出,随着年龄的增大,总体趋势上肌肉骨骼疾患的危险度均有增加趋势。经 χ^2 检验：年龄组间手部肌肉骨骼疾患的 χ^2 值为 12.21,$>\chi^2(4)0.05=$ 9.49,差异有显著性意义($p<0.05$),即年龄对手部的肌肉骨骼疾患具有显著性差异。$\leqslant 30$ 岁年龄组和 $41\sim50$ 岁年龄组间的上肢肌肉骨骼疾患的 χ^2 值为 5.298;$\leqslant 30$ 岁年龄组和 $51\sim60$ 岁年龄组间的手部肌肉骨骼疾患的 χ^2 值为 4.124;$31\sim40$ 岁年龄组和 $41\sim50$ 岁年龄组间的后背、上肢、下肢肌肉骨骼疾患的 χ^2 值分别为 4.171、6.469 和 4.230;$40\sim50$ 岁年龄组和 $51\sim60$ 岁年龄组间的手部肌肉骨骼疾患的 χ^2 值分别为 8.443;上述 χ^2 值均 $>\chi^2(1)0.05=3.84$,组间有显著性差异,且随着年龄的升高各部位的患病率增加,说明慢性肌肉骨骼疾患的患病情况与年龄有关。

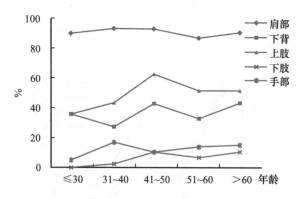

图 13.17　年龄与肌肉骨骼疾患的关系

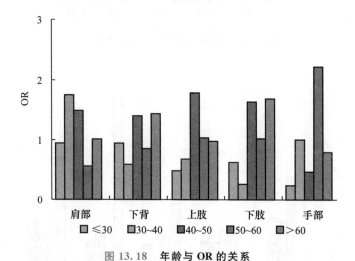

图 13.18　年龄与 OR 的关系

(4)BMI 与肌肉骨骼疾患的关系：BMI 是目前国际上衡量整体肥胖程度应用最广泛的简便指标。BMI 的大小直接影响到人体其他身体机能和素质指标的变化及其健康状况,且不受性别和身材的影响,人体过胖或过瘦,许多相关疾病的危险因素都会增加,尤其是超重和肥胖对健康的危害更是为医学界所公认。

将 BMI 分为<18.5、18.5~24、24~28 和≥28 四组,BMI 与发生肌肉骨骼疾患的关系见图 13.19,BMI 与 OR 的关系见图 13.20。

图 13.19 中可以看出,体重偏低人群(BMI<18.5)身体各部位患肌肉骨骼疾患的几率均高于其他人群。肥胖人群患肩部及手部肌肉骨骼疾患的几率较高于正常和超重人群。图 13.20 中可以看出,体重偏低人群(BMI<18.5)是身体各部位患肌肉骨骼疾患的主要危险因素(OR>1),肩部、后背、上肢、下肢和手部的 OR 值分别为 2.97、1.23、2.05、5.55 和 3.58,其中下肢的 OR 值最高。肥胖人群(BMI>28)是手部肌肉骨骼疾患的主要危险因素(OR=1.48)。经 χ^2 检验:BMI 对下肢及手部的 χ^2 值分别为 14.75 和 9.84,$>\chi^2(3)0.05=7.82$,差异有显著性意义($p<0.05$),即 BMI 对下肢和手部的肌肉骨骼疾患具有显著性差异。BMI<18.5 体重偏低人群与 18.5~24 正常体重人群间的下肢及手部的 χ^2 值分别为 15.15 和 9.56($p<0.01$),BMI<18.5 体重偏低人群与 24~28 超重人群间的下肢及手部的 χ^2 值分别为 5.98 和 5.88($p<0.05$),均$>\chi^2(1)0.05=3.84$,组间有显著性差异,说明下肢及手部的慢性肌肉骨骼损伤的患病情况与 BMI 有关。

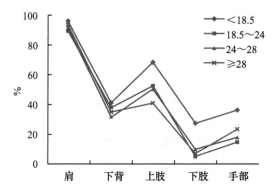

图 13.19 **BMI 与肌肉骨骼疾患的关系**

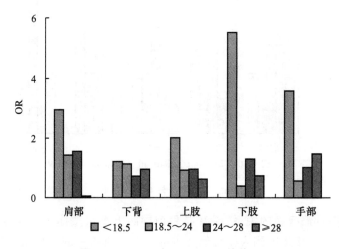

图 13.20 **BMI 与 OddsRatio 的关系**

(5)从事农业劳动时间与发生肌肉骨骼疾患的关系:将从事农业劳动时间分为≤10、11~

20、21~30、31~40 和>40 五个区间段,从事农业劳动时间与发生肌肉骨骼疾患的关系见图 13.21,从事农业劳动时间与 OR 的关系见图 13.22。

图 13.21 中可以看出:从事农业劳动时间越长,后背和上肢的肌肉骨骼疾患的发生率越高。而肩部和手部肌肉骨骼疾患的发生率反而下降。下肢肌肉骨骼疾患无明显变化。图 13.22 中可以看出,后背、上肢和下肢肌肉骨骼疾患的 OR 值随着劳动时间的增加有增加趋势,肩部及手部肌肉骨骼疾患的 OR 值随着劳动时间的增加反而有下降趋势。≤10 区间段是肩部和手部肌肉骨骼疾患的主要危险因素,OR 值分别为 1.57 和 2.42;11~40 区间段是身体各部位肌肉骨骼疾患的主要危险因素;>40 区间段是后背、上肢和手部肌肉骨骼疾患的主要危险因素,OR 值分别为 1.84、1.72 和 1.03。经 χ^2 检验:从事农业劳动时间对手部的 χ^2 值为 11.47,$>\chi^2(4)0.05=9.49$,差异有显著性意义($p<0.05$),即从事农业劳动时间对手部的肌肉骨骼疾患具有显著性差异。≤10 与 11~20 和 31~40 区间段间的手部肌肉骨骼疾患的 χ^2 值分别为 6.41($p<0.05$)和 10.16($p<0.01$),≤10 与 21~30 和>40 区间段间的上肢肌肉骨骼疾患的 χ^2 值分别为 5.05($p<0.05$)和 5.15($p<0.05$),均$>\chi^2(1)0.05=3.84$,组间有显著性差异,说明上肢及手部的慢性肌肉骨骼损伤的患病情况与从事农业劳动的时间有关。

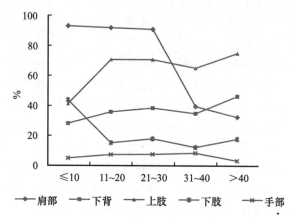

图 13.21　从事农业劳动时间与肌肉骨骼症状关系

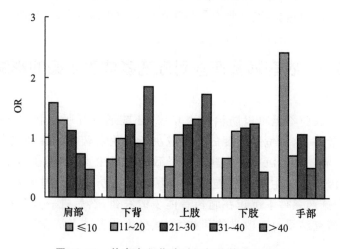

图 13.22　从事农业劳动时间与优势比的关系

2. 多因素分析——肌肉骨骼疾患的危险因素分析

logistic 回归分析在流行病学中应用较多,可以用来筛选危险因素、校正混杂因素、预测某事件发生的概率等。

将性别、年龄、BMI 和从事农业劳动时间四个影响肌肉骨骼疾患的因素作为自变量 X,肩部、后背、上肢、下肢和手部等身体部位分别作为因变量 Y,采取逐步回归法做非条件二分类 logistic 回归分析。各部位肌肉骨骼疾患的危险因素的 logistic 回归分析结果见表 13.5。

表 13.5　危险因素的 logistic 回归分析表

应变量	自变量	B	SE	Sig.	Exp(B)	Exp(B)95%的置信区间	
						下限	上限
上肢	性别	−0.587	0.207	0.005	0.556	0.370	0.834
	农业劳动时间	0.233	0.088	0.008	1.263	1.064	1.499
	常数	−0.228	0.262	0.758	0.796		
下肢	性别	−0.858	0.395	0.030	0.424	0.196	0.920
	年龄	0.461	0.195	0.018	1.586	1.081	2.326
	常数	−3.759	0.738	0.000	0.023		
手部	年龄	0.525	0.145	0.000	1.690	1.272	2.247
	农业劳动时间	−0.563	0.141	0.000	0.569	0.432	0.750
	常数	−1.875	0.443	0.000	0.153		

表 13.5 中统计量分别为:应变量(Y)、自变量(X)、最终引入模型的变量及常数项的系数值(B)、标准误(SE)、P 值(Sig.)、Exp(B),即 OR 值以及 Exp(B)95%的置信区间。logistic 回归筛选分析结果表明,性别和劳动时间是慢性上肢肌肉骨骼疾患的危险因素。性别与农业劳动时间的系数分别为 −0.587 和 0.233,wald 检验结果 P 值分别为 0.005 和 0.008,有统计学意义。OR 值可解释为自变量高水平和低水平相比,导致应变量向高水平发展的作用强度。性别和劳动时间的 OR 值分别为 0.556 和 1.263,可解释为排除混杂作用后,性别(男 1 女 0)和劳动时间数值越大(长),则促使发生上肢肌肉骨骼疾患的能力越强。即男性发生肌肉骨骼疾患的能力为女性的 0.556 倍,显然女性发生肌肉骨骼疾患的能力高于男性,为 1/0.556 = 1.799 倍。农业劳动时间越长,发生肌肉骨骼疾患的能力为短期劳动时间的 1.263 倍。

13.4　农药喷雾作业对施药者体表污染的影响

在施药过程中,农药不但可以防治病虫草害,还能通过呼吸道和皮肤等途径进入施药者体内,产生各种危害,这种危险程度的高低取决于所用农药的毒性和施药者暴露的水平。而且经呼吸道吸入和皮肤上沉积的农药还会导致施药者中毒,尤其在高温季节施药会增加皮肤吸收的危险,因此本文主要分析施药者在夏季高温季节施药时施药者体表污染情况,目的在于量化不同施药条件下沉积在施药者体表的农药,然后进一步分析影响体表污染的主要施药条件,其研究结果对于改进施药技术,减少施药者体表污染具有实际的应用价值。

13.4.1　试验材料与仪器

试剂:0.1%BSF(荧光示踪剂)。

仪器:秒表计时器,烧杯,量筒,密封袋,纱布,大头针,米尺,标识签,testo 410-1 风速仪(德国),KS10 Edmund Bühler 7400 Tübingen(振荡器,德国),LS-55 Fluorescence spectrometer(美国 Perkin Elmer 公司)。

13.4.2　试验对象与方法

13.4.2.1　试验对象

试验地点:山东省惠民县胡集镇,农作物为棉花。

试验对象:施药者(45 名)。

13.4.2.2　试验方法

试验条件:施药者背负不同型号的喷雾器(图 13.23)以习惯的施药方式进行田间施药作业,施药过程对施药者不施加任何干预。同时将影响体表污染的施药机具(喷雾器类型和喷头流量)、作业环境(风速)、作物因素(作物高度和作物行间距)、施药方式(打药方式、行走速度和右臂摆动的频率)4 类施药因素进行记录。

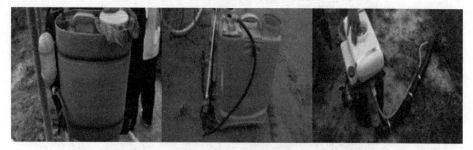

a.3WS-16手动喷雾器（老款）　　b.3WS-16手动喷雾器（新款）　　c.WFB-18AC型机动喷雾器

图 13.23　喷雾器类型

测试方法:施药前,在体表的 16 个部位,以口罩代表头颈部,10 cm×10 cm 四层纱布背衬保鲜膜,用大头针固定于胸、腹、双臂、双腿和背部,手部戴棉线手套,足部穿无纺布鞋套(图 13.24)。将 0.1%浓度的 BSF 混匀于药液箱中,于施药作业完一桶药时(手动喷雾器约 30 min,机动喷雾机约 10 min)收集各部位检样,分别用密封袋包装,存放于 4℃冰箱中待分析。

13.4.2.3　BSF 最佳提取方法

空白试验:将 1 mL 0.1%浓度的 BSF,滴于 10 cm×10 cm 四层纱布(对照组),为避免溶液溢出,悬挂晾干后装于密封中(图 13.25)。

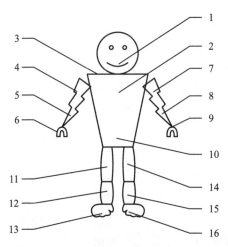

1.头颈部　2.胸部　3.背部　4.右上臂　5.右前臂　6.右手　7.左上臂　8.左前臂
9.左手　10.腹部　11.右大腿　12.右小腿　13.右脚　14.左大腿　15.左小腿　16.左脚

图 13.24　体表的 16 个取样部位

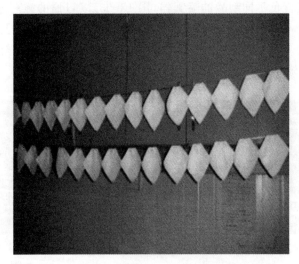

图 13.25　四层纱布(空白对照组)

(1)酒精浓度的确定:将酒精浓度分别为 0％、2％、4％、6％、8％、10％的去离子水溶液 100 mL,溶于对照组纱布的密封袋中,然后在振荡床中震荡 20 min(振荡床工作参数: 100 r/min,下同)。提取液存于塑料瓶中待测。

(2)振荡时间的确定:将 2％酒精浓度的去离子水溶液 100 mL 溶于对照组纱布的密封袋中,然后在振荡床中分别振荡 0 min、5 min、10 min、15 min、20 min、25 min、30 min。提取液存于塑料瓶中待测。

(3)溶剂体积的确定:将 2％酒精浓度的去离子水溶液分别为 50 mL、100 mL、150 mL、200 mL、250 mL,溶于对照组纱布的密封袋中,振荡 20 min,提取液存于塑料瓶中待测。

13.4.2.4 **BSF 分析检测方法**

荧光剂 BSF 指示法测定药液沉积量：用上述方法确定的最佳 BSF 提取条件洗脱体表各部位的 BSF，然后用 LS-55 Fluorescence spectrometer 荧光仪测定样品中荧光剂的含量（图13.26），计算出单位面积上 BSF 沉积量，直接反应体表沉积的农药量。LS-55 Fluorescence spectrometer 的工作参数见表13.6。

a. 样品检测过程   b. 操作界面

图 13. 26 **LS-55 Fluorescence spectrometer 荧光仪检测样品过程**

表 13. 6 **LS-55 Fluorescence spectrometer 的工作参数**

激发波长/nm	激发狭缝/nm	发射波长/nm	发射狭缝/nm	整合时间/s	泵送时间/s	发射滤波片/nm
455	12.0	506	12.0	5.00	50.0	430

13.4.3 结果与讨论

13.4.3.1 **标准曲线的制作**

分别配制 0 μg/mL、2 μg/mL、4 μg/mL、6 μg/mL、8 μg/mL、10 μg/mL 的 BSF 的去离子水溶液（2%的酒精浓度），用 LS-55 Fluorescence spectrometer 测 BSF，绘制标准曲线（图13.27）。

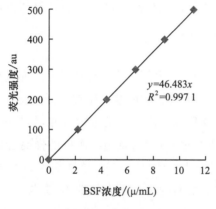

$y=46.483x$
$R^2=0.997\ 1$

图 13. 27 **BSF 标准曲线**

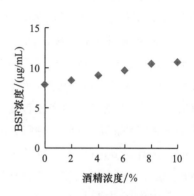

图 13. 28 **酒精浓度的影响**

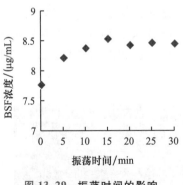

图 13.29　振荡时间的影响

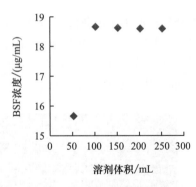

图 13.30　溶液体积的影响

13.4.3.2　BSF 提取条件的确定

(1)酒精浓度的确定:不同酒精浓度的提取液 BSF 含量如图 13.28 所示。

由图 13.28 可知,酒精浓度越大,检测的 BSF 浓度越大,但酒精浓度同时也影响 BSF 荧光强度,因此本试验采用 2% 的酒精浓度进行 BSF 提取。

(2)震荡时间的确定:不同震荡时间的提取液 BSF 含量如图 13.29 所示。

由图 13.29 可知,提取液振荡 15 min 处 BSF 检出量最大,15 min 后检出量趋于平稳。

(3)溶剂体积的确定:不同溶液体积的提取液 BSF 含量如图 13.30 所示(均折算成同一体积下的浓度)。

由图 13.30 可知,溶液体积 100 mL 时 BSF 检出量最大,增加溶液体积对于 BSF 检出量没有影响。

13.4.3.3　施药者体表污染情况分析

荧光剂 BSF 指示法测定药液沉积量:用最佳提取方法提取样品中的 BSF,即用含 2% 无水乙醇的去离子水洗脱体表各部位的 BSF,口罩及纱布样品加 100 mL 水溶液,手套和脚套样品加 150 mL 水溶液,在振荡床上振荡 15 min,然后用荧光仪测定样品中荧光剂的含量,计算出单位面积上 BSF 沉积量,直接反应体表沉积的农药量。

1. 聚类分析法分析体表污染情况

聚类分析是根据样品(或指标,下同)在一群变量上的测量值进行分类的多变量分析方法,其中系统聚类法是聚类分析中应用最为广泛的一种方法,它的基本原理是:首先将一定数量的样品各自看成一类,根据样品的亲疏程度,将亲疏程度最高的两类进行合并,然后考虑合并后的类与其他类之间的亲疏程度,再进行合并。重复这一过程,直至将所有的样品合并成一类。系统聚类的方法有很多,其中利用离差平方和法分类的效果比较好,该法是 Ward 根据方差分析的原理得到的,如果分类比较合理,则同类样品之间的离差平方和较小,类与类之间的离差平方和较大。假设类 G_p 与类 G_q 合并成新类 G_r,则 G_r 与任一类 G_i 的距离递推公式为:

$$D_{tr}^2 = \frac{n_i + n_p}{n_r + n_i} D_{ip}^2 + \frac{n_i + n_q}{n_r + n_i} D_{iq}^2 - \frac{n_i}{n_r + n_i} D_{pq}^2 \tag{13.7}$$

利用离差平方和分类的效果比较好,它要求样品之间的距离必须是欧氏距离(Euclidean distance)。测量距离最常用的方法,就是欧氏距离的计算。设有 x 及 y 两点,其在 p 个变量上的欧氏距离为:

$$d_{xy} = \sqrt{\sum_{i=1}^{p} (x_i - y_i)^2} \tag{13.8}$$

由于欧氏距离必须计算平方根较为麻烦,因此在聚类分析应用上,都改以计算欧式平方距离作为聚类的依据。

将施药者体表的 16 个部位根据施药者体表农药污染程度进行系统聚类,用 ward 法对体表的 BSF 污染量进行分析,以欧式距离为衡量手动喷雾器(包括老款和新款,下同)和机动喷雾机对体表各部位 BSF 污染程度相似性的标准,相互关系和分组情况如图 13.31 所示。

图 13.31a 显示,聚类分析将手动喷雾器施药对施药者体表的污染分成 2 组:左手、右手、右上臂和右前臂 4 个部位为一组,BSF 沉积量高,污染严重,为主要污染部位;其余 12 个部位分成一组,污染相对较少,为次要污染部位。图 13.31b 显示,聚类分析将机动喷雾机施药对施药者体表的污染也分成 2 组:左上臂和左前臂 2 个部位为一组,BSF 沉积量高,污染严重,为主要污染部位;其余 14 个部位分成一组,污染较少,为次要污染部位。

2. 区别分析法分析施药者体表污染分组情况

区别分析是一种判别和分类的技术。它是由一个分类变量当因变量以及多个连续的区别变量当自变量的技术。即利用原有的分类信息,得到体现这种分类的函数关系式(区别函数),然后利用该函数去判断未知样品属于哪一类。线性判别函数一般形式是:

$$y = a_1 x_1 + a_2 x_2 + a_3 x_3 + a_4 x_4 + \cdots + a_n x_n \tag{13.9}$$

其中,y 为判别分数(判别值);$x_1, x_2, x_3, x_4, \cdots, x_n$ 为反映研究对象特征的变量;$a_1, a_2, a_3, a_4, \cdots, a_n$ 为各变量的系数,也称叛变系数。

区别分析与聚类分析有明显的不同,因聚类分析是一种单纯的统计技术,只要有多个聚类变量,它就能根据各观测值的近似程度分出类别来;其只是描述性统计,并没有自变量与因变量之分。但是区别分析则不同,在分析之前就必须根据理论或实际的要求,对于因变量的意义和类组数目加以确定。并且,区别分析要以此演算出标准判别函数。最后区别分析并不只停留在描述各类组与各区别面两件的关系上,还能够对于未知所属类组的观测值进行区别归类,所以它含有预测的意义。即区别分析是将事先已分类的观测值,选取有分类效果的样本,求其判别函数,利用判别函数将新观测值(分类未知)进行适当分类。而聚类分析事先则不知所有观测值的分类,直接就观测值的属性进行聚类分析。根据处理变量的方式的不同,又可以分为典型法和逐步法。典型判别法生成的判别函数包含所有参与分析的变量,而逐步判别法则通过引入和剔除变量来建立判别函数,最终生成的判别函数中只包含主要的变量。

聚类分析已经分别将手动喷雾器和机动喷雾机施药过程中对施药者体表的 16 个污染部位分为两组(主要污染部位和次要污染部位),现采用逐步区别分析判定施药者体表 16 个污染部位的所属类组。以 45 个施药者为样本,将 30 样本(手动喷雾器)和 15 样本(机动喷雾机)作为区别变量,对因变量(类组)进行区别分析,分别分析手动喷雾器和机动喷雾机施药对施药者的体表污染部位分组情况。区别函数的特征值及 Wikls' Lambda 分析见表 13.7。

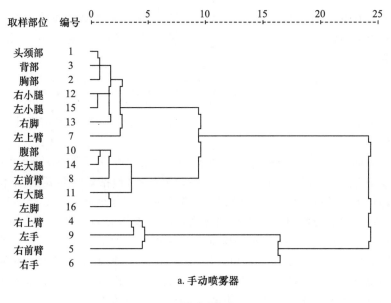

a. 手动喷雾器

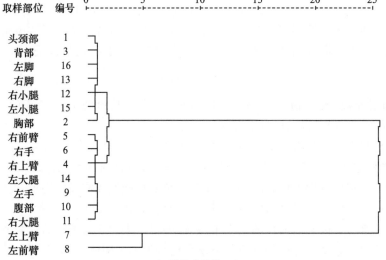

b. 机动喷雾机

图 13.31 不同喷雾器对施药者体表污染情况

表 13.7 特征值与 Wikls' Lambda 分析表

喷雾器类型	特征值	解释变异量/%	典型相关系数	Wilks' Lambda	Chi-square	Sig.
手动喷雾器	16.811	100.0	0.972	0.056	37.437*	0.000
机动喷雾机	33.300	100.0	0.985	0.029	44.189*	0.000

注: * $p < 0.001$。

不论是手动喷雾器还是机动喷雾机,由于待分析的因变量只有两组,所以均得出一个区别函数。由表 13.7 可知,区别方程的特征值分别为 16.811 和 33.300,均可以解释因变量变异量的 100%,卡方值分别为 37.437 和 44.189,均达显著水平($p<0.001$),表示区别方程对因变量变异量的解释力达显著水平。

手动喷雾器和机动喷雾机施药对施药者体表的两组污染部位进行区别分析后的判别结果分别见表 13.8。

表 13.8 分别以 30 样本(手动喷雾器)和 15 样本(机动喷雾机)作为区别变量,对体表污染部位分组情况的区别能力高达 100%,误判为 0,这表示样本(施药者)可以解释体表污染部位分组情况的差异,可获得全体观测值的正确区别率为 100%。

表 13.8　区别分析的判别结果分析表

		预测组别		合计
	类组	主要污染部位	次要污染部位	
实际组别(手动喷雾器)	主要污染部位	4(100%)	0(0%)	4(100%)
	次要污染部位	0(0%)	12(100%)	12(100%)
实际组别(机动喷雾机)	主要污染部位	2(100%)	0(0%)	2(100%)
	次要污染部位	0(0%)	14(100%)	14(100%)

注:污染部位正确区别率:100%=(4+12)×100%/16(手动);100%=(2+14)×100%/16(机动)。

3. 信度分析法分析施药者体表污染分组情况

信度分析是指两个以上参与内容分析的研究者对相同类目判断的一致性。Cronbach α 系数又称内部一致性系数,是应用最广的评价信度指标,取值在 0 和 1 之间,其值越大,一致性愈高,内容分析的可信度也愈高,一般 Cronbach α 系数以大于 0.7 为好。在基础性研究中,信度至少应达到 0.8 才可以接受;在探索性研究中,信度只要达到 0.7 就可接受;一般 Cronbach α 系数介于 0.7~0.98 之间,都可算是高信度值。

将手动喷雾器和机动喷雾机对体表的两组污染部位进行信度分析。分别将手动喷雾器和机动喷雾机对体表的污染部位作为变量,进行信度分析,结果分别见表 13.9。

表 13.9　污染部位的信度分析表

喷雾器类型	类组	Cronbach α	标准化的 Cronbach α	项目数
手动喷雾器	主要污染部位	0.823	0.903	4
	次要污染部位	0.923	0.973	12
机动喷雾机	主要污染部位	0.850	0.975	2
	次要污染部位	0.855	0.909	14

由表 13.9 可知:手动喷雾器施药对施药者体表主要污染部位标准化前的信度值为 0.823,标准化后的信度值为 0.903,代表信度值相当高,说明左手、右手、右上臂和右前臂 4 个部位(项目数为 4)的污染程度具有相当高的一致性,并具有高度的同构性。若右手污染程度高,则左手、右上臂和右前臂的污染程度也高。表中各组别的 Cronbach α 均>0.8,标准化的 Cronbach α 均>0.9,说明污染部位分组后可信度高,具有很高的一致性。

信度分析进一步验证了聚类分析的分类结果。

4. 典型相关分析法分析施药者体表两组污染程度之间的关系

典型相关分析是一种分析两组变量间关系的多变量分析方法,它所描述的是两组变量组之间整体相关形式,而不是关于两组变量中个别变量的相关。由于两变量组具有同等地位,所以不一定要区分哪一组变量为自变量(组)或因变量(组),而是称第一变量组和第二变量组。典型相关分析与区别分析一样,最重要的工作在于建立变量的线性组合,称为典型方程,不同的是典型相关分析必须分别估计两组变量的典型方程。因此,一个包括 p 个 X 变量与 q 个 Y 变量的典型相关分析的典型方程数学模型如下:

$$\begin{cases} x_1 = a_{11}X_1 + a_{12}X_2 + a_{13}X_3 + \cdots a_{1p}X_p \\ \eta_1 = b_{11}X_1 + b_{12}X_2 + b_{13}X_3 + \cdots b_{1q}X_q \end{cases} \tag{13.10}$$

公式中,是 p 个 X 变量的第一条线性组合,是 q 个 Y 变量的第一条线性组合,假设是两条线性组合的相关,则典型相关的目的就在估计得到二条线性组合的系数 $a_{11}, a_{12}, a_{13}, \cdots, a_{1p}$, $b_{11}, b_{12}, b_{13}, \cdots, b_{1q}$,以使得值极大化。其中及称为典型方程,而称为典型相关系数。重复此步骤,进行第二组典型方程及的估计,并计算出典型相关系数,依此类推。典型相关系数的个数取决于两个原始变量组的变量数目。由于每一对典型变量都是根据两组变量计算出来的,因此实际上能都得到的典型变量个数等于两组变量中较少的一组变量的个数,也就是最多可以导出 $\min(c_1, c_2)$ 个典型相关系数,其中 c_1 与 c_2 分别为两组变量的个数。

分别将手动喷雾器和机动喷雾机施药对体表的两组污染部位进行典型相关分析,典型相关模型的基本假设是两变量组间为线性关系,将主要污染部位称为第一变量组,次要污染部位称为第二变量组,污染部位间的典型相关分析结果见表 13.10。

表 13.10 典型相关分析结果汇总表

喷雾器类型	第一变量组	第二变量组	典型相关系数	Wilks'λ 值	Sig. 值
手动喷雾器	主要污染部位(4)	次要污染部位(12)	1.000*	0.000	0.000
机动喷雾机	主要污染部位(2)	次要污染部位(14)	1.000*	0.000	0.000

注:* $p < 0.001$。

由表 13.10 可知,两个模型的典型相关系数均为 1.000,代表两组变量间具有高度的相关,若主要污染部位的污染程度高,则次要污染部位的污染程度相对也高,即主要污染部位与次要污染部位相互之间均有显著的整体影响。经卡方检验后,典型相关系数的检验达显著水平($p < 0.001$),所以拒绝两组变量没有相关的假设。

13.4.3.4 施药因素对施药者体表农药污染的影响

1. 单因素对施药者体表污染的影响

将施药机具和喷头流量、作业环境、作物因素和施药方式等施药因素对体表的污染情况(均折算成相同施药量)进行直观分析。

(1)施药机具和喷头流量的影响:喷雾器类型、喷头流量对施药者体表污染的影响分别如图 13.32、图 13.33 所示。

图 13.32 为不同类型喷雾器施药对施药者体表的平均污染量。由图 13.33 可知:老款手

动喷雾器对体表污染最严重,新款手动喷雾器次之,机动喷雾机最少。主要原因是老款喷雾器气室外置,输药接管和气室处经常会出现泄漏现象,而新款喷雾器气室的药箱内部设计弥补了上述缺点,减少的体表污染;机动喷雾机由于喷管流量大,行走速度快,施药者暴露在施药环境的时间较手动喷雾器短,所以体表污染量最少。图13.33中可以看出,老款手动喷雾器和机动喷雾机随着喷头流量的增加,施药者体表的污染均有增加的趋势。喷头流量大,雾滴雾化效果相对较差,药液没有及时被作物冠层吸收而增加体表污染。此外,气室外置的老款喷雾器由于压力不足可能也会导致喷头存在滴漏现象,致使喷头流量变大。

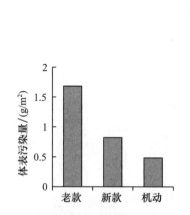

图 13.32 **喷雾器类型对体表污染的影响**

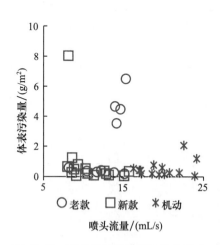

图 13.33 **喷头流量对体表污染的影响**

(2)环境因素的影响:风速对体表的污染情况分别如图13.34所示(施药者均顺风施药)。

从图13.34得出,无论使用机动喷雾机还是手动喷雾器,风速与体表污染正相关,主要是因为风速可增加药液在空气中的飘失。

(3)作物因素的影响:作物高度和作物行间距(指棉花地的大行)对体表的污染情况分别如图13.35、图13.36所示。

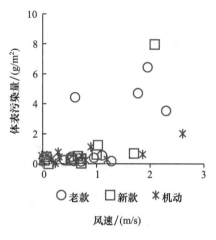

图 13.34 **风速对体表污染的影响**

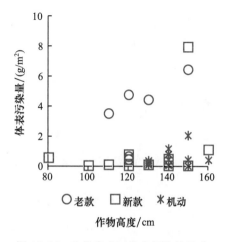

图 13.35 **作物高度对体表污染的影响**

由图 13.35 可知,无论机动还是手动喷雾器,作物的冠层越高,体表污染均有增加趋势。图 13.36 中,作物行间距越小,机动喷雾机和老款手动喷雾器对施药者体表的污染有增加趋势。主要是由于冠层越高,行间距越小,两者均会增加与施药者体表的接触面积,导致污染越多。

(4)施药方式的影响:行走方式、行走速度和右臂摆动的频率对体表的污染情况分别如图 13.37 至图 13.39 所示。

图 13.37 可以看出:后退行走的施药方式对体表污染的程度小,正向行走的施药方式污染的最多,但是从样本出现的频率看,施药者很少采用后退行走方式施药。图 13.38 中,行走速度与体表污染正相关。行走速度越快,雾滴未及时被冠层吸收而增加了体表污染,另外飘失在空气中的药液会增加体表的沉积。图 13.39 中,随着手臂摆动频率增加,机动喷雾机对施药者体表的污染有增加趋势。除上述原因外,手臂摆动频率增加还会增加与作物冠层的接触次数,这些原因均会增加体表的污染。

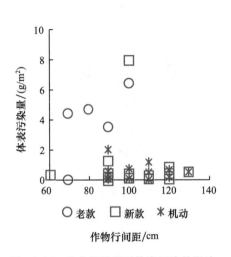

图 13.36　作物行间距对体表污染的影响

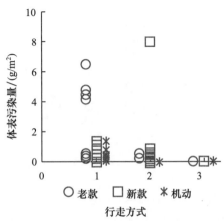

注: 1-正向行走; 2-正向行走和后退行走交替进行; 3-后退行走

图 13.37　行走方式对体表污染的影响

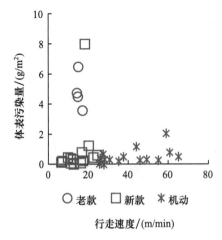

图 13.38　行走速度对体表污染的影响

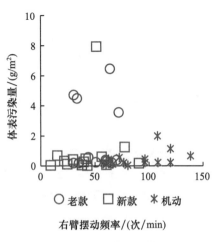

图 13.39　摆动频率对体表污染的影响

2. 多因素对施药者体表污染的影响

实际的田间施药条件是各单因素交互作用的结果,用多元线性回归分析法分析手动喷雾器(包括老款和新款)和机动喷雾机施药过程中影响施药者体表污染的主要施药因素。

回归分析是一种试图以一个或多个独立自变量来解释另一个因变量,然后利用所获得的样本数据去估计模型中参数的统计分析方法。线性回归假设因变量与自变量之间为线性关系,当自变量有多个时,称为多元线性回归。多元线性回归模型为:

$$y = b_0 + b_1 x_{i1} + b_2 x_{i2} + \cdots + b_n x_{in} \quad i = 1,2,3,\cdots,n \tag{13.11}$$

模型中各系数与常数项通常还是利用最小二乘法来求的。由于多元回归涉及到多个自变量,进行回归时就要考虑各个自变量之间的关系。而逐步回归法是目前应用较为广泛的一种多元回归方法。它是对向前法的改进,它首先对偏相关系数最大的变量作回归系数显著性检验,以决定该变量是否进入回归方程;然后对方程中的每个变量作为最后选入方程的变量求出偏 F 值,对偏 F 值最小的那个变量作偏 F 检验,决定它是否留在回归方程中。重复此过程,直至没有变量被引入,也没有变量可剔除时为止。这样,应用逐步回归时,既有引入变量也有剔除变量,原来被剔除的变量在后面又可能被引入到回归方程中来。

将各施药因素作为自变量 X,施药者体表污染量作为因变量 Y,采取逐步回归法(stepwise)计算自变量 X 对因变量 Y 的贡献大小,挑选贡献最大的先进入方程式,直到方程式内的变量都符合筛选标准为止,施药者体表污染回归模型的整体检验结果分析及回归系数与复共线性分析分别见表 13.11 和表 13.12。

表 13.11   **回归模型的整体检验结果分析表**

喷雾器类型	R	R^2	Adjusted R^2	F	Sig.	Durbin-Watson
手动喷雾器	0.552	0.304	0.253	5.904[#]	0.007	1.448
机动喷雾机	0.795	0.632	0.604	22.371[*]	0.000	2.674

注:* $p<0.001$;# $p<0.01$。

表 13.12   **回归系数与复共线性分析表**

喷雾器类型	自变量	回归系数		t	Sig.	容忍度	VIF
		未标准化	标准化				
手动喷雾器	常数	−5.751E-16		1.387	0.176		
	风速	0.469	0.469	2.907[#]	0.007	0.988	1.012
	作物高度	0.346	0.346	2.141[#]	0.041	0.988	1.012
机动喷雾机	常数	8.193E-17		−2.496[#]	0.028		
	风速	0.795	0.795	4.730[*]	0.000	1.000	1.000

注:* $p<0.001$;# $p<0.05$。

表 13.11 中所有统计量说明模型整体拟合的效果,R 和 R^2 分别表示模型的相关系数和决定系数,R^2 越高,模型拟合度越好。F 统计量及其相应的 Sig. 值,是用来检验模型整体显著性的,$F>2$、$p<0.05$ 为显著。当 Durbin-Watson 的值在 2 左右时,则残差间相互独立无自我相关。由表中的 F 和 Sig. 值可知,回归模型成立并具有统计意义,即施药因素可以显著解释施药者体表的污染程度。表 13.12 中数据分别是:回归系数、回归系数显著性检验中 t 检验统计量的观测值、对应的概率 p 值、解释变量的容忍度和方差膨胀因子 VIF。表中风速和作物高度标准化的回归系数均达 $p<0.05$ 的显著水平,因此由这些自变量解释的线性回归模型是显著

的。同时容忍度和膨胀因子均接近 1,从而可以拒绝它们之间的共线性假设。

由表 13.11 和表 13.12 分析可知,手动喷雾器施药对施药者体表污染的主要影响因素是风速和作物高度,机动喷雾机施药对施药者体表污染的主要影响因素是风速。因此,在施药过程中,应尽量最小化各单因素条件的影响,此外,最好选择风速小的时间施药,同时做好安全防护。

13.5 农药喷雾作业对施药者的表面肌电及心率的影响

施药过程中,农药不但能通过消化道、呼吸道和皮肤等途径进入施药者的人体,产生各种危害,导致施药者中毒;而且农药喷雾作业过程中的重复性运动是引发工作相关肌肉骨骼疾患以及心血管疾病的主要危险因素,此肌骨疾病甚至会导致相关部位的疼痛和功能障碍。因此,如何发现和控制施药者施药过程中重复性运动引起的运动疲劳,对于做好安全防范是非常重要的。根据运动性疲劳的定义,人体肌肉疲劳程度的检测方法分为直接法和间接法,间接法是目前研究运动性疲劳的主要方法,其中包括 sEMG 信号分析。此外,心率和心率变异性也能客观地反映疲劳。

在山东省惠民县胡集镇进行了 417 份问卷,针对施药者进行了"施药过程中施药者的身体疲劳情况"的问卷调查,结果显示:90% 肩部疲劳,88% 上肢疲劳(右上肢:左上肢≈4:3),肩部和手臂均感疲劳的占 60.43%,可见重复性施药作业引发的工作相关肌肉骨骼疾患已成为影响施药者健康的主要危险因素。因此,本试验主要对施药者在施药过程中的上肢 sEMG 信号及心率特征进行实时监测,分析施药过程上肢肌疲劳和肌体疲劳情况以及施药者本身因素(年龄和体质指数(体重/身高^2(kg/m^2)))和施药因素(右手臂摆动频率、行走速度、作物高度和喷杆长度)对上肢肌疲劳的影响,对于改进施药技术、研究新型农药喷雾器具、减少施药者进行重复施药作业引发的工作相关肌肉骨骼疾患和预防运动性疲劳具有重要的理论意义和实用价值。

13.5.1 试验材料与仪器

试验设备:秒表计时器,米尺,testo 410-1 风速仪(德国),NTS-2000 便携式肌电图仪(上海诺成电气有限公司,图 13.40),MGY-ABP1 动态血压监护仪(北京美高仪软件技术有限公司,图 13.41)。

图 13.40　NTS-2000 便携式肌电图仪

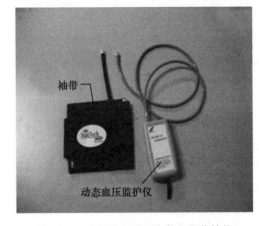

图 13.41　MGY-ABP1 动态血压监护仪

13.5.2 试验对象与方法

试验地点:山东省惠民县胡集镇,棉花作物。

试验对象:19 位男性志愿者,年龄(55±12)岁,身高(166.2±9.4)cm,体重(57.25±9.95)kg,身体健康,无肌肉损伤史。

试验方法:施药者背负 3WS-16 型手动喷雾器(装满 16 L 药液)手持喷杆在自然环境下针对棉花作物进行农药喷雾作业,施药前将 NTS-2000 便携式肌电图仪和 MGY-ABP1 动态血压监护仪均系于施药者的腰间,袖带缠于左臂。全程监测施药状态下施药者右侧斜方肌、肱二头肌、指伸肌和指屈肌 4 块肌肉的 sEMG 信号以及心率特征值(全程均以一桶药量为标准,约 30 min,下同)。所测四块肌肉的位置如图 13.42 所示(a 肌肉位置理论图,b 电极片粘贴位置实物图,c 电极片保护措施实物图),喷雾作业过程如图 13.43 所示。全程保持恒定的手臂摆

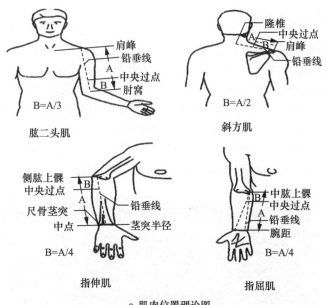

a.肌肉位置理论图

b.电极片粘贴位置实物图

c.电极片保护措施实物图

图 13.42　四块肌肉位置

动频率和行走速度,施药过程中对施药者不施加任何干预。将施药者本身因素(年龄、身高和体重)和施药因素(手臂摆动频率、作物高度和喷杆长度)进行记录。

图 13.43　喷雾作业检测过程

13.5.2.1　表面肌信号采集与处理

用医用酒精清洁皮肤,使电极接触面的阻抗<5 kΩ。将 Ag-AgCl 电极贴于右侧的斜方肌、BB、ED 和 FD 的肌腹处(沿肌纤维走向),电极片间隔≤20 mm,参考电极贴于尺骨鹰嘴处。使用 Mainproject 肌电信号采集和记录系统采集 sEMG 信号,采样频率为 1 024 Hz,输入阻抗:10 Mohm,共模抑制比:100 dB,噪声电平:<0.5 uVRMS,幅频特性:3～500 Hz,采样位数:16 bit。全程实时采集和记录施药者施药过程中四块肌肉的 sEMG 信号。图 13.44 为任选一施药者 10 s 内 4 块肌肉的 sEMG 信号(EMG1、EMG2、EMG3 和 EMG4 分别表示斜方肌、肱二头肌、指伸肌和指屈肌的肌电信号)。

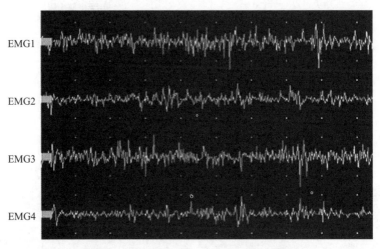

图 13.44　四块肌肉 10 s 内的 sEMG 信号

频谱分析是 sEMG 信号处理最为常见的方法,本试验主要采用频域特征参数中位频率(MF)分析重复性施药过程中的上肢肌疲劳情况。MF 系原始肌电信号经快速傅立叶转换(FFT)后计算所得,它通常与肌肉功能状态即疲劳程度有关,随着肌肉疲劳程度的增加,MF 呈线性递减,即发生所谓的频谱左移现象。MF 的计算公式分别如下:

$$\mathrm{MF} = \frac{1}{2}\int_0^{\infty} S(f)df \qquad (13.12)$$

式中,f 为频率;$S(f)$ 为功率谱曲线;df 为频率分辨率。

13.5.2.2　心率的测量及处理

用 MGY-ABP1 动态血压监护仪测量施药者的心率特征,全程平均分为 5 次测量,其中施药开始前(静止状态)测量 1 次,之后将监护仪自动设置成每隔 8 min 测量 1 次(共 3 次),施药结束即刻测量 1 次。图 13.45 为任选一施药者全程施药过程中的心率特征。

通常心率存在个体差异,为了减小个体差异的影响,一般不直接使用心率,而是使用差异较小的心率增加量和心率增加率作为评价作业疲劳的指标。

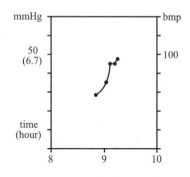

图 13.45　不同时间的心率特征

13.5.2.3　统计学分析

计量数据用 $\bar{x} \pm s$ 表示,采用 t 检验;施药因素对 MF 斜率采用逐步回归分析。

13.5.3　结果与分析

13.5.3.1　sEMG 信号与运动性疲劳的关系

1. 喷雾作业时间对 sEMG 信号的 MF 影响

MF 通常与肌肉的疲劳程度有关。将全程记录的数据平均分为 10 段进行分析,每段提取 10 s 数据(时间间隔周期相同,且测量心率时间不计在内),计算 MF 值,全程 4 块肌肉不同时间的 MF 值见表 13.13,将不同时间的 MF 值进行组内 t 检验。

表 13.13　不同时间 4 块肌肉的 MF 值　　　　　　　　　　$\bar{x} \pm s$,Hz

时间/min	斜方肌	肱二头肌	指伸肌	指屈肌
T_1(1-3)	56.60±10.79	147.56±90.86	165.00±77.17	73.61±17.37
T_2(4-6)	59.14±13.05	142.80±84.60	165.57±81.65	70.51±13.13
T_3(7-9)	57.79±13.13	141.07±89.34	163.21±81.57	71.94±12.45
T_4(10-12)	54.40±10.17	134.10±86.83	156.75±82.34	66.38±13.54
T_5(13-15)	51.17±9.86*	132.63±88.33	151.52±81.57	61.81±14.07*
T_6(16-18)	48.11±8.32*	130.41±89.47	148.89±82.64	58.00±13.66*
T_7(19-21)	45.63±7.01*	125.89±86.07	143.93±83.44	53.90±14.03*
T_8(22-24)	43.87±6.64*	122.18±84.47	140.53±83.04	51.39±14.77*
T_9(25-27)	41.08±6.77*	115.58±80.92*	132.79±80.69*	48.42±13.68*
T_{10}(28-30)	37.28±5.73*	106.18±77.38*	125.24±77.47*	45.04±12.49*

不同时间段 t 检验,* $p < 0.05$。

由表 13.13 可知,随着重复性施药作业时间的持续延长,4 块肌肉的 MF 均有不同程度的下降趋势。施药作业进行到 T_5(15 min 左右),斜方肌与指屈肌的 MF 开始下降,肱二头肌与指伸肌在施药作业进行到 T_9(25 min 左右)MF 开始下降,经统计学检验,差异性显著($p<0.05$)。

sEMG 波幅和频谱对力和疲劳有双重依赖性,因此只有当肌肉负荷恒定时,疲劳指标的测量才适用。肌肉疲劳时,肌电出现的典型变化是 MF 降低,即所谓的频谱左移。施药者施药过程中,手臂负荷恒定(手持药械喷杆),右手臂摆动的频率一致(肌肉伸缩频率恒定),肱二头肌、指伸肌和指屈肌的 MF 值随着时间的持续延长呈线性递减,因此可看做肌肉疲劳的表现。Ming-I Lin 等对打字员手指肌肉的表面肌电进行了研究,张非若等对重复性抓举作业过程中的上肢肌肉进行了 sEMG 研究,结果均证实了 MF 随着作业时间的延长呈现降低的趋势。这些研究表明,肌电频谱左移可以作为动态作业肌肉疲劳的指标。施药作业过程中,随着时间的延长,喷雾器药箱的药液逐渐减少,肩部负荷减少,斜方肌的 MF 值下降可能是负荷减少(肌力也随之减少)所致。

2. 喷雾作业因素对 MF 斜率的影响

MF 斜率表示 MF 的下降趋势,MF 斜率的绝对值越大,表示肌肉越易出现疲劳。根据表 13.13 中 $T_1\sim T_{10}$ 的 MF 值,用 slope 函数得出 4 块肌肉的 MF 斜率。分析施药者本身因素(年龄和体质指数)和施药因素(右手臂摆动频率、行走速度、作物高度和喷杆长度)对 MF 斜率的影响。

将施药者年龄、体质指数、右手臂摆动频率、行走速度、作物高度和喷杆长度 6 个喷雾作业因素作为自变量 X,四块肌肉的 MF 斜率作为因变量 Y,采用逐步回归法(stepwise)分析自变量 X 与因变量 Y 之间的关系。喷雾作业因素与 MF 斜率的回归模型及整体检验结果分析表见表 13.14。

表 13.14 MF 斜率的回归模型及整体检验结果分析表

回归模型	R	R^2	Adjusted R^2	F	Sig.
$Y_{肱二头肌}=-0.077-0.095^*X_{摆动频率}$	0.504	0.254	0.210	5.782	0.028
$Y_{指伸肌}=21.544-0.184^*X_{作物高度}$	0.675	0.456	0.423	14.223	0.002
$Y_{指屈肌}=6.736-0.071^*X_{作物高度}$	0.530	0.281	0.238	6.637	0.020

表中所有统计量说明模型整体拟合的效果,R、R^2、Adjusted R^2 分别表示模型的相关系数、测定系数、校正后的测定系数。R^2 越高,模型拟合度越好。F 统计量及其相应的 p 值,是用来检验模型整体显著性的,$F>2$,$p<0.05$ 为显著。从表 17-14 中数据可知,作业因素交互作用后,作物高度对指伸肌和指屈肌的疲劳程度有影响,R^2 值分别为 0.456 和 0.238,即作物高度分别可以解释指伸肌和指屈肌的 45.6% 和 28.1% 的疲劳程度。摆动频率对肱二头肌的肌疲劳有关,R^2 为 0.254,即手臂摆动频率可以解释肱二头肌 25.4% 的疲劳程度。因此可以确定,作物高度和手臂摆动频率是影响上肢肌疲劳的主要因素,而施药者年龄、体质指数、行走速度和喷杆长度对上肢肌疲劳的影响不大。

13.5.3.2 心率与运动性疲劳的关系

1. 心率的变化与肌体疲劳的关系

心率是评定运动性疲劳的最简易、最直接的指标。将不同时间段的心率($\bar{x}$ 表示)分别与静止状态的心率($\bar{x}$ 表示)进行配对 t 检验,心率的计算结果及运动强度和疲劳程度分别见

表 13.15 和表 13.16。

表 13.15 心率的计算结果

时间/min	R_0/bpm	$\triangle R$/bpm	r/%
0(静止)	79.95		
8	90.00*	10.05	12.57
16	91.53*	11.58	14.48
24	90.11*	10.16	12.71
结束即刻	90.53*	10.58	13.23

不同时间段的心率与静止的心率比较，* $p < 0.05$。

表 13.16 施药者的运动强度和疲劳程度

时间/min	运动强度判别结果	运动强度判别方法	疲劳程度判别结果	疲劳程度判别方法
0(静止)		$r<22\%$ 轻		<81 不累
8	轻	$r<42\%$ 中	累	<92 稍累
16	轻	$r<62\%$ 较重	累	<98 较累
24	轻	$r<82\%$ 重	累	<116 累
结束即刻	轻	$r<102\%$ 过重	累	<128 很累
				>128 非常累

由表 13.15 可知，不同时间段的心率均比静止状态的心率高($p<0.05$)。施药初始阶段，心率急剧上升，16 min 时达到最大，主要是由于作业时间以及负荷(药箱 20 kg 左右)的影响，肌体消耗的能量愈来愈多，相应的心率也会增加。16 min 至施药结束，负荷愈来愈少，虽然作业时间延长，但心率趋于平稳或适度降低，主要是长时间进行施药作业的施药者，肌体对运动状态具有适应性过程。对于心率变化的适应性而言，表现出心率趋于平稳或适度降低。全程施药过程中，8 min 后的心率较静止时增加 10 bpm 以上($p<0.05$)，可简单的认为此时有疲劳现象发生。表 13.16 中，根据心率增加率判定施药作业为"轻"级别劳动强度，疲劳程度在施药作业进行 8 min 后运动肌体便感觉到累，与表 13.5 心率的分析结果相同。因此可以通过测定心率及心率增加率来评价施药者施药作业过程中的疲劳程度。

2. 喷雾作业因素对心率的影响

分别分析喷雾作业因素对施药者施药过程中不同时间心率的影响。将施药者年龄、体质指数、右手臂摆动频率、行走速度、作物高度和喷杆长度 6 个喷雾作业因素作为自变量 X，心率作为因变量 Y，采用逐步回归法(stepwise)分析自变量 X 与因变量 Y 之间的关系。喷雾作业因素与心率的回归模型及整体检验结果分析表见表 13.17。

表 13.17 心率的回归模型及整体检验结果分析表

时间/min	回归模型	R	R^2	Adjusted R^2	F	Sig.
8	$Y=63.064+2.335*X_{行走速度}$	0.699	0.489	0.459	16.276	0.001
16	$Y=62.706+2.498*X_{行走速度}$	0.638	0.407	0.372	11.655	0.003
24	$Y=62.249+2.328*X_{行走速度}$	0.679	0.461	0.429	14.525	0.001
结束即刻	$Y=113.43+2.340*X_{行走速度}-0.351*X_{作物高度}$	0.730	0.533	0.474	9.125	0.002

从表 13.17 中模型可知,作业因素交互作用后,行走速度和作物高度对施药过程中的心率特征有影响。施药作业 8～24 min,行走速度对心率的影响较大;24 min 至施药结束,作物高度和行走速度对心率的影响较大,分别可以用模型来解释。可以确定,作物高度和行走速度是影响心率特征的主要危险因素,而施药者年龄、体质指数、手臂摆动频率和喷杆长度对心率的影响不大。

13.6　背带负荷对施药者运动疲劳的影响

工作相关肌肉骨骼疾患的职业危险因素包括多个方面,其中重复性操作是一项主要的因素。经调查发现,施药者使用手动喷雾器的背带宽度为 1.5～5 cm 不等,厚度为 0.2 cm 左右,90% 的调查对象有肩部肌肉骨骼疾患,80% 的调查对象有上肢肌肉骨骼疾患,可见长期的、重复的背负 16 kg 左右的负荷进行农药喷雾作业已严重影响了施药者的健康。因此,本试验主要从人机工程学角度出发,改变背负式手动喷雾器的负荷,在实验室模拟农药喷雾作业过程中的重复性操作,测定上肢的表面肌电,客观的分析最佳喷雾器背带参数。

13.6.1　试验材料与仪器

试验设备:秒表计时器,米尺,testo 410-1 风速仪(德国),NTS-2000 便携式肌电图仪(上海诺成电气有限公司)。

13.6.2　试验对象与方法

试验地点:中国农业大学药械与施药技术研究中心。

试验对象:受试者为实验室男性研究人员 1 名,年龄 26 岁,身高 173 cm,体重 62 kg,身体质量指数为 20.72,为标准体重,身体健康,试验前 2 周内无剧烈体力活动,无肌肉损伤史,经示范,了解试验目的和操作要领,完成全部测试过程。

模拟重复性施药作业:受试者背负 3WS-16 型手动喷雾器(装满 16 L 药液)手持喷杆在自然环境下,实验室的空地进行模拟农药喷雾作业,施药前将 NTS-2000 便携式肌电图仪系于受试者的腰间,全程监测施药状态下受试者右侧斜方肌、肱二头肌、指伸肌和指屈肌 4 块肌肉的sEMG 信号(全程均以一桶药量为标准,约 30 min,下同)。全程保持恒定的手臂摆动频率和行走速度,手臂摆动频率为 34 次/min,行走速度为 35 m/min,喷幅为 2.7 m。施药过程中对受试者不施加任何干预。改变背负式手动喷雾器的背带宽度、厚度和背带形状(图 13.46),进行重复性施药作业,重复 6 次,取平均值。

13.6.2.1　表面肌信号采集与处理

方法与本文 13.5.2.1 的方法相同。

a. 喷雾器原配带（宽×厚:3 cm ×0.2 cm）

b. 加宽加厚背带（宽×厚:6 cm×1.5 cm）

c. 加宽加厚+胸前辅助背带

图 13.46　背负式手动喷雾器背带负荷条件

13.6.2.2　统计学分析

计量数据用 $\overline{x}\pm s$ 表示,采用配对样本 t 检验。

13.6.3　结果与分析

MF 通常与肌肉的疲劳程度有关。将全程记录的数据平均分 3 段进行分析,每段提取10 s 数据(时间间隔周期相同,且测量心率时间不计在内),计算 MF 值,不同背带负荷条件下(原始背带、加宽加厚背带、胸前加带背带,下同)斜方肌、肱二头肌、指伸肌和指屈肌四块肌肉不同时间的 MF 值分别见表 17.18 至表 17.21。

表 13.18　斜方肌的 MF 值变化情况　　　　　　　　　　　　　$\overline{x}\pm s$,Hz

	第一阶段	第二阶段	第三阶段
a	79.67±3.67	70.00±7.62*	65.17±5.42*
b	84.50±3.73#	86.67±1.04#	82.00±3.74* #
c	79.50±1.76	77.17±1.94	72.17±2.48* #

各阶段进行 t 检验,* $p<0.05$。各背带负荷分别与原始背带进行 t 检验,# $p<0.05$。

表 13.19　肱二头肌的 MF 值变化情况　　　　　　　$\bar{x} \pm s$, Hz

	第一阶段	第二阶段	第三阶段
a	156.83±11.05	125.83±1.83*	122.50±1.38*
b	150.67±5.92	148.17±5.23#	151.33±3.01#
c	153.00±2.76	153.67±3.27#	141.83±4.31#*

各阶段进行 t 检验，* $p < 0.05$。各背带负荷分别与原始背带进行 t 检验，# $p < 0.05$。

表 13.20　指伸肌的 MF 值变化情况　　　　　　　$\bar{x} \pm s$, Hz

	第一阶段	第二阶段	第三阶段
a	151.50±3.56	150.83±3.37	150.00±4.43
b	147.83±7.44	152.17±2.04	152.00±1.10
c	156.67±18.54	158.50±19.89	161.50±19.18

各阶段进行 t 检验，* $p < 0.05$。各背带负荷分别与原始背带进行 t 检验，# $p < 0.05$。

表 13.21　指屈肌的 MF 值变化情况　　　　　　　$\bar{x} \pm s$, Hz

	第一阶段	第二阶段	第三阶段
a	77.33±2.08	80.00±7.94	78.00±5.29
b	78.33±3.79	86.33±2.52	82.00±5.00
c	80.67±6.43	83.00±6.00	83.33±5.69

各阶段进行 t 检验，* $p < 0.05$。各背带负荷分别与原始背带进行 t 检验，# $p < 0.05$。

从表 13.18 中可以看出，随着重复性施药作业时间的持续延长，斜方肌的 MF 均有不同程度的下降趋势。a 状态下，第二阶段便开始出现疲劳状态，而 b 和 c 状态均在最后阶段出现疲劳状态。经过统计学检验，差异性显著（$p < 0.05$）。b 和 c 分别与 a 状态进行 t 检验，不同阶段的 b 状态均与 a 有显著性差异，c 在第三阶段与 a 存在显著性差异（$p < 0.05$）。从表 13.19 中可以看出，随着重复性施药作业时间的持续延长，a 状态肱二头肌的 MF 均有不同程度的下降趋势，经过统计学检验，差异性显著（$p < 0.05$）。第二阶段和第三阶段的 b 和 c 状态与 a 状态进行 t 检验，差异性显著（$p < 0.05$）；c 状态第三阶段出现疲劳现象。表 13.20 和表 13.21 中可以看出，不同阶段和不同状态的 MF 值之间均无显著性差异（$p > 0.05$），即指伸肌和指屈肌未出现疲劳状态。这些研究表明，b 和 c 状态均可以有效的缓解斜方肌和肱二头肌的肌疲劳，且 b 状态优于 c 状态。

13.7　结　　论

施药过程中，农药不但能通过消化道、呼吸道和皮肤等途径进入施药者的人体，产生各种危害，导致施药者中毒；而且农药喷雾作业等重复性运动是引发工作相关肌肉骨骼疾患以及心血管疾病的主要危险因素。因此，为深入了解农业劳动者农药使用污染情况及身体肌肉骨骼疾患情况，本人首先对农药施用最为严重的棉花盛产区山东省惠民地区农业劳动者进行了调查，根据调查结果对施药者体表污染及表面肌电及心率特征进行试验研究，主要调查结果及研究结论如下：

(1)问卷统计分析结果：

①调查地区的人群以 50 岁以上人口居多,是当前农村的主要劳动力。兼职打工人口占总调查人口的 11%,大多数在 20 岁左右就开始从事农业劳动,63% 为正常体重,28% 为超重,偏低和肥胖体重人口占 9%。棉田种植面积主要以小户型为主,施药机具 100% 为背负式喷雾器,机具泄漏情况以手动喷雾器为严重,约为 22%,机动及电动占 5%,泄漏部位主要有盖、手柄处开关、喷头、输药接管、稳压罐和药箱,泄漏情况以 3%～44% 不等。施药过程中,88% 没有任何防护措施,施药后 33% 感觉身体不适,出现头晕,恶心等症状。

②调查对象患有肩部、上肢、后背肌肉骨骼疾患的分别占 90%、80% 和 36%,手部及下肢肌肉骨骼疾患的发生率相对较少,分别为 26% 和 14%,且身体右侧部位肌肉骨骼疾患的发生率高于身体左侧,身体各部位肌肉骨骼患病的严重程度依次为:肩部＞上肢＞后背＞手部＞下肢＞颈部＞足部,已经严重影响农业劳动者的身体健康。

③性别、年龄、身体质量指数和从事农业劳动的时间均为工作相关肌肉骨骼疾患的主要危险因素,经多因素 logistic 回归分析,性别和农业劳动时间为上肢肌肉骨骼疾患的主要危险因素;性别和年龄为下肢肌肉骨骼疾患的主要危险因素;年龄和农业劳动时间手部肌肉骨骼疾患的主要危险因素。

(2)对使用背负式喷雾器进行喷雾作业的施药者的体表污染进行了研究,得出如下结论:

①在试验范围内,使用手动喷雾器施药,对施药者体表的主要污染部位是右上臂、右前臂、左手和右手;使用机动喷雾机施药,对施药者体表的主要污染部位为左上臂和左前臂。

②施药者体表主要污染部位与次要污染部位之间具有高度的线性相关,即主要污染部位与次要污染部位相互之间均有显著的整体影响。若主要污染部位的污染程度高,则次要污染部位的污染程度相对也高。

③单因素分析中,喷头流量、风速、作物高度、作为行间距、行走速度和手臂摆动频率等施药条件均影响施药者体表污染;单因素交互作用后:对于手动喷雾器,风速和作物高度是影响施药者体表污染的主要因素;对于机动喷雾机,风速是主要影响因素,回归分析结果与施药条件对施药者体表污染的实际影响相拟合。

(3)对施药者施药过程中的上肢表面肌电信号和心率特征进行了研究,得出如下结论:

①施药作业过程中,斜方肌与指屈肌 15 min 出现疲劳,肱二头肌与指伸肌 25 min 出现疲劳($p < 0.05$)。作物高度和手臂摆动频率是影响上肢肌疲劳的主要危险因素,作物高度对指伸肌和指屈肌的疲劳程度有影响,摆动频率对肱二头肌的疲劳程度有影响;而施药者年龄、体质指数、行走速度和喷杆长度对上肢肌疲劳的影响不大。

②根据心率增加率判定施药作业为"轻"级别劳动强度,喷雾作业 8 min 至结束,心率增加量均为 10 bpm 以上($p < 0.05$),可看做疲劳现象出现,与疲劳程度的判别结果相同。因此可以通过测定心率及心率增加率来评价施药者施药作业过程中的疲劳程度。作物高度和行走速度是影响心率特征的主要因素,施药作业 8～24 min,行走速度是影响心率特征的主要因素;24 min 至施药结束,作物高度和行走速度是影响心率特征的主要因素。

(4)从人机工程学角度出发,研究不同背带负荷对斜方肌、肱二头肌、指伸肌和指屈肌四块肌肉不同时间的 MF 值影响。研究表明:"加宽加厚背带"和"加宽加厚＋胸前辅助背带"均可有效的缓解斜方肌和肱二头肌的肌疲劳,且"加宽加厚背带"对肌疲劳的影响要优于"加宽加厚＋胸辅助背带"。

13.8　致　　谢

感谢国家"十五"科技攻关计划重大项目"长江中下游集约化农区水田污染控制技术研究"（项目编号：2004BA516A02）、国家国家自然科学基金项目"施药时雾滴沉积飘失与作物冠层微气象关系"（项目编号：30671388）对本研究的资助！同时，特向对本项目做出贡献的所有参加人员表示由衷的感谢！

参 考 文 献

柏亚超. 农业生产性农药中毒原因分析及防治对策. 黑龙江科技信息,2008(5):110.

陈静,丁嘉顺,王正伦,等. 重复性搬举作业所致背部肌肉疲劳的表面肌电信号分析. 中华劳动卫生职业病杂志,2004,12(22):402-405.

陈平雁,黄浙明. SPSS10.0统计软件高级应用教程. 北京:人民军医出版社,2004.

陈伟,蔡玉华. 农业劳动者防护服的有效性分析. 国外纺织技术,2004(4):37-41.

陈喜劳. 广东省植保机械使用现状与发展对策. 广东农业科学,2006(10):56-57.

陈霞. 279例农药中毒及网络直报工作分析. 环境与职业医学,2009,26(3):299-300.

冯文浩,徐颖. 绍兴县喷洒农药农民体表污染程度调查. 华南预防医学. 2002,28(3):27-28.

郭玮珍,郭兴明,万小萍. 以心率和心率变异性为指标的疲劳分析系统. 医疗卫生装备,2005,16(8):1-2.

郭杏红,朱峰. 对运动性疲劳的浅析. 运动生理. 生化. 医学,2006(5):25-26.

何雄奎. 植保机械化现状与对策. 农机科技推广,2005(7):10-12.

金福祥. 农药使用的现状与建议. 现代农业科技,2007,23:113.

柯夫. 高效农业要求植保机具高质量. 农村实用技术与信息,2005(6):59.

孔德刚,张帅,赵永超,等. 基于心率的机械化播种作业人员疲劳的研究. 农机化研究,2008(9):14-17.

李烜,何雄奎,曾爱军,等. 农药施用过程对施药者体表农药沉积污染状况的研究. 农业环境科学学报,2005,24(5):957-961.

林嗣豪,唐文娟,林文敏,等. 不同工作场所工效学负荷与肌肉骨骼疾患的剂量反应关系. 海峡预防医学杂志,2008,14(3):4-7.

林震岩. 多变量分析:SPSS的操作与应用. 北京:北京大学出版社,2007.

罗家洪,薛茜. 医学统计学. 北京:科学出版社,2008.

钱炎明,羌学文,谢平,等. 预防生产性农药中毒,1986(11):27-28.

山西医学院. 劳动卫生与职业病学. 北京:人民卫生出版社,1983.

邵振润,郭永旺. 我国施药机械与施药技术现状及对策. 植物保护,2006,32(2):5-8.

沈世红. 要重视我国的农药污染问题. 生物学教学,2002,27(3):37-38.

孙文峰,王立君,陈宝昌,王小勇,等. 农药喷施技术国内外研究现状及发展. 农机化研究,2009(9):225-228.

王健,金小刚. 表面肌电信号分析及其应用研究. 中国体育科技,2000,36(8):26-31.

王律先.2006 年全国农药生产回顾及 2007 年展望. 中国农药,2007(3):43-56.

王律先.2007 年全国农药生产回顾及 2008 年展望. 中国农药,2008(2):43-49.

王萍,刘丰茂,江树人. 农药接触对农业劳动者健康危害的研究进展. 农药学学报,2004,6(2):09-14.

蔚二文,陈维毅. 表面肌电图在肌肉功能评估中的应用. 大众科技,2007(7):120-122.

吴登胜,张晓春.2 842 例生产性农药中毒情况分析. 劳动医学,2000,17(2):113.

徐启飞. 京津冀地区农药使用现状调查. 植物保护科学,2007,23(10):460-463.

许家佗,包怡敏,龚博敏,等. 慢性运动性疲劳脉图评价的实验研究. 中华中医药学会第九次中医诊断学术会议论文集,281-285.

杨谦. 试析运动性疲劳测定方法和技术的运用. 陕西体育科技,2007,27(1):12-14.

杨新春. 我国背负式喷雾器(器)产品现状与困惑. 农业机械,2006(8):41-42.

杨玉海,杨清雪. 生产性农药中毒综合防治措施的效果评价. 中国工业医学杂志,1999,12(5):312.

杨正礼. 中国农田污染评价与防治道路探究. 农业资源与环境科学,2006,22(9):415-419.

俞太念. 生产性农药中毒 671 例分析. 工业卫生与职业病,2002,28(1):34-35.

虞轶俊,施德,石春华,等. 浙江省农民农药施用行为调查分析与对策思考. 中国植保导,2007,27(2):8-10.

张春红. 农村生产性农药中毒调查与分析. 化工劳动保护,1998,19(3):113-114.

张翠菊,王海琰,李星华. 浅析农药环境污染与防治措施. 江苏环境科技,2008,21(1):145-146.

张非若,丁嘉顺,戴文涛,等. 重复作业上肢肌肉疲劳的表面肌电实验研究. 工业卫生与职业病,2007,33(1):5-8.

张翼翮.对温室中施药者身体各部位的农药暴露水平及影响因素的评估. 世界农药,2003.25(1):42-45.

赵辉. 喷液表面张力及气象因子对雾滴沉积的影响. 中国农业大学博士学位论文,北京:2009.

赵明宇,王英姿,邱立春,等. 我国植保机械的使用现状及发展趋势. 中国农机化,2004(3):37-38.

赵希畅,陈晓玲,沈惠平,等. 农村居民农药接触及其对健康的影响. 中华疾病控制杂志,2009,13(10):625-626.

中国石油和化学工业协会质量部.2001 年第 2 季度国家监督抽查化工产品质量情况汇总(下). 化工标准.计量.质量,2001(11):18-25.

周慧,林宇,孙涛. 济宁市成年人 BMI 与身体机能、素质关系的研究. 吉林体育学院学报,2009,25(6):73-75.

朱昌雄,蒋细良,田云龙,等. 我国农药污染现状分析. 第一届全国农业生物资源与环境调控学术研讨会会议论文,2006(10):9-15.

朱虹,高玲,赵海瑞,等. 浅谈植保机械发展环境及使用现状,2009(12):33-35.

朱月秋. 陈小兵. 浅谈我国植保机械的现状与发展机遇. 农业装备,2007(10):9-11.

邹喜乐. 论农药对环境的危害. 湖南农机,2007(7):44-45.

Afina S Glas,Jeroen G Lijmer,Martin H Prins,*et al*. The diagnostic odds ratio: a single indicator of test performance. Journal of Clinical Epidemiology,2003,56(11):1129-1135.

Aline Pértile Remor,Carla Caprini Totti,Dariele Alves Moreira,et al. Occupational exposure of farm workers to pesticides: Biochemical parameters and evaluation of genotoxicity. Environment International,2009,35(2):273-278.

Camilla Calisto. Ergonomic investigations in fruit growing. Muskuloskeletal disorders and their risk factors. [Ph. D. Thesis]. VERLAG GRAUER. Stuttgart,1999.

Dan S Sharp,Brenda Eskenazi,Robert Harrison,*et al*. Delayed health hazards of pesticide exposure. Annual Review of Public Health,1986,7:441-471.

Gary K Whitmyre,John H Ross,Curt Lunchick. Occupational Exposure Data Bases/Models for Pesticides. Handbook of Pesticide Toxicology(Second Edition),2001:493-506.

Gea Drost,Dick F Stegeman,Baziel G M van Engelen,*et al*. Clinical applications of high-density surface EMG: A systematic review. Journal of Electromyography and Kinesiology,2006,16(6):586-602.

GertAKe Hansson,Istvan Balogh,Kerstina Ohlsson,etc. Physical workload in various types of work: Part II. Neck,shoulder and upper arm. International Journal of Industrial Ergonomics,2010,40(3):267-281.

Joop J. van Hemmen,Derk H Brouwer. Assessment of dermal exposure to chemicals. The Science of the Total Environment,1995,168(2):131-141.

Marco Maroni,Antonella Fait,Claudio Colosio. Risk assessment and management of occupational exposure to pesticides. Toxicology Letters. 1999. 107(1-3):145-153.

Marcus Cattani,Krzysztof Cena,John Edwards,*et al*. Potential dermal and inhalation exposure to chlorpyrifos in Australian pesticide workers. The Annals of Occupational Hygiene,2001,45(4): 299-308.

P C Abhilash,Nandita Singh. Pesticide use and application: An Indian scenario. Journal of Hazardous Materials,2009,165(1-3):1-12.

Peter W Buckle,J Jason Devereux. The nature of work-related neck and upper limb musculoskeletal disorders. Applied Ergonomics,2002,33(3):207-217.

Samuel Melamed,Irit Ben-Avi,Jair LUZ and Manfreds. Green. Repetitive work,work underload and coronary heart disease risk factors among blue-collar workers—the cordis study. Journal of Psychosomatic Research,1995,39(1):19-29.

Swenne G van den Heuvela,Allard J van der Beek,Birgitte M Blatter,*et al*. Psychosocial work characteristics in relation to neck and upper limb symptoms. PAIN,2005,114(1-2): 47 -53.

Y Gil,C Sinfort. Emission of pesticides to the air during sprayer application: A bibliographic review. Atmospheric Environment,2005,39(28):5183-5193.

第14章

感应式静电喷雾系统及其助剂研究

李 扬 于 辉 陈舒舒 何雄奎 宋坚利 仲崇山 曾爱军

14.1 引 言

14.1.1 背景及研究意义

目前,大部分农药使用主要以喷雾机喷撒为主,对于液剂来说,主要是依靠从喷头喷出时的动能、与空气摩擦的雾化作用力和重力的联合作用沉积到靶标植物上,并附着在其表面。以液力雾化喷施为例,农药一般在靶标植物的正面上沉积。所以,尽管大量喷施农药也不会增加药液在叶子背面和植物冠层内部的沉积。这种喷施方式的最大缺点,是喷施的农药仅有少部分附着在植物表面上,而绝大部分药液飘失于空气中或流失到地上,造成了农药的浪费和环境的污染。农药对病、虫、草害的防治效果取决于雾滴或药粉粒在植物表面和冠内的重新分布、害虫的活动习性(是否接触到农药)以及农药的物理性质等。因此,提高农药在作物冠层中的均匀沉积分布对降低成本(人力、农药、能源、时间)、提高防治效果、减少药物流失和减少环境污染具有极其重要的意义。

近年来粮食产量的增加主要建立在使用化肥和农药的基础之上。例如,我国农药的年使用量已达 80 万~100 万 t,居于世界首位,而农药的有效利用率只有 20%~30%,远远落后于发达国家,甚至世界平均水平。可见,我国农业节药潜力很大。随着社会经济的发展,人们对进一步提升科学用药水平的要求必将增加,农药使用量将进一步减少。提高农药利用效率是确保我国农产品质量和安全的战略性措施。

化学防治是农业生物灾害综合防治的重要措施,但是化学农药对农田生态环境的危害程度也在不断加重。我国是世界上农作物病、虫、鼠、草等生物灾害发生最严重的国家之一,每年需要化学防治的农田面积近达 3 亿 hm^2;然而同时化学农药对农田生态环境的负面影响也呈上升趋势,远远超过发达国家为防止农药对环境造成污染而设置的安全上限。农药的过量施用,不仅造成农业生产成本的增加,而且污染土壤、水体及大气,破坏生态环境,危害人类健康。因此,提高农药利用率,减少农药流失,避免生态环境的破坏和恶化势在必行。

综上所述,保证农产品质量和安全,建立合理的农药使用管理制度,提高作物对农药的利用效率,降低农药使用造成的环境污染,是农业可持续发展的关键问题。解决这一问题的措施之一是高效农药施用技术的研究。这些技术包括:生物最佳粒径理论(Biology Optimize Droplet Size,BODS)、超低量喷雾技术(Ultra Low Volume,ULV)和低量喷雾技术(Low Volume,LV)、静电喷雾技术(Electrostatic Spraying,ES;Electrostatic Controlled Droplet Application,ECDA)、可控雾滴喷雾技术(Controlled Droplet Application,CDA)、精确对靶喷雾技术(Toward-target Precision Pesticide Application,TPPA)等等。

农药静电喷雾,又称农药静电控制雾滴技术(electrostatic controlled droplet application 简称 ECDA),是在控制雾滴技术(CDSA)和超低容量(ULV)技术基础上进一步发展的一种农药应用新技术。它克服了大容量喷雾、低容量喷雾、超低容量喷雾以及 CDSA 技术中细滴药液容易漂移、覆盖率低的不足,实现了喷雾方向性好,覆盖率好,漂移少的要求。是一种防漂移的新型喷雾技术和实现对靶施药的先进方法,是农药应用技术的重要发展方向。

20 世纪以来,农药静电喷雾技术一直是世界公认的提高农药利用率、雾滴沉积效果的有效手段之一。通过试验和生产实践证明静电喷雾具有以下优点:

(1)静电喷雾的雾滴直径一般为几十微米,因而使其杀虫效率大大提高;

(2)由于雾滴带有同性的电荷,在空间的运动过程中互相排斥,不会发生凝聚,所以对靶标覆盖较均匀,且靶标正、反面和隐蔽部位均会有雾滴沉积,因而大大提高了农药的利用率;

(3)由于带电雾滴在靶标表面沉积吸附率高,因而雾滴飘移挥发的现象便大为减小;

(4)雾滴是在电场力作用下吸附到靶标表面的,因此静电喷雾受大气逆增温的限制相对较小,早晚和白天均可进行喷雾作业。

(5)作业效率大大提高,喷药间隔期比常规喷药延长 1 倍以上。

开发适用的静电喷头和静电发生器,并弄清其雾化性能和荷电性能,对提高较小环境污染下的病虫害防治效果和我国农业的可持续发展具有重要意义。因此,静电喷药技术及其产业化在发达国家越来越受到重视,特别是 20 世纪 90 年代以来发展很快,现在在美国、加拿大、英国等国,农业上已普遍使用静电喷药器械,在不久的将来,大有取代常规喷药器械的趋势。在我国,近年来静电喷药技术也日益受到重视。

14.1.2 国内外研究进展

14.1.2.1 静电喷雾装置及静电喷头的研究

为使雾滴获得更好的带电效果,围绕液力雾化和离心雾化,人们设计了各类静电喷头。例如,美国研制了嵌入式静电感应喷头,英国研制了液力雾化静电喷头,日本研制了微型锥孔旋转喷头、弥雾喷头。20 世纪 90 年代初,美国佐治亚大学的 Law. S. E 及其同事发明了气助静电喷雾系统,该系统采用的"气化诱电"喷头可产生荷质比则达 10^{-4} C/kg,体积中径为 30～50 μm 的雾滴。据报道,这被认为是 20 世纪 90 年代以来最先进的喷药器械。现在,美欧一些国家的静电喷雾设备日趋完善。在研究对象上,研究人员已将静电技术从粉剂农药转向液体农药的应用;在研究方向上,从研究充电方式、雾滴荷电能力转为关注荷电雾滴带电量的维持、空间电、流场的优化和药液在靶标的沉积效率;在应用手段上,人们为满足户外作业中对雾滴沉积和穿透特性的要求,开发出一系列气流辅助静电组合设备,其中部分技术已经实现商品化。国外开展这些研究的知名科研机构包括:英国农业工程学院、英国帝国化学工业公司、南安普顿大学;美国静电喷雾系统公司(ESS)、佐治亚大学、北卡州立大学、密歇根州立大学、西奥尔良大学、加州大学洛杉矶分校;加拿大西安大略大学;德国霍恩海姆大学;日本千叶大学、东京农业大学等。

由于静电喷雾具有诸多优点,20 世纪 70 年代末我国亦开始涉足该领域的技术研究,在我国上海首先成立了静电喷雾试验协作组,上海明光仪表厂、江苏太仓静电设备厂、丹阳电子研究所及北京农业大学等先后研制了手持转盘式静电喷雾器;河北省邯郸市机械研究所研制了电场击碎手持式静电喷雾器;南京林业大学研制了高射程静电喷雾机;中国农业大学成功研制开发出适用于东方红-18 弥雾机的静电喷头及相应的静电喷雾助剂(已获国家专利),并在我国部分省市进行了推广。不过,这一时期国内的研究较多的是停留在样机的试制和其喷雾效果的评定这一水平上。80 年代,江苏大学的高良润先生提出:将农药静电喷雾视为一门技术,建立一套自己的理论框架,以促其不断发展完善。为此,多年来江苏大学开展了一系列理论工作,同时研制了有关的测试设备,探索了相关的测试手段。在建立室内静电喷雾试验系统和大量试验的前提下,90 年代初,江苏大学研制了转盘式手持微量静电喷雾器、车载式静电喷雾机和拖拉机牵引式风送静电喷雾机。90 年代末期,清华大学杨学昌等提出了喷头、高电压极和小型直流高压电源的设计方案,为高效带电农药喷雾装置的研制开拓了新途径。目前,中国农业大学、南京林业大学、江苏大学等单位仍继续开展着农业静电喷雾技术的相关研究。

14.1.2.2　雾化与荷电性能研究

人们在对以摩擦荷电、喷雾荷电为代表的自然荷电现象充分了解的基础上,从 20 世纪起开始了探讨以电晕荷电为代表的人工荷电的可能。20 世纪 40 年代,法国的 Hampe 首次将静电应用于农药喷洒作业。

液体雾化是由于外界干扰引起的液体表面不稳定,从而导致液体分离、细化而形成雾滴的过程。这一过程中液体的雾化阻力主要分为表面张力和黏滞剪切力两种,其中表面张力是最主要的雾化阻力。在电场的作用下,由于雾滴表面吸附能力和活性的提高,表面张力降低,从而减小了雾化阻力。另一方面,雾滴带有同性电荷,因相互排斥而在雾滴的表面产生一个附加的内外压力差,此力与表面张力的作用方向相反,也有助于雾滴的继续细化。此外,荷电雾滴在电场中还受到电场力的作用,它改变了雾滴的动能,从而影响雾滴的表面压力差,降低了雾化阻力。因此,液体的静电雾化具有一般常规雾化所不具有的优点。Alessandro Gomez 和 Kaqi Tang 在试验中发现,液体静电雾化比一般常规雾化雾滴粒径的分布变窄,尺寸的均匀性变好,雾化质量明显提高。

Rayleigh 是静电雾化研究领域的先驱者。1879 年他研究带电液滴表面安定条件时指出:

半径为 r 的液滴，当其表面场强 Es 满足式 14.1 条件时，呈稳定状态。

$$Es2 \leqslant (n+2)f/\varepsilon_0 r \tag{14.1}$$

式中，n 为大于 2 的整数；ε_0 为真空介电常数；Es 为表面电场强度。

此式称为 Rayleigh 安定极限公式，Rayleigh 理论至今仍是静电雾化现象的研究基础。

S. E. Law 就电晕充电、感应充电的机理作了论述，得出电晕充电雾滴荷电量公式：

$$q_p = f\left[1 + 2\frac{K-1}{K+2}\right]4\pi\varepsilon_0 E_0 r_p^2 \tag{14.2}$$

$$f = \frac{\left(\frac{NeKi}{4\varepsilon_0}\right)t_r}{\left(\frac{NeKi}{4\varepsilon_0}\right)t_r + 1} \tag{14.3}$$

式中，q_p 为雾滴荷电量，C；f 为所获电荷千分数；K 为雾滴介电常数；ε_0 为空气介电常数；E_0 为电场强度，V/m；r_p 为雾滴半径，m；Ne 为充电离子浓度，离子数/m³；E 为电子电荷，C；Ki 为充电离子迁移率，m²/V·s；t_r 为充电滞留时间，s。

他认为介电常数 K 对雾滴充电效果影响较大，标志着雾滴荷电性能的好坏；除此之外，在静电雾化喷头设计中，还必须考虑 f_0。在感应式充电条件下自由射流静电雾化所形成雾滴的荷电量：

$$q_p = \frac{30\varepsilon_0 r_p V}{\ln\left(\frac{2r_c}{r_p}\right)} \tag{14.4}$$

式中，r_c 为感应电极圈半径，m；V 为充电电压，V；其他物理量与式(14.2)式(14.3)同。

同时他还提出了雾滴荷电量极限值，认为雾滴荷电极限

$$q_{max} = 8\pi\sqrt{\varepsilon_0 \sigma r^{\frac{3}{2}}} \tag{14.5}$$

式中，σ 为雾滴表面张力，N/m²。

在静电雾化的机理方面，尽管静电对液体雾化过程存在影响是肯定的，但是目前研究都是针对不同的试验配置和不同的雾化参数做出的具体分析。Dombrowski 和 Jones 研究了扇形雾喷头的雾化机理，认为雾滴是由液膜表面产生的不稳定波纹发展裂变为条带而后碎裂形成的。Waltont. W 和 Prewett. W 的研究结果表明，转盘雾化喷头所产生的雾滴直径大小与转盘角速率和转盘直径有关，并得到了三者之间的关系式。对于气力式雾化喷头的雾化机理，Mrshall 认为雾滴由液膜破裂而得到；Law. S. E 报道 Castleman Meyer 认为液膜先裂成液丝继而破碎成雾滴；Rash 和 Elbanna 等提出了液膜破碎而形成雾滴的直径计算公式。在此基础上，Garmendia. L. A 及 Thong. K. C 和 Weinberg. F. J 探讨了通过改变液体表面张力来改善静电雾化情况的可行性。Rayleigh 及 Jones 和 Thong K. C 分别通过理论分析与试验对自由射流的静电雾化进行研究，认为非静电雾化雾滴直径是静电雾化产生的雾滴直径的 1.9 倍。

在静电雾化的应用方面，尽管静电雾化现象复杂，并且人们对各种喷头的雾化机理的研究和数学模型的建立还在探讨之中，然而对于农药喷洒而言，因为雾滴越小，静电作用越大，喷洒效果也就越好，所以一般认为雾滴直径控制在 50～100 μm 可以满足生产上的要求。

14.1.2.3 荷电雾滴沉积效果的研究

静电喷雾对于提高农药沉积效率、减少雾滴漂移有明显的效果。在静电喷雾的沉积效果方面，国内外研究者对农药静电喷雾开展了积极而广泛的研究。主要有：

(1)20 世纪 80 年代中期，英国的研究者 Dix. A. J& Marchant. J. A 等针对离心转盘式静电雾化，利用因次分析(DA)方法提出了与雾滴初始速度、荷质比和流量相关的影响沉积效果的两组无量纲数，但计算结果与实际过程之间存在较大的差异。

(2)1978 年，英国的 Cooper. J. F 等利用手持式转盘喷雾器对棉花进行低容量喷洒效果试验，喷洒效果不仅优于传统的背负式常量喷洒方式，而且因为静电喷雾能够有效在叶片背面沉积，它与常规喷雾相比能更好的杀除喜欢栖息在棉花叶片背部的害虫。

(3)80—90 年代，美国研究者 Law. S. E 等对农业静电喷雾进行了深入地研究，有代表性的工作包括：采用嵌入电极感应式喷头对模拟靶标和果树进行了大量的试验研究；在改变靶标种类、喷头、喷量的三因素试验中，将带电与不带电进行对照，植物叶子上雾滴的沉积量在 99％置信水平下，证明采用带电喷雾后农药利用率可提高 1.8～7 倍。

(4)1988 年，日本工作者津贺幸之介等在温室中对静电喷雾进行了试验研究，结果表明静电可以提高农药在叶子背面的沉积量。增加量的大小取决于靶标的几何形状、雾滴荷质比、雾滴运动速度和喷药液量，其中，最重要的影响因素是雾滴运动速度和荷质比。

(5)80 年代中期，我国的高良润和冼福生等研制了室内静电喷雾试验系统，能对不同的喷头在不同的运行工况下测定沉积性能，并建立了相应的数据处理系统。通过一系列试验研究找到了对液体雾化和充电性能有较大影响的主要和次要的施药因素；同时还研究植物作物阻容特性对荷电雾滴沉积效果的影响，并测定在棉株带电的情况下荷电雾滴的吸附性能。

(6)90 年代中期，中国农业大学尚鹤言对静电超低量喷雾的大田应用及其性能进行试验研究，得到优化的药械与药剂性能参数。通过沉积分布试验和药效试验证明了农药静电喷雾的防治效果。

(7)90 年代末期。我国研究者郑加强进行了荷电雾滴在电流场(EHD)中的动力学和运动学的分析，主要包括：对电流场中电荷系的输移运动进行了模拟；将电晕电极简化为点电荷，计算出负电晕形成电场的空间电位及电场分布公式；对单个荷电雾滴进行了受力分析、运动分析得到其速度分布关系式，以及荷电雾滴与靶标间相互作用力的解析解；计算了靶标面感应电荷密度，还分析了雾滴云与冠层之间的感生关系，雾滴与叶片之间的感生关系。

(8)2003 年，中国农业大学何雄奎研制了风送式低量静电喷雾果园自动对靶喷雾机，比较了在静电与非静电喷雾条件下，雾滴在苹果树和桃树上的沉积效果，试验结果显示，不带静电喷雾时的有效沉积率为 45.1％，静电喷雾时的有效沉积率则提高到了 55.4％。

综上所述，在荷电雾滴的沉积效果方面，国内外进行了广泛而大量的试验研究，得出了一个非常一致的结论：静电喷雾能够有效提高靶标背部药液的沉积量。然而，静电喷雾沉积规律的复杂性在于它除了依赖于理论模型的描述，还要受到试验水平的制约，从而很难用简单的数学模型表达。例如，气液两相流静电雾化模型中不仅涉及流体力学、物理化学、电磁场理论，同时还关联统计学以及流体测试技术。

14.1.2.4 喷液理化特性及静电制剂的研究

1987 年江苏工学院冼福生针对接触充电、转盘雾化式静电喷雾器，研究了喷液物理特性对雾滴体积中径和平均荷质比的影响,得出了喷液的相对介电常数 $\varepsilon < 10$ 时,有利于喷液雾化;电极的充电电压升高,雾滴体积中径变小,荷质比升高;喷液的黏度和密度对体积中径和荷质比影响很小,几乎可以略去。静电电压对表面张力的影响可以用荷电液体表面张力测定仪定量地测出。在一定范围内,液体的黏度对雾滴大小几乎没有影响,而电导率影响较大,电导率增加,雾滴直径减小。液体密度增大,雾滴直径稍微减小。喷液物理特性对雾滴荷质比的影响趋势与其对雾滴直径的影响趋势正好相反。

大连理工大学于春健等研究了液滴在高压电场中的分散情况。实验发现每种液体都存在一个临界电压,只有当电压超过临界值时,液滴才会发生大面积的分散。而在其他条件不变的情况下,流量的升高将导致临界电压的升高及平均粒径的增大。

液体物理化学特性表现在不带电时溶液的化学结构、表面张力、密度、电导率、介电常数等,而溶液的化学结构可以认为是通过影响其物理特性而起作用的。一般认为,液体破碎成雾滴是由于外界干扰引起液体表面不稳定,而导致液体分离的,液体表面张力和黏滞剪切阻力是两种主要的雾化阻力。当液体充电后,静电增加了液体表面吸附和活度,使液体表面层分子产生显著的定向排列,导致表面张力下降。当雾滴获得大于瑞利极限的电荷量时,表面张力将下降而使雾滴进一步破碎。因此,静电在喷雾过程中所起的另一个重要作用是使雾滴尺寸进一步减小,同时静电的相互排斥作用和液体所具有的能量,使雾滴群尺寸更趋于均匀。

从目前有关静电制剂的应用报道来看,对接触式充电的静电喷雾机专用制剂研究已有报道,至于感应式充电和电晕式充电的静电喷雾机的专用制剂,尚未见到报道。由于专利保密限制,下面简单介绍公开的资料。

中国农业大学尚鹤言教授研制出了3个系列的静电助剂,均可使油剂在雾化时雾滴上载有电荷。这3个系列的静电剂可适用于手持式静电喷雾机和背负式静电喷雾机的静电油剂,尚鹤言等人已经成功配制出四个配方并申请了专利,在实际应用中静电喷雾的防治效果远优于常规喷雾。

英国帝国化学工业公司研制出一系列静电喷雾制剂,应用在静电雾化接触充电式静电喷雾装置上,效果良好。这一系列制剂根据农药种类不同,选用的溶剂也不同。例如用于水溶性除草剂(百草枯、百草稀、草甘膦等)W/O型静电喷雾制剂配方的溶剂是高度石蜡性烃油的混合溶剂,如混合碳烃油等。

目前实用的静电喷雾制剂,包括杀虫剂,杀菌剂和除草剂,植物生长调节剂等。根据农药种类和施用条件,包括静电喷雾装置的不同要求有两种剂型:一是油基性液剂,很多方面与ULV制剂相近;二是乳状液水/油型乳状液,是为某些水溶性农药如百草枯,草甘膦单异丙胺盐,萘乙酸钠等的专用配方。两种剂型以油基性液剂用的较多,目前多数为农药单剂。需要着重解决制剂配方用溶剂,稀释剂抗静电剂,带电荷喷雾助剂及其他有关助剂。

14.2 感应式静电喷雾系统及工作原理

整个室内试验装置由四个子系统构成:天车试验台系统、喷雾系统、静电系统及测试系统。天车试验台系统由控制台、驱动电机、喷雾天车组成,可以通过控制台调节喷雾天车的行驶速度来模拟田间农药喷洒作业的喷施速度;喷雾系统包括空气压缩机(含压力表)、药液罐、液压泵、喷雾流量计和静电喷头;静电系统包括高电压发生装置、感应电极及高压测量装置,通过高电压发生器来产生工作电压,利用感应电极产生感应电荷使雾滴带电;测试系统包括绝缘支架、屏蔽电缆、微安电流表,示波记录仪、荷质比测试装置等。依靠测试仪表系统调节充电电压、采集放电电流,整个喷雾系统示意图如图 14.1 所示。

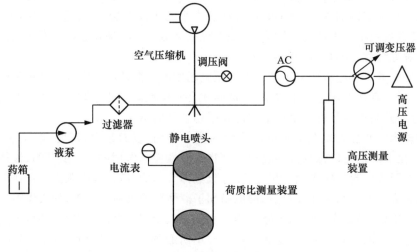

图 14.1 喷雾系统示意图

14.2.1 感应式静电喷头

静电喷头主要功能是实现药液雾化和雾滴荷电,是静电喷雾得以实现的关键。静电喷头设计要求包括雾化性能和荷电性能两方面,即要求能产生细小均匀的雾滴,又要求具有尽可能大的雾滴荷质比。

国内研制的静电喷头,大多采用离心式或液力式雾化原理以及接触充电方式,存在喷雾射程有限、漏电、反向电离现象严重等问题,影响了静电喷雾效果。针对上述问题,本论文开展了两相流感应式静电喷雾喷头的研究。

14.2.1.1 感应式静电喷头设计原理

在电晕充电、接触充电和感应充电三种充电方式中,充电效果方面,接触充电法的雾滴充电最充分,效果最佳,感应充电次之。电晕充电一般尖端电极上的电压超过 2 万 V 才能获得所需电场,感应充电电压较低,只需几百伏至及千伏,接触充电要求充电电压比感应充电高得多,一般以 1 万~2 万 V 最适宜。根据实际应用的需要,希望尽可能降低充电电压,以避免雾滴返回沿绝缘表面漏电和击穿绝缘层等问题。气力式雾化产生的雾滴较小,容易实现采用较低充电电压使雾滴荷电,因此可以考虑选用感应充电方式与气力雾化相结合的方式设计新静电喷头。

由带电雾滴运动及 Rayleigh 极限的分析结果可知,相同充电电压条件下,雾滴直径越小,静电力对雾滴运动的支配作用越大;雾滴直径越小,所需充电电压越小。这一结论为静电喷头设计提供了研究思路。雾化原理与充电方式的合理结合,有可能同时实现雾滴直径小和充电电压低的统一。

液体的雾化过程是通过某种方法将具有一定体积的液体破碎,使之成为有许多微小颗粒组成的液滴的过程。关于雾化机理,空气动力干扰说受到较多人的支持。它认为,由于射流与周围气体间的气动干扰作用,射流表面产生不稳定波动。随速度增加,不稳定波所作用的表面长度越来越短,直至微米量级,散布呈雾状。

感应充电气力式喷头,是利用高速气流和液流的相互作用使液流碎裂,进而形成雾滴。其内在要求是将液流首先变成薄膜,然后由液体各种力间的相互作用,导致水力的不稳定性,从而使薄膜直接或间接分裂,产生液滴。高速气流与中心喷嘴连续射出的液流相互作用,使药液在喷头内部雾化。

根据上述喷头内雾化过程设想:如果将感应电极置于雾滴形成区附近,并加入一个适宜的低电压,便有可能得到一个很强的感应电场。如果喷头用绝缘材料制成,则可以将感应电极完全嵌入喷头体内。合理设计喷头几何构造,则可以利用喷头内高速气流保持感应电极完全干燥,这样使可能沉积到电极表面的雾滴,由于气流的作用而不会产生沉积现象,这是该静电喷头的一个显著优点。

14.2.1.2　感应式静电喷头构造设计

喷头的设计分为 3 部分,如图 14.2 所示。

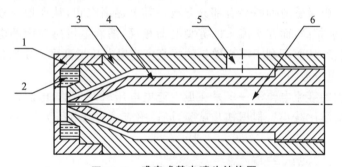

图 14.2　感应式静电喷头结构图

1. 喷头帽　2. 感应电极(铜环)　3. 喷头体
4. 喷头内芯　5. 进气口　6. 进液口

整个喷头由绝缘物质制成(图 14.3),喷头体内有一个气流导管和一个液流导管。环形铜电极嵌在喷头帽内,埋在通道和成雾区附近,用一个微型插头与外部高压静电发生器连接。

工作时,打开电源,环形铜电极充电,高压空气从进气口进入基体,并顺着气流导管加速流向喷头前端,液体经过液泵由进液口流入液流导管。高速气流和液流分别流到喷头的轴向通道中,在成雾区内,液流和高速气流相互作用,高速气流将液流破碎成细小的雾滴,并推动它从喷口喷出。雾滴流出成雾区时,被铜电极感应而带上电荷。带电雾滴离开喷头后,在静电场的作用下冲向目标。

该静电喷头的主要特点是:

(1)雾流由高速气流输送,喷雾射程远。

(2)采用感应充电方式,所需静电电压小,减少了漏电的可能。

图 14.3　感应式静电喷头实物图

(3)喷雾过程中,喷头内的高速气流可以保持感应电极干燥,这样可能沉积到电极表面的雾滴,由于气流的作用而不会沉积到电极表面,因而能防止电极反向电离。

14.2.1.3 静电喷头工作参数选择

1. 气体压力

由气力式喷头的雾化机理可知,气体压力越大,液滴受到的外界压力越大,气体动能、气液比均增大,液滴受力平衡更加容易遭到破坏,因此形成雾滴直径就越小,喷雾效果也越好。但气压过大也会使形成的细小雾滴容易飘失,不利于雾滴沉积效果。

综合考虑以上因素,在空气压缩机工作范围内,设计气体压力选为 1.5～3.0 bar,并根据试验实际情况进行适当调整。

2. 充电电压

较高电压作用的电极感应面,对液体的充电效应较强,由静电产生的雾流电流及荷质比就大。因此,选择较高充电电压有利于药液雾化及雾滴荷电。雾滴表面荷电减小了雾化阻力,且降低了液体的表面张力,使液体更易于雾化,同时荷电雾滴间的静电排斥作用,使雾滴均匀分散,不会由于雾滴的碰撞而产生聚并,从而可以改善雾化性能。

然而,雾流经过电极感应面时会有部分雾滴在其上逐渐沉积,从而形成液滴,微小液滴的电荷极性与感应电极相同,而与雾流中的雾滴电荷相反,随着电极感应面的电压增高,电极上聚集的微小雾滴增多,从而不利于沉积效果的提高。充电电压增高到一定数值时,还会产生电晕现象,电压愈大,电晕愈强。

综上所述,最大的雾流电流不一定是在最大充电电压时产生的,电压过高,雾流电流强度反而降低,使雾滴荷质比减小。根据初步试验,设计感应式充电电压为 1 000～2 000 V。

14.2.2 荷质比测试装置

荷质比是衡量荷电雾滴静电效果的重要指标之一,荷质比越大,雾滴的荷电性能及充电效果越好。综合国内外有关荷质比测定的相关方法和手段,认为可将其归纳为三类:网状目标法、模拟目标法和法拉第桶法,它们的原理、测试方法和各自特点归列如下。

1. 网状目标法

这是一种利用测量微电流以及收集沉积雾滴测出流量的原理来研究荷质比的方法,即当带电雾滴向一系列不同目数的金属筛网沉积时,利用直接测量电流的方法确定电荷量,同时用某一方法测出附着在筛网上的沉积量,即可算得荷质比。

江苏工学院设计了一套格网式荷质比测试装置,利用锥台状收集框架,内装不同目数的金属筛网,对离心风机产生的带电雾滴进行了测量,直接测出电流,并收集雾滴测其附着量。松尾昌树等人也设计了类似的试验装置,但沉积量是利用在网格上特定位置处粘贴 14 片铝箔,当采用标准化示踪方法喷液后采样,经分光光度计测出附着量,从而得到荷质比。Splinte 将六层具有递减目数序列的铜筛网装在喷雾收集箱内,箱体用石蜡座与大地绝缘,直接通过电流表测得通向大地的电流。箱内筛网同时收集雾滴而确定流量。

2. 模拟目标法

实物模拟,采用金属制造模拟实物模型。如 Law 和 Lane 制作的实物模型,用聚四氟乙烯使除目标植物外的所有部分保持有效的电位,并将一尖端插头压进植物茎管,然后通过同轴电缆与电荷集电计连接。这样当含有标准示踪液的带电雾云沉降至目标植物上时,就可从集电计上测得电流值,并将目标植物经标准程序冲洗后在荧光分析仪上得到沉降至目标上的雾滴质量,从而就可计算出到达目标时雾云的荷质比。

实物模拟有一定的优点,但不可避免地存在局限性,如在数学上不易处理以及变换作物种类就要重新制作模型。为了更快更有效地研究相关种类植物目标时的荷电状况,建立简化模拟时的数学模型以指导实际,很多学者根据不同植物类型用不同简化模型进行研究。为了研究航空静电喷雾荷电雾滴的荷电状况,Law 和 Lane 用在光滑球面和二维平面上附加尖状物来模拟植物、叶尖或昆虫须等,利用绝缘设计,使目标表面的电荷和尖状物上的电荷通过同轴电缆分别进行测量,而目标上的附着量类似于实物模拟中所提的用标准示踪方法进行测量,从而确定到达目标雾云的荷质比和分析不同目标对雾云的影响。Cooper 和 Law 用 6 只电屏蔽目标构成目标阵列,目标与地绝缘,侧试仪表从中部目标接出,而整个目标阵列用接地熔合线进行屏蔽。Canton 和 Bouse 研究了用一球状探头来采样荷电雾滴,使在电容器两端建立电压,该电压通过高阻抗运放 IC 后输出至电压记录器,从而分析雾云是否带电及其极性,但该系统未能测量附着量而无法确定荷质比。另外 Carlton 和 Bouse 也在球状目标外罩一铝桶及金属丝网构成屏蔽罩来采样荷电雾滴,测试结果表明由于带电空气离子在电场中的速度比荷电雾滴的速度高得多,从而使荷电雾滴更充分地沉降在球体上。

3. 法拉第筒法

法拉第筒法是静电技术研究中测量带电体电量的传统方法。法拉第筒由两个互相绝缘的金属筒组成,分析可得被测带电体电量为:

$$q = (C_f + C_b) \cdot U \tag{14.6}$$

式中,C_f 和 C_b 分别为法拉第筒固有电容和仪表输入电容,U 为仪表指示电压。

为保证测量稳定性,一般并联低泄漏电容 C_a,且使 $C_a > > C_f$ 和 C_b,则:

$$q \approx C_a \cdot U \tag{14.7}$$

经适当标定,即可直接读出被测带电体电量。例如,在接地尖端与雾流距离确定的情况下,为了在获得雾滴电荷水平的同时,观察研究液体电导率对雾流和接地尖端之间的气体击穿和传导性的影响。Law 和 Bowen 设计了一套封闭式可控试验系统,其中利用法拉第筒测量了由针状喷头通过接触充电产生的荷电雾滴的电荷水平,试验时雾滴直接进入内筒。

综上所述,3 种测试方法各有特点,其中法拉第筒法只能测量雾流狭窄能直接喷入内筒的喷雾系统;网状目标法可测量气流式或液力式喷雾系统,但对远距离测试时,其附着量不易测准,而且对大风量喷雾测其初始段的荷质比时需注意采样目标的固定和绝缘;而模拟目标法虽然应用范围较宽,但不适于测量狭窄雾流的喷雾系统。因此要根据测试需要及喷雾系统状况决定采用何种方法。

本文根据测试需要及实验室现有条件,通过网状目标法测量雾滴荷质比,用来评价静电喷雾装置的充电性能,装置示意图如图 14.4 所示。

采用不锈钢筛网(尺寸 600 mm×600 mm,200 目),使荷电雾滴在其上积聚,并释放电荷,雾流的电荷通过金属网和接地导体流入微电流计回路中,利用电流表测出群体荷电雾滴的电流值 $I(A)$,同时测出喷头的流量 $L(m^3/s)$,即可知道荷质比 q/M。

荷质比公式为:

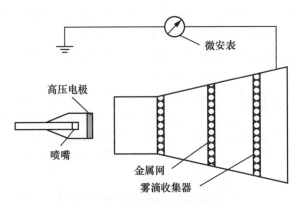

图 14.4　荷质比测量装置示意图

$$q/M = It/\rho Lt = I/L\rho \tag{14.8}$$

式中，L 为喷头流量，$\mathrm{m^3/s}$；M 为雾滴质量，kg；I 为电流值，A；q 为电量，C；ρ 为液体密度，$\mathrm{kg/m^3}$。

14.2.3　其他试验装置

其他试验装置如图 14.5 所示。

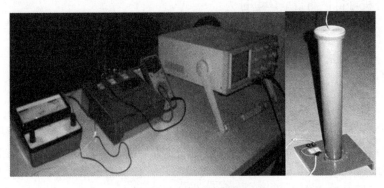

图 14.5　其他试验装置

图 14.5 中，左起依次为微安电流表、电压指示器、示波器和高压测量装置。其中特别设计制作了高压测量装置，它能够测到瞬间准确的高压值，保证了高压数据的准确性。示波器主要用来监测喷雾过程中感应电流的变化情况，记录电流变化规律。

14.2.4　静电喷雾原理及荷电方式

14.2.4.1　静电喷雾原理

静电喷雾技术是应用高压静电在喷头与喷雾目标间建立一静电场，当农药液体流经喷头雾化后，通过不同的充电方法被充上电荷，形成群体荷电雾滴，然后在静电场力和其他外力的联合作用下，雾滴作定向运动而吸附在目标的各个部位，达到沉积效率高、雾滴飘移散失少、改善生态环境等良好的性能。

两个电荷之间的作用力叫库仑力,用公式表示:$F = qE$(F 是力,q 是电荷,E 是该点的电场强度)。就是说带电粒子受电场方向的力作用,如果带电荷 q 的粒子处于自由运动状态,它就会沿着电场方向即电力线运动。由于静电场具有弥散性,故它可以穿入靶标物的内部(如树冠内部)。如果喷头施加的负电场足够强大,那么从喷嘴喷出的雾滴所带静电为负电荷,电荷很小,吸引力也很小,而植物表面感应出正电荷,这些正电荷把雾滴吸引到植物表面,附着于植物叶片的正面和背面。这就是利用静电场的力实现雾滴在植物冠层的内部附着,从而成倍地增加了药液或药粉对植物叶面(无论冠内或冠表)的覆盖率和均匀度,其结果是增加了药液与病虫害接触的机会,提高了喷药效果并降低了用药量。

静电场作用下的液体雾化机理比较复杂,通常认为:静电作用可以降低液体表面张力,减小雾化阻力,同时,同性电荷间的排斥作用产生与表面张力相反的附加内外压力差,从而提高雾化程度。

14.2.4.2 雾滴的荷电方式

如何使雾滴荷电是关键性问题,雾滴的充电主要有以下 3 种方法:

(1)电晕充电法:是用静电高压电晕使雾滴带电,电晕对正在雾化的雾滴进行充电。

(2)接触式充电法:是静电高电压直接置于液体中,经喷嘴喷出后即成带电水雾。由导体直接对正在雾化的雾滴进行充电。

(3)感应式充电法:是在外部电压电场作用下,使液体在喷头出口形成水雾的瞬间,根据静电感应原理,使喷出的雾滴带有与外部电场电荷极性相反的电荷。电场对正在雾化的雾滴进行充电。

本试验中采用感应充电法,这种充电方式的优点是药液雾化后在喷头内部充电,高压绝缘性较好,受外界环境影响小,而且电极内置提高了使用安全性。

14.3　感应式静电喷头性能测试

静电喷头是整个喷雾系统的核心部件之一,其性能好坏直接决定静电喷雾效果。本章就感应式静电喷头的相关性能进行测试:包括荷电性能、雾化性能、沉积性能等。

14.3.1　荷电性能测试

14.3.1.1　材料与方法

试验选择喷雾压力为 3 bar,喷雾高度为 50 cm,喷雾流量为 60 mL/ min,改变感应环上所加的电压值为 300 V、500 V、800 V、1 000 V、1 200 V、1 500 V、1 800 V 7 个水平,用网状目标物荷质比测试装置测量出不同电压值下雾流产生的微电流值,计算雾滴的荷质比,得到装置荷电性能随电压变化的关系曲线。

每个电压水平取 3 次重复,取平均值进行分析。试验所需仪器与材料列于表 14.1 中。

表 14.1　荷电性能测试所需试验仪器

仪器名称	型号	生产厂家	备注
荷质比测量装置		药械与施药技术实验室自行研制	
高压静电发生器		药械与施药技术实验室自行研制	$0\sim2\,000$ V
微安电流表	C46-10 型	贵州永恒精密电表厂	0.5 mA GB 7676—87
自来水		取自中国农业大学施药技术实验室	正常饮用水

14.3.1.2　结果与分析

感应式荷电方式下荷质比随电压变化曲线见图 14.6。

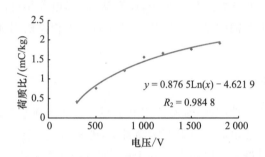

$$y = 0.876\,5\mathrm{Ln}(x) - 4.621\,9$$
$$R_2 = 0.984\,8$$

图 14.6　感应式荷电荷质比随电压变化曲线

　　所选电压范围内,荷质比数值随电压强度的增强而变大。600 V 以下时,数量级为 10^{-4} C/kg,虽也能满足静电喷雾需求,但荷电效果不好。充电电压在 600 V 以上时,荷质比数量级可达到 10^{-3} C/kg,充电效果较好。

　　随电压的增大,荷质比增大趋势趋于平缓。在实际应用时,可寻找荷质比变化斜率减小时的工作电压作为使用电压,而不是电压越大越好。因为过高的电压对装置绝缘性能的要求也会提高,提高喷雾成本。推荐使用电压为 $1\,000\sim1\,500$ V。

14.3.2　雾化性能测试

14.3.2.1　材料与方法

　　在相同的喷施条件下,测量加电与不加电时的喷雾流量分布,通过分布状况的对比,评价静电雾化的效果。所需仪器如表 14.2 所示。

表 14.2　材料及仪器

仪器名称	型号	生产厂家	备注
自来水		取自中国农业大学施药技术实验室	正常饮用水
高压静电发生器		药械与施药技术实验室自行研制	$0\sim2\,000$ V
表面皿		中国农业大学供应科	直径 9 cm
秒表			

　　试验方法:调节喷头流量固定为 120 mL/min,压力为 3 bar。在距喷头 60 cm 处有效喷幅范围内设置 7 个表面皿,控制喷雾时间为 60 s,在加电与不加电两种情况下进行喷雾,每种情

况设置 3 次重复。读取每个表面皿中液体的体积,取均值进行分析。

14.3.2.2　结果与分析

从图 14.7 中可以看出,不加电时流量分布曲线比较尖锐,加静电后曲线则平缓很多。说明使用静电喷雾后雾滴分布的均匀性提高。

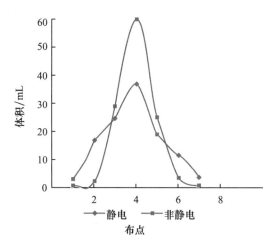

图 14.7　雾滴均匀性曲线

试验过程中发现:加电后,喷雾的雾锥角变大。分析原因是由于加电后,带电雾滴都带同种电荷,雾滴之间产生排斥现象。从图中也可验证这种现象:在第二个及第六个表面皿的位置(即有效喷雾范围的边缘位置),静电喷雾所收集到的液体体积明显大于不加电时所收集到的液体体积,这说明静电喷雾能在更广的喷雾范围内实现雾滴均匀分布。

14.3.3　沉积效果评价

14.3.3.1　材料与方法

1. 试验材料

如表 14.3 所示。

表 14.3　实验仪器及试剂

仪器名称	型号	生产厂家	备注
示波器	YB4320A 型	江苏绿扬电子仪器厂	20 MHz
可控速喷雾天车		德国	
滤纸		中国农业大学供应科	直径 9 cm
振荡器	KS10	德国,Edmund	
荧光分光光度计	LS-2	德国,PERKIN-ELMER	
BSF 荧光素	1F561	德国 CHROMA	
高压静电发生器		药械与施药技术实验室研制	0~2 000 V

2. 试验方法

试验中选择喷雾压力为 3 bar,喷雾流量为 120 mL/min,喷雾高度为 50 cm。调节电压,使雾滴的平均荷质比达到 1.5 mC/kg(此时电压约为 1 000 V),将白铁片用镊子水平固定于铁架台上并置于喷雾行进的中心位置。开启天车,以 0.2 m/s 的速度进行喷雾。

同种喷雾条件下,以不加电时的沉积量作为对照。每种喷雾重复 3 次,取均值进行分析。

测试前,将荧光仪波长调到 520 nm,待仪器预热稳定 30 min 后,用蒸馏水清洗仪器校零,再输入所配的标准液(2 μg/mL)进行校准,准备测量。

喷雾完毕后,用吸水纸吸附加电与不加电时靶标正面与背面所沾附的荧光素溶液,放入自封袋内后加入 50 mL 含有 3% 乙醇的蒸馏水,置于振荡器内洗脱 20 min。用荧光仪测量每个自封袋中溶液的荧光值,取平均值。根据标准浓度溶液的荧光值和靶标面积,可得出靶标单位面积上的喷液沉积量。

14.3.3.2 结果与分析

加电与不加电情况下,靶标正面及背面沉积量如图 14.8 所示。

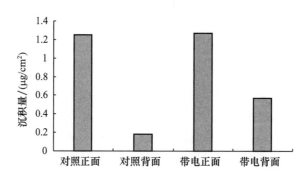

图 14.8 静电喷雾与常规喷雾靶标正面背面沉积量

从图 14.8 可以看出,静电喷雾对于提高靶标正面的沉积效果并无明显优势,沉积量仅提高 2%。而对于靶标背面沉积,沉积量是不加电时的 3.1 倍。可见,静电喷雾对于提高靶标背部的沉积量具有明显效果。

14.3.4 小结

(1)荷质比数值随电压强度的增强而变大,在所选电压范围内呈对数趋势增长。充电电压在 600 V 以上时,荷质比数量级可达到 10^{-3} C/kg,充电效果较好。

(2)通过加电与不加电时的喷雾流量分布图可以看到:不加电时流量分布曲线比较尖锐,加静电后曲线则平缓很多。说明使用静电喷雾后雾滴分布的均匀性提高,且静电喷雾能在更广的喷雾范围内实现雾滴均匀分布。

(3)静电喷雾对于提高靶标正面的沉积效果并无明显优势,而对于靶标背面沉积,沉积量是不加电时的 3.1 倍。可见,静电喷雾对于提高靶标背部的沉积量具有明显效果。

14.4 感应式荷电与电晕式荷电的比较

试验在中国农业大学药械与施药技术研究中心进行,在静电喷雾过程中先后试验了两种不同的荷电方式,即感应荷电式方式及电晕式荷电方式。

14.4.1 安全性比较

电晕充电一般尖端电极上的电压超过 20 000 V 才能获得所需电场,形成电晕,并使空间雾滴带电,因此容易产生漏电、放电现象。感应充电电压较低,只需几百伏到几千伏。目前中国农业大学药械与施药技术研究中心自行研制的高压静电发生器在 1 000 V 既能收到良好的荷电效果。

感应式静电喷头采用了气力式雾化方式,产生的雾滴较小,因此更容易实现雾滴在低充电电压下的成功荷电。在实际应用中,希望尽可能降低充电电压,以避免雾滴返回沿绝缘表面漏电和击穿绝缘层等问题,因此,感应式荷电方式的静电喷头更适合于实际应用。

从外观和商品化角度考虑,感应式的静电喷头便于安装、修换。而且感应式的电极环内置于喷头帽中,比电晕式静电喷头裸露在外的针状电极更具安全性和美观性。两种喷头见图14.3 和图 14.9 所示

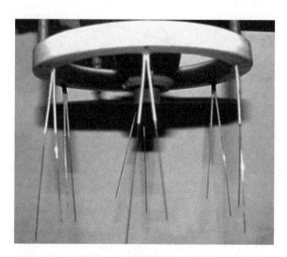

图 14.9 电晕式静电喷头

14.4.2 荷电性能比较

14.4.2.1 材料与方法

本试验主要用到试验装置如表 14.4 所示。

表 14.4　荷电性能测试试验仪器

仪器名称	型号	生产厂家	备注
温湿度计	2286-2 型	德国 Rherm	精度:0.01℃ 0.1%
荷质比测量装置		中国农业大学药械实验室研制	
示波器	YB4320A 型	江苏绿扬电子仪器厂	20 MHz
高压静电发生器	GJF-100 型	北京静电设备厂	0~100 kV
微安电流表	C46-10 型	贵州永恒精密电表厂	0.5 mA,GB 7676—87

感应式荷电选择喷雾压力为 3 bar,喷雾高度为 50 cm,喷雾流量为 60 mL/min,所加电压为 300 V、500 V、800 V、1 000 V、1 200 V、1 500 V、1 800 V 七个水平,每个水平取 3 次重复。测量不同电压值下雾流产生的电流值,计算雾滴的荷质比,得到装置荷电性能随电压变化的关系曲线如图 14.6 所示。

电晕式荷电选择喷雾压力为 3 bar,喷雾高度为 50 cm,喷雾流量为 267 mL/min,所加电压为 20 kV,24 kV,28 kV,32 kV,36 kV 和 40 kV 6 个水平,每个水平取 3 次重复。测量不同电压值下雾流产生的电流值,计算雾滴的荷质比,得到装置荷电性能随电压变化的关系曲线如图 14.10 所示。

14.4.2.2　结果与分析

装置荷电性能与电压变化的关系曲线如图 14.6,图 14.10 所示。

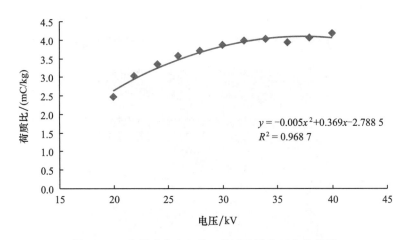

$$y = -0.005x^2 + 0.369x - 2.788\,5$$
$$R^2 = 0.968\,7$$

图 14.10　电晕式荷电条件下荷质比随电压变化曲线

感应式电压在 600 V 以上、电晕式电压在 20 kV 以上,荷质比都能达到 10^{-3} C/kg。从荷电效果上讲并无明显差异,都能满足静电喷雾的要求。

通过观察可以发现感应式荷电在电压较低时,如 500~700 V 之间时,荷电效果不好,说明此电压区间并不是静电喷雾适用工作电压。如若选用感应式荷电,电压 1 000~2 000 V 荷电效果较为理想。

感应式与电晕式荷质比并不随电压的增加呈线性增长,而是随电压的增加,变化趋势趋于平稳。在电压增大的过程中,随着对雾滴充电的进行,会伴随出现放电、反向电离等现象,致使荷质比不会单纯地随电压的增大而增大。

14.4.3 沉积效果的比较

14.4.3.1 材料与方法

1. 试验仪器

如表 14.5 所示。

表 14.5 沉积效果测试所用仪器

仪器名称	型号	生产厂家	备注
可控速喷雾天车		德国	
高压静电发生器		药械与施药技术实验室研制	0~2 000 V
微安电流表	C46-10 型	贵州永恒精密电表厂	0.5 mA,GB 7676—87
振荡器	KS10	德国,Edmund	
荧光分光光度计	LS-2	德国,PERKIN-ELMER	
自来水		取自药械与施药技术实验室	可正常饮用
示波器	YB4320A 型	江苏绿扬电子仪器厂	20 MHz
BSF 荧光素	1F561	德国	CHROMA-GESELLSCHAFT
分析天平	FA2004	上海分析天平厂	万分之一天平

2. 试验方法

两种荷电方式,均设定喷施速度为 0.5 m/s,喷施距离为 50 cm,压力为 3 bar。感应式荷电方式分别在 800 V,1 000 V,1 200 V,1 400 V,1 600 V 5 个电压水平时进行喷雾试验,喷雾流量为 60 mL/min;电晕式荷电分别在 20 kV,24 kV,28 kV,32 kV,36 kV,40 kV 6 个电压水平进行喷雾试验,喷雾流量为 267 mL/min。

自来水中加入 0.1%的荧光素 BSF 作为示踪剂,将圆盘滤纸用自来水润湿,使其具有导电性,上面覆盖一片干燥的滤纸,然后用与地线相连的夹子夹住,放在支架上,保持水平,进行静电喷雾作业,每个电压水平喷液重复试验 5 次,测量背面滤纸上的喷液沉积量。

测试前,将荧光仪波长调到 520 nm,待仪器预热稳定 30 min 后,用蒸馏水清洗仪器校零,再输入所配的标准液(2 μg/mL)进行校准,准备测量。

喷雾完毕后,用吸水纸吸附加电与不加电时靶标正面与背面所沾附的荧光素溶液,放入自封袋内后加入 50 mL 含有 3%乙醇的蒸馏水,置于振荡器内洗脱 20 min。用荧光仪测量每个自封袋中溶液的荧光值,取平均值。根据标准浓度溶液的荧光值和靶标面积,可得出靶标单位面积上的喷液沉积量。

14.4.3.2 结果与分析

两种荷电方式下沉积量随电压的变化曲线如图 14.11、图 14.12 所示。

两种荷电方式的沉积效果均在 2.0 μg/cm² 以上,沉积效果比较理想。两种荷电方式下沉积量随电压的变化曲线都成线性趋势,线性趋势感应式荷电方式较电晕式荷电方式更加明显。但电晕式荷电方式的变化斜率要大于感应式荷电。在荷电情况良好且无其他因素干扰(如风速、温度变化等)时,沉积效果应与荷电效果具有紧密的相关性,荷电越好,沉积效果也越好。

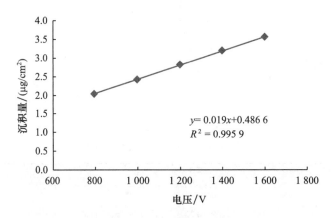

图 14.11 感应式荷电条件下沉积量随电压变化曲线

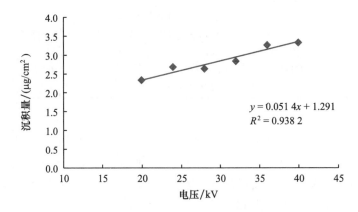

图 14.12 电晕式荷电条件下沉积量随电压变化曲线

14.4.4 小结

在 3 个方面对电晕式荷电及感应式荷电进行了比较试验及结果讨论。主要结论如下：

(1)感应式的静电喷头荷电电压低,便于安装、修换。而且感应式的电极环内置于喷头帽中,比电晕式喷头裸露在外的针状电极更具安全性。

(2)感应式电压在 600 V 以上、电晕式电压在 20 kV 以上,荷质比都能达到 10^{-3} C/kg。从荷电效果上讲并无明显差异,都能满足静电喷雾的要求。

(3)两种荷电方式的沉积效果均在 2.0 $\mu g/cm^2$ 以上,沉积效果比较理想。两种荷电方式下沉积量随电压的变化曲线都成线性趋势,沉积效果应与荷电效果具有一致性,荷电越好,沉积效果也越好。

14.5　适用于感应式荷电喷雾助剂的研究

在静电喷雾技术中,影响静电喷雾效果的因素非常多,除了荷电方式、荷电电压、喷雾参数外,喷液的物理化学特性对荷质比也有很大的影响。无论何种静电喷雾装置,要实现最佳喷雾都对制剂有一定的性能要求。满足静电喷雾要求的理化性质,则更有利于提高喷雾沉积效果。因此,研究相应的静电喷雾助剂具有重要意义。

感应式条件下雾滴的荷电原理如下:液体在喷头出口形成水雾的瞬间,在外部电场作用下,感应出与外部电场极性相反的电荷,从而使雾滴荷电。荷电效果的好坏,与喷液内感应出与外界电场相反电荷的速度有关,表征这一物理概念的物理量即电导率。

电导率是一个表征溶液导电能力的物理量,它与离子数目、迁移速率、离子价数及外界的温度等有关。喷液的电导率越高,感应出电荷的速度越快。因此,本章对几种能够提高溶液电导率的物质进行研究,并探讨加入这些物质后对喷液喷雾荷电效果的影响。

14.5.1　静电喷雾助剂

有一类常用化学添加剂,可添加在树脂或涂布于高分子材料表面以防止或消散静电荷产生,化学工业上叫这类化学品为抗静电剂。抗静电剂应用于静电喷雾的主要作用机理是通过离子化基团或极性基团的离子传导或吸湿作用,构成泄漏电荷通道,快速导走形成的电荷,从而提高电导率,达到更好的荷电效果。

抗静电剂自身没有自由活动的电子,属于表面活性剂范畴。按照使用方式可分为外部抗静电剂和内部抗静电剂两大类。按离子类型分又可以分为以下几类:

1. 阴离子型

在这类表面活性剂中,分子的活性部分是阴离子,其中包括烷基磺酸盐、硫酸盐、磷酸衍生物、高级脂肪酸盐、羧酸盐及聚合型等。其阳离子部分多为碱金属或碱金属的离子、铵、有机胺、氨基醇等,广泛用于化纤油剂、油品等的抗静电剂。

2. 阳离子型

阳离子型抗静电剂主要有季铵盐类、烷基咪唑啉阳离子等,其中季铵盐类最常见。此类抗静电剂极性高,抗静电效果优异,对高分子材料的附着力较强,多用作外涂型抗静电剂,有时也用作内混型抗静电剂,主要用于合成纤维、PVC、苯乙烯类聚合物等极性树脂;但热稳定性差,且对热敏性树脂的热稳定性有不良影响,也存在不同程度的毒性或刺激性,在食品包装材料上不宜使用。

3. 非离子型

这类表面活性剂分子本身不带电荷而且极性很小。通常非离子型具有一个较长的亲油基,与树脂有良好的相容性。同时非离子型抗静电剂毒性低,具有良好的加工性和热稳定性,是合成材料理想的内部抗静电剂,有聚乙二醇酯或醚类、多元醇脂肪酸酯、脂肪酸烷醇酰胺、脂肪胺乙氧基醚等化合物。两性表面活性剂主要是指在分子结构中同时具有阴离子亲水基和阳离子亲水基这样一类的离子型抗静电剂。分子结构中的亲水基在水溶液中产生电离,在某些介质中表现为阴离子表面活性剂特征,而在另一些介质中又表现为阳离子表面活性剂特征。此类表面活性剂与高分子材料有良好的相容性、配伍性,以及较好的耐热性,是一类性能优良的内部抗静电剂。具有两性型离子的化合物很多,但作为抗静电剂使用的主要有季铵羧酸内盐、咪唑啉金属盐等。

我国抗静电剂开发始于 20 世纪 70 年代初,目前主要品种有季胺化合物、羟乙基烷基胺、烷基醇胺硫酸盐、多元醇脂肪酸酯及其衍生物等。在品种、生产能力、产量、质量上与国外差距较大,需求矛盾突出,特别是热塑性工程塑料方面用的内加型抗静电剂多年来需要进口。

14.5.2 表面活性剂对喷液电导率及荷质比的影响

本试验选取 3 种常见的抗静电剂:十二烷基硫酸钠、乙二胺四乙酸二钠(EDTA 二钠)、十二烷基磺酸钠,研究其对于溶液电导率及荷电性能的改变情况。

14.5.2.1 材料与方法

1. 仪器及试剂

见表 14.6。

表 14.6 试验仪器及试剂

仪器名称	型号	生产厂家	备注
示波器	YB4320A 型	江苏绿扬电子仪器厂	20 MHz
可控速喷雾天车		德国	
高压静电发生器		药械与施药技术实验室研制	0～2 000 V
微安电流表	C46-10 型	贵州永恒精密电表厂	0.5 mA,GB 7676—87
分析天平	FA2004	上海分析天平厂	万分之一天平
台式电导率仪	4Star 型	美国奥立龙公司生产	
振荡器	KS10	德国,Edmund	
荧光分光光度计	LS-2	美国,PERKIN-ELMER	
自来水		取自中国农业大学土化楼	
去离子水		中国农业大学土化楼生产	
BSF 荧光素	1F561	德国	CHROM
十二烷基硫酸钠		国药集团化学试剂有限公司	化学纯
乙二胺四乙酸二钠		国药集团化学试剂有限公司	化学纯
十二烷基磺酸钠		国药集团化学试剂有限公司	分析纯

2. 试验方法

根据所选表面活性剂自身溶解度及在农药使用中的浓度要求,将十二烷基硫酸钠,乙二胺四乙酸二钠及十二烷基磺酸钠 3 种试剂配置成质量浓度为 0.01％、0.03％、0.05％、0.1％四个水平,测量浓度其对于水的电导率的影响。

以不加表面活性剂时作为空白,进行比较,结果如图 14.13 所示。

将 3 种表明活性剂分别在上述 4 个浓度水平下进行喷雾试验,喷雾流量为 60 mL/min,喷施距离为 50 cm,压力为 2 bar,室温 27.2 ℃。测量雾滴的感应电流,计算荷质比,结果如图 14.14 所示。

14.5.2.2 结果与分析

电导率随 3 种表面活性剂浓度变化曲线如图 14.13 所示。

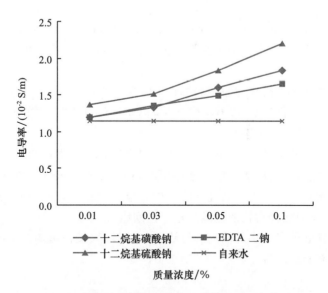

图 14.13 水溶液电导率随表面活性剂质量分数的变化曲线

荷质比随 3 种表面活性剂浓度变化曲线如图 14.14 所示。

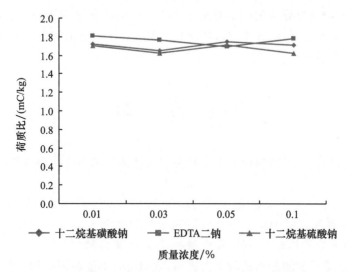

图 14.14 3 种表面活性剂荷质比随电导率变化曲线

可以看出,加入相同浓度的表面活性剂后,电导率有所增加,但荷质比随电导率的增大,变化趋势却并不明显。表明加入表面活性剂后虽提高了溶液的导电能力,但对于改善喷雾荷电效果没有明显作用。

分析原因如下:感应式静电喷雾对于喷液的电导率有一定要求,电导率太低不能满足要求,如用植物油在现有静电喷头上进行喷雾,发现几乎没有感应电流。这是因为植物油的电导率太低,达不到感应式静电喷雾的要求。而对于自来水,由于其本来的电导率就较大,因此一般水剂农药的电导率也能满足静电喷雾对于电导率的要求,加入表明活性剂后虽可进一步提高电导率,但对于自来水基数较大的电导率来说,反应在荷电效果上的影响作用并不是很明显。

在溶解度范围内,加入EDTA二钠至质量浓度为2%,荷质比仍与自来水的荷质比差别不大。通过本试验可以证明,加入表面活性剂对于一般水剂农药提高荷电及沉积效果并无明显作用。

试验中选用植物油作为研究对象,植物油的电导率很小,在10^{-10} S/m 数量级甚至更小,如果直接在荷电情况下进行喷雾,没有荷电效果,荷质比接近于零。同理可推,油剂农药在感应式的荷电条件下,荷电效果也不好。

通过一系列探索性试验,得到以下提示:解决油剂在感应式静电喷雾的荷电问题,首先要提高喷液的电导率。途径一:可加入提高电导率的物质,如上述表面活性剂等。注意事项:互溶性问题以及加入物质对于原来制剂理化特性的影响。途径二,通过与水配兑使用。注意事项:互溶性问题及形成的混合物长期储藏的稳定性问题。

其他研究者可就电导率较小的油剂进行研究,尝试加入某种可增加电导率的物质以使其满足感应式静电喷雾要求。

14.5.3　小结

选取3种常见的抗静电剂:十二烷基硫酸钠、乙二胺四乙酸二钠(EDTA二钠)、十二烷基磺酸钠,研究其对于溶液电导率的改变情况及溶液荷质比随电导率的变化规律,结果表明:加入相同浓度的表面活性剂后,电导率都有所增加。虽提高了溶液的导电能力,但对于改善喷雾荷电效果没有明显作用。

14.6　结　　论

在感应式荷电方式下,对所研制的静电喷雾主要部件及工作性能进行了相关基础性研究,主要结论如下:

(1)感应式电压在600 V以上、电晕式电压在20 kV以上,荷质比都能达到10^{-3} C/kg,都能满足静电喷雾的要求。两种荷电方式的沉积效果均在2.0 μg/cm² 以上,沉积效果比较理想。沉积效果与荷电效果具有一致性,荷电越好,沉积效果也越好。

(2)使用静电喷雾后雾滴分布的均匀性提高,且静电喷雾能在更广的喷雾范围内实现雾滴均匀分布。

(3)静电喷雾对于提高靶标正面的沉积效果并无明显优势,而对于靶标背面沉积,沉积量是不加电时的3.1倍,静电喷雾对于提高靶标背部的沉积量具有明显效果。

(4)感应式的静电喷头荷电电压低,电极环内置与喷头帽中,与电晕式喷头相比,更适合于实际应用。

(5)选取3种常见的抗静电剂,研究其对于溶液电导率的改变情况及溶液荷质比随电导率的变化规律,结果表明:加入相同浓度的表面活性剂后,电导率都有所增加。虽提高了溶液的导电能力,但对于改善喷雾荷电效果没有明显作用。

14.7　致　　谢

感谢国家"十一五"科技支撑计划项目"高效施药技术研发与示范"(项目编号:2006BAD28B05)、"高等学校博士学科点专项科研基金"(项目编号:20090008110015)对本研究的资助! 在此,特向对上述项目做出贡献的所有参加人员表示由衷的感谢!

参 考 文 献

杜仕国. 抗静电剂的开发及其应用[J]. 化工新型材料,1994(7):9-12.

高良润,冼福生,朱和平,等. 静电喷雾治虫实验. 农业机械学报,1994,25(2):30-38.

高良润,冼福生. 静电喷雾理论及其测试技术的研究. 江苏工学院学报,1986,7(2):1-14.

高良润. 超低量静电喷雾设备评述. 农业机械学报,1979,10(1):111-117.

何雄奎,吴罗罗. 动力学因素和药箱充满程度对喷雾机液力搅拌器搅拌效果的影响. 农业工程学报,1999,15(4):131-34.

何雄奎,严苛荣,储金宇,等. 果园自动对靶静电喷雾机设计与试验研究. 农业工程学报,2003,19(6):78-80.

何雄奎. 改变我国植保机械和施药技术严重落后的现状. 农业工程学报,2004,20(1):13-15.

任惠芳,韩学孟,王玉顺. 气力式静电喷头雾化特性研究. 山西农业大学学报,2003,23(2):1671-8151.

尚鹤言. 静电感应充电喷头及其用途. 中国专利,91205913.3,1992.3.11.

盛苗. 静电喷雾研究现状(上). 植保机械动态,1989,31(3):1-19.

舒朝然,熊惠龙,陈国龙,等. 静电喷药技术应用研究的现状与发展. 沈阳农业大学学报,2001,33(3):211-214.

王荣. 植保机械学. 北京:机械工业出版社,1990.

闻建龙,王军锋,陈松山,等. 荷电改善喷雾均匀性的实验研究. 排灌机械,2000,18(5):45-47.

吴锡珑. 大学物理教程(第二册). 2版. 北京:高等教育出版社,1999.

宣兆龙,易建政,杜仕国. 抗静电剂的研究进展. 塑料工业,1999,27(5):39-41.

杨学昌,戴先嵬,刘寒松. 高效带电农药喷雾技术的研究. 高电压技术,1995,21(3):19-22.

于水,李理光,胡宗结,等. 静电喷雾雾滴破碎的理论边界条件研究. 内燃机学报,2005,23(3):239-243.

余扬. 超低量静电喷雾机具的充电效果研究. 云南农业大学,1995,10(3):202-206.

余永昌,王保华. 静电喷雾技术综述. 农业与技术,2004,24(4):190-193.

张瑞宏,刘荣先,戴国筠,等.预混式气力喷雾系统研究.江苏大学学报(自然科学版),2004,25(3).

郑加强,冼福生,高良润,等.电晕充电过程研究.排灌机械,1993(增刊):44-46.

郑加强,冼福生,高良润,等.荷电雾滴电荷衰减规律研究.农业机械学报,1993,24(4):33-36.

郑加强,冼福生,高良润.静电喷雾雾滴荷质比测定研究综述.江苏工学院学报,1992,13(1):1-6.

郑加强,徐幼林.静电喷雾防治病虫害综述和展望.世界林业研究,1994(3):31-35.

郑加强,徐幼林.农药静电喷雾技术.静电,1994,9(2):8-11.

中国常驻联合国粮农机构代表处.农业生产与环境保护.世界农业,1998(1):5-7.

周浩生.静电喷雾特点及器械研究概述.农机试验与推广.1996(1):14-15.

朱和平,冼福生,高良润.静电喷雾技术的理论与应用研究综述.农业机械学报,1989,20(2):24-26.

Adrian. G. Bailey. The science and technology of electrostatic powder spraying, transport and coating. Journal of Electrostatic,1998,45:85-120.

Alessandro. Gomez,Kaqi. Tang. Charged and fission of droplets in electrostatic sprays. Phys. Fluid 6(1),1994.

Cooper. J. F,Jones. K. A,Moawad F. Low volume spraying on cotton：a comparison between spray distribution using charged and uncharged droplets applied by two spinning disc sprayers. Crop Protection,1998,17(9)：711-715.

Cooper. J. F,Jones. K. A,Moawad F. Low volume spraying on cotton：a comparison between spray distribution using charged and uncharged droplets applied by two spinning disc sprayers. Crop Protection,1998,17(9)：711-715.

Dix. A. J,Marchant. J. A. A mathematical model of the transport and deposition of charged spray drops. J. Agric. Engng. Res. 1984,30：91-100.

ElbannaH,Rashed. M. II,Ghazi. M. A. Droplets Liquid Sheets in an Airstream. Transactions of ASAE. 1984,27(3):677-679.

Foresee,F. D. ,Hagan. M. T. Gauss-Newton approximation to Bayesian regularization. Proceedings of the 1997 International Joint Conference on Neural Networks. 1997,1930-1935.

Franz. E,Brazee. R. D,Carpenter. T. G,*et al*. Model of Plant Charge Induction by Charged Spray. Transactions of ASAE,1987,30(2)：328-331.

Inculet. I. I,Fischer. J. K. Electrostatic aerial spraying. IEEE,1989,25(3):558-562.

John. W,Carroz,Patrick. N. Keller. Electrostatic induction parameters to attain maximum spray charge. Transactions of ASAE,1978,21(1)：63-69.

Law S E,Bowen H D. Effects of liquid conductivity upon gaseous diacharge of droplets. IEEE1989,A25(6):1073-1080.

Law. S. E,L ane M D. Electrostatic deposition of pesticide spray onto ionic targets：charge and mass transfer analysis. IEEE IA,1982,18(6)：673-679.

Law. S. E. A review of agricultural electrostatic spray application. Journal of Electrostatic,2001,51-52:20-42.

Law. S. E. Embedded-Electrode Electrostatic -Induction Spray-Charging Nozzle: Theoretical and Engineering Design. Transactions of ASAE,1978,21(6):1096-1104.

Law. S. E. Embedded-Electrode Electrostatic -Induction Spray-Charging Nozzle: Theoretical and Engineering Design. Transactions of ASAE,1978,21(6):1096-1104.

Matthews. D. A. Pesticide Application Methods (2), Longman Group Litmited. 1992,UK.

Splinter. W. E. Electrostatic charging of agricultural sprays. ASAE,1968,11(3): 491-495.

Walton. W. ,Preweit. W. Proceedings of the Physical Society of London. 1949, B62,341.

第15章

航空施药设备与技术

曾爱军　　何雄奎　　刘亚佳　　宋坚利　　张　京

15.1 引　　言

　　航空施药是用飞机或其他飞行器将农药液剂、粉剂、颗粒剂等从空中均匀地撒施在目标区域内的施药方法，称为航空施药法。它在现代化大农业生产中具有特殊的和不可替代的重要地位和作用，其优越性主要表现在以下方面。

　　首先，作业效率高，作业效果好，应急能力强。飞机施药的工作效率一般为 $50\sim200$ hm²/h，适于大面积单一作物、果园、草原、森林的施药作业，以及滋生蝗虫的荒滩和沙滩地等的施药。飞机施药能以很快的速率控制住暴发性、突发性病虫害的发生。其次，不受作物长势限制，有利于后期作业。随着农业高新技术的推广应用，许多新技术措施，如叶面施肥、喷洒植物生长调控剂等，都是在作物生长的中后期进行，地面大型机械难以进入作业，而使用飞机作业就不受其影响。第三，可适期作业，有利于争取农时。许多农业项目的最佳作业时间很短，由于气候条件影响，尤其在洪灾严重的季节，地面机械无法进地作业；还有些情况，由于地形或作物，如森林地带或香蕉种植园，地面喷雾设施的应用受到限制。此时唯有采用飞机施药可以发挥其特殊功能，起到地面机械不可替代的作用，而且不压实和破坏土壤物理结构。

　　航空施药会产生农药漂移，对环境污染的风险高，尤其当作物面积太小时，使用飞机喷雾就会将大量的农药喷在相邻地块的作物上，造成浪费、污染或药害。另外，如果喷洒的面积不够大，还会因飞机喷雾成本太高而限制了它的使用。在有些发达国家，已禁止飞机喷洒农药，认为他会对环境造成严重污染。航空施药均是由受过专门培训的专业人员和专业部门操作和管理，与一般的农药使用有很大的区别。

15.1.1 施药飞机的类型与使用性能

1. 施药飞机类型

航空施药采用的机型主要有 2 种类型：定翼式飞机和旋翼式直升机，定翼式飞机按其用途包括定翼式施药专用飞机和定翼式多用途飞机。

(1)定翼式施药专用飞机，一般装备单台发动机，功率 110～440 kW，作业飞行速度 100～180 km/h，载药量 300～800 kg。这类飞机结构轻巧，飞行机动灵活，驾驶安全，施药设备配置合理，施药质量好，作业效率很高，适合于作物单一、种植面积大，施药次数多、作业季节较长的农场和林场使用。

(2)定翼式多用途飞机，发动机功率 440～730 kW，农用载重量 1 000～5 000 kg，飞行仪表齐全，速度快、航程远，除能撒施农药外还可用于客货运输、防火护林等，也是目前使用最多的一类飞机。我国生产的运五、运十一等均属此类飞机。

(3)旋翼式直升机，飞行机动灵活，适合于地形复杂、地块小、作物交叉种植的地区使用。但直升机造价昂贵，运行成本高，因此，只有少数国家用于农药喷洒。目前，在日本有一种微型无人驾驶遥控飞机也在用于空中喷雾。

直升机飞行时螺旋桨产生向下的气流，可协助雾滴向植物冠层内穿透。并且由于直升机可距地面很低飞行、强大气流打到地面后又返回上空，迫使雾滴打在作物叶子的反面。所以可作小直径雾滴低量喷雾。例如，在用直升机进行大田作物和葡萄园喷雾时，可采用50～200 μm 的雾滴直径、喷药量为 15～100 L/hm²。

定翼式飞机施药使用成本低，消耗的动力也低于直升机，但要有地面设施(如跑道)且与喷洒点要有一定距离，而效率与直升机相差不多，其不足之处为定翼式飞机高速飞行时，机翼下会产生涡流，影响雾滴顺利地向下喷向目标，又为考虑安全，飞机距地面高度应比直升机大，因而农药飘移性大。根据试验，解决两翼涡流的方法之一是缩短喷杆长度，即使喷杆长度小于机翼的长度。

2. 施药飞机性能

我国目前使用的农用飞机，主要有国产运五 B(Y-5B)、运十一(Y-11)和农林五(N-5A)等机型；从国外引进的有 M-18、GA-200、空中农夫(PL-12)等。它们的主要技术性能参数见表 15.1。

表 15.1　国内常用飞机主要技术参数

性能指标及产地	运五 B 型 (Y-5B)	运十一型 (Y-11)	农林五 (N-5A)	空中农夫 (PL-12)	M-18	GA-200
产地	中国	中国	中国	澳大利亚	波兰	澳大利亚
发动机功率/kW	750	213.75×2(双)	—	300	1 360	340
油耗/(L/h)	160	180	—	90	160	—
空机重量/kg	3 450	2 100	1 328	1 111	2 670	764.5
有效商载/kg	1 000	1 000	760	820	1 500	700
巡航速度/(km/h)	200	220	205	200	256	200
作业速度/(km/h)	150～170	150～170	170	168	180	168

续表 15.1

性能指标及产地	运五 B 型 (Y-5B)	运十一型 (Y-11)	农林五 (N-5A)	空中农夫 (PL-12)	M-18	GA-200
起飞滑跑距离/m	180	160	296～303	—	180～200	—
着陆滑跑距离/m	180	140	373～379	—	260～300	—
失速/(km/h)	55	—	—	85	109～119	—
爬升率/(m/s)	3.33	4.2	4.09	—	6.9	4.2
喷幅/m	喷液 40～50 喷粉 60～70	—	喷液 25～35	喷液 20～27 喷粉 25～30	喷液 40～45	18～20
续航时间/h	4	7.5	5.06	—	4	3.5
调机可乘人员	8 人	8～10 人	2 人	1 人	2 人	2 人
跑道长×宽,m	500×30	500×30	500×30	500×30	500×30	500×30

(1)运五 B 型飞机:该机是我国工农业生产上使用最广泛的小型飞机,双翼单引擎,设备比较完善,具有多种用途,低空性能良好,平原可距作物顶端 5～7 m,山区距树冠 15～20 m 的上空作业飞行。作业速度通常为 160 km/h。起飞、降落占用的机场面积较小,对机场条件要求不高。在机身中部装有较完整的喷雾、喷粉、撒干料设备,能执行多种任务。它的特点是喷洒(撒)的农药浓度高,雾化好,覆盖均匀,所以能充分发挥药剂的触杀、内吸和熏蒸作用,加快杀伤速度。工作效率高,在短期内可完成大面积的病、虫、杂草害防治、农作物叶面施肥、草原种草、森林播种、灭虫和灭火等作业,作业成本低,可节省大量劳动力。

为适应喷洒(撒)不同物料的要求,农用设备分喷粉、播撒于料和喷液 3 种。喷粉、播撒干料和喷液共用 1 个药桶,每次可装药 1 000 kg(L)。喷粉有效喷幅为 60～70 m,喷液有效喷幅为 40～50 m。喷管上装 80 个喷头,喷头有 5 种型号用以调节喷洒量。

(2)运十一型(Y-11)飞机:该机是以满足农业生产为主,兼顾地质勘探、短途运输要求的小型双发多用途飞机。它低空爬升率大,机动性能好,超越障碍能力强,驾驶舱视野开阔,能在简易土、草跑道上起飞着陆,经济性状好;缺点是无单发性能。

(3)农林五(N-5A)型飞机:该机型是江西洪都飞机制造公司研制生产的农、林两用飞机,为我国生产的最先进的机型,目前在农业、森林巡护、森林化学灭火、森林灭虫等项工作中做出了很大贡献。用途:叶面追肥、化学除草、防治病虫害、水稻、草原、森林播种、航空护林、森林化灭及飞行广告等。喷洒设备使用美国产的 CP 喷头。采用国外先进低容量喷洒技术,追肥防病,化学灭草 20～25 L/hm²;防虫 10～15 L/hm²。作业飞行高度:追肥、防病 4～5 m;除草:3～4 m。作业效率:66～93 hm²/h。

(4)空中农夫(PL-12)型飞机:空中农夫是从澳大利亚引进的小型农用飞机,这种飞机可使用抛撒器喷撒干料,采用喷头或雾化器喷洒除草剂,可为农、牧、林场播种,远程巡视,包括对森林山火、害虫等农务检查,并装有照相机可将检查结果拍照下来。

(5)GA-200 型飞机:该机是从澳大利亚引进的小型农用飞机,适用于小块地作业,可用于喷雾、播撒干料、森林巡护、森林灭火和病虫草防治等作业。用途:叶面追肥、化学除草、防治病虫害、水稻播种、航空护林、飞行广告。喷洒设备使用美国生产的 CP 喷头。喷洒作业使用国外先进的低容量喷洒技术,喷液量:追肥防病 20 L/hm²;防虫害 10～1 L 升/hm²。喷幅:叶面追肥 20 m,防虫 25 m,除草 18 m。作业飞行高度:追肥、防病 4～5 m;除草 3～4 m。作业效率

53.3～66.7 hm²/h。

(6)M-18型农用飞机：M-18型农用飞机是从波兰引进的较大型农用飞机，该机具有多种用途，低空性能比运五好，载重量大，设备仪器先进，适于大面积作业。

15.2　施药设备

15.2.1　施药设备的组成及工作原理

航空施药系统有常量喷雾、超低容量喷雾、撒颗粒、喷粉等多种施药设备，也可喷施烟雾，根据需要选用。目前主要使用喷雾、喷粉系统。

1. 喷雾设备

喷雾设备分为常量喷雾和超低容量喷雾两种设备。主要由供液系统、雾化部件及控制阀等组成。供液系统由药液箱、液泵、控制阀、输液管道等组成(图15.1)。药箱安装在机舱内，液体农药、农药粉剂用同一药(液)箱装载。液泵安装在机身外部下侧，由风车或电机驱动。雾化部件由喷雾管与喷头组成，根据不同喷雾要求，可更换不同型号的喷头。工作时，利用飞机飞行中的相对气流推动风车高速旋转产生动力，驱动液泵从药箱中吸取药液，并输送至出液活门，打开活门，药液经喷雾管道进入雾化部件喷出。飞行员在座舱内操纵喷雾控制阀即可实施喷雾。

常量喷雾装置在飞机上的安装方式见图15.1。在喷杆上安装一排不同数量或不同型号的喷头，喷头常采用圆锥雾喷头或扇形雾喷头。作业时，来自液泵的药液在压力的作用下，经喷杆进入各个喷头，按一定方向喷射出来，雾流随即受到飞行中高速气流的冲击，进一步破碎形成细小的雾滴洒向地面。

超低容量喷雾装置在飞机上的安装见图15.1，数量4～6个雾化器不等。雾化装置以转笼式和转盘式应用较多，其他部件与常量喷雾设备大同小异。超低容量喷雾是一种工效很高的喷雾方式，与常量喷雾相比，其喷雾量很小、雾滴极细。超低量喷雾使用的是油剂农药，非常适合地域辽阔的大面积农场、牧场、林场喷洒农药。

2. 喷粉设备

主要由药箱、输粉器、风洞式扩散器、风车和定量粉门等组成，图15.1b。药箱是和喷雾装置共用的。输粉器安装在药箱内，由风车带动旋转。风洞式扩散器安装在机腹下部，上面与药箱相连，两者结合部位装有粉门开关。作业时，飞行员操纵粉门开关，药箱内的药粉在输粉器旋转下输向粉门开口处，此时，飞行中的高速气流从风洞式扩散器内腔高速穿过，在粉门开口处产生很大的吸力，将药粉吸入扩散器，随气流一起从扩散器后部喷出，并呈扇形扩散开，漂向地面。由于环保原因，飞机喷粉已很少使用，此套装置现主要用作喷撒农药颗粒剂、毒丸及飞播。

3. 地面支持系统

地面所需的各种各样的设备有时候安装在一辆车上，这样可方便地进行地面转移。有必要准备一个大的农药混合罐(箱)，这样能够在飞机到达之前准备好一个飞机药箱容量的喷液。还需要一个较大的液泵把液体从预备箱泵入飞机药箱，这项工作一般要求在1 min或更短的

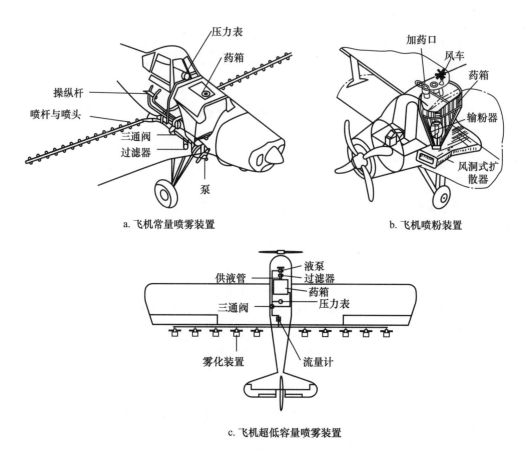

a.飞机常量喷雾装置

b.飞机喷粉装置

c.飞机超低容量喷雾装置

图 15.1　飞机施药设备的安装示意图

时间内完成。在管路中需要安装一个流量表来记录输入飞机药箱的药量。把农药加入混合箱的装置应该是一个封闭系统，以减少对操作人员的污染。装过农药的容器必须用水或其他液稀释清洗干净。如果条件允许，给飞机添加农药，或冲洗飞机都在水泥地上进行，这样可以把冲洗用过的水或其他液体集中起来处理。目前已经有了专用的农药残液处理装置，如清洗装过农药的桶子等专用工具。

15.2.2　主要工作部件

1. 药箱

药箱可用不锈钢或玻璃钢制成，药箱上有通气阀，以免因药箱中药液的压力变化而影响流量。为便于飞行员检查药液在药箱中的容量，要安装液位指示器，这个容量表一般和系统压力表一起布置在飞行员的驾驶室。药箱一般被安置在靠近飞机重心的地方，这样当喷雾过程中药量减少时，引起的飞机失衡的可能性就会减小。在药箱的下面有一个排放阀，当飞机遇到紧急情况时，打开此阀，要求药箱中的药液必须在 5 s 中内放完，不论飞机在天空还在地面，这都是必须要保证的。

　　药箱加药口有个网篮式过滤器，通过底部装药口可以较迅速而安全的从地面搅拌装置或机动加药车把药液泵入药箱。有时候农药是从药箱上面的开口处加入的,例如颗粒状的农药,但在一般情况下是把农药与基液提前混合好,然后通过一个带有快速接头的软管泵入药箱,这样可以减少对操作者的污染。接头在拆下后要尽量减少农药在接头处的残留。农药在运输过程和混合时都要密封好,同样是为了减少对操作者的污染。虽然每个喷头自身都有过滤网,为防止堵塞喷头,泵输入管仍需安装精细滤网,网孔尺寸取决于喷头类型。一般网孔 50 目适用于大部分喷雾作业,尤其是喷洒可湿性粉剂。

2. 液泵

离心式喷雾泵被广泛用于飞机喷雾,因为它能够在较低的压力下产生较大的流量。要获得高压,就必须要用其他的液泵,如齿轮泵或转子泵等。飞机上的液泵可以用液力来驱动,也可以由电力驱动,但大多数液泵是由风力来驱动的。电力或液力驱动的液泵有一个优点就是它们能够在地面进行校验。风力驱动的液泵,它所带的螺旋叶片的角度是能够调整的,这样可以在喷雾之前根据风速调整好流量。在液力驱动系统中,液泵连接在飞机的动力输出轴上,液泵把药液从药箱中泵出,使其通过一个压力表,然后再通过一个减压阀,减压阀的压力是可以调整的,操作压力在 10～20 MPa 之间。为使一部分药液回流到药箱进行液力搅拌,要求泵具有足够的流量。一般在靠近泵的进口处装一截止阀,如果需要保养或者更换泵,不需要将装置中药液排空也能把泵拆下来。

3. 过滤器

在飞机喷雾系统中安装过滤器是非常重要的,因为在喷雾过程中,飞行员是无法把堵塞的喷头弄通的。过滤器可以保护液泵,也可以阻止系统中任何地方的沉积物堵塞喷头。不同用途的过滤器的粗细程度区别很大,从药箱到喷头,过滤器的网孔越来越细。每个喷头都有自己的过滤器保护,并且过滤网孔小于喷头的喷孔。液力喷雾系统一般用 50 目的过滤网,而转子喷头用更细的 100 目过滤网。

4. 喷杆

液力式喷雾装置的喷杆由一些管件组成,上面装有喷头座、喷头和控制阀等,安装时组合起来通常安装在飞机的机翼下方,靠近机翼后缘。大多数情况下,喷杆只到机翼末端 75% 的地方,这样可避免翼尖区涡流把雾滴向上带。采用加长的喷杆是为了增加喷幅,专用喷药飞机有时采用符合空气动力学原理特殊设计的喷杆。喷杆可采用圆形输液管,为了减少阻力亦可采用流线型管,对黏度大的药液,输液管直径可大一些。安装压力喷头的喷杆,喷头一般都是可以单独开关的,这样在喷雾过程中可以随时控制流量,并可调整空间雾形。

5. 雾化部件及其调整

飞机喷雾可选的雾化部件主要有液力式喷头和转笼式或转盘式雾化装置。

(1)液力式喷头有圆锥雾喷头、扇形喷头和导流式喷头等。液力式喷头中选用扇形喷头比较好,但空心锥形雾喷头也可以使用,如雨滴式喷头。扇形雾喷头要选择 65°～90°喷雾角。运五型飞机以往采用 5 种方孔型喷头,现已逐步被扇形雾喷头所替代。大多数飞机喷药都用液力式喷头,在喷杆上安装 40～100 个喷头不等。喷头安装数量根据单位面积喷药液量而定,运五飞机一般喷液量为 40 L/hm² 以上安装喷头 80 个,300 L/hm² 安装喷头 60 个,20 L/hm² 安装喷头 40 个。喷头安装时应尽量使用同一型号,若混用不同型号喷头时,亦不应超过两种型号。

空中农夫采用两种扇形雾喷头,型号为 8008、8015。8008 型是小雾滴喷头,8015 型是大雾滴喷头,安装喷头数量29～31个。其喷液量与喷头参数如表15.2所示。

表15.2　空中农夫飞机喷头喷液量与喷头参数

喷液量/(L/hm²)	5	10	15	20	25	30
8008型喷头数(小雾滴)	14	27	41	54	×	×
8015型喷头数(大雾滴)	×	×	22	29	36	43

注:此表飞行速度为168 km/h,喷幅25 m,泵压2.1 bar;×表示不能采用此喷头数目。

　　安装在喷杆上的喷头一般是可调的,通过喷头底座或转动整个喷杆进行调整。特别是当飞机飞行的方向(与风力的关系)影响雾滴大小的时候,调整喷头的位置非常重要,如果安装的喷头指向机尾,则喷出的雾体的速度与飞机滑流的进度相近。在这种情况下所产生的雾滴要比喷头指向机头所产生的雾滴大。因此,控制雾滴大小,一般采用两种办法。一是选用喷头型号;二是改变喷头在喷杆上的角度。一般地,随着喷头向后偏转,喷头朝向与飞行方向的夹角增大,产生的雾滴将明显增大。如图15.2所示,对同一型号喷头,偏角为180°时(喷头指向机尾)产生大雾滴,135°角产生中雾滴,90°角产生小雾滴,45°角产生细雾滴。

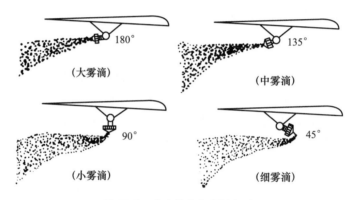

图15.2　喷头偏角与雾滴细度

　　由美国生产的CP型喷头为导流式扇形喷头图15.3,是目前许多飞机(如N-5A)安装的喷洒设备,特点是单个喷头有3种导流角度可变换和3种流量可调节。导流角度30°、45°、90° 3种,流量量孔高、中、低三挡,工作压力1.5～4.0 bar,适应飞行速度100～160 km/h。喷液量准确,雾化性能好,雾滴谱窄,有防后滴作用。根据作业项目不同,选择不同型号及不同数量的喷头。

　　(2)超低容量雾化装置是目前国内外飞机上最通用的雾化器,主要有转笼式和转盘式两种,超轻型飞机使用转盘式雾化器。转笼式雾化器通常采用的是AU3000和AU500型两种。AU3000型已在运五型飞机上使用,空中农夫安装的是更新型的AU5000型。雾化器为一个圆柱形,见图15.4,外罩是抗腐蚀的合金丝纱笼,纱笼的网目为20目。进口的AU3000型和国产的QMD-1型风动转笼式雾化器,装有5个风动桨叶,AU5000型转笼式雾化器装有3个风动桨叶,靠飞机飞行时的风力,吹动桨叶使其高速旋转,药液被离心力甩到纱网上分散成微小的雾滴。转笼的转速依靠桨叶安装角度来调节,桨叶的角度大则转速小,形成的雾滴就粗;桨叶的角度小则转速大,形成的雾滴就细;AU3000型和QMD-1型的转速调幅为3 000～8 000 r/min,AU5000型的转速范围为2 000～10 000 r/min。因此,调整桨叶角度就能控制雾

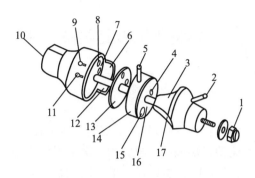

图 15.3　CP 可调导流式喷头

1. 锁紧螺母　2,5. 调节柱　3.90°导流面　4. 中流量孔　5. 右挡块　7. 喷头输液孔　8. 清洗孔　9. 限位点
10. 底部　11. 喷头顶部位点　12. 左挡块　13. 密封板　14. 调节板　15. 大流量孔　16. 小流量孔　17.30°导流面

滴大小,超低容量喷雾常用 10°和 15°角,低容量喷雾一般是以 45°角为宜,但在早晚气温低,湿度大时,采用 35°或 40°角可增加雾滴数量。可以从厂家的产品目录上查到叶片的大小、角度及对应的流量等,以获得合适的雾滴粒径。这些资料一般都是基于喷水试验,对于不同的液体要进行校验。

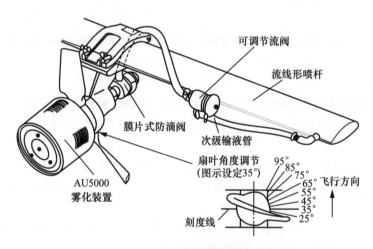

图 15.4　AU5000 型雾化器的安装

转笼式雾化器的优点是雾滴大小比较容易控制,每架飞机只安装几个雾化器,调整也省时间。雾化器喷头可喷洒苗后除草剂,在整地条件好、土壤水分适宜的地块,也可用来喷洒苗前土壤处理除草剂。

雾化器安装数量是由翼展、预定喷幅和所采用的喷头而定。一般 AU3000 型安装 4 个时,其雾滴密度、回收率和分布都较好。AU5000 型一般安装 4～10 个,"M-18"和"Y-5B"型飞机安装 10 个。喷液量可以通过调整可调节流器控制,可调节流器是一个带有系列量孔的孔板,1～7 号用于超低容量喷雾,8～14 号用于常规低容量喷雾。标准孔板具有 1～13 号全部奇数和 2～14 号全部偶数的节流尺寸并有可换的孔板。AU5000 型的可变节流器孔板仅用 1～13 号的全部奇数,号数越大流量越大,13 号为大流量,0 是关闭位置,不同喷液量应对准不同的孔眼,当喷液量确定之后,就要准确调整到所需要的孔眼。

15.3 影响飞机施药质量的因素

15.3.1 航空喷雾中飞机翼尖的涡流

飞机翼尖涡流是飞机喷洒作业过程中,机翼下表面的压力比上表面的压力大,空气中从下表面绕过翼尖部分向上表面流动而形成的。机翼两股翼尖涡流中心之间的距离大约是翼展的80%～85%,涡流直径大小占机翼半翼的10%。平飞时两股涡流不是水平的,而是缓缓地向下倾斜,在两股翼尖涡流中心的范围以内,气流向下流动,在两股翼尖涡流中心的范围以外,气流向上流动。因此,飞机翼尖和螺旋桨引起的涡流使雾滴变成不规则分布,尤其涡流使小雾滴不能达到喷洒目标。为避免翼尖涡流影响,一般用低容量和超低容量喷雾时喷杆长度是翼展的70%～80%,喷头安装至少离飞机翼尖1～1.5 m。目前运五型飞机为加宽喷幅,多装喷头紧靠翼尖,作业时翼尖涡流大,应认真调整。

15.3.2 气象因素的影响

飞机施药时的气象状况影响到雾滴或粉粒的扩散、漂移和沉积,影响的主要因素是风向和风速、上升气流、气温和相对湿度等。

1. 风速风向

风速影响雾滴飘移距离,风向决定雾滴飘移方向,雾滴的飘移距离与风速成正比。

(1)无风条件下,小雾滴降落非常缓慢,并飘移很远甚至几公里以外,可能造成严重的飘移危害。

(2)易变化的轻风也是不可靠的,有时可能会突然静止下来,有时会变成阵风,从而造成喷洒间距很大的漏喷条带。因此,在这种风中作业要十分谨慎,否则会使喷洒不均匀,出现飘移药害和漏喷条带。

(3)在稳定风条件下,空中喷洒(撒)作业时理想的,实际这种风很少见。只要偏风或偏侧风,而不是逆风或顺风飞行,就不会造成飘移危害。

(4)在阵风情况下喷洒小雾滴影响并不大,这是因为真正的喷幅只是相重叠的多少,它会自动地进行补偿。飞机的喷幅是固定的,而得到的实际喷幅要比飞行喷幅宽,这就克服了两喷幅相接的差异和不均匀。在阵风中喷幅的不均匀大部分会被下一个喷幅所补充。

(5)在强风中喷洒(撒)作业很少出现喷幅相接不均匀现象。因为这种风向不易变化,最适宜的风速为3 m/s。

2. 温湿度与降雨

温湿度和降雨对航空喷洒除草剂影响很大,特别是对于低容量喷雾相对湿度和温度是主要影响因素。由于蒸发飘移,使许多雾滴特别是小雾滴飘散到空中,不能全部到达防治目标,尤其是以水为载体的药液更容易蒸发飘移。在空气相对湿度60%以下,使用低容量喷雾会使回收率更少,在此条件下必须采用大雾滴喷洒或停止施药。降雨可将药液从杂草叶面冲刷掉。因此作业前要熟读各种苗后除草剂说明书,了解各种除草剂施后与降雨间隔时间,并要了解天气预报,以便确定是否作业。

为了减少除草剂蒸发和飘移损失,空气湿度低于 60%、大气温度超过 35 ℃、上午 9 时至下午 3 时上升气流大,应停止喷洒作业。

15.3.3　作业参数的影响

为保证作业质量,飞行时须按照必要的技术参数,遵守规程操作。

1. 作业时间

飞机作业需要空中能见度在 2 km 以上,因而一般是在日出前半小时和日落前半小时内才能进行,如条件具备,也可夜间作业。

正确的喷雾时间是最为重要的因素,这不仅与病虫害的生长期有关,气象因素也很重要,特别是在不同的地形条件下,除了由于气流与作物摩擦产生的涡流外,温度和风速等的影响外,飞机本身产生的涡流也会影响雾滴在作物上的分布。温度也很重要,因为飞机喷洒的雾滴在空中飞行的时间要长于地面喷雾,在干热的条件下,雾滴的体积将会因蒸发而很快地变小。大多数的飞机在喷药时要避免一天中最热的时间,因为那时热空气会把小雾滴带走。所以在田间作业时应随时检测温度和湿度的变化,如果太干和太热,就应及时停止作业。选择环境条件的标准当然也取决于所喷洒药液的成分和雾滴的大小。对于水溶液,如果喷量为 20～50 L/hm²,用 200 μm 的雾滴,当温度超过 36 ℃或湿球低温超过 8 ℃时,就应当停止喷药。因为油基溶液的抗挥发性能好一些,可以在较干的气候下喷雾,但对于小雾滴,气温的掌握仍然非常重要,当外界环境影响雾滴附着时就应当停止喷雾。一些计算机模型已经被开发了出来,可帮助用户决策什么时候喷雾最为理想。

2. 飞机的高度

如果飞机飞得太高,就可能发生雾滴飘移,并有可能在雾滴到达目标之前就被完全蒸发掉。一般建议低量喷洒水基药液时的飞机高度在作物上面 2～3 m,而超低量喷雾时应为 3～4 m,但是在一些有障碍物的地方,为了安全,飞机要飞的高一些。有些飞行员为了使雾滴有较好的穿透性而飞得很低,这除了危险外,也不能形成合理的雾形,使雾滴的分布不理想。飞机喷洒农药时,雾滴落到地面所形成的幅宽总是不规则的,这与当时的风力、风向和一些其他因素有关。雾滴的分布密度也是中间高,两边低,选择飞机航道时要考虑到两个航行所形成的幅宽要有足够的重叠部分,这样可以减小雾滴分布不均匀。例如,运五和运十一型飞机,喷粉或喷雾:大田物为 5～7 m(指距作物顶端的高度),复杂地形或林区为 10～15 m;撒颗粒剂为 25 m。飞行过高,会使药剂漂移、蒸发和散失;飞行过低会因雾滴或粉粒分散不开而产生"带状"沉积。

3. 喷幅宽度与航道

喷幅宽度因飞机型号而异。欧美等国家的机型小,喷幅较窄。我国运五和运十一型飞机较大,喷幅较宽,一般喷粉的喷幅宽度为 60～80 m,喷雾为 50～60 m,撒颗粒剂为 25 m。

如果喷头太靠近机翼末端,喷出去的雾滴会被涡流卷走。喷头也不能离机身太近,喷头间隔不能太大,不然飞机在低空飞行时喷杆下面的雾体在作物上就会形成带状。大多数情况下,喷头的间隔是相等的,但是由于螺旋桨的涡流作用,雾体会偏向飞机的一侧,造成雾滴分布不均匀。在喷雾时飞机的飞行路线要尽可能与风向保持正确的角度,并且飞机在作物上面要有一定的高度,以使雾体在进入作物之前能够较好地分散。

两个航道之间的距离要在地面做出标记,在确定航道间隔时要考虑不同飞机的特点、所用的喷头、飞行高度、气象条件和作物种类等因素。最小的航距一般是让飞机穿过侧风,然后根据两次航行之间喷洒的衔接状况确定。校验幅宽时可在目标上摆放水性或油性试纸,是油性还是水性,取决于喷洒液体的性质。在试验之前先检查药液的成分。这样可以确定所喷洒的液体能否在试纸上留下痕迹。在正确的航道上直线飞行是保证喷雾质量的基本因素,精确的航道引导系统是应用合适的剂量、均匀的分布、避免出现药害和漏喷的关键因素,同时这也是保证地勤人员安全和飞行员安全的重要因素。

4. 雾滴大小和覆盖密度

雾滴大小的选择取决于所要喷雾的目标。实践证明,一般喷洒苗前除草剂每平方厘米雾滴不少于 20 个,喷洒苗后除草剂每平方厘米雾滴不少于 40 个,才能收到好的除草效果。更高的雾滴密度很少提高防治效果。对不同的喷液量都需要 20~40 滴/cm²。因此喷液量越多雾滴越大,喷液量越少雾滴越小。喷洒容量和雾滴直径大小见表 15.3。如果所喷的是水基药液,雾滴中的水分会蒸发使雾滴变小,雾滴会在空气中飘移较之地面喷雾更长的时间才能到达目标,一些很小的雾滴很可能会完全蒸发而变成纯农药粒子,这些粒子将会在上升空气的作用下飘移到离目标很远的地方。喷洒除草剂,一般选用的雾滴都大于 200 μm,但这也并不能完全避免飘移,因为在产生大雾滴的同时也会产生一些小雾滴。

表 15.3 喷洒容量和雾滴大小

喷洒容量/(L/hm²)	雾滴直径(VMD)/μm	
	苗前除草剂	苗后除草剂
50	650	550
40	600	450
30	550	400
20	450	350

5. 流量

喷量的大小,部分地取决于所选雾滴的大小,也与所需到达目标的雾滴数量有关。用超低量喷洒加过抗挥发剂的药液时,用很小的雾滴,3 L/hm² 或更少的喷量就够了。由于法规限制,大多数水基溶液的喷量限制在 20~30 L/hm² 之间。减少喷量可以使一次装载的药液喷洒更大的面积,这样不但可以减少装药时间,而且可以降低作业成本。

在大多数情况下,在作物上面(如棉花)20 雾滴/cm² 被认为是足够了,但这并不适用于所有的情况。例如,在作物生长后期喷洒除草剂,特别是喷洒杀菌剂就需要更多的雾滴。在大多数情况下,需要较多的雾滴来提高覆盖率,但所需的喷量也较高。

正确校验喷头的流量是非常重要的。喷头的流量与航道间隔、总喷量、飞机的飞行速度等因素有关。流量一般要根据飞机飞行速度、喷幅和喷液量加以调整,其计算公式如下:

$$喷头总流量/(L/min) = \frac{飞行速度/(km/h) \times 喷幅/m \times 喷液量/(L/hm²)}{600}$$

单个喷头的流量取决于使用喷头或雾化器的总数。通过每分钟的流量计算,即可进行喷头型号和雾化器可变节流器的节流孔号的选择,并进行调整与校核。简单的校核方法是,准备好 1 只秒表、1 个量杯、数只水桶或其他容器。飞机药箱加好水,定好压力和油门,启动飞机喷洒,每人拿 1 只水桶(或其他容器)同时接水 1 min,用量杯逐个测量单喷头流量。喷头单口流量测完后,还要检查各喷头流量均匀度。要求单个喷头流量误差不超过 ±10%,否则,应更换喷头,再次进行测定,直至误差不超过 ±10% 为止。

15.4　航空施药的导航

飞机施药早期采用地面信号旗、荧光色板等人工导航。地势平坦的农牧区,视野开阔,以移动信号旗为主。当面积大、田块大小一致时,可利用规整的道路、渠道和防护林带等作为导航信号。

目前,全球卫星定位系统(GPS)已经开始用于导航喷洒农药,这个导航系统有 1 个专用的计算机可以通过卫星提供的数据精确给出飞行员的位置,并记录下每 1 个航道的方位。如果应用地面辅助系统的话,定位精度还能进一步提高,特别是对起伏不平的地面,效果更加明显。虽然这种系统的初始投资较高,但它能够大幅度地减少地勤人员,并可改善航道定位精度和提高安全性。

15.5　致　　谢

感谢国家"863"项目"低空低量航空施药技术研究"(编号:2008AA10090206)的资助! 同时,特向对本项目做出贡献的所有参加人员表示由衷的感谢!

参 考 文 献

戴奋奋,等. 植保机械与施药技术规范化. 北京:中国农业科技出版社,2002.

傅泽田,等. 农药喷施技术的优化. 北京:中国农业科技出版社,2002.

屠豫钦. 简明农药使用技术手册. 北京:金盾出版社,2004.

屠豫钦. 农药使用技术标准化. 北京:中国标准出版社,2001.

屠豫钦. 农药使用技术原理. 上海:上海科学技术出版社,1986.

徐映明. 农药使用技术. 北京:化学工业出版社,1999.

袁会珠,等. 农药使用技术指南. 北京:化学工业出版社,2004.

G. A. Matthews,E. W. Thornhill. Pesticide application equipment for use in agriculture. Vol. 1,Manually carried equipment. Rome:FAO,1994.

Graham A. Matthews. Application of Pesticides to Crops. London:Imperial College Press,1999.

Graham A. Matthews. Pesticides Application Method.

Heinz Ganzelmeier,*et al*. Measuring direct Drift when applying liquid Plant Protection

Products outdoors. Guidelines for Plant Protection Equipment Tests,Germany,1992.

Herbst. A. A method to determine spray drift potential from nozzles and its link to buffer zone restrictions[J]. ASAE paper no. 01-1047. 2001.

Karim Houmy. Knapsack Sprayers-A practical user's guide. IAV Hassan,1999.

第16章

除草剂阿特拉津与2,4-D丁酯挥发性及其收集方法

陈　吉　何雄奎　曾爱军

16.1 引　言

16.1.1　研究背景

16.1.1.1　农药与农业生产

农作物以及农产品贮存、运输、销售过程中的病虫害防治,对于保障人类充足安全的食品供应,是有着极其重要意义的。在防治过程中,使用喷雾方法喷洒化学或生物农药,是减少病、虫、草害造成损失最常用的方法。据估计,在每年世界农业生产过程中,用于喷洒化学农药的费用超过250亿美元。在施用这些农药的同时,有超过22.5亿 kg 具有生物活性和潜在威胁的化学物质被排入生态系统中。这些排入生态系统的化学物质被认为是在全球范围内对生态安全和人类健康最大的威胁之一。

我国近年来的粮食增产主要建立在使用化肥和农药的基础之上。在20世纪末至21世纪初,我国每年生产的农药品种就有200多个,加工制剂500多种,原药的生产量约40万 t(折纯),排名世界第2位。每年全国农业生产中,农药使用量达80万～100万 t,居于世界首位,防治面积1.5亿 hm² 左右,约占农田总面积的85%,每年可挽回粮食损失200亿～300亿 kg。在粮食增产上,农药的使用可谓功不可没。

但值得注意的是,我国许多粮食高产区同时也是农药的高施用区。据抽样调查显示,农药使用量,仅在1985年到1991年,就由 4.65 kg/hm² 上升到了 15.75 kg/hm²,增加了3倍,平均每年递增41.8%。目前我国农田的农药使用量大大超过了世界平均水平,但是农药的有效利用率只有10%～20%,远远落后于发达国家,甚至世界平均水平,由此造成的农药污染相当

严重。据 2000 年 23 个省市的不完全统计,农业环境污染事件达 891 次,污染农田 4 万 hm²,损失达到 2.2 亿元。除此之外,农药的大量施用与滥用,使农产品中农药残留量超标,影响了我国农产品的国际信誉与对外贸易。我国出口的农副产品中由于农药残留量超标,屡屡发生被拒收、扣留、退货、索赔,撤销合同等事件。如何控制和减少农药的不当施用而给环境带来的破坏,保障人民生活的食品安全,已成为农业可持续发展中亟待解决的重要问题之一。

16.1.1.2 农药的环境行为

农药在施用中和施用后都可能出现从施药地点向非目标区域迁移的现象。在施药过程中,向非目标区域的迁移基本上是直接的空中漂移和挥发。农药在目标位置沉降后,众多的生物、物理和化学过程决定了其归宿。农药进入到环境中后,一方面在生物、化学及光的作用下不断降解,同时也会随水体、大气的流动在环境中进行再分配过程。农药在环境中降解与移动,决定了农药在水体、大气、土壤中的残留和污染状况,这也是评价农药对各种环境生物影响的重要参数。

挥发是农药在农田环境中迁移转化的一个重要途径。农药的挥发作用是指在自然条件下农药从植物表面、水面与土壤表面逸入大气中的现象。农药挥发作用的大小除了与农药蒸气压有关外,还与施药时的土壤和气候条件有关。农药挥发作用的大小,也会影响农药在土壤中的持留性以及在环境中再分配的情况。挥发性大的农药一般持留时间较短,而在环境中的影响范围较大。

土壤和水体中的农药可以通过挥发而进入大气,气温、地温和大气湿度等气象要素会影响农药的挥发速度和挥发量;另外风蚀作用也可以使土壤中的农药直接进入大气。据报道,美国俄亥俄州某地由于某次大风暴把常年用药的平原地区的土壤表层吹起,使该地区大气尘埃中含有大量的 DDT、DDE、氯丹(七氯氧化物、皮蝇磷及 2,4,5-涕)等。农药因风蚀作用引起大气中含量的增加是较为常见的。

大气中的农药以农药气体和微小颗粒两种形式存在,微粒可挥发成气体,气体又可被尘埃吸附或凝结成微粒,二者可以相互转化并在一定的温度、湿度、气流等条件下,维持相对平衡。农药微粒可以像尘埃一样成为凝结水汽的凝结核,被凝结在水滴里的农药随降水进入土壤和水体,而农药气体可吸附在尘埃上,也可以溶解在雨水中,随降水而下降,最终进入土壤和水体。

农药从施药后的农田环境或在生产、贮存过程中进入空气环境,在很大程度上与农药的蒸气压有关。农药蒸气压是指纯农药的固体或液体,在一定温度下平衡状态时农药蒸气的分压。根据吉布斯相规则(自由度=组分数-相数+2),对于单一化学物质平衡分配在两相,仅剩一个自由度。因此,如果一个系统的温度被确定,组分在气相的蒸气压是一定的。农药的蒸气压能够描述它从溶液或者固相中挥发的程度,当农药很纯时,蒸气压对农药的挥发起着十分重要的作用。然而在环境系统中的挥发还取决于其他的物理化学性质,如农药的溶解度、土壤组分对农药的吸附强度等。

一定温度下,在真空中,纯固体、液体农药与自身的蒸气压达到平衡时的蒸气压就是农药的蒸气压。但是农药在水溶液中的蒸气压除了水的蒸气压以外,还有空气中原有成分(设空气不与农药气体发生作用)存在的压力,则外压即是大气的压力,此时农药纯固体、液体的蒸气压与纯水的蒸气压也有相应的变化。

设在一定温度 T 和一定外压 p_e 时,液体与其蒸气平衡。设蒸气压力为 p_g(如果没有其他物质存在,则 $p_e = p_g$),因为是平衡状态,所以 $G_l = G_g$。若在液体上面增加惰性气体,使外压由

p_e改变为p_e+dp_e。则液体的蒸气压相应的由p_g变为p_g+dp_g。在重建平衡后,液体及其蒸气压的G仍应相等。

	液体	气体
T,p_e	$G_1=G_g$	T,p_g
T,p_e+dp_e	$G_l+dG_1=G_g+dG_g$	T,p_g+dp_g

因为$G_1=G_g$,所以 $dG_1=dG_g$。

已知在等温条件下

$$dG=Vdp_g \tag{16.1}$$

得
$$V_1=V_s dp_g$$

或
$$\frac{dp_g}{dp_s}=\frac{V_1}{V_2} \tag{16.2}$$

式中,p_e为外界压力,p_g为农药的蒸气压力,G_1、G_g分别为农药液体与蒸汽的自由能,V_s、V_1分别为农药饱和蒸汽与农药液体的体积,T为环境的热力学温度。

由于$V_s\gg V_1$,所以外压与蒸气压的关系很小,通常可以忽略不计。若气相看作理想气体,有$V_s=nRT/p_g$。代入式(16.2)后得:

$$d\ln p_s=\frac{m(l)}{RT}dp_e \tag{16.3}$$

V_m可看作与压力无关,式(16.3)积分得:

$$\ln\frac{p_g}{P_s^*}=\frac{V_m(l)}{RT}d(p_e-P_s^*) \tag{16.4}$$

式中,P_s^*是没有与农药蒸气直接反应的气体存在时液体农药的饱和蒸气压;P_s^*是存在惰性气体时的饱和蒸气压。若外压增加,$(p_e-P_s^*)>0$,则有$P_g>P_s^*$,液体农药的蒸气压随外压的增大而加大。

16.1.1.3 典型农药的理化性质、环境行为及其潜在威胁

1. 阿特拉津

阿特拉津又名莠去津,化学名称为 2-氯-4-乙氨基-6-异丙氨基-1,3,5-三嗪,英文名 Atrazine,2-chloro-4-ethylami-no-6-isopropylamino-1,3,5-triazine,分子式 $C_8H_{14}ClN_5$,CAS 编号 1912-24-9,阿特拉津的结构式见图 16.1:

阿特拉津纯品为无味白色晶体或粉末,分子量 215.69,相对密度(22℃)1.23 g/cm³,熔点 173~175℃,蒸气压(22℃) 4.0×10⁻⁵ Pa。25℃时,阿特拉津在水中的溶解度为 33 mg/L,在有机溶剂中溶解度与溶剂极性有关,正戊烷中为 360 mg/L,二乙醚中为 2 000 mg/L,乙酸乙酯中为28 000 mg/L,甲醇中为 18 000 mg/L,氯仿中为 52 000 mg/L。阿特拉津的 pK$_a$ 值为 1.68,吸附系数 Log$_{Koc}$=1.96~3.38,正辛醇-水分配系数 Log$_{Kow}$

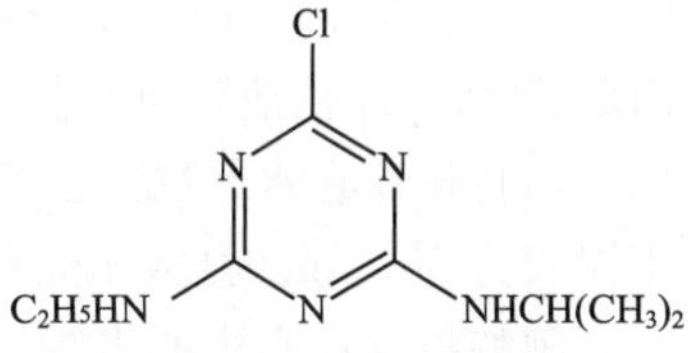

图 16.1　阿特拉津的结构式

＝2.60～2.71。阿特拉津在水中的半衰期为42 d,在自然环境中180 d才能部分分解。在中性、弱酸和弱碱性介质中稳定,在高温下能被强酸和强碱水解。

阿特拉津属三嗪类除草剂,是一种选择性内吸传导型苗前、苗后除草剂,可防除一年生禾本科杂草和阔叶杂草,对某些多年生杂草也有一定的抑制作用。适用于玉米、高粱、甘蔗以及果园和林地等的除草,也可当作非选择性的除草剂在非农田土地和休耕地上使用。

阿特拉津由 Geigy 化学公司于1952年研制开发成功,1958年申请瑞士专利,1959年投入商业生产。由于阿特拉津具有优良的除草功效而且价格便宜,因此在世界各国得到了广泛应用和推广,成为世界上使用最为广泛也是最重要的除草剂之一。2002年,阿特拉津位居世界第10大除草剂,销售额达2.8亿美元。目前,阿特拉津在国内外杂草防除上仍占有重要地位,世界上有80多个国家在使用这种除草剂。我国从20世纪80年代初开始使用阿特拉津,近年来使用面积不断扩大,1996年我国全年阿特拉津的使用量为1 800 t(有效成分),2000年为2 835.2 t,每年用量以20%的平均速度递增,尤其是在华北和东北地区使用更加广泛。

在自然环境中,阿特拉津在很大程度上离子化。进入离子状态的物质的量取决于介质的pH 值($pK_a＝\log[RH+]/[R]+pH$,其中[R]和[RH+]分别为物质在分子状态和离子状态的浓度)。阿特拉津在土壤中的吸附机制有3种:①物理吸附:在阿特拉津的中性分子与土壤胶体粒子表面的活性中心之间生成氢键,这一过程是在 pH 为中性的系统中,发生在酸性或碱性表现微弱的土壤胶体的表面上;②阳离子形式的阿特拉津吸附:这种吸附是由于土壤有机聚电解质、黏土矿物等胶体表面上能交换的相应阳离子进行离子交换的结果,这种离子交换吸附随 pH 值的降低而加强,但在酸性过强时,水合氢离子开始争夺吸附中心而将阿特拉津排挤到土壤溶液中去;③阿特拉津分子与氢离子在土壤胶体胶束表面上生成络合物。这一过程在土壤具有高交换酸度时发生。

阿特拉津的吸附失活现象已为许多菜园和大田研究工作所证实。当 pH 值接近 pK_a 时,失活的程度最大。但在自然条件下,很少能观察到类似现象。已经确定在阿特拉津与腐殖酸结合的过程中,脂肪族烃链中的羧基和游离羟基以及苯酚残基中的羟基起着基本的作用。在施用无机肥料或降低土壤湿度后,阿特拉津能被土壤更强地结合。因为随着土壤溶液离子强度的升高,阿特拉津的溶解度降低而被土壤胶体的吸附则增加。

对阿特拉津在土壤中微观移动起主要作用的是对流,其扩散速度为:$D＝15.2\times10^{-8}$ cm^2/s(25℃)。在不同类型的土壤中,扩散系数与比表面成正比,并随土壤的温度、pH 值及湿度升高而增大。

蒸气压高于 1×10^{-6} mmHg(1.33×10^{-3} Pa)的化合物在 20℃以下,在中性 pH 系统中的挥发相当剧烈,而蒸气压低于 0.3×10^{-6} mmHg(4×10^{-4} Pa)的化合物在 20℃时相对不挥发。在土壤表面上,农药的挥发由于吸附而急剧降低。随着土壤湿度的增大,挥发度一般也增加。阿特拉津的蒸气压(2.89×10^{-7} mmHg,25℃)和 Henry Laws 常数(2.48×10^{-9} atm·m^3/mol)均较小,因此,阿特拉津从地表和水中的挥发是较小的。

阿特拉津在水、甲醇、乙醇和正丁醇中的光解发生在波长小于300 nm的紫外线照射时,当波长为260 nm时(太阳光在地球表面的紫外线界限接近于290 nm波段)转化的速度最快。

阿特拉津在水中的光解导致三氮苯环2位上氯原子的断裂,生成相应的2-羟基均三氮苯。在甲醇中,氯原子为甲氧基所取代,以85%～95%的收率生成阿特拉津。在乙醇和丁醇中生成2-乙氧基和2-丁氧基衍生物。阿特拉津的光化学分解是受光敏作用支配的自由基过程。

在高温条件下,碱和无机酸可将阿特拉津水解为无除草活性的羟基衍生物。在水中阿特拉津的降解受均三氮苯环的影响,该环能使阿特拉津抵抗微生物的进攻。由于这个原因环境中的生物降解不及化学降解强烈。化学降解通过 2 位碳的水解、4 位碳的 N-脱烷基化和开环而发生。

阿特拉津在降雨或灌溉时,在土壤的地表或地下水中进行迁移。基于这些性质,阿特拉津不会强烈地吸附在沉积物上,只是适当地分配在土壤层中。因此,阿特拉津易于在土壤或沉积物中向下迁移而进入地下水,从而造成地下水污染。阿特拉津一旦进入水体,由于相对小的水解及水中光解速率,会在静止的水体中长时间存在。

阿特拉津在世界范围内推广和应用已有 50 多年的历史,因此在环境中有着广泛的分布。由于蒸气压和亨利常数较低,水溶性适中而吸附系数较小,阿特拉津在土壤或沉积物中的残留主要通过地表径流、淋溶、湿沉降等途径进入地表水或向下沉积进入地下水,从而对水生生态环境和人类饮用水源构成威胁。另外,少部分阿特拉津还可以通过挥发和浮尘进入大气并通过沉降返回地面,因此它对生态环境的影响具有全球性。

饮用水是阿特拉津暴露于人体的主要途径。近些年不断有报道在许多国家的地下水、河流、湖泊和港湾中检测出阿特拉津的残留,部分地区水体中阿特拉津的残留量已超过欧盟委员会规定的含量标准。除了污染水体以外,阿特拉津由于挥发、风蚀作用而进入大气导致的污染扩大也不容被忽视。1995 年,Bester 等报道德国 Bight 地区的大气中阿特拉津的浓度为 20 $\mu g/m^3$。Buster 等报道在温暖的季节,瑞典的降雨中含有阿特拉津,并认为是由于阿特拉津的挥发和风蚀作用,导致了阿特拉津在大气和降雨中出现,从而使高山湖泊中也有阿特拉津被检出。

国内外的研究表明阿特拉津对水生动植物、两栖类生物、哺乳动物、人类细胞都有不同程度的损害作用。不同浓度水平下的阿特拉津对藻类生长有不同程度的影响,Tang 等的实验发现,以 1 mg/L 的剂量施用阿特拉津 14 d 后,8 种淡水藻类的生长会被完全抑制。阿特拉津能使桡足类动物的繁殖力降低,抑制其取食、生长、产卵,影响其性别分化,甚至杀死水底节肢动物,破坏水体平衡。阿特拉津还会导致鱼类和蛙类的生理功能紊乱,影响其正常生化反应过程和繁殖,引发细胞和组织发生病变,使其产生异常行为甚至导致死亡。对于哺乳动物,长期接触阿特拉津除了会造成组织和器官发生病理性变化,影响免疫系统和神经系统功能外,还会对内分泌和生殖系统产生严重影响,破坏其正常的繁殖过程。对于人体,阿特拉津会抑制人体RNA 腺嘌呤的合成,导致胸腺嘧啶脱氧核苷酸-甲基-3H 进入 DNA 的结合率及 L-亮氨酸-14C 进入蛋白质结合率的降低。用阿特拉津处理体外培养的人淋巴细胞,当阿特拉津浓度为 0.001 $\mu g/L$ 时,淋巴细胞染色体受到轻微损伤;浓度达到0.005 $\mu g/L$ 时,染色体发生显著损伤。Sanderson 等发现阿特拉津能使人体内 CYP19 酶的活性升高,干扰内分泌平衡,对生物体的内分泌系统产生破坏,引起一系列病症,甚至引发癌症。长期接触阿特拉津会导致动物卵巢癌和乳腺癌的发生。最近的研究报告指出,在 10 种会对内分泌造成干扰的化学药剂中,阿特拉津对女性内分泌系统造成的严重后果仅次于 DDT。

目前,阿特拉津已被列为环境荷尔蒙的可疑物质,受到各国政府的监控。我国国家环保局规定地表水(Ⅰ、Ⅱ类)中阿特拉津的最大允许浓度为 3 $\mu g/L$(GHZB1-1999);欧盟则规定在饮用水中阿特拉津的浓度不超过 0.1 $\mu g/L$;美国环保局(USEPA)规定饮用水中阿特拉津的最大允许浓度为 3 $\mu g/L$;美国联邦法规书中规定阿特拉津在脂肪、肉类及肉类副食品中的最高残留量为 0.02 mg/kg。

2. 2,4-D 丁酯

2,4-D 丁酯,化学名称为 2,4-二氯苯氧乙酸正丁酯,英文名 Butyl 2,4-dichlorophenoxy acetate;2,4-D butyl ester,分子式 $C_{12}H_{14}Cl_2O_3$,CAS 编号 94-80-4,2,4-D 丁酯的结构式见图 16.2。

2,4-D 丁酯纯品为无味油状液体,分子量 277.1,相对密度(20℃)1.22～1.26 g/cm³,熔点 9℃,闪点 48℃ 以上,蒸气压(25℃)0.13 Pa,挥发性强。2,4-D 丁酯难溶于水,易溶于有机溶剂。2,4-D 丁酯对酸、热稳定,遇碱分解为 2,4-D 钠盐及丁醇。

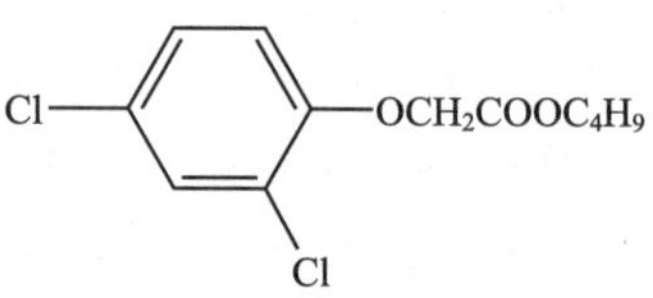

图 16.2 **2,4-D 丁酯的结构式**

2,4-D 丁酯为苯氧羧酸类除草剂,也可用作植物生长调节,属于 2,4-D 类除草剂家族中的一员,为 2,4-D 的丁酯加工剂型。1941 年美国人 R·波科尼发表了 2,4-D 的合成方法,1942 年 P. W. Zimerman 和 A. E. Hitchcock 首次报道 2,4-D 用作植物生长调节剂。1944 年美国农业部报道了 2,4-D 的杀草效果。后因其用量少、成本低而一直是世界主要除草剂品种之一。

2,4-D 类除草剂在 30 ppm 以下低浓度时可作为植物生长调节剂,用于防止番茄、棉、菠萝等落花落果及形成无子果实等。在 500 ppm 以上高浓度时用于茎叶处理,可在麦、稻、玉米、甘蔗等作物田中防除藜、苋等阔叶杂草及萌芽期禾本科杂草。2,4-D 类内吸性强,可从根、茎、叶进入植物体内,降解缓慢,故可积累一定浓度,从而干扰植物体内激素平衡,破坏核酸与蛋白质代谢,促进或抑制某些器官生长,使杂草茎叶扭曲、茎基变粗、肿裂等。禾本科作物在其 4～5 叶期具有较强耐性,是喷药的适期。有时也用于玉米播后苗前的土壤处理,以防除多种单子叶、双子叶杂草。2,4-D 类除草剂与阿特拉津、扑草净等除草剂混用,或与硫酸铵等酸性肥料混用,可以增加除草效果。2,4-D 类除草剂在温度 20～28℃ 时,药效随温度上升而提高,低于 20℃ 则药效降低。2,4-D 丁酯在气温高时挥发量大,易扩散飘移,危害邻近双子叶作物和树木,须谨慎使用。2,4-D 丁酯吸附性强,用过的喷雾器必须充分洗净,以免棉花、蔬菜等敏感作物受其残留微量药剂危害。

16.1.2 国内外研究现状

目前,关于农药挥发动力学的研究报道极少。在国内,张爱云等在室内模拟条件下研究了甲基异柳磷、嘧啶氧磷、克草胺和单甲脒在蔬菜、水体和土壤表面的挥发作用,研究结果表明四种农药在不同介质表面上的挥发速率依次为甲基异柳磷＞嘧啶氧磷＞克草胺＞单甲脒;李政一、吴照阳等研究了挥发时间、温度和气流量对农药甲胺磷和甲基对硫磷在水-气界面挥发行为的影响,并建立了两者在水-气界面挥发的动力学模型,比较实验值与动力学模型计算值,二者基本吻合;单正军等研究了吡虫啉的挥发特性,并计算了其在土壤和水体中挥发速率值;鞠荣,徐汉虹等研究了高尔夫球场喷洒农药向大气中的挥发情况,发现实验的各种农药的挥发受农药性质、施药方式和环境条件的影响,试验条件下,2,4-D 丁酯、百菌清和氯氰菊酯在大气中的挥发损失率分别为 6.31%、1.38%、7.20%,毒死蜱和灭多威的挥发损失率为 0.78% 和 1.66%。相比之下,氯氰菊酯较易挥发,对空气的污染较大,而选择性用药,采用颗粒剂撒施,可有效地减少农药挥发,有利于环境保护。

在国外,Hyun-Gu Yeo 等研究了多氯联苯和有机氯农药在韩国城市郊区空气中的含量及温度对它们在空气中含量的影响;Aysun Sofuoglu 等研究了温度对芝加哥空气中多环芳香烃和有机氯农药浓度间的影响关系;Terry. F. Bidleman 等研究毒杀芬和其他有机氯农药在 Resolute Bay 水体和空气中的分布存在情况。Murphy 等研究发现在喷施敌百虫、异丙三唑硫磷、粉锈宁后浇水 1.3 cm,14 d 后其挥发损失率(用损失量占施用总量的百分数表示)分别为 9.4%、1.4%、7.3%,而施用敌百虫、2 甲 4 氯丙酸后,不浇水,14 d 后其挥发损失率分别为 11.6%、0.08%;Cooper 等研究发现,二甲戊乐灵在早熟禾草坪上喷施 24 h 后,有 4.8%挥发到空气中,5 d 后其挥发率达 13%,而且其挥发量与草坪表面温度密切相关,推测早熟禾叶片上的残留最易发生挥发。

以上所报道的研究虽然对农药的挥发污染规律有所涉及,但这些研究大部分或是只在实验室模拟状态下进行的农药纯品的理想化挥发实验,或是只研究了农药在环境中的散失分布情况,而未将环境和农药两者加以综合考虑,找出环境因素对于农药挥发散失的影响规律。对于实际施药作业条件下农药挥发情况和挥发规律的研究,虽有少量文献报道,但是采用的手段各不相同,并没用一种系统化、规范、科学的研究方法出现。

16.1.3 研究意义及方法

16.1.3.1 研究意义

挥发是农药在农田环境中迁移转化的一个重要途径,农药的挥发无疑会对环境造成严重污染。挥发性强的农药在喷洒时可随风飘散,落在叶面上可随蒸腾气流进入大气,在土壤表面时也可经日照蒸发到大气中。大风扬起农田尘土也带着残留的农药形成大气颗粒物,飘浮在空中。散发在大气中的农药可随风长距离迁移,由农村到城市,由农业区到非农业区,甚至扩散到无人区,通过呼吸影响人体和生物的健康;或者通过干湿沉降影响地表水体和植物,特别是污染还影响到未使用过农药的地区。为了降低农药对环境的污染和人类的危害,研究农药的挥发规律意义深远。但是关于农药挥发动力学的研究报道较少。因此,研究易挥发性农药在农田喷雾作业环境条件下,不同气象因素变化对其挥发损失情况的影响,总结该种农药在不同气象条件下的挥发损失规律,这对于改进施药技术,选择最佳作业气象条件,减少实际喷雾作业中农药的挥发损失,进而降低农药对环境的污染是有十分重要的现实意义的。

16.1.3.2 研究目标

本课题的主要研究目标如下:

(1)研究农药在模拟农田环境条件下的挥发损失规律,为改进施药技术,选择最佳作业气象条件,减少实际喷雾作业中农药的挥发损失提供理论指导。

(2)探索适用于接近真实农田喷雾作业环境条件下农药挥发损失量的测量方法,为进一步的研究打下技术基础。

16.1.3.3 研究内容

本课题的研究内容主要分为以下几部分:

(1)建立两种典型农药(阿特拉津,2,4-D丁酯)的气相色谱测定方法,包括气相色谱分析条件的探索与优化、工作曲线的建立等内容。

(2)在室内可控环境条件下,探索农药挥发损失量的收集测定方法,比较各种方法的优劣性。

(3)通过室外实验,模拟实际的农田施药环境,进一步评价所采用收集方法的可行性。

(4)通过相应的实验手段,测定两种典型农药的挥发率,比较具有不同蒸气压农药和不同剂型的对农药挥发性的影响。

16.2　农药挥发收集方法试验

在实际田间作业过程中,需要一种可以测定出挥发量的样品收集方法,才能不受限于环境和气象条件的影响测量出农药的挥发量,并采用数学建模的方法,推测出农药在真实生产条件下的挥发情况。本部分实验内容是对农药挥发收集方法的探索,首先建立了阿特拉津和2,4-D丁酯这两种典型农药的气相色谱分析方法和测定浓度的工作曲线,然后通过室内和室外实验两个方面,对所采用的三种采样收集方法进行了研究比较。这里的室外实验,是在室外地块,采用与实际田间作业相同的方法施药后,再进行的挥发样品的采集。

16.2.1　阿特拉津与2,4-D丁酯气相色谱分析方法与浓度-峰面积工作曲线的建立

16.2.1.1　试验目的

本部分目的主要是根据色谱仪、色谱柱的性能特点,选择一种能够较为快速、准确地分析样品中的阿特拉津与2,4-D丁酯浓度的方法,为后续实验提供较为准确的结果测量手段。

16.2.1.2　试验仪器及材料

气相色谱仪及工作站(岛津GC-2014C型,配备毛细管柱SPL进样口、双路FID检测器),BPGs-1型毛细管色谱柱(GS-Tek公司,规格为$0.25 \text{ mm} \times 30 \text{ m} \times 0.25 \text{ } \mu\text{m}$,固定液为聚二甲基硅醚),$10 \text{ } \mu\text{L}$微量进样器,100 mL容量瓶,10 mL移液管,阿特拉津原药(纯度95%,由中国农业大学农药加工与制剂实验室提供),甲醇(Fisher Scientific公司,色谱纯),2,4-D丁酯原药(纯度95%,由中国农业大学农药加工与制剂实验室提供)。

16.2.1.3　试验方法

阿特拉津与2,4-D丁酯的色谱分析条件是通过查阅文献,结合色谱仪自身性能参数,再经多次进样测试确定的。

阿特拉津浓度-峰面积工作曲线的建立方法如下:首先配制浓度为1.0 mg/mL的阿特拉津-甲醇标准溶液,然后用10 mL移液管分别取2.0、4.0、6.0、8.0、10.0 mL的标准溶液,分别定容至100 mL,制成$2 \times 10^{-2} \sim 10 \times 10^{-2}$ mg/mL的浓度梯度溶液系列,然后按照选定好的

色谱条件分别在色谱仪中重复多次进样(进样量 1 μL),待同一浓度下 3 次进样的峰面积单次差值小于 5%后,取峰面积的平均值,再将浓度-色谱峰面积进行直线回归拟合,从而求得阿特拉津浓度-色谱峰面积的工作曲线。

2,4-D 丁酯浓度-峰面积工作曲线的建立方法如下:首先配制浓度为 1.0 mg/mL 的 2,4-D 丁酯—甲醇标准溶液,然后用 10 mL 移液管分别取 2.0、4.0、6.0、8.0、10.0 mL 的标准溶液,分别定容至 100 mL,制成 $2\times10^{-2}\sim10\times10^{-2}$ mg/mL 的浓度梯度溶液系列,然后按照选定好的色谱条件分别在色谱仪中重复多次进样(进样量 1 μL),待同一浓度下 3 次进样的峰面积单次差值小于 5%后,取峰面积的平均值,再将浓度-色谱峰面积进行直线回归拟合,从而求得阿特拉津浓度-色谱峰面积的工作曲线。

16.2.1.4 试验结果

经过多次进样测试,确定阿特拉津、2,4-D 丁酯的色谱分析条件如下。

色谱柱:BPGs-1 毛细管柱(0.25 mm×30 m×0.25 μm,固定液为聚二甲基硅醚),检测器:FID 检测器;

载气/尾吹气压力:N_2 100/75 kPa;检测器燃气及助燃气压力:H_2 55 kPa,空气 40 kPa。

温度条件:SPL 进样口 220℃,检测器 250℃,使用不分流进样。

在开始试验色谱条件时发现,在较高的固定柱温下,由于溶剂甲醇峰拖尾较为严重,影响目标物峰的标定,而柱温过低,目标物出峰时间又过长。因此,经过多次试验,确定了以下的程序升温条件,既最大可能地减小了溶剂峰拖尾的影响,又不致使目标物出峰过慢。

程序升温如下:初始柱温 100℃,保持 3 min 后,以 75℃/min 的速率升至 200℃,保持 10 min。

在上述条件下,溶剂(甲醇)的色谱图如图 16.3 所示。

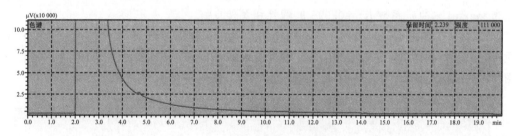

图 16.3 甲醇(溶剂峰)色谱峰图

(1)阿特拉津的保留时间为 10.347 min,其色谱图如图 16.4 所示。

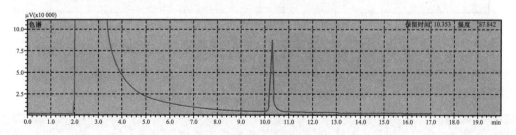

图 16.4 阿特拉津色谱峰图

在上述色谱条件下,阿特拉津溶液的浓度-峰面积关系如表 16.1 与图 16.5 所示。

表 16.1　阿特拉津溶液的浓度-峰面积关系表

浓度/($\times 10^{-2}$ mg/mL)	2.0	4.0	6.0	8.0	10.0
平均保留时间/min	10.343	10.342	10.344	10.337	10.340
平均峰面积	33 654.8	67 467.0	97 144.7	132 721.9	172 876.7

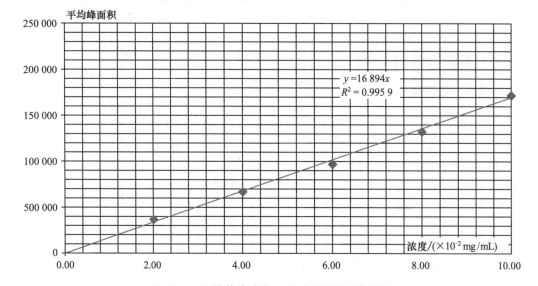

图 16.5　阿特拉津浓度-平均峰面积关系曲线图

最终,得到阿特拉津甲醇溶液的浓度—色谱峰面积关系曲线方程为 $Y = 168.94X$(浓度 X 单位为 mg/mL),决定系数 $R^2 = 0.995\ 9$,线性相关性良好。

(2)2,4-D 丁酯的保留时间为 12.959 min,同时,由于样品不纯(95%),气相色谱检出 3 个杂质峰,保留时间分别为:8.890、10.042、12.445 mim,但不影响 2,4-D 丁酯的定量,其色谱图如图 16-6 所示。

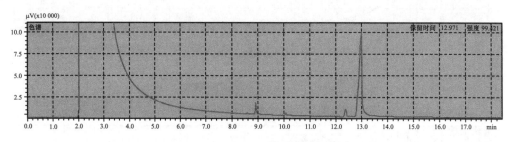

图 16.6　2,4-D 丁酯色谱峰图

在上述色谱条件下,2,4-D 丁酯溶液的浓度—峰面积关系如表 16.2、图 16.7 所示。

表 16.2　2,4-D 丁酯浓度-峰面积关系表

浓度/($\times 10^{-2}$ mg/mL)	2.0	4.0	6.0	8.0	10.0
平均保留时间/min	4.153	4.151	4.153	4.146	4.149

| 平均峰面积 | 21 223.3 | 44 687.4 | 66 191.8 | 91 356.5 | 117 768.1 |

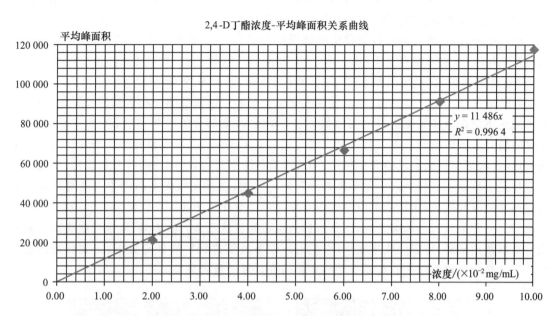

图 16.7　**2,4-D 丁酯浓度-平均峰面积关系曲线图**

最终,2,4-D 丁酯溶液的浓度-色谱峰面积关系曲线方程为 $Y = 114.86X$(浓度 X 单位为 mg/mL),决定系数 $R^2 = 0.9964$,线性相关性良好。

16.2.2　室内收集方法试验

16.2.2.1　**试验目的**

本部分实验是在室内进行的,意在相对稳定可控的条件下,对所选取的三种挥发样品收集方法进行比较,确定收集效果较好且较为便捷的方法。

16.2.2.2　**试验仪器及材料**

真空泵,V60-L 型等动量收集仪(德国 Micronol AG 公司),Pocketwind IV 型便携式气象测量仪(德国 Lechler 公司),气相色谱仪及工作站(岛津 GC-2014C 型,配备 BPGs-1 型毛细管色谱柱、毛细管柱 SPL 进样口、双路 FID 检测器),悬挂铁架,锥形瓶,超声波振荡器,10 μL 微量进样器,阿特拉津原药,2,4-D 丁酯原药,甲醇(Fisher Scientific 公司,色谱纯),活性炭(北京试剂厂,分析纯)。

16.2.2.3　**试验方法**

在这部分实验中,一共采用了 3 种收集方法,包括等动量仪收集法,吸附剂吸附法和抽气取样法。

1. 等动量仪收集法

等动量仪收集法的步骤如下:首先分别配制浓度为 0.1 mg/mL 的阿特拉津与 2,4-D 丁酯甲醇溶液,然后在相对恒定的温度、湿度条件下,在 90 mm 直径的培养皿中分别加入阿特拉津与 2,4-D 丁酯的甲醇溶液 10 mL,将装配好的等动量收集仪悬挂在培养皿正上方 15 cm 处,开启等动量仪后让溶液自由挥发,直至 3 h 后溶液挥发近干。

待收集完成后,将等动量收集仪中的滤纸小心取下,置于锥形瓶中,用 20 mL 甲醇充分浸泡提取 6 h 以后,浓缩定容至 1 mL。取 1 μL 样品进入气相色谱,测定样品溶液中阿特拉津和 2,4-D 丁酯的含量,在单次误差<5% 的 5 次平行实验后,取平均值,获得实验结果。

等动量仪其工作原理如下:等动量仪主要由上部的风速测量部分和下部的收集部分组成。上部风速测量部分在气流通过时可以转动。下部的收集部分的收集室后,各有一个小风扇。上部的扇叶和下部的两个小风扇通过线缆与钢制横梁内部的控制电路相连。当等动量仪与电源接通后,收集部分的小风扇开始转动,当外界有气流通过时,上部的扇叶开始旋转,控制电路可以根据上部扇叶的转速调节下部风扇的转向与转速,使其在收集室内产生一个与外界气流动量相等的反向气流,这样就可以在收集时排除风速变化的影响。在收集前,将特制的滤纸置于收集部分收集口与小风扇之间,收集口侧边也可添置滤纸条。收集时,风扇与收集口间的滤纸将雾滴截留吸附,待雾滴收集完毕后,就可以取下滤纸进行后续处理分析,得到截留的农药量。等动量收集仪常用于农药飘失等的实验研究。等动量收集仪如图 16.8 所示。

图 16.8　等动量收集仪

2. 吸附剂吸附法

吸附剂吸附法的步骤如下:取 2.0 g 经过溶剂洗涤并在高温下活化的活性炭,包入洁净的纱布中。然后在相对恒定的温度、湿度条件下,分别在 90 mm 直径的培养皿中加入浓度为 0.1 mg/mL 的阿特拉津与 2,4-D 丁酯的甲醇溶液 10 mL,将包有活性炭的纱布包悬吊在培养皿正上方 15 cm 处,让溶液自由挥发,使活性炭逐渐吸附挥发的农药蒸气,直至 3 h 后溶液挥发近干。

待吸附剂吸附收集完成后,将活性炭包取下,打开后置于锥形瓶中,用 20 mL 甲醇充分浸泡提取 6 h 以后,浓缩定容至 1 mL。取 1 μL 样品进入气相色谱,测定样品溶液中阿特拉津和 2,4-D 丁酯的含量,在单次误差<5% 的 5 次平行实验后,取平均值,获得实验结果。

3. 抽气取样法

抽气取样法的步骤如下:在相对恒定的温度、湿度条件下,分别在 90 mm 直径的培养皿中加入浓度为 0.1 mg/mL 的阿特拉津与 2,4-D 丁酯的甲醇溶液 10 mL。检查收集系统气密性后,打开真空泵,调节抽气量为 2.0 L/min,将收集口(三角漏斗)悬吊在培养皿正上方 15 cm 处,让溶液自由挥发,抽取培养皿上方的空气,直至 3 h 后溶液挥发近干。

待吸抽气收集完成后,首先测量吸收瓶中吸收液的体积,补足至 20 mL 后,再将吸收液浓缩定容至 1 mL。取 1 μL 样品进入气相色谱,测定样品溶液中阿特拉津和2,4-D 丁酯的含量,在单次误差<5%的 5 次平行实验后,取平均值,获得实验结果。

抽气收集系统是由收集漏斗、采样瓶、安全瓶、流量控制表和真空泵五部分组成,各部分之间以玻璃管和橡胶管连接。采样时,将收集漏斗置于农药挥发源上方。在真空泵的作用下,挥发源上方含有农药分子的空气被抽吸入收集漏斗,气流经过采样瓶中的溶剂后,其中所含有的农药分子被洗涤溶于收集液中,收集瓶后的安全瓶的作用是注入高沸点,与吸收液互不相溶的溶剂,防止倒吸和减少吸收液的挥发,流量控制表用于调节通过系统的气体流量,减少流量过大造成的吸收液吸收不完全与流量过小造成的收集不完全。其组成如图 16.9 所示。

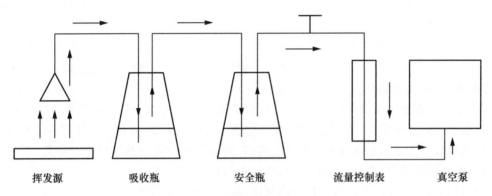

挥发源　　　吸收瓶　　　安全瓶　　　流量控制表　　　真空泵

图 16.9　抽气收集系统组成示意图

16.2.2.4　试验结果

阿特拉津各次收集实验的环境条件与分析结果如表 16.3 所示。

表 16.3　阿特拉津室内收集实验环境条件与分析结果数据表

收集方法	温度/℃	相对湿度/%	目标成分峰面积	收集液中成分浓度/(mg/mL)
吸附剂吸附	18	25	N/A	N/A
等动量仪	18	25	N/A	N/A
抽气收集	18	25	N/A	N/A

注:N/A 代表无法检出。

2,4-D 丁酯各次收集实验的环境条件与分析结果如表 16.4 所示。

表 16.4　2,4-D 丁酯室内收集实验环境条件与分析结果数据表

收集方法	温度/℃	相对湿度/%	目标成分峰面积	收集液中成分浓度/(mg/mL)
吸附剂吸附	18	25	6 537.2	5.691×10^{-3}
等动量仪	18	25	N/A	N/A
抽气收集	18	25	15 726.6	1.369×10^{-2}

注:N/A 代表无法检出。

由上述实验结果进行比较,对于阿特拉津,由于其自身的挥发性很小,经过 3 h 后,挥发至空气中的阿特拉津的量也很少,实验中采用的 3 种收集方法均不能使收集液中的阿特拉津浓

度达到所采用分析条件下气相色谱的最低检出限量,也无从比较 3 种方法的优劣性。

对于自身挥发性较强的 2,4-D 丁酯,在 3 种方法中,等动量仪收集依然无效,吸附剂吸附法和抽气收集法的收集液尚能检测出 2,4-D 丁酯的存在,相比较而言,抽气收集法中吸收液(均为 20 mL)的 2,4-D 丁酯浓度最高,因此可以认为对于挥发性较强的农药,抽气收集法是相对较好的收集方法。

关于抽气收集法吸收效果较好的原因,推测可能有两点。首先与其他两种方法相比,抽气收集法通过抽取农药挥发源上方的空气,强制使空气中的农药分子通过吸收液而被截留,为主动吸收,而等动量仪与吸附剂吸收均为被动吸收,仅依靠物理吸附作用进行收集,收集效果较弱;其次,抽气收集法中,空气中的农药分子直接进入吸收液,而其他两种方法,农药分子先吸附于吸收介质上,再经过吸收液洗脱,其中存在一定的洗脱损失,就进一步造成收集液中挥发成分浓度的降低。

至于等动量仪收集法效果最差的原因,除了其为被动吸收方式和存在洗脱损失外,在等动量仪中作为吸收介质的滤纸对于农药气体分子的物理吸附差,同时其吸附面积远远小于活性炭吸附剂,使其吸收效果差。

综合上述。在室内较密闭的环境下,抽气收集法是最具有可行性的农药挥发成分收集方法;吸附剂吸附法操作简单,若加以改进,选择较为合适的吸附剂(实验中所使用活性炭吸附容量小,洗脱也较为困难),也具有一定的可行性;等动量仪虽然适合雾滴飘失的收集,但不适合用来收集农药挥发成分,在本项研究中,也仅仅作为是一种尝试。

但即使是收集效果相对较好的抽气收集法,若以常温条件下室内实验条件中 2,4-D 丁酯 22.6% 的挥发率计算,在 3 h 内所收集到的量(3 h 内约为 0.013 mg)也仅为实际挥发量(3 h 内 10 mL 溶液挥发近干,实际挥发量约为 0.226 mg)的 5.8%,收集效率低下。在今后的研究中,仍要加以进一步改进。

16.2.3 室外收集方法试验

16.2.3.1 试验目的

本部分实验是在室外地块上进行的,意在验证所选取的 3 种挥发样品收集方法的实际收集效果和可行性。

16.2.3.2 试验仪器及材料

真空泵,V60-L 型等动量收集仪(德国 Micronol AG 公司),Pocketwind IV 型便携式气象测量仪(德国 Lechler 公司),SX-LK20C 型手动喷雾器(浙江市下控股有限公司),气相色谱仪及工作站(岛津 GC-2014C 型,配备 BPGs-1 型毛细管色谱柱、毛细管柱 SPL 进样口、双路 FID 检测器),悬挂铁架,锥形瓶,超声波振荡器,10 μL 微量进样器,阿特拉津制剂(48% 可湿性粉剂,山东滨农科技有限公司),2,4-D 丁酯制剂(72% 乳油,济南绿邦化工有限公司),甲醇(Fisher Scientific 公司,色谱纯)。

16.2.3.3 试验方法

选择气象条件合适,适宜施药的时间段,按照制剂包装上的推荐用量(阿特拉津为 90 g 制剂/亩,兑水 30 kg 施用;2,4-D 丁酯为 50 g 制剂/亩,兑水 20~30 kg 施用)配制 15 L 药液,在所选取的实验地块(面积约为 65m²,地表裸露,无植物覆盖)按照比例,用 SX-LK20C 型手动喷雾器均匀施药,施药时同时记录气象条件。在施药结束后 30 min,等待环境中细小雾滴基本沉降完毕后,用上述室内实验的 3 种收集方法在下风向,离地 20 cm 处收集 3 h,同时记录收集时的气象条件。

待收集完成后,按照相应的方法处理样品,制得可以由气相色谱分析的溶液,取 1 μL 样品溶液进入气相色谱,分别测定收集样品溶液中阿特拉津与 2,4-D 丁酯的含量。

16.2.3.4　试验结果

对于阿特拉津,各次室外收集实验的气象条件与分析结果如表 16.5 所示。

表 16.5　阿特拉津室外收集实验环境条件与分析结果数据表

收集方法	温度/℃	相对湿度/%	最大风速/(m/s)	收集时间/h	目标成分峰面积	收集液中成分浓度/(mg/mL)
吸附剂吸附	15	25	<1.0	3	N/A	N/A
等动量仪	18	22	<1.0	3	N/A	N/A
抽气收集	12	20	<1.0	3	N/A	N/A

注:N/A 代表无法检出。

对于 2,4-D 丁酯,各次室外收集实验的气象条件与分析结果如表 16.6 所示。

表 16.6　2,4-D 丁酯室外收集实验环境条件与分析结果数据表

收集方法	温度/℃	相对湿度/%	最大风速/(m/s)	收集时间/h	目标成分峰面积	收集液中成分浓度/(mg/mL)
吸附剂吸附	18	25	<0.5	3	N/A	N/A
等动量仪	22	30	<0.5	3	N/A	N/A
抽气收集	17	27	<0.5	3	5 302.5	4.616×10^{-3}

注:N/A 代表无法检出。

室外实验的结果显示,对于阿特拉津,由于其自身的挥发性很小,3 种方法均不能有效收集阿特拉津向大气中挥发的分子,使之在吸收液中达到可被气相色谱检测的浓度,这与室内实验的结果也相一致。

对于自身挥发性较强的 2,4-D 丁酯,在 3 种方法中,仅有抽气收集法的收集液能检测出 2,4-D 丁酯的存在,并且吸收液中的浓度,也接近气相色谱的最低检测浓度,其色谱峰几乎无法辨认。所以即使是在室内实验中相对可行的抽气收集法,在开放空间下由于流通性的增加,致使挥发到空气中的农药分子浓度明显降低,抽气收集法收集效果也不尽如人意,仍需要很多改进。

16.3　农药挥发的试验

在对农药挥发收集方法进行试验研究,找到具有可行性方法的同时,也要进一步了解农药的挥发情况以及影响挥发情况的各种因素。本部分论文的内容,就是以阿特拉津和 2,4-D 丁

酯这两种挥发性截然不同典型农药作为材料,通过可控环境条件下的室内实验来了解上述情况,主要包括了溶剂挥发速率的测定、阿特拉津与 2,4-D 丁酯基础挥发率的测定、温湿度和制剂类型对阿特拉津与 2,4-D 丁酯挥发情况的影响这几部分。

16.3.1 溶剂挥发速率的测定

16.3.1.1 试验目的

在实际施药过程中,农药不是以原药本身的物理状态,而是以溶液状态施用于田间的。农药在田间的实际挥发过程,并不是一种单纯的农药分子扩散过程,而是随同溶剂分子一同扩散的过程。因此想要了解农药的实际挥发情况,首先要了解溶剂的挥发状况。本部分实验的目的,就是意在测定溶剂的挥发速率,了解溶剂的挥发状况。

16.3.1.2 试验仪器及材料

电子分析天平(accuratelab 公司,精度万分之一),90 mm 塑料培养皿,10 mL 移液管,温湿度计,无水乙醇(分析纯,北京试剂厂)。

16.3.1.3 试验方法

在相对恒定的温度、湿度条件下(18℃,相对湿度 15%),将 10 mL 无水乙醇加入到直径为 90 mm 的培养皿中,在分析天平上测得乙醇的初始质量后,让乙醇自由挥发,挥发过程中每隔 15 min 测量一次培养皿中剩余的乙醇质量,直至乙醇挥发近干。如此重复 5 次(单次结果误差<5%),收集整理得到的质量数据,以挥发时间为横轴,乙醇的剩余率(剩余率=(初始质量-剩余质量)/剩余质量)为纵轴作图,便可得到乙醇在该温湿度条件下的时间-质量变化曲线。

16.3.1.4 试验结果

上述实验的结果如表 16.7、图 16.10 所示。

表 16.7 溶剂平均剩余率-时间变化表

挥发时间/min	0	15	30	45	60
平均剩余质量/g	7.807 8	7.430 1	7.027 3	6.723 3	6.435 2
平均剩余率	1.000 0	0.951 6	0.900 0	0.861 0	0.824 2
挥发时间/min	75	90	105	120	
平均剩余质量/g	6.136 7	5.821 9	5.504 4	5.197 2	
平均剩余率	0.786 0	0.745 7	0.705 0	0.665 0	

由实验结果可知,溶剂乙醇的挥发速率是一个确定值,溶剂质量随挥发时间的增加,呈线性减少。在实验条件下(18℃,相对湿度 15%,蒸发面积 4.5^2 πcm^2),溶剂随时间的质量剩余率方程为 $Y=-2.735 \times 10^{-3}X+0.990 6$,溶剂蒸发率为每分钟 0.237 5%,决定系数 $R^2=0.997 7$,线性相关度良好。

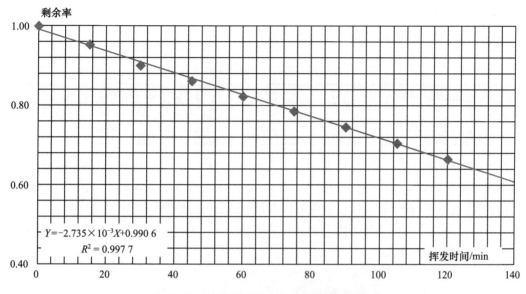

图 16.10　乙醇的挥发时间-质量变化关系曲线

16.3.2　阿特拉津与 2,4-D 丁酯基础挥发率的测定

16.3.2.1　试验目的

由于农药在田间的实际挥发过程,并不是一种单纯的农药分子扩散过程,而是随同溶剂分子一同扩散的过程,因此,实验的目的意在测定阿特拉津和 2,4-D 丁酯在溶液状态下随溶剂挥发散失至空气中的情况,这里以"基础挥发率"来表示。

16.3.2.2　试验仪器及材料

气相色谱仪及工作站(岛津 GC-2014C 型,配备毛细管柱 SPL 进样口、双路 FID 检测器及 FTD 检测器),BPGs-1 型毛细管色谱柱(GS-Tek 公司,规格为 0.53 mm×30 m×0.25 μm,固定液为聚二甲基硅醚),10 μL 微量进样器,10 mL 移液管,100 mL 容量瓶,90 mm 塑料培养皿,温湿度计,阿特拉津原药(纯度 95%,由中国农业大学农药加工与制剂实验室提供),2,4-D 丁酯原药(纯度 95%,由中国农业大学农药加工与制剂实验室提供),无水乙醇(分析纯,北京试剂厂)。

16.3.2.3　试验方法

首先分别配制 0.1 mg/mL 的阿特拉津与 2,4-D 丁酯乙醇溶液,然后在相对恒定的温度、湿度条件下,在 90 mm 直径的培养皿中分别加入阿特拉津与 2,4-D 丁酯溶液 10 mL,在气相色谱中测得阿特拉津与 2,4-D 丁酯溶液的初始浓度,然后让溶液自由挥发,待溶剂挥发干后,立即加入 10 mL 溶剂,将剩余溶质溶解完全,取该溶液 1 μL 进入气相色谱,测得溶液中剩余阿特拉津与 2,4-D 丁酯的浓度,和初始浓度比对,进行 5 次平行实验(单次结果误差<5%),取平均值后,就可以得到基础挥发率。

16.3.2.4 **试验结果**

阿特拉津与 2,4-D 丁酯的挥发实验结果如表 16.8 所示。

表 16.8   阿特拉津与 2,4-D 丁酯挥发数据表

溶质	初始浓度/(mg/mL)	剩余浓度/(mg/mL)	挥发率/%
阿特拉津	0.100 2	0.097 2	3.0
2,4-D 丁酯	0.106 5	0.082 4	22.6

在实验条件下(20℃,相对湿度 15%,蒸发面积 $4.5^2\pi$ cm^2),0.1 mg/mL 的阿特拉津-乙醇溶液的挥发率为 3.0%,0.1 mg/mL 的 2,4-D 丁酯-乙醇溶液的挥发率为 22.6%。由实验结果可见,在溶液条件下,即使本身难以挥发的阿特拉津,也会伴随着溶剂产生一定的挥发,而自身蒸气压高的 2,4-D 丁酯在溶剂中挥发性远强于阿特拉津。在溶液中,蒸气压对于两种典型农药的挥发,仍起决定性作用。

16.3.3   温度与湿度对阿特拉津与 2,4-D 丁酯挥发情况的影响

16.3.3.1 **试验目的**

本部分实验的目的在于研究不同环境条件变化对两种典型农药挥发性的影响。

16.3.3.2 **试验仪器及材料**

气相色谱仪及工作站(岛津 GC-2014C 型,配备毛细管柱 SPL 进样口、双路 FID 检测器及 FTD 检测器),BPGs-1 型毛细管色谱柱(GS-Tek 公司,规格为 0.53 mm×30 m×0.25 μm,固定液为聚二甲基硅醚),10 μL 微量进样器,10 mL 移液管,100 mL 容量瓶,90 mm 塑料培养皿,温湿度计,温控培养箱。

阿特拉津原药(纯度 95%,由中国农业大学农药加工与制剂实验室提供),2,4-D 丁酯原药(纯度 95%,由中国农业大学农药加工与制剂实验室提供),无水乙醇(分析纯,北京试剂厂)。

16.3.3.3 **试验方法**

首先调节温控培养箱的温湿度,使其达到实验要求。在 90 mm 直径的培养皿中分别加入浓度为 0.1 mg/mL 的阿特拉津与 2,4-D 丁酯乙醇溶液 10 mL,取样 1 μL,在气相色谱中测得阿特拉津与 2,4-D 丁酯溶液的初始浓度,然后将培养皿放入温控培养箱中,让溶液自由挥发,待溶剂挥发干后,记录挥发所用的时间,立即加入 10 mL 溶剂,将剩余溶质溶解完全,取该溶液 1 μL 进入气相色谱,测得溶液中剩余阿特拉津与 2,4-D 丁酯的浓度,和初始浓度比对,进行 5 次平行实验(单次结果误差<5%),取平均值后,比较不同条件下的挥发情况。

16.3.3.4 **试验结果**

各次的实验结果如表 16.9 至表 16.12 所示。

表 16.9　阿特拉津与 2,4-D 丁酯挥发数据表(15℃,相对湿度 25%)

溶质	温度/℃	相对湿度/%	挥发时间/h	挥发率/%	单位时间挥发率/(%/h)
阿特拉津	15	25	4.0	4.9	1.23
2,4-D 丁酯	15	25	4.0	35.8	8.95

表 16.10　阿特拉津与 2,4-D 丁酯挥发数据表(25℃,相对湿度 25%)

溶质	温度/℃	相对湿度/%	挥发时间/h	挥发率/%	单位时间挥发率/(%/h)
阿特拉津	25	25	1.5	2.6	1.73
2,4-D 丁酯	25	25	1.5	25.6	17.07

表 16.11　阿特拉津与 2,4-D 丁酯挥发数据表(20℃,相对湿度 20%)

溶质	温度/℃	相对湿度/%	挥发时间/h	挥发率/%	单位时间挥发率/(%/h)
阿特拉津	20	20	2.0	3.3	1.65
2,4-D 丁酯	20	20	2.0	20.5	10.25

表 16.12　阿特拉津与 2,4-D 丁酯挥发数据表(20℃,相对湿度 60%)

溶质	温度/℃	相对湿度/%	挥发时间/h	挥发率/%	单位时间挥发率/(%/h)
阿特拉津	20	60	2.5	3.5	1.40
2,4-D 丁酯	20	60	2.5	22.4	8.96

由实验结果可知,温度和湿度的变化都会影响农药的挥发情况,随着温度的升高,两种农药的挥发速率加快;而湿度的增大,反而使两种农药的挥发速率降低。在固定的湿度条件下(25%),当温度从 15℃升至 25℃时,2,4-D 丁酯的单位时间挥发率增加了 90.7%,而阿特拉津单位时间挥发率仅增加 40.7%,所以温度的升高似对高挥发性农药挥发量的影响更大。在固定温度下(20℃),当相对湿度从 20%增加至 60%时,阿特拉津与 2,4-D 丁酯的单位时间挥发率分别降低了 15.2%和 16.2%,相对于温度变化,湿度条件变化时,两种典型农药的挥发率变化较小。

16.3.4　阿特拉津与 2,4-D 丁酯制剂挥发性的研究

16.3.4.1　试验目的

考虑到在实际生产中,农药是以制剂的形式,配制成水分散体系后使用的,因此,对于农药制剂配制成水分散体系后的挥发性的研究和原药溶液挥发性的比较,也是有必要的。

16.3.4.2　试验仪器及材料

气相色谱仪及工作站(岛津 GC-2014C 型,配备毛细管柱 SPL 进样口、双路 FID 检测器),BPGs-1 型毛细管色谱柱(GS-Tek 公司,规格为 0.53 mm×30 m×0.25 μm,固定液为聚二甲基硅醚),10 μL 微量进样器,10 mL 移液管,100 mL 容量瓶,90 mm 塑料培养皿,温湿度计,阿特拉津制剂(48%可湿性粉剂,山东滨农科技有限公司),2,4-D 丁酯制剂(72%乳油,济南绿邦化工有限公司),无水乙醇(分析纯,北京试剂厂)。

16.3.4.3 试验方法

首先分别配置有效成分浓度为 0.1 mg/mL 的阿特拉津悬浮液与 2,4-D 丁酯乳浊液,然后在相对恒定的温度、湿度条件下,在 90 mm 直径的培养皿中分别加入阿特拉津悬浮液与 2,4-D 丁酯乳浊液 10 mL,在气相色谱中测得阿特拉津与 2,4-D 丁酯的初始浓度,然后让悬浮液/乳浊液自由挥发,待挥发干后,立即加入 10 mL 甲醇溶剂,将剩余溶质溶解完全,取该溶液 1 μL 进入气相色谱,测得溶液中剩余阿特拉津与 2,4-D 丁酯的浓度,和初始浓度比对,经 5 次平行实验(单次结果误差<5%),取平均值后,就可以得到农药制剂的挥发率。

16.3.4.4 试验结果

阿特拉津与 2,4-D 丁酯制剂的挥发实验结果如表 16.13 所示。

表 16.13 阿特拉津与 2,4-D 丁酯制剂挥发数据表

溶质	初始浓度/(mg/mL)	剩余浓度/(mg/mL)	挥发率
阿特拉津	0.093 7	0.095 3	N/A
2,4-D 丁酯	0.100 4	0.082 7	17.6%

注:N/A 代表无法计算。

在实验条件下(20℃,相对湿度 15%,蒸发面积 $4.5^2\pi cm^2$),有效成分阿特拉津含量约为 0.1 mg/mL 的可湿性粉剂-水悬浮液在经挥发后,阿特拉津剩余的含量没有明显减少(实验中含量略微增加可能是由于误差引起),有效成分 2,4-D 丁酯含量约为 0.1 mg/mL 的乳油-水乳液在经挥发后,2,4-D 丁酯的含量减少了 17.6%。与原药的有机溶剂溶液相比较,制成制剂后,阿特拉津和 2,4-D 丁酯的挥发性都有减少,特别是阿特拉津,制成可湿性粉剂后,基本与其在原药固体状态下一样难以挥发,而 2,4-D 丁酯由于自身挥发性较高,挥发率只是稍有降低。

因此,剂型对于两种典型农药的挥发是有一定影响的,合适的剂型(如颗粒剂、可湿性粉剂、微胶囊剂等等)可以在一定程度上降低农药向大气中的挥发,减少农药对环境的污染。

16.4 结 论

本文通过室内和室外的一系列试验研究,对所选取的两种挥发性能截然不同的典型农药挥发情况和挥发成分的收集方法进行了研究比较,得出了以下结论:

(1)以阿特拉津为例,即使自身挥发性极弱的农药,在溶液状态下也会随着溶剂的挥发产生一定的挥发。在实验条件下(20℃,相对湿度 15%),在乙醇溶液中,阿特拉津的挥发率为 3.0%,2,4-D 丁酯的挥发率为 22.6%,对于农药在溶液状态下的挥发,自身的蒸气压大小仍旧起决定性作用。

(2)环境条件对阿特拉津与 2,4-D 丁酯的挥发有重要影响,研究结果表明:温度和湿度的变化都会影响两种农药的挥发速率,随着温度的升高和湿度的降低,试验中两种农药的挥发速率加快;在固定的湿度下(25%),当温度从 15℃升至 25℃时,2,4-D 丁酯的单位时间挥发率增加了 90.7%,而阿特拉津单位时间挥发率仅增加 40.7%,因此温度的升高对高挥发性农药挥

发量的影响更大；在固定温度下(20℃)，当相对湿度从20％增加至60％时，阿特拉津与2,4-D丁酯的单位时间挥发率分别降低了15.2％和16.2％，相对于温度变化，湿度变化对两种典型农药的挥发率变化的影响较小。

（3）农药的剂型对其挥发性有一定的影响，以阿特拉津为例，制成可湿性粉剂以后，其在水悬浮液中的挥发性明显小于原药在乙醇溶液中的挥发性，对于自身挥发性较大的2,4-D丁酯，制成乳油后，其在水乳液中的挥发性较其在乙醇溶液中也有一定程度的降低。因此将原药制成适当的农药剂型，可以降低农药向大气中的挥发。

（4）对于所选取的3种挥发成分的收集方法，即等动量仪收集法、吸附剂吸附法和抽气收集法，抽气收集法的可行程度最高。但在室外实验中，收集效果仍需要加以改善；等动量仪收集法在室内和室外条件下均不具有可行性；而吸附剂收集法仅在室内较封闭的条件下具有一定的可操作性。

16.5　致　　谢

感谢国家"十一五"科技支撑计划项目"高效低毒农药研制及减量精准使用技术研究"(项目编号：2006BAD02A164)对本研究的资助！同时，特向对本项目做出贡献的所有参加人员表示由衷的感谢！

参 考 文 献

陈志周.急性中毒[M].北京：人民卫生出版社,1983:483.

单正军,朱忠林,蔡道基.吡虫啉的环境行为研究(一)——吸附性、移动性、挥发性及土壤降解、水解、光降解[J].农药科学与管理,1998(4):11-15.

弓爱军,叶常明.除草剂阿特拉津的环境行为综述.环境科学进展,1997,5(2)：38-45.

国家环境保护总局.我国农药污染现状、存在问题及建议.环境保护,2001(6):23-24.

何雄奎,吴罗罗.动力学因素和药箱充满程度对喷雾机液力搅拌器搅拌效果的影响.农业工程学报,1999,15(4):131-134.

鞠荣,徐汉虹.高尔夫球场农药向大气中的挥发研究.农药科学与管理,2009,30(12)：31-35.

开美玲,徐步进,史建君,等.保持耕作下农药的环境行为.核农学报,2004,18(6)：491-494.

李清波,黄国宏,王颜红,等.莠去津生态风险及其检测和修复技术研究进展.应用生态学报,2002,5(13):625-628.

李政一,吴照阳,李发生.甲基对硫磷在水-气界面挥发的动力学研究.环境科学学报,2007,27(2):267-271.

李政一,吴照阳.甲胺磷在水-气界面挥发的动力学研究.安全与环境学报,2005,5(5)：

56-59.

刘爱菊,朱鲁生,王军,等. 除草剂阿特拉津的环境毒理研究进展. 土壤与环境,2002,11 (4):405-408.

刘彬. 浅析气象条件对农药污染的影响. 甘肃环境研究与监测,2002,15(3):162- 163,174.

刘维屏. 农药环境化学. 化学工业出版社,2006(5):7-20.

刘志骏. 关注莠去津国际发展动向应对调整策略. 农药科学与管理,2004,26(2):36-38.

栾新红,丁鉴峰,孙长勉,等. 除草剂阿特拉津影响大鼠脏器功能的毒理学研究. 沈阳农 业大学学报,2003,34(6):441-445.

任晋,蒋可. 阿特拉津及其降解产物对张家口地区饮用水资源的影响.科学通报,2002,47 (11):748-762.

司友斌,孟雪梅. 除草剂阿特拉津的环境行为及其生态修复研究进展. 安徽农业大学学 报,2007,34(3):451-455.

苑宇哲,徐士霞,姚春生,等. 阿特拉津水溶液对弹琴蛙蝌蚪(Rona adenopleure)形态发育 的影响. 应用与环境生物学报,2004,10(3):318-323.

张爱云,朱忠林,蔡道基. 甲基异柳磷等四种农药的挥发性能研究. 农村生态环境. 1993, 1:33-36.

张百臻. 农药分析(第四版)[M]. 化学工业出版社,2005:89-91.

Aaronson. M. J. Identification and confirmation of atrazine in pond water. Bull Environ Contam Toxicol,1980,25:492-498.

Agency for Toxic Substances and Disease Registry. Toxicological profile for atrazine. U. S Department of Health and Human Services,Public Health Service,2003.

Agency for Toxic Substances and Disease Registry. Toxicological profile for atrazine. US Department of Health and Human Services,Public Health Service,2003.

Aysun Sofuoglu, Mustafa Odabasi, Yucel Tasdemir, *et al*. Temperature dependence of gas-phase polycyclic aromatic hydrocarbon and organochlorine pesticide concentrations in Chicago air. Atmospheric Environment, 2001,35:6503-6510.

Bester. K, Huhnerfuss. H, Neudorf. B, *et al*. Atmospheric deposition of pesticide in eight North Germany and the Germany Bight (North Sea). Chemosphere, 1995, 30: 1613-1653.

Buster. H. R. Atrazine and other s-triazine herbicide in lakes and rains in switzerland. Envi-ron Sci Technol,1990,24:1049-1058.

Chapin. R. E,Stevens. J. T,Hughes. C. L,*et al*. Atrazine:Mechanisms of hormonal imbalance in female SD rats. Funda Appl Toxica1,1996,29:1-17.

Copper. R. J,Jenkins. J. J,Curtis. A. S. Pendimethalin volatility following application to turfgrass. Journal Environment Quality,1990,19(3):508-513.

Dlack. S,Bacld. J,Russin. J,*et al*. Herbicide effects on Rhizoctonia solani in vitro and Rhizoctonia foliar blight of soybean(glycinemax). Weed Science 1996,44:711-716.

Dodson. S. I, Merritt. C. M, Shannahan. J. P, *et al*. Low exposure of atrazine increase mail production Daphina pukicaria. Environ Toxicol Chem, 1999, 18(7): 1568-1573.

Hyun-Gu Yeo, Minkyu Choi, Man-Young Chun, *et al*. Concentration distribution of polychlorinated biphenyls and organochlorine pesticides and their relationship with temperature in rural air of Korea. Atmospheric Environment, 2003, 37: 3831-3839.

Jenkins. J. J, Copper. R. J, Curtis. A. S. Comparison of pendimethalin airbome and dislodgeable residues following application to turfgrass. In Kurtz, D A(Ed.). Long Range Transport of Pesticide Lewis Publishers, Chelsea. MI, 1990: 29-46.

Kligerman. A. D, Doerr. C. L, Tennant. A. H, *et al*. Cytogenetic studies of three triazine herbicides: II. In vivo micronucleus studies in mouse bone marrow. Mutation Research, Genetic Toxicology and Environmental Mutagenesis, 2000, 471(1/2): 107-112.

Kolpin. D. W, Sneck. D. A, Hallberg. G. R, *et al*. Temporal trends of selected agricultural chemicals in Iowa's ground-water, 1982—95: Are things getting better. Environ Qual, 1996, 26: 1007-1017.

Law. S. E. A review of agricultural electrostatic spray application. Journal of Electrostatic. 2001, 51-52: 20-42.

Murphy. K. C, Cooper. R. L, Clark. J. M. Volatile and dislodgeable residues following trichlorfon and isazofos application to turf grass and implications for human exposure. Crop Science, 1996, 36: 1446-1461.

Renner. R. Conflict brewing over herbicide's link to frog deformities. Science, 2002, 298: 938-939.

Roloff. B D, Belluck. D. A, Meisner. L. F. Cytogenetic studies of herbicide interactions in vitro and in vivo using atrazine and linuron. Arch Environ Contam Toxicol, 1992, 22: 267-271.

Sanderson. J. T, Seinen. W, Giesy. J. P, *et al*. 2-Chloro-s-triazine herbicides induce Aromatase(CYP19)activity in H295R human adrenocortical carcinoma cells: a novel mechanism for estrogenicity. Toxicological Sciences, 2000, 54: 121-127.

Shehata. S. A, Abou-Waly. H F. Effect of Triazine compounds on fresh water algae. Bull Environ Contam Toxicol, 1993, 50: 369-376.

Suanne. W. A. Sensitive enzyme immunoassay for the detection of atrzine based upon sheep, antibodies analytical letters. Toronto: Academic Press Lnc, 1992: 1317-1408.

Tang. J. X, Hoagland. K. D, Siegfried. B. D. Differential toxicity of Atrazine to selected freshwater algae. Bull Environ Contam Toxicol, 1997, 59: 631-637.

Terry. F. B, Renee. L. F, Michael. D. W. Toxaphene and other organochlorine compounds in air and water at Resolute Bay, N. W. T. , Canada. The Science of the Total Environment, 1995, 160-161: 55-63.

Thakur. A. K, Extrom. P. J, Eldridge. C. Chronic effects of atrazine on estrus and mammary tumor formation in female spraguedawley and fischer 344 rats. Toxicol Environ

Health,1994,43:169-182.

U. S Environmental Protection Agency. Ambient aquatic life water quality criteria for atrazine-revised draft. Office of Water Office of Science and Technology Health and Ecological Criteria Division,Washington D C,2003.